Vol. 10
第十卷

现代有机反应

还原反应
Reduction

胡跃飞　林国强　主编

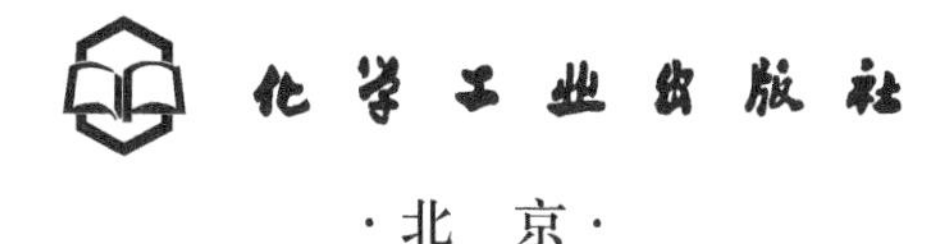

·北　京·

本书是《现代有机反应》（1~10 卷）的其中一个分册，书中精选了目前应用比较广泛和重要的还原反应。对每一种反应都详细介绍了其历史背景、反应机理、应用范围和限制，着重引入了近年的研究新进展，并精选了在天然产物全合成中的应用以及 5 个以上代表性反应实例，参考文献涵盖了较权威的和新的文献。可以作为有机化学及相关专业的本科生、研究生及相关领域工作人员的学习与参考用书。

图书在版编目 (CIP) 数据

还原反应/胡跃飞，林国强主编. —北京：化学工业出版社，2012.11
（现代有机反应：第十卷）
ISBN 978-7-122-15398-2

Ⅰ.①还… Ⅱ.①胡…②林… Ⅲ.①有机化合物-还原反应 Ⅳ.①O621.25

中国版本图书馆 CIP 数据核字（2012）第 227159 号

责任编辑：李晓红　　装帧设计：尹琳琳
责任校对：宋　夏

出版发行：化学工业出版社（北京市东城区青年湖南街 13 号　邮政编码 100011）
印　　装：北京虎彩文化传播有限公司
710mm×1000mm　1/16　印张 23¾　字数 427 千字　2013 年 1 月北京第 1 版第 1 次印刷

购书咨询：010-64518888　　售后服务：010-64518899
网　　址：http://www.cip.com.cn
凡购买本书，如有缺损质量问题，本社销售中心负责调换。

定　　价：**128.00** 元

序　一

翻开手中的《现代有机反应》，就很自然地联想到 John Wiley & Sons 出版的著名丛书“*Organic Reactions*”。它是我们那个时代经常翻阅的一套著作，是极有用的有机反应工具书。而手中的这套书仿佛是中文版的“*Organic Reactions*”，让我感到亲切和欣慰，像遇见了一位久违的老友。

《现代有机反应》第 1~5 卷，每卷收集 10 个反应，除了着重介绍各种反应的历史背景、适用范围和应用实例，还凸显了它们在天然产物合成中发挥的重要作用。有几个命名反应虽然经典，但增加了新的内容，因此赋予了新的生命。每一个反应的介绍虽然只有短短数十页，却管中窥豹，可谓是该书的特色。

《现代有机反应》是在中国首次出版的关于有机反应的大型丛书。可以这么说，该书的编撰者是将他们在有机化学科研与教学中的心得进行了回顾与展望。第 1~5 卷收录了 5000 多个反应式和 8000 余篇文献，为读者提供了直观的、大量的和准确的科学信息。

《现代有机反应》是生命、材料、制药、食品以及石油等相关领域工作者的良师益友，我愿意推荐它。同时，我还希望编撰者继续努力，早日完成其余反应的编撰工作，以飨读者。

此致

周维善

中国科学院院士

中国科学院上海有机化学研究所

2008 年 11 月 26 日

序　二

美国的 "*Organic Reactions*" 丛书自 1942 年以来已经出版了七十多卷，现在已经成为有机合成工作者不可缺少的参考书。十多年后，前苏联也开始出版类似的丛书。我国自上世纪 80 年代后，研究生教育发展很快，从事有机合成工作的研究人员越来越多，为了他们工作的方便，迫切需要编写我们自己的"有机反应"工具书。因此，《现代有机反应》丛书的出版是非常及时的。

本丛书根据最新的文献资料从制备的观点来讨论有机反应，使读者对反应的历史背景、反应机理、应用范围和限制、实验条件的选择等有较全面的了解，能够更好地利用文献资料解决自己遇到的问题。在 "*Organic Reactions*" 丛书中，有些常用的反应是几十年前编写的，缺少最新的资料。因此，本书在一定程度上可以弥补其不足。

本丛书对反应的选择非常讲究，每章的篇幅恰到好处。因此，除了在科研工作中有需要时查阅外，还可以作为研究生用的有机合成教材。例如：从"科里氧化反应"一章中，读者可以了解到有机化学家如何从常用的无机试剂三氧化铬创造出多种多样的、能满足特殊有机合成要求的新试剂。并从中学习他们的思想和方法，培养自己的创新能力。因此，我特别希望本丛书能够在有机专业研究生的学习和研究中发挥自己的作用。

胡宏纹

中国科学院院士

南京大学

2008 年 11 月 16 日

前　言

许多重要的有机反应被赞誉为有机化学学科发展路途上的里程碑，因为它们的发现、建立、拓展和完善带动着有机化学概念上的飞跃、理论上的建树、方法上的创新和应用上的突破。正如我们所熟知的 Grignard 反应 (1912)、Diels-Alder 反应 (1950)、Wittig 反应 (1979)、不对称催化氢化和氧化反应 (2001)、烯烃复分解反应 (2005) 和钯催化的交叉偶联反应 (2010) 等等，就是因为对有机化学的突出贡献而先后获得了诺贝尔化学奖的殊荣。

与有机反应相关的专著和工具书很多，从简洁的人名反应到系统而详细的大全巨著。其中，“*Organic Reactions*” (John Wiley & Sons, Inc.) 堪称是经典之作。它自 1942 年出版以来，至今已经有 76 卷问世。而 1991 年由 B. M. Trost 主编的 “*Comprehensive Organic Synthesis*” 是一套九卷的大型工具书，以 10400 页的版面几乎将当代已知的重要有机反应类型涵盖殆尽。此外，还有一些重要的国际期刊及时地对各种有机反应的最新研究进展进行综述。这些文献资料浩如烟海，是一笔非常宝贵的财富。在国内，随着有机化学研究的深入及相关化学工业的飞速发展，全面了解和掌握有机反应的需求与日俱增。在此契机下，编写一套有特色的《现代有机反应》丛书，对各种有机反应进行系统地介绍是一种适时而出的举措。本丛书的第 1~5 卷已于 2008 年底出版发行，周维善院士和胡宏纹院士欣然为之作序。在广大热心读者的鼓励下，我们又完成了丛书第 6~10 卷的编撰，适时地奉献给热爱本丛书的读者。

丛书第 6~10 卷传承了前五卷的写作特点与特色。在编著方式上注重完整性和系统性，以有限的篇幅概述了每种反应的历史背景、反应机理和应用范围。在撰写风格上强调各反应的最新进展和它们在有机合成中的应用，提供了多个代表性的操作实例并介绍了它们在天然产物合成中的巧妙应用。丛书第 6~10 卷共有 1954 页和 226 万字，涵盖了 45 个重要的有机反应、4760 个精心制作的图片和反应式、以及 6853 条权威和新颖的参考文献。作者衷心地希望能够帮助读者快捷而准确地对各个反应产生全方位的认识，力求满足读者在不同层次上的特别需求。我们很高兴地接受了几位研究生的建议，选择了一组“路”的图片作为第 6~10 卷的封面。祈望本丛书就像是一条条便捷的路径，引导读者进入感兴趣的领域去探索。

丛书第 6~10 卷的编撰工作汇聚了来自国内外 23 所高校和企业的 45 位专家学者的热情和智慧。在此我们由衷地感谢所有的作者，正是大家的辛勤工作才保证了本丛书的顺利出版，更得益于各位的渊博知识才使得本丛书丰富而多彩。尤其需要感谢王歆燕副教授，她身兼本丛书的作者和主编秘书双重角色，不仅完成了繁重的写作和烦琐的联络事务，还完成了书中全部图片和反应式的制作工作。这些看似平凡简单的工作，却是丛书如期出版不可或缺的一个重要环节。本丛书的编撰工作被列为“北京市有机化学重点学科”建设项目，并获得学科建设经费 (XK100030514) 的资助，在此一并表示感谢。

非常遗憾的是，在本丛书即将交稿之际周维善先生仙逝了，给我们留下了永远的怀念。时间一去不返，我们后辈应该更加勤勉和努力。最后，值此机会谨祝胡宏纹先生身体健康！

胡跃飞
清华大学化学系教授

林国强
中国科学院院士
中国科学院上海有机化学研究所研究员

2012 年 10 月

物理量单位与符号说明

在本书所涉及的所有反应式中，为了能够真实反映文献发表时具体实验操作所用的实验条件，反应式中实验条件尊重原始文献，按作者发表的数据呈现给读者。对于在原文献中采用的非法定计量单位，下面给出相应的换算关系，读者在使用时可以自己换算成相应的法定计量单位。

另外，考虑到这套书的读者对象大多为研究生或科研工作者，英文阅读水平相对较高，而且日常在查阅文献或发表文章时大都用的是英文，所以书中反应式以英文表达为主，有益于读者熟悉与巩固日常专业词汇。

压力单位 atm, Torr, mmHg 为非法定计量单位；使用中应换算为法定计量单位 Pa。换算关系如下：

1 atm = 101325 Pa

1 Torr = 133.322 Pa

1 mmHg = 133.322 Pa

摩尔分数 催化剂的用量国际上多采用 mol% 表示，这种表达方式不规范。正确的方式应该使用符号 x_B 表示。x_B 表示 B 的摩尔分数，单位 %。如：

1 mol% 表示该物质的摩尔分数是 1%。

eq. (equiv) 代表一个量而非物理量单位。本书中采用符号 eq. （当量粒子）表示化学反应中不同物质之间物质的量的倍数关系。

目　录

烯烃的不对称催化氢化反应

(Asymmetric Catalytic Hydrogenation of Olefins)

陈　超

1 历史背景简述

烯烃的不对称催化氢化反应是指烯烃（主要包括含有官能团的烯烃，例如：脱氢氨基酸、烯胺、烯醇酯和烯酸等）经过不对称氢化反应得到一系列具有高附加值的手性化合物的过程（例如：光学活性的氨基酸、胺、醇和酸等）。官能化烯烃的不对称氢化反应以高产率、高对映选择性、原子经济性和对环境影响极小为特征，因此该方法更具有广阔的发展前景。自美国 Monsanto 公司的研究员威廉·诺尔斯 (W. S. Knowles) 最早将不对称催化氢化方法工业化用于生产 L-多巴 (L-DOPA) 后[1]，该方法也已经被其它公司（例如：ChiroTech、ChiRex、Catalytica、Takasago 和 Roche 等）用于生产多种高附加值的精细化学品。

Knowles (1917-) 于 1942 年获得美国哥伦比亚大学博士学位。1968 年，他在美国圣路易斯孟山都公司时，使用 (–)-甲基正丙基苯基膦替代威尔金森催化剂中的三苯基膦得到了具有手性的配合物，并以此催化氢化 α-苯基丙烯酸得到了具有 15% ee 的氢化产物。虽然该反应的对映选择性相对于目前的研究水平是非常一般的结果，但在不对称氢化研究初期却是一个突破性的成果。后来，他使用手性磷化合物 DIPAMP 作为配体发现了高效对映选择性催化氢化的新反应，并迅速将其应用于一种治疗帕金森症药物 L-DOPA (95% ee) 的生产。此后，DIPAMP 配合物在 L-DOPA 合成中的立体选择性优势保持了很多年，直到 20 世纪 90 年代杜邦公司 Burk 等人报道的手性双磷配体 DuPhos 与铑的配合物[2]（对映选择性高达 99%）才打破其纪录。

在该研究领域的另一位重要贡献者是日本名古屋大学教授野依良治 (Ryoji Noyori)。Noyori (1938-) 于 1967 年获得日本京都大学博士学位，1969-1970 年在美国哈佛大学留学。1972 年，他在 33 岁时成为名古屋大学教授，并担任该校研究生院理学研究科主任。Noyori 进一步发展了对映选择性氢化催化剂，他发现和发展的手性磷配体 BINAP 和钌催化剂体系对学术研究和新药研制都具有非常重要的意义[3]。自 20 世纪 80 年代起，Noyori 的科研成果在日本被大规模用于生产香料和香味薄荷脑。1983 年，Noyori 和高砂香料工业公司合作建立了选择性生成左旋薄荷脑的制造方法。目前，高砂公司 (Takasago) 已成为世界上最大的薄荷脑生产厂家，年产 1000 t 的产量可满足全世界 1/3 的需求。

Knowles、Noyori 和 Sharpless 三位科学家也因此分享了 2001 年诺贝尔化学奖。

2 烯烃的不对称催化氢化反应的定义和机理

本文所综述的烯烃不对称催化氢化反应被限定和定义为：在铑或钌等贵金属和手性膦配体的催化作用下，取代烯烃和氢气发生催化氢化反应得到光学活性产物的过程（式 1)。

$$\text{A(B)C=C(C)(R)} + H_2 \xrightarrow{\text{Rh or Ru, Ligand}} \text{A(B)C}^{*}\text{H–C}^{*}\text{H(C)(R)} \quad (1)$$

其中的烯烃主要包括含有官能团的烯烃，例如：脱氢氨基酸、烯胺、烯醇酯和烯酸等，经过不对称氢化反应可以生成具有光学活性的氨基酸、胺、醇和酸等。近年来，利用铱催化剂体系也可以使无官能团的四取代烯烃成功地进行不对称氢化反应。

2.1 铑催化的烯烃不对称催化氢化反应的机理

在不对称氢化反应机理研究中，铑催化的脱氢氨基酸酯的不对称氢化反应被研究的最为完善。Halpern 等人通过深入研究铑催化的脱氢苯丙氨酸酯的反应动力学和过渡态中间体的单晶衍射，结合前人的研究结果提出了被广泛接受的机理（图 1)[4]。这个机理说明：可以捕捉到的量多的过渡态中间体通常并不是反应主产物的前体。而那些量少和不稳定的过渡态中间体，由于反应速率很快反而是主产物的真正来源。他们获得了底物与催化剂配合物生成的主要非对映体和单氢配合物中间体的单晶，并确证了这些过程。现在，该反应机理中只有双氢配合物中间体尚未被捕获到。

首先，催化剂前体中的溶剂分子（用 S 表示）被烯烃底物取代，烯键和羰基氧与 Rh^{I} 中心相互作用（速率常数 k_1）形成了两个稳定性不同的铑配合物的非对映体 **I** 和 **I′**。然后，H_2 经氧化加成形成了 Rh^{III} 的二氢化物中间体（速率常数 k_2），这一步是整个氢化反应循环中的速度限制步骤。接着，在金属上的一个负氢以五元螯合烷基-Rh^{III} 中间体的方式相继转移到配位烯键缺电子的 β-位上（速率常数 k_3）。最后，配合物通过还原消除反应（速率常数 k_4）分别生成 (*R*)-产物和 (*S*)-产物。该机理的中间体反应动力学研究表明，不稳定的非对映异构体加成物 **I′** 和 H_2 的氧化加成反应速度比稳定的非对映异构加成物 **I** 的反应速度快（$k_2'' > k_2'$）。因此，氢化反应的主要产物 (*S*)-对映体就是由不稳定的非对映异构体加成物 **I′** 生成的。这也解释了反应的对映选择性随氢气压力的增大而降低和随反应温度的升高而降低的依赖关系。同时，Brown 在这方面也做了类似的报道[4b]。

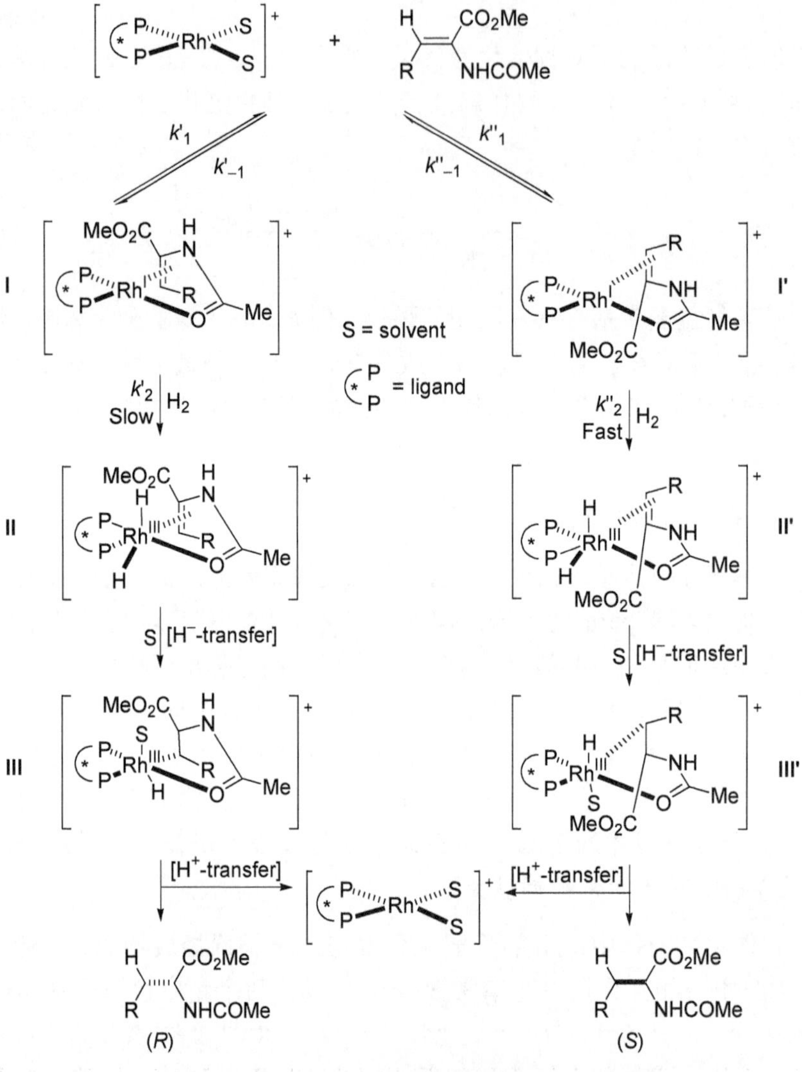

图 1　Halpern 等人提出的铑催化脱氢氨基酸不对称氢化机理

2.2　钌催化的烯烃不对称催化氢化反应机理

1991 年，Halpern 等人提出了钌催化取代丙烯酸的不对称氢化机理 (图 2)。铑催化的不对称氢化中间体是二氢化物，而钌催化的不对称氢化中间体是个单氢化物。研究发现：如果使用 MeOD 作为溶剂，钌催化的 α-甲基巴豆酸的氢化反应产物 2-甲基丁酸中的 α-位是 H (来源于氢气)，而 β-位是 D

(来源于甲醇)[5]。

如图 2 所示：首先，催化剂中 **IV** 的乙酸根被甲基巴豆酸取代形成中间体 **V**。然后，**V** 促使 H_2 异裂形成了 Ru^{II} 单氢化物中间体 **VI** (速率常数 k_1)，这一步是整个氢化反应循环中的速度限制步骤。紧接着在金属原子上的氢转移到烯键的 α-位上形成中间体 **VII**。之后，溶剂中的质子使中间体 **VII** 的 Ru-C 键断开，烯键被还原。最后，还原产物 α-甲基丁酸被甲基巴豆酸从 Ru-中间体上交换下来，催化剂获得再生。

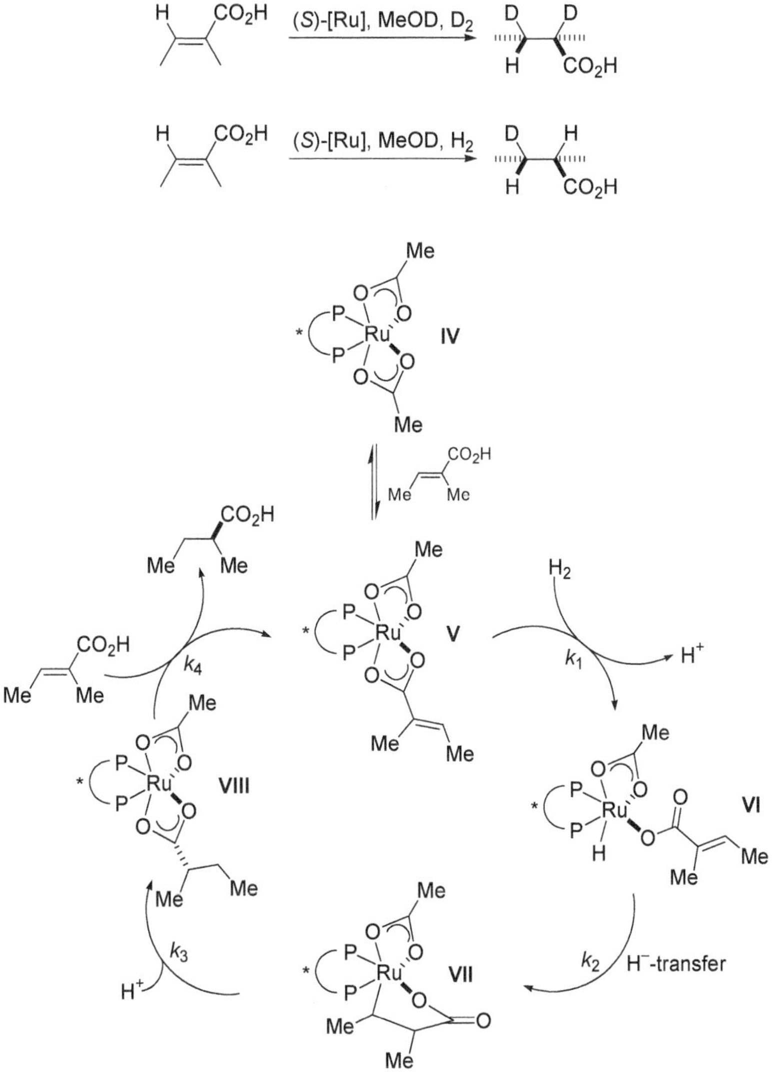

图 2　Halpern 等人提出的钌催化取代丙烯酸的不对称氢化机理

3 烯烃不对称催化氢化反应条件综述

在烯烃不对称催化氢化反应中，反应溶剂、压力、温度和阴离子的选择对催化剂的活性、底物转化率和转化速度影响较大。但是，对映选择性主要受到中心金属和配体的影响。由于中心金属的可选择余地非常有限，因此对映选择性主要受到所使用配体的影响。可以说，烯烃不对称催化氢化反应的历史实际就是发展手性配体尤其是发展手性磷配体的历史。

3.1 反应溶剂、压力、温度和阴离子的选择

在烯烃的不对称氢化反应中，使用非极性溶剂 (例如：二氯甲烷或甲苯) 往往能够获得较高的转化率和对映选择性。尤其是对于那些配位能力较差的底物 (例如：非官能化烯烃) 而言，极性溶剂会和底物竞争配位到催化剂上而影响不对称氢化反应的进行。对于配位能力较强的底物而言，甲醇和乙醇等溶剂是更好的选择。因为它们对催化剂的溶解能力较强，可以降低催化的用量而不影响对映选择性。近年来，随着绿色化学的发展，一些非常规溶剂 [例如：离子液体、超临界二氧化碳 (sCO_2) 和水] 也被用作不对称加氢反应的溶剂。1995 年，Burk 等人报道：使用 Rh-DuPHOS 催化体系在超临界二氧化碳中对 α-脱氢氨基酸的不对称氢化选择性高达 99.5% ee，对 β,β-二取代脱氢氨基酸选择性也高于 92% ee。在当时，这些研究结果是这类反应底物最好的结果[6]。

使用较高的氢气压力可以加快反应速度，但对反应的对映选择性影响很小，一般会略微降低反应的对映选择性。低温有利于提高对映选择性，但同时也降低了反应速度。

在铑催化的官能化烯烃的不对称氢化反应中，常用铑的氯化物作为催化剂。当反应活性不高时，也可以尝试使用配位能力较弱的阴离子 PF_6^- 或者 BF_4^-。最初使用的 Ru-BINAP 催化剂是由 Saburi 等人合成的一个结构明确的配合物 $[RuCl_2(S\text{-BINAP})]_2\cdot NEt_3$，但这个催化剂因在甲醇中溶解度不好而给使用带来了很多不便[7]。Noyori 等人将此催化剂和醋酸钠反应得到了相应的醋酸盐 $Ru(S\text{-BINAP})(OAc)_2$，该催化剂不仅在有机溶剂中具有很好的溶解度，而且在不对称氢化和其它不对称催化反应中都表现出非常好的立体选择性[8]。

在铱催化的非官能团化烯烃的不对称氢化反应中，催化活性明显受到配体和阴离子的影响。Pfaltz 等人研究了 $[Al(OC(CF_3)_3)_4]^-$、$[B(3,5\text{-}(CF_3)_2\text{-}Ph)_4]^-$

($BARF^-$)、$[B(C_6F_5)_4]^-$、PF_6^-、BF_4^- 和 $CF_3SO_3^-$ 六种阴离子对催化剂的活性和稳定性，研究发现：带有阴离子 $[Al(OC(CF_3)_3)_4]^-$ 和 $[B(3,5\text{-}(CF_3)_2\text{-}Ph)_4]^-$ 的催化剂活性最好；带有 PF_6^- 和 BF_4^- 的催化剂具有相对较弱的催化活性；带有 $CF_3SO_3^-$ 的催化剂几乎没有催化活性，这可能是由于 $CF_3SO_3^-$ 与铱金属催化中心形成配位而导致催化剂失活所造成的[9]。

3.2 各类磷配体的选择

除了催化剂的中心金属外，配体的类型和结构是另一个最重要的影响因素。现在，已经有数量众多的手性配体用于不对称催化氢化反应，而研究最早和最广泛的手性配体则是手性磷配体。1966 年，Wilkinson 等人报道了一种现在被称为“Wilkinson 催化剂”的磷配体高效均相催化剂 $Rh(PPh_3)_3Cl$。1968 年，Horner[10] 和 Knowles[11]等人分别将手性单膦配体 **1** (图 3) 引入到 Wilkinson 催化剂中，并使用生成的手性配合物完成了首例金属催化的不对称催化氢化反应。虽然这些反应得到的对映选择性不高 (< 15% ee)，但他们的开创性工作开启了不对称催化反应的大门。随后，Knowles 等人合成了新的手性单膦配体 PAMP (**2**) 和 CAMP (**3**)，并将它们应用在脱氢氨基酸的氢化反应中取得了高达 90% ee 的结果[12]。由于以上手性膦配体的手性中心均在磷原子上，因此它们有以下几个共同的缺点：(1) 必须经过外消旋体的拆分来制备；(2) 可调节的分子结构空间较小，不能适应种类繁多的不对称反应；(3) 反应条件剧烈时，配体会发生消旋化；(4) 这些手性单膦配体在其它底物的不对称催化氢化反应中表现出来的对映选择性依然不高。

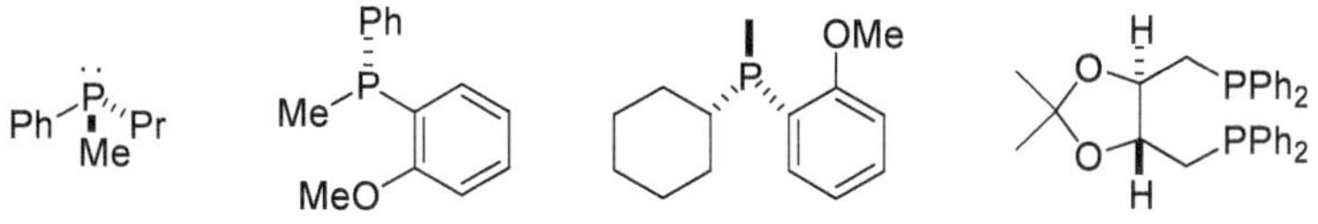

1　**2**, PAMP　**3**, CAMP　**4a**, DIOP

图 3　早期报道的一些膦配体

1971 年 Morrison 提出：作为手性配体，磷原子上的手性不是必需的，配体碳骨架上的手性也能有效地进行手性诱导[13]。这个论断很快被 Kagan 等人的研究所证实，他们从天然的酒石酸出发制得了碳手性的双膦配体 DIOP (**4a**)。使用 DIOP (**4a**) 配体，Kagan 等人在 (*Z*)-α-乙酰胺基肉桂酸的不对称催化氢化反应中得到了 88% ee 的产物。该范例还实现了从使用手性单磷配体到手性双磷配体的转变[14]，这是不对称均相催化氢化反应研究的一个新飞跃，已经成为均相催化反应研究中的一个极为重要的里程碑。由于碳手性配体比磷手性配体的制备更容易且结构的变化性更大，因而含有碳手性的双磷配体得到了快速的发展。不久，Knowles 等人又合成出高效的配体 DIPAMP (**5**)，并很快在 L-DOPA 的工业化生产中得到应用[1,15]。在此之后的 30 多年中，结构新颖的手性双磷配体如雨后春笋般不断地被合成出来。由于手性配体不断得以丰富和手性空间结构的多样化，使得反应底物的适用范围不断扩大。现在，使用官能化或非官能化底物的催化氢化反应都能够实现较高的对映选择性。

3.2.1 双磷配体的发展[16]

3.2.1.1 以 DIOP 和 DIPAMP 为导向的双膦配体

自从 DIOP (**4**) 和 DIPAMP (**5**) 配体成功地打开双膦配体研究大门之后，许多新颖的新配体被合成出来。如图 4 所示：这些配体的手性部分主要集中在连接磷原子的季碳上或者在磷原子上。

双齿配体可以与金属形成螯合环来增加催化剂的稳定性和刚性，从而有利于对映选择性的提高。它们在氢化反应中具有较强的手性诱导能力，氢化产物往往能够获得卓越的对映选择性。许多配体所需的手性源可以由自然界中广泛存在的糖、薄荷醇、酒石酸和氨基酸等手性化合物来提供，但不足之处是这些配体的合成一般具有相当大的难度。

3.2.1.2 以 BINAP 配体为基础的手性双膦配体

1980 年，Noyori 等人发展了一个具有 C_2-轴手性的双膦配体 BINAP (**27**, 图 5)。该配体不含有手性原子，分子的手性是由两个相连的萘环旋转受阻而产生的[17]。使用该配体对 α-乙酰胺基肉桂酸的不对称氢化反应得到了 100% ee，这一成果在不对称催化领域产生了极其轰动的影响。从此，人们认识到配体的手性并不一定局限在季碳原子或磷原子上。

BINAP 的出现和应用拓宽了人们的研究思路，在之后的 20 余年中人们合成了众多的 C_2-轴手性双膦配体。如图 5 所示：BIPHEMP、SEGPhose (**29**) 和 TunaPhos (**34**) 便是其中的代表。时至今日，C_2-轴手性双膦配体已经发展成为最重要和应用最广泛的一类手性配体。

3.2.1.3 以 DuPbos 和 BPE 配体引申的手性双膦配体

1990 年，Burk 等人合成了两种含膦双环手性配体 DuPhos (**45**) 和 BPE (**57**) (图 6)。这类配体上的磷原子连接有两个烷基，与 BINAP 相比其磷原子上的电子密度更大。因此，它们显示出不同的诱导性能，具有更广泛的底物普适性[2]。类似的配体也被大量开发出来，例如：BasPhos (**47**)、Binaphane (**50**) 和 PennPhos (**53**) 等。这类配体有极其广泛的底物适应性，在官能化烯烃、官能化酮和亚胺的不对称氢化反应中都获得了优异的结果。

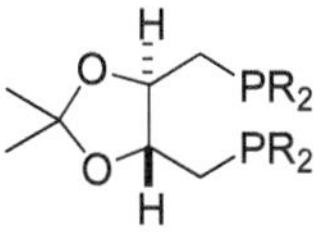

4
DIOP (**4a**): R = Ph
Cy-DIOP (**4b**): R = Cy
MOD-DIOP (**4c**): R = 3,5-Me_2-4-Anisol

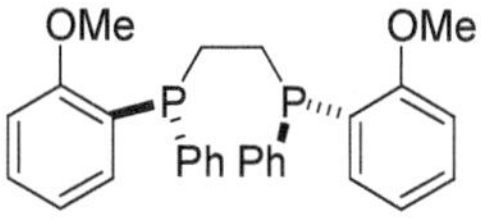

5
DIPAMP

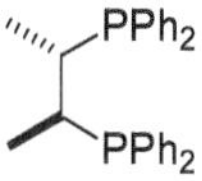

6
(*S,S*)-ChiraPhos

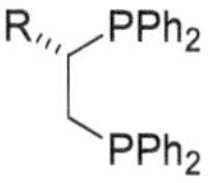

7
(*S*)-PROPHOS: R = Me
(*S*)-PHENPHOS: R = Ph
(*S*)-CycPHOS: R = Cy

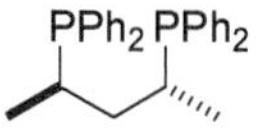

8
BDPP

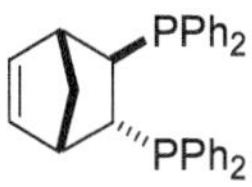

9
NORPHOS

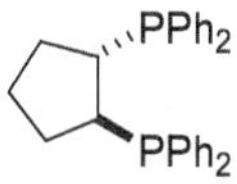

10
(*S,S*)-DPCP

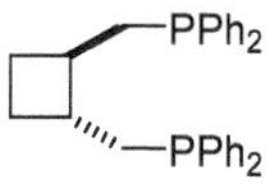

11
(*R,R*)-CBD

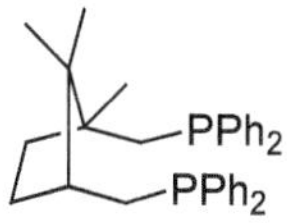

12
CAMPHOSP

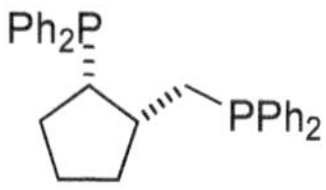

13
(*S,S*)-PPCP

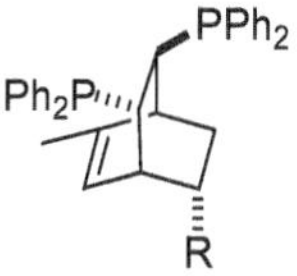

14
PHELLANPHOS

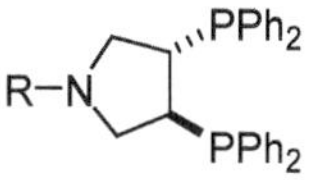

15
PYRPHOS: R = H
DEGPHOS: R = CH_2Ph

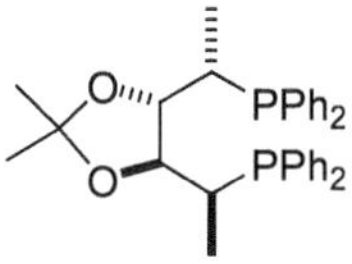

16
(*S,R,R,S*)-DIOP*

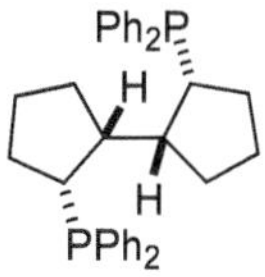

17
(*S,S*)-PPCP

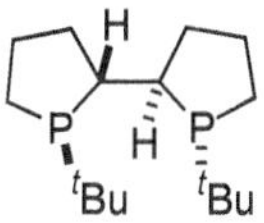

18
(*S,S,R,R*)-TangPhos

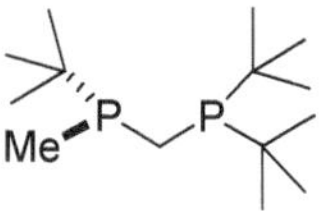

19

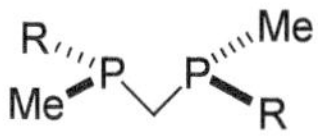

20
(*S,S*)-MiniPhos

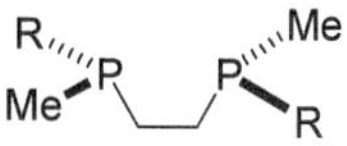

21
(*S,S*)-BisP*

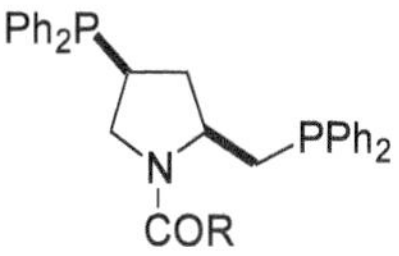

22
FPPM: R = H

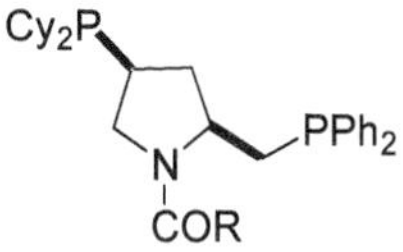

23

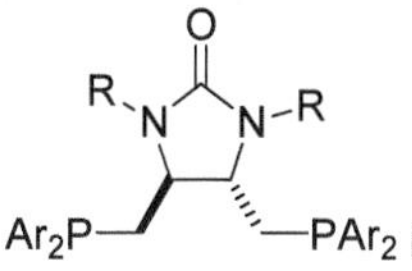

24
BDPMI (R = Me, Et)

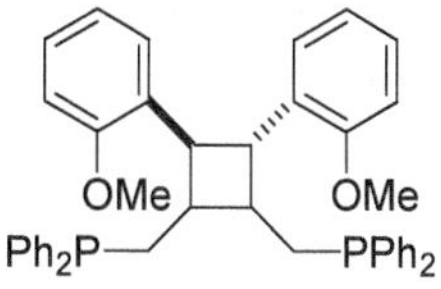

25
CDP

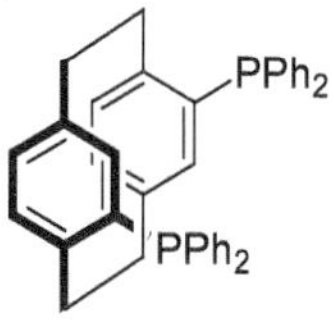

26
(*S*)-[2,2]-PhanePhos

图 4 以 DIOP 和 DIPAMP 为导向的双膦配体

27
BINAP: R = Ph
TolBINAP: R = 4-MePh
XylBINAP: R = 3,5-$(Me)_2$Ph

28
H_8-BINAP

29
SEGPHOS

30

31
BIFAP

32
MeO-NAPhcPHOS

33
BICHEP: R = Cy, R^1 = Me
BIPHEMP: R = Ph, R^1 = Me
MeO-BIPHEP: R = Ph, R^1 = OMe

34
C_n-TunaPHOS

35
BIMOP

36
P-PHOS: Ar = Ph
Tol-P-PHOS: Ar = 4-MePh

37
TetraMe-BITIOP

38
BITIANP: R = H
TetraMe-BITIANP: R = Me

39

40

41

42

43, diMe-BITIOP

44

图 5 具有 C_2-轴手性的双膦配体

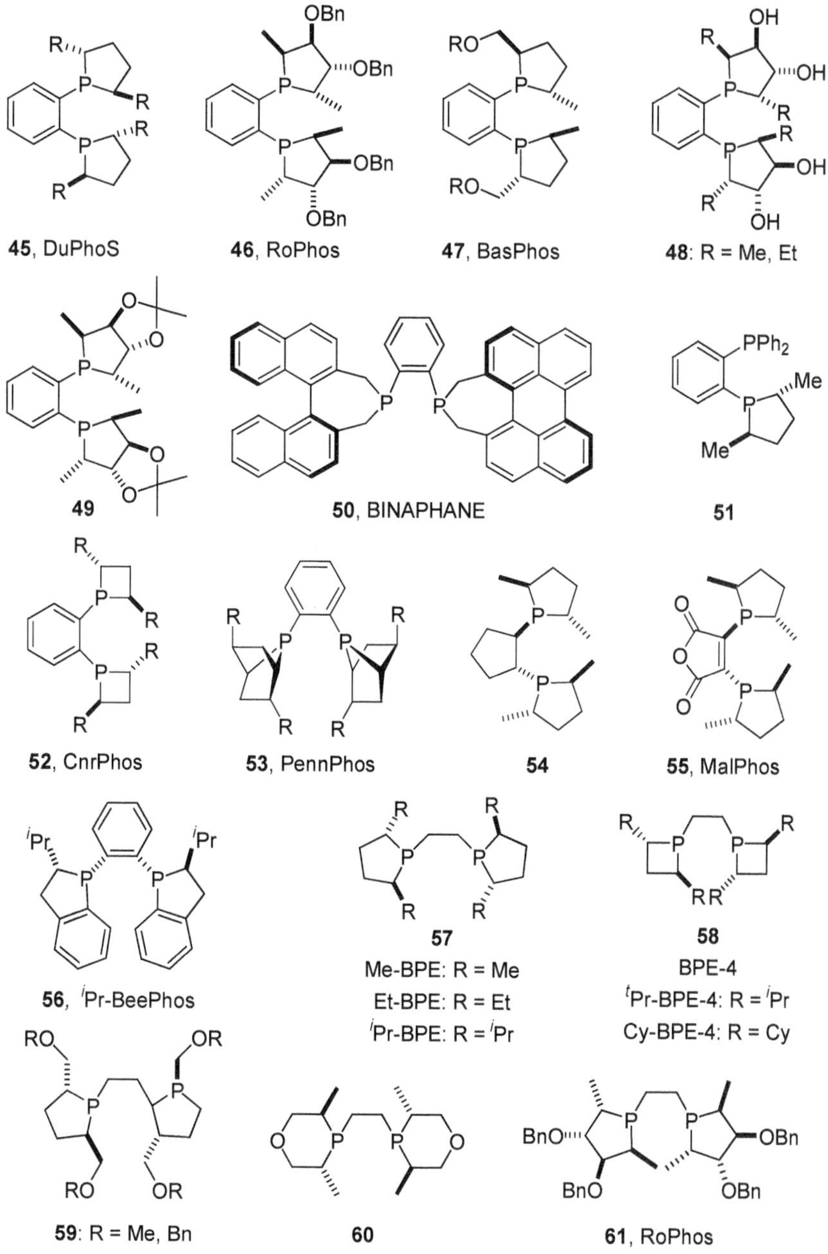

45, DuPhoS **46**, RoPhos **47**, BasPhos **48**: R = Me, Et

49 **50**, BINAPHANE **51**

52, CnrPhos **53**, PennPhos **54** **55**, MalPhos

56, ^{i}Pr-BeePhos

57
Me-BPE: R = Me
Et-BPE: R = Et
^{i}Pr-BPE: R = ^{i}Pr

58
BPE-4
^{i}Pr-BPE-4: R = ^{i}Pr
Cy-BPE-4: R = Cy

59: R = Me, Bn **60** **61**, RoPhos

图 6 以 Burk 的 DuPhos, BPE 配体引申的双磷配体

3.2.1.4 以二茂铁为主干骨架的手性双磷配体

二茂铁因其特殊的刚性结构和丰富的电子性能很早就被人们所关注。二茂铁含有两个五元环，既可以在一个环上合成出具平面手性的双膦配体，又可以利用两个环来衍生双磷配体。人们以丰富的想象力和高超的合成技能，以二茂铁分子

为骨架设计和发展出一大批结构多样化的高效手性配体。如图 7 所示：JosiPhos (**64**)、MandyPhos (**65**)、TaniaPhos (**66**) 和 WalPhos (**67**) 等都是这类优异配体的代表。JosiPhos (**64**) 类配体主要用于除草剂 (*S*)-Metolachlor 的生产，具有催化剂用量极低的优点 (S/C 高达 10^6)。使用该方法生成的 (*S*)-Metolachlor 年产量在一万吨以上，是当今工业生产中应用的规模最大的不对称催化反应[18]。

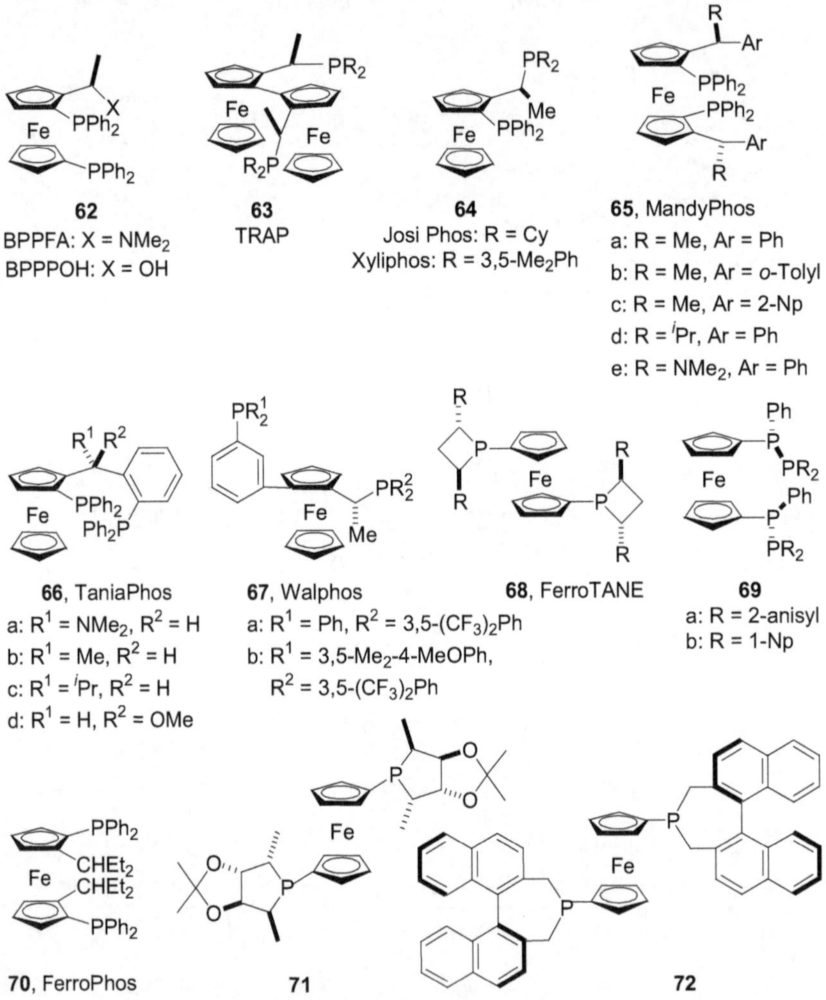

62
BPPFA: X = NMe_2
BPPPOH: X = OH

63
TRAP

64
Josi Phos: R = Cy
Xyliphos: R = 3,5-Me_2Ph

65, MandyPhos
a: R = Me, Ar = Ph
b: R = Me, Ar = *o*-Tolyl
c: R = Me, Ar = 2-Np
d: R = ^{i}Pr, Ar = Ph
e: R = NMe_2, Ar = Ph

66, TaniaPhos
a: R^1 = NMe_2, R^2 = H
b: R^1 = Me, R^2 = H
c: R^1 = ^{i}Pr, R^2 = H
d: R^1 = H, R^2 = OMe

67, Walphos
a: R^1 = Ph, R^2 = 3,5-$(CF_3)_2$Ph
b: R^1 = 3,5-Me_2-4-MeOPh,
R^2 = 3,5-$(CF_3)_2$Ph

68, FerroTANE

69
a: R = 2-anisyl
b: R = 1-Np

70, FerroPhos

71

72

图 7 以二茂铁为主干骨架的双膦配体

3.2.1.5 含 P-O 或 P-N 键的双磷配体[19]

近些年来，以 P-O 或 P-N 键合的配体越来越受到重视。这类配体最突出的特点是容易合成，将相应的手性醇或者手性胺与氯代膦 (磷) 反应即可得到相应的配体 (图 8)。

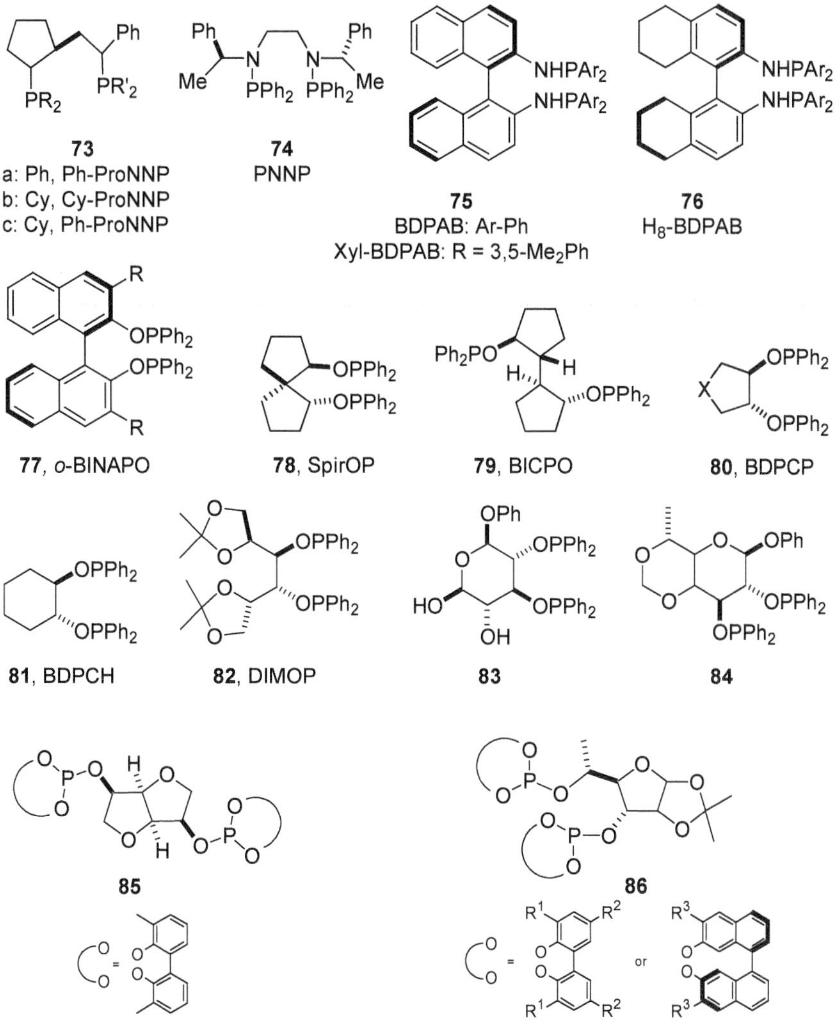

73
a: Ph, Ph-ProNNP
b: Cy, Cy-ProNNP
c: Cy, Ph-ProNNP

74
PNNP

75
BDPAB: Ar-Ph
Xyl-BDPAB: R = 3,5-Me_2Ph

76
H_8-BDPAB

77, *o*-BINAPO **78**, SpirOP **79**, BICPO **80**, BDPCP

81, BDPCH **82**, DIMOP **83** **84**

85 **86**

图 8 含 P-O 或 P-N 键合的双磷配体

方便和简单地合成配体始终是化学家在手性配体合成中追求的目标，以 P-O 和 P-N 键合的配体在合成上正好能满足这一愿望。目前，许多此类配体在不对称氢化反应中可与手性磷配体相媲美，有很强的实际应用开发潜力。

3.2.2 单磷配体的发展[20]

虽然不对称催化氢化反应始于 1968 年的手性单齿磷配体，但在此后的很长时期里其研究几乎处于停滞状态。可能的原因是人们受到双齿磷配体巨大成功和传统配合物结构的影响，认为双齿配体与金属螯合配位时方可得到结构稳定和构型单一的手性空间。因此，生成的配合物能够更有效地控制反应的对映选择性。而单齿配体与金属配位后会产生顺式和反式两种构型的催化剂，因而降低了反应的对映选择性。进入 21 世纪以后，手性单磷配体才再次得到人们的高度重视，成为不对称催化氢化领域中一个新的研究热点。

单磷配体能够以一配位、两配位或多配位的形式与中心金属配位并催化反应。当中心金属离子只能提供一个配位轨道时，单磷配体就以一个配体与中心金属离子配位，进而催化不对称反应。在这种情况下，双齿磷配体往往对反应没有催化活性。在多配位的金属配合物的催化反应中，单齿磷配体同样能够以多个配体同时与中心金属离子配位。这时，由于没有螯合作用而使得催化剂具有较大的柔性，能够通过构型的微调而获得更好的选择性。所以，单磷配体在某些反应中比双磷配体更具有优势。

典型的单磷配体结构如图 9 所示：按照磷原子的成键和连接类型可以分为单膦配体 (phosphine)、亚膦酸酯配体 (phosphonite)、亚磷酸酯配体 (phosphite)、亚磷酰胺酯配体 (phosphoramidite) 及其它。

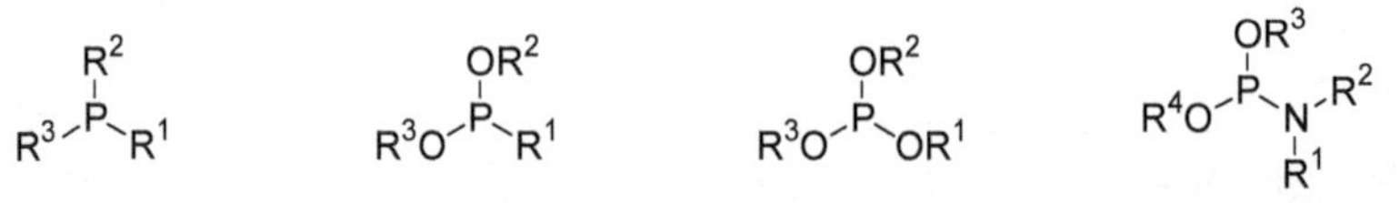

phosphine　　phosphonite　　phosphite　　phosphoramidite

图 9　单磷配体的类型

3.2.2.1　手性单膦配体

Horner 和 Knowles 等人首次利用手性叔膦配体 **1** 对烯烃进行不对称催化氢化反应，开创了不对称氢化反应的历史。Knowles 等人用配体 **1** 对 α-乙酰胺基肉桂酸进行不对称氢化反应，得到产物的对映选择性仅为 28% ee。随后，人们将配体 **1** 上的取代基进行替换来尝试发现具有更高选择性的配体结构。当磷原子上引入邻甲氧基苯基后得到 PAMP (**2**)，由于空间位阻的变化可以使光学产率提高一倍达到 50%~60% ee。进一步将手性膦结构改造成为 CAMP (**3**) 时，产物的对映选择性可以达到 88% ee[12]。由于这类配体的手性中心位于磷原子上，必须经过相当复杂和繁琐的合成操作才能得到其中的某个对映体。为了解决上述单膦配体在合成方面的困难，人们试图将手性中心从磷原子转移到碳原子上。

1971 年，Morrison 等人以天然的 (–)-薄荷醇为原料制成了第一个手性中心在碳原子上的叔膦配体 NMDPP (**87**, 图 10)[13,21]。使用该配体生成的铑配合物作为催化剂，(*E*)-3-甲基肉桂酸和 2-甲基肉桂酸的不对称氢化反应的对映选择性分别为 61% ee 和 52% ee。同年，Kagan 等人以天然酒石酸为原料合成了第一个著名的手性 1,4-二膦配体 DIOP (**4a**)。Knowles 等人很快也注意到双磷配体的重要性，将他的手性单膦配体 PAMP (**2**) 二聚起来得到手性双膦配体 DIPAMP (**5**)。使用配体 **5** 进行 2-乙酰胺基肉桂酸酯的不对称氢化反应，其对映选择性从单膦配体的 55% ee 提高到 95% ee。由于手性双膦配体迅速树立起绝对统治的地位，而手性单膦配体就被双膦配体的巨大成功所湮没。在此之后的近 30 年里，有关单齿膦配体用于不对称催化氢化反应的报道屈指可数。直到 2000 年，手性单膦配体在不对称氢化反应中的应用才得以复兴。

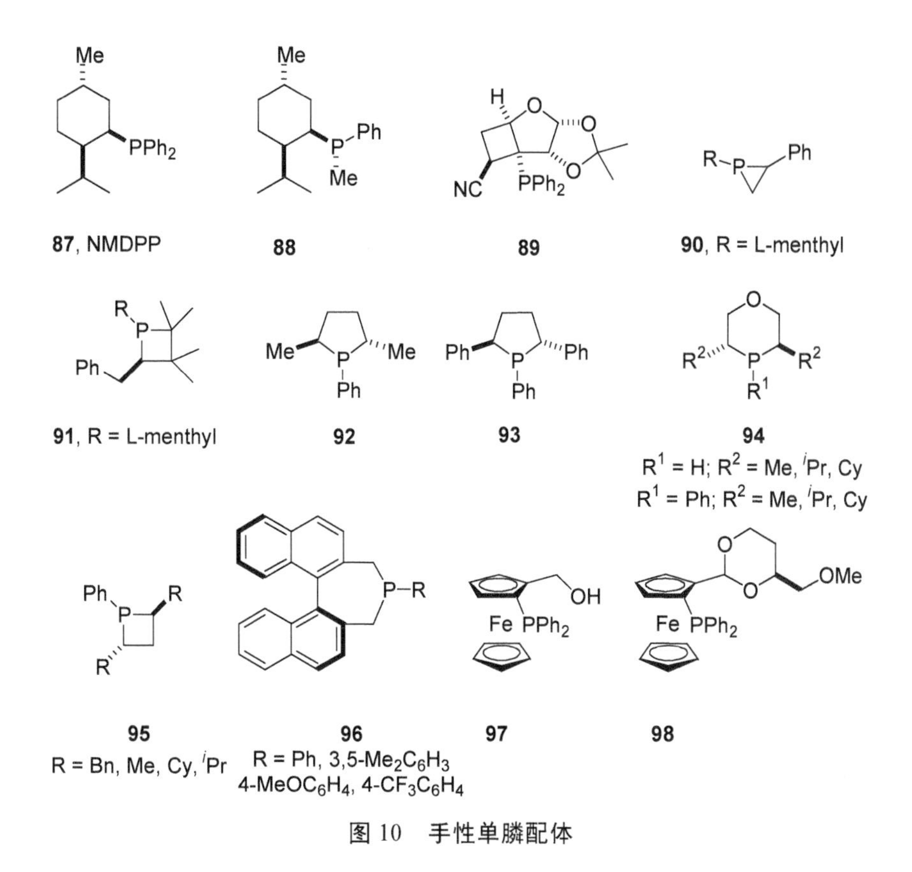

图 10 手性单膦配体

1980 年，Valentine 等人在配体 NMDPP (**87**) 结构的基础上再增加一个膦手性中心，得到了手性配体 **88**。使用该配体生成的 Rh-配合物对 (*E*)-3,7-二甲基-2,6-二烯辛酸进行不对称氢化反应，在温和条件下得到了 79% ee 的对映选择性。如式 2 所示[22]：该反应的对映选择性根本无法与当时的双磷配体的结果相比较。1985 年，Saito 等人将糖的衍生物引入磷配体中制得了单膦配体 **89**。将该配体用于 α-乙酰胺基肉桂酸甲酯的氢化生成的产物只有 71% ee，相应的酸可达到 92% ee。但是，这些还不足以引起人们的重视[23]。

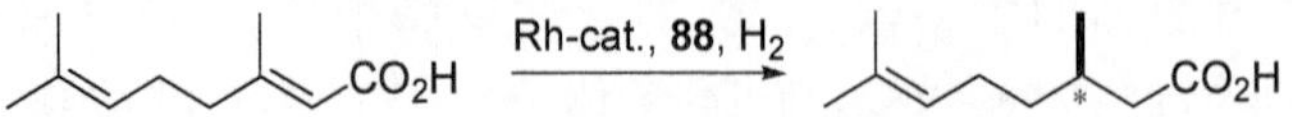

CO_2H —Rh-cat., **88**, H_2→ * CO_2H (2)

进入 20 世纪 90 年代后，有人报道了三个膦杂环手性配体 **90~92**[24]。配体 **90** 存在有顺、反两种异构体，其反式配体对底物的手性诱导能力比顺式强。配体 **91** 与铑难以配位形成配合物，但能与铱配位成配合物。该配合物对 α-乙酰胺基肉桂酸甲酯显示出高度的催化氢化活性，但对映选择性却很低。配体 **92** 是一个具有 C_2-对称轴的五元环手性膦配体，其手性诱导能力也不高，在催化 α-乙酰胺基肉桂酸甲酯的氢化反应中只有 60% ee 的对映选择性。含二茂铁基的单膦配体 **97** 和 **98** 也是在这个时期被合成出来的。把它们应用到上述底物的氢化反应时发现：配体 **97** 有反应活性，但没有手性诱导活性；而配体 **98** 可以得到 87% ee 的光学纯产物[25]。近些年来，具有 C_2-对称轴的磷杂环手性膦配体得以发展，它们在对 α-乙酰胺基肉桂酸及其衍生物的氢化反应中取得较好的结果。如式 3 所示[26]：将配体 **92** 上的甲基换成苯基即可得到配体 **93**，但对映选择性却从 60% ee 提高到 93% ee；配体 **94** 对衣康酸的氢化反应的对映选择性高达 96% ee。

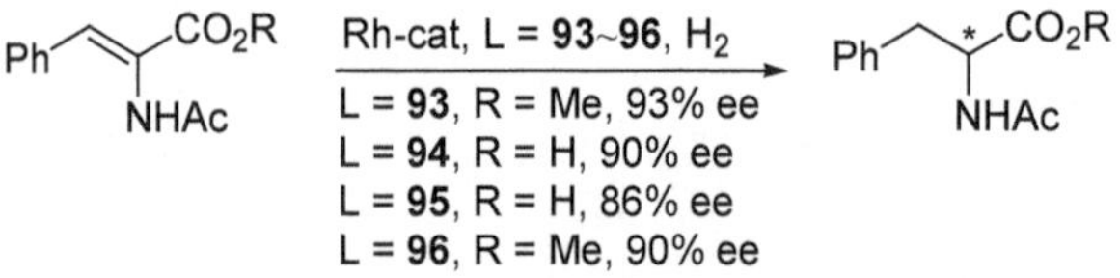

Ph, CO_2R, NHAc —Rh-cat, L = **93**~**96**, H_2→ Ph, * CO_2R, NHAc (3)

L = **93**, R = Me, 93% ee
L = **94**, R = H, 90% ee
L = **95**, R = H, 86% ee
L = **96**, R = Me, 90% ee

3.2.2.2 手性单齿亚磷酰胺酯配体的不对称氢化反应

2000 年，Feringa 等人首次报道了一个新的手性单亚磷酰胺酯配体 MonoPhos (**99**)。如图 11 所示[27]：其手性部分来自 2,2′-联萘-1,1′-二酚，用两当量此配体与 $[Rh(cod)_2][BF_4]$ 作用形成的催化剂对 α-脱氢氨基酸和衣康酸的不对称氢化反应分别获得 99% ee 和 97% ee 的对映选择性，对烯酰胺的不对称氢化反应也能得到高达 96% ee 的对映选择性。这些结果能够与许多优秀的双磷配体相媲美，从而打破了只有螯合双齿磷配体存在下才能取得高对映选择性的传统规则。例如：用该配体进行 α-脱氢氨基酸甲酯不对称氢化反应可以实现 100% 的转化率和 98.4% ee。但是，使用与此结构相似的双磷配体 **100** 进行同一反应时只能得到 56% 的转化率和 72% ee。因此，MonoPhos (**99**) 的出现及其在不对称氢化反应中的成功迅速引起学术界的高度重视。

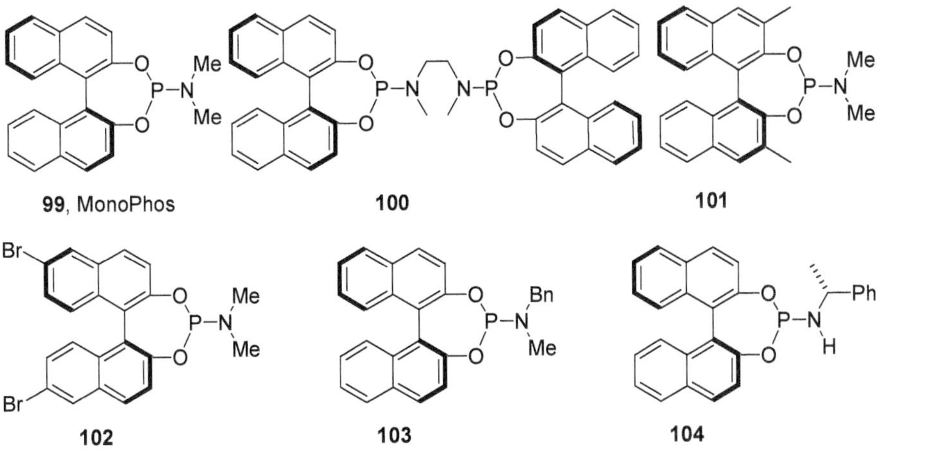

图 11 手性单齿亚磷酰胺酯配体的不对称氢化反应

两年后，Feringa 等人又报道了配体 **101~104** (图 11)[28]。他们在 BINOL 的骨架上引入供电子或吸电子的取代基得到配体 **101** 和 **102**，并试图用它们来改善官能化烯烃的不对称氢化反应的对映选择性。但是，实验却显示出相反的结果，它们的反应活性和对映选择性均有所降低。配体 **103** 和 **104** 在 *β*-乙酰胺基丙烯酸酯的不对称催化氢化反应中显示出很高的立体诱导效应，生成产物的对映选择性一般在 92%~99% ee。

如图 12 所示[29]：Chen 等人将 MonoPhos (**99**) 上的甲基替换成乙基合成了配体 **105**。将配体 **105** 应用于多种芳基取代的 *α*-脱氢氨基酸酯的不对称氢化反应时，产物的对映选择性一般在 93%~99% ee，最高可以达到 99.6% ee。在它们催化的多种芳基取代的 *N*-乙酰基烯胺衍生物的不对称氢化反应中，产物的对映选择性均超过 98% ee，最高可以达到 99.9% ee。无论是在 *N*-乙酰基烯胺衍生物还是在 *α*-脱氢氨基酸酯的不对称催化氢化反应中，配体 **105** 的对映选择性都优于 MonoPhos (**99**)。Jiang 等人合成了 H_8-MonoPhos (**106**)[30]，并将它应用于苯环上有不同取代基的 *α*-脱氢氨基酸酯的不对称氢化时可以获得 92%~98% ee。在它催化的乙酰胺基丙烯酸甲酯的反应中，产物可以得到 99.9% ee。它可以用于多种芳基取代的 *N*-乙酰基烯胺衍生物的不对称催化氢化反应，产物的对映选择性均在 90% ee 以上。一年后，他们又在氮原子上换上不同的取代基合成了配体 **107**[31]。其中，**107a** 和 **107b** 的催化性能与 **106** 相当，而 **107c** 和 **107d** 则较差。2002 年，Zhou 等人报道了一类新的螺环型配体 SiPhos (**108**)[32]。将该配体应用在脱氢氨基酸、衣康酸及其衍生物和多种芳基取代的烯酰胺的不对称氢化反应中都取得了非常好的结果，产物的对映选择性一般都在 95% ee 以上。结构类似的配体 **109** 和 **110** 也被证明是很好的配体，其氮原子上带有甲基取代时对映选择性最高。随着取代基体积的增大，反应的对映选择性迅速降低。但是，螺环苯基上增加取代基对反应影响不很明显。

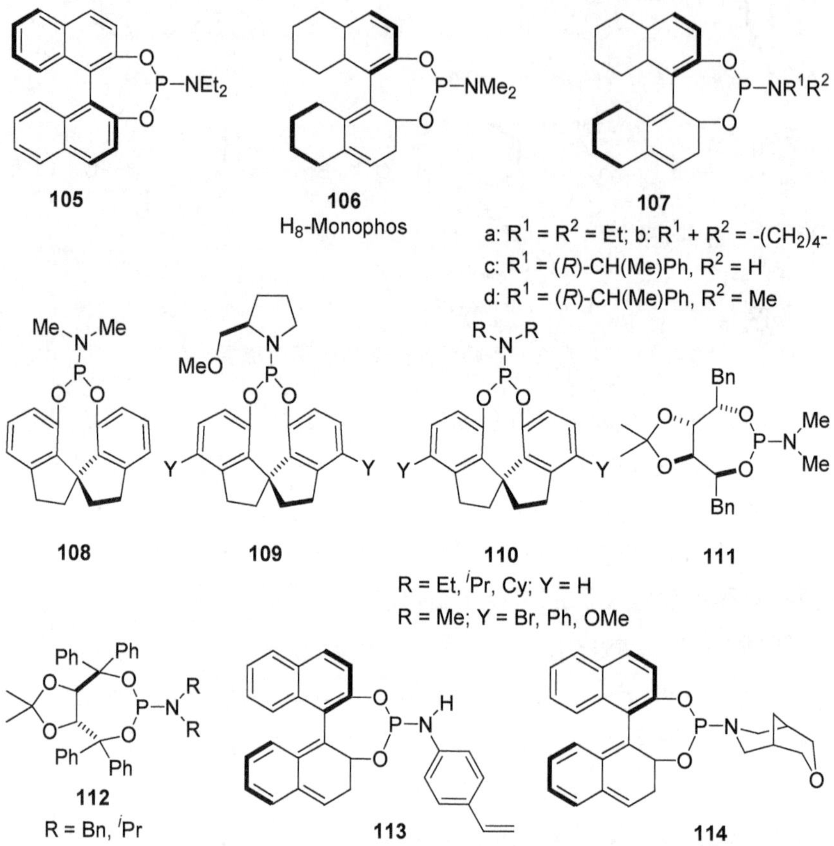

105　　106 H_8-Monophos　　107

a: $R^1 = R^2$ = Et; b: $R^1 + R^2$ = -$(CH_2)_4$-
c: R^1 = (*R*)-CH(Me)Ph, R^2 = H
d: R^1 = (*R*)-CH(Me)Ph, R^2 = Me

108　　109　　110　　111

R = Et, ^{i}Pr, Cy; Y = H
R = Me; Y = Br, Ph, OMe

112
R = Bn, ^{i}Pr
113　　114

图 12　手性单齿亚磷酰胺酯配体

除此之外，还有一些关于手性亚磷酰胺酯配体的报道 (例如：**111~114** 等)[33]。在使用配体 **111** 催化的衣康酸和乙酰胺基肉桂酸不对称氢化中，可以分别得到 94% ee 和 89% ee 的氢化产物。当使用配体 **112** 时，反应的对映选择性迅速降低到 37% ee 以下。这可能是因为氮原子上连接有两个体积较大的异丙基或苄基取代基，磷原子被包围而影响了配位能力。将配体 **113** 应用在乙酰胺基肉桂酸甲酯的不对称氢化反应时，生成的产物只有 80% ee。但是，该配体氮原子上有一个可以固载化的苯乙烯基。经固载以后的配体能够进行相同的反应，循环使用四次后仍能够保持相同的反应活性和对映选择性。配体 **114** 表现出很低的反应活性和对映选择性，这可能是因为氧原子也参与弱配位的缘故 (式 4~式 6)。

RO_2C–C(=CH_2)–CH_2–CO_2R $\xrightarrow{Rh, L, H_2}$ RO_2C–C*H(CH_3)–CH_2–CO_2R (4)

L = **99**, R = H, 97% ee
L = **108**, R = Me, 94% ee
L = **113**, R = Me, 76% ee

RCH=C(NHAc)CO_2R^1 $\xrightarrow{Rh, L, H_2}$ RCH_2C*H(NHAc)CO_2R^1 (5)

L = **99**, R = Ph, R^1 = H, 99% ee
L = **99**, R = Ph, R^1 = Me, 98.4% ee
L = **101**, R = Ph, R^1 = Me, 94% ee
L = **105**, R = Ph, R^1 = Me, 98% ee
L = **106**, R = Ph, R^1 = Me, 94.4% ee
L = **106**, R = H, R^1 = Me, 99.9% ee
L = **107**, R = Ph, R^1 = Me, 97.8% ee
L = **107**, R = Ph, R^1 = H, 84% ee

R–C_6H_4–C(=CH_2)NHAc $\xrightarrow{Rh, L, H_2}$ R–C_6H_4–C*H(CH_3)NHAc (6)

L = **99**, R = H, 95% ee; L = **101**, R = 4-Cl, 89% ee
L = **105**, R = 4-CF_3, 99.6% ee; L = **106**, R = H, 96.2% ee
L = **107**, R = 4-OMe, 99% ee

在大多数官能化烯烃的不对称催化氢化反应中，手性单齿亚磷酰胺酯配体-铑催化剂具有下列共性：(1) 非质子溶剂是获得高对映选择性的理想溶剂，而在质子溶剂中反应的对映选择性一般都很低；(2) 升高氢气压力可以加快反应的速度，且对反应的对映选择性仅有微小的影响；(3) 低温有利于提高反应的对映选择性，但同时也降低了反应速度；(4) 使用从 BINOL 衍生化得到的配体时，母体 BINOL 的构型决定了氢化产物的构型。

3.2.2.3 手性单亚磷酸酯配体

在同一时期，Reetz 等人报道了一种由 BINOL 和糖类组合生成的手性单亚磷酸酯配体 **115** (图 13)[34]，成功地实现了其铑配合物对衣康酸二甲酯进行的不对称催化氢化反应。该反应产物获得了 95% ee，打破了人们普遍认为螯合双齿磷配体比单齿磷配体优越的偏见。之后，他们合成了一系列带有烷氧基的手性单亚磷酸酯配体 BINOL-OR (**116**)，并在衣康酸二甲酯的不对称催化氢化中显示出高的活性和光学选择性[35]。当配体中取代基 R 为 Me、^{i}Pr 和 Ph 时，分别得到 89.2% ee、97.6% ee 和 96.6% ee 的对映选择性。将取代基改为苯乙基时，其对映选择性进一步提高到 99.6% ee。该类反应产物的构型由 BINOL 的轴手性决定，R 取代基的构型对产物构型没有影响，甚至对反应的对映选择性的影响也很小。

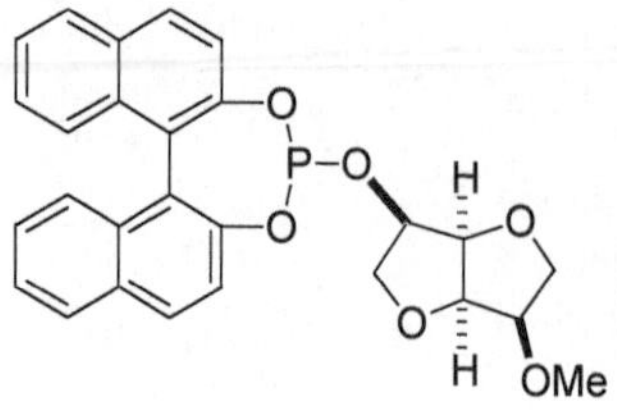

(*S*)-**115** and (*R*)-**115**

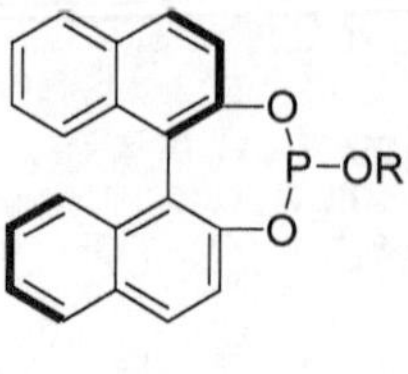

116

a: R = Me
b: R = ^{i}Pr; c: R = Ph
d: R = (*R*)-CH(CH_3)Ph
e: R = (*S*)-CH(CH_3)Ph
f: R = $CH_2{}^{t}Bu$
g: R = CHPh(CH_2OMe)

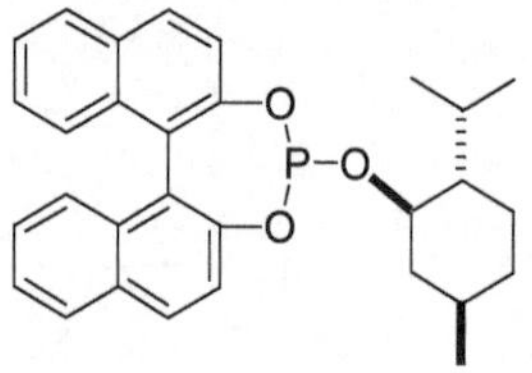

(*R*,L)-**117** or (*S*,L)-**117**

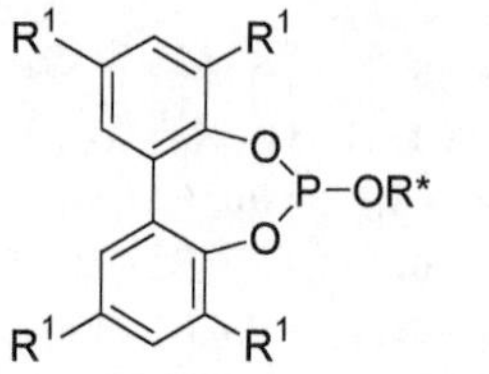

118
R^1 = H, ^{t}Bu
R* = L-menthy

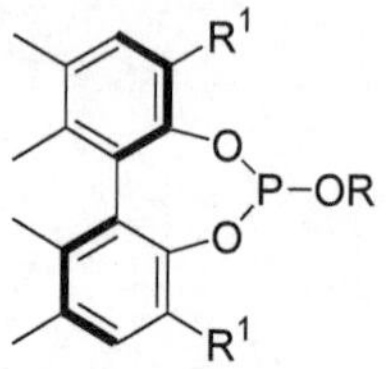

119
R^1 = H; R = Ph, 2-naphthyl, menthyl
R^1 = ^{t}Bu; R = Ph, 2-naphthyl, menthyl

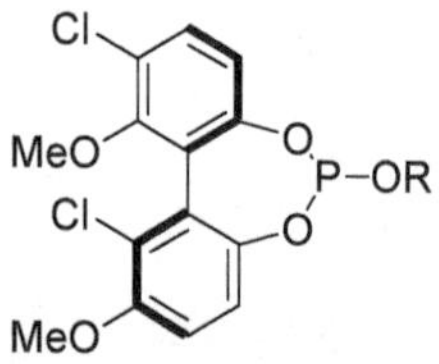

120
R = (*R*)-CH(Me)Ph

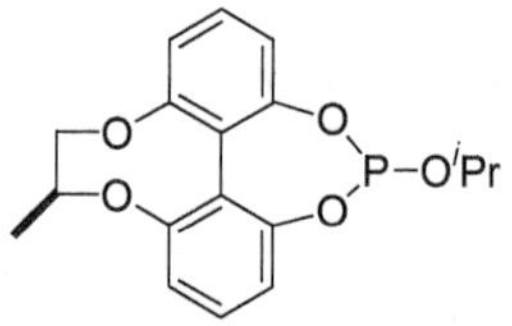

121

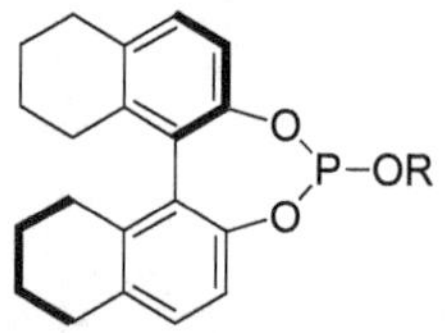

122
a: R = ^{i}Pr; b: R = CH(Me)Ph

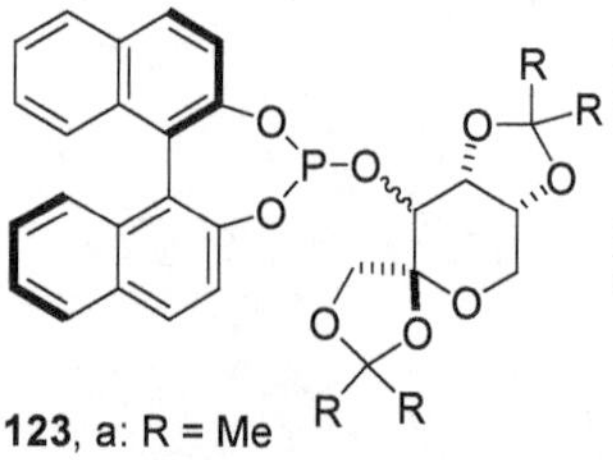

123, a: R = Me
b: R = -(CH_2)$_2$-

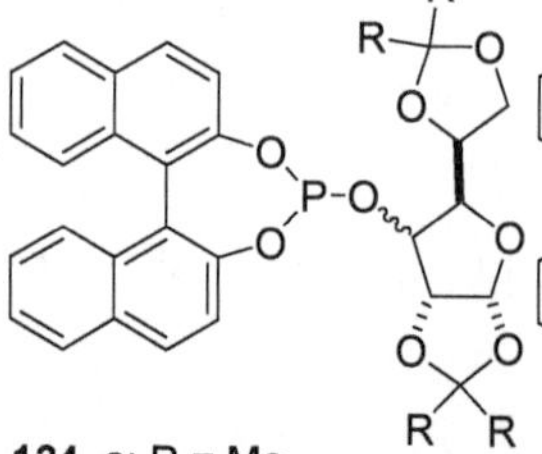

124, a: R = Me
b: R = -(CH_2)$_2$-

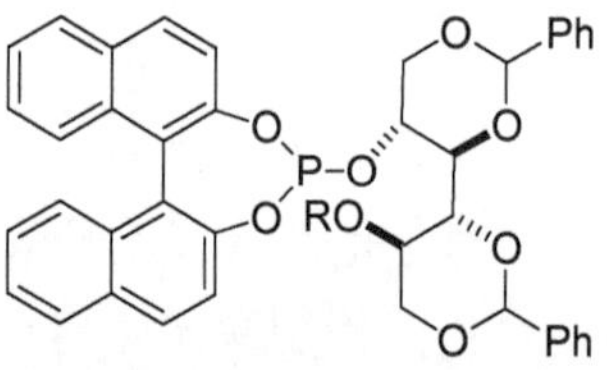

125, a: R = alkyl; b: R = Bn
c: R = 1-CH_2-naphthyl

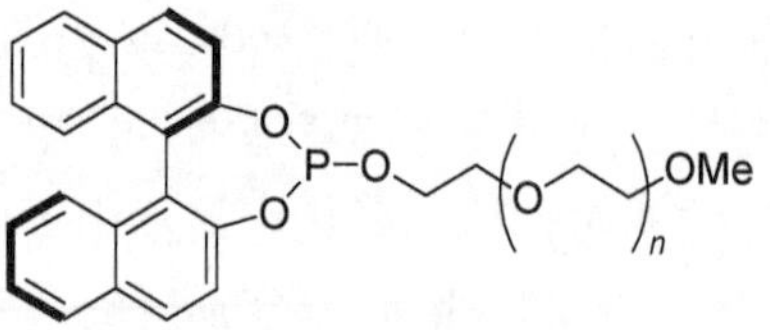

126

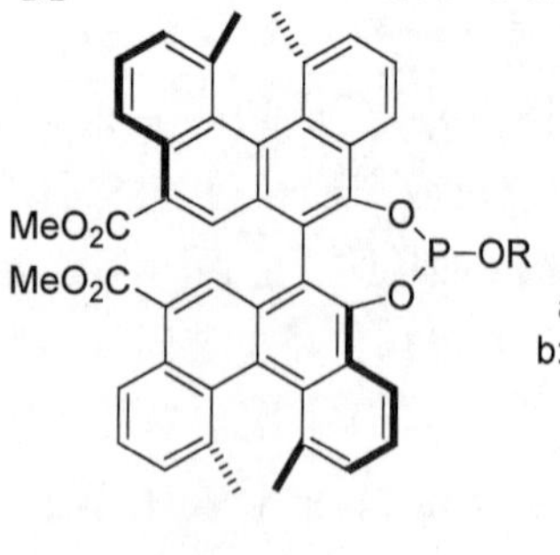

127
a: R = menthyl
b: R = 1-phenthyl

图 13 手性单亚磷酸酯配体

Xiao 等人[36]采用 BINOL 和天然的薄荷醇为原料合成了一个在空气中相当稳定的亚磷酸酯配体 **117**，并在衣康酸二甲酯的氢化反应中获得了 95.2% ee。配体 **117** 可以使用廉价的外消旋体 BINOL 与 L-薄荷醇反应来合成，然后在醚中分步重结晶得到光学纯的产品。在此基础上，他们将 BINOL 换成联苯二酚合成了配体 **118**。配体 **118** 的手性诱导效果不如配体 **117** 效果好，在衣康酸二甲酯的氢化反应中仅得到了 75% ee。配体 **119** 和 **120** 分子中的联苯结构手性是通过在邻位引入取代基使苯环旋转受阻产生的，它们与 Rh 形成的催化剂在衣康酸二甲酯的不对称氢化反应中显示出与 BINOL 衍生物相当的活性和对映选择性[37]。2003 年，Rampf 等人报道了一个新配体 **121**[38]，将该配体的铑配合物用于衣康酸二甲酯和 α-脱氢氨基酸酯的不对称氢化反应分别得到了 96% ee 和 93% ee 的氢化产物。合成 **121** 的手性部分是从非手性的 2,2′,6,6′-四羟基联苯出发，用一个手性试剂锁定联苯上的两个羟基来引入轴手性。这种方式只产生一个非对映异构体，避免了在联苯邻位引入大的取代基来锁定构象以及消旋体拆分的繁琐工作。用 H_8-BINOL 代替 BINOL 可以生成相应的手性单亚磷酸酯配体 **122**，其 Rh-配合物在衣康酸二甲酯的不对称催化反应中显示更为突出的催化性能。

Huang 等人报道了一系列由廉价的糖分子与 BINOL 结合形成的新手性配体 **123~125**[39]。这些配体的应用范围很广，在铑催化的衣康酸二甲酯、*N*-乙酰基-α-芳基烯酰胺和 α-脱氢氨基酸酯的氢化反应中表现出非常高的催化活性和卓越的对映选择性 (式 7)。最近，Zheng 等人利用聚乙二醇合成了一种新的配体 **126**，Rh-**133** 催化芳基烯酰胺和 β-脱氢氨基酸酯分别得到 98% ee 和 99% ee 的氢化产物[40]。该配体不仅合成简单和实用性强，而且具有可循环使用的优点，循环使用四次的催化剂仍然保持相同的反应活性和对映选择性。

$$MeO_2C\text{-}C(=CH_2)\text{-}CH_2\text{-}CO_2Me \xrightarrow{Rh,\ L,\ H_2} MeO_2C\text{-}C^{*}H(CH_3)\text{-}CH_2\text{-}CO_2Me \quad (7)$$

L = **115**, 97.8% ee　L = **117**, 95.2% ee　L = **123a**, 99.1% ee
L = **116b**, 97.6% ee　L = **118**, 75% ee　L = **124a**, 98.5% ee
L = **116c**, 96.6% ee　L = **120**, 99% ee　L = **125a**, 98% ee
L = **116d**, 99.6% ee　L = **121**, 98.7% ee
L = **116g**, 93.9% ee　L = **122a**, 99.6% ee

手性亚磷酸酯配体铑配合物催化不对称氢化反应有以下特点：(1) 二氯甲烷是最理想的溶剂；(2) 氢气压力高反应速度快而对反应的对映选择性影响很小；

(3) 低温有利于提高对映选择性但同时降低反应速度；(4) 氢化产物的绝对构型通常由 BINOL 的绝对构型确定，这一规则不能用于阻转异构体二苯骨架单亚磷酸酯配体的不对称氢化反应中；(5) 在绝大多数情况下，配体的匹配与否对氢化反应的活性和对映选择性起决定性作用。

3.2.2.4 亚膦酸酯配体和其它类型的单磷配体及其不对称氢化反应

2000 年，Pringle 等人报道了易于合成的单齿亚膦酸酯配体 **128** 和 **129** (图 14)[41]，同时他们还合成了双膦配体 **130** 进行比较。使用 **128a**-Rh 对 *N*-乙酰胺基丙烯酸甲酯和 *α*-乙酰胺基肉桂酸甲酯进行不对称氢化反应时，分别得到 92% ee 和 80% ee 的产物。但是，使用 Rh-**129** 在同样反应中仅得到 90% ee 和 19% ee。这一结果首次对广泛认可的双齿螯合膦配体更优越的观点提出了挑战。随后，Reetz 等人报道了配体 **128b**[42]。**128b** 在乙酰胺基丙烯酸甲酯的不对称催化氢化中可以将对映选择性提高至 94% ee，在衣康酸二甲酯的不对称氢化中也能得到 90% ee。继续增大 R 基团的体积，则会引起对映选择性降低。之后，文献中很少见到关于单齿亚膦酸酯配体在不对称氢化反应方面应用的报道，其它类型单磷配体的报道也相当少，配体 **131~134** 是其中的几个范例。但是，除了配体 **134** 在 *α*-脱氢氨基酸酯的氢化反应中能获得 96% ee 的氢化产物之外，其它配体在不对称催化氢化反应中都不理想。

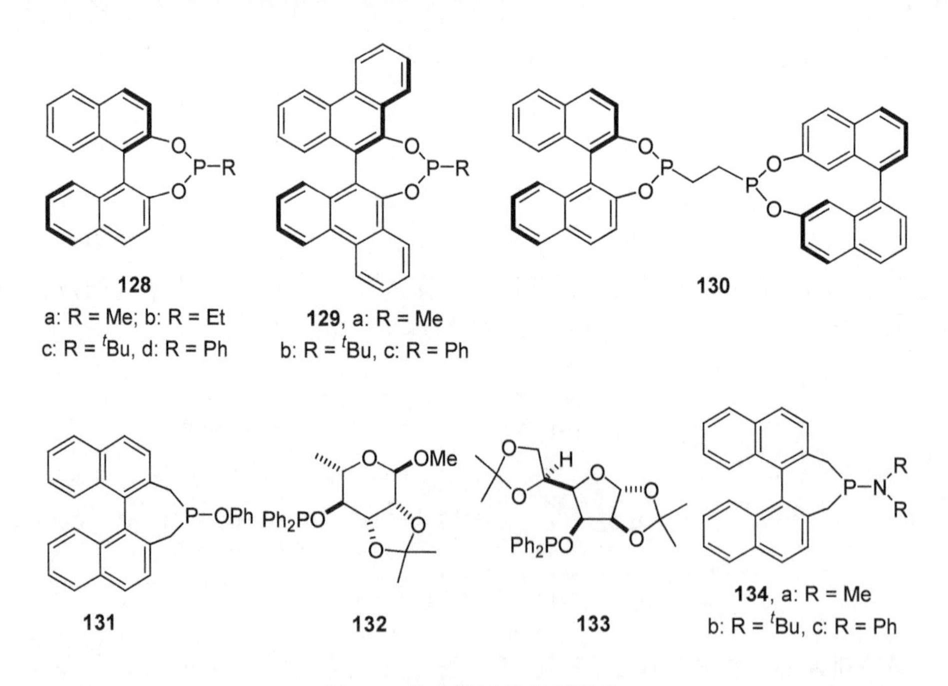

图 14 其它类型的单磷配体

3.2.3 其它配体的选择

自 20 世纪 70 年代铑-磷配体催化剂被应用于烯烃不对称氢化以来，烯烃不对称氢化研究领域已经历了三次大的突破。第一次突破是开发了双磷配体 (例如：DIOP 和 DIPAMP)，并将其应用到 L-多巴的工业化催化中。第二次突破是 Noyori 等人使用 BINAP 双磷配体催化剂极大地扩展了不对称氢化底物的研究范围。此后，越来越多的磷配体被开发出来，并取得了很大的成功。然而，此类催化剂只能用于不对称催化氢化那些 α-位被官能团取代的烯烃。第三次突破是由 Pfaltz 等人开发的 Ir-氮磷配体催化剂 (图 15)[43]，该工作开启了非官能化烯烃不对称氢化的领域。

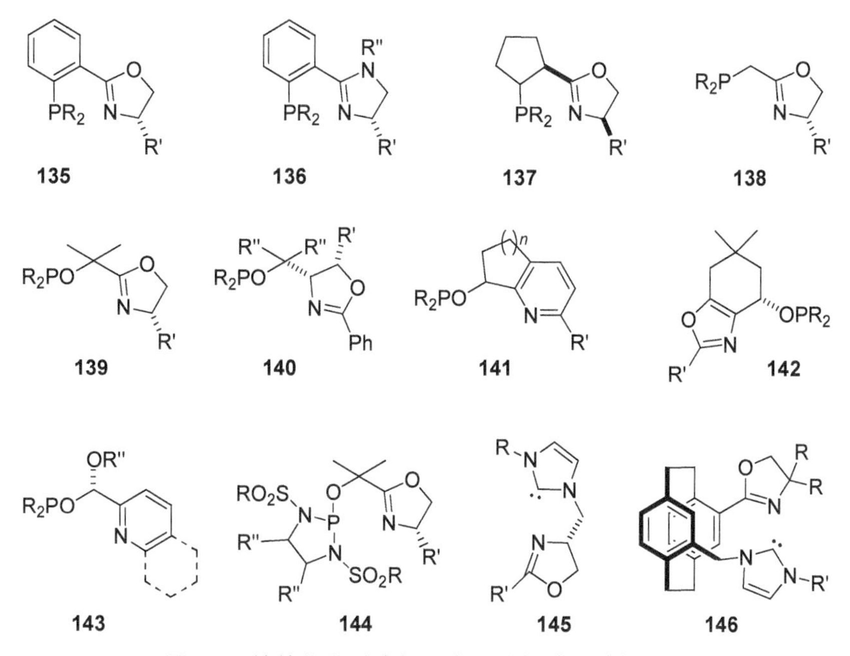

图 15 铱催化不对称氢化常用的氮磷和碳氮配体

非官能化烯烃是指碳-碳双键上的取代基只限于脂肪族烷烃和芳香烃 (例如：甲基、乙基和苯基等) 的一类烯烃。铱催化剂弥补了以往铑和钌等催化剂的不足，可以对双键上没有极性基团的非官能化烯烃进行催化加氢 (式 8 和式 9)[44]。从此，越来越多的铱-氮磷配体催化剂被开发出来，可进行不对称氢化的非官能化烯烃的种类也不断增多。

总的说来，不对称氢化的发展过程在某种程度上就是手性磷配体的发展过程。迄今为止，已有数以千计的配体在实验室和工业生产中获得了广泛的应用。但是，合成廉价、高效和普适的手性配体仍然是不对称氢化反应中努力追求的目标。

MeO Rh-L (1 mol%), H_2 MeO (8)
L = **141a**, 93% ee
L = **141b**, 87% ee
L = **141c**, 83% ee

(*o*-Tol)$_2$PO N Ph **141a**
^{t}Bu$_2$PO N Ph **141b**
(*o*-Tol)$_2$PO N Ph **141c**

MeO Rh-L (1 mol%), H_2 MeO (9)
L = **141a**, 98% ee
L = **141b**, 94% ee
L = **141c**, 96% ee

4 各类烯烃底物的不对称催化氢化反应综述

4.1 酰胺基丙烯酸 (脱氢氨基酸) 的不对称氢化

酰胺基丙烯酸 (脱氢氨基酸) 的催化氢化是人们最早研究的不对称催化氢化反应，也是合成光活性氨基酸的一个重要方法。1968 年，Knowles 小组建立了治疗帕金森综合征的药物 L-多巴的工业化生产过程，其中的关键步骤就是使用配体 DIPAMP 生成的催化剂进行的不对称氢化反应。式 10 列出了一些磷配体在铑催化氢化制备 L-多巴反应中的对映选择性[1,45]。

CO_2H AcO OMe NHAc Rh-L (1 mol%), H_2 CO_2H AcO OMe NHAc (10)
L = **1**, 28% ee; L = **3**, 88% ee
L = **4**, 83% ee; L = **5**, 95% ee
L = **6**, 95% ee; L = **9**, 87% ee
L = **62**, 93% ee; L = **74**, 94% ee
(L = **3**, 1000 kg/a)

4.1.1 *α*-脱氢氨基酸的氢化反应

α-脱氢氨基酸及其衍生物是最早进行不对称催化氢化反应并获得成功的烯烃底物。由于 C=C 双键上带有的极性羧基基团可以和催化剂的金属配位，因此限定了双键的取向、增加了双键的氢化活性，并得到较高的对映选择性。在许多手性双磷配体-铑配合物催化的不对称氢化反应中，产物的对映选择性已接近或达到 100% ee。有些手性催化剂还表现出高度的催化活性，底物与催化剂之比已超过 10000 倍。这种方法不仅可以生产天然氨基酸，而且还可以合成非天然氨基酸。表 1 中列出了典型的配体及其应用实例。

表 1 α-脱氢氨基酸及其衍生物的不对称氢化反应

R^1-CH=C(CO_2R^2)(NHAc) $\xrightarrow{\text{Rh-L, } H_2}$ R^1-CH$_2$-CH(R^1)(NHAc)

A: R^1 = Ph, R^2 = H

B: R^1 = H, R^2 = H

C: R^1 = Ph, R^2 = CH_3

D: R^1 = H, R^2 = CH_3

序号	配体	底物	ee/%
1	(*R,R*)-DIOP	A	85
2	(*R,R*)-DIPAMP	C	96
3	(*R,R*)-PYRPHOS	C	96.5
4	(*S*)-BINAP	C	100
5	(*R*)-BICHEP	C	95
6	(*S,S*)-ChiralPhos (**6**)	A	99
7	(*S,S*)-Et-DuPhos (**45**)	D	99
8	(*R,R*)-BICP (**17**)	B	97.5
9	RoPHOS (**46**)	C	98.4
10	BASPHOS (**47**)	B	99
11	**59**	B	97.4
12	(*R,R,R*)-**54**	C	98
13	(*R,R*)- (*S,S*)-EtTRAP (**63**)	D	96
14	(*R*)-(*S*)-JosiPhos (**65**)	C	96
15	(*S,S*)-FerroPhos (**70**)	A	98.9
16	MandyPhos (**65**)	C	98
17	(*S,S*)-^{t}Bu-MiniPhos (**20**)	D	99.9
18	(*S,S,S,S*)-**71**	D	100
19	(*S,S,R,R*)-TangPhos (**18**)	C	99.8
20	^{i}Pr-BeePhos (**54**)	C	98
21	(*R*)-SpirOP (**78**)	A	97.9
22	DIMOP (**82**)	B	96.7
23	(*S*)-Ph-*o*-Naphos (**42**)	D	98.7
24	(*S*)-Ph-*o*-BINAPO (**77**)	D	99.9
25	(1*R*,2*S*)-DPAMPP (**88**)	C	97
26	**86**	D	>99
27	Me-BoPhoz (**90**)	C	99.4
28	(*R*)-H_8-BPDAB (**76**)	B	99
29	(*S*)-**19**	C	>99
30	Me-(S_c,R_p,S_a)-**91**	C	99
31	Monophos (**99**)	A	99
32	Monophos (**99**)	C	98.4
33	**101**	C	94
34	**104**	C	98
35	H_8-Monophos (**106**)	C	94.4
36	H_8-Monophos (**106**)	D	99.9
37	SiPhos (**108**)	C	97.8
38	**113**	A	84

1998 年，Imamoto 等人发展出了 Miniphos 配体，并在脱氢氨基酸的氢化反应中得到了高达 99.9% ee[46]。Zhang 等人发展的手性双磷配体 TangPhos，在 α-脱氢氨基酸的氢化反应中同样取得了高达 99.8% ee (表 1, 第 19 项)[47]。杜邦公司 Burk 等人开发了富电子双磷配体 1,2-二膦基苯配体 (DuPhos) 的铑和钌配合物，它们在多种结构的脱氢氨基酸的不对称氢化中显示了优良的催化性能和极好的对映选择性。如式 11 所示：在催化吡啶基 α-脱氢氨基酸的氢化反应中，Et-DuPhos-铑配合物取得了 98% ee。

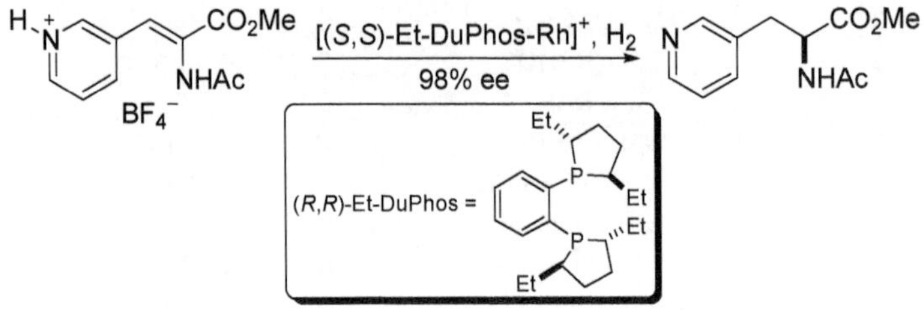

(11)

如式 12 所示[48]：在全取代的 α-脱氢氨基酸衍生物的氢化反应中，Et-DuPhos-铑配合物取得了 > 68% 的产率和 > 93% ee，解决了 β,β-双取代-α-脱氢氨基酸的不对称氢化难题。

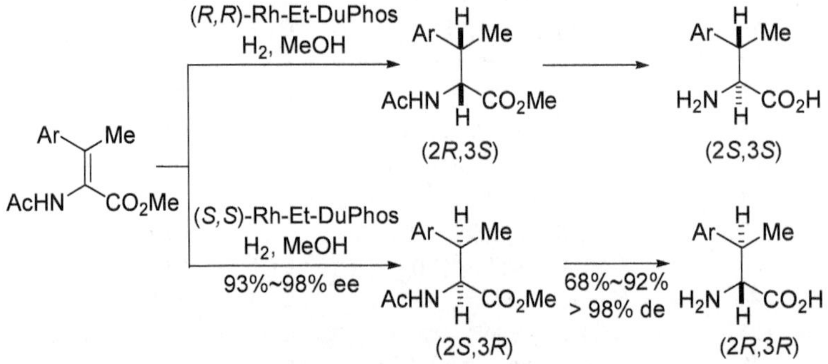

(12)

4.1.2 β-脱氢氨基酸的不对称催化反应

β-脱氢氨基酸的不对称催化反应是获得 β-氨基酸的理想方法之一。然而，相对于不对称合成 α-氨基酸的技术已趋成熟而言，成功的不对称合成 β-氨基酸的实例较少。原因之一是由于 β-脱氢氨基酸酯有 (E)- 和 (Z)-两种异构体，大多数底物是含有两种异构体的混合物。由于常见的 Rh- 或 Ru-催化体对两种异构体显示出不同的对映选择性，因而很难获得高光学选择性产物。例如：BINAP (**25**)、BICP (**17**)、MiniPhos (**20**) 和 MalPHOS (**55**) 等对 (E)-β-酰氨基丙烯酸酯及其衍生物比较有效[17b,49]，而对 (Z)-构型的则无效。但是，这种局面近来有所改观，对 (*E*)- 和 (*Z*)-异构体混合底物均非常有效的催化体系已经出现。如表 2 所示：Me-DuPhos (**45**) 和 TangPhos (**18**) 对 (*E*)- 和 (*Z*)-异构体均显示出高度的立体选择性[47a,50]，从而避免了对 (*E*)- 和 (*Z*)-混合底物的繁琐分离过程。

表 2 *β*-脱氢氨基酸及其衍生物的不对称氢化反应

$R^1C(NHAc)=CHCO_2Me \xrightarrow{\text{Rh-L or Ru-L, } H_2} R^1C^*H(NHAc)CH_2CO_2Me$

序号	配体	R^1	*E*/*Z*	ee%
1	(*R*)-BINAP	Me	*E*	96
2	(*S*,*S*)-Me-DuPhos (**45**)	Me	*E*	98.2
3	(*S*,*S*)-Me-DuPhos (**45**)	Me	*Z*	97.8
4	(*R*,*R*)-BICP (**17**)	Me	*E*	96.1
5	(*S*,*S*)-^{t}Bu-MiniPhos (**20**)	Me	*E*	96.4
6	(S,S,R,R)-TangPhos (**18**)	Me	*E*	99.6
7	(*S*,*S*,*R*,*R*)-TangPhos (**18**)	Me	*Z*	98.5
8	(*S*,*S*,*R*,*R*)-TangPhos (**18**)	Me	*E*/*Z*	99.5
9	(*R*,*R*)-MalPHOS (**55**)	Me	*E*	97.8
10	(*R*,*R*)-Et-FerroTane (**69**)	Me	*E*	99
11	(*R*,*R*)-Et-FerroTane (**69**)	Ph	*E*	> 99
12	(*S*,*S*,*R*,*R*)-TangPhos (**18**)	Ph	*Z*	93.8
13	(*S*,*S*,*R*,*R*)-TangPhos (**18**)	*p*-F-Ph	*Z*	95
14	(*S*,*S*,*R*,*R*)-TangPhos (**18**)	*p*-Me-Ph	*Z*	98.5
15	(*S*)-**19**	Me	*E*	99
16	(*S*)-**19**	Me	*Z*	99
17	(*S*)-**19**	Me	*E*/*Z*	98
18	H-(S_c,R_p,S_a)-**91**	Ph	*Z*	98

4.2 烯丙醇的不对称氢化

Noyori 的研究发现：使用 Ru[(*S*)-BINAP](OAc)$_2$ 作为催化剂，可以从香叶醇或者橙花醇的不对称氢化反应中分别得到极好的立体选择性的 (*R*)- 或者 (*S*)-香茅醇 (式 13)。用 Ru-BINAP 催化外消旋烯丙醇的不对称氢化反应，可以达到不对称拆分的目的，得到光学纯的未反应的对映体[51]。如式 14 所示：使用 Ru[(*S*)-BINAP](OAc)$_2$ 作为催化剂，3-甲基环己-2-烯醇经不对称拆分反应可以实现 40% 的转化率和得到 5% ee 的 (1*R*,3*R*)-甲基环己醇产物。当转化率达到 54% 时，可回收到 99% ee 的 (*S*)-3-甲基环己-2-烯醇[52]。

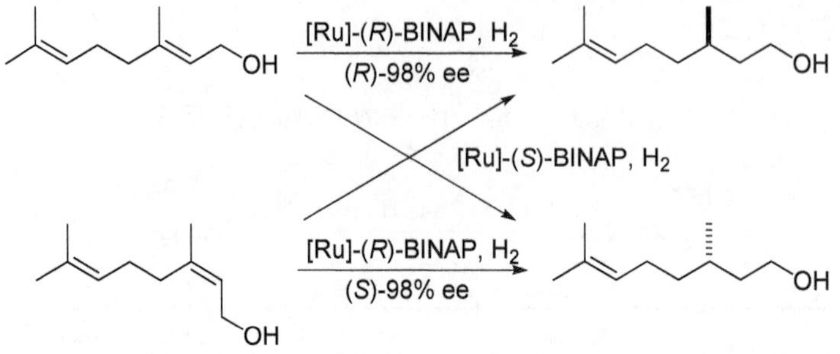

[Ru]-(*R*)-BINAP, H_2 (*R*)-98% ee; [Ru]-(*S*)-BINAP, H_2; [Ru]-(*R*)-BINAP, H_2 (*S*)-98% ee (13)

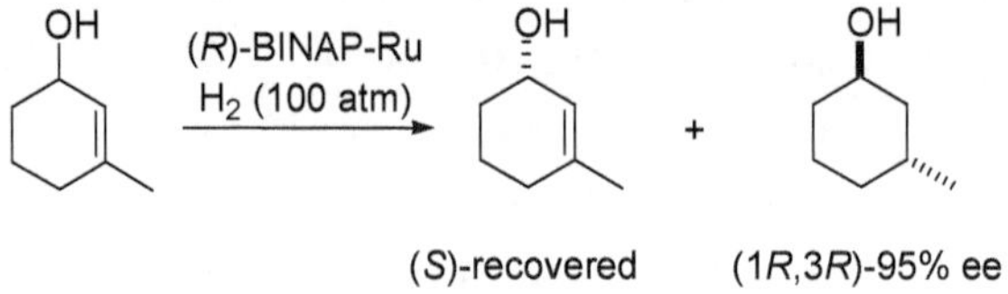

(*R*)-BINAP-Ru, H_2 (100 atm); (*S*)-recovered + (1*R*,3*R*)-95% ee (14)

4.3 非官能化丙烯酸和丙烯酸酯的不对称氢化

α-取代丙烯酸的不对称氢化在工业上具有重要意义，布洛芬 (Ibuprofen)、萘普生 (Naproxen) 和酮洛芬 (Ketoprofen) 等都是典型范例 (图 16)。萘普生是 α-芳基丙酸化合物中性能最好和副作用最小的药物，以前生产方法主要是对外消旋体进行手性拆分。随着手性技术的蓬勃发展，利用不对称合成手段直接合成光学活性体 (*S*)-(+)-萘普生已越来越多地引起人们的关注。即利用潜手性烯的萘普生前体，在不对称催化剂的作用下进行氢化来合成具有高光学活性的萘普生。

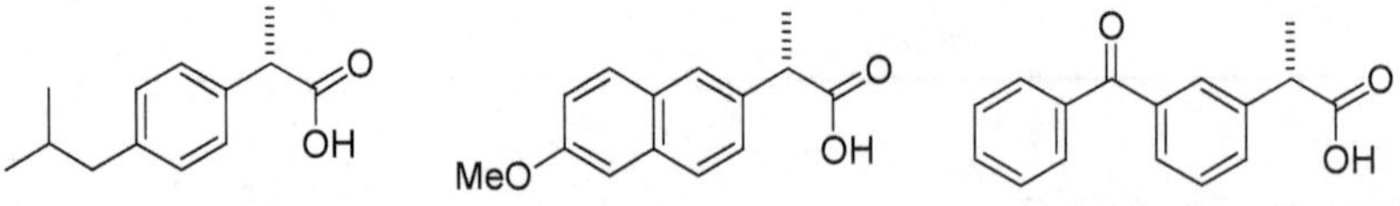

布洛芬　萘普生　酮洛芬

图 16　几个重要的手性 α-取代丙烯酸化合物

Noyori 等人[53]报道：在 Ru[(*S*)-BINAP]$(OAc)_2$ 的催化下，2-(6-甲氧萘基)丙烯酸经催化氢化反应可以得到 97% ee 的 (*S*)-萘普生。但是，该反应对压力要求较高 (13.7~15.2 MPa)，反应产物从混合物中分离和催化剂的循环使用都很麻烦，实际推广应用受到了一定的限制 (式 15)。1997 年，Monteiro 等人[54]报道：

使用 Ru[(*S*)-BINAP](OAc)$_2$ 作为催化剂，2-(6-甲氧萘基)丙烯酸在离子液体 BMI·BF$_4$ (1-丁基-3-甲基咪唑四氟硼酸盐) 中进行氢化反应 (7.6 MPa) 可以得到 (*S*)-萘普生 (最高为 86% ee)。该反应条件比 Noyori 的方法温和，反应后的产物与催化剂分处两相而易于分离 (式 16)。分离后的催化剂的活性与立体选择性无显著变化，但光学纯度有所降低。Ohta 和 Nozaki 报道[55]：手性钌催化剂 Ru(H$_8$-BINAP)(OAc)$_2$ 比 Ru[(*S*)-BINAP](OAc)$_2$ 具有更高的反应速率和更好的选择性，可以得到 97% ee 的 (*S*)-布洛芬 (式 17)。

Ru-(*S*)-BINAP, H_2 (13.7 MPa), 97% ee (15)

Ru-(*S*)-BINAP, H_2 (7.6 MPa), BMIBF$_4$, 86% ee (16)

Ru-(H$_8$-BINAP), H_2(S/C = 200), 97% ee (17)

在 α-取代丙烯酸的不对称氢化反应中，使用 Rh- 或 Ir-催化剂也取得了很好的结果。Hayashi 等人报道使用 Rh-**62c** 催化剂对三取代丙烯酸进行不对称加氢取得了很高的对映选择性，成功的关键是配体中末端氨基可以与底物中的羧酸成盐 (式 18) [56]。Zhou 等人利用螺环配体 SIPHOX 和 Ir-催化剂体系成功实现了 α-取代肉桂酸的不对称氢化反应[57]，对映选择性在 94%~99.2% ee 之间 (式 19)。该反应成功的一个关键也是加入了碱 NEt$_3$，它可以与底物中的羧酸成盐。

Rh-**60c**, H_2 (18)

Ph, 98.4% ee; 4-Cl-Ph, 97.4% ee; 4-MeO-Ph, 96.7% ee; 2-Naph, 97.3% ee; Et/Ph, 97.3% ee; Ph/Ph, 92.1% ee

Ar–CH=C(R²)–CO₂H →[Ir-L, NEt_3 (0.5 eq.), H_2 (6 atm), MeOH] Ar–CH₂–C*H(R²)–CO₂H (19)

L = SIPHOX-1d

99.2% ee; 98% ee; 98% ee; 99% ee; 99% ee; 94% ee

尽管衣康酸及其衍生物的反应活性不如脱氢氨基酸高，但仍然有很多手性磷配体的 Rh-催化体系在对衣康酸及其衣康酸酯的不对称氢化反应中显示出卓越反应活性和对映选择性。如表 3 所示：许多列举的配体的对映选择性均在 95% ee 以上。如果底物分子的 β-位上有取代基时，产物的对映选择性有所降低。但是，最近报道的 TangPhos (**18**)、BPPM (**22**)、Et-DuPhos (**45**) 和 BoPhoz 等配体对 β-取代衣康酸衍生物具有较好的效果。

使用一些单磷配体与 Rh 形成的催化体系对衣康酸酯进行不对称氢化反应也能取得卓越的反应活性和对映选择性 (表 3，序号 16~24)。但是，使用 β-取代的底物分子获得成功的例子很少[58]。

表 3 铑催化的衣康酸及其衍生物不对称催化氢化反应

R^1–CH=C(CO_2R^2)–$CH_2CO_2R^3$ →[Rh-L, H_2] R^1–CH_2–C*H(CO_2R^2)–$CH_2CO_2R^3$

序号	配体	R^1	R^2	R^3	*E/Z*	ee/%
1	(*R*)-BICHEP (**34**)	H	H	H		96
2	(*R,R*)-Et-DuPhos (**45**)	H	Me	Me		98
3	(*R,R*)-(*S,S*)-EtTRAP (**63**)	H	Me	Me		96
4	(*R*)-(*S*)-JosiPhos (**64**)	H	Me	Me		99
5	(*S,S*)-Et-FerroTane (**69**)	H	Me	Me		98
6	(*S,S,S,S*)-**71**	H	H	H		99.5
7	(*S,S,R,R*)-TangPhos (**18**)	H	Me	Me		99
8	**85**	H	Me	Me		98.7
9	Me-BoPhoz (**92**)	H	H	H		97.4
10	BoPhoz (**92**)	Ph	H	H	*E*	99
11	(*R,R*)-BPPM (**22**)	Ph	H	H	*E*	94
12	(*S,S*)-Et-DuPhos (**45**)	Ph	Me	H	*E/Z*	97
13	(*S,S*)-Et-DuPhos (**45**)	^{i}Pr	Me	H	*E/Z*	99
14	(*S,S,R,R*)-TangPhos (**18**)	Ph	Me	H	*E/Z*	95
15	(*S,S,R,R*)-TangPhos (**18**)	^{i}Pr	Me	H	*E/Z*	96
16	(*S*)-Monophos (**108**)	H	H	H		97
17	SiPhos (**117**)	H	Me	Me		94

续表

序号	配体	R^1	R^2	R^3	E/Z	ee/%
18	**124**	H	Me	Me		97.8
19	^{i}Pr-**125b**	H	Me	Me		97.6
20	(*R*)-CH(Me)Ph-**125d**	H	Me	Me		99.6
21	**126**	H	Me	Me		95.2
22	**129**	H	Me	Me		99
23	**130**	H	Me	Me		98.7
24	^{i}Pr-**131a**	H	Me	Me		99.6

4.4 烯基胺的不对称氢化

许多具有光学活性的手性胺是合成手性药物的重要中间体，烯胺的不对称催化氢化反应是制备手性胺的有效方法之一。但是，相对于脱氢氨基酸而言，烯胺是富电子烯烃，又没有像羧基那样的次级基团起协助作用，因而烯胺的不对称催化氢化反应相对比较困难。相对于未保护的烯胺而言，烯酰胺的不对称催化加氢要相对容易一些，研究的也比较早。随着新型手性配体的大量涌现，烯酰胺的不对称催化氢化反应取得了许多可喜的成就 (表 4)。

表 4　铑催化的烯基酰胺的不对称氢化

NHAc, R^1, R —— Rh-L, H_2 ——> NHAc, *, R^1, R

序号	配体	R	R^1	ee/%
1	(*R*,*R*)-Me-BPE (**58**)	H	H	95.2
2	(*R*,*R*)-Me-BPE (**58**)	H	Me	95.4
3	Et-**48**	H	Me	96
4	(*S*,*S*)-BINAPHANE (**50**)	H	Me	99.1
5	(*R*,*R*)-BICP (**17**)	H	Me	95
6	(*S*,*R*,*R*,*S*)-DIOP (**16**)	H	H	98.8
7	(*S*,*R*,*R*,*S*)-DIOP (**16**)	H	Me	97.3
8	(*S*,*S*)-Me-BDPMI (**24**)	H	H	98.5
9	(*S*,*S*)-Me-BDPMI (**24**)	H	Me	>99
10	(*S*,*S*,*R*,*R*)-TangPhos (**18**)	H	H	99.3
11	(*S*,*S*,*R*,*R*)-TangPhos (**18**)	H	Me	98
12	(*R*)-H_8-BDPAB	H	H	96.8
13	Me-(S_c,R_p,S_a)-**91**	H	H	99.3
14	(*S*)-Monophos (**99**)	H	H	95
15	**101**	Cl	H	89
16	**105**	CF_3	H	99.6
17	H_8-Monophos (**99**)	H	H	96.2
18	SiPhos (**108**)	MeO	H	99

使用钌催化剂也成功实现了烯酰胺的不对称催化氢化反应，1986 年，Noyori 报道了 Ru-BINAP 催化的 (*Z*)-烯酰胺的不对称加氢反应，对映选择性高达 99.5% (式 20)。但是，该催化体系对 (*E*)-烯酰胺没有催化活性[59]。

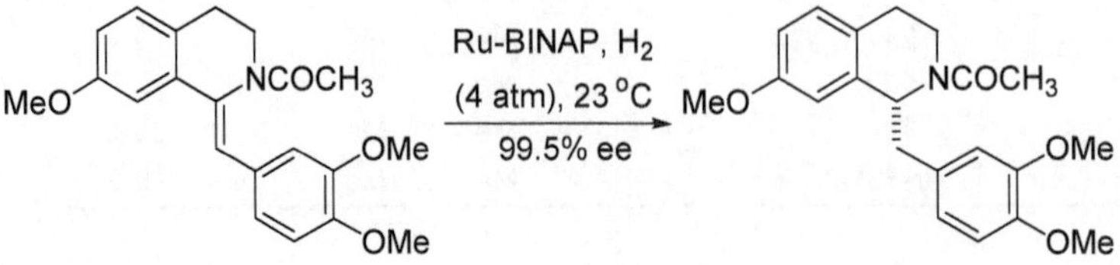

Ru-BINAP, H_2 (4 atm), 23 °C, 99.5% ee (20)

2006 年，Zhou 等人报道了非保护烯胺的不对称催化氢化反应，在 Rh-螺环单磷配体的催化下，二芳基取代的烯胺实现了高度对映选择性的加氢 (式 21)，反应的一个关键是加入微量的碘作为添加剂[60]。2009 年，他们使用 Ir-螺环单磷配体又成功实现了环状烯胺的不对称催化氢化反应 (式 22)[61]。

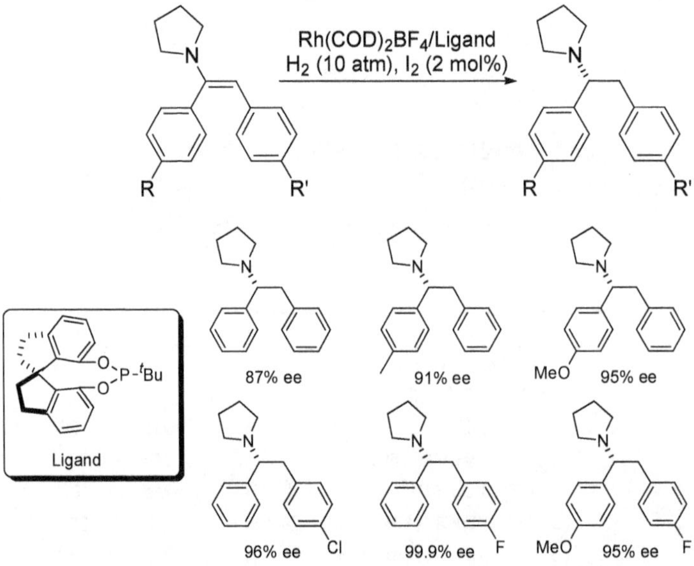

$Rh(COD)_2BF_4$/Ligand, H_2 (10 atm), I_2 (2 mol%) (21)

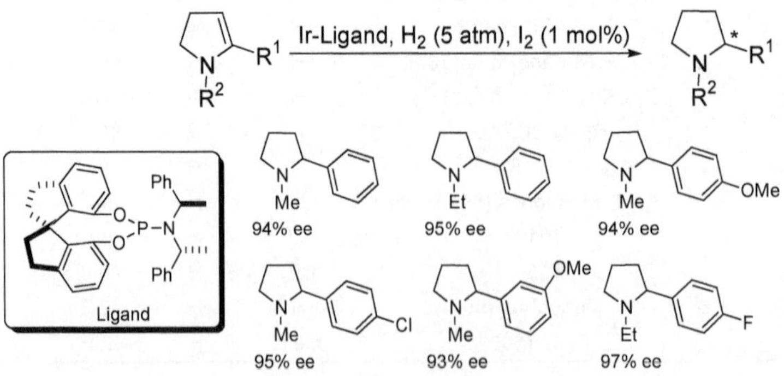

Ligand

87% ee　91% ee　95% ee

96% ee　99.9% ee　95% ee

Ir-Ligand, H_2 (5 atm), I_2 (1 mol%) (22)

Ligand

94% ee　95% ee　94% ee

95% ee　93% ee　97% ee

4.5 烯基酯的不对称氢化

取代烯基酯是取代酮的互变异构体，对烯基酯的还原是间接对酮的还原。由于配位能力较弱的原因，这类底物的不对称加氢反应富有挑战性。Burk 最先使用 Rh-DuPHOS 催化体系实现了烯醇酯的不对称氢化[2]，Zhang 等人利用 Ru-C_2-TunaPhos 催化体系也实现了芳基-醋酸乙烯酯的不对称加氢反应(表 5)[62]。

表 5 烯基酯的不对称氢化结果

$$\text{CH}_2\!=\!\text{C(OAc)R}^1 \xrightarrow{\text{Rh-}\mathbf{45}\text{ or Ru-}\mathbf{33},\ \text{H}_2\ (2\sim3\ \text{atm}),\ \text{MeOH}} \text{CH}_3\text{C}^*\text{H(OAc)R}^1$$

序号	配 体	R^1	ee/%
1	Me-DuPHOS (**45**)	Ph	89
2	Et-DuPHOS (**45**)	m-ClC_6H_4	91
3	Me-DuPHOS (**45**)	1-Naph	93
4	Me-DuPHOS (**45**)	CO_2Et	99
5	Et-DuPHOS (**45**)	CO_2Et	99
6	Me-DuPHOS (**45**)	CF_3	94
7	C_2-TunaPhos (**33**)	2-Naph	97.7
8	C_2-TunaPhos (**33**)	p-$O_2NC_6H_4$	96.6
9	C_2-TunaPhos (**33**)	p-FC_6H_4	97
10	C_2-TunaPhos (**33**)	p-ClC_6H_4	96.8
11	C_2-TunaPhos (**33**)	1-furyl	93.1

4.6 非官能化烯烃的不对称氢化

非官能化烯烃是指碳-碳双键上的取代基只限于脂肪族烷烃和芳香烃的烯烃。由于缺乏官能团，这类烯烃很难和过渡金属配位进行不对称氢化反应。因此，传统的铑和钌催化体系很难在非官能化烯烃的不对称加氢反应中获得较高的对映选择性。但是，铱催化剂可以弥补铑和钌等催化剂的不足，能够实现非官能化烯烃的对映选择性催化加氢。自从 Pfaltz 报道了 Ir-氮膦配体催化剂催化的非官能化烯烃不对称氢化后，越来越多的铱-氮膦配体催化剂被开发出来。2006 年，在 *Science* 上报道的四烷基取代烯烃的不对称加氢反应更是这一领域突破性的进展 (表 6)[43,44]。

表 6 Ir-催化的非官能化烯烃不对称氢化结果

$R^2(R^1)C=C(R^3)R^4$ —[Ir-L, H_2, CH_2Cl_2, rt]→ $R^2CH^*(R^1)-CH^*(R^3)R^4$

序号	烯烃	L (配体)	ee/%
1	$Me_2C=C(Me)$Ph-*p*-OMe	**138a**	97
2	1,2-二甲基茚	**138b**	94
3	1-Et-2-甲基茚	**138b**	93
4	1-Bu-2-甲基茚	**138b**	90
5	1-Ph-2-甲基茚	**138b**	96
6	1-Et-2-Ph茚	**138b**	93
7	四氢芴	**138b**	90
8	1,2-二甲基-3,4-二氢萘	**138b**	73
9	1-Ph-2-甲基-3,4-二氢萘	**138c**	91
10	环己基取代三取代烯烃	**141b**	97

5 烯烃不对称催化氢化反应在天然产物全合成中的应用

通过烯烃的不对称催化氢化反应，人们可以很方便地制备手性的氨基酸、胺、醇和醚以及手性的烷基链。所以，烯烃的不对称催化氢化反应在天然产物全合成中有着重要的应用。目前，烯烃不对称催化氢化反应在天然产物合成中应用最多的是制备手性非天然氨基酸。因为这类反应已经发展最成熟，而且这类天然氨基酸往往是构成肽类或者蛋白质的重要结构单元，其它方法很难得到纯的对映体。另外，使用烯丙醇的不对称氢化反应制备手性醇也很重要。近年来，铱催化的不对称氢化烯胺和非官能化烯烃也被化学家尝试应用到天然产物的合成中。

5.1 (+)-Naseseazine A 和 (+)-Naseseazine B 的全合成

Capon 等人最早从海洋中链霉菌经过发酵提取得到了天然产物 (+)-Naseseazine A 和 (+)-Naseseazine B，并报道了这两个化合物的绝对构型 (图 17)[63]。从化学结构上看，它们是一类分子内具有两个环二肽结构的生物碱。环二肽 (cyclic dipeptides) 是由两个氨基酸通过肽键环合形成的化合物，又被称为 2,5-二氧哌嗪 (2,5-dioxopiperazines) 或 2,5-二酮哌嗪 (2,5-diketopiperazines)。它们是自然界中最小的环肽，具有相对稳定的六元环。随着人们对环二肽生物碱的深入研究，发现越来越多的环二肽生物碱具有多种生物活性，这引起了许多学者的极大兴趣。

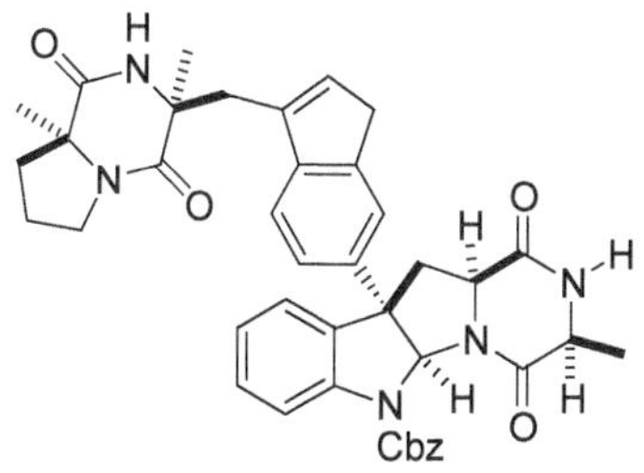

(+)-Naseseazine A 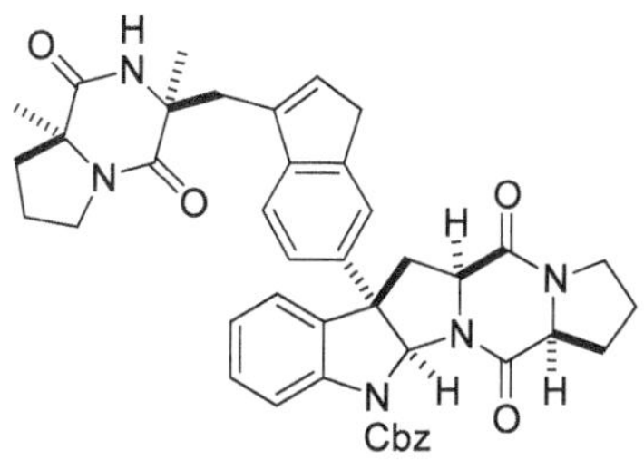　　(+)-Naseseazine B

图 17 (+)-Naseseazine A 和 (+)-Naseseazine B 的化学结构

2011 年，Movassaghi 等人报道了 (+)-Naseseazine A 和 (+)-Naseseazine B 的全合成，修正了已经报道的这两个化合物的立体构型[64]。它们中的环二肽结构是由色氨酸和脯氨酸或者丙氨酸缩合而成的，是将两个环二肽结构通过色氨酸的 6-位连接起来的。如果要完成这一连接就需要合成 6-溴色氨酸，这是一个非天然氨基酸。如式 23 所示：Movassaghi 通过 (*S,S*)-Et-DuPhos-Rh 体系对 6-溴脱氢色氨酸进行不对称氢化，完成了这一重要中间体的合成。他们首先使用 6-溴 -3- 醛基吲哚为原料合成了 6- 溴脱氢色氨酸酯 **147**，然后用 (*S,S*)-Et-DuPhos-Rh 体系对 **147** 进行催化加氢，以 97% 的产率和 99% ee 得到了 6-溴色氨酸酯衍生物 **148**。

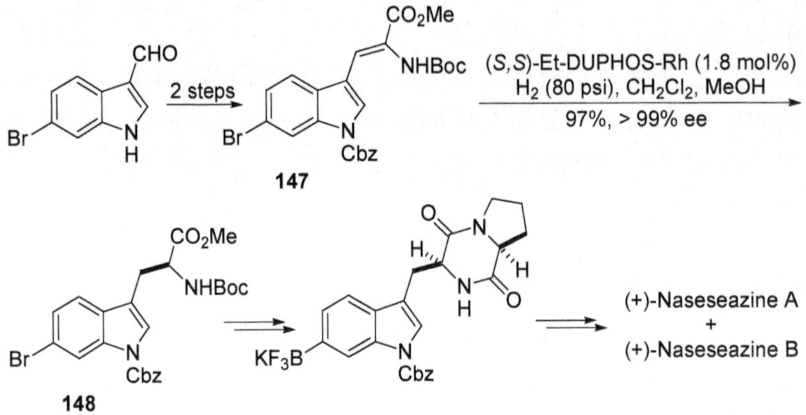

CHO; Br; N H; 2 steps; CO_2Me; NHBoc; Br; N Cbz; **147**; (*S,S*)-Et-DUPHOS-Rh (1.8 mol%); H_2 (80 psi), CH_2Cl_2, MeOH; 97%, > 99% ee

CO_2Me; NHBoc; Br; N Cbz; **148**; KF_3B; O; N; H; N H; O; N Cbz; (+)-Naseseazine A + (+)-Naseseazine B

(23)

5.2 Ecteinascidin 743 (ET 743) 的全合成

Ecteinascidin 743 (ET 743) 是一种从加勒比海海鞘 *Ectetnascidia turbinate* 中分离得到的具有较强抗肿瘤活性的海洋生物碱。ET 743 的结构复杂，主要由三个四氢异喹啉结构单元连接而成。它的分子结构中有 7 个手性中心，其核心部分是一个哌嗪并双四氢异喹啉的五环骨架 (图 18)。ET 743 作为治疗软组织肉瘤和卵巢癌的孤药，已经于 2007 年 9 月经欧盟批准用于临床 (商品名为 Yondelis)。

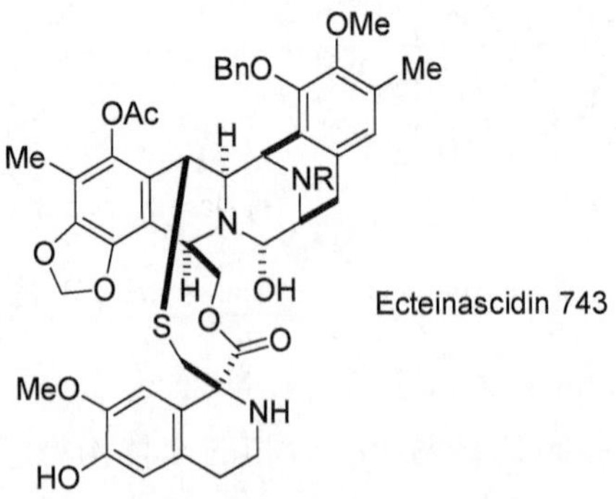

OMe; BnO; Me; OAc; Me; H; NR; N; O; O; H; OH; S; O; O; MeO; NH; HO; Ecteinascidin 743

图 18 Ecteinascidin 743 的化学结构

由于 Ecteinascidin 743 (ET 743) 良好的药用前景和复杂的结构特性，Corey 和 Manzanares 等多个研究小组都完成了其全合成工作。2007 年，Fukuyama 报道了一种更新颖和实用的全合成路线[65]。如式 24 所示：他们将 Ecteinascidin 743 (ET 743) 中四个异喹啉环拆开，设计了含有异喹啉环结构的中间体醛 **149**。醛 **149** 中的异喹啉环则由碘化物 **150** 通过分子内 Heck 反应实现，碘化物 **150** 可以由环二肽结构 **151** 转化而来，而 **151** 的合成需要由碘代苯丙氨酸衍生物 **152** 作为原料来合成。碘代苯丙氨酸衍生物 **152** 是非天然氨基酸，Fukuyama 小组合成了 **152** 相应的脱氢氨基酸，并通过 (*S,S*)-Et-DuPhos-Rh 体系催化加氢制备了这个关键中间体。

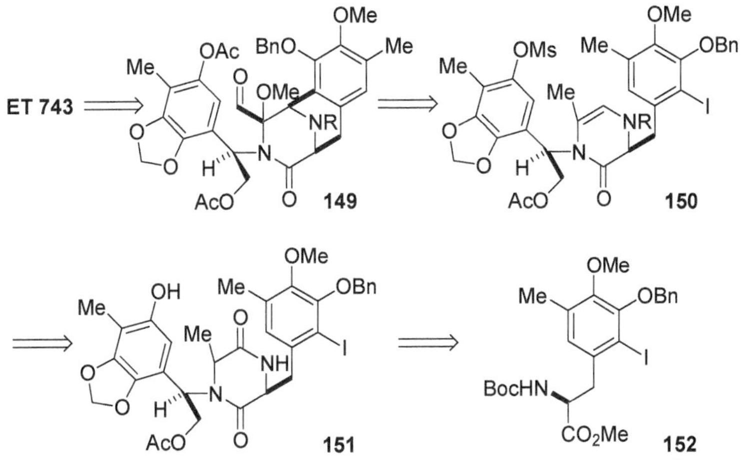

ET 743 ⟹ **149** ⟹ **150** ⟹ **151** ⟹ **152** (24)

如式 25 所示：他们由溴化物 **153** 出发合成了醛 **154**，醛 **154** 经过缩合得到了脱氢氨基酸 **155**。在催化剂 (*S,S*)-Et-DuPhos-Rh 存在下，脱氢氨基酸 **155** 在乙酸乙酯中发生不对称催化加氢反应，以 99% 的产率和 94% ee 得到了碘代氨基酸 **152**。最后，在经过多步合成得到了目标产物。

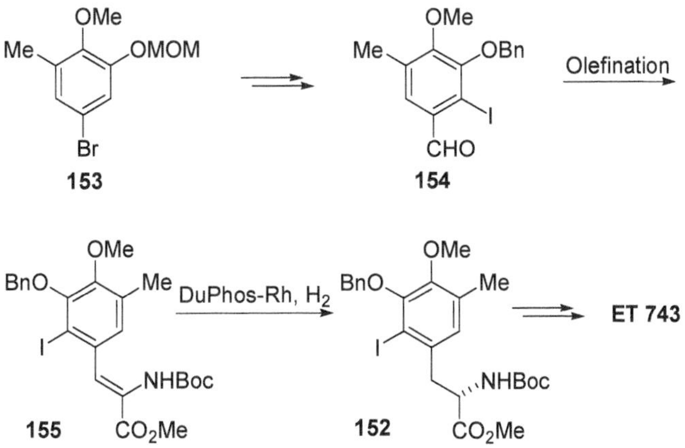

153 ⟹ **154** —Olefination→ **155** —DuPhos-Rh, H_2→ **152** ⟹ ET 743 (25)

5.3 替考拉宁糖苷配基 (Teicoplanin Aglycon) 的全合成

替考拉宁 (Teicoplanin) 是游动放线菌属发酵产生的一种与万古霉素类似的新糖肽抗生素，其抗菌谱及抗菌活性与万古霉素相似。它对金葡菌的作用比万古霉素更强，而不良反应更少。替考拉宁和万古霉素是仅有的两个用于治疗葡萄球菌 (包括耐青霉素和耐新青霉素株) 感染的新糖肽抗生素，也就是所谓的最后一线药物。因此，很多研究小组都研究报道了 Teicoplanin 的全合成，希望对其结构进一步改进获得新的抗生素。Evans 等人在 Teicoplanin 的全合成中需要大环二芳基醚，它是由二芳基醚结构的氨基酸和 4-氟-3-硝基苯丙氨酸 **156** 缩合而成的。如式 26 所示：他们首先合成了脱氢氨基酸，在手性催化剂 **157** 的催化下以 96% 的产率和 94% ee 获得了苯丙氨酸衍生物 **156**，使构建大环二芳基醚成为可能。

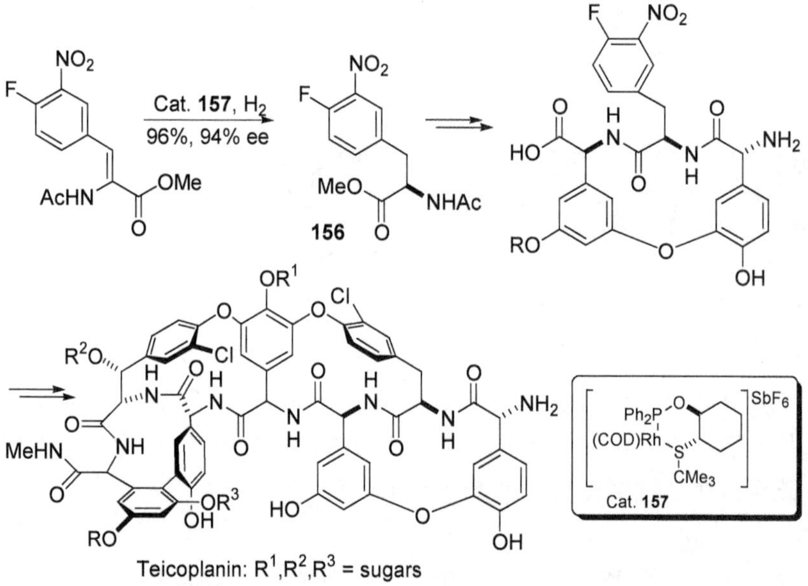

Cat. **157**, H_2
96%, 94% ee

(26)

Teicoplanin: R^1,R^2,R^3 = sugars

Cat. **157**

5.4 免疫抑制剂 Sanglifehrin A 的全合成

Sanglifehrin A (SFA) 是由淡黄色链霉菌 *Streptomyces flaveolus* A92-30811 产生的一种新型免疫抑制剂。其独特的化学结构包含了一个 22 元大环内酯和一个罕见的 6,6-螺环单元 (图 19)。在生物学上，SFA 表现出能与亲环蛋白强烈的结合，能够同时抑制 T-细胞和 B-细胞的增殖。它有强烈的免疫抑制活性，但作用机制不同于现有的任何免疫抑制剂。

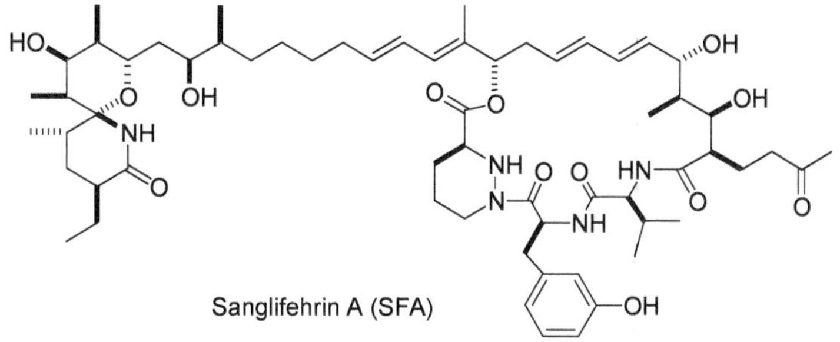

图 19 Sanglifehrin A 的化学结构

Nicolaou 提出了一种合成 SFA 分子中 22 元大环内酯的方法，其中需要合成一个三肽单元。但是，三肽单元中间的那个氨基酸是 3-羟基苯丙氨酸 **159**，使用一般方法不容易得到[67]。如式 27 所示：他们首先合成了脱氢 3-羟基苯丙氨酸衍生物 **158**，然后使用 (*S,S*)-Et-DuPhos-Rh 作为催化剂进行催化加氢得到了 90% 产率和 98% ee 的 3-羟基苯丙氨酸 **159**。

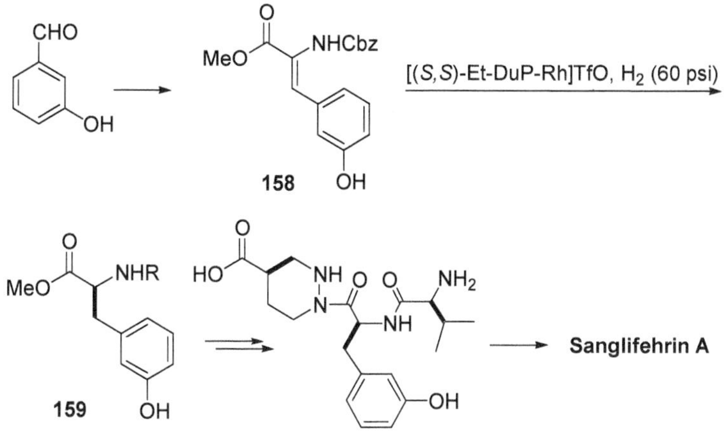

(27)

5.5 Macrocidin A 的全合成

Macrocidin A 是加拿大化学家 Graupner 从 *Phoma macrostoma* 培养液中的代谢物中分离得到的一种天然乙酰化吡咯烷-2,4-二酮 (Tetramic acid) 类化合物 (图 20)。研究表明：该天然产物具有很强的除草活性[68]。吡咯烷-2,4-二酮是一类非常重要的杂环化合物，大部分此类化合物是 3-乙酰化衍生物。Macrocidin A 是目前发现的第一个含有酪氨酸结构单元的吡咯烷-2,4-二酮类天然产物。它的分子中除了有正常的吡咯烷-2,4-二酮五元小环外，还有一个环氧和一个十八元的芳香醚大环。它的分子中含有四个手性中心，由于分离的量特别少而仅仅通过单晶 X 衍射确定了它的相对构型。

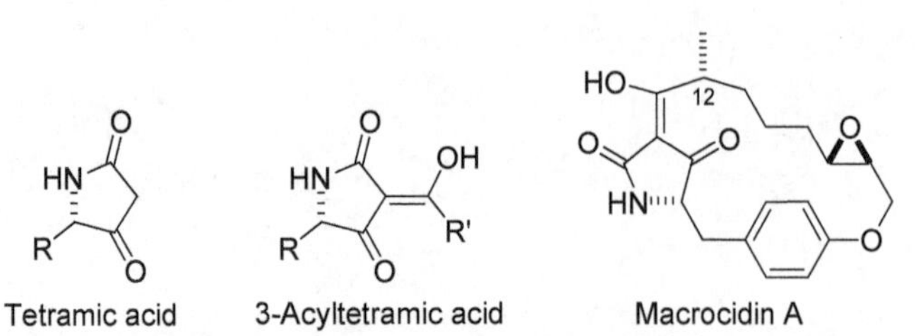

图 20 Macrocidin A 的化学结构

在 Suzuki 报道的有关 Macrocidin A 的全合成中[69]，设计了一个包含手性甲基的长链醇中间体 **164**。他们尝试通过不对称氢化相应的烯烃得到其中的手性甲基，但是无论使用均相或非均相催化剂都未能获得成功。最后，他们和 Pfaltz 小组合作利用 Ir-**141b** 催化体系获得了成功。如式 28 所示：他们首先由烯炔醇 **160** 出发合成了烯丙醇 **161**，再经过 Sharpless 不对称环氧化反应将 **161** 转变成为手性环氧醇 **162**。然后，**162** 经过几步反应转变成为含有双键的中间体 **163**。接着，中间体 **163** 在催化剂 Ir-**148b** 的存在下经催化加氢 (10 MPa 和 40 °C)，以 96% 的产率和 97:3 的非对映选择性得到了 **164**。最后，再经过多步反应得到了目标产物 Macrocidin A。通过该全合成步骤，Macrocidin A 的绝对构型也得到了确认。

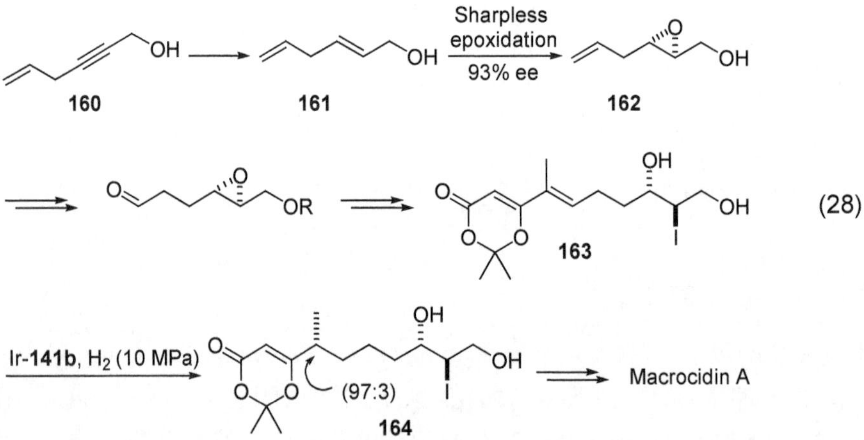

5.6 Crispine A 的合成

Crispine A 是从菊科飞廉属植物飞廉 (*Carduus crispus*) 中提取的一种异喹啉生物碱，具有强烈的细胞毒性。Zhou 等人[61]从 2-(3,4-二甲氧基苯基)乙胺

(**165**) 出发，按照文献中的方法经过三步反应制备了环状烯胺 **166**。如式 29 所示：环状烯胺 **166** 是一个没有被酰化的烯胺，文献中已有的不对称氢化方法很难获得满意的结果。但是，Zhou 等人通过使用 Ir-催化剂和螺环单磷配体组成的催化体系，成功实现了环状烯胺 **166** 的不对称氢化，以 97% 的产率和 90% ee 得到了 Crispine A。

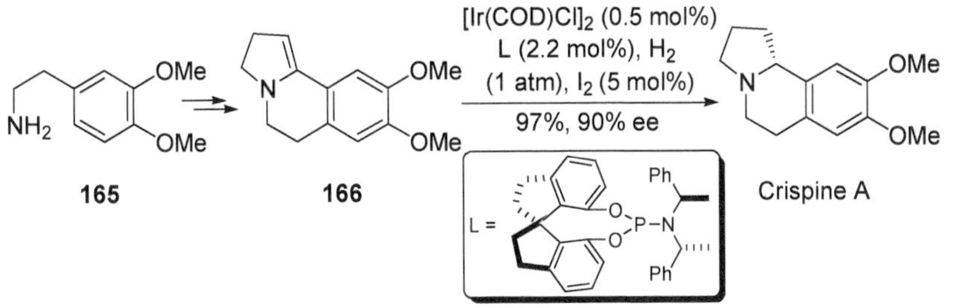

$[Ir(COD)Cl]_2$ (0.5 mol%), L (2.2 mol%), H_2 (1 atm), I_2 (5 mol%); 97%, 90% ee

165 → **166** → Crispine A (29)

5.7 香茅醇的不对称合成及其应用于阜孢霉素 D 的合成

香茅醇是具有甜美玫瑰花香气的香料，它常被用作皂用香精、化妆品香精和食品加香剂，具有较高的附加价值。合成香茅醇的方法很多，使用香茅醛还原或香叶醇加氢是目前香料工业上常用的方法。Noyori 的研究发现：使用 Ru[(*S*)-BINAP]$(OAc)_2$ 作为催化剂，将香叶醇或者橙花醇进行不对称氢化反应，可以高度立体选择性地分别得到 (*R*)- 或者 (*S*)-香茅醇[51]。

Denmark 在合成阜孢霉素 D 的路线中也选择使用香叶醇 (**167**) 为原料，然后经 Ru-(*S*)-BINAP 催化加氢得到 (*S*)-香茅醇的对甲苯磺酸酯 (**168**)。如式 30 所示：化合物 **168** 再经过多步反应即可得到目标化合物阜孢霉素 D (Papulacandin D)[70]。

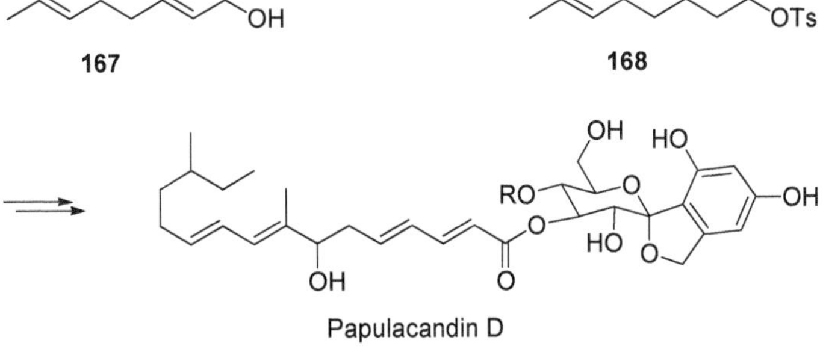

1. [Ru]-(*S*)-BINAP, H_2; 2. TsCl

167 → **168** → Papulacandin D (30)

6 烯烃不对称催化氢化反应步骤实例

例 一

(*S*)-香茅醇的合成[71]

(Ru-(*R*)-BINAP-(OAc)$_2$ 催化的不对称氢化反应)

Ru-(*R*)-BINAP-(OAc)$_2$, H$_2$ (100 atm), 20 °C, 8~16 h; 93%~97%, 98% ee (31)

在氩气保护下，将 DMF (30 mL) 加入到含有 [RuCl$_2$(Ph)]$_2$ (800 mg, 1.60 mmol) 和 (*R*)-BINAP (1.89 g, 3.04 mmol) 的 Schlenk 管中。生成的悬浊液在 100 °C 加热 10 min，使其完全溶解得到清澈的红棕色溶液。然后，加入醋酸钠 (5.20 g, 63.4 mmol) 的甲醇溶液 (50 mL)。反应混合物在 25 °C 搅拌 5 min 后，再加入水 (50 mL) 和甲苯 (25 mL)。生成的两相混合物剧烈搅拌后静止，将上层有机相通过套管用氩气压入到另外一个 Schlenk 管中。水相用甲苯萃取 (2 × 25 mL) 后，甲苯溶液依次被压出。合并的有机相用水洗涤 (4 × 10 mL) 后，在 40 °C/1 mmHg (30 min) 和 25 °C/0.1 mmHg (12 h) 下先后蒸去溶剂，可以获得 2.54~2.67 g 的固体粗品 Ru-(*R*)-BINAP-(OAc)$_2$，粗产率根据 BINAP 计算为 99%~104%。将粗产品加热溶解在甲苯 (20~25 mL) 中，然后朝甲苯溶液上方非常小心地加入正己烷 (80~100 mL)。获得的溶液在 25 °C 放置 12 h，再在 4 °C 放置 3 天。过滤出生成的晶体，用正己烷洗涤后真空干燥得到 1.8~2.2 g 针状晶体产物 Ru-(*R*)-BINAP(OAc)$_2$ (71%~85%)。

在氩气保护下，将香叶醇 (12.9mL, 74 mmol) 的甲醇 (95%, 15 mL) 溶液加入到含有催化剂 Ru-(*R*)-BINAP (OAc)$_2$ (45 mg, 53 μmol) 的 Schlenk 管中。生成的浅黄色溶液通过套管用氩气压入到不锈钢高压釜内的玻璃管 (100 mL) 中，然后连续加氢 8~16 h (100 atm, 20 °C)。当反应体系不再吸收氢气时，打开高压釜并蒸馏掉反应溶剂。然后，经减压蒸馏得到产物 10.7~11.2 g (93%~97%, 98% ee) (*S*)-香茅醇。

例 二

(*S*)-*N*-氨基叔丁氧羰基-*N*-吲哚苄氧羰基-6-溴色氨酸甲酯的合成[64]
(Rh(COD)-[(*S,S*)-Et-DuPhos]OTf 催化的不对称氢化反应)

(*S,S*)-Et-DUPHOS-Rh (1.8 mol%), H_2 (80 psi)
CH_2Cl_2, MeOH, 9.5 h
97%, > 99% ee

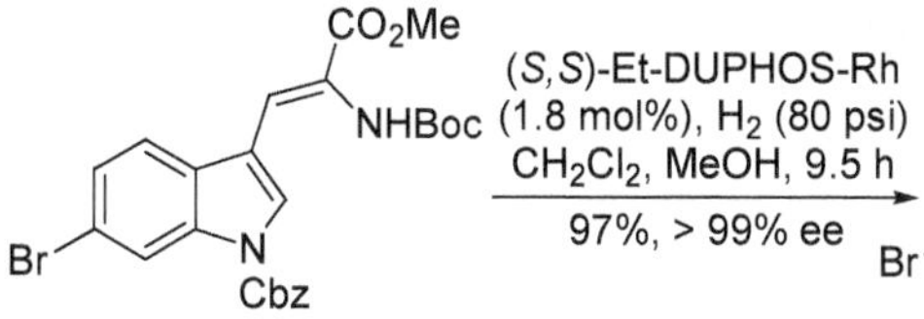

(32)

在 Fischer-Porter 管 (一种管式高压釜反应器) 中加入 $N^{\text{氨基}}$-叔丁氧羰基-$N^{\text{吲哚}}$-苄氧羰基-6-溴-脱氢色氨酸甲酯 (4.00 g, 7.56 mmol) 和铑催化剂 Rh(COD)-[(*S,S*)-Et-DuPhos]OTf (100 mg, 138 μmol, 1.83 mol%)。用注射器加入二氯甲烷 (7.5 mL) 和甲醇 (7.5 mL) 进行溶解后，朝反应器内充-放四次氢气。连续加氢 9.5 h (80 psi) 后，反应液经减压浓缩除去溶剂。浓缩液用快速硅胶柱色谱进行纯化 (25% 乙酸乙酯/正己烷) 得到氢化产物 (*S*)-$N^{\text{氨基}}$-叔丁氧羰基-$N^{\text{吲哚}}$-苄氧羰基-6-溴色氨酸甲酯的白色粉末 (3.88 g, 96.6%, > 99% ee)。

例 三

N-叔丁氧羰基-3-苄氧基-2-碘-4-甲氧基-5-甲基苯丙氨酸甲酯的合成[65]
(Rh(COD)-[(*S,S*)-Et-DuPhos]OTf 催化的不对称氢化反应)

DuPhos-Rh (1.5 mol%), H_2
(500 psi), EtOAc, 50 °C, 22 h
99%, 94% ee

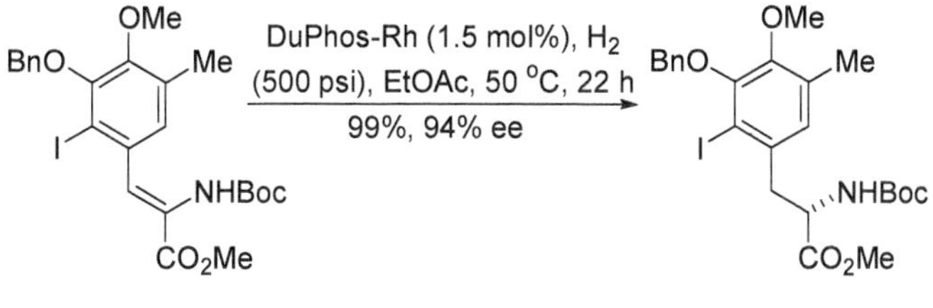

(33)

在一高压反应器内加入 *N*-叔丁氧羰基-3-苄氧基-2-碘-4-甲氧基-5-甲基脱氢苯丙氨酸甲酯 (5.04 g, 9.10 mmol) 和 Rh(COD)-[(*S,S*)-Et-DuPhos]OTf (99.0 mg, 0.138 mmol, 1.5 mol%) 的乙酸乙酯 (30 mL) 溶液。混合物在 500 psi 和 50 °C 条件下加氢反应 22 h。反应液经减压浓缩除去溶剂，浓缩液用快速硅胶柱色谱进行纯化 (50% 乙酸乙酯/正己烷) 得到氢化产物的白色粉末 (5.01 g, 99%, 94% ee)。

例 四

(*S*)-2-(4-异丁基苯基)丙酸 (布洛芬) 的合成[55]
(Ru-(*S*)-H_8-BINAP$(OAc)_2$ 催化的不对称氢化反应)

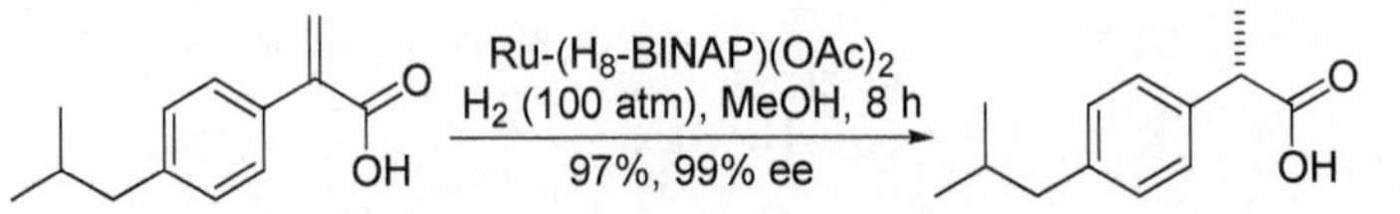

OH; Ru-(H_8-BINAP)$(OAc)_2$, H_2 (100 atm), MeOH, 8 h, 97%, 99% ee; OH (34)

将 2-(4-异丁基苯基)丙烯酸 (240.5 mg, 1.18 mmol) 和 Ru-(*S*)-H_8-BINAP$(OAc)_2$ (5.0 mg, 5.9 μmol) 的甲醇 (6.0 mL) 溶液室温氢化 8 h (100 atm) 后，将反应残渣 (蒸除溶剂的粗产物) 用硅胶 (30 g) 柱色谱进行纯化，得到 235.1 mg (97%, 99% ee) 产品 (*S*)-2-(4-异丁基苯基)丙酸 (布洛芬)，熔点 48.2~48.9 °C。

例 五

6-[(2*R*,6*S*,7*R*)-6,8-羟基-7-碘-2-辛基]-2,2-二甲基-4*H*-1,3-二噁英-4-酮的合成[69]
(铱催化剂催化的不对称氢化反应)

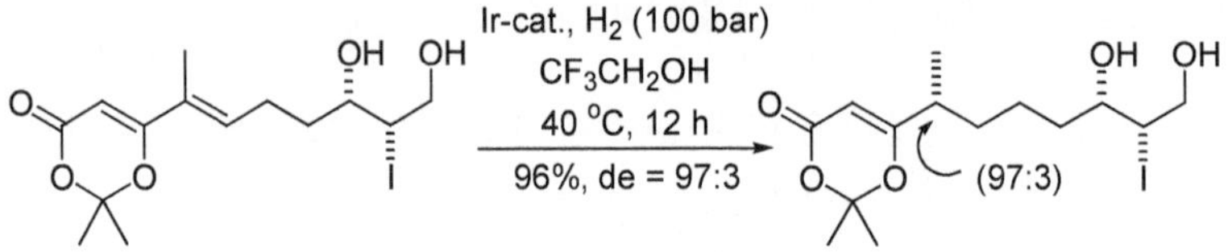

OH OH; I; Ir-cat., H_2 (100 bar), CF_3CH_2OH, 40 °C, 12 h, 96%, de = 97:3; (97:3); OH OH; I (35)

Ir-cat. = [$^tBu_2P$, O, N, Ph, Ir]$^{\oplus}$ [F_3C, CF_3, F_3C, CF_3, B, F_3C, CF_3, F_3C, CF_3]$^{\ominus}$

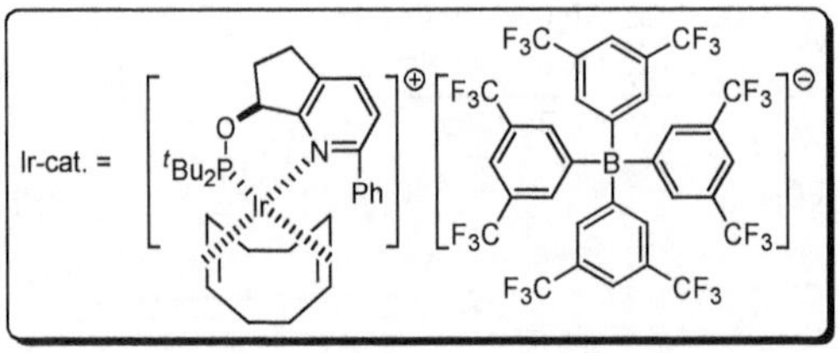

将 6-((2*R*,6*S*,7*R*)-6,8-羟基-7-碘-2-辛-2-烯基)-2,2-二甲基-4*H*-1,3-二噁英-4-酮 (127 mg, 0.321 mmol) 和铱催化剂 (9.74 mg, 6.41 μmol) 的三氟乙醇 (1.6 mL) 溶液在高压釜中加氢 12 h (100 bar, 40 °C) 后，将反应溶剂蒸掉。剩余的粗产品用快速硅胶柱色谱进行纯化 (30% 乙酸乙酯/正己烷) 得到 124 mg (96%, de = 97:3) 无色液体产物。

例 六

(*R*)-*N*-(6-溴-1,2,3,4-四氢-2-萘基)苯甲酰胺的合成[72]
(Ru-(*S*)-BINAP(Ph)Cl 催化的不对称氢化反应)

Ru-(S)-BINAP(Ph)Cl, H_2 (150 psi), MeOH, 35 °C, 24 h; 87%, 99.6% ee (36)

将 *N*-(6-溴-3,4-二氢-2-萘基)苯甲酰胺和催化剂 Ru-(*S*)-BINAP(Ph)Cl (100 mg) 的甲醇 (450 mL) 溶液加氢 24 h (150 psi, 35 °C) 后，将反应液浓缩到 200 mL。然后，再冷却到 0~5 °C 进行结晶 2 h。过滤出的晶体产物用冷甲醇洗涤后，在 50 °C 下真空干燥得到无色晶体产物 18.3 g (87%, 99.6% ee)。

7 参考文献

[1] Knowles, W. S. *Acc. Chem. Res.* **1983**, *16*, 106.

[2] Burk, M. J. *J. Am. Chem. Soc.* **1991**, *113*, 8518.

[3] (a) Noyori, R.; Takaya, H. *Acc. Chem. Res.* **1990**, *23*, 345. (b) Noyori, R. *Chem. Soc. Rev.* **1989**, *18*, 187.

[4] (a) Landis, C. R.; Halpern, J. *J. Am. Chem. Soc.* **1987**, *109*, 1746. (b) Brown, J. M.; Chaloner, R. A. *J. Am. Chem. Soc.* **1980**, *102*, 3040.

[5] Ashby, M. T.; Halpern, J. *J. Am. Chem. Soc.* **1991**, *113*, 589.

[6] Burk, M. J.; Feng, S.; Gross, M. F.; Tumas, W. *J. Am. Chem. Soc.* **1995**, *117*, 8277.

[7] Ikariya, T.; Ischii, Y.; Kawano, H.; Arai, T.; Saburi, M.; Yoshikawa, S.; Akutagawa, S. *J. Chem. Soc., Chem. Commun.* **1985**, 922.

[8] Ohta, T.; Takaya, H.; Noyori, R. *Inorg. Chem.* **1988**, *27*, 566.

[9] Smidt, S. P.; Zimmermann, N.; Studer, M.; Pfaltz, A. *Chem. Eur. J.* **2004**, *10*, 4685.

[10] Horner, L.; Siegel, H.; Büthe, H. *Angew. Chem., Int. Ed. Engl.* **1968**, *7*, 942.

[11] Knowles, W. S.; Sabacky, M. *Chem. Commun.* **1968**, 1445.

[12] Knowles, W. S.; Vineyard, B. D; Sabacky, M. J. *J. Chem. Soc., Chem. Commun.* **1972**, 10.

[13] Morrison, J. D.; Burnett, R. E.; Aguiar, A. M.; Morrow, C. J.; Phillips, Carol. *J. Am. Chem. Soc.* **1971**, *93*, 1301.

[14] Dang, T. P.; Kagan, H. B. *J. Chem. Soc., Chem.Commun.* **1971**, 481.

[15] Vineyard, B. D; Knowles, W. S.; Sabacky, M. J.; Bachman, G. L.; Weinkauff, D. J. *J. Am. Chem. Soc.* **1977**, *99*, 5946.

[16] 综述文献见: (a) Hang, W.; Chi, Y.; Zhang, X. *Acc. Chem. Res.* **2007**, *40*, 1278. (b) Tang, W.; Zhang, X. *Chem. Rev.* **2003**, *103*, 3029.

[17] (a) Noyori, R. *Chem. Soc. Rev.* **1989**, *18*, 187. (b) Miyashita, A.; Yasuda, A.; Takaya, H.; Toriumi, K.; Ito, T.; Souchi, T.; Noyori, R. *J. Am. Chem. Soc.* **1980**, *102*, 7932.

[18] Blaser, H.-U.; Buser, H.-P.; Hausel, R.; Jalett, H.-P.; Spindler, F. *J. Organomet. Chem.* **2001**, *621*, 34.

[19] Agbossou, F.; Carpentier, J.-F.; Hapiot, F., Suisse, I.; Mortreux, A. *Coord. Chem. Rev.* **1998**, *178–180*,

1615.
[20] Zeng, Q.; Mi, A.; Jiang, Y. *Prog. Chem.* **2004**, *16*, 603.
[21] Morrison, J. D.; Masler, W. F. *J. Org. Chem.* **1974**, *39*, 270.
[22] Valentine, D. Jr.; Johnson, K. K.; Priester, W.; Sun, R. C.; Toth, K.; Saucy, G. *J. Org. Chem.* **1980**, *45*, 3698.
[23] Saito, S.; Nakamura, Y.; Morita, Y. *Chem. Pharm. Bull.* **1985**, *33*, 5284.
[24] (a) Marinetti, A.; Mathey, F.; Ricard, L. *Organometillics* **1993**, *12*, 1207. (b) Marinetti, A.; Ricard, L. *Organometillics* **1994**, *13*, 3956. (c) Burk, M. J.; Feaster, J. E.; Harlow, R. L. *Tetrahedron: Asymmetry* **1991**, *2*, 569.
[25] Riant, O.; Samuel, O.; Flessner, T.; Taudien, S.; Kagan, H. B. *J. Org. Chem.* **1997**, *62*, 5284.
[26] (a) Guillen, F.; Rivard, M.; Toffano, M.; Legros, J. Y.; Daran, J. C.; Fiaud, J. C. *Tetrahedron* **2002**, *58*, 5895. (b) Guillen, F.; Fiaud, J. C. *Tetrahedron Lett.* **1999**, *40*, 2939. (c) Ostermeier, M.; Priess, J.; Helmchen, G. *Angew. Chem., Int. Ed.* **2002**, *41*, 612. (d) Marinetti, A.; Genet, J.-P. *C. R. Chimie* **2003**, *6*, 507. (e) Junge, K.; Oehme, G.; Monsees, A.; Riermeier, T.; Dingerdissen, U.; Beller, M. *Tetrahedron Lett.* **2002**, *43*, 4977. (f) Chi, Y.; Zhang, X. *Tetrahedron Lett.* **2002**, *43*, 4849.
[27] Van den Berg, M.; Minnaard, A. J.; Schudde, E. P.; Van Esch, J.; De Vries, A. H. M.; De Vries, J. G.; Feringa, B. L. *J. Am. Chem. Soc.* **2000**, *122*, 11539.
[28] (a) Van den Berg, M.; Minnaard, A. J.; Haak, R. M.; Leeman, M.; Schudde, E. P.; Meetsma, A.; Feringa, B. L.; De Vries, A. H. M.; Maljaars, C. E. P.; Willans, C. E.; Heytt, D.; Boogers, J. A. F.; Henderickx, H. J. W.; De Vries, J. G. *Adv. Synth. Catal.* **2003**, *345*, 308. (b) Van den Berg, M.; Haak, R. M.; Minnaard, A. J.; De Vries, A. H. M.; De Vries, J. G.; Feringa, B. L. *Adv. Synth. Catal.* **2002**, *344*, 1003. (c) Pena, D.; Minnaard, A. J.; De Vries, J. G.; Feringa, B. L. *J. Am. Chem. Soc.* **2002**, *124*, 14552.
[29] Jia, X.; Li, X.; Xu, L.; Shi, Q.; Yao, X.; Chan, A. S. C. *J. Org. Chem.* **2003**, *68*, 4539.
[30] (a) Au-Yeung, T. T. L.; Chan, S. S.; Chan, A. S. C. *Adv. Synth. Catal.* **2003**, *345*, 537. (b) Zeng, Q.; Liu, H.; Cui, X.; Mi, A.; Jiang, Y.; Li, X.; Choi, M. C. K.; Chan, A. S. C. *Tetrahedron: Asymmetry* **2002**, *13*, 115. (c) Zeng, Q.; Liu, H.; Mi, A.; Jiang, Y.; Li, X.; Choi, M. C. K.; Chan, A. S. C. *Tetrahedron* **2002**, *58*, 8799.
[31] Li, X.; Jia, X.; Lu, G.; Au-Yeung, T. T. L.; Lam, K. H.; Lo, T. W. H.; Chan, A.S. C. *Tetrahedron: Asymmetry* **2003**, *14*, 2687.
[32] (a) Fu, Y.; Xie, J. H.; Hu, A.-G.; Zhou, H.; Wang, L.-X.; Zhou, Q.-L. *Chem. Commun.* **2002**, 480. (b) Hu, A.-G.; Fu, Y.; Xie, J.-H.; Zhou, H.; Wang, L.-X.; Zhou, Q.-L. *Angew. Chem., Int. Ed.* **2002**, *41*, 2348. (c) Zhu, S.-F.; Fu, Y.; Xie, J.-H.; Liu, B.; Xing, L.; Zhou, Q.-L. *Tetrahedron: Asymmetry* **2003**, *14*, 3219.
[33] (a) Bayer, A.; Murszat, P.; Thewalt, U.; Rieger, B. *Eur. J. Inorg. Chem.* **2002**, 2614. (b) Doherty, S.; Robins, E. G.; Pal, I.; Newman, C. R.; Hardacre, C.; Rooney, D.; Mooney, D. A. *Tetrahedron: Asymmetry* **2003**, *14*, 1517. (c) Huttenloch, O.; Spieler, J.; Waldmann, H. *Eur. J. Org. Chem.* **2000**, 391.
[34] Reetz, M. T.; Mehler, G. *Angew. Chem., Int. Ed.* **2000**, *39*, 3889.
[35] (a) Ostermeier, M.; Brunner, B.; Korff, C.; Helmchen, G. *Eur. J. Org. Chem.* **2003**, 3453. (b) Gergely, I.; Hegedus, C.; Gulyas, H.; Szollosy, A.; Monsees, A.; Riermeier, T.; Bakos, J. *Tetrahedron: Asymmetry* **2003**, *14*, 1087. (c) Reetz, M. T.; Mehler, G.; Meiswinkel, A.; Sell, T. *Tetrahedron Lett.* **2002**, 43, 7941.
[36] (a) Chen, W.; Xiao, J. *Tetrahedron Lett.* **2001**, *42*, 2897. (b) Jerphagnon, T.; Renaud, J. L.; Demonchaux, P.; Ferreira, A.; Bruneau, C. *Adv. Synth. Catal.* **2004**, *346*, 33. (c) Chen, W.; Xiao, J. *Tetrahedron Lett.* **2001**, 42, 8737.
[37] (a) Hua, Z.; Vassar, V. C.; Ojima, I. *Org. Lett.* **2003**, *5*, 3831. (b) Dreisbach, C.; Meseguer, B.; Prinz, T.; Scholz, U.; Militzer, H.-C.; Agel, F.; Driessen-Hoelscher, B. *Eur. Pat. Appl.* **2003**, EP 1298136.
[38] Hannen, P.; Militzer, H. C.; Vogl, E. M.; Rampf, F. A. *Chem. Commun.* **2003**, 2210.

[39] (a) Huang, H. M.; Zheng, Z.; Luo, H. L.; Bai, C. M.; Hu, X. Q.; Chen, H. L. *Org. Lett.* **2003**, *5*, 4137. (b) Huang, H. M.; Zheng, Z.; Luo, H. L.; Bai, C. M.; Hu, X. Q.; Chen, H. L. *J. Org. Chem.* **2004**, *69*, 2355.

[40] Hu, X.-P.; Huang, J.-D.; Zeng, Q.-H.; Zheng, Z. *Chem. Commun.* **2006**, 293.

[41] Claver, C.; Fernandez, E.; Gillon, A.; Heslop, K.; Hyett, D. J.; Martorell, A. G.; Pringle, P. G. *Chem. Commun.* **2000**, 961.

[42] Reetz, M. T.; Sell, T. *Tetrahedron Lett.* **2000**, *41*, 6333.

[43] (a) Roseblade, S. J.; Pfaltz, A. *Acc. Chem. Res.* **2007**, *40*, 1402. (b) Chen, C.; Wei, Z.; Li, Y .; Ren, Q. *Prog. Chem.* **2009**, *21*, 990.

[44] (a) Bell, S.; Wüstenberg, B.; Kaiser, S.; Menges, F.; Netscher, T.; Pfaltz, A. *Science* **2006**, *311*, 642. (b) Schrems, M. G.; Neumann, E.; Pfaltz, A. *Angew. Chem., Int. Ed.* **2007**, *46*, 8274.

[45] Knowles, W. S. *Angew. Chem., Int. Ed.* **2002**, *41*, 1998.

[46] (a) Imamoto, T.; Watanabe, J.; Wada, Y.; Masuda, H.; Yamada, H.; Tsuruta, H.;Matsukawa, S.; Yamaguchi, K. *J. Am. Chem. Soc.* **1998**, *120*, 1635. (b) Gridnev, I. D.; Yamanoi, Y.; Higashi, N.; Tsuruta,H.; Yasutake, M.; Imamoto, T. *Adv. Synth. Catal.* **2001**, *343*, 118. (c) Gridnev, I. D.; Yasutake, M.; Higashi, N.; Imamoto, T. *J. Am. Chem. Soc.* **2001**, *123*, 5268. (d) Yamanoi, Y.; Imamoto, T. *J. Org. Chem.* **1999**, *64*, 2988.

[47] (a) Tang, W.; Zhang, X. *Angew. Chem., Int. Ed.* **2002**, *41*, 1612. (b) Tang, W.; Liu, D.; Zhang, X. *Org. Lett.* **2003**, *5*, 205.

[48] (a) Roff,G. J.; Lloyd, R. C.; Turner, N. J. *J. Am. Chem. Soc.* **2004**, *126*, 4098. (b) Blaser, H.-U., Schmidt, E., Eds. *Asymmetric Catalysis on Industrial Scale*, Wiley-VCH: Weinheim, 2004.

[49] (a) Zhu, G.; Zhang, X. *J. Org. Chem.* **1998**, *63*, 9590. (b) Yasutake, M.; Gridnev, I. D.; Higashi, N.; Imamoto, T. *Org. Lett.* **2001**, *3*, 1701. (c) Holz, J.; Momsee, A.; Jiao, H.; You, J.; Komarrov, I. V.; Fisher, C.; Drauz, K.; Börner, A. *J. Org. Chem.* **2003**, *68*, 1701.

[50] Heller, D.; Hoiz, J.; Drexler, H. J.; Lang, J.; Drauz, K.; Krimmer, H. P.; Börner, A. *J. Org. Chem.* **2001**, *66*, 6816.

[51] Takaya, H.; Ohta, T.; Sayo, N.; Kumobayashi, H.; Akutagawa, S.; Inoue, S.; Kasahara, I.; Noyori, R. *J. Am. Chem. Soc.* **1987**, *109*, 1596.

[52] Kitamura. M.; Kasahara, I.; Manabe, K.; Noyori, R.; Takaya, H. *J. Org. Chem.* **1988**, *53*, 708.

[53] Ohta, T.; Takaya, H.; Kitamura, M.; Nagai, K.; Noyori, R. *J. Org. Chem.* **1987**, *52*, 3174.

[54] Monteiro, A. L.; Zinn, F. K.; de Souza, R. F.; Dupont, J. *Tetrahedron: Asymmetry* **1997**, *8*, 177.

[55] Uemura, T.; Zhang, X.; Matsumura, K.; Sayo, N.; Kumobayashi, H.; Ohta, T.; Nozaki, K.; Takaya, H. *J. Org. Chem.* **1996**, *61*, 5510.

[56] Hayashi, T.; Kawamura, N.; Ito, Y. *J. Am. Chem. Soc.* **1987**, *109*, 7876.

[57] Li, S.; Zhu, S.-F.; Zhang, C.-M.; Song ,S.; Zhou, Q.-L. *J. Am. Chem. Soc.* **2008**, *130*, 8584.

[58] Nakano, D.; Yamaguchi, M. *Tetrahedron Lett.* **2003**, *44*, 4969.

[59] Noyori, R.; Ohta, M.; Hsiao, Y.; Kitamura, M.; Ohta, T.; Takaya, H. *J. Am. Chem. Soc.* **1986**, *108*, 7117.

[60] Hou, G.-H.; Xie, J.-H.; Wang, L.-X.; Zhou, Q.-L. *J. Am. Chem. Soc.* **2006**, *128*, 11774.

[61] Hou, G.-H.; Xie, J.-H.; Yan, P.-C.; Zhou, Q.-L. *J. Am. Chem. Soc.* **2009**, *131*, 1366.

[62] Wu, S.; Wang, W.; Tang, W.; Lin, M.; Zhang, X. *Org. Lett.* **2002**, *4*, 4495.

[63] Raju, R.; Piggott, A. M.; Conte, M.; Aalbersberg, W. G. L.; Feussner, K.; Capon，R. J. *Org. Lett.* **2009**, *11*, 3862.

[64] Kim, J.; Movassaghi, M. *J. Am. Chem. Soc.* **2011**, *133*, 14940.

[65] Endo, A.; Yanagisawa, A.; Abe, M.; Tohma, S.; Kan, T.; Fukuyama, T. *J. Am. Chem. Soc.* **2002**, *124*, 6552.

[66] Evans, D. A.; Katz, J. L.; Peterson, G. S.; Hintermann, T. J. *Am. Chem. Soc.* **2001**, *123*, 12411.

[67] Nicolaou, K. C.; Murphy, F.; Barluenga, S.; Ohshima, T.; Wei, H.; Xu, J.; Gray, D. L. F.; Baudoin, O. *J. Am. Chem. Soc.* **2000**, *122*, 3830.

[68] Graupner, P. R.; Carr, A.; Clancy, E.; Gilbert, J.; Bailey, K. L.; Derby, J.-A.; Gerwick, B. C. *J. Nat. Prod.* **2003**, *66*, 1558.

[69] Yoshinari, T.; Ohmori, K.; Schrems, M. G.; Pfaltz, A.; Suzuki, K. *Angew. Chem., Int. Ed.* **2010**, *49*, 881.

[70] Denmark, S. E.; Regens, C. S.; Kobayashi, T. *J. Am. Chem. Soc.* **2007**, *129*, 2774.

[71] Takaya, H.; Ohta, T.; Inoue, S.-I.; Tokunaga, M.; Kitamura, M.; Noyori, R. *Org. Synth.* **1995**, Coll. Vol. 9, 169.

[72] Tschaen, D. M.; Abramson, L.; Cai, D.; Desmond, R.; Dolling, U.-H.; Frey, L.; Karady, S.; Shi, Y.-J.; Verhoeven, T. R. *J. Org. Chem.* **1995**, *60*, 4324.

科里-巴克希-柴田还原反应

(Corey-Bakshi-Shibata Reduction)

梁峰　陆军*

1 历史背景简述

科里-巴克希-柴田还原反应 (Corey-Bakshi-Shibata Reduction, CBS) 是不对称催化还原反应中最重要的反应之一，又被称作伊津野-科里反应 (Itsuno-Corey Reaction) (式 1)。1981 年，Itsuno 等人[1,2]发现噁唑硼烷类化合物可以对映选择性地将酮还原成为仲醇。1987 年，Corey 等人[3,4]确定了该反应的催化机理。以 Corey 及其合作者英文姓氏的第一个字母命名，该类催化剂被称为 CBS 催化剂。这一重要的不对称合成方法的反应条件温和、反应速率快、选择性极高，而且具有催化剂回收方便和回收率较高的优点。CBS 催化剂已经被广泛应用于有机合成，包括制备不对称合成领域中重要的手性配体、手性中间体以及生物活性物质和天然产物。

$$R_S C(=O) R_L \xrightarrow{\text{CBS catalyst, } BH_3} R_S CH(OH) R_L \quad (1)$$

CBS catalyst = (oxazaborolidine: R^1, R^1, R^2, R^3, R^4; N, B, O)

1928 年，艾里亚斯·詹姆斯·科里 (Elias J. Corey) 教授出生于马萨诸塞州梅休因市，他中学毕业后进入麻省理工学院学习。不久，他就对化学表现出极大的兴趣。在完成 Arthur Cope 教授所开设课程的学习后，Corey 完全被有机合成化学所吸引。他于 1948 年获得化学学士学位，然后在 John Sheehan 教授的指导下从事盘尼西林的合成研究。1950 年，年仅 22 岁的 Corey 在麻省理工学院获得博士学位。同年，他到美国伊利诺伊大学任教，并在 1957 年任晋升为化学教授，1959 年他又转到哈佛大学任教。Corey 因在发展复杂天然产物合成及逆合成分析新方法方面的杰出贡献而获得 1990 年诺贝尔化学奖。他在有机化学其它领域也取得了巨大的成就，包括发展了 PCC 试剂、CBS 试剂、硅保护基团、Corey-Fuchs 反应、Corey-Kim 氧化反应和 Corey-Winter 成烯反应等。

伊津野真一 (Shinichi Itsuno) 教授在东京工业大学获得工程博士。1982 年，他加入丰桥技术大学材料工程学院任教。1986-1988 年间，他曾先后在加拿大渥太华大学和美国康乃尔大学从事博士后研究。他于 1991 年任丰桥技术大学材料工程学院讲师，1993 年晋升为助理教授，2003 年晋升为教授。Itsuno 教授的研究工作主要集中在发展聚合物支持的手性催化剂，用于发展不对称合成新方法。

早在 1969 年，含硼光学活性物质就被应用于碳-氧双键的不对称还原。Fiaud

等人[5]尝试用脱氧麻黄碱与硼烷的复合物 **1** (式 2) 来还原苯乙酮，但结果并不理想，产物的对映选择性低于 5% ee。Borch 等人[6]尝试用硼烷复合物 **2** 作为手性试剂，其还原产物的对映选择性也低于 5% ee。Grundon 等人[7]将硼烷与亮氨酸甲酯的配合物 **3** 用于酮的不对称还原，产物的对映选择性可以提高到 14%~22% ee。若在反应体系中加入等物质的量的硼烷-醚配合物，产物的光学活性可以得到进一步的提高。

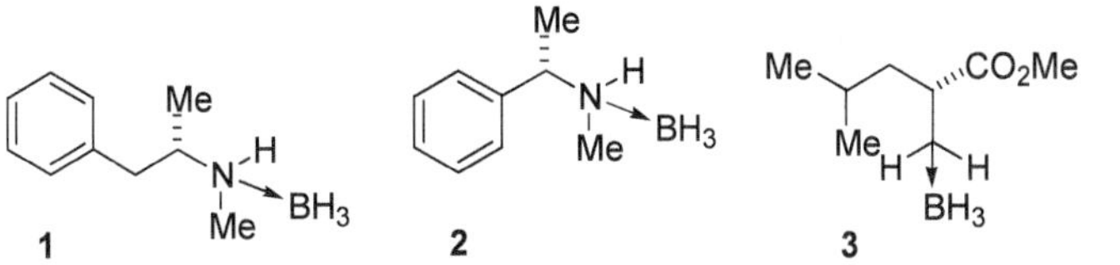

(2)

1981 年，Itsuno 等人在手性硼烷试剂领域取得了重大进展[1]。他们发现：硼烷可以与多种邻位氨基乙醇配体形成复合物 (式 3)，但这些复合物自身并不能有效地还原酮。然而，当复合物与硼烷试剂混合使用时，即可有效地将酮还原得到手性仲醇。例如：硼烷四氢呋喃配合物 (BH_3·THF)、硼烷二甲硫醚配合物 (BH_3·SMe_2)、儿茶酚硼烷 (catecholborane) 等均可用于该目的，产物的对映选择性可以达到 73% ee。Itsuno 小组对反应条件进行了进一步优化[8,9]，发现 THF 是理想的溶剂。当氨基乙醇与硼烷之间的摩尔比为 1:2 时，能够得到高度的对映选择性产物。该反应具有温度低和时间短的优点，30 °C 反应 2 h 被选作反应的标准条件。叔氨基乙醇配位的硼烷能够更有效地还原酮底物，催化剂甚至能够分辨出与底物酮分子相连接的基团之间的微小立体差异[9~11]。

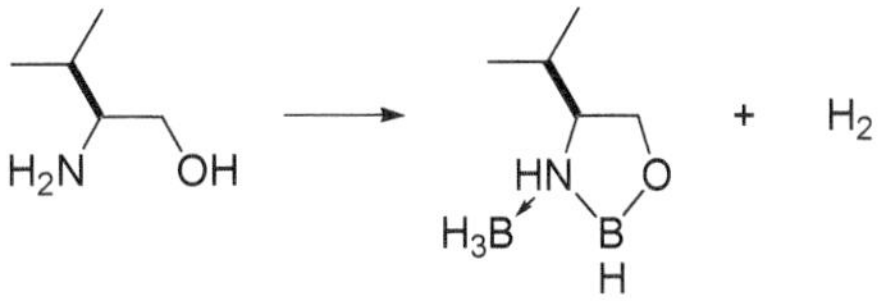

(3)

随着 Corey 课题组对基于铝和硼手性还原剂进行筛选，Itsuno 等人的研究工作受到更多关注。Corey 课题组重复并优化了 Itsuno 等人报道的反应。通过对优化后的模型化合物 **4** (式 4) 进行大量细致的研究，他们阐明了该反应的机理，并成功地发展出了 CBS 试剂。

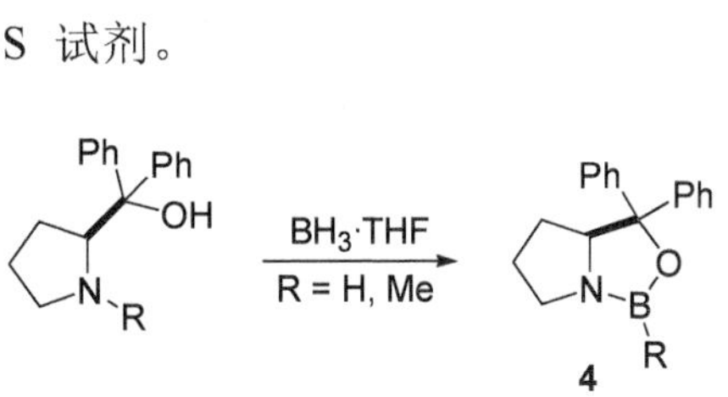

(4)

2 CBS 还原反应机理

Corey 课题组首先阐明了 CBS 催化剂的作用机理。他们重复了 Itsuno 等人报道的实验条件，对硼烷与邻位氨基乙醇配体形成的复合物进行升华提纯后得到了化合物 **5**(式 5)。他们发现：在 23 °C 时，化合物 **5** 自身在数小时内并不能还原苯乙酮。但是，在体系中加入 0.6 倍量的 $BH_3 \cdot THF$ 后，苯乙酮在 1 min 内即可被还原成为 (*R*)-1-苯乙醇，产物的对映选择性超过 94% ee[3,12~14]。

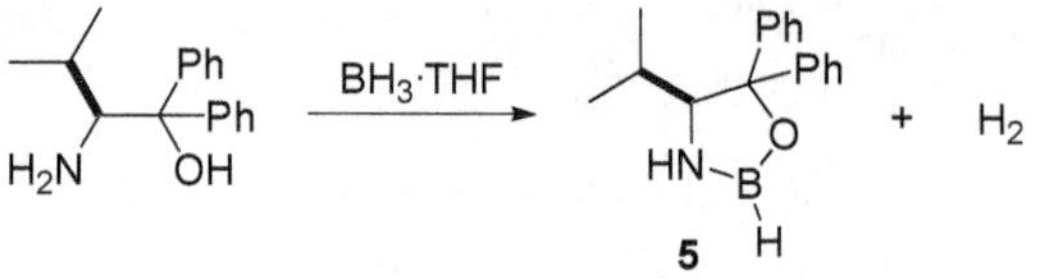

$BH_3 \cdot THF$ (5)

Corey 等人进而得到了化合物 **6** 的晶体结构[15]，为阐明该类反应的机理提供了有力的证据。如式 6 所示：化合物 **6** 具有双环[3.3.0]辛烷骨架的凹形结构，使其表现出顺式稠环的性质。

$BH_3 \cdot THF$ (6)

当化合物 **6** 与酮作用时，被活化的硼烷可以作为氢原子的给体，桥环上的硼原子与羰基的氧原子发生配位。如式 7 所示：配合物结构的手性限制了羰基取代基的空间构型。为了使立体位阻最小化，硼氧配位必须从 α-面进行而小基团 R_S 必须位于 β-面。随后，氢原子通过一个六元环过渡态从硼烷传递给氧原子，羰基以手性控制的方式被还原[16~18]。因此，在 CBS 还原反应中，可以根据羰基取代基的大小来预测产物的结构。

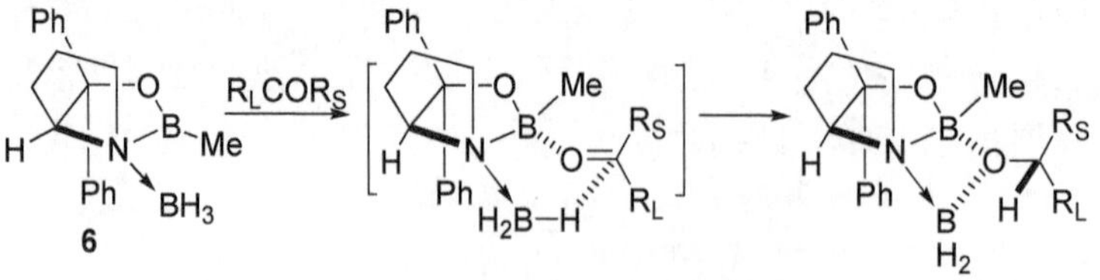

R_LCOR_S (7)

图 1 描述了 CBS 反应催化循环过程。催化循环的第一步是手性硼杂噁唑烷中具有路易斯碱性的氮原子与硼烷快速可逆配位，形成配合物 a。硼烷与氮原

子的亲电结合可以增强硼烷给出氢原子的能力，也可以大大提高桥环上硼原子的路易斯酸度。随后，具有强路易斯酸性的手性硼杂噁唑烷·硼烷复合体与底物酮结合。由于立体效应的原因，复合物选择从酮的较小基团一侧与羰基的孤对电子结合，并与相邻的硼烷呈顺式构型。这种结合方式使得硼杂噁唑烷和酮之间的立体位阻最小，空间上有利于羰基碳原子与硼烷的相互作用，并有利于反应过渡中间态 c 的形成。过渡中间态 c 进而与另一分子硼烷作用，生成配合物 a 和羟基硼烷化合物。最后，羟基硼烷化合物经分解得到手性产物醇。

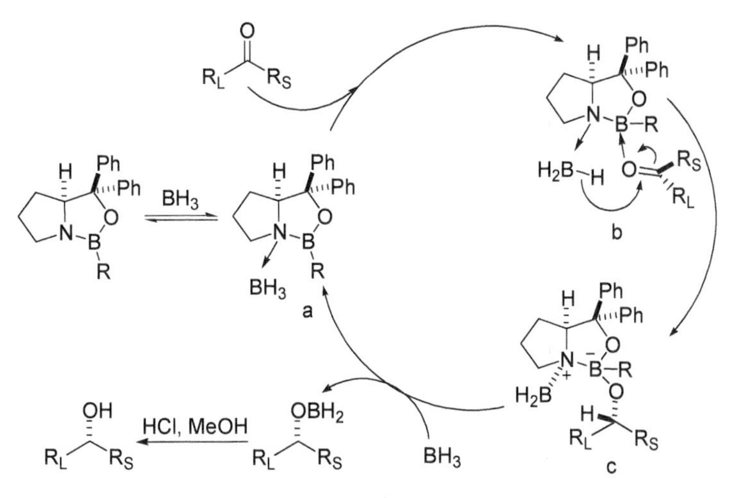

图 1 CBS 还原反应的催化循环机理

3 CBS 催化剂的制备及结构优化

3.1 催化剂的制备

CBS 催化剂的制备通常是以氨基与羧基被保护的 (*R*/*S*)-脯氨酸为原料，经格氏反应后脱去保护基团，得到催化剂前体 (*R*/*S*)-α,α'-二苯基-2-吡咯烷甲醇。然后，该前体醇再与硼烷或硼烷衍生物反应得到 CBS 催化剂。例如：可用脯氨酸与含光气的苯溶液[19]或三光气的 THF 溶液[20]反应，首先将氨基保护起来。继而在三乙胺作用下，酰氯基团与羧基反应生成酸酐。这样就完成了对氨基和羧基的保护，两步总产率为 95%。格氏反应完成后经硫酸溶液淬灭，以盐的形式分离得到前体醇。最后，在 THF 与氢氧化钠的溶液中得到催化剂前体 (*R*/*S*)-α,α'-二苯基-2-吡咯烷甲醇（式 8）。

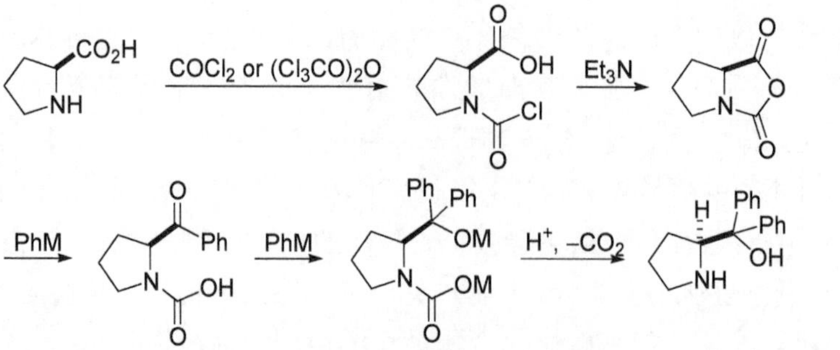

(8)

在文献中，也有利用其它基团保护脯氨酸的报道。例如：在碳酸钾的存在下，将脯氨酸与氯甲酸乙酯在甲醇中反应可以同时使脯氨酸的羧基和氨基得到保护(式 9)[21]。使用氢氧化钠作为碱试剂时，羧基和氨基的保护需要分步进行 (式 10)[13]。使用硅试剂 ($(TMD_3Si)NH$) 时，脯氨酸的氨基和羧基可以同时被 TMS 保护 (式 11)[22]。这些化合物与格氏试剂反应后，再脱去保护基团即可得到催化剂前体 (*R/S*)-α,α'-二苯基-2-吡咯烷甲醇。吡咯烷甲醇与硼烷的四氢呋喃溶液作用可以得到催化剂 **7** (式 12)，与三甲基硼烷在甲苯中反应可以得到催化剂 **8** (式 13)。

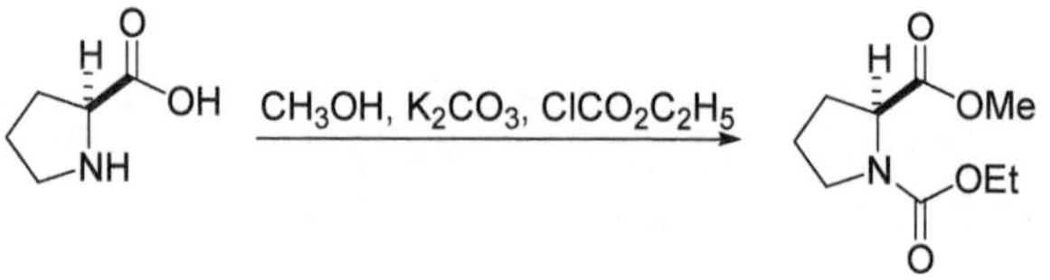

(9)

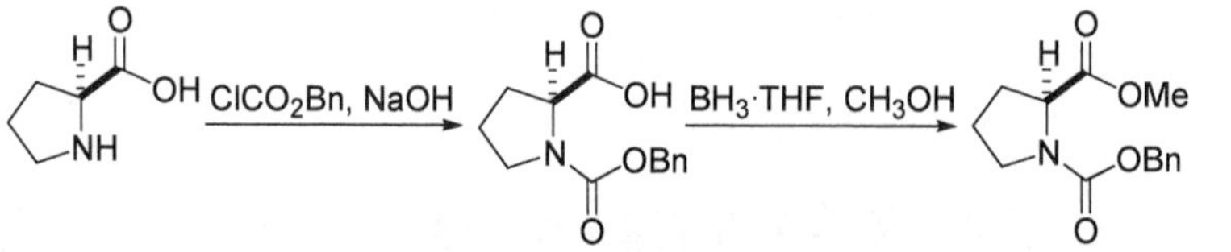

(10)

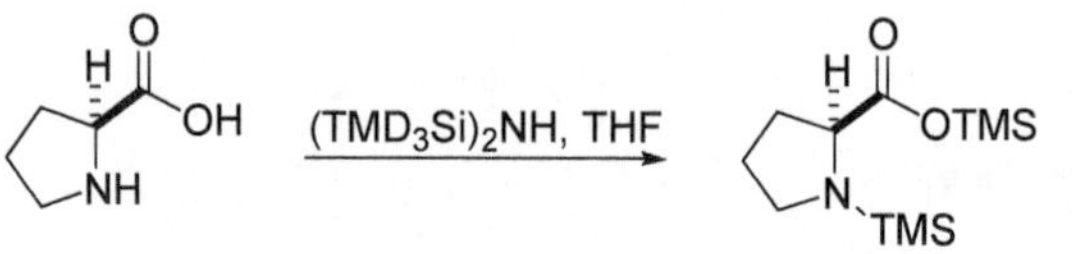

(11)

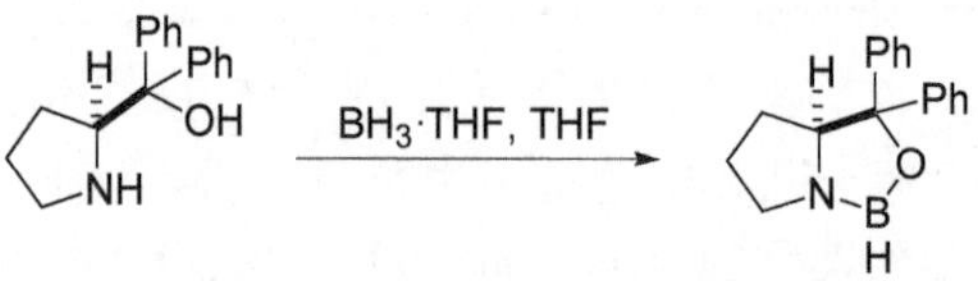

(12)

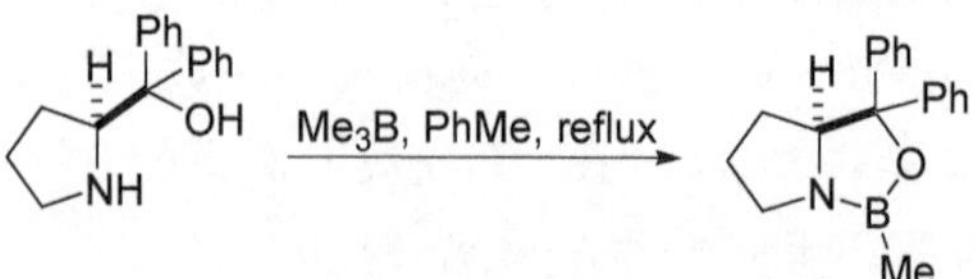

(13)

Beak 小组报道：通过吡咯烷与有机锂试剂反应可以制备二苯基取代的脯氨醇[23]。如式 14 所示：在手性鹰爪豆碱的诱导下，Boc-保护的吡咯烷与异丁基锂作用首先生成手性有机锂中间体。然后，该中间体与二苯甲酮反应并脱去 Boc-保护基团得到二苯基取代的脯氨醇。

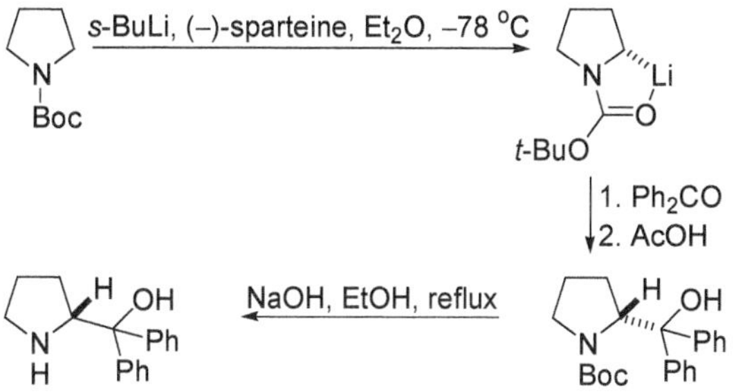

(14)

3.2 催化剂的结构优化

由于 CBS 还原反应具有高度的对映选择性和应用范围的普遍性，人们对催化剂结构优化进行了广泛的研究，期望能够提高反应的产率和立体选择性[4,24,25]。

3.2.1 氨基醇羟基所在碳原子的取代基团的研究

人们使用苯乙酮作为底物，对 CBS 催化剂的还原反应进行了系统的研究。如图 2 所示[4]：Corey 等人总结了各种氨基醇羟基所在碳原子上取代基对反应产物光学活性的影响。苯取代基能够很好地控制产物的光学活性，对映选择性可以达到 97% ee。使用较大的 *β*-萘取代基，产物的对映选择性可以提高到 98% ee[26]。使用刚性螺-2-茚满基时，产物的对映选择性可以达到 96% ee[21]。其它较大的取代基，例如：*α*-萘取代基、邻甲苯取代基和邻甲氧苯基取代基则导致产物对映选择性分别降低到 62% ee、76% ee 和 28% ee。与预期结果一致：位阻较小的噻蒽基可以得到一般的对映选择性 (82% ee)，而直链烷基和螺烷基团只得

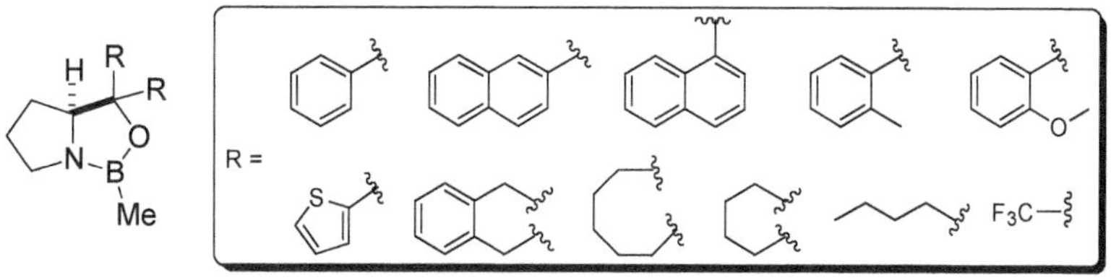

图 2 氨基醇羟基所在碳原子上的各种取代基团

到很低的对映选择性[4,21]。虽然强吸电子基团三氟甲基可以大大增加杂环硼原子的路易斯酸性，却导致产物的对映选择性降低 (60% ee)。

3.2.2 噁唑硼烷杂环硼原子的取代基团的研究

杂环硼原子上的取代基团决定了催化剂与酮上两对孤对电子的结合方式。由于 R 和羰基取代基之间不同的空间相互作用，区分度是对映选择性还原的关键。一般来说，R 基团的空间作用会影响到硼原子与氧原子孤对电子的选择性结合。设计优化 R 基团就有可能实现对还原过程中对映选择性的有效调控，图 3 总结了各种硼原子上的取代基团[27~31]。

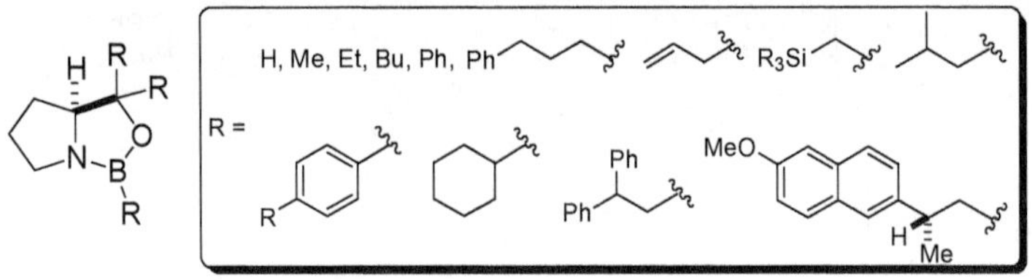

图 3 杂环硼原子上的各种取代基团

尽管 CBS 催化剂能够稳定地还原底物，实现产物的高度对映选择性。但是，将 CBS 催化剂应用于工业生产的关键是简便经济地制备在空气和潮气中稳定的催化剂。在商品 CBS 催化剂中，催化剂 **8** 在空气中的稳定性优于催化剂 **7**，但它对潮气仍然十分敏感，痕量的水就会大大降低其反应的对映选择性。最近，烷氧基取代的 CBS 催化剂受到人们的关注。将催化剂前体吡咯烷醇、硼试剂和取代基醇直接加入反应体系中即可使用，无须分离纯化相应的 CBS 催化剂就能够得到高度对映选择性的产物。

3.2.3 噁唑硼烷环系统的结构优化

对噁唑硼烷环结构的优化通常集中在三个方面[24]：(1) 环的大小；(2) 环的类型；(3) 环上的取代基团。图 4 总结了应用于还原苯乙酮的各种 CBS 催化剂[32~48]。带有氮杂环丙烷 (三元环)、吖丁啶 (四元环) 和吡咯烷 (五元环) 的催化剂普遍较好，产物的对映选择性在 94%~97% ee 之间[33~35]。较柔性的 [4.3.0] 六元环系导致较低的对映选择性[36]，而结构受限的三环系统给出了最高的对映选择性 (98% ee)[37]。对稠环化合物催化剂的研究表明：尽管与芳环偶联的桥环氮原子的路易斯碱性大大降低，但它们催化的反应的对映选择性并没有受到显著的影响。

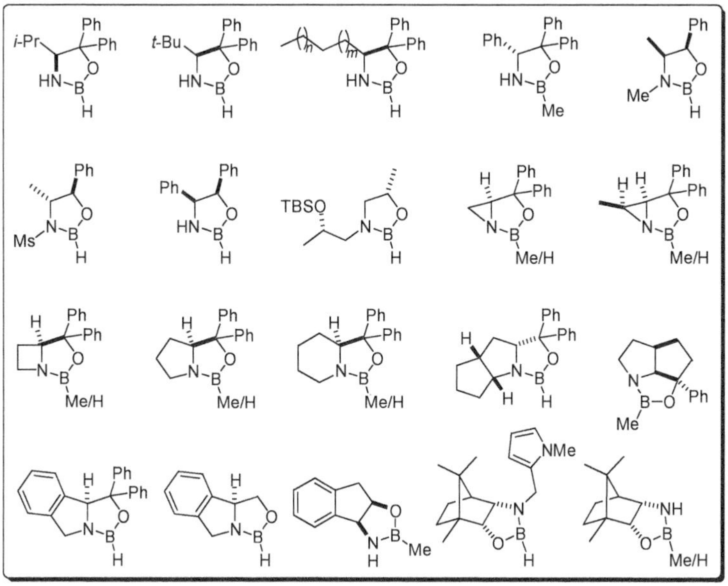

图 4 不同结构的 CBS 催化剂

4 CBS 催化剂的负载化研究

CBS 催化剂已经广泛应用于生物活性物质、天然产物以及不对称合成领域中重要手性配体和手性中间体的合成。但是，在化工生产中，如何有效分离均相催化剂和产物是普遍存在的难题。虽然 CBS 催化剂能够以吡咯烷醇盐的形式分离和回收，但负载的 CBS 催化剂因操作步骤简单和回收方便仍然受到研究者的关注。

在发现噁唑硼烷催化活性后不久，Itsuno 等人便开始对该类催化剂的负载化进行了研究[49~51]。如式 15 所示：首先，吡咯烷甲醇与含氯甲基的聚苯乙烯反应，得到含有吡咯烷甲醇的聚合物。然后，再与硼烷作用得到聚合物负载的 CBS 催化剂。负载催化剂的立体选择性取决于功能化度和聚合物的交联度，含有 14% 功能化度的聚合物催化剂与可溶性催化剂的立体选择性相当。含有 1%~2% 的交联度以及 50%~69% 的功能化度的负载催化剂比可溶性催化剂具有更高的选择性。但是，继续增加功能化度则导致催化剂的立体选择性降低，这可能是因为空间位阻引起的结果。在聚合物骨架与催化活性基团之间插入适当的分隔基团，既可保持催化剂的立体选择性，还可以提高反应的速率，并使聚合物催化剂具有更强的机械强度[52]。

P
P
Cl
N
H
OH
N
HO

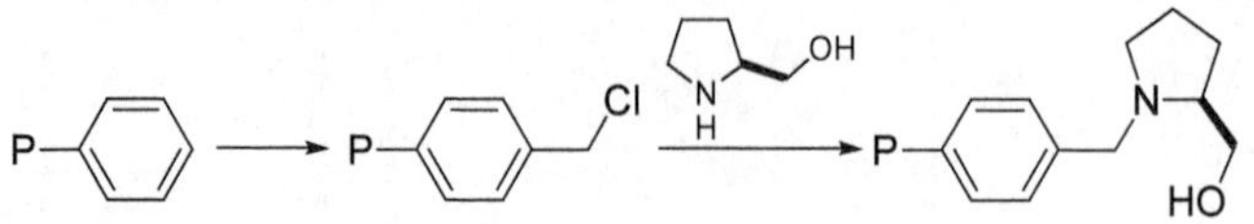

(15)

聚合物负载配体还可以通过氮原子或者芳环碳原子与吡咯烷醇相连接 (式 16)[53~55]。当固相载体与氮原子相连时会产生立体位阻，不仅不利于中间态配合物的形成，还降低了还原反应的对映选择性。一般而言，固相载体与碳原子相连生成的配体具有更好的催化效果。

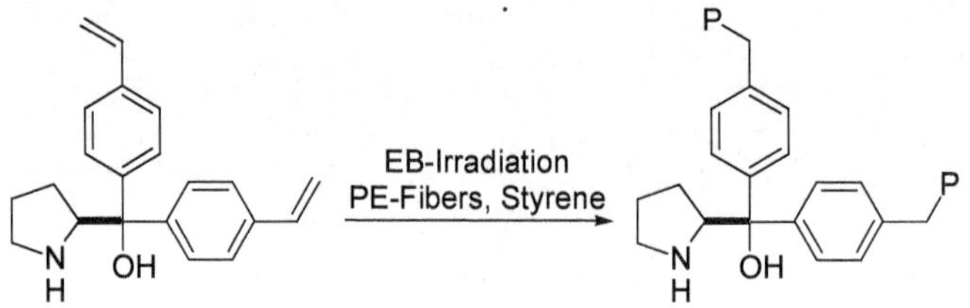

EB-Irradiation
PE-Fibers, Styrene
N
H
OH
P

(16)

Franot 等人尝试使用固载化硼酸与吡咯烷醇作用得到聚合物配体 (式 17)[56]。该固载配体生成的催化剂易于回收，过滤后即可直接重复使用。催化剂在第二次使用时的对映选择性没有明显的下降 (90%~96% ee)，但第三次使用时的对映选择性只有 70%~78% ee。这可能是因为使用甲醇淬灭反应时生成了三甲基硼酯，从而降低了催化剂的活性。

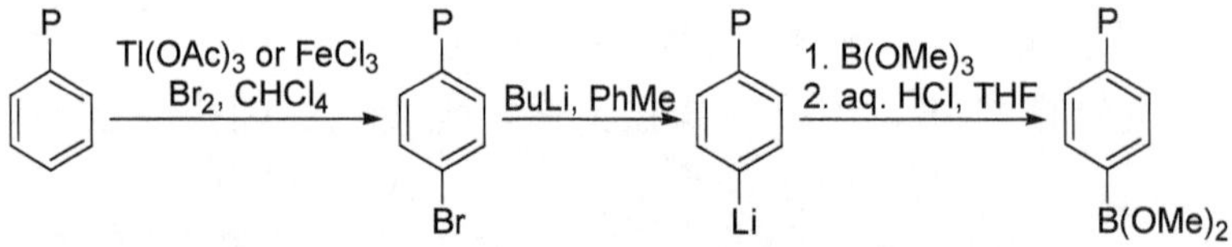

P
Tl(OAc)3 or FeCl3
Br2, CHCl4
Br
BuLi, PhMe
Li
1. B(OMe)3
2. aq. HCl, THF
B(OMe)2

(17)

CBS 催化剂也可以被负载在聚硅醚等可溶性聚合物上[57~59]，它们发生的催化反应仍属于均相反应。反应结束时，通过微滤膜的开孔大小选择性地将产物、原料和催化剂进行分离。这样可以将负载的催化剂隔离在反应器内，实现原位再生催化剂的效果。Felder 等人发展了聚硅醚负载的吡咯烷醇 (式 18)[57]，它们与硼烷作用后得到相应的聚合物催化剂。该聚合物催化剂可应用于各种前手性酮的还原，产物的收率和对映选择性与单体催化剂相当。该聚合物催化剂可以被纳米滤膜保留，从而应用于膜反应器。这种聚合物催化剂可以连续使用 60 h，产物的收率和对映选择性稳定。它的催化转换数可以达到 560，而单体催化剂的转换数在 5~20 之间。

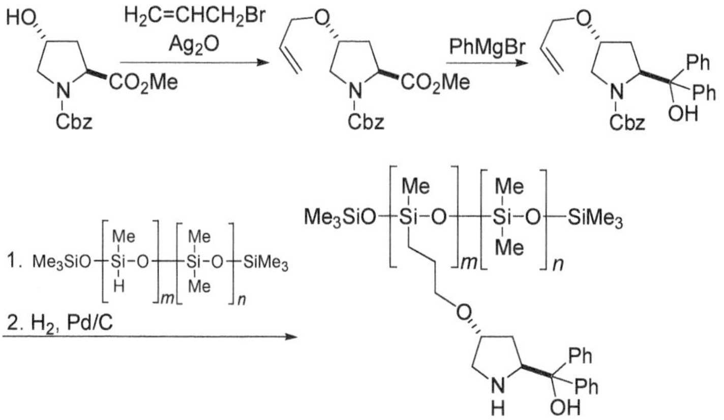

(18)

Wöltinger 等尝试将 CBS 催化剂应用于化学酶膜反应器[60]。由于负载在可溶性聚合物上的 CBS 催化反应为均相反应，产物的流动和扩散比较充分，因此反应的产率和速率均不受到影响。反应后可进行催化剂与产物的分离，催化剂可在反应器内原位再生，重复使用 200 次以上时才出现产率和选择性的下降。这样既解决了催化剂再生的问题，又不会影响反应的对映选择性和产率。在反应器运转的二周内，生成的产物一直保持在 99% 的产率和 96% ee 的水平上。这一工艺将适宜的反应、负载方法和膜反应器成功地结合在一起，使 CBS 催化剂的工业应用达到了较成熟的阶段。

5 CBS 还原反应的类型综述

光学活性的醇已经广泛应用于作为生物活性物质、天然产物制备过程中的起始原料、中间产物和手性配体[61,62]，还原前手性酮是制备这些化合物最简便和最有效的方法。CBS 催化的不对称还原反应可以还原多种酮类物质，例如：芳香酮、二芳香基酮、三卤甲基酮、α,β-烯酮以及某些二烷基酮。经 CBS 催化还原反应生成的手性羟基可保留在最终产物上，也可参与进一步的反应。

5.1 芳香酮的还原

图 5 总结了部分 CBS 催化剂能够高度对映选择性还原的芳香酮底物。如果酮分子中含有氮原子或其它杂原子，需要在体系中多添加等物质的量的硼试剂。通过它们与路易斯碱位点结合，促进反应的顺利完成[63,64]。

Ph(C=O)R —CBS catalyst, R = Me, Et→ PhCH*(OH)R

	催化剂 1	催化剂 2	催化剂 3	催化剂 4
R = Me	99% ee	96% ee	> 99% ee	92% ee
R = Et	> 99% ee	96% ee	79% ee	

	催化剂 5	催化剂 6 (R' = H)	催化剂 6 (R' = Ph)	催化剂 7 (R' = Me)	催化剂 7 (R' = *n*-Bu)
R = Me	98% ee	97% ee	96% ee	98% ee	98% ee
R = Et			88% ee	97% ee	97% ee

图 5 还原苯甲酮和苯乙酮的 CBS 催化剂

如式 19 所示：Chu 等人发展了多氟 CBS 催化剂[65]，该催化剂可在 HFE-7500 中高度对映选择性地还原苯甲酮。生成的反应产物可用有机溶剂萃取得到，剩余体系可直接重复使用。因此，该尝试为发展大量、简便和可重复使用的 CBS 催化剂提供了一个很好的范例。

Ph(C=O)CH$_3$ —CBS catalyst, HFE-7500→ PhCH(OH)CH$_3$ (19)

CBS catalyst（含两个 C_8F_{17} 取代苯基）

HFE-7500 ≡ $(^iC_3F_7)(^nC_3F_7)CFOC_2H_5$

含硫醚的 CBS 催化剂能够高度对映选择性地还原烷基卤代芳香酮[39,40]。当底物是 ω-溴苯乙酮时，产物的对映选择性超过 99% ee (式 20)。这些催化剂已经应用于异丙 (去甲) 肾上腺素的制备。

Ph(C=O)CH$_2$CH$_2$Br —CBS catalyst→ PhCH*(OH)CH$_2$CH$_2$Br (20)

MeS / EtS 型催化剂

CBS catalyst: R = Ph, *p*-MeC$_6$H$_4$

CBS 催化剂也已经在胆固醇酯转移蛋白抑制剂的合成中得到应用[66]。如式 21 所示：该化合物的手性中心是通过 CBS 催化剂催化还原前手性酮得到的。

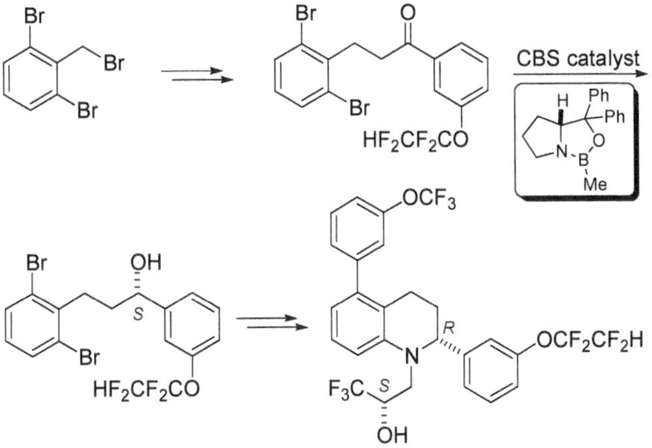

Br Br Br → Br O Br HF_2CF_2CO —CBS catalyst→ (H Ph Ph N B O Me)

Br OH *S* Br HF_2CF_2CO → OCF_3 *R* N OCF_2CF_2H F_3C *S* OH

(21)

5.2 二芳香基酮的还原

图 6 总结了部分 CBS 催化剂高度对映选择性还原的二芳香基酮底物[67,68]。对于二异丙基磷氧芳香酮，芳环上的邻位取代基团在对映选择性还原中起到重要的作用[69]。

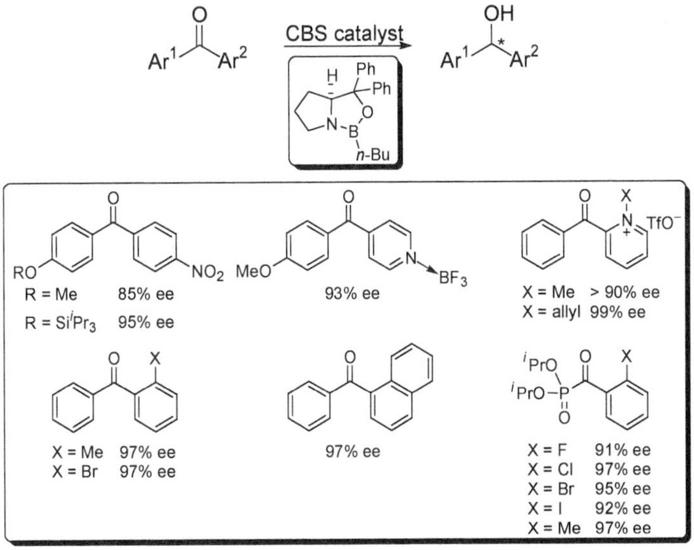

Ar^1 O Ar^2 —CBS catalyst→ Ar^1 OH * Ar^2 (H Ph Ph N B O *n*-Bu)

RO O NO_2
R = Me 85% ee
R = Si^iPr_3 95% ee

MeO O N BF_3
93% ee

O X N TfO⁻
X = Me > 90% ee
X = allyl 99% ee

O X
X = Me 97% ee
X = Br 97% ee

O
97% ee

^iPrO ^iPrO P O O X
X = F 91% ee
X = Cl 97% ee
X = Br 95% ee
X = I 92% ee
X = Me 97% ee

图 6 CBS 催化剂还原的二芳香基酮和二异丙基磷氧芳香酮

CBS 催化剂已经在镇痛剂 (*R*)-Cizolirtine 的合成中得到应用[70]。如式 22

所示：杂环酮被高度对映选择性地还原成为手性醇，生成的醇经进一步反应生成手性醚后得到 (*R*)-Cizolirtine。

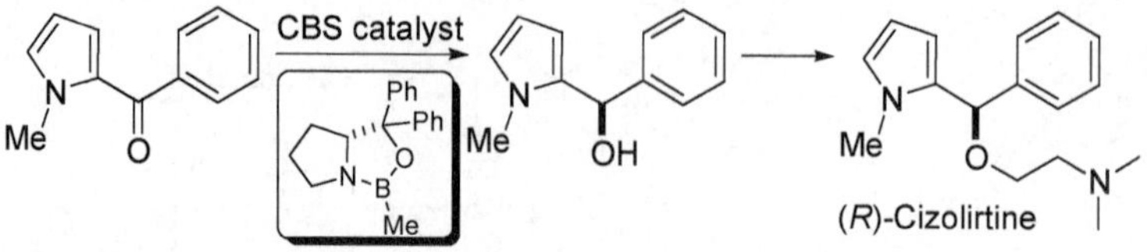

(22)

5.3 三卤甲基酮的还原

图 7 总结了部分 CBS 催化剂高度对映选择性还原的三卤甲基酮底物[71~75]。

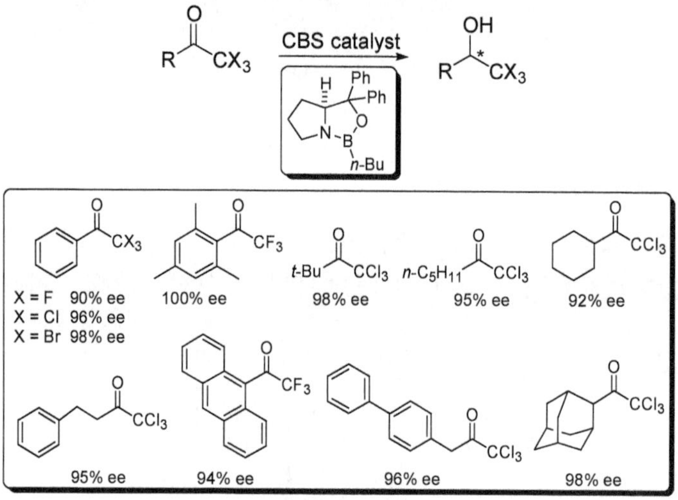

图 7 CBS 催化剂还原的三卤甲基酮

三卤甲基的拉电子效应导致位阻和电子效应共同控制的羰基与三卤甲基的结合变形。该作用与三卤甲基基团的位阻效应一起发挥作用，导致三卤甲基与催化剂高度选择性地进行反式结合。然后氢负离子发生快速迁移，得到高度对映选择性的三卤甲基甲醇结构。如式 23 所示[74~77]：生成的手性醇可以进一步被转化成为其它手性化合物。

5.4 α,β-烯酮的还原

α,β-烯酮作为 CBS 还原的底物已经得到了广泛的研究，生成的烯丙基醇产物是有机合成中重要的中间体。图 8 总结了部分 CBS 催化剂高度对映选择性还原的环状和非环状 α,β-烯酮底物[78~86]。对于非环状烯酮而言，含烯基团通常被认为是大基团。对于环状烯酮而言，双键上的取代基对反应的手性控制起到重要的作用。

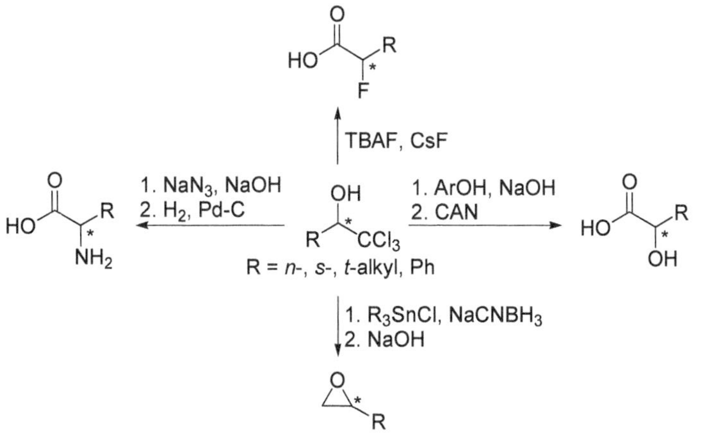

(23)

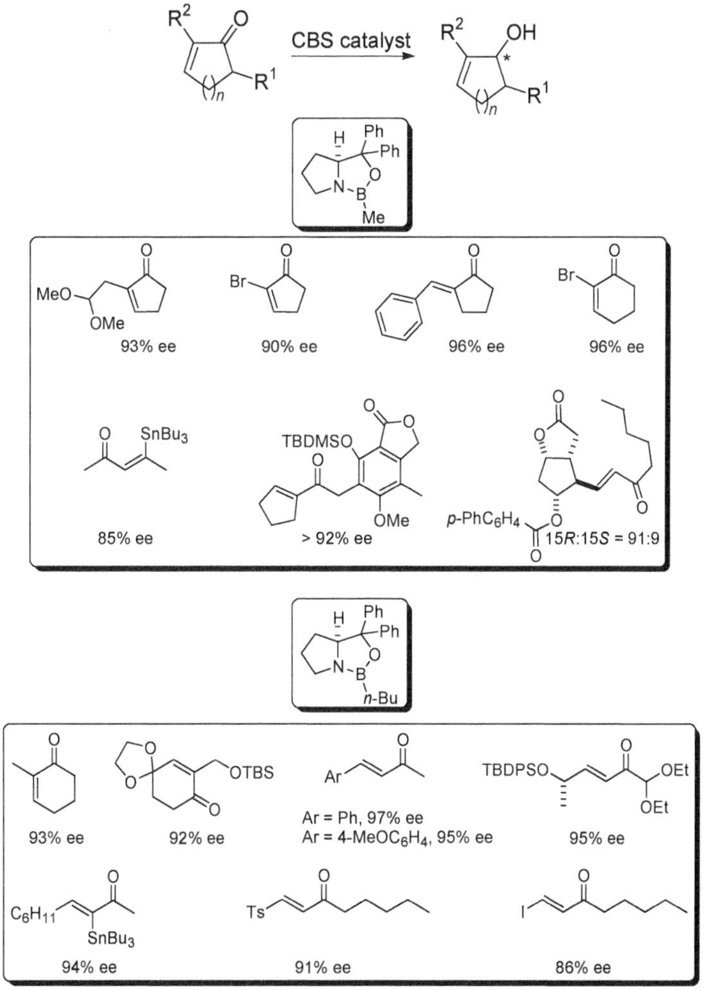

图 8 CBS 催化剂还原的 α,β-烯酮

Heliconol A 是从淡水真菌中分离得到的含有多个手性羟基的化合物，具有一定的抗菌活性。如式 24 所示[87]：Heliconol A 的全合成使用 α,β-烯酮作为原料，首先经 CBS 催化还原得到手性醇化合物中间体。

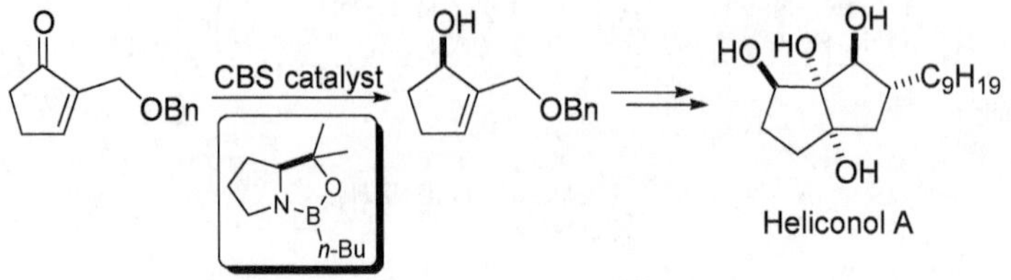

CBS catalyst (24)

Heliconol A

ONO-4819 是一种前列腺素 E 受体的高选择性竞争剂，它与利塞膦酸盐结合能够有效治疗骨质疏松症。在 ONO-4819 的合成中，将 α,β-烯酮高度对映选择性地还原成为手性醇被用作关键步骤 (式 25)[88]。若在该反应体系中加入水和苯酚，则会严重影响反应的化学选择性。

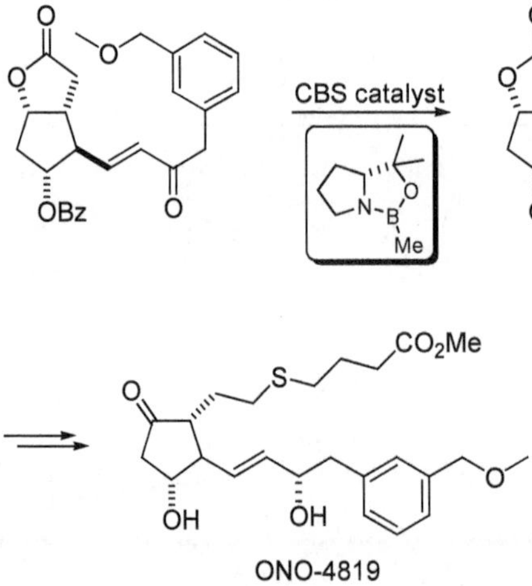

CBS catalyst (25)

ONO-4819

5.5 α,β-炔酮的还原

CBS 催化剂可以高度对映选择性地还原 α,β-炔酮，得到手性丙炔醇化合物。图 9 总结了部分 CBS 催化剂高度对映选择性还原的 α,β-炔酮底物[31,89]。

Sultriecin 是从真菌中分离得到的抗生素，可以抑制蛋白磷酸酶 2A(PP2A) 和杀灭肿瘤细胞。如式 24 所示[90]：在 Sultriecin 的全合成中，首先通过炔与呋喃甲酰氯偶联生成呋喃酮中间体。然后，使用 CBS 催化剂对映选择性地将羰基还原成为手性醇，继而经后续反应得到目标产物 (式 26)[90]。

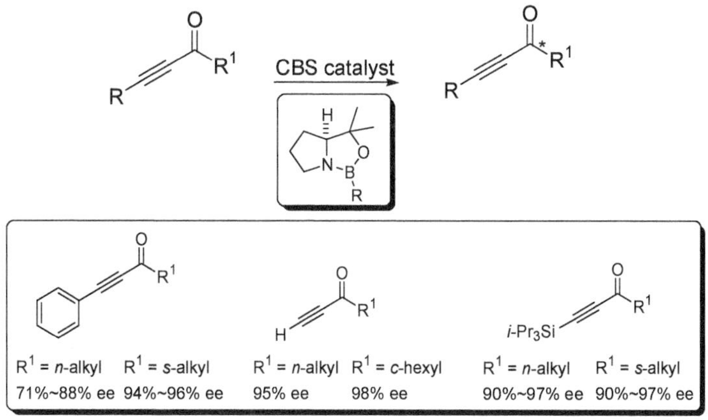

图 9 CBS 催化剂还原的 α,β-炔酮

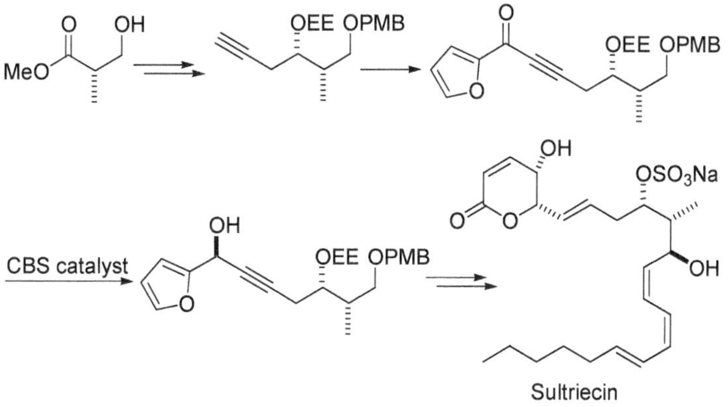

(26)

5.6 二烷基酮的还原

图 10 总结了部分 CBS 催化剂高度对映选择性还原的二烷基酮底物[91~94]。一般而言，叔烷基正烷基酮可以发生高度对映选择性还原反应。使用位阻较大的酮作为底物时，提高反应温度有利于提高产物的对映选择性。这可能是因为高温有利于生成的产物从催化剂形成的中间体中脱离。

维生素 D_3 在钙、磷元素代谢、细胞分化和抑制肿瘤细胞增殖等生命过程中起到重要作用。但是，高血钙的毒副作用限制了它在肿瘤治疗中的应用。因此，发现维生素 D_3 的类似物是提高其药效和降低毒性的有效途径。CBS 催化剂在维生素 D_3 衍生物 CD-环前体的合成中起到了重要作用 (式 27)[95]。

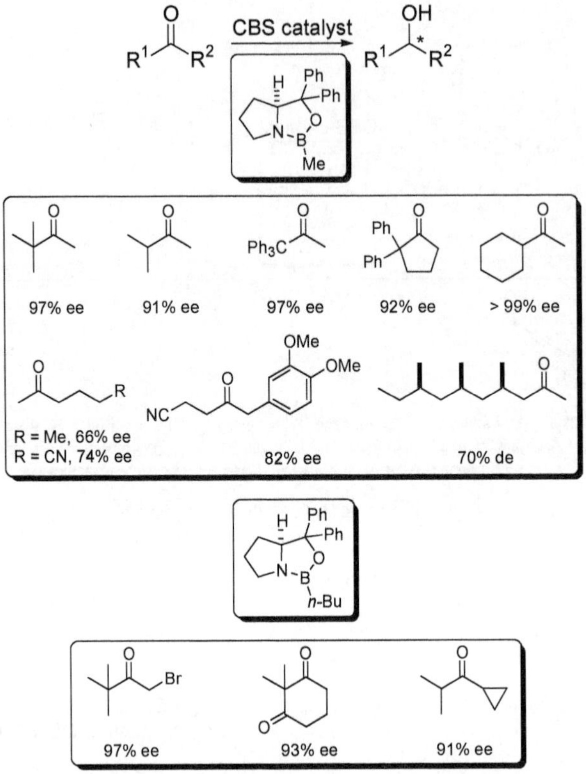

CBS catalyst

97% ee 91% ee 97% ee 92% ee > 99% ee

R = Me, 66% ee
R = CN, 74% ee
82% ee
70% de

97% ee 93% ee 91% ee

图 10 CBS 催化剂还原的二烷基酮

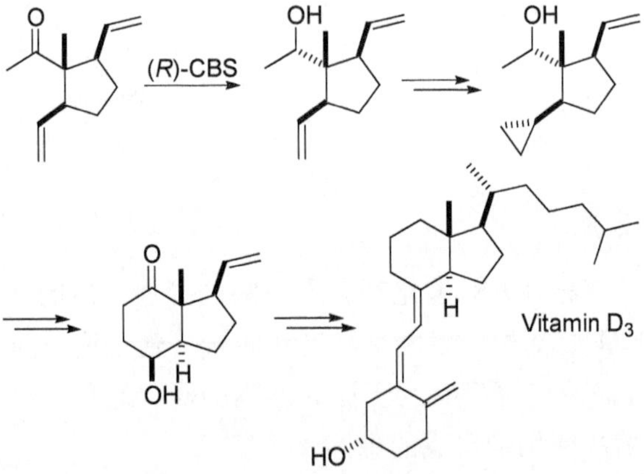

(R)-CBS

Vitamin D_3

(27)

Cr、Co、Fe 和 Ru 等过渡金属配合物中的酮配体也可以被 CBS 催化剂高度对映选择性地还原[96~100]，还原产物在药物和不对称催化剂配体的合成中起到重要的作用。如式 28 所示[101]：含有羰基铬配合物结构的二芳香基酮可以被高度对映选择性地还原成为相应的手性醇，该产物是制备 (*S*)-二芳香甲基胺衍生物的重要中间体。

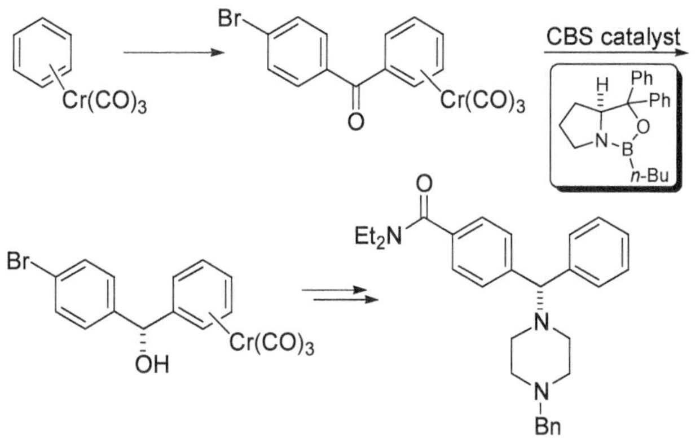

(28)

CBS 催化剂也能够催化还原酮亚胺生成光学活性的胺。如式 29 所示[102]：CBS 催化剂可在不同温度下先后催化还原酮和酮亚胺，得到具有两个手性中心的氨基醇。酮亚胺中碳原子的亲电性弱于酮中的碳原子，酮亚胺存在有快速的 *E*-构型和 *Z*-构型异构平衡。亚胺或产物胺的碱性氮原子容易与催化剂的手性路易斯酸作用，使得 CBS 催化剂还原酮的能力强于还原酮亚胺的能力[103]。酮的还原在 $-20\ ^{\circ}C$ 时就能发生，而亚胺的还原一般在室温下进行。

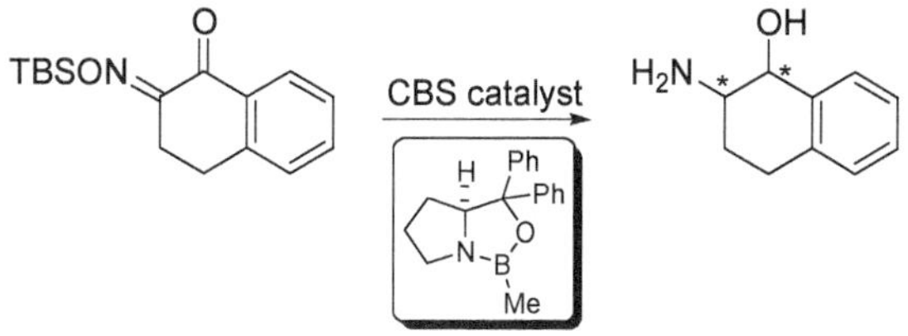

(29)

6 CBS 反应在天然产物合成中的应用

6.1 (+)- Lyconadin A 的全合成

石杉碱类天然产物是从中国特有植物千层塔 (蛇足石杉) 中提取的一种生物碱 (图 11)。石杉碱甲是一种乙酰胆碱酯酶的可逆抑制剂，具有选择性高、毒性低和药效时间长等特点。它也是一种能够改善和增强记忆及认知功能、防治阿尔茨海默病的药物制剂，是目前治疗老年痴呆较为理想的候选药物[104,105]。

2001 年，Kobayashi 等报道从 *Lycopodium complanatum* 中提取得到了 Lyconadin A。它是具有众多成员的石杉碱家族中的一员，但具有新颖的化学结构[106]。Smith 小组[107]和 Sarpong 小组[108]先后报道了该化合物的全合成。其中，Smith 小组的路线总长度为 28 步，总产率为 2.2%。而 Sarpong 小组的路线总长度为 17 步，总产率为 10%。

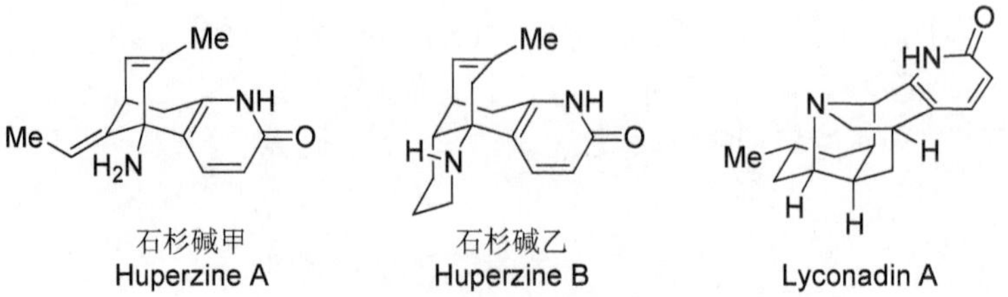

图 11 石杉碱类化合物结构

如式 30 所示：Sarpong 小组巧妙地利用 CBS 还原首先得到手性仲醇。然后，利用手性羟基的立体化学影响底物在催化加氢步骤中的立体选择性。该催化加氢步骤不仅一次衍生出三个手性碳原子，而且产物的对映选择性高达 99% ee。

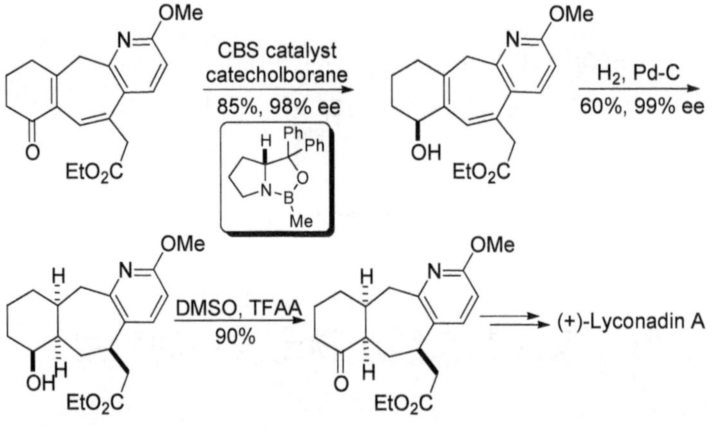

6.2 苔藓虫素 16 的全合成

1982 年，Pettit 在 P388 跟踪下从苔藓动物总合草苔虫 (*Bugulaneritina*) 中分离出一种天然产物，结构鉴定为大环内酯类化合物苔藓虫素 1 (Bryostatin 1) (图 12)[109]。到目前为止，已从该生物中得到 20 个类似的天然产物，它们都具有很强的细胞毒活性。体内活性试验显示：Bryostatin 类化合物也是一种强的抗肿瘤促进剂，可抑制或激活蛋白质代谢酶 C，同时还能促进骨髓祖细胞的正常生长。

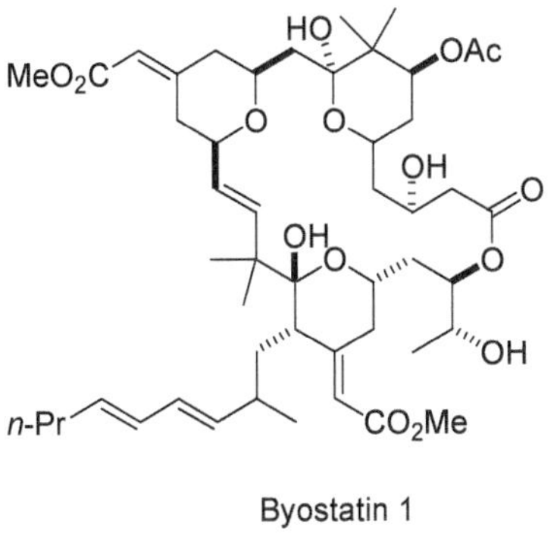

Byostatin 1 Byostatin 16

图 12 苔藓虫素的结构

苔藓虫素 16 (Bryostatin 16) (图 12) 是一个结构复杂的 26-元大环内酯化合物。其分子中含有三个多取代的四氢吡喃环、两个酸碱敏感的环外不饱和酯、一个反式双键 (C16-C17 位) 和多个含氧官能团。2008 年，Trost 小组报道了该化合物的全合成[110]。如式 31 所示：CBS 催化不对称还原被用于构建手性碳原子 C11。

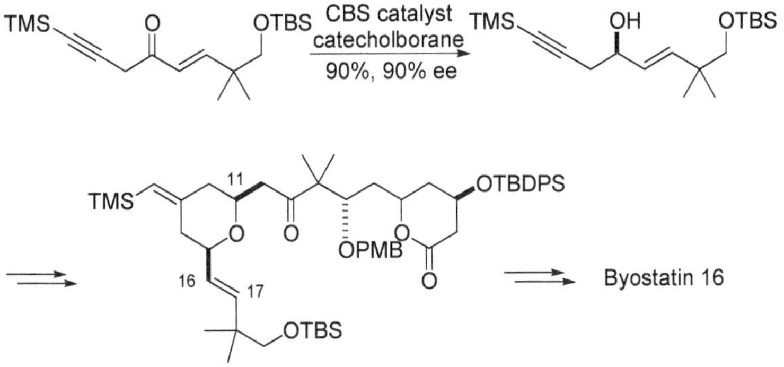

CBS catalyst catecholborane 90%, 90% ee

Byostatin 16 (31)

6.3 Brasilidinolide 的全合成探索

大环内酯 Brasilinolide A 是从致病性放射线菌类巴西诺卡菌 IFM-0406 (*Nocardia brasiliensis* IFM-0406) 中分离得到的一种天然产物 (图 13)[111]。该化合物在混合淋巴细胞反应中显示出免疫抑制活性 (IC_{50} 0.625 g/mL)，而且在 500 mg/kg 剂量时仍没有毒性。同属的大环内酯 Brasilinolide B 具有抗真菌和抗细菌活性。通过控制化学降解得到的同属大环内酯 Brasilinolide C 则被用来进行这一类化合物的谱学和结构的研究。迄今为止，尚没有关于这些天然产物全合成的报道。

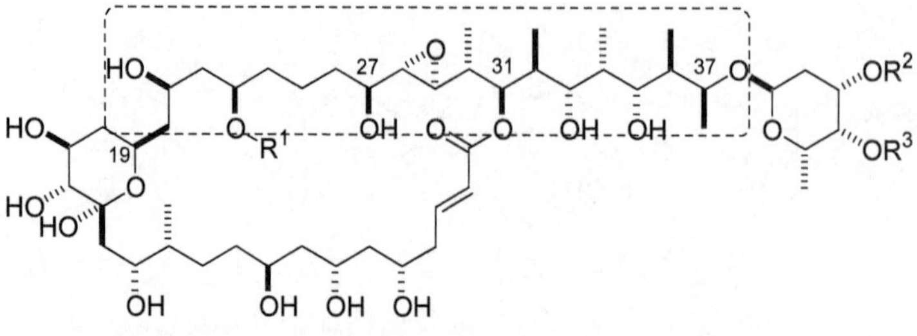

Brasilinolide A: $R^1 = COCH_2CO_2H$, $R^2 = COBu$, $R^3 = H$
Brasilinolide B: $R^1 = CO(CH_2)_4CO_2Me$, $R^2 = R^3 = Me$
Brasilinolide C: $R^1 = R^2 = R^3 = H$

图 13 Brasilinolides A~C 的分子结构

Peterson 小组在完成了 C1-C19 的片段合成后[112]，又进一步完成了 C20-C38 片段的合成[113]。如式 32 所示：具有预期构型的 C27 上的手性羟基以及 C28-C29 上的环氧基分别由 CBS 催化还原和 Sharpless 不对称环氧化反应得到。

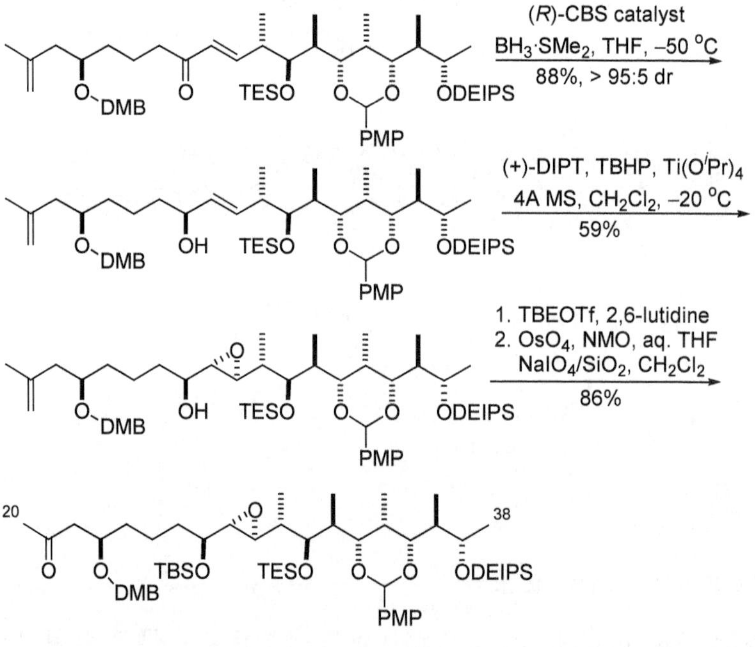

(32)

6.4 Stephacidin B 的全合成

Stephacidin B 是从真菌中经过多步筛选分离出来的一个结构复杂的天然生物碱，其分子结构最终是通过 X 衍射晶体解析得到的 (图 14)[114]。

Stephacidin B 具有很强的抗癌活性，对人类癌细胞生长抑制的 IC_{50} 值达到 50~100 nmol/L。Myers 小组首先报道了该天然生物碱的全合成[115]。如式 33 所

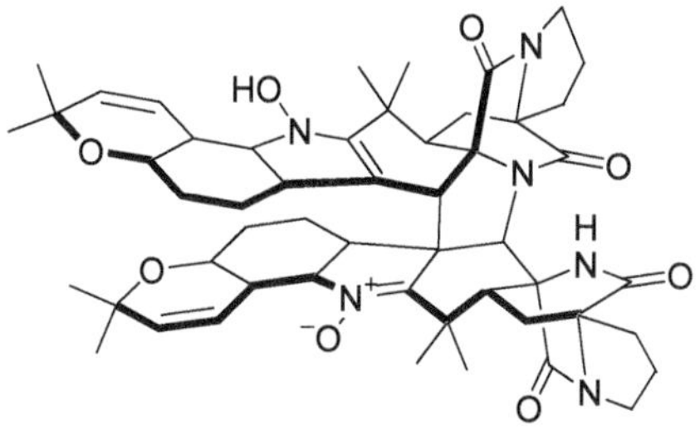

图 14 Stephacidin B 的分子结构

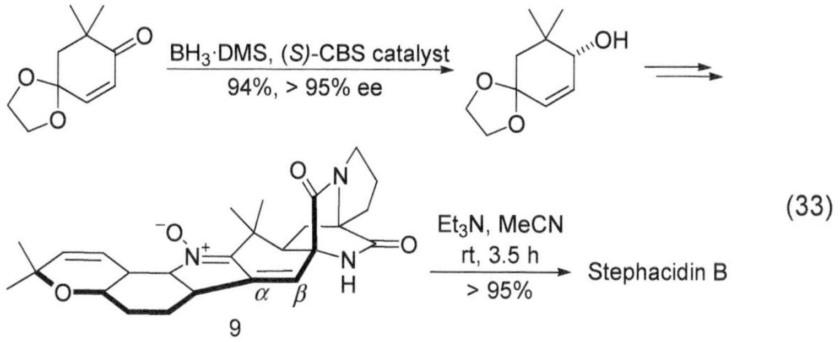

BH$_3$·DMS, (*S*)-CBS catalyst
94%, > 95% ee

Et$_3$N, MeCN
rt, 3.5 h
> 95%
Stephacidin B

(33)

示：通过 CBS 催化对映选择性还原 α,β-烯酮，他们首先建立了分子的立体构型。然后，再经过 15 步转化得到了关键中间体 **9**。

一个很有趣的现象是，中间体 **9** 的 α,β-位烯键很活泼。它容易发生迈克尔加成，在溶液中可以自动转化成为目标产物 Stephacidin B。所以，最后一步的合成只是简单地将中间体 **9** 在含有三乙胺的乙腈溶液中室温下处理 3.5 h，核磁跟踪有 95% 以上的原料已经被转化为目标产物 Stephacidin B。

7 CBS 反应实例

例 一

(8*R*)-9,9-二甲基-(1,4)-二氧杂螺 [4.5] 癸烷-6-烯-8-醇的合成[115]

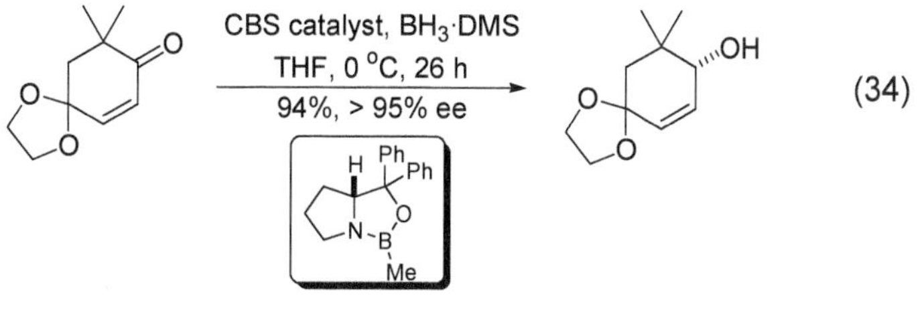

CBS catalyst, BH$_3$·DMS
THF, 0 °C, 26 h
94%, > 95% ee

(34)

在室温下，将 (*S*)-甲基-CBS 噁唑硼烷催化剂的甲苯溶液 (0.2 mol/L, 12.3 mL, 2.46 mmol) 滴加到搅拌的含有烯酮 (4.60 g, 24.6 mmol) 的四氢呋喃溶液 (246 mL) 中。然后冷却到 0 °C，将硼烷二甲硫醚的四氢呋喃溶液 (2 mol/L, 7.4 mL, 14.8 mmol) 滴加到反应体系。滴加完毕后，反应继续在 0 °C 下搅拌 26 h。然后，加入磷酸钾缓冲溶液 (pH = 7.0, 0.05 mol/L, 200 mL)。将该混合液进行减压蒸馏至 300 mL，然后用乙酸乙酯提取三次 (3 × 200 mL)。合并有机溶液，并用饱和碳酸氢钠 (150 mL) 洗涤一次，然后用硫酸钠干燥。干燥后的溶液经过滤再浓缩，得到的残留物用快速硅胶柱色谱进行分离 (乙酸乙酯-正己烷，梯度洗脱)，得到无色澄清的油状产物 (4.47 g, 96%; > 95% ee, *R*-构型)。

例 二

(*S*)-1-(3,4-亚甲二氧代苯基)乙醇的合成[116]

CBS catalyst (10 mol%)
$BH\cdot SMe_2$, DCM, 20 °C
99%, 97% ee

(35)

在 20 °C 和氩气保护下，将 (*R*)-甲基-CBS 噁唑硼烷催化剂的甲苯溶液 (1.0 mol/L, 323 L, 0.32 mmol) 和硼烷的二甲硫醚溶液 (10 mol/L, 323 L, 3.23 mmol) 滴加到二氯甲烷 (5 mL) 中。搅拌 20 min 后，将 3,4-亚甲二氧代苯乙酮 (530 mg, 3.23 mmol) 的二氯甲烷 (5 mL) 溶液在 2 h 内慢慢滴加到反应体系中。滴加完毕后，反应液继续搅拌 3 h。然后，滴加甲醇淬灭反应。旋蒸出溶剂后，剩余物用快速硅胶柱色谱分离 (乙酸乙酯-正庚烷) 得到还原产物 (517 mg, 99%, 97% ee, *S*-构型)。

例 三

(7*R*,9*R*)-8,9,10,11-四氢-7-羟基-2-甲氧基-9-甲基-苯并[5,6]环庚基[1,2]吡啶-5-乙酸乙酯的合成[108]

OMe
N
O
EtO_2C
CBS catalyst, catecholborane
PhMe, –78 °C, 6 h
85%, 98% ee
OMe
N
OH
EtO_2C

(36)

在 −78 °C，将 (*R*)-甲基-CBS 噁唑硼烷催化剂的甲苯溶液 (1 mol/L, 4.30 mL, 4.30 mmol) 滴加到搅拌的含有三环烯酮 **14** (3.52 g, 10.8 mmol) 的

甲苯溶液 (85 mL) 中。在 30 min 内，向其中慢慢滴加儿茶酚硼烷 (3.44 g, 32.3 mmol) 的甲苯 (20 mL) 溶液。反应在 −78 °C 下继续进行 6 h 后，加入水 (40 mL) 并慢慢升至室温。将反应液倒入水 (140 mL) 中，用乙醚提取 (3 × 125 mL)。合并的有机溶液依次用氢氧化钠 (1.0 mol/L, 2 × 100 mL) 和饱和食盐水 (100 mL) 洗涤后，再用硫酸镁干燥。过滤出硫酸镁后蒸除溶剂，剩余物用快速硅胶柱色谱分离 (乙酸乙酯-正庚烷) 得到还原产物 (3.0 g, 85%, 98% ee, *S*-构型)。

例 四

(4*R*,5*E*)-8-[叔丁基二甲基硅氧基]-7,7-二甲基-1-三甲基硅基-5-辛烯-1-炔-4-醇的合成[110]

TBSO, TMS, O → CBS catalyst, −78 °C~rt; catecholborane, DCM, 1 h; 90%, 90% ee → TBSO, TMS, OH (37)

将粗产物酮 [由消旋醇 (5.49 g, 15.6 mmol) 经 Dess-Martin 氧化得到] 溶于二氯甲烷 (112 mL) 中。将其冷却到 −78 °C 后，向其中加入 (*S*)-甲基-CBS 噁唑硼烷催化剂的甲苯溶液 (1.0 mol/L, 0.78 mL, 0.78 mmol)。在同样温度下搅拌 20 min 后，加入儿茶酚硼烷 (2.80 g, 23.4 mmol) 继续搅拌 4 h。然后升温至 0 °C 再反应 1 h 后，向其中加入磷酸二氢钠溶液 (1.0 mol/L)。生成的混合液用乙酸乙酯提取，合并的提取液经常规处理后蒸去溶剂。生成的残留物用快速硅胶柱色谱分离 (乙醚-石油醚)，得到无色油状产物 [4.9 g, 90% (两步产率)，90% ee, *S*-构型]。

例 五

(*R*)-1-苯乙醇的合成[55]

O → Ligand (10 mol%), $BH_3 \cdot SMe_2$; THF, 45 °C, 3 h; 99%, 98% ee → OH (38)

Ligand = (P, N, H, OH)

在室温和氩气保护下，将硼烷二甲硫醚的四氢呋喃溶液 (2.0 mol/L, 0.65 mL, 1.3 mmol) 滴加到含有手性配体 (10 mol%) 的四氢呋喃 (10 mmol) 溶液中。反应液在 45 °C 下继续搅拌 16 h 后，在同样温度下慢慢加入苯乙酮 (120 mg, 1.00 mmol) 的四氢呋喃 (5 mL) 溶液。滴加完毕后再反应 3 h，然后慢慢冷却到室温 (50 min)。将反应液倒入 0 °C 的饱和氯化铵溶液中，用乙醚提取 (3 × 20 mL)。提取液用饱和食盐水洗涤 (2 × 10 mL) 后，经 $MgSO_4$ 干燥后蒸去溶剂。得到的粗产物用快速硅胶柱色谱分离 (乙醚-石油醚)，得到无色油状产物 (121 mg, 99%, 98% ee)。

8 参考文献

[1] Hirao, A.; Itsuno, S.; Nakahama, S.; Yamazaki, N. *J. Chem. Soc., Chem. Commun.* **1981**, 315.
[2] Itsuno, S.; Hirao, A.; Nakahama, S.; Yamazaki, N. *J. Chem. Soc., Perkin Trans. 1* **1983**, 1673.
[3] Corey, E. J.; Bakshi, R. K.; Shibata, S. *J. Am. Chem. Soc.* **1987**, *109*, 5551.
[4] Corey, E. J.; Helal, C. J. *Angew. Chem., Int. Ed.* **1998**, *37*, 1986.
[5] Fiaud, J. C.; Kagan, H. B. *Bull. Soc. Chem. Fr.* **1969**, 2742.
[6] Borch, R. F.; Levitan, S. R. *J. Org. Chem.* **1972**, *37*, 2347.
[7] Grundon, M. F.; McCleery, D. G.; Wilson, J. W. *Tetrahedron Lett.* **1976**, *17*, 295.
[8] Itauno, S.; Ito, K.; Nakahama, S. *J. Chem. Soc., Chem. Commun.* **1983**, 469.
[9] Itsuno, S.; Nakano, M.; Miyazaki, K.; Masuda, H.; Ito, K. *J. Chem. Soc., Perkin Trans. 1* **1985**, 2039.
[10] Itauno, S.; Ito, K. *J. Org. Chem.* **1984**, *49*,555.
[11] Itsuno, S.; Sakurai, Y.; Ito, K.; Hirao, A. *Bull. Chem. Soc. Jpn.* **1987**, *60*, 395.
[12] Corey, E. J.; Bakshi, R. K.; Shibata, S.; Chen, C. P.; Singh, V. K. *J. Am. Chem. Soc.* **1987**, *109*, 7925.
[13] Corey, E. J.; Shibata, S.; Bakshi, R. K. *J. Org. Chem.* **1988**, *53*, 2861.
[14] Corey, E. J. *Pure Appl. Chem.* **1990**, *62*, 1209.
[15] Corey, E. J.; Azimoiara, M.; Sarhar, S. *Tetrahedron Lett.* **1992**, *33*, 3429.
[16] Evans, D. A. *Science* **1988**, *240*, 420.
[17] Jones, D .K.; Liotta, D. C.; Shinkai, I.; Mathre, D. J. *J. Org. Chem.* **1993**, *58*, 799.
[18] Quallich, G. J.; Blake, J. F.; Woodall, T. M. *J. Am. Chem. Soc.* **1994**, *116*, 8516.
[19] Mathre, D. J.; Jones, T. K.; Xavier, L. C.; Blacklock, T. J.; Reamer, R. A.; Mohan, J. J.; Jones, E. T. T.; Hoogsteen, K.; Baum, M. W.; Grabowski, E. J. J. *J. Org. Chem.* **1991**, *56*, 751.
[20] Kaufman, T. S.; Ponzo, V. L.; Zinczuk, J. *Org. Prep. Proced. Int.* **1996**, *28*, 487.
[21] Demir, A. S.; Mecitoglu, I.; Tanyeli, C.; Giilbeyaz, V. *Tetrahedron: Asymmetry* **1996**, *7*, 3359.
[22] Itsuno, S.; Watanabe, K.; Koizumi, T.; Ito, K. *Reactive Polymers* **1995**, *24*, 219.
[23] Kerrick, S. T.; Beak, P. *J. Am. Chem. Soc.* **1991**, *113*, 9708.
[24] Galatsis, P. *Name Reactions for Functional Group Transformations, John Wiley & Sons,* **2007**, p.1.
[25] Itsuno, S. *Org. React.* **1998**, *52*, 395.
[26] Corey, E. J.; Link, J. O. *Tetrahedron Lett.* **1989**, *30*, 6275.
[27] Berenguer, R.; Garcia, J.; Vilarrasa, J. *Tetrahedron: Asymmetry* **1994**, *5*, 165.
[28] Corey, E. J.; Link, J. O. *Tetrahedron Lett.* **1990**, *31*, 601.

[29] Corey, E. J.; Link, J. O. *Tetrahedron Lett.* **1992**, *33*, 4141.
[30] Corey, E. J.; Yi, K. Y.; Matsuda, S. P. T. *Tetrahedron Lett.* **1992**, *33*, 2319.
[31] Helal, C. J.; Magriotis, P. A.; Corey, E. J. *J. Am. Chem. Soc.* **1996**, *118*, 10938.
[32] Jones, T. K.; Mohan, J. J.; Xavier, L. C.; Blacklock, T. J.; Mathre, D. J.; Sohar, P.; Jones, E. T. T.; Reamer, R. A.; Roberts, F. E.; Grabowski, E. J. J. *J. Org. Chem.* **1991**, *56*, 763.
[33] Willems, J. G. H.; Dommerholt, F. J.; Hammink, J. B.; Vaarhorst, A. M.; Thijs, L.; Zwaneburg, B. *Tetrahedron Lett.* **1995**, *36*, 603.
[34] Rao, A. V. R.; Gurjar, M. K.; Kaiwar, V. *Tetrahedron: Asymmetry* **1992**, *3*, 859.
[35] Behnen, W.; Dauelsberg, C.; Wallbaum, S.; Martens, J. *Synth. Commun.* **1992**, *22*, 2143.
[36] Rao, A. V. R.; Gurjar, M. K.; Sharma, P. A.; Kaiwar, V. *Tetrahedron Lett.* **1990**, *31*, 2341.
[37] Corey, E. J.; Chen, C. P.; Reichard, G. A. *Tetrahedron Lett.* **1989**, *30*, 5547.
[38] Masui, M.; Shioiri, T. *Synlett* **1996**, 49.
[39] Mehler, T.; Martens, J. *Tetrahedron: Asymmetry* **1993**, *4*, 1983.
[40] Mehler, T.; Martens, J. *Tetrahedron: Asymmetry* **1993**, *4*, 2299.
[41] Martens, J.; Dauelsberg, C.; Behnen, W.; Wallbaum, S. *Tetrahedron: Asymmetry* **1992**, *3*, 347.
[42] Berenguer, R.; Garcia, J.; Gonzalez, M.; Vilarrasa, J. *Tetrahedron: Asymmetry* **1993**, *4*, 13.
[43] Otsuka, K.; Ito, K.; Katsuki, T. *Synlett* **1995**, 429.
[44] Jiang, Y.; Qin, Y.; Mi, A.; Huang, Z. *Tetrahedron: Asymmetry* **1994**, *5*, 1211.
[45] Duboir, L.; Fiaud, J.; Kagan, H. B. *Tetrahedron: Asymmetry* **1995**, *6*, 1097.
[46] Martens, J.; Wallbaum, S. *Tetrahedron: Asymmetry* **1991**, *2*, 1093.
[47] Youn, I. K.; Lee, S. W.; Pak, C. S. *Tetrahedron Lett.* **1988**, *29*, 4453.
[48] Hong, Y.; Gao, Y.; Nie, X.; Zepp, C. M. *Tetrahedron Lett.* **1994**, *35*, 6631.
[49] Itsuno, S.; Ito, K.; Hirao, A.; Nakahama, S. *J. Chem. Soc., Perkin Trans. I* **1984**, 2887.
[50] Itsuno, S.; Nakano, M.; Ito, K.; Hirao, A.; Owa, M.; Kanda, N.; Nakahama, S. *J. Chem. Soc., Perkin Trans. 1* **1986**, 2615.
[51] Laurent, D.; Morris, S. *Chem. Rev.* **1993**, *93*, 763.
[52] Molinari, H.; Montanari, F.; Tundo, P. *J. Chem. Soc., Chem. Commun.* **1977**, 639.
[53] Degni, S.; Wilén, C. E.; Leino, R. *Org. Lett.* **2001**, *16*, 2551.
[54] Degni, S.; Wilén, C. E.; Leino, R. *Tetrahedron: Asymmetry* **2004**, *15*, 231.
[55] Degni, S.; Wilén, C. E.; Rosling, A. *Tetrahedron: Asymmetry* **2004**, *15*, 1495.
[56] Franot, C.; Stone, G. B.; Engeli, P.; Spöndlin, C.; Waldvogel E. *Tetrahedron: Asymmetry* **1995**, *6*, 2755.
[57] Felder, M.; Giffels, G.; Wandrey, C. *Tetrahedron: Asymmetry* **1997**, *8*, 1975.
[58] Giffels, G.; Beliczey, J.; Felder, M.; Kragl, U. *Tetrahedron: Asymmetry* **1998**, *9*, 691.
[59] Rissom, S.; Beliczey, J.; Giffels, G.; Kragl, U.; Wandrey, C. *Tetrahedron: Asymmetry* **1999**, *10*, 923.
[60] Wöltinger, J.; Bommarius, A. S.; Drauz, K.; Wandrey, C. *Org. Proc. Res. Devel.* **2001**, *5*, 241.
[61] Cho, B. T. *Tetrahedron* **2006**, *62*, 7621.
[62] Cho, B. T. *Chem. Soc. Rev.* **2009**, *38*, 443.
[63] Masui, M.; Shioiri, T. *Synlett* **1997**, 273.
[64] Quallich, G. J.; Woodall, T. M. *Tetrahedron Lett.* **1993**, *34*, 785.
[65] Chu, Q.; Yu, M. S.; Curran, D. P. *Org. Lett.* **2008**, *10*, 749.
[66] Rano, T. A.; Kuo, G. H. *Org. Lett.* **2009**, *11*, 2812.
[67] Corey, E. J.; Helal, C. J. *Tetrahedron Lett.* **1995**, *36*, 9153.
[68] Corey, E. J.; Helal, C. J. *Tetrahedron Lett.* **1996**, *37*, 5675.
[69] Meier, C.; Laux, W. H. G. *Tetrahedron: Asymmetry* **1995**, *6*, 1089.
[70] Torrens, A.; Castrillo, J. A.; Claparols, A.; Redondo, J. *Synlett* **1999**, 765.
[71] Corey, E. J.; Link, J. O.; Bakshi, R. K. *Tetrahedron Lett.* **1992**, *33*, 7107.
[72] Corey, E. J.; Bakshi, R. K. *Tetrahedron Lett.* **1990**, *31*, 611.

[73] Corey, E. J.; Cheng, X. M.; Cimprich, K. A.; Sarshar, S. *Tetrahedron Lett.* **1991**, *32*, 6835.
[74] Corey, E. J.; Link, J. O. *Tetrahedron Lett.* **1992**, *33*, 3431.
[75] Corey, E. J.; Link, J. O. *J. Am. Chem. Soc.* **1992**, *114*, 1906.
[76] Khrimian, A. P.; Oliver, J. E.; Waters, R. M.; Panicker, S.; Nicholson, J. M. Klun, J. A. *Tetrahedron: Asymmetry* **1996**, *7*, 37.
[77] Corey, E. J.; Helal, C. J. *Tetrahedron Lett.* **1993**, *34*, 5227.
[78] Nicolaou, K. C.; Bertinato, P.; Piscopio, A. D.; Chakraborty, T. K.; Minowa, N. *J. Chem. Soc., Chem. Commun.* **1993**, 619.
[79] Corey, E. J.; Rao, K. S. *Tetrahedron Lett.* **1991**, *32*, 4623.
[80] Simpson, A. F.; Szeto, P. D.; Lathbury, C.; Gallagher, T. *Tetrahedron: Asymmetry* **1997**, *8*, 673.
[81] Wipf, P.; Lim, S. *Chimia* **1996**, *50*, 157.
[82] Wipf, P.; Lim, S. *J. Am. Chem. Soc.* **1995**, *117*, 558.
[83] Smith, D. B.; Waltos, A. M.; Loughhead, D. G.; Weikert, R. J.; Morgans, Jr. D. J.; Rohloff, J. C.; Link, J. O.; Zhu, R. *J. Org. Chem.* **1996**, *61*, 2236.
[84] Amigoni, S. J.; Toupet, L. J.; Le Floc'h, Y. J. *J. Org. Chem.* **1997**, *62*, 6374.
[85] Dumartin, H.; Le Floc'h, Y.; Grée, R. *Tetrahedron Lett.* **1994**, *35*, 6681.
[86] Konoike, T.; Araki, Y. *Tetrahedron Lett.* **1992**, *33*, 5093.
[87] Quan, W.; Yu, B.; Zhang, J.; Liang, Q.; She, X.; Pan, X. *Tetrahedron* **2007**, *63*, 9991.
[88] Ohta, C.; Kuwabe, S.; Shiraishi, T.; Ohuchida, S.; Seko, T. *Org. Proc. Res. Devel.* **2009**, *13*, 933.
[89] Paker, K. A.; Ledeboer, M. W. *J. Org. Chem.* **1996**, *61*, 3214.
[90] Burke, C. P.; Haq, N.; Boger, D. L. *J. Am. Chem. Soc.* **2010**, *132*, 2157.
[91] Salunkhe, A. M.; Burkhardt, E. R. *Tetrahedron Lett.* **1997**, *38*, 1523.
[92] Gooding, O. W.; Bansal, R. P. *Synth. Commun.* **1995**, *25*, 1155.
[93] Denmark, S. E.; Schnute, M. E.; Marcin, L. R.; Thorarensen, A. *J. Org. Chem.* **1995**, *60*, 3205.
[94] Morr, M.; Proppe, C.; Wray, V. *Leibigs Ann.* **1995**, 2001.
[95] Rodriguez, R.; Chapelon, A. S.; Ollivier, C.; Santelli, M. *Tetrahedron* **2009**, *65*, 7001.
[96] Corey, E. J.; Helal, C. J. *Tetrahedron Lett.* **1996**, *37*, 4837.
[97] Wright, J.; Frambes, L.; Reeves, P. *J. Organomet. Chem.* **1994**, *476*, 215.
[98] Schwink, L.; Knochel, P. *Tetrahedron Lett.* **1996**, *37*, 25.
[99] Sebesta, R.; Meciarova, M.; Molnar, E.; Csizmadiova, J.; Fodran , P.; Onomura , O.; Toma, S. *J. Organomet. Chem.* **2008**, *693*, 3131.
[100] Patti, A.; Pedotti, S. *Tetrahedron: Asymmetry* **2008**, *19*, 1891.
[101] Delorme, D.; Berthelette, C.; Lavoie, R.; Roberts, E. *Tetrahedron: Asymmetry* **1998**, *9*, 3963.
[102] Tillyer, R. D.; Boudreau, C.; Tschaen, D.; Dolling, U. H.; Reider P. J. *Tetrahedron Lett.* **1995**, *36*, 4337.
[103] Cho, B. T. *Aldrichimica Acta* **2002**, *35*, 3.
[104] Ashani, Y.; Peggins, J.O.; Doctor, B. P. *Biochem. Biophys. Res. Comm.*, **1992**, *184*, 719.
[105] Saxena, A.; Qian, N.; Kovach, I. M.; Kozikowski, A. P. *Protein Sci.* **1994**, *3*, 1770.
[106] Kobayashi, J.; Hirasawa, Y.; Yoshida, N.; Morita, H. *J. Org. Chem.* **2001**, *66*, 5901.
[107] (a) Beshore, D. C.; Smith, A. B., III. *J. Am. Chem. Soc.* **2007**, *129*, 4148. (b) Beshore, D. C.; Smith, A. B., III. *J. Am. Chem. Soc.* **2008**, *130*, 13778.
[108] West, S.; Bisai, A.; Lim, A. D.; Narayan, R. R.; Sarpong, R. *J. Am. Chem. Soc.* **2009**, *131*, 11187.
[109] Pettit, G. R.; Herald, C. L.; Doubek, D. L.; Herald, D. L.; Arnold, E.; Clardy, J. *J. Am. Chem. Soc.* **1982**, *104*, 6846.
[110] Trost, B. M.; Dong, G. *Nature* **2008**, *456*, 485.
[111] (a) Shigemori, H.; Tanaka, Y.; Yazawa, K.; Mikami, Y.; Kobayashi, J. *Tetrahedron* **1996**, *52*, 9031. (b) Tanaka, Y.; Komaki, H.; Yazawa, K.; Mikami, Y.; Nemoto, A.; Tojyo, T.; Kadowaki, K.; Shigemori,

H.; Kobayashi, J. *J. Antibiot.* **1997**, *50*, 1036.

[112] Paterson, I.; Muhlthau, F. A.; Cordier, C. J.; Housden, M. P.; Burton, P. M.; Loiseleur, O. *Org. Lett.* **2009**, *11*, 353.

[113] Paterson, I.; Burton, P. M.; Cordier, C. J.; Housden, M. P.; Muhlthau, F. A. Loiseluer, O. *Org. Lett.* **2009**, *11*, 693.

[114] Qian-Cutrone, J.; Huang, S.; Shu, Y.; Vyas, D.; Fairchild, C.; Menendez, A.; Krampitz, K.; Dalterio, R.; Klohr, S. E.; Gao, Q. *J. Am. Chem. Soc.* **2002**, *124*, 14556.

[115] Herzon, S. B.; Myers, A. G. *J. Am. Chem. Soc.* **2005**, *127*, 5342.

[116] Joncour, A.; Decor, A.; Liu, J.-M.; Dau, M.-E. T. H.; Baudoin, O. *Chem. Eur. J.* **2007**, *13*, 5450.

硅氢化反应

(Hydrosilylation Reaction)

朱 锐

1 历史背景简述

硅氢化反应是指硅氢化试剂通过对不饱和键的加成，生成各种有机硅化合物的反应。该反应源于 20 世纪 40 年代有机硅化合物的发现，现在对该反应的研究已经成为现代有机化学研究热点之一。

1946 年联合碳化物公司 (Union Carbide and Carbon Corporation) 的 George H. Wagner 博士在其专利里[1]首次描述了三氯硅烷与乙烯的加成反应，成功地合成出了三氯硅基乙烷 (式 1)。同时他还发现：铂等金属对该反应具有催化作用，可以使反应温度由 350 °C 降低至 100 °C。

$$H_2C{=}CH_2 + SiHCl_3 \xrightarrow{350\ ^\circ C} H_3C\text{—}SiCl_3 \quad (1)$$

而另外一个先创性的工作发表于 1947 年。美国宾州州立大学 Leo Sommer 等人[2]发现：在二乙酰过氧化物或超声的催化下，1-辛烯与过量的 $SiHCl_3$ 发生硅氢化反应得到相应的硅烷 (式 2)。

$$\text{1-octene} + SiHCl_3 \xrightarrow[99\%]{(CH_3COO)_2,\ N_2;\ 53\sim63\ ^\circ C,\ 9\ h} \text{n-}C_8H_{17}SiCl_3 \quad (2)$$

随后，大量的硅氢化反应相继被报道，但多数具有产率低、选择性差或条件苛刻等缺点。直至 1957 年，美国道康宁公司 (Dow Corning Corporation) 的 John L. Speier 等[3]通过对过渡金属催化剂的扫描发现：六氯铂酸 ($H_2PtCl_6{\cdot}6H_2O$) 可以高效地催化各种烯烃的硅氢化反应。如式 3 所示：在温和的反应条件下，仅仅使用 5×10^{-5} mol% 的催化剂即可实现高产率和高选择性的硅氢化反应。该催化剂的发现使硅氢化反应在有机合成中开始具有了广泛的实际应用价值。

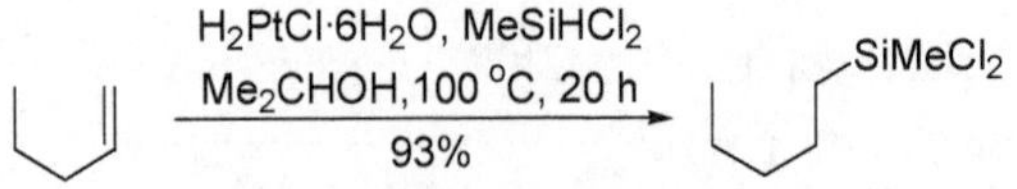

$H_2PtCl\cdot 6H_2O$, $MeSiHCl_2$
Me_2CHOH, 100 °C, 20 h
93%
$SiMeCl_2$

(3)

目前，硅氢化反应被认为适用于各种不饱和键的加成反应[4a~4c]，包括烯键、炔键、羰基、亚胺和氰基等，可以方便地合成各种硅试剂。同时，经硅氢化反应合成或修饰的大分子材料由于具有优异的特性而被广泛使用。目前，有机硅化合物每年仅在美国的销售额就已经超过 20 亿美元，其中大多数化合物的合成与硅氢化反应有关。此外，硅氢化反应与其它反应的联用，也可以方便地对不饱和键进行官能团转化，已经成为有机合成中最重要的手段之一。

2 烯烃的硅氢化反应

硅氢化试剂对烯烃的加成是硅氢化反应中最为重要的部分，是合成 Si-C 键最有效的方法之一。使用手性催化剂或手性底物，可以实现对不对称的烯烃硅氢化反应。

2.1 烯烃硅氢化反应的机理

1965 年，Chalk 等人[5]通过对六氯铂酸催化的烯烃硅氢化反应研究提出了“Chalk-Harrod 机理”。如式 4 所示：其中包含了一个传统的氧化加成-还原消除过程。

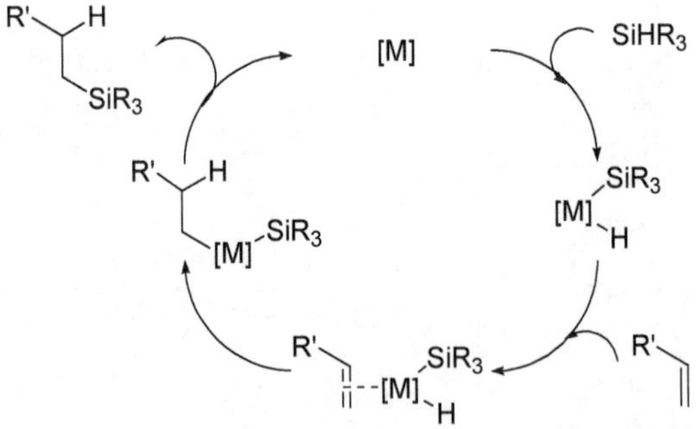

R'
H
SiR_3
[M]
$SiHR_3$
R'
H
[M]
SiR_3
SiR_3
[M]
H
R'
SiR_3
[M]
H
R'

(4)

该机理可以解释烯烃硅氢化反应中的大部分现象，但却无法解释经常伴随产生的有机硅烯和烷烃副产物的生成。1988 年，Wrighton 等人[6]使用 FTIR 和 NMR 技术对乙烯和 $Me_3SiCo(CO)_4$ 的光化学反应研究发现：该反应得到的是甲烷而非 $SiMe_4$，首次间接证明了金属硅烷中间体会发生硅基迁移 (式 5)。接着，Grant 等人[7]使用氘代三乙基硅烷与 1-己烯的反应，为这一迁移过程进一步提供

了直接有力的证据 (式 6)。

$$\mathrm{MeCo(CO)_4 + HSiMe_3 \xrightarrow{h\nu} Me\text{-}H + Me_3Si\text{-}Co(CO)_4} \quad (5)$$

$$\text{1-hexene} + \mathrm{DSiEt_3 \xrightarrow{[Co]\ Cat.} Et_3Si(CH_2)_5CH_2D} \quad (6)$$

$$\mathrm{[Co]\ Cat. = [Cp^*Co(P(OMe)_3)CH_2CH_2\text{-}H]^+}$$

基于生成的副产物和硅基迁移的事实，修正的 Chalk-Harrod 机理[8]逐渐地为人们所接受。如式 7 所示：烯键与金属形成的中间体，在反应的过程中发生了硅基的迁移。如果迁移后的中间体直接消除 [M]，便可以得到硅氢化产物。但是，如果该中间体发生脱氢反应失去 $[M]H_2$，则生成烯基硅烷。而生成的 $[M]H_2$ 再与烯烃反应，便得到了相应的烷烃副产物。

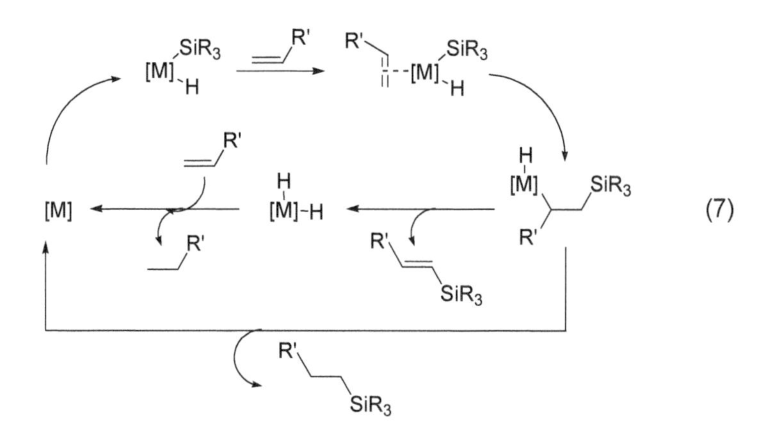

此后，陆续还有不同的机理被提出。例如：Duckett 等人[9a]提出的双硅烷机理、Kesti 和 Waymouth 提出的“烯烃优先机理”[9b]、Molander 等人[9c]根据金属钇配合物提出的催化机理。事实上，这些都可以认为是对修正的 Chalk-Harrod 机理的一些特例的补充解释。

2.2 简单烯烃的硅氢化反应

2.2.1 金属催化的烯烃硅氢化反应

金属催化剂，尤其是过渡金属催化剂，是烯烃硅氢化反应中最为常用的催化剂。常见的过渡金属催化剂的催化活性依次为：Pt > Rh > Ru ~ Ir >> Os > Pd。

在常用的催化剂中，铂催化剂是研发最久和工业应用最广泛的催化剂。无论是 Pt(IV)、Pt(II) 或 Pt(0)，均可以用来催化烯烃硅氢化反应。Pt(IV) 中最著名的是 Speier 催化剂，即 1%~10% 的 H_2PtCl_6 在异丙醇中生成的溶液。如同第一节所述，它的催化活性较高，且对底物中的羰基、酯基、酰胺和缩醛等多种官能团具有较好的兼容性。醇、酮、酯、醚和烷烃等也可用作 H_2PtCl_6 催化反应的溶剂[10]，但催化剂的活性一般会降低 (式 8)。近期研究发现：简单的 PtO_2 同样具有较好的催化活性[11]。例如：在烯丙基胺类底物的反应中，PtO_2 的催化活性甚至远高于 Speier 催化剂 (式 9)。

OAc + Cl, $SiHMe_2$ —[H_2PtCl_6, THF, reflux, 20 h, 77%]→ Cl, Si Me_2, OAc (8)

N H + $HSi(OEt)_2Me$ —[PtO_2 (100×10^{-6}), 85 °C, 20 h, 95%]→ $SiMe(OEt)_2$, N H (9)

在 Pt(II) 催化剂中，结构简单的 $PtCl_2$、$PtCl_2(PhCN)_2$ 或 $PtCl_2(PhCN)_2PR_3$ 等对苯乙烯或者丙烯酸酯类的反应具有较好的催化性能 (式 10)[12]。在反应体系中加入配体可以改变催化剂的活性，例如：加入双齿磷配体会降低反应活性。近年来，一些稳定的双齿 Pt(II) 配合物 (例如：亚胺配位、*N,P*-双齿配位、烯基配位等) 也被用于测试烯烃硅氢化反应，它们大多具有一定的催化活性。

CO_2Me —[$PtCl_2(PhCN)_2$, $HSiEt_3$, $CHCl_3$, rt, 24 h, 91%]→ $SiEt_3$, CO_2Me (10)

Pt(0) 催化剂是所有 Pt 催化剂中催化活性较高的一类，同时使用合适的配体可以有效地提高 Pt(0) 的活性。Karstedt 催化剂[13a]发现于 1973 年，是目前硅氢化反应中使用频率最高的催化剂之一，具有催化活性较高、反应条件温和以及对底物选择性较好的优点。如式 11 所示：它催化的 $HSiCl_3$ 与降冰片烯衍生物的加成反应[13b]几乎定量地生成单一的立体选择性产物。

O, O, N, Ph —[Karstedt's Cat., $HSiMe_2Cl$, PhMe, 80 °C, 0.5 h, 99%]→ $ClMe_2Si$, O, O, N, Ph (11)

Karstedt's Cat. = O, Si, Si, Pt

最近，人们通过对 Karstedt 催化剂的改良，发现了许多更为高效或选择性更好的催化剂。例如：在催化剂分子中引入膦配体、卡宾配体或炔基配体[14a~c]不仅可以高效地催化硅氢化反应，而且还可以提高反应的选择性和降低溶胶或聚合物的产生。

Si O Si Pt—PR_3　Si O Si Pt N N　Ph—≡—Ph Pt Ph—≡—Ph

(12)

铑催化剂也是一类主要的烯烃硅氢化反应的催化剂，在该反应中的使用时间已经超过 40 年。许多简单的铑化合物均可催化烯烃硅氢化反应，例如：$Rh_2(OAc)_4$、$Rh(acac)_3$、$RhCl_3$ 等。如式 13 所示：当底物分子中含有两种烯烃时，反应选择性地发生在位阻较小的烯烃上[15]。

N O N　$Rh_2(OAc)_4$, $HSiMe_2Ph$ / PhMe, 110 °C, 3 h / 74%　$PhMe_2Si$ N O N

(13)

铑的金属配合物比较稳定，通过使用不同的配体可以有效地调控反应的选择性。常用的铑配合物主要有两类：第一类是 Wilkinson 催化剂类，即 $[RhX(PPh_3)_3]$；另一类是 $[RhX(CO)(PR_3)_2]$，X = Cl、Br、I。如式 14 所示：使用 Wilkinson 催化剂，烯烃可以选择性地对双齿的硅氢试剂进行单烷基化，同时不会受到丙酮溶剂中羰基的影响[16]。如式 15 所示：最新合成的铑配合物 $[Rh(cod)Cl]_2$-L (L=PPh_3 或 $^tBu_2PCH_2P^tBu_2$) 在烯烃硅氢化反应中均显示出较高的催化活性[17]。

+ Si H Si H　$RhCl(PPh)_3$, acetone / rt, 10 h / 70%　Si H Si

(14)

O O + $HSi(OEt)_3$　$Rh(cod)(PCy_3)(OSiMe_3)$ / PhH, 60 °C,1 h / 98%　O O $Si(OEt)_3$

(15)

钌催化剂的催化活性相对于铂、铑要差一些，且反应中时常有脱氢硅基化的烯基硅出现。$Ru_3(CO)_{12}$ 被认为是非常有效的烯烃的脱氢硅基化催化剂[18]，它所催化的各种硅氢化试剂反应主要生成反式的烯基硅烷（式 16）。但是，使用合适的钌配合物可以提高反应活性和选择性，得到硅氢化产物如式 17 所示：Tilley 等人[19]使用 Cp 和膦配体的钌配合物可以有效地催化烯烃的硅氢化反应，而且立体选择性单一。

$Ru_3(CO)_{12}$, $HSiEt_3$, PhH, 80 °C, 5 h, 93% — $SiEt_3$ (16)

Ru Cat., $PhSiH_3$, PhH, 60 °C, 18 h, 70% — SiH_2Ph (17)

Ru Cat. = Ru=SiHPh, i-Pr_3P, H, H

铱催化剂可以具有不同的价态 [Ir(I)、Ir(III) 和 Ir(V)]，它们均可以有效地催化烯和炔的硅氢化反应[20]。如式 18 所示：在 [{Ir(μ-X)(cod)}$_2$] (X = Cl, Br, I) 的催化下，$HSiMe_2Cl$ 选择性地加成到烯键上得到反马氏加成产物，但对底物中的卤素和酯基不产生影响[4c]。

$HSiMe_2Cl$ — $[IrX(cod)]_2$ — CH_2=$CHCH_2X$, 35~40 °C, 1 h, 90% — $ClMe_2Si$…X, X = Cl, Br, I; CH_2=$CHCH_2OAc$, 60~65 °C, 4.5 h, 87% — $ClMe_2Si$…OAc (18)

钯催化剂一般具有较低的催化活性，这可能是由于 Pd(II) 容易被硅氢试剂还原成为 Pd(0) 的原因。所以，在硅氢化反应的初期研究中很少使用钯催化剂。随着配体的使用和发展，人们发现使用合适的膦配体可以显著地提高钯催化剂活性。例如：钯催化剂 [Pd(PR_3)$_4$]、[PdX_2(PR_3)$_2$]、[Pd(chelate)(PPh_3)$_2$] 和 [Pd(RCN)$_2$$PPh_3$] 等都可以有效地催化烯烃硅氢化反应，尤其是催化共轭烯烃生成烯丙基硅烷[21]。

$PdCl_2(PhCN)_2$, PPh_3, $HSiCl_3$, 70 °C, 7 h, 92% — $SiCl_3$ (19)

镍催化剂 [包括 Ni(II) 和 Ni(0)] 与钯催化剂类似，也常常用于催化烯烃硅氢化反应。例如：镍的单齿磷配合物 [Ni(PPh_3)$_4$] 和 [Ni(CO)$_2$(PPh_3)$_2$]、双齿磷配合物 [NiCl_2-(chelate)] 和 [Ni(cod)$_2$(PR_3)$_2$] 都可以有效地催化烯烃的硅氢化反

应。如果使用合适的镍配合物，可以得到不同区域选择性的产物。如式 20 所示：苯乙烯的反应产物主要以 α-硅烷为主，即马氏加成产物[22]。

Ni Cat., $NaBPh_4$, H_3SiPh
ultrasound, 5 h
95%
SiH_2Ph
(20)
Ni Cat. =
$SiMe_3$
Ni
Ph_3P
Cl

值得一提的是，由镍取代的 Karstedt 催化剂 $[\{Ni(\eta\text{-}CH_2{=}CHSiMe_2)_2O\}_2\{\mu\text{-}(\eta\text{-}CH_2{=}CHSiMe_2)_2O\}]$ 被认为是高效的脱氢硅基化反应催化剂[23]。如式 21 所示：在这些催化剂的作用下，$HSi(OEt)_3$ 与过量的苯乙烯反应定量地生成烯基硅烷。同时，该反应还通过三种还原途径生成三种副产物：H_2、$PhCH_2CH_3$ 和 $Ph(CH_2)_4Ph$。

Ni Karstedt's Cat., $HSi(OEt)_3$
120 °C, 0.5 h
100%
excess
$Si(OEt)_3$
(21)

镧系金属也被用于催化烯烃的硅氢化反应，但反应产物受到底物和催化剂的影响较大。如式 22 所示：在使用相同的催化剂、硅氢化试剂、溶剂和温度的条件下，己烯和苯乙烯底物几乎定量地得到了完全不同的区域选择性产物[24]。

$La[N(TMS)_2]_3$, H_3SiPh
PhH, 25 °C
R
R = ^{n}Bu, 40 h
95%
^{n}Bu
SiH_2Ph
R = Ph, 5 h
99%
Ph
SiH_2Ph
(22)

其它过渡金属 (例如：Y[9c]、Re[25]、Cu[26]、Co、Fe 和 Zr 等[4,27]) 均可用于催化烯烃硅氢化反应。通过对配体和反应条件的调节，可以高产率地得到不同区域选择性的产物 (式 23~式 25)。

$Cp^*_2YCH(TMS)_2$, $PhSiH_3$
$PhCH_3$, rt, 92 h
91%
SiH_2Ph
(23)

$ReBr(CO)_5$, $HSiMePh_2$
$PhCH_3$, 120 °C, 10 h
95%
Cl
$SiMePh_2$
Cl
(24)

Cu_2O, TMEDA, $HSiMeCl_2$
PhH, reflux, 7 h
99%
Cl_2MeSi (25)

近期的研究发现：一些主族金属 Ca、Sr 或 K 等[28]同样可以用于催化烯烃的硅氢化反应。如式 26 所示：钾催化剂在共轭烯烃的硅氢化反应中具有较好的催化活性。更有趣的是，通过调节溶剂的极性可以区域选择性地得到马氏或反马氏加成产物。

H_3SiPh, THF
20 °C, 0.1 h
conv. > 98%
SiH_2Ph (26)

2.2.2 固相催化剂催化

将催化剂负载于特殊的固定性上，可以使得催化剂的回收利用率提高，简化反应操作，而且有可能提高反应活性。在硅氢化反应中，大量的负载催化剂被合成和应用，得到了较好的效果。

高分子聚合物常常被用作载体合成固相催化剂。Sherrington 等人[29]使用聚苯乙烯负载的铂催化剂，在室温下有效地催化 1-辛烯的硅氢化反应，并且催化剂循环使用 10 次的平均反应转化率超过 90%。有机硅试剂或硅胶同样被大量用于合成负载的催化剂。Mehdi 等人[30]合成的有机硅负载的铂催化剂具有对空气稳定的优点，它在含溴烷基烯烃的硅氢化反应中循环使用 5 次后的产物收率仍为 95%。该催化剂可以通过简单的过滤回收，具有一定的工业应用前景。

Pt Cat., $HSiMeCl_2$
rt, 1 h
conv. >90%
$SiMeCl_2$ + $SiMeCl_2$ (27)
Pt Cat. =

Si-PEO-Pt, $HSi(OEt)_3$
50 °C, 36 h
95%
Br → Br, $Si(OEt)_3$ (28)

特定的载体还可以极大地改变催化活性。例如：[$(PPh_3)AuCl$] 由于容易被硅氢化试剂还原后团聚，而不具有催化硅氢化反应的活性。Corma 等人[31]将简单的 Au 负载于纳米 CeO_2 上，不需要额外添加其它的配体即可催化苯乙烯等的硅氢化反应。该催化剂通过简单地过滤即可回收，循环使用四次后仍可以定量地得到产物。

Au/CeO_2, Ph_2SiH_2; PhMe, 70 °C, 2h; 100% → $SiHPh_2$ (29)

离子液体由于具有稳定和易分离等特点而被用于各种催化反应中。Deelman 等人[32]合成了咪唑盐类离子型液体负载的 Wilkinson 催化剂，它可以催化烯烃的硅氢化反应。该催化剂循环使用 15 次后的活性或选择性均无明显变化，其催化活性平均保留 94%。该催化剂和反应产物可以通过简单的两相分离实现回收，操作非常简便。

$RhCl(PAr_3)_3$, $HSiMe_2Ph$; [BMIm][BAr_4], 84 °C, 1h; 94%; Ar = $C_6H_4(SiMe_2CH_2CH_2C_6F_{13})$-*p* → $SiMe_2Ph$ (30)

2.2.3 自由基催化剂催化

早期人们认为，由于 Si-H 键相对于 C-H 键键能较低，硅氢化反应可能是通过自由基机理完成的。所以，大量的自由基催化剂被用于测试硅氢化反应。AIBN 作为典型自由基反应的催化剂，可以有效地催化烯烃与 $HSi(SiMe_3)_3$ 的硅氢化反应[33]，产率较高。Et_3B/O_2 同样也被作为自由基催化剂用于催化硅氢化反应，通过产生碳中心自由基实现共轭烯烃的高度选择性硅氢化反应。

AIBN, $HSi(TMS)_3$; PhMe, 90 °C, 4 h; 79% → $Si(TMS)_3$ (31)

2.2.4 Lewis 酸催化

Lewis 酸催化剂也可以催化烯烃的硅氢化反应[34]。如式 32 所示：$AlCl_3$ 可以有效地催化 2-甲基-2-丁烯的硅氢化反应，得到反马氏加成产物。Lewis 酸催化机理与过渡金属催化剂过程不同，一般认为 $AlCl_3$ 首先与硅氢试剂形成离子化的 [$Et_3Si^+AlCl_4^-$] 或是极化的受体·配合物 ($Et_3Si^+Cl{\cdot}AlCl_3^-$)。然后，再对烯烃加成得到稳定的碳正离子。最后，再与 Et_3SiH 发生亲核取代反应得到加成产物。此类反应活性与路易斯酸性相关，路易斯酸的催化活性降低顺序为：$AlBr_3$ > $AlCl_3$ > $HFCl_4$ > $EtAlCl_2$ > $ZrCl_4$ > $TiCl_4$。

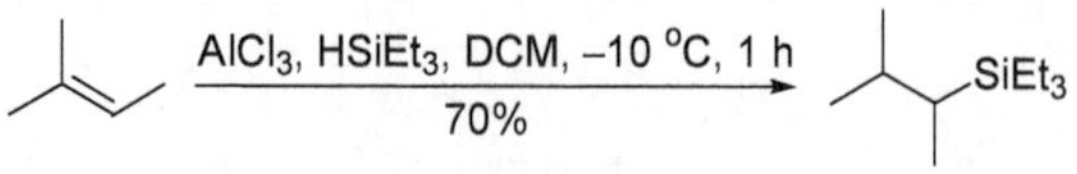
AlCl3, HSiEt3, DCM, –10 °C, 1 h
70%
SiEt3
(32)

2.3 分子内的烯烃硅氢化反应

对于一些具有特殊结构的烯烃，硅氢化反应可以在分子内发生而得到环状结构的产物。如式 33 所示：在不同催化剂的作用下，带有不同取代基的烯丙基醇或胺可以发生分子内硅氢化反应，得到具有 4-元或 5-元环结构的硅氢烷衍生物。

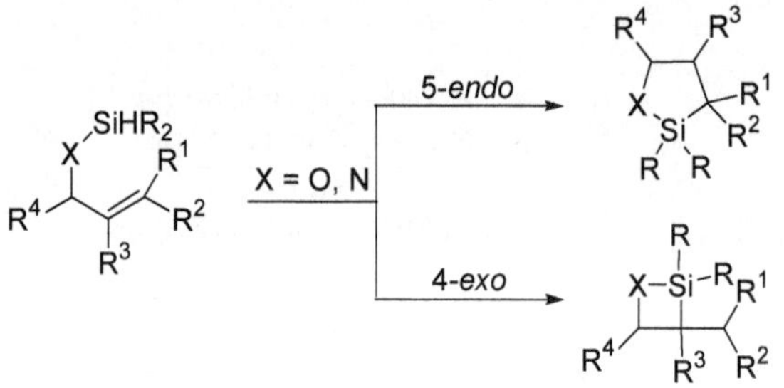
5-endo
4-exo
X = O, N
(33)

如式 34 所示：在 Karstedt 催化剂作用下，烯丙基醇的衍生物[35]高度选择性地发生 5-*endo* 环合过程。该反应生成的 5-元环硅氢化产物具有非常好的立体选择性，顺式与反式比例高达 99:1。

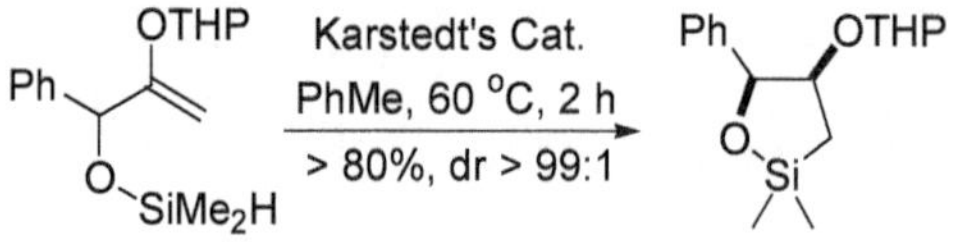
OTHP
Ph
SiMe2H
Karstedt's Cat.
PhMe, 60 °C, 2 h
> 80%, dr > 99:1
(34)

4-*exo* 环合过程同样可以在分子内硅氢化反应中实现，反应产物的立体选择性与底物的结构有较大关系。如式 35 所示：在相同的 Kartstedt 催化剂作用下，使用具有不同取代基的烯丙基胺衍生物[36]可以分别得到顺式或反式产物，立体选择性高达 99:1 dr。

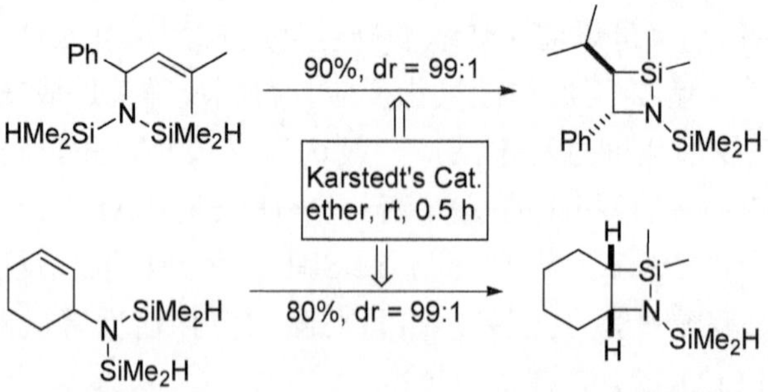
90%, dr = 99:1
Karstedt's Cat.
ether, rt, 0.5 h
80%, dr = 99:1
HMe2Si
SiMe2H
(35)

1-烯基-3-羧基衍生物同样可以发生分子内的硅氢化反应。如式 36 所示：在 $Pt(cod)Cl_2$ 催化剂的作用下，可以立体选择性地得到顺式稠合的五元环产物[37]。

$Pt(cod)Cl_2$, DME, reflux, 0.5 h, > 76% (36)

当分子内合适的位置具有双烯结构时，第一个烯烃反应产生的中间体可以对另一个烯烃进一步加成形成环化产物。根据底物和催化剂的不同，反应产物可以是五元或六元环产物[38]。如式 38 所示：在 Pd 催化剂作用下，1,5-二烯化合物发生分子内的环合反应，立体选择性地生成反式环化产物[39]。

Cp_2YMe, THF, $H_2SiMePh$, rt, 12 h, > 62% (37)

Pd Cat., $HSiEt_3$, DCE, 0 °C, 5 min, 92% (38)

Pd Cat. = $[(phen)Pd(Me)(OEt_2)]^+ [BAr_4]^-$
Ar = 3,5-$C_6H_3(CF_3)_2$

trans-

2.4 烯烃的不对称硅氢化反应

烯烃的不对称硅氢化反应是硅氢化反应最重要的研究内容之一。使用手性催化剂催化的不对称硅氢化反应最为方便和灵活。如式 39 所示：在手性配体 MOP 的存在下，钯催化剂催化的苯乙烯的硅氢化反应可以得到 93% ee 的硅基化产物[40]。Hayashi 等人[41]使用类似的方法，以 89% ee 将环戊二烯转变成为相应的手性烯丙基硅化物 (式 40)。

$[ClPd(C_3H_5)]_2$, $HSiCl_3$, PhH, 0 °C, 12 h, 100%, 93% ee (39)

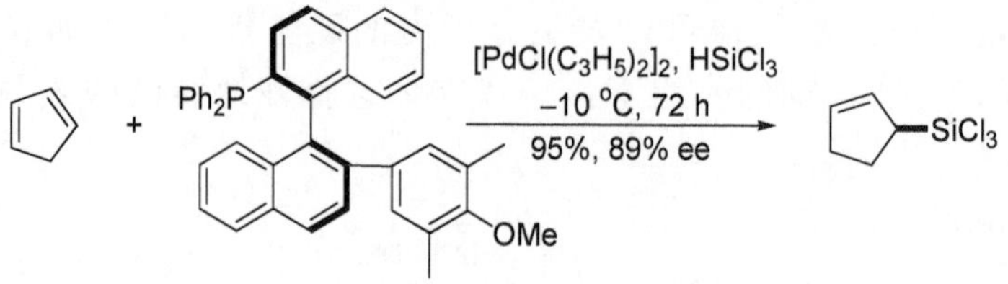

(40)

在手性催化剂的作用下，分子内的硅氢化反应可以得到立体控制性更好的产物。该类反应因为可以同时生成多个手性中心，而被大量研究和使用。如式 41 所示：在手性铑催化剂作用下，烯丙基醇发生 5-*endo* 环合反应，产物的立体选择性高达 96% ee[42]。Widenhoefer 等人[43]使用手性钯催化剂催化 1,6-二烯的环合反应，也取得了很好的立体选择性 (式 42)。

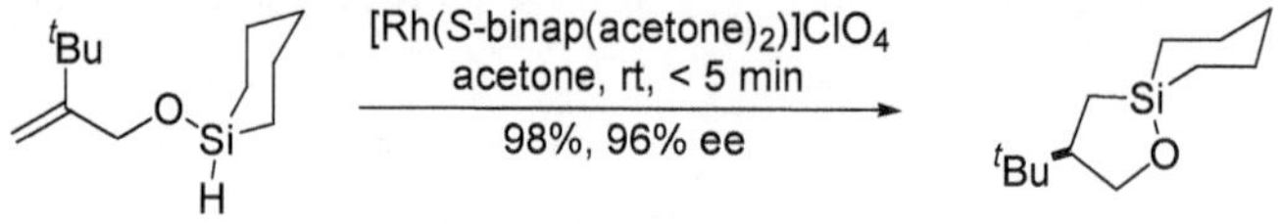

(41)

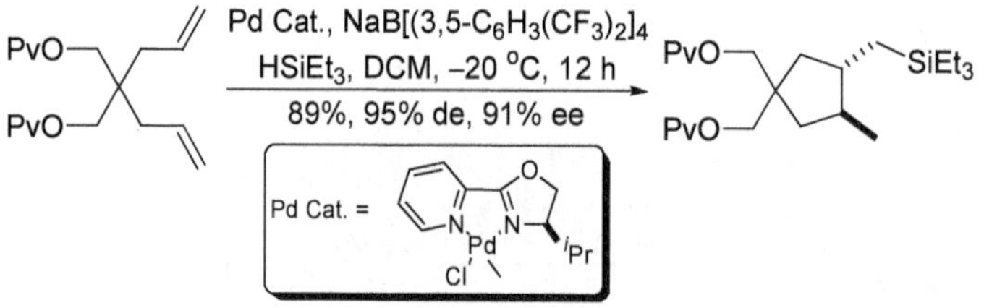

(42)

使用手性底物也可以方便地得到手性硅氢化反应的产物，但受到底物类型的限制。如式 43 所示：Oestreich 等人[44]使用手性硅氢化底物对烯烃进行加成，高度立体选择性地 (93% ee) 将手性从硅原子上转移到碳原子上。

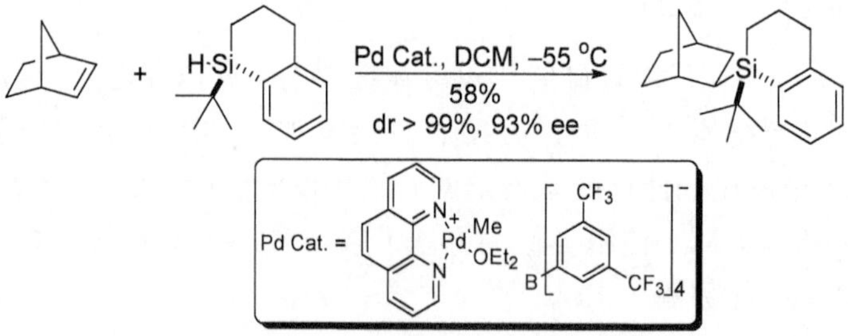

(43)

2.5 烯烃硅氢化反应与其它反应的联用

除了单独使用烯烃硅氢化反应制备有机硅化合物外，烯烃硅氢化反应还可以与其它有机反应串联使用。这种串联使用方式可以将硅基进一步转化，在有机合成的官能团转换中具有重要意义。

2.5.1 与氧化反应联用

烯基硅氢化反应与氧化反应串联可以将硅基转换为羟基，是烯基硅氢化反应中最主要的用途之一。如式 44 所示：通过钇催化的硅氢化反应，选择性地在位阻小的烯烃上发生官能团化。然后，再通过双氧水氧化便得到了羟基化合物[45]。

1. (3,5-difluorophenyl)silane Cp_2YMe, THF, rt, 2 h
2. H_2O_2, K_2CO_3, THF, MeOH rt, 30 min
73%
OTBDMS → OTBDMS, OH (44)

分子内烯烃的硅氢化反应与氧化反应串联使用，在有机合成中具有重要意义。如式 45 所示：烯丙基醇或胺的硅氢烷底物通过分子内环合后再氧化，可以得到相应的羟基醇或氨基醇产物[46]。1,5-二烯依次经分子内不对称硅氢化反应和氧化反应后，可以方便地得到相应的手性羟基化合物（式 46）[47]。

$OSiMe_2H$
1. H_2PtCl_6, 60 °C, 3 h
2. H_2O_2, KF, $KHCO_3$, THF, MeOH, rt, 10 h
58%
OH OH (45)

MeO_2C CO_2Me
1. Pd(phen)MeCl, DCE, 0 °C
$NaB[3,5\text{-}C_6H_3(CF_3)_2]_4$, 10 min
2. AcO_2H, KF, $KHCO_3$, DMF, rt, 2 h
90%, 96% de
MeO_2C CO_2Me, OH (46)

2.5.2 与脱硅基化反应联用

碳-硅键的键能为 263.8 kJ/mol，小于碳氢键的键能 (413.2 kJ/mol)。因此，在一定的条件下容易发生脱硅基化反应生成相应的烷烃。选择适当的硅氢化反应条件，可以区域和立体选择性地将烯键还原为烷基。如式 47 所示：通过分子内的烯烃硅氢化反应和脱硅基化反应串联使用，以优秀的产率得到预期的产物[48]。

O–Si, OBn
TBAF, THF, rt, 12 h
95%
HO, OBn (47)

3 炔烃的硅氢化反应

炔烃与硅氢化试剂发生加成反应，得到相应的 *Z*-型或 *E*-型烯基硅烷。如式 48 所示：该反应是制备这类化合物最有效的方法之一。如果该反应同时与氧化反应、去硅基化反应或偶联反应串联使用的话，可以实现对炔基的多种方式的转化，在有机合成的官能团转化中具有重要的地位。

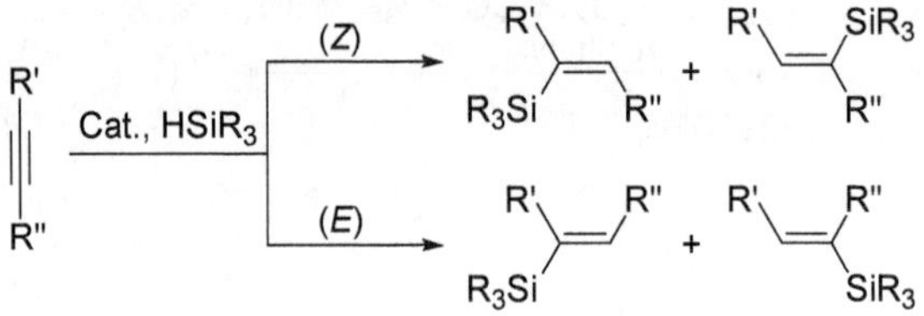

(48)

3.1 炔烃硅氢化反应的机理

在经典的 Chalk-Harrod 机理中，使用氧化加成和还原消除过程可以较好地解释炔烃硅氢化反应中 *E*-型产物的生成。但是，Ojima 等[49]在 1974 年发现：炔烃的硅氢化反应也能够生成 *Z*-型加成产物。随后，他和 Crabtree 等[50]分别独立地提出了新的机理，被称为 Ojima-Crabtree 机理。如式 49 所示：炔键通过 Si-M 键的插入形成 *Z*-型硅基金属中间体，直接与硅氢试剂反应可得到 *E*-型产物。如果中间体受热力学影响通过离子化或金属环丙烷结构进行异构化的话，首先生成 *E*-型硅基金属中间体，接着再与硅氢试剂反应便得到了 *Z*-型产物。

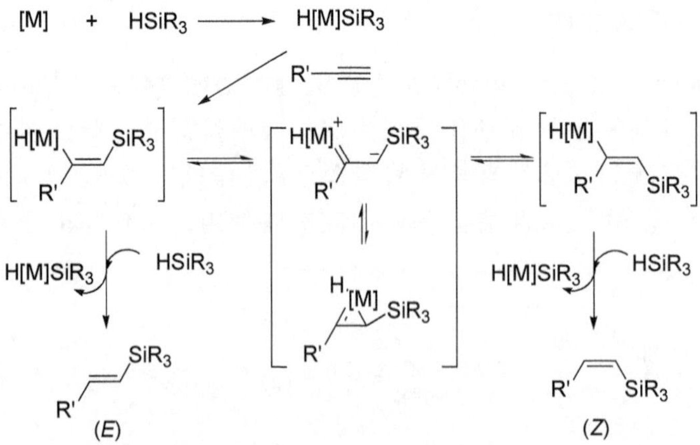

(49)

3.2 简单炔烃的硅氢化反应

3.2.1 金属催化的炔烃硅氢化反应

一般来说，炔烃在硅氢化反应中的活性要高于烯烃。所以，大多数在烯烃硅氢化反应中使用的催化剂均可用于炔烃的反应。铂催化剂在炔烃底物中的催化活性较高，使用的频率也较高。其中，Speier 催化剂 ($H_2PtCl_6/^iPrOH$) 是目前较为广泛使用的铂催化剂。此外，$PtCl_6^-$ 的季铵盐、鏻盐和砷盐等也显示出了较好的催化活性，但钾盐的催化活性较低。Karstedt 催化剂与 Speier 催化剂具有类似活性，但这些催化剂的区域选择性一般[51](式 50)。

Karstedt's Cat., $HSiPh_3$, rt, 3 min, 100%; Ph; Ph_3Si … Ph 78%; $SiPh_3$ … Ph 15%; Ph_3Si … Ph 7% (50)

研究发现：使用合适的配体 (多为膦配体) 不仅可以有效地提高铂催化剂的区域选择性，而且可以增加对底物分子中许多官能团的兼容性。如式 51 所示：$[Pt(C_2H_4)_2(PCy_3)]$ 催化炔丙醇的硅氢化反应，其区域选择性可以达到 95:5[52]。最近，Li 等人[53]报道使用 [Pt(dvds)] 和 $C_4H_9N(CH_2PPh_2)_2$ 配体催化的反应可以在水相中进行。该反应在室温下不仅以 93% 的收率得到了单一的 *E*-型产物，而且对底物中的烯键不产生影响 (式 52)。

OH; $Pt(C_2H_4)_2(PCy_3)$, $HSiPh_3$, THF, rt, 20 h, 94%; Ph_3Si, HO; Ph_3Si, HO; 95 : 5 (51)

O; Pt(DVDS)-P, $HSiEt_3$, H_2O, rt, 3 h, 93%; O, $SiEt_3$ (52)

DVDS = 1,3-divinyl-1,1,3,3-tetramethyldisiloxane
P = bis(diphenylphosphinomethylene)butylamine

铑催化剂也是炔烃硅氢化反应中最常用的催化剂之一。在不同的反应条件下，使用铑催化剂可以选择性地生成 *Z*-型或 *E*-型的产物。首先，硅氢化试剂对生成产物的构型具有明显的影响。例如：在 1-己炔和 $HSiEt_3$ 的加成反应中，无论催化剂是 $RhCl(PPh_3)$、$Rh_4(CO)_{12}$、$Rh_2Co_2(CO)_{12}$ 或者是 $RhCo_3(CO)_{12}$，主要产物均以 *Z*-型为主。但是，$HSi(OMe)_3$ 在 $Rh_4(CO)_{12}$ 的催化下，却以 95% 的产率得到单一的 *E*-型产物 (式 53)[54]。

$$^{n}Bu-C\equiv CH \xrightarrow{Rh_4(CO)_{12}} \begin{cases} \xrightarrow[84\%]{HSiEt_3,\ PhMe,\ rt,\ 24\ h} \ ^{n}Bu\text{-}CH{=}CH\text{-}SiEt_3 \\ \xrightarrow[95\%]{HSi(OMe)_3,\ PhMe,\ 0\ ^{o}C,\ 12\ h} \ ^{n}Bu\text{-}CH{=}CH\text{-}Si(OMe)_3 \end{cases} \quad (53)$$

其次，不同的反应溶剂也对炔烃硅氢化反应产物的构型具有较大的影响。例如：在 $RhCl(cod)_2$ 催化的 1-己炔与 $HSiEt_3$ 的加成反应中[55]，使用 MeCN 和 *n*-PrCN 溶剂主要得到 *E*-型产物，而使用 PhH、CH_2Cl_2 和 DMF 则主要得到 *Z*-型产物 (式 54)。

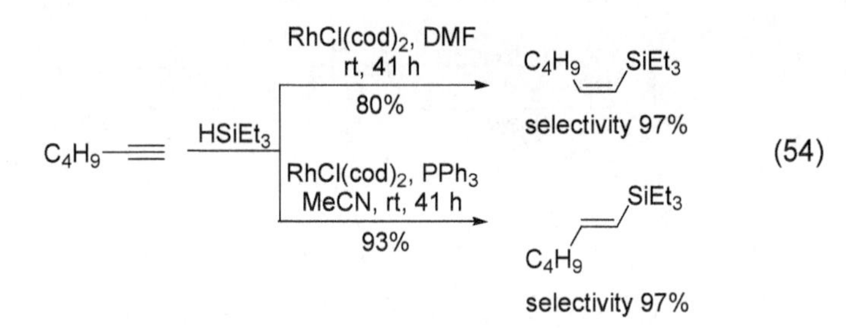

在有些特殊的情况下，反应的加料顺序也会对产物的构型产生较大的影响。Mori 等人[56]发现：在 Wilkinson 催化的苯乙炔的硅氢化反应中，催化剂与硅烷混合后加入苯乙炔生成的混合物在室温下反应可以定量地得到 *Z*-型产物。但是，苯乙炔与硅烷混合后再加入铑催化剂生成的混型物需在 60 °C 下反应，且定量地得到 *E*-型产物 (式 55)。

$$Ph-C\equiv CH \xrightarrow{HSiMe_2TMS} \begin{cases} \xrightarrow[99\%]{1.\ RhI(PPh_3)_3,\ 0\ ^{o}C,\ 2\ h;\ 2.\ alkyne,\ rt,\ 2\ h} \ (Z)\text{-}Ph\text{-}CH{=}CH\text{-}SiMe_2TMS \\ \xrightarrow[100\%]{1.\ alkyne,\ rt;\ 2.\ RhI(PPh_3)_3,\ 60\ ^{o}C,\ 1\ h} \ (E)\text{-}Ph\text{-}CH{=}CH\text{-}SiMe_2TMS \end{cases} \quad (55)$$

钌催化剂也可以用来催化炔烃的硅氢化反应，而且反应对底物中的官能团具有高度的兼容性。如式 56 所示：底物中的烯键和酯基均不参与反应，生成的产物以 *E*-型为主[57]。但是，钌催化的反应常常会有马氏加成产物生成，即硅基加成在取代较多的碳上。如式 57 所示：在 Grubbs 催化剂的作用下，末端炔主要生成甲烯基产物[58]。

许多其它过渡金属 (例如：Ir[59]、Ni[60]、Co[61]、Y[62] 或者 Ti[63]等) 均可用于催化炔烃的硅氢化反应，生成的产物以 *E*-型为主。

Ru Cat., $PhSiH_3$, DCM
45 °C, 3 h
91%
Ru Cat. = $[RuCl_2(p\text{-cumene})]$
SiPhH$_2$
E: Z = 97: 3
(56)

Grubbs' Cat., $PhSiH_3$
DCM, reflux, 2 h
82%
Grubbs' Cat. = $(PCy_3)_2Cl_2Ru{=}CHPh$
SiPhH$_2$
(57)

$[Cp^*IrCl_2]_2$, $HSiPh_3$, DCE, rt, 0.5 h
93%, 100% selectivity
SiPh$_3$
(58)

Pr
Pr
+
Co
P
^{t}Bu ^{t}Bu
$HSiEt_3$, THF, 40 °C, 10 h
79%
Pr
Et_3Si
Pr
(59)

Et
Et
Cp_2TiCl_2, H_2SiPh_2, BuLi, THF, rt, 1 h
67%, > 96% selectivity
Et
Ph_2HSi
Et
(60)

OTBDMS
$Cp_2YCH_3(THF)$, $PhSiH_3$
Cyclohexane, 90 °C, 24 h
82%
TBDMSO
SiH_2Ph
(61)

3.2.2 自由基催化剂催化的炔烃硅氢化反应

自由基催化剂[64]也可以用于催化炔烃的硅氢化反应。Chatgilialoglu 等人[65]使用 ACCN 和 $HSi(TMS)_3$ 作为自由基引发剂，方便地合成出了一系列水溶性的烯基硅化合物。如式 62 所示：产物为单一构型的 Z-型产物。此外，使用 BEt_3/O_2 为引发剂时也可以催化炔烃的硅氢化反应，而且反应对底物中的醛基具有高度的兼容性 (式 63)[33]。

CO_2H
ACCN, $HSi(TMS)_3$
$HO(CH_2)_2SH$, 100 °C, 1 h
95%
$Si(TMS)_3$
CO_2H
(62)

CHO
Ph
BEt_3, O_2, $HSi(TMS)_3$
PhMe, 40 °C, 1 h
62%, Z:E = 89:11
OHC
$Si(TMS)_3$
Ph
(63)

3.2.3 Lewis 酸催化的炔烃硅氢化反应

文献报道：强 Lewis 酸可以有效地催化炔烃的硅氢化反应。其中，$EtAlCl_2$ 被证明是一个高效的催化剂[66]，生成的产物以 *Z*-型为主 (式 64)。简单的 $AlCl_3$ 同样可以催化这类反应[67]，且具有处理方便的优点。其它的弱 Lewis 酸 (例如：$HfCl_4$ 或 $ZrCl_4$ 等) 活性较低，一般不能用于催化该类反应。

$EtAlCl_2$, $HSiEt_3$, PhMe, 0 °C, 1 h; 75%; $SiEt_3$ (64)

3.3 分子内的炔烃硅氢化反应

当分子内同时连有炔键和硅氢基团时，容易发生分子内的成环反应。根据成环方式的不同，可以分别生成三种产物 (式 65)。

SiR_2H; R'; SiR_2; R'; R_2Si; R'; R_2Si; R' (65)

分子内硅氢化反应受到产物稳定性的影响较大，一般以生成 5-元环产物为主，目前尚未见到 4-元环产物的报道。如式 66 所示：在 Speier 催化剂的作用下，1-炔基-5-硅氢烷底物通过 *exo*-dig 方式得到 *endo*-方式的 5-元环产物，而 *endo*-方式的 6-元环产物并未生成[68]。Grubbs 催化剂和铂催化剂也可以用于这类反应，生成 *exo*-方式的 5-元环产物[69]。

Si; SiH; H_2PtCl_6, ^iPrOH, C_6H_{12}, reflux, 2 h; Si; Si; 58%; Si; Si; 0% (66)

O; SiH; ^iPr; ^iPr; C_5H_{11}; $Cl_2(PCy_3)_2Ru{=}CHPh$, PhMe, 80 °C, 12 h; 63%; O; Si; ^iPr; ^iPr; C_5H_{11} (67)

Maifeld 等人[70]报道：在碱性条件下，羰基化合物与硅烷基炔反应首先得到硅烷氧基中间体。然后，发生分子内的反式硅氢化反应，生成以 *endo*-方式成环的 5-元环产物 (式 68)。

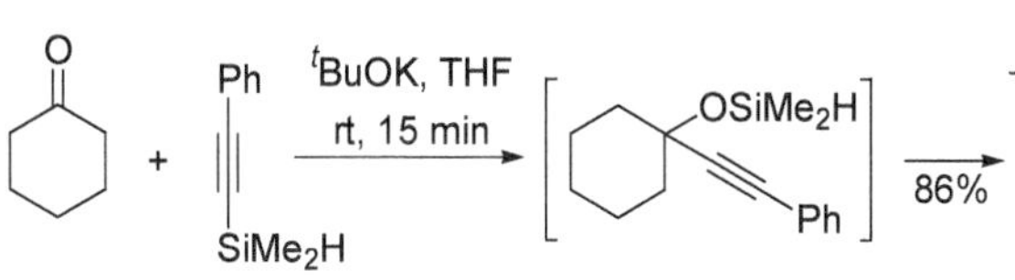

(68)

Trost 等人[71]报道：使用钌的正离子催化剂 [{CpRu(MeCN)$_3$}PF$_6$] 可以催化炔基醇的硅氢化反应，生成的产物主要是通过 *endo*-dig *trans*-环化形成的 6-元环或 7-元环产物 (式 69)。

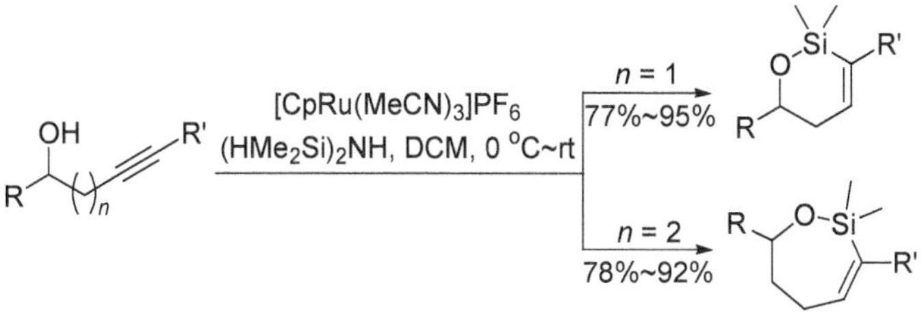

(69)

当底物分子中同时含有两个炔键 (diynes) 时，可以发生特殊的分子内环合反应。Tamao 等人[72]在研究 Ni(acac)$_2$ 催化的 1,7-二炔的硅氢化反应时，最早发现了环化硅氢化产物 (式 70)。但是，1,7-二炔的活性一般较低，有时反应需要加入 PPh$_3$ 作为助催化剂。随后人们发现：1,6-二炔的活性较高，可以方便和高度立体选择性地合成 5-元环产物[73] (式 71)。

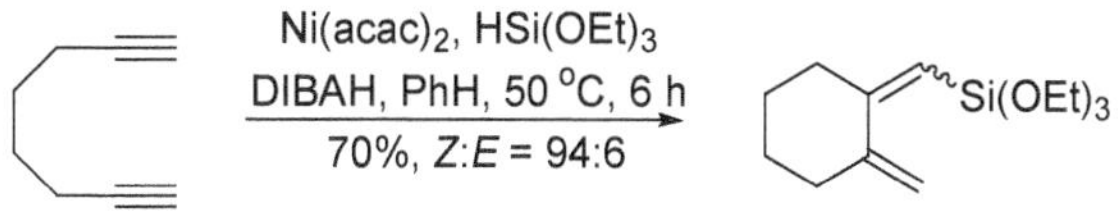

(70)

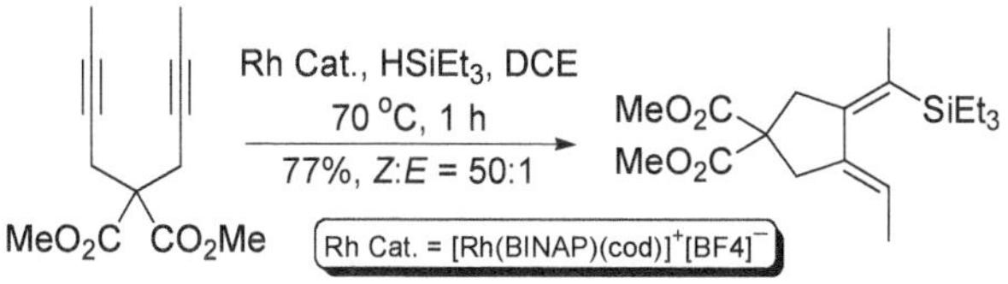

(71)

当底物分子中同时含有烯键和炔键 (enynes) 时，也可以顺利地发生分子内环合反应生成环状的硅氢化产物。Ojima 等人[74]报道：在室温和 CO 气氛中，[Rh$_2$Co$_2$(CO)$_{12}$] 催化 1,6-烯炔的环化反应可以在一分钟内定量地生成 3-*exo* 形式的环化产物 (式 72)。利用相同的方法，他们通过连续两个分子内环合反应一次构建出了两个 5-元环。该方法对于合成多环化合物具有重要的意义[75]。如果使用手性膦配体[76]，还可以方便地发生手性环合反应。如式 73 所示：生成产物的立体选择性高达 98% ee。

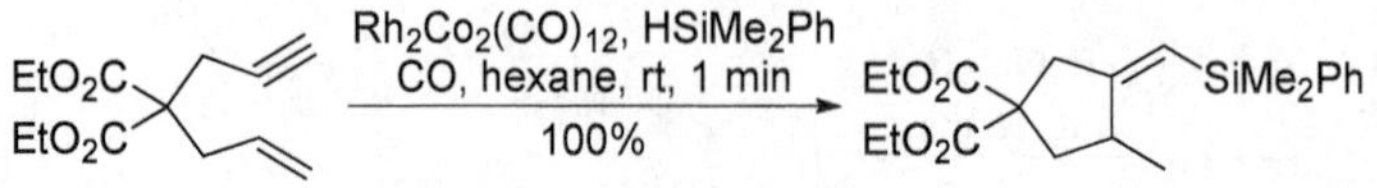

(72)

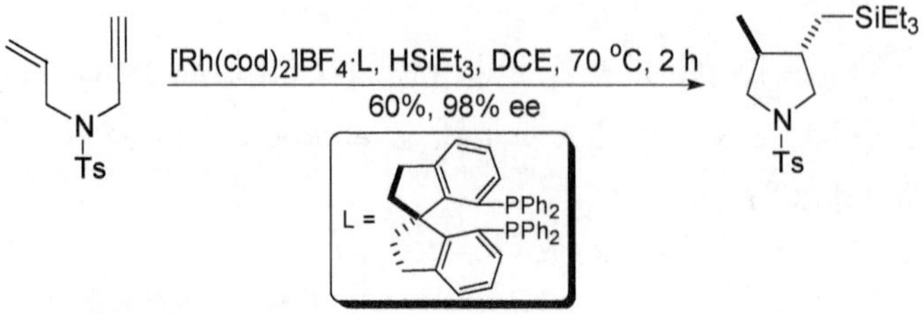

(73)

3.4 炔烃的硅氢化反应与其它反应的联用

3.4.1 与氧化反应联用

炔基硅氢化反应与氧化反应联用，可以方便地通过硅氢化反应的区域选择性在炔基特定的位置上引入羰基。如式 74 所示：Tamao 等人[77]使用“一锅煮”的方法，使羟基炔底物依次发生分子内环合反应和 H_2O_2 氧化反应，有效地合成出具有 β-羟基酮结构的产物。

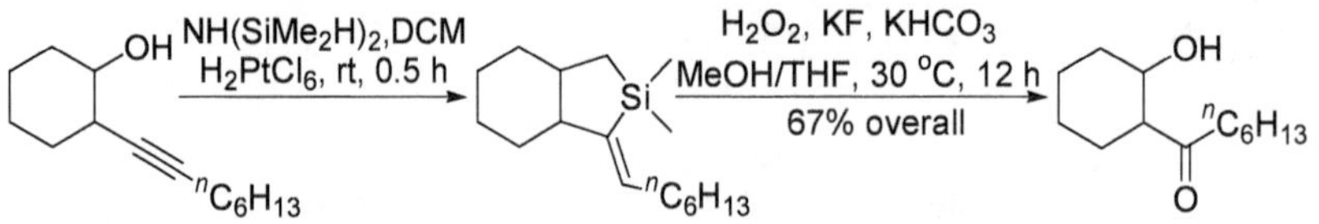

(74)

除了将炔基硅氢化反应产物直接氧化成羰基外，还可以使其发生环氧化反应。如式 75 所示：Trost 等人[78]使用 *m*-CPBA 方便地使烯基硅中间体发生环氧化反应，生成产物中的环氧基团与羟基处于顺式位置。随后，经 TBAF 促进的硅基化反应，得到顺式 α-羟基环氧化合物。最后，再进一步使用 H_2O_2 氧化，立体选择性地将炔键转化为 α-羟基酮。

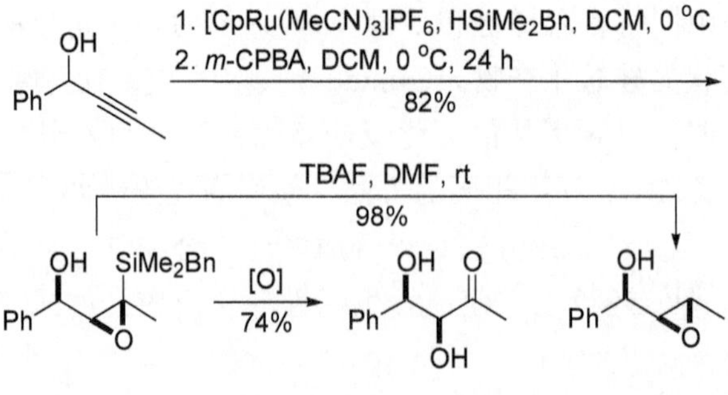

(75)

3.4.2 与去硅基化反应联用

炔基硅氢化反应与去硅基化反应联用，可以实现将炔烃转换为烯烃。该反应条件相对其它还原条件更温和，对底物中的官能团兼容性更好。通过对硅氢化反应的立体控制，还可以方便地合成出反式[79]或顺式[80]的烯烃 (式 76 和式 77)。

1. $[CpRu(MeCN)_3]PF_6$, $HSi(OEt)_3$, DCM, 0 °C~rt, 1 h
2. CuI, TBAF, THF, rt, 16 h
96%

(76)

1. PtO_2, $HSi(OEt)Me_2$, 60 °C, 2 h
2. TBAF, THF, 60 °C, 1 h
90%

(77)

3.4.3 与偶联反应联用

炔烃硅基化生成的产物是烯基硅，正好是 Hiyama 偶联反应[81]的底物。因此可以与卤代芳烃等发生偶联反应，而且具有反应条件温和、产率较高和毒性小的优点。Mori 等人[56]报道：使用 Wilkinson 催化剂催化硅氢化反应得到 *E*-型或 *Z*-型烯基硅产物后，再与卤代苯反应，可以方便地合成出顺式或反式的芳基烯 (式 78)。

HSiMeOTMS

1. $RhI(PPh_3)_3$, $PhCH_3$, 0 °C, 2 h
2. $Pd_2(dba)_3 \cdot CHCl_3$, PhI, TBAF, THF, 65 °C, 6 h
86%, *E/Z* = 9:91

1. $RhI(PPh_3)_3$, $PhCH_3$, 60 °C, 1 h
2. $Pd_2(dba)_3 \cdot CHCl_3$, PhI, TBAF, THF, rt, 10 min
91%, *E/Z* = 99:1

(78)

通过使用合适的催化剂不仅可以调控反应产物的顺反结构，而且还可以在炔烃的不同位置上引入芳基。如式 78 所示：使用炔烃生成的 α-加成产物继续发生偶联反应联用，可以方便地合成出 1-芳基-1-烷基烯烃[82]。

1. $[CpRu(MeCN)_3]PF_6$, BDMSH, acetone, rt, 20 min
2. $Pd_2(dba)_3 \cdot CHCl_3$, PhI, THF, rt, 4 h
97%

(79)

分子内的炔基硅氢化反应同样可以与偶联反应联用[83]。如式 80 所示：使用不同的催化剂，首先生成顺式或反式的环化产物。然后，再通过开环偶联合成不同的芳基烯烃产物。

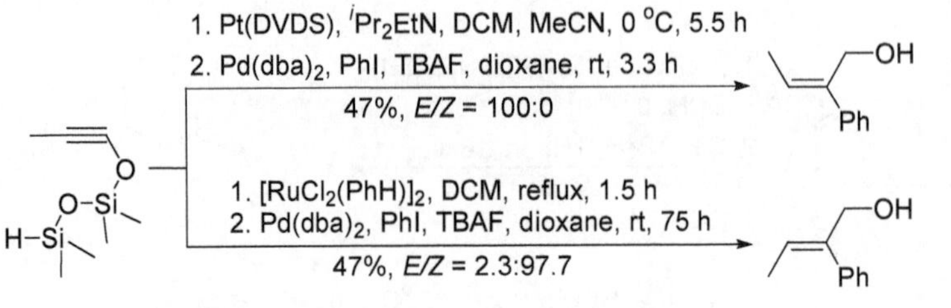

1. Pt(DVDS), ⁱPr2EtN, DCM, MeCN, 0 °C, 5.5 h
2. Pd(dba)2, PhI, TBAF, dioxane, rt, 3.3 h
47%, E/Z = 100:0
OH
Ph
O
O-Si
H-Si
1. [RuCl2(PhH)]2, DCM, reflux, 1.5 h
2. Pd(dba)2, PhI, TBAF, dioxane, rt, 75 h
47%, E/Z = 2.3:97.7
OH
Ph

(80)

3.5 与其它反应的联用

炔基硅氢化反应还可以与许多反应串联使用。例如：与取代反应联用，使用 NBS 可以方便地将烯基硅转化为溴代烯烃 (式 81)[84]。又例如：烯基硅化物也是较好的 Michael 加成反应的受体，可以与不饱和烯烃在水相中发生 Michael 加成反应 (式 82)[85]。

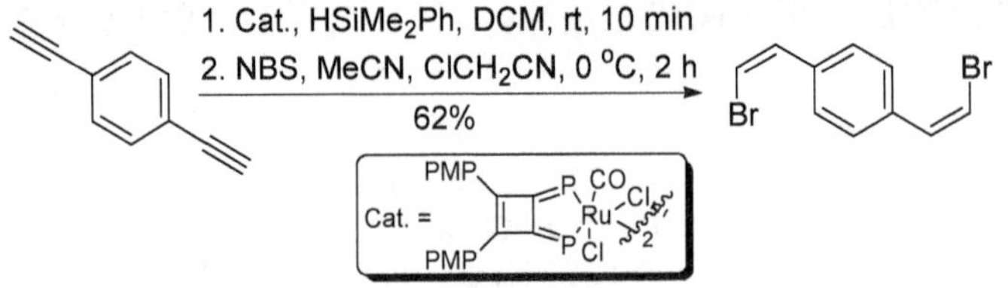

1. Cat., HSiMe2Ph, DCM, rt, 10 min
2. NBS, MeCN, ClCH2CN, 0 °C, 2 h
62%
Br
Br
Cat. =
PMP
PMP
P
P
CO
Ru
Cl
Cl
2

(81)

Et
Et
EtO2C
+
CO2Et
1. [RhCl(cod)]2, HSi(OEt)3, THF, rt, 24 h
2. TBAF, H2O, 70 °C, 24 h
83%
Et
Et
CO2Et
CO2Et

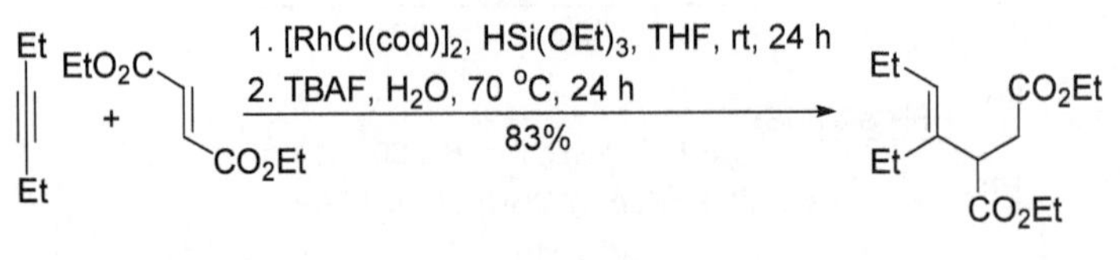

(82)

二炔底物发生硅氢化环合反应的产物是共轭二烯，所以可以与烯烃发生 Diels-Alder 反应。如式 83 所示：产生的中间体与马来酸酐衍生物反应，立体选择性地合成出了多环化合物[86]。

MeO2C
CO2Me
SiEt3
+
O
NPh
O
PhMe, 80 °C, 20 h
100%, dr >30:1
MeO2C
MeO2C
SiEt3
H
H
O
NPh
O

(83)

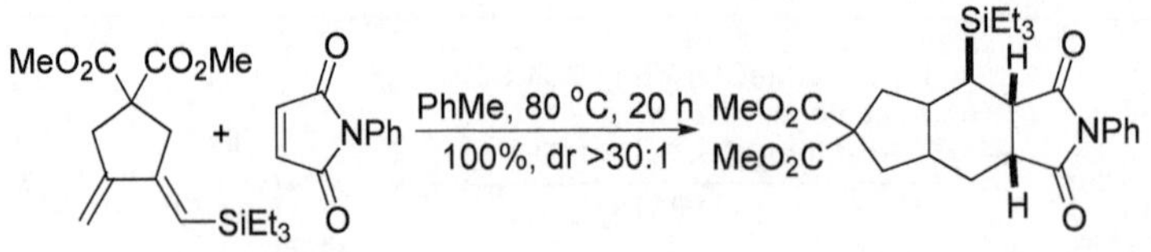

4 羰基的硅氢化反应

羰基与硅氢化试剂发生加成反应可以有效地将醛、酮、酯、酰胺等分子中的羰基还原为羟基，甚至是亚甲基。该反应条件温和，通过使用合适的催化剂和手性配体可以方便地实现手性合成。因此，该类反应在有机合成中有着重要的用途。

4.1 简单的羰基硅氢化反应

4.1.1 金属催化剂催化

铂催化剂可以用于催化羰基的硅氢化反应，但由于催化活性和选择性一般较低而较少被使用。最近，Zuev 等人[87]使用 *cis*-[$PtCl_2(Et_2SO)_2$] 催化取代苯乙酮的硅氢化反应时发现：该反应的产率和转化率与取代基的关系较大，4-甲氧基取代苯乙酮在反应中的转化率几乎是定量的。

铑催化剂是羰基硅氢化反应中最常用的催化剂，许多铑催化剂具有较好的催化活性和选择性。1972 年，Ojima 等人[88]报道：使用 Wilkinson 催化剂 [$RhCl(PPh_3)_3$] 可以有效地将羰基还原为硅醚。Crawford 等人[89]成功地使用该催化剂将羰基铁配合物中的酮羰基还原，而对底物中的 CO 官能团不产生影响 (式 84)。如式 85 所示：Buchmeiser 等人[90]发现吡啶的铑配合物可以高效地催化醛或酮与 $HSiEt_3$ 的硅氢化反应，在苯甲醛还原反应中的 TON 值高达 50000。

$$\mathrm{CpFe(CO)_2C(O)CH_3} \xrightarrow[83\%]{\mathrm{RhCl(PPh_3)_3,\ H_2SiEt_2,\ THF,\ 0\ ^oC,\ 10\ min}} \mathrm{CpFe(CO)_2CH(CH_3)OSiHEt_2} \quad (84)$$

$$\mathrm{PhCHO} \xrightarrow[100\%]{\mathrm{Rh(AcNPy_2)(cod)Cl,\ HSiEt_3,\ THF,\ 70\ ^oC,\ 0.5\ h}} \mathrm{PhCH_2OSiEt_3} \quad (85)$$

Noyori 等人[91]通过对大量的金属试剂扫描后发现：简单的锌盐就可以有效地催化羰基的硅氢化反应 (式 86)。但是，其它无机盐，例如：$MgCl_2$、$BaCl_2$、$CeCl_3$、$TiCl_4$、$ZrCl_4$、WCl_6、$FeCl_2$、$FeCl_3$、$NiCl_2$、$CuCl$、$CdCl_2$、$AlCl_3$、$GaCl_3$、$InCl_3$、$SnCl_2$ 和 $SnCl_4$ 等，均不具有催化活性。

$ZnCl_2$, LiH, $SiClMe_3$, DCM, 28 °C, 40 h
91%
(86)

但是，在合适的配体存在下，许多金属可以用作羰基硅氢化反应的催化剂。例如：在膦配体的作用下，$Fe(OAc)_2$ 可以有效地催化醛酮的硅氢化反应，还原产物经水解后得到相应的醇[92](式 87)。又例如：使用卡宾配体，铜试剂催化的普通脂肪酮的羰基硅氢化反应可以在 9 min 内完成，产物的产率可以达到 99% (式 88)[93]。如式 87 所示：Buchwald 等人[94]使用钛催化剂可以有效地还原酯基，而对分子内的烯键不产生影响。

1. $Fe(OAc)_2$, PCy_3, PMHS, THF, 65 °C, 16 h
2. $NaHCO_3$, H_2O
98%
(87)

(ICy)CuCl, $HSiEt_3$, ^tBuONa, PhMe, 80 °C, 9 min
99%
(88)

(ICy)CuCl =

1. $Cp_2Ti(p\text{-}ClC_6H_4O)_2$, PMHS, THF, TBAF, rt
2. THF, NaOH, H_2O, rt, 1 h
89%
(89)

在合适的配体存在下，其它金属催化剂同样可以用于催化羰基的硅氢化反应。如式 90 所示：AgOTf[95]可以选择性催化醛羰基的还原而保留酮羰基。铼催化剂[96]在还原醛时，对于底物中的烯键和酯基不产生影响 (式 91)。

AgOTf, $HSiMe_2Ph$, PEt_3
THF, 70 °C, 24 h
99%
(90)

$(PPh_3)_2Re(O)_2I$, $HSiMe_2Ph$
PhH, 60 °C, 2 h
83%
(91)

许多非金属催化剂同样可以用于羰基的硅氢化反应。例如：自由基催化剂 AIBN 可以有效地催化醛的还原[97](式 92)。$B(C_6F_5)_3$ 也是一种较为常用的催化剂[98]，在醛、酮和酯基的还原中表现出较好的催化效果。该反应条件温和迅速，对底物中易还原的硝基不产生影响 (式 93)。Fujita 等人[99]发现：使用均相的氟离子催化剂 TBAF 或 TASF 等，在 HMPA 和 DMP 中可以有效地还原羰基，而在 THF 或 DCM 中不发生反应。

AIBN, PhSeSiMe$_3$, Bu$_3$SnH; PhH, 80 °C, 18 h; 78% (92)

B(C$_6$F$_5$)$_3$, HSiPh$_3$, rt, 5 min; 91% (93)

TASF, HSiMe$_2$Ph; DMPU, 0 °C, 12 h; 98%, dr> 99:1 (94)

4.2 共轭羰基的硅氢化反应

当 α,β-不饱和羰基化合物被用作底物时，根据反应条件的不同，硅氢化反应可以发生在 1,2-位或 1,4-位 (式 95)。

HSiR$_3$, Cat. (95)

大多数 α,β-不饱和羰基化合物发生共轭加成，主要生成烯基硅氧化合物。如式 96 和式 97 所示：酮[100]或酯基[101]底物可以经 1,4-加成反应得到相应的烯醇硅醚产物。

Karstedt's Cat., HSi^{i}Pr$_3$, 70 °C, 1 h; 98% (96)

RhCl$_3$·6H$_2$O, HSiMe$_3$, THF, 50 °C, 1.5 h; 80% (97)

但是，使用一些特殊的催化剂或底物时，也会发生 1,2-硅氢化反应生成烯丙基醚产物。如式 98 所示：使用铑催化剂可以有效地将底物还原为烯丙基醇，而底物中的共轭或不共轭双键均不受到影响[102]。

1. $RhH(PPh_3)_4$, H_2SiPh_2, rt, DCM, 4 h
2. aq. HCl, acetone, rt, 2 h
84%
(98)

4.3 羰基的彻底硅氢化还原

在合适的催化剂作用下，羰基可以发生彻底的硅氢化反应而被还原为亚甲基。如式 99 所示：使用 BF_3 作为催化剂，$HSiEt_3$ 可以有效地将二苯甲酮的羰基还原为亚甲基[103]。

$BF_3 \cdot 2CF_3CH_2OH$, $HSiEt_3$, 2 h
97%
(99)

当使用酰胺[104]和酯[105,106]等化合物为底物时，彻底硅氢化反应可以将它们还原成为相应的胺、醚和醇，而且具有较好的选择性 (式 100~式 102)。如式 100 所示：使用铑催化剂，可以选择性地还原底物中的酰胺而保留酯基。

MeO_2C–C6H4–C(O)NEt_2 → $RhH(CO)(PPh_3)_3$, H_2SiPh_2, THF, rt, 4.5 h, 80% → MeO_2C–C6H4–CH_2NEt_2 (100)

$PhCH_2CO_2Me$ → $(PPh_3)(CO)_4MnC(O)CH_3$, H_3SiPh, PhH, rt, 25 min, 83% → $PhCH_2CH_2OMe$ (101)

OH, CO_2Et → LiOMe, $Si(OEt)_3$, THF, reflux, 9.5 h, 100% → OH, OH (102)

4.4 羰基的不对称硅氢化反应

羰基的不对称硅氢化反应具有条件温和及立体选择性好的优点，因此常常被用于手性合成中。例如：在手性膦配体的存在下，$Cu(OAc)_2$ 催化还原苯乙酮的立体选择性可以达到 87% ee (式 103)[107]。如式 104 所示：Buchwald 等人[108]

使用 BINAP 作为配体，通过 1,4-加成硅氢化反应得到了具有 96% ee 的产物。

$$\text{PhCOCH}_3 \xrightarrow[\text{92\%, 87\% ee}]{\text{Cu(OAc)}_2,\ \text{L}^*\cdot\text{H}_3\text{SiPh},\ \text{PhMe},\ -20\,^\circ\text{C},\ 5\ \text{h}} \text{PhCH(OH)CH}_3 \quad (103)$$

$$\xrightarrow[\text{87\%, 96\% ee}]{\text{CuCl},\ s\text{-BINAP},\ \text{PMHS},\ {}^t\text{BuONa},\ \text{PhCH}_3,\ 15\,^\circ\text{C},\ 24\ \text{h}} \quad (104)$$

5 其它不饱和键的硅氢化反应

其它含有不饱和键的化合物，例如：亚胺、氰基、C=S、亚砜和偶氮也可以发生硅氢化反应，这类反应在有机合成中同样具有重要的意义。

5.1 碳氮双键的硅氢化反应

许多硅氢化试剂可以用于亚胺的还原，而且具有条件温和及选择性好的优点。因此，该反应除了用于普通的合成外，还常常用于手性胺的合成。例如：Buchwald 等人[109]使用手性钛催化剂有效地还原甲基亚胺，生成产物的立体选择性高达 99% ee (式 105)。如式 106 所示：Zhang 等人[110]使用手性 Lewis 碱作为催化剂，不仅亚胺还原的立体选择性可以达到 99% ee，而且还可以化学选择性地保持酯基不受到影响。

$$\xrightarrow[\text{95\%, 99\% ee}]{(S,S)\text{-(EBTHI)TiF}_2,\ \text{PMHS},\ \text{THF},\ 35\,^\circ\text{C},\ 12\ \text{h}} \quad (105)$$

$$\xrightarrow[\text{97\%, 92\% ee}]{\text{LB},\ \text{HSiCl}_3,\ \text{DCM},\ -20\,^\circ\text{C},\ 67\ \text{h}} \quad (106)$$

磷酰胺产生的亚胺在硅氢化反应条件下也可以被有效地还原。如式 107 和式 108 所示：在手性催化剂存在的条件下，可以得到高度立体选择性的产物[111,112]。

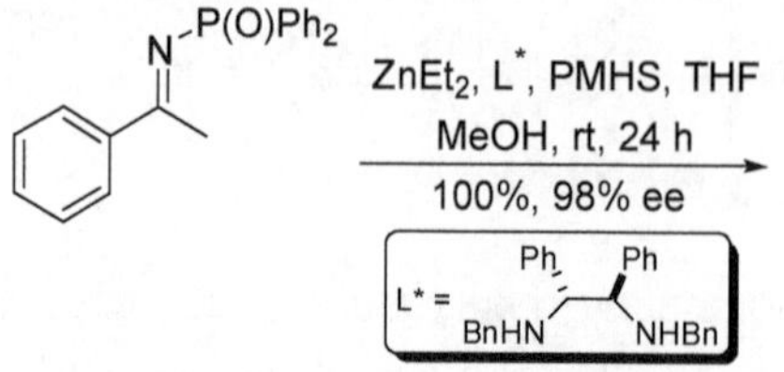

P(O)Ph2
N
ZnEt2, L*, PMHS, THF
MeOH, rt, 24 h
100%, 98% ee
HN
P(O)Ph2
L* =
Ph
Ph
BnHN
NHBn

(107)

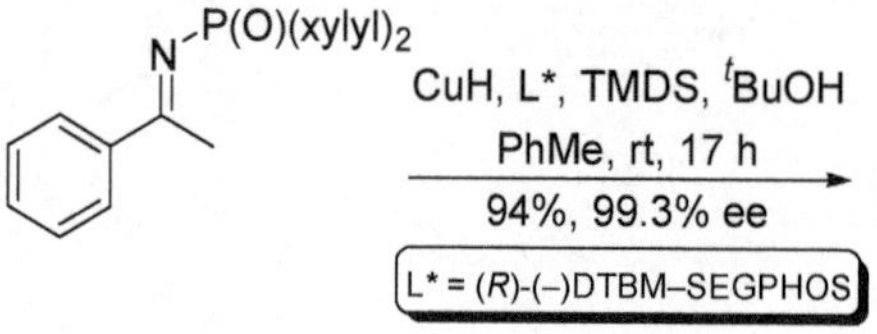

P(O)(xylyl)2
N
CuH, L*, TMDS, tBuOH
PhMe, rt, 17 h
94%, 99.3% ee
HN
P(O)(xylyl)2
L* = (R)-(–)DTBM–SEGPHOS

(108)

肟的 C=N 不饱和键同样可以被硅氢化试剂还原，得到相应的胺。如式 109 所示：在手性配体催化下，钌催化剂将芳基肟还原为胺的立体选择性可以达到 83% ee[113]。

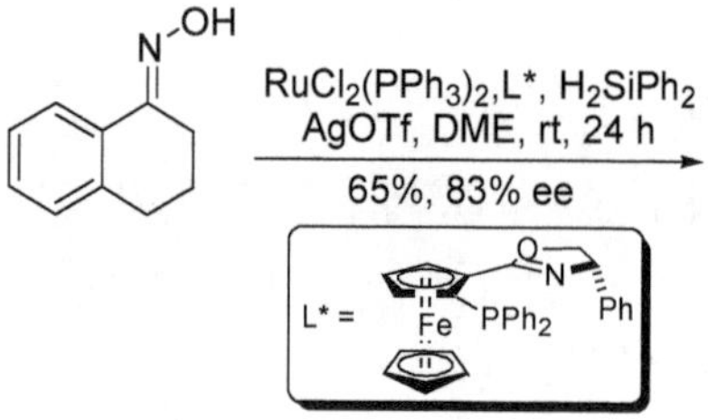

N
OH
RuCl2(PPh3)2,L*, H2SiPh2
AgOTf, DME, rt, 24 h
65%, 83% ee
NH2
L* =
Fe
PPh2
O
N
Ph

(109)

在有些硅氢化试剂的作用下，吡啶[114]和喹啉[115]等含氮杂芳环中的碳-氮双键也可以被部分还原，生成相应的 *N*-硅基化合物或胺 (式 110 和式 111)。

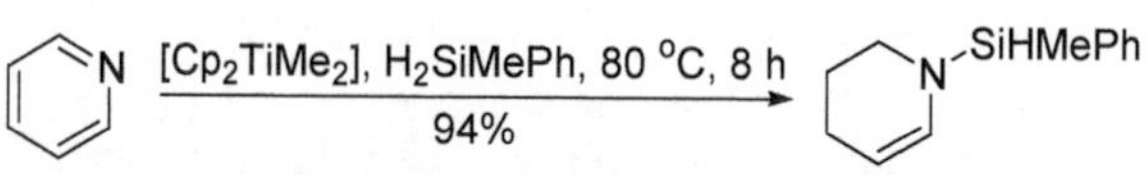

N
[Cp2TiMe2], H2SiMePh, 80 °C, 8 h
94%
N
SiHMePh

(110)

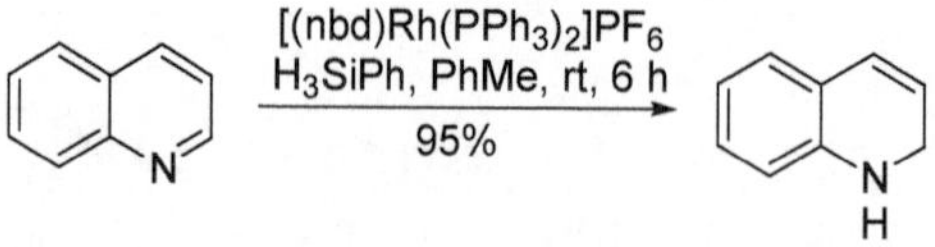

N
[(nbd)Rh(PPh3)2]PF6
H3SiPh, PhMe, rt, 6 h
95%
N
H

(111)

5.2 氰基的硅氢化反应

氰基也可以发生硅氢化反应[116]。如式 112 所示：在 CO 气氛中，钴催化剂可以将苯甲腈类底物高效地转化为 *N*,*N*-二硅基化合物。

$$\text{4-MeC}_6\text{H}_4\text{CN} \xrightarrow[\text{91\%}]{\text{Co}_2(\text{CO})_8,\ \text{HSiMe, CO; PhCH}_3,\ 60\ ^\circ\text{C},\ 20\ \text{h}} \text{4-MeC}_6\text{H}_4\text{CH}_2\text{N(SiMe}_3)_2 \quad (112)$$

5.3 其它不饱和键的硅氢化反应

许多其它不饱和键也可以与硅氢化试剂发生还原反应。如式 113 所示：使用 $B(C_6F_5)_3$ 催化剂，可以有效地将 C=S 双键还原成为硫硅醚[117]。亚砜底物在硅氢化反应中被还原为硫醚，而底物中的双键不受影响 (式 114)[118]。如式 115 所示[119]：在 TBAF 的催化下，偶氮类底物发生分子内硅氢化反应生成相应的 N-Si 键产物。

$$\text{Ph}_2\text{C=S} \xrightarrow[\text{100\%}]{\text{B(C}_6\text{F}_5)_3,\ \text{HSiMe}_2\text{Ph; hexane, rt, 0.5 h}} \text{Ph}_2\text{CH-S-SiMe}_2\text{Ph} \quad (113)$$

$$\text{PhS(O)CH=CH}_2 \xrightarrow[\text{92\%}]{\text{MoO}_2\text{Cl}_2,\ \text{H}_3\text{SiPh, THF, reflux, 2 h}} \text{PhSCH=CH}_2 \quad (114)$$

$$\text{[2-(PhN=N)C}_6\text{H}_4\text{SiH}_2]_2\text{O} \xrightarrow[\text{61\%}]{\text{TBAF, CDCl}_3;\ \text{reflux, 72 h}} \text{cyclic product with Si(H)-N(Ph)-NH linkages} \quad (115)$$

6 硅氢化反应在大分子中的应用

有机硅聚合物由于其特有的耐化学腐蚀、耐热和耐寒等性质而被广泛应用。有机硅树状大分子同时具有树状大分子和有机硅的特性，成为了目前发展最快的硅化学研究方向。硅氢化反应是合成这类聚合物和大分子最有效的方法之一，在工业上具有重要的意义。

6.1 硅氢化反应合成高分子材料

6.1.1 烯烃硅氢化反应聚合

20 世纪 50 年代，使用分子内的烯烃硅氢化反应合成有机硅聚合物就已经引起了人们的注意。如式 116 所示：使用 Pt/C 作为催化剂，可以将乙烯基硅氢化物在不同的温度下方便地聚合成为 M_w 在 990~2300 之间的有机硅聚合物[120]。

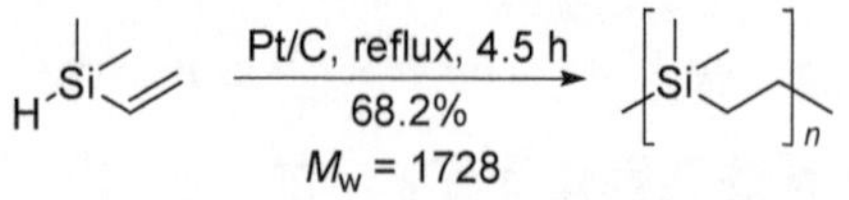
Pt/C, reflux, 4.5 h
68.2%
Mw = 1728

(116)

随着大量的硅氢化反应催化剂的发现，聚合反应得到了更大的发展。例如：在 Karstedt 催化剂的作用下，乙烯基硅氢化物[121]以较高的产率生成聚合物。这种聚合物的分子量分布较窄 ($M_w \approx 1100$)，M_w/M_n 仅为 1.4 (式 117)。Kawakami 等人[122]使用手性的烯基硅底物，在 Karstedt 催化剂下得到了 99% 的 β-加成聚合物 ($M_w \approx 2920$)，而分子量分布 $M_w/M_n = 1.57$。在该反应中，分子中原有的手性得到了保持，手性聚合物的光学纯度为 99% ee (式 118)。

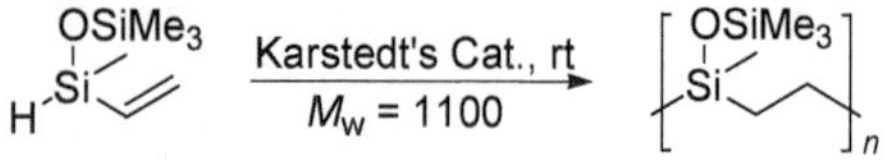
OSiMe3
Karstedt's Cat., rt
Mw = 1100

(117)

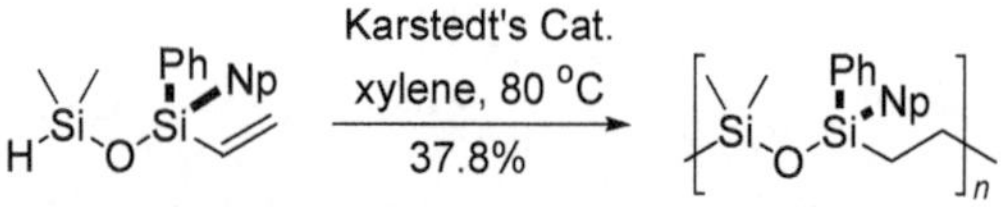
Karstedt's Cat.
xylene, 80 °C
37.8%
Ph
Np

(118)

其它金属 (例如：Rh 和 Ir 等) 也可以用于催化这类聚合反应。使用 Rh 或 Ir 催化剂时，聚合官能团相距较远的烯基硅氢化物可以得到更高分子量的聚合物[123]($M_w \approx 102000$)。但是，使用 Pt 配合物催化剂时得到的聚合物的分子量较低一些 ($M_w \approx 14000$) (式 119)。

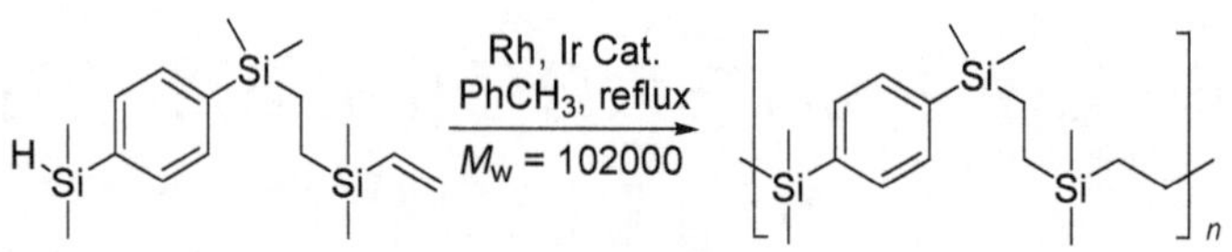
Rh, Ir Cat.
PhCH3, reflux
Mw = 102000

(119)

除了单一单体化合物的聚合反应外，不同单体分子间也可以发生烯烃硅氢化聚合反应。如式 120 所示：使用二烯和二硅氢底物发生分子间的聚合反应也可以取得较好的效果[124]。

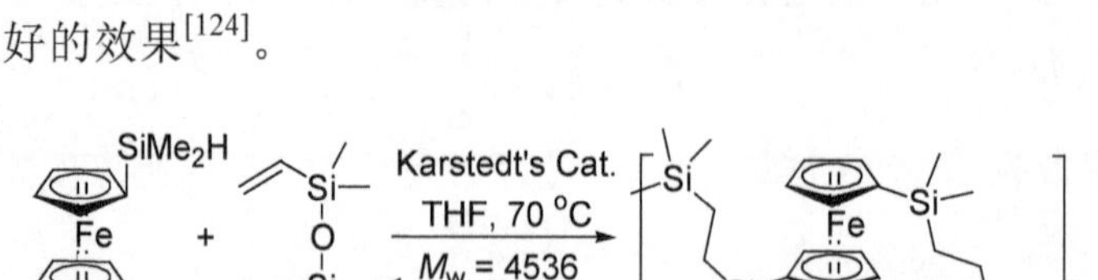
SiMe2H
Fe
SiMe2H
Karstedt's Cat.
THF, 70 °C
Mw = 4536

(120)

6.1.2 炔烃硅氢化反应聚合

炔烃发生硅氢化反应可以产生顺式或反式的烯基炔。所以，通过对反应条件的控制，可以得到不同构型的聚合物。Masuda 等人[125]使用 $RhI(PPh_3)_3$ 催化剂，通过改变反应温度可以实现合成反式或顺式烯基硅聚合物的选择性。如式 121 所示：这种选择性分别高达 99% 和 98%。

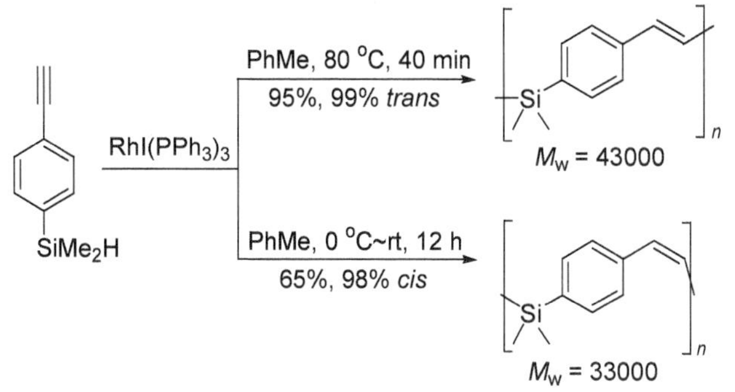

(121)

除了顺、反的选择性外，通过反应催化剂的控制还可以得到不同区域选择性的聚合物。如式 122 所示：在钯催化剂的作用下，反应可以得到了马氏和反马氏加成的混合聚合物[126]，其比例为 18:82。

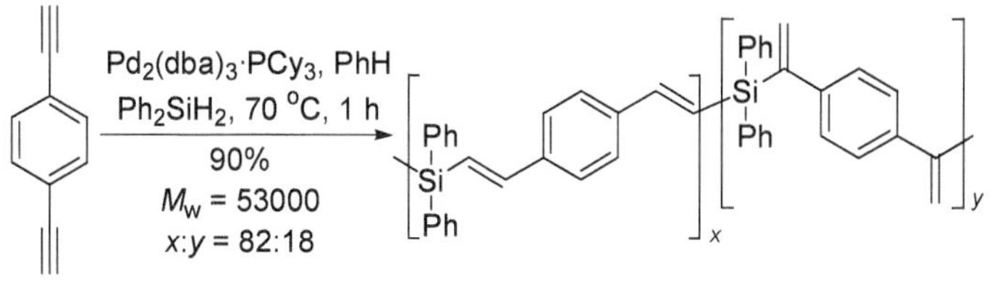

(122)

6.1.3 羰基硅氢化聚合反应

羰基硅氢化反应也被用于合成硅醚聚合物。如式 123 所示：在钌催化剂的作用下，二苯乙酮底物可以高收率地转化成为硅醚聚合物[127]。

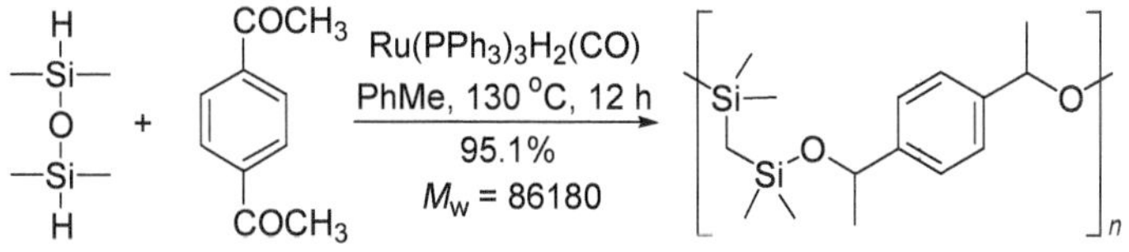

(123)

6.2 使用硅氢化反应修饰有机硅聚合物

使用烯烃硅氢化反应对聚合物进行修饰，也是合成有机硅聚合物的一条重要途径。如式 124 所示：对于含有硅氢键的聚合物，使用含环氧的烯烃可以有效地在聚合物上引入环氧基团[128]。而对含有烯键的聚合物，使用硅氢烷反应则可以方便地在聚合物上引入硅烷[129](式 125)。

Pt/C, PhMe; 90 °C, 16 h; 67.7%; n = 33 (124)

H_2PtCl_6, $HSi(OEt)_3$; DCE, 83 °C, 7 d; 73% (125)

如式 126 所示：Ishikawa 等人[130]使用双硅氢试剂和铑催化剂，高效地将含有炔键的聚合物交联成为含烯炔键的聚合物，其产物的 M_w 达到了 250000。

$Rh_6(CO)_{16}$, PhH; 80 °C, 9 h; 49%; M_w = 250000 (126)

羰基硅氢化反应也被用于聚合物的结构修饰[131]。如式 127 所示：在钌催化剂的作用下，含硅氢键的聚合物与二苯甲酮反应可以得到 M_w = 120500 的聚合物。

$Ru(PPh_3)_3H_2(CO)$, Ph_2CO; PhMe, 135 °C, 6 h; 86%; M_w = 120500 (127)

6.3 硅氢化反应合成树状大分子

硅氢化反应由于高效迅速和选择性好，可以容易地合成多层次树状大分子或者用于树状大分子的修饰。如式 128 所示：以四(烯丙基)硅为起始核心，首先

让其与 $HSiCl_3$ 发生硅氢化反应。然后，再与烯丙基格式试剂反应引入烯键，顺利地合成出第一层次的树状分子。通过连续重复上述反应，最后可以合成出具有五个层次的树状大分子[132]。

G0 —Karstedt's Cat., $HSiCl_3$→ $Si(CH_2CH_2CH_2SiCl_3)_4$ —$CH_2{=}CHCH_2MgBr$→ G1 → → → G5 (128)

7 硅氢化反应在天然产物合成中的应用

含有烯烃、炔烃和羰基等官能团的底物进行的硅氢化反应具有条件简单、选择性较高和官能团兼容性好的优点。反应生成的有机硅化合物活性较高，还可以方便地进一步转化。因此，该反应在天然产物全合成中得到了广泛的应用。在许多情况下，化学家利用该反应作为全合成中的关键步骤。

7.1 (+)-Obtusenyne 的全合成

1979 年，有人从红藻类生物 L. *obtuse* 中分离得到了天然产物 (+)-Obtusenyne[133a]，并通过 X 射线衍射与谱图确定了它的结构和绝对构型。由于该分子中带有连四手性取代的含氧九元环结构，在合成化学上具有较高的难度。

如式 129 所示：Holmes 小组[133b]以消旋的环氧化合物为起始原料，通过猪肝脏酶的动力学拆分引入手性。经过一系列的转化，较快地合成出了具有 3 个手性中心的烯丙基醇中间体。在最后一个手性的引入时，他们使用 $NH(SiHMe_2)_2$ 将羟基转化硅氢烷中间体。然后，在 Wilkinson 催化剂的作用下发生分子内烯烃硅氢化反应，方便地形成了反式的五元环。接着，生成的产物再经氧化反应，得到了连四手性取代的含氧九元环结构。与此同时，在原来烯键位置上还引入了羟基，三步反应的总产率达到了 78%。最后，再经过一系列的转化，顺利地完成了对该化合物的全合成。

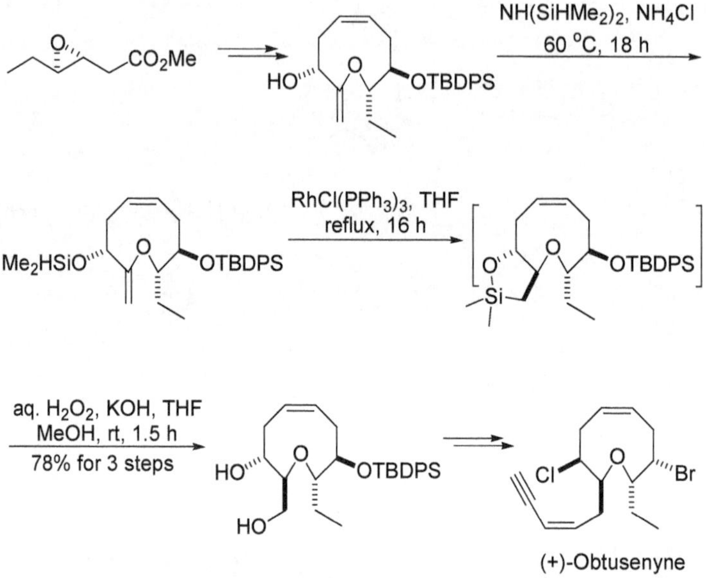

$NH(SiHMe_2)_2$, NH_4Cl
60 °C, 18 h

Me_2HSiO OTBDPS

$RhCl(PPh_3)_3$, THF
reflux, 16 h

OTBDPS (129)

aq. H_2O_2, KOH, THF
MeOH, rt, 1.5 h
78% for 3 steps

HO OTBDPS HO

Cl Br

(+)-Obtusenyne

7.2 Leucascandrolide A 的全合成

1996 年，有人从钙质海绵 *Leucascandra caveolata* 中分离得到了天然产物 Leucascandrolide A [134a]，其结构被确认为含有氧桥结构的十八元大环内酯。生物学测试发现：该分子对于 KB 和 P388 癌细胞具有很强的体外细胞毒性。同时，该分子还具有很强的抗菌活性，可以有效地抑制 *Candida albicans*. 的生长。在该化合物的全合成中，12-位上手性甲基的引入是其中的挑战之一。

Kozmin 等人[134b]提出了一种全合成策略，通过硅氢化反应与脱硅基化反应串联来引入 12-位上的手性甲基。如式 130 所示：首先，他们使用烯丙基醇的中间体与 $NH(SiHMe_2)_2$ 反应，定量地生成硅氢烷。然后，在 H_2PtCl_6 的催化下发生分子内硅氢化反应，定量地得到反式的五元环结构。最后，再使用 TBAF 催化的去硅基化反应，顺利地完成了 12-位手性甲基的引入。

7.3 (−)-Membrenone C 的全合成

1993 年，有人从海洋软体动物 *Pleurobranchus membranaceus* 的表皮中分

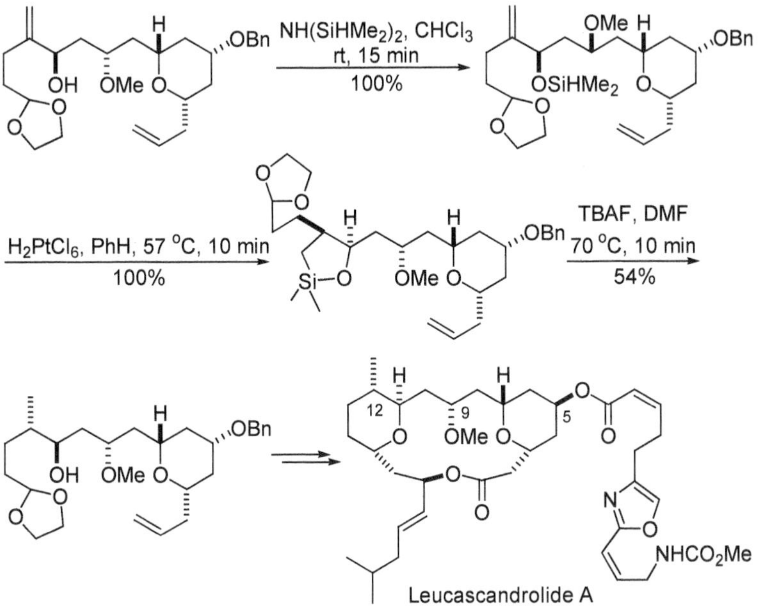

(130)

离得到了天然产物 (−)-Membrenone C[135a]。这类化合物是这些弱小的、色彩鲜明的海洋动物的护身法宝，它们的分子结构中含有连续五个手性碳原子。因此，其生物学活性的重要性和结构的新颖性使之成为了全合成的目标分子。

如式 131 所示：Marshall 等人[135b]以手性的醛为起始原料，快速地合成出了含羟基的二炔类化合物，并将两个羟基转化成为硅氢烷基团。然后，在 H_2PtCl_6 的催化下同时发生两个分子内的炔烃硅氢化反应，定量地形成两个手性五元环。接着，再与氧化反应串联使用，将其中的烯硅基团转化成为目标产物中所需的羰基。最后，将羟基用丙酸酯化后发生醇醛缩合反应，便可快速地合成出目标产物。

7.4 Myxovirescin A_1 的全合成

Myxovirescin A_1 是一类非常有趣的天然大环内酯中的一种[136a]，具有类似结构的化合物有三十多个。它于 1982 年从黏液细菌 *Myxococcus virescens* 中分离出来，生物学测试证明具有较强的抗菌活性。

如式 132 所示：Furstner 等人[136b]以 L-正缬氨酸为起始原料，经过一系列的转化得到了含有烯炔结构的二十八元环的中间体。该中间体仅需要将炔键还原为反式烯键，再脱去保护即可完成全合成。该小组利用钌催化的炔烃硅氢化反应，首先将其还原为 *Z*-型产物。然后，再与脱硅基化反应联用，方便地合成出了反式的烯键。由于这些反应对于底物中的其它官能团不产生影响，顺利地完成了目标产物的全合成。

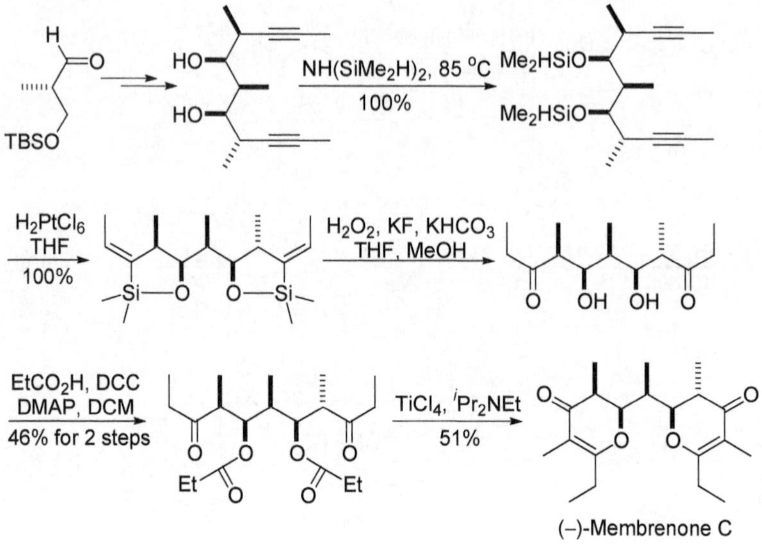

H
O
TBSO
HO
HO
$NH(SiMe_2H)_2$, 85 °C
100%
Me_2HSiO
Me_2HSiO

H_2PtCl_6
THF
100%
Si
O
O
Si
H_2O_2, KF, $KHCO_3$
THF, MeOH
O OH OH O
(131)

$EtCO_2H$, DCC
DMAP, DCM
46% for 2 steps
O O O O
Et O O Et
$TiCl_4$, $^iPr_2NEt$
51%
O O O O
(−)-Membrenone C

H_2N
O
OH
O
O
O
MeO
O
HN
O
OMOM
O O
$[CpRu(MeCN)_3]PF_6$, PhMe
$HSi(OEt)_3$, rt, 75 min
13%

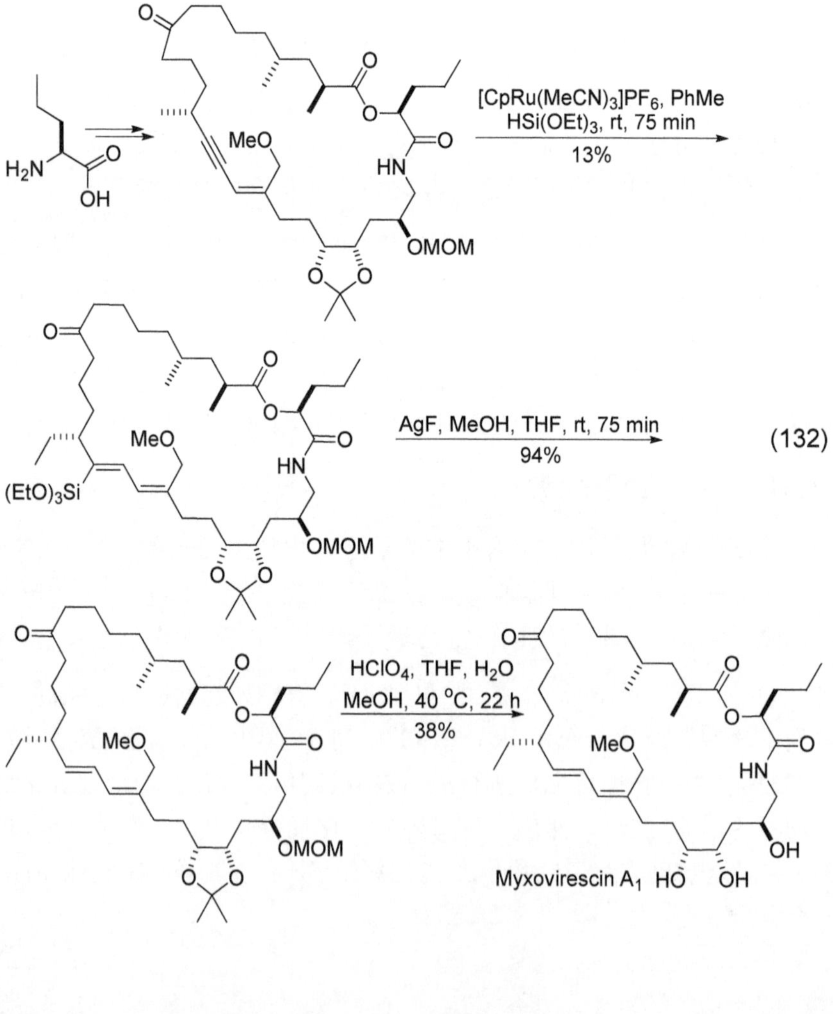

O
O
O
MeO
O
HN
$(EtO)_3Si$
OMOM
O O
AgF, MeOH, THF, rt, 75 min
94%
(132)

O
O
O
MeO
O
HN
OMOM
O O
$HClO_4$, THF, H_2O
MeOH, 40 °C, 22 h
38%
O
O
O
MeO
O
HN
OH
Myxovirescin A_1 HO OH

7.5 Aigialomycin D 的全合成

2002 年，有人从海洋红树林真菌 *Aigialus parvus* 中分离得到了天然产物 Aigialomycin D[137a]。该分子具有十四元环的大环内酯结构，并显示出多重较强的生物学活性。例如：在抗疟疾活性测试中对 *P. falciparum* 的 IC_{50} = 6.6 μg/mL；在抗人类表皮癌细胞 (KB 细胞) 活性测试中其 IC_{50} = 6.6 μg/mL；在对非洲绿猴肾脏纤维细胞 (vero 细胞) 活性测试中其 IC_{50} = 1.8 μg/mL。

如式 133 所示：Montgomery 等人[137b]在完成其全合成时，以简单的多取代芳烃为起始原料。他们首先完成一系列的转化，顺利地得到含有炔键和醛基的中间体。然后，通过镍催化的分子内羰基硅氢化反应，顺利地构建出含有硅醚的十四元环结构。最后，再脱去保护基便得到了目标产物。

OH, CO_2Me, HO, I → MOMO, O, O, MOMO, O, OTBS —— $Ni(cod)_2$, IMes·HCl, $HSiEt_3$, *t*-BuOK, THF, 60 °C, 2.5 h, 61% →

MOMO, O, O, MOMO, $OSiEt_3$, OTBS —— aq. HCl, MeOH, rt, 2 d, 46% → OH, O, O, HO, OH, OH, Aigialomycin D (133)

8 硅氢化反应实例

例 一

(4-溴苯乙基)(氯甲基)二甲基硅烷[138]

(烯烃硅氢化反应)

Br —— H_2PtCl_6, $HSi(CH_2Cl)Me_2$, PhMe, 0 °C, 12 h, 94% → Br, $SiMe_2CH_2Cl$ (134)

在 0 °C 下，将过量的氯甲基二甲基硅氢烷 (1.5 mL, 12.3 mmol) 慢慢滴入

到含有 H_2PtCl_6 (5 滴，2×10^{-3} mol/L 的异丙醇溶液) 和 4-溴苯乙烯 (1.40 g, 7.65 mmol) 的甲苯溶液 (25 mL) 中。反应混合物在室温下搅拌过夜后，减压蒸去溶剂，残留物用戊烷 (2×25 mL) 提取。提取液浓缩后蒸干，得到无色油状产物 (2.1 g, 94%)。

例 二

(*E*)-2-[二甲基(1-辛烯基)硅基]吡啶[139]
(炔烃硅氢化反应)

Karstedt's Cat., PhMe
P^tBu_3, 100 °C, 15 h
89%
N SiMe$_2$H + → Si N (135)

在氩气保护下，将 1-辛炔 (110 mg, 1.0 mmol) 和 (2-吡啶)二甲基硅烷 (69 mg, 0.5 mmol) 依次加入到含有 Karstedt 催化剂 $[Pt(CH_2CHSiMe_2)_2O]$ (0.005 mmol, 1 mol %, 0.1 mol/L 有机硅油溶液) 和 P^tBu_3 (1 mol% 甲苯溶液, 1.5 mL, 0.005 mmol) 的混合物中。反应体系在 100 °C 搅拌 15 h 后冷至室温，用 1 mol/L 的盐酸水溶液提取 (5×5 mL)。合并后的水相用 $NaHCO_3$ 中和，再用 EtOAc (3×10 mL) 提取。合并的有机相经过 Na_2SO_4 干燥后，减压除去溶剂得到油状液体产物 (89%, 含 1% 的异构体)。

例 三

(*Z*)-1-三乙基硅基十二烯[66]
(炔烃硅氢化反应)

Et_2AlCl, $HSiEt_3$, PhMe, 0 °C, 1 h
95%
→ SiEt$_3$ (136)

在 0 °C 和氩气保护下，将三乙基硅氢烷 (0.19 mL, 12 mmol) 加入到 $AlCl_3$ (27 mg, 0.2 mmol) 的甲苯 (1.0 mL) 悬浮液中。生成的混合物搅拌 5 min 后，再加入 1-十二炔 (0.21 mL, 1.0 mmol)。体系继续在 0 °C 搅拌 1 h 后，依次加入过量的三乙胺 (0.2 mL, 1.5 mmol) 和 $NaHCO_3$ 水溶液淬灭反应。混合物用二氯甲烷提取 3 次，合并的有机相经 Na_2SO_4 干燥。然后，减压蒸去溶剂，残留物经过快速硅胶柱分离得到油状液体 (263 mg, 95%)。

例 四

(*Z*)-1-三乙基硅基十二烯[140]

(炔烃硅氢化反应)

$$\text{HC}\equiv\text{C(CH}_2)_8\text{CO}_2\text{H} \xrightarrow[\text{DCM, 0 °C~rt, 0.5 h; 89\%}]{[\text{CpRu(MeCN)}_3]^+[\text{PF}_6]^-,\ \text{HSiEt}_3} \text{CH}_2\text{=C(SiEt}_3)(\text{CH}_2)_8\text{CO}_2\text{H} \quad (137)$$

在氩气保护下，将炔烃 (50 μL, 0.38 mmol) 的 DCM (0.75 mL) 溶液与三乙基硅氢烷 (72 μL, 0.45 mmol) 混合。将生成的混合降温至 0 °C 后，再加入钌催化剂 (1.6 mg, 0.0038 mmol)。然后，将体系升至室温，继续搅拌 0.5 h。反应结束后，减压蒸去溶剂，残留物经过硅胶柱分离，得到无色油状液体 (78 mg, 89%)。

例 五

十一烷氧基二甲基苯基硅[99]

(羰基硅氢化反应)

$$^n\text{C}_{10}\text{H}_{21}\text{CHO} \xrightarrow[\text{91\%}]{\text{TBAF, HSiMe}_2\text{Ph; HMPA, THF, rt, 1 h}} {}^n\text{C}_{10}\text{H}_{21}\text{CH}_2\text{OSiMe}_2\text{Ph} \quad (138)$$

在室温下，将 0.5 N 的 TBAF 的 THF 溶液 (0.05 mL, 0.025 mmol) 加入到含有十一醛 (85.5 mg, 0.503 mmol) 和二甲基苯基硅氢烷 (73.9 mg, 0.542 mmol) 的 HMPA (2 mL) 溶液中。搅拌 1 h 后，混合物用乙醚 (20 mL) 稀释，再用水 (2 × 20 mL) 洗涤。有机相经过 $MgSO_4$ 干燥后，减压除去溶剂得到无色油状产物 (140 mg, 91%)。

9 参考文献

[1] Wagner, G. H.; Strother, C. O. **1946**, US2632013.

[2] Sommer, L. H.; Pietrusza, E. W.; Whitmore, F. C. *J. Am. Chem. Soc.* **1947**, *69*, 188.

[3] Speier, J. L.; Webster, J. A.; Barens, G. H. *J. Am. Chem. Soc.* **1957**, *79*, 974.

[4] (a) I. Ojima, *The Chemistry of Organic Silicon Compounds* (Eds. S. Patai and Z. Rappoport), Wiley, New York **1989**, 1479. (b) Ojima, I.; Li, Z.; Zhu, J. Recent advances in hydrosilylation and related reactions, in: Z. Rappoport, Y. Apeloig (eds) *The Chemistry of Organic Silicon Compounds*, Wiley Chichester, **1998**, *2*, Chapter 29. (c) Marciniec, B.; Maciejewski, H.; Pietraszuk, C.; Pawluc P. Hydrosilylation: *A Comprehensive Review on Recent Advances.* Springer, **2008**.

[5] Chalk, A.J.; Harrod, J. F. *J. Am. Chem. Soc.* **1965**, *87*, 16.

[6] Seitz, F.; Wrighton, M. S. *Angew. Chem., Int. Ed.* **1988**, *27*, 289.
[7] Brookhart, M.; Grant, B. E. *J. Am. Chem. Soc.* **1993**, *115*, 2151.
[8] Schroeder, M. A.; Wrighton, M. S. *J .Organomet. Chem.* **1977**, *128*, 345.
[9] (a) Duckett, S. B.; Perutz, R. N. *Organometallics* **1992**, *11*, 90. (b) Kesti, M. R.; Waymouth, R. M. *Organometallics* **1992**, *11*, 1095. (c) Molander, G. A.; Julius, M. *J. Org. Chem.* **1992**, *57*, 6347.
[10] Rubio, C.; Susperregui, J.; Latxague, L.; Deleris, G. *Synlett* **2002**, 1910.
[11] Sabourault, N.; Mignani, G.; Wagner, A.; Mioskowski, C. *Org. Lett.* **2002**, *4*, 2117.
[12] Itoh, M.; Iwata, K.; Takeuchi, R.; Kobayashi, M. *J. Organomet. Chem.* **1991**, *420*, C5.
[13] (a) Karstedt, B. **1973**, US3775452. (b) Eddy V. J.; Hallgren, J. E. *J. Org. Chem.* **1987**, *52*, 1903.
[14] (a) Aneethe, H.; Wu, W.; Verkade, J. G. *Organometallics* **2005**, *24*, 2590. (b) Marko, I. E.; Sterin, S.; Buisine, O.; Berthon, G.; Michaud, G.; Tinant, B.; Declercq, J. *Adv. Synth. Catal.* **2004**, *346*, 1429. (c) Huber, C.; Kokil, A.; Caseri, W. R.; Weder, C. *Organometallics* **2002**, *21*, 3817;
[15] Murai, T.; Oda, T.; Kimura, F.; Onishi, H.; Kanda, T.; Kato, S. *J. Chem. Soc., Chem. Commun.* **1994**, 2143.
[16] Nagashima, H.; Tatebe, K.; Ishibashi, T.; Sakakibara, J.; Itoh, K. *Organometallics* **1989**, *8*, 2495.
[17] Marciniec, B.; Blazejewska-Chadyniak, P.; Kubicki, M. *Can. J. Chem.* **2003**, *81*, 1292.
[18] Seki, Y.; Takeshita, K.; Kawamoto, K.; Murai, S.; Sonoda, N. *J. Org. Chem.* **1986**, *51,* 3890.
[19] Glaser, P. B.; Tilley, T. D. *J. Am. Chem. Soc.* **2003**, *125*, 13640.
[20] Tanke, R. S.; Crabtree, R. H. *Organometallics* **1991**, *10*, 415.
[21] Fleming, I.; Lee, D. *J. Chem. Soc., Perkin Trans. 1* **1998**, 2701.
[22] Fontaine, F. G.; Nguyen, R. V.; Zargarian, D. *Can. J. Chem.* **2003**, *81*, 1299.
[23] Marciniec, B.; Maciejewski, H.; Kownacki, I. *J. Organomet. Chem.* **2000**, *597*, 175.
[24] Horino, Y.; Livinghouse, T. *Organometallics* **2004,** *23,* 12.
[25] Zhao, W. G.; Hua, R. M. *Eur. J. Org. Chem.* **2006**, 5495.
[26] Budjouk, P.; Kloos, S.; Rajkumar, A. B. *J. Organomet. Chem.* **1993**, *443*, C41.
[27] Ura, Y.; Gao, G.; Bao, F.; Ogasawara, M.; Takahashi, T. *Organometallics* **2004**, *23*, 4804.
[28] Buch, F.; Brettar, J.; Harder, S. *Angew. Chem., Int. Ed.* **2006**, *45*, 2741.
[29] Drake, R.; Sherrington, D. C.; Thomson, S. J. *React. Funct. Polym.* **2004**, *60*, 65.
[30] Alauzun, J.; Mehdi, A.; Reye, C.; Corriu, R. *Chem. Matter.* **2007**, *19*, 6373.
[31] Corma, A.; Gonzalez-Arellano, C.; Iglesias, M.; Sanchez, F. *Angew. Chem. Int. Ed.* **2007**, *46*, 7820.
[32] Broeke, J.; Winter, F.; Deelman, B. J.; van Koten, G. *Org. Lett.* **2002,** *4*, 3851.
[33] Kopping, B.; Chatgilialoglu, C.; Zehndnar, M.; Giese, B. *J. Org. Chem.* **1992**, *57*, 3994.
[34] Song, Y. S.; Yoo, B. R.; Lee, G. H.; Jung, I. N. *Organometallics* **1999**, *18*, 3109.
[35] Tamao, K.; Nakagawa, Y.; Arai, H.; Higuchi, N.; Ito, Y. *J. Am. Chem. Soc.* **1988**, *110*, 3712.
[36] Tamao, K.; Nakagawa, Y.; Ito, Y. *J. Org. Chem.* **1990**, *55*, 3438.
[37] Sibi, M. P.; Christensen, J. W. *Tetrahedron Lett.* **1995**, *36*, 6213.
[38] Molander, G. A.; Schmidt, M. H. *J. Org. Chem.* **2000**, *65*, 3767.
[39] Perch, N. S.; Widenhoefer, R. A. *J. Am. Chem. Soc.* **2004**, *126*, 6332.
[40] Hayashi, T.; Hirate, S.; Kitayama, K.; Tsuji, H.; Torii, A.; Uozumi, Y. *J. Org. Chem.* **2001**, *66*, 1441.
[41] Han, J. W.; Hayashi, T. *Tetrahedron: Asymmetry* **2002**, *13*, 325.
[42] Wang, X.; Bosnich, B. *Organometallics* **1994**, *13*, 4131.
[43] Pei, T.; Widenhoefer, R. A. *Tetrahedron Lett.* **2000**, *41*, 7597.
[44] Oestreich, M.; Rendler, S. *Angew. Chem., Int. Ed.* **2005**, *44*, 1661.
[45] Molander, G. A.; Corrette, C. P. *Organometallics* **1998**, *17*, 5504.
[46] Tamao, K.; Nakajima, T.; Sumiya, R.; Arai, H.; Higuchi, N.; Ito, Y. *J. Am. Chem. Soc.* **1986**, *108*, 6090.
[47] Pei, T.; Widenhoefer, R. A. *Org. Lett.* **2000**, *2*, 1469.
[48] Hale, M. R.; Hoveyda, A. H. *J. Org. Chem.* **1992**, *57*, 1643.
[49] Ojima, I.; Kumagai, M.; Nagai, Y. *J. Organomet. Chem.* **1974**, *66*, C14.

[50] Jun, C. H.; Crabtree, R. H. *J. Organomet. Chem.* **1993**, *447*, 177.
[51] Lewis, N. L.; Sy, K. G.; Bryant, G. L.; Donahue, P. E. *Organometallics* **1991**, *10*, 3750.
[52] Murphy, P. J.; Spencer, J. L.; Procter, G. *Tetrahedron Lett.* **1990**, *31*, 1051.
[53] Wu, W.; Li, C. J. *Chem. Commun.* **2003**, 1668.
[54] Ojima, I.; Clos, N.; Donovan, R. J.; Ingallina, P. *Organometallics* **1990**, *9*, 3127.
[55] Takeuchi, R.; Tanouchi, N. *J. Chem. Soc., Chem. Commun.* **1993**, 1319.
[56] Mori, A.; Takahisa, E.; Yamamura, Y.; Kato, T.; Mudalige, A. P.; Kajiro, H.; Hirabayashi, K.; Nishihara, Y.; Hiyama, T. *Organometallics* **2004**, *23*, 1755.
[57] Na, Y.; Chang, S. *Org. Lett.* **2000**, *2*, 1887.
[58] Menozzi, C.; Dalko, P. I.; Cossy, J. *J. Org. Chem.* **2005**, *70*, 10717.
[59] Sridevi, V. S.; Fan, W. Y.; Leong, W. K. *Organometallics* **2007**, *26*, 1157.
[60] Chaulagain, M. R.; Mahandru, G. M.; Montgomery, J. *Tetrahedron* **2006**, *62*, 7560.
[61] Yong, L.; Kirleis, K.; Butenschon, H. *Adv. Synth. Catal.* **2006**, *348*, 833.
[62] Molander, G. A.; Retsch, W. H. *Organometallics* **1995**, *14*, 4570.
[63] Takahashi, T.; Bao, F.; Gao, G.; Ogasawara, M. *Org. Lett.* **2003**, *5*, 3479.
[64] Ballestri, M.; Chatgilialoglu, C.; Clark, K. B.; Griller, D.; Giese, B.; Kopping, B. *J. Org. Chem.* **1991**, *56*, 678.
[65] Postigo, A.; Kopsov, S.; Ferreri, C.; Chatgilialoglu, C. *Org. Lett.* **2007**, *9*, 5159.
[66] Sudo, T.; Asao, N.; Gevorgian, V.; Yamamoto, Y. *J. Org. Chem.* **1999**, *64*, 2494.
[67] Liu, Y.; Yamazaki, S.; Yamabe, S. *J. Org. Chem.* **2005**, *70*, 556;
[68] Steinmetz, M. G.; Udayakumar, B. S. *J. Organomet. Chem.* **1989**, *378*, 1.
[69] Maifeld, S.V.; Tran, M. N.; Lee, D. *Tetrahedron Lett.* **2005**, *46*, 105.
[70] Maifeld, S.V.; Lee, D. *Org. Lett.* **2005**, *7*, 4995.
[71] Chung, L. W.; Wu, Y. D.; Trost, B. M.; Ball, Z. T. *J. Am. Chem. Soc.* **2003**, *125*, 11578.
[72] Tamao, K.; Kobayashi, K.; Ito, Y. *J. Am. Chem. Soc.* **1989**, *111*, 6478.
[73] Liu, C.; Widenhoefer, R. A. *Organometallics* **2002**, *21*, 5666.
[74] Ojima, I.; Vu, A. T.; Lee, S. Y.; McCullagh, J. V.; Moralee, A. C.; Fujiwara, M.; Hoang, T. H. *J. Am. Chem. Soc.* **2002**, *124*, 9164.
[75] Ojima, I.; Vu, A. T.; McCullagh, J. V.; Kinoshita, A. *J. Am. Chem. Soc.* **1999**, *121*, 3230.
[76] Fan, B. M.; Xie, J. H.; Li, S.; Wang, L. X.; Zhou, Q. L. *Angew. Chem., Int. Ed.* **2007**, *46*, 1275.
[77] Tamao, K.; Maeda, K.; Tanaka, T.; Ito, Y. *Tetrahedron Lett.* **1988**, *29*, 6955.
[78] Trost, B. M.; Ball, Z. T.; Jorge, T. *Angew. Chem., Int. Ed.* **2003**, *42*, 3415.
[79] Trost, B. M.; Ball, Z. T.; Jorge, T. *J. Am. Chem. Soc.* **2002**, *124*, 7922.
[80] Giraud, A.; Provot, O.; Hamze, A.; Brion, J. D.; Alami, M. *Tetrahedron Lett.* **2008**, *49*, 1107.
[81] Hiyama, T. In *Metal-Catalyzed Cross-Coupling Reactions* (Diederich, F.; Stang, P. J., Eds.), Wiley-VCH: New York, 1998; Chapter 10.
[82] Trost, B. M.; Machacek, M. R.; Ball, Z. T. *Org. Lett.* **2003**, *5*, 1895.
[83] Denmark, S. E.; Pan, W. *Org. Lett.* **2003**, *5*, 1119.
[84] Nagao, M.; Asano, K.; Umeda, K.; Katayam, H.; Ozawa, F. *J. Org. Chem.* **2005**, *70*, 10511.
[85] Sanada, T.; Kato, T.; Mitani, M.; Mori, A. *Adv. Synth. Catal.* **2006**, *348*, 51.
[86] Wang, X.; Chakrapani, H.; Madine, J. W.; Keyerleber, M. A.; Widenhoefer, R. A. *J. Org. Chem.* **2002**, *67*, 2778.
[87] Zuev, V. V.; de Vekki, D. A. *Phosphorus Sulfur Silicon* **2005**, *180*, 2071.
[88] Ojima, I.; Nihonyanagi, M.; Nagai, Y. *Bull. Chem. Soc. Jpn.* **1972**, *45*, 3722.
[89] Crawford, E. J.; Hanna P. K.; Cutler, A. R. *J. Am. Chem. Soc.* **1989**, *111*, 6891.
[90] Bantu, B.; Wurst, K.; Buchmeiser, M. R. *J. Organomet. Chem.* **2007**, *692*, 5272.
[91] Bette, V.; Mortreux, A.; Lehmann, C. W.; Carpentier, J. F. *Chem. Commun.* **2003**, 332.

[92] Shaikh, N. S.; Junge, K.; Beller, M. *Org. Lett.* **2007**, *9*, 5429.
[93] Diez-Gonzalez, S.; Stevens, E. D.; Scott, N. M.; Petersen, J. L.; Nolan, S. P. *Chem. Eur. J.* **2008**, *14*, 158.
[94] Verdaguer, X.; Berk, S. C.; Buchwald, S. L. *J. Am. Chem. Soc.* **1995**, *117*, 12641.
[95] Wile, B. M.; Stradiotto, M. *Chem. Commun.* **2006**, 4104.
[96] Kennedy-Smith, J. J.; Nolin, C. A.; Gunterman, H. P.; Toste, F. D. *J. Am. Chem. Soc.* **2003**, *125*, 4056;
[97] Nishiyama, Y.; Kajimoto, H.; Kotani, K.; Sonoda, N. *Org. Lett.* **2001**, *3*, 3087.
[98] Parks, D. J.; Piers, W. E. *J. Am. Chem. Soc.* **1996**, *118*, 9440.
[99] Fujita, M.; Hiyama, T. *J. Org. Chem.* **1988**, *53*, 5405.
[100] Johnson, C. R.; Raheja, R. K. *J. Org. Chem.* **1994**, *59*, 2287.
[101] Revis, A.; Hilty, T. K. *J. Org. Chem.* **1990**, *55*, 2972.
[102] Zheng, G. Z.; Chan, T. H. *Organometallics* **1995**, *14*, 70.
[103] Prakash, G. K. S.; Mathew, T.; Marinez, E. R.; Esteves, P. M.; Rasul, G.; Olah, G. A. *J. Org. Chem.* **2006**, *71*, 3952.
[104] Kuwano, R.; Takahashi, M.; Ito, Y. *Tetrahedron Lett.* **1998**, *39*, 1017.
[105] Mao, Z.; Gregg, B. T.; Cutler, A. R. *J. Am. Chem. Soc.* **1995**, *117*, 10139.
[106] Hojo, M.; Murakami, C.; Fujii, A.; Hosomi, A. *Tetrahedron Lett.* **1999**, *40*, 911.
[107] Junge, K.; Wendt, B.; Addis, D.; Zhou, S. L.; Das, S.; Beller, M. *Chem. Eur. J.* **2010**, *16*, 68.
[108] Moritani, Y.; Appella, D. H.; Jurkauskas, V.; Buchwald, S. L. *J. Am. Chem. Soc.* **2000**, *122*, 6797.
[109] Verdaguer, X.; Lange, U. E. W.; Reding, M. T.; Buchwald, S. L. *J. Am. Chem. Soc.* **1996**, *118*, 6784.
[110] Xue, Z. Y.; Jiang, Y.; Yuan, W. C; Zhang, X. M. *Eur. J. Org. Chem.* **2010**, 616.
[111] Park, B. M.; Mum, S.; Yun, J. *Adv. Synth. Catal.* **2006**, *348*, 1029.
[112] Lipshutz, B. H.; Shimizu, H. *Angew. Chem., Int. Ed.* **2004**, *43*, 2228.
[113] Takei, I.; Nishibayashi, Y.; Ishii, Y.; Mizobe, Y.; Uemura, S.; Hidai, M. *Chem. Commun.* **2001**, 2360.
[114] Harrod, J. F.; Shu, R.; Woo, H. G.; Samuel, E. *Can. J. Chem.* **2001**, *79*, 1075.
[115] Voutchkova, A. M.; Gnanamgari, D.; Jakobsche, C. E.; Butler, C.; Miller, S. J.; Parr, J.; Crabtree, R. H. *J. Organomet. Chem.* **2008**, *693*, 1815.
[116] Murai, T.; Sakane, T.; Kato, S. *J. Org. Chem.* **1990**, *55*, 449.
[117] Harrison, D. J.; McDonald, R.; Rosenberg, L. *Organometallics* **2005**, *24*, 1398.
[118] Fernandes, A. C.; Romao, C. C. *Tetrahedron* **2006**, *62*, 9650.
[119] Yamamura, M.; Kano, N.; Kawashima, T. *Tetrahedron Lett.* **2007**, *48*, 4033.
[120] Curry, J. W. *J. Am. Chem. Soc.* **1956**, *78*, 1686.
[121] Mori, A.; Sato, H.; Mizuno, K.; Hiyama, T. *Chem. Lett.* **1996**, 517.
[122] Li, Y.; Kawakami, Y. *Macromolecules* **1998**, *31*, 5592.
[123] Pawluc, P.; Marciniec, B.; Kownacki, I.; Maciejewski, H. *Appl. Organomet. Chem.* **2005**, *19*, 49.
[124] Kumar, M.; Pannell, K. H. *J. Inorg. Organomet. Polym.* **2008**, *18*, 131.
[125] Kwak, G.; Masuda, T. *Macromol. Rapid Commun.* **2001**, *22*, 1233.
[126] Yamashita, H.; De Leon, M. S.; Channasanon, S.; Suzuki, Y.; Uchimaru, Y.; Takeuchi, K. *Polymer* **2003**, *44*, 7089.
[127] Paulasaari, J. K.; Weber, W. P. *Macromolecules* **1998**, *31*, 7105.
[128] Matsons, J. G.; Provatas, A. *Macromolecules* **1994**, *27*, 3397.
[129] Chujo, Y.; Ihara, E.; Kure, S.; Saegusa, T. *Macromolecules* **1993**, *26*, 5681;
[130] Ishikawa, M.; Toyoda, E.; Horio, T.; Kunai, A. *Organometallics* **1994**, *13*, 26.
[131] Paulasaari, J. K.; Weber, W. P. *Macromolecule* **1999**, *32*, 6574.
[132] van der Made, A. W.; van Leeuven, P. W. N. M. *J. Chem Soc., Chem. Commun.* **1992**, 1400.
[133] (a) King, T. J.; Imre, S.; Oztunc, A.; Thomson, R. H. *Tetrahedron Lett.* **1979**, *20*, 1453. (b) Mak, S. Y. F.; Curtis, N. R.; Payne, A. N.; Congreve, M. S.; Wildsmith, A. J.; Francis, C. L.; Davies, J. E.; Pascu,

S. I.; Burton, J. W.; Holmes, A. B. *Chem. Eur. J.* **2008**, *14*, 2867.

[134] (a) D'Ambrosio, M.; Tato, M.; Pocsfalvi, G.; Debitus, C.; Pietra, F. *Helv. Chim. Acta* **1999**, *82*, 347. (b) Kozmin, S. A. *Org. Lett.* **2001**, *3*, 755.

[135] (a) Ciavatta, M. L.; Trivellone, E.; Villani, G.; Cimino, G. *Tetrahedron Lett.* **1993**, *34*, 6791. (b) Marshall, J. A.; Ellis, K. C. *Org. Lett.* **2003**, *5*, 1729.

[136] (a) Trowitzsch, W.; Wray, V.; Gerth, K.; Hofle, G. *J. Chem. Soc. Chem. Commun.* **1982**, 1340. (b) Furstner, A.; Bonnekesse, M.; Blank, J. T.; Radkowski, K.; Seidel, G.; Lacombe, F.; Gabor, B.; Mynott, R. *Chem. Eur. J.* **2007**, *13*, 8762.

[137] (a) Isaka, M.; Suyarnsestakorn, C.; Tanticharoen, M. *J. Org. Chem.* **2002**, *67*, 1561. (b) Chrovian, C. C.; Knapp-Reed, B.; Montgomery, J. *Org. Lett.* **2008**, *10*, 811.

[138] Dorado, I.; Andres, R.; de Jesus, E.; Flores, J. C. *J. Organomet. Chem.* **2008**, *693*, 2147.

[139] Itami, K.; Mitsudo, K.; Nishino, A.; Yoshida, J. *J. Org. Chem.* **2002**, *67*, 2645.

[140] Trost, B. M.; Ball, Z. T. *J. Am. Chem. Soc.* **2001**, *123*, 12726.

林德拉和罗森蒙德选择性催化氢化

(Lindlar and Rosenmund Selective Hydrogenations)

程传杰

1 历史背景简述

选择性催化氢化是在催化氢化基础上发展起来的，其中化学选择性催化氢化是氢化反应的重要研究方向之一。

炔烃选择性催化氢化成为相应烯烃的反应虽然很早就被报道，但最有效且被广泛使用的氢化方法是 1952 年报道的林德拉 (Herbert Lindlar) 催化氢化[1,2]。Lindlar 出生于瑞士 (1919)，早年就读于苏黎世和伯尔尼大学并获化学博士学位。之后，他进入制药公司罗氏公司工作，并在此期间发现了 Lindlar 催化氢化方法。他将 $PdCl_2$ 和 $CaCO_3$ 的浆状混合物进行氢化还原，然后加入 $Pb(OAc)_2$ 制得零价钯催化剂。使用该催化剂催化氢化同时含有碳碳三键和双键的化合物时，可以选择性地将三键还原成为双键，而双键不再被还原。如式 1 所示[2]：维生素 A 的合成为该反应提供了一个较为典型的范例。

$Pd\text{-}CaCO_3/Pb(OAc)_2$, H_2, quinoline, petroleum ether, 84%~86% (1)

酰氯选择性地还原成为相应的醛，是另一类重要的选择性反应。该反应最早由罗森蒙德 (Karl Wilhelm Rosenmund) 在 1918 年报道，并因此将这类还原反应称为罗森蒙德还原[3,4]。Rosenmund (1884-1965) 是一位德国化学家，早年师从 O. P. H. Diels，并于 1906 年在柏林大学获博士学位。罗森蒙德除了发现酰氯的选择性氢化外，对化学界的另一重要贡献是发现了芳基卤与氰化亚铜反应生成芳基腈的反应。这一反应后来被 J. von Braun 加以改进，因此被后人称为 Rosenmund-von Braun 反应。

2 林德拉和罗森蒙德选择性催化氢化的基本概念

2.1 林德拉选择性催化氢化反应的基本概念

2.1.1 林德拉选择性催化氢化的定义

林德拉选择性催化氢化是指在林德拉催化剂作用下将炔烃进行催化氢化，并使产物选择性地停留在烯烃阶段的反应。而且，林德拉催化氢化一般还具有立体选择性，主要生成顺式的烯烃产物 (式 2)。

$$R^1—≡—R^2 \xrightarrow[\text{hydrogenation}]{\text{Lindlar catalytic}} \text{(cis) } R^1CH=CHR^2 \quad (2)$$

2.1.2 林德拉催化剂

经典的林德拉催化剂是一种非均相的钯类催化剂，通常含有 5%~10% 的金属钯。最初的制备方法是将二氯化钯和碳酸钙制成浆状物，然后通入氢气进行还原直到吸氢停止。然后，再加入乙酸铅以钝化钯的活性，最后得到具有较大表面积的钯催化剂[2]。目前使用的通常有两种：Pd-$CaCO_3$-PbO/$Pb(OAc)_2$ 和 Pd-$BaSO_4$-喹啉。有文献报道：采用 $BaSO_4$ 作为载体比用 $CaCO_3$ 的效果更好，原因可能是 $BaSO_4$ 比 $CaCO_3$ 对酸更稳定[5]。

$CaCO_3$ 和 $BaSO_4$ 是林德拉催化剂中最常用的载体，但 Al_2O_3、SiO_2、ZrO_2、CeO_2、活性炭、分子筛、聚合物等也可用于同样的目的[6]。除了铅试剂和喹啉最常被用作钝化剂 (deactivator) 或调节剂 (regulator) 外，还可选用其它的活性调节剂，例如：含氮试剂 (胺类、吡啶类) 等。近年来，人们也发展了一些钯催化剂之外的其它金属催化剂，例如：金、镍、铜及其合金。

2.2 罗森蒙德选择性催化氢化反应的基本概念

2.2.1 罗森蒙德选择性催化氢化的定义

罗森蒙德选择性催化氢化是指在罗森蒙德催化剂作用下，将酰氯选择性地氢化成为相应的醛类化合物，而生成的醛不再被进一步还原 (式 3)。由于罗林蒙德催化氢化过程是一个还原反应，且反应伴随有碳-氯键的断裂过程，其实质是一个氢解反应。因此，该反应有时又被称为罗森蒙德还原或罗森蒙德氢解。

$$RC(=O)Cl \xrightarrow[\text{hydrogenation}]{\text{Rosenmund catalytic}} RC(=O)H \quad (3)$$

2.2.2 罗森蒙德催化剂

经典的罗森蒙德催化剂是将金属钯附着在硫酸钡载体上 (Pd-$BaSO_4$) 形成的一种非均相催化剂。一般含有 5% 的金属钯，有时含钯量为 2%~3%。其制备方法是先将氯化钯溶于盐酸和水，然后用氢氧化钡和硫酸 (或者用氯化钡和硫酸钠) 反应制备硫酸钡。再将氯化钯的溶液和福尔马林加到硫酸钡的悬浮液中，最后进行沉淀、水洗和干燥即可得到罗森蒙德催化剂[7,8]。罗森蒙德催化剂在使用时一般需要再加入喹啉-硫等毒化剂，以进一步提高反应的选择性。

$BaSO_4$ 是罗森蒙德催化剂的经典载体，但 $CaCO_3$、Al_2O_3、活性炭、聚合物等也可用于同样的目的[9]。最常用的毒化剂是喹啉-硫，也可以使用硫脲及其衍生物、吡啶及其衍生物、噻吩、胺类或乙酸钠等作为毒化剂[10]。除了基于金属 Pd 的催化剂外，Pt、Ni、Ru 等金属催化剂也有所报道[8,11]。

3 林德拉和罗森蒙德选择性催化氢化的原理

3.1 林德拉选择性催化氢化反应的原理

普通的钯类催化剂 (例如：Pd-C) 在催化氢化中具有较强的催化活性，可以把炔烃氢化成为烯烃，进而再将烯烃氢化成为相应的烷烃类化合物。而林德拉催化氢化可以选择性地把炔烃还原成为烯烃，这主要是由于钯的催化活性被降低所致。其中起主要作用的是重金属铅，铅在这里可被称作毒化剂或活性调节剂。研究表明：第 VIII 族 (例如：Fe, Co, Ni, Ru, Rh, Pd, Os, Ir, Pt 等) 和第 IB 族 (例如：Cu, Ag, Au 等) 的金属催化剂易发生中毒。有三类物质可能成为金属催化剂的毒化剂[12]：一类是分子中含有周期表中第 VA 族 (N, P, As, Sb)、第 VIA 族 (O, S, Se, Te) 或第 VIIA 族 (F, Cl, Br, I) 元素。这类元素产生毒性的原因是其价电子层含有孤对电子或者未使用的价键轨道。当它们与过渡金属作用时，易形成较强的化学吸附键，使金属催化剂活性降低或者完全失去活性。第二类是含有金属元素的毒化剂，这些金属大多是重金属及其离子，例如：Hg, Pb, Bi, Cd, Sn, Zn, Cu 等。这类金属毒化剂的毒性与其 d-轨道上的电子结构有密切的关系，当 d-轨道上的电子处于半充满 (d^5) 至全充满 (d^{10}) 时则显示出毒性。林德拉催化剂就是使用了毒性较强的重金属铅及其离子 ($5d^{10}$) 作为毒化剂，从而使催化剂钯的活性降低。第三类是含有不饱和键的化合物，例如：CO 或氰化物等，特别是 CO 被广泛用于炔的选择性催化氢化反应[13,14]。

Fukuda 等人对林德拉催化剂中醋酸铅的作用研究结果表明：增加醋酸铅的使用量会使催化剂活性下降[5]。Palczewska 等人发现：在加有铅的钯催化剂中，

表面所存在的 Pd_3Pb 相能够提高催化氢化的选择性[15]。Jenkins 认为：二价铅离子吸附在钯上是催化剂具有选择性的先决条件[16]。后来，Ulan 等人对醋酸铅的作用进行了较详细的研究[17]。他们首先按照 Lindlar 等的标准步骤制备了 $Pd\text{-}CaCO_3$ 催化剂，而后在不使用醋酸铅的情况下对 2-己炔进行氢化，结果产物 *cis*-2-己烯的选择性仅为 74%。但是，将该 $Pd\text{-}CaCO_3$ 催化剂用 $Pb(OAc)_2$ 处理后再对 2-己炔进行氢化，则选择性可以提高至 91%。用电镜对催化剂的微观结构进行测试结果表明：在未用醋酸铅处理的催化剂中，钯主要是以无规则的团聚体形式存在。用醋酸铅处理后的催化剂的形态结构发生了变化，从而使活性和选择性均发生了改变。但是，Ulan 等人并未检测到催化剂中有 Pd_3Pb 合金相的存在。近年来的研究结果进一步表明：钯催化剂的表面结构与亚表面结构对于炔烃的选择性催化氢化起着重要的作用[18,19]。Anderson 等人分别使用金属 Bi 和 Pb 修饰负载的钯催化剂对己炔的选择性催化氢化进行了研究[20]，结果发现：在 1-己炔的催化氢化过程中，除了产物 1-己烯和己烷外，还会生成己烯的其它异构体（式 4）。

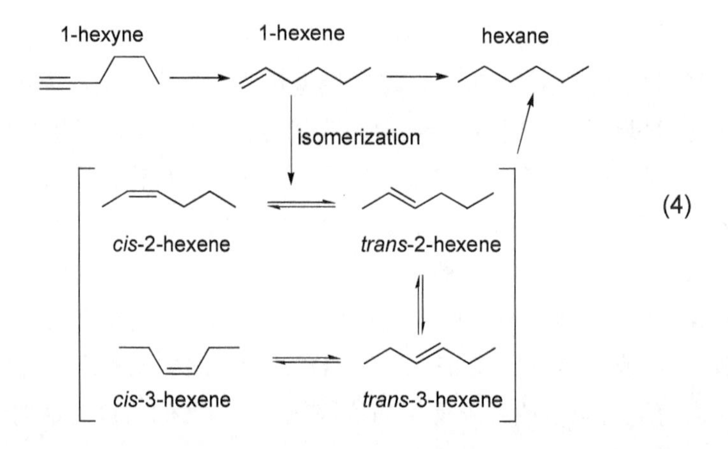

在 1-己炔的催化氢化反应中，Bi 修饰的 $Pd\text{-}Al_2O_3$ 催化剂对炔的氢化速度影响很小，但能有效地抑制 1-己烯的进一步副反应，这方面优于 Lindlar 催化剂。而在 2-己炔的催化氢化，Lindlar 催化剂的选择性则优于 $Pd\text{-}CaCO_3$ 和 Bi 修饰的 $Pd\text{-}Al_2O_3$ 催化剂。以上结果说明：催化剂的台阶和边缘处 (step and edge sites) 能够催化端烯双键的快速移位，而金属 Bi 通过占据催化剂的台阶和边缘而有效抑制端烯双键的移位副反应。因此，金属 Bi 催化剂在 1-己炔的氢化中表现较好。催化剂的平台位 (terrace sites) 主要催化己烯顺反异构体的异构化，而 Lindlar 催化剂中的 Pb 则通过占据平台位来有效地抑制顺反异构化反应。因

此，Lindlar 催化剂在 2-己炔的氢化中表现较好。

在林德拉催化氢化中，使用喹啉等试剂可以进一步提高反应的选择性。传统的观点认为：喹啉中含有孤对电子的氮原子可以与钯催化剂发生配位作用，因此可以降低钯的活性来实现选择性。但是，Yu 等人从另一个角度解释了喹啉的作用。他们发现：喹啉和三苯基膦试剂可作为给电子配体，在催化氢化中可以改变 Pd-H 键中钯和氢的电性[21]。喹啉或三苯基膦的配位可以增加 Pd-H 键中氢的电负性，因此使氢的亲核能力增强而有利于亲核反应的发生。我们知道：炔烃与烯烃相比较更易于发生亲核加成反应，而烯烃更易于发生亲电加成反应[22]。因此，在喹啉的作用下，氢更容易以类似亲核加成的方式与三键反应，从而使反应的选择性增强。如式 5 所示[23]：在总结前人工作的基础上，有人提出了 Lindlar 催化氢化反应的机理，其中醋酸铅和喹啉都参与了与金属钯的配位。

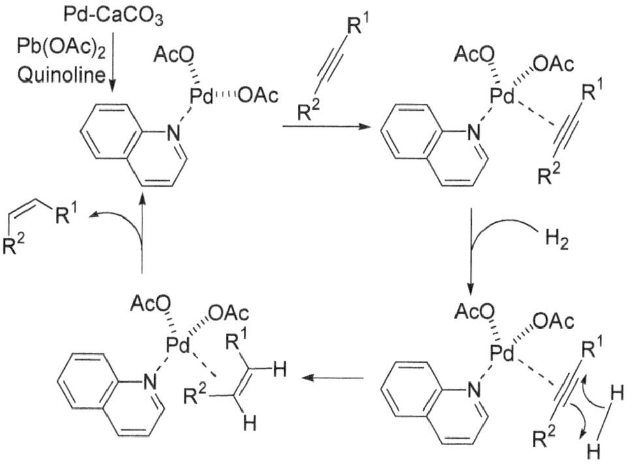

(5)

选择性地除去乙烯中的少量乙炔具有重要的工业价值。因此，几十年来人们对于乙炔的选择性催化氢化进行了广泛的研究[24]。但是，工业上对于乙炔的选择性催化氢化一般不使用传统的 Lindlar 催化剂，而是使用改性的钯及其合金等催化剂，例如：Pd-Al_2O_3[25]或 Pd-Ag[26]等。分析其原因可能有两点：其一是传统的 Lindlar 催化剂需要用有毒的铅试剂来处理，且需要一定量的喹啉添加剂；其二是反应需要在浆状的体系中进行，对于气相反应不太合适[27]。关于乙炔催化氢化的动力学研究，前人已经做了不少工作。例如：Mei 等人为了简化问题的复杂性，以第一性原理 (First principles) 为基础进行了乙炔在 Pd(III) 面上选择性催化氢化的 Monte Carlo 模拟研究[28]。一般认为：乙炔的催化氢化是一个氢逐步加成的过程，反应首先生成乙烯，然后进一步加成生成乙烷[29]。根据这一观点，Mei 等模拟了每一个基本步骤及其逆过程的速率 (式 6)[28]。式 6 中单独的 “*” 代表催化剂表面上的空位点，后面标有 “*” 的化合物代表被吸附在催化剂表面的中间体，可逆符号上面的数字为正过程的速率 (单位：$Pd^{-1}\cdot s^{-1}$ 即每钯原子表面每秒)，下面为逆过程的速率。从式 6 可知：乙炔氢化成为乙烯 (前五个步骤) 的平均反应速率为 12~23 $Pd^{-1}\cdot s^{-1}$，而生成的乙烯很容易从催化剂表面脱附。因此，乙烯再进一步氢化还原的速率较小 (若再反应还需要重新吸附)，大约为 0.6~1.1 $Pd^{-1}\cdot s^{-1}$。

$$
\begin{aligned}
&H_2\,(g) + 2^* \underset{0.3}{\overset{15.2}{\rightleftharpoons}} H^* + H^* \\
&C_2H_2\,(g) + * \underset{115.1}{\overset{129.9}{\rightleftharpoons}} C_2H_2{}^* \\
&C_2H_2{}^* + H^* \underset{58.4}{\overset{70.4}{\rightleftharpoons}} CHCH_2{}^* + * \\
&CHCH_2{}^* + H^* \underset{0.6}{\overset{13.2}{\rightleftharpoons}} C_2H_4{}^* + * \\
&C_2H_4{}^* \underset{0}{\overset{12.1}{\rightleftharpoons}} C_2H_4\,(g) + * \\
&C_2H_4{}^* + H^* \underset{0.3}{\overset{1.4}{\rightleftharpoons}} C_2H_5{}^* + * \\
&C_2H_5{}^* + H^* \underset{0}{\overset{0.6}{\rightleftharpoons}} C_2H_6\,(g) + 2^*
\end{aligned} \tag{6}
$$

式 6 中的反应速率由式 7 计算得到，吸附速率由式 8 计算得到。在式 7 中，r_i 为基元反应 i 的反应速率、v_i 为指前因子、R 为气体常数、T 为温度、ΔE_i 为基元反应 i 的能垒。在式 8 中，s_0 为黏附系数、P_i 为第 i 种组分所占的分压、A_S 为一个表面位点的面积、其它符号同式 7。

$$r_i = v_i \exp\left(-\frac{\Delta E_i}{RT}\right) \tag{7}$$

$$r_{ad,i} = s_0 \cdot P_i \cdot A_S \cdot (2\pi \cdot MW_i \cdot RT)^{-0.5} \cdot \exp\left(-\frac{\Delta E_i}{RT}\right) \tag{8}$$

在乙炔还原成为乙烯的过程中，各基元反应中能量的变化如图 1 所示。通过计算结果显示：在氢气和乙炔压力都为 100 Torr 且温度在 300~500 K 时，乙炔氢化的表观活化能是 (8.0 ± 0.6) kcal/mol，与通过实验测得的数据 9.6 kcal/mol 相一致[30]。计算得到的乙炔的反应级数为 –0.52 ± 0.03，氢的反应级数为 1.16 ± 0.03，与实验得到的数据 –0.66 和 1.04 基本一致[30]。

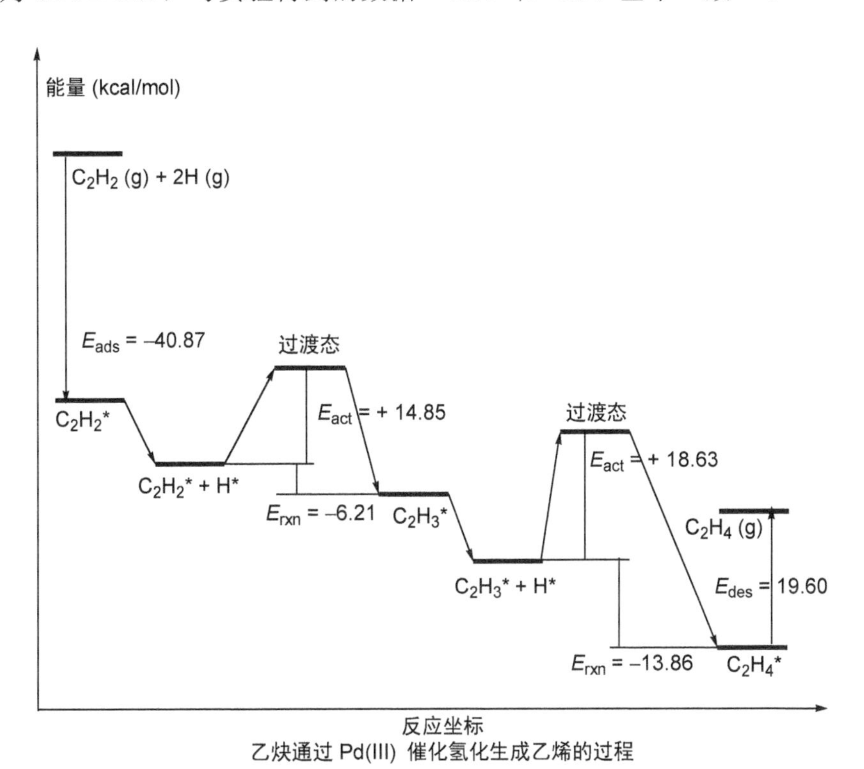

图 1 在 Pd(III) 面上用密度泛函理论 (DFT) 计算的乙炔氢化成为乙烯反应的总能量图

3.2 罗森蒙德选择性催化氢化反应的原理

在酰氯的催化氢化中，若使用普通的钯催化剂 (例如：Pd-C) 很难选择性地得到产物醛，因为醛还可以被进一步还原成为醇。而在罗森蒙德催化氢化中使用 $Pd-BaSO_4$ 作为催化剂，并常加上喹啉等毒化剂，可以将酰氯选择性地还原成为相应的醛。虽然罗森蒙德催化氢化和林德拉催化氢化都是使用部分毒化的钯催化剂，但人们对罗林蒙德还原的机理研究相对较少。McEwen 等人认为：在林德拉和罗森蒙德催化氢化中，真正的催化剂是金属钯。毒化剂并未参与反应，也没有占据催化剂的活性位，只是改变了催化剂的结构[31]。随后，该课题组详细研究了罗森蒙德催化剂中钯的形貌变化与选择性之间的关系[10]。在罗森蒙德催化氢化过程中，有时会生成少量的副产物醇。研究表明：醇是经过分步反应生成的，反应首先生成醛，然后醛再进一步加氢成为相应的醇。但是，他们并没有发现由酰氯直接生成醇的证据 (式 9)[32]。

$$\mathrm{RCOCl} \xrightarrow[\text{hydrogenolysis}]{\text{Rosenmund cat., } H_2} \mathrm{RCHO} \xrightarrow[\text{R = Alkyl, aryl}]{\text{overreduction}} \mathrm{RCH_2OH} \quad (9)$$

钯催化剂在经过不同的处理后，其表面积会发生较大的变化，进而影响氢化反应的速率和选择性 (表 1)[10]。新制备的 Pd-C 或 Pd-$BaSO_4$ 都具有较大的表面积，但在氢气氛下的二甲苯中回流 4 h 后，表面积会减少约 75%。当有喹啉-硫存在时，在二甲苯中回流 4 h 后减少的表面积高达 90% (表 1)。进一步的研究表明：催化剂表面积的减小并非是由于表面吸附了溶剂或毒化剂引起的，而是金属催化剂自身表面形态的变化引起的。

表 1 钯催化剂经不同处理后的表面积 (m^2/g)

催化剂	新制	在二甲苯中回流 4 h	在喹啉-硫存在下二甲苯中回流 4 h	室温① 20 h
10% Pd-C	9.5	2.0	0.6	3.5
5% Pd-$BaSO_4$	6.7	1.3	0.7②	—

① 无毒化剂存在下，以环戊烷作溶剂，室温下对正庚酰氯氢化 20 h。

② 回流后，催化剂在纯氧和 700 °C 进行氧化以除去表面的积碳层。

如表 2 所示：使用不同处理方法得到的 Pd-C 催化剂分别对正庚酰氯 (脂肪酰氯的代表) 和苯甲酰氯 (芳香酰氯的代表) 进行催化氢化，可以得到非常不同的选择性。正如所预期的那样，新制备的 Pd-C 更容易将酰氯氢化成为相应的醇。使用在二甲苯中回流处理后的 Pd-C 作为催化剂时，正庚酰氯的氢化能够停留在醛的阶段，但苯甲酰氯仍有苄醇产生。将 Pd-C 在喹啉-硫存在下的二甲苯中回流后，两种酰氯的氢化反应都可以得到较好的选择性。在喹啉的存在下，甚

表 2 不同处理的 Pd-C 催化剂对正庚酰氯和苯甲酰氯催化氢化选择性

序号	Pd-C 催化剂	正庚醇	苄醇
1	新制	产生	产生
2	二甲苯中回流后	不产生	产生但反应很慢
3	喹啉和硫存在下，二甲苯中回流后	不产生	不产生
4	新制催化剂，加喹啉，室温反应	不产生	不产生，但反应很慢
5	Pd-C，室温反应①	不产生	不产生
6	新制备，氢气氛中 1000 °C 下加热 4 h	不产生	不产生

① 此处用的是已经在室温下对正庚酰氯氢化 20 h 的催化剂，即用该催化剂已做过一次反应。

至新制备的 Pd-C 催化剂在室温下反应也表现出较好的选择性。使用过一次的催化剂在再次使用中表现出同样的选择性，这说明反应中不一定必须要加毒化剂。

在总结前人工作的基础上，有人对罗森蒙德还原提出了可能的反应机理。如式 10 所示：该反应可能依次经过了氧化加成和还原消除的过程[33]。

L = quinoline, $BaSO_4$, Cl^-, *etc.* (10)

4 林德拉和罗森蒙德选择性催化氢化的条件和适用范围

4.1 林德拉选择性催化氢化反应的条件和适用范围

林德拉催化氢化自从问世以来，得到了广泛的研究和应用。这主要是因为其反应条件温和 (一般为 0 °C 至室温反应)、反应时间较短 (一般在数小时内完成)、反应结果较为可靠 (易重复出来)。这类反应的产率一般维持在中等至较高，有时甚至达到定量产率 (100%)。反应中所使用的溶剂范围较广，包括极性和非极性溶剂、质子和非质子溶剂，例如：甲醇、乙醇、水、乙酸乙酯、正己烷、甲苯、二氯甲烷、四氢呋喃 (THF)、*N,N*-二甲基甲酰胺 (DMF) 以及它们组成的混合溶剂等。反应中除了必须使用负载的钯催化剂外，也可以使用或者不使用其它毒化剂，例如：喹啉、胺类、吡啶等。使用毒化剂一般可以提高选择性，但往往会降低反应速率。

林德拉催化氢化的适用范围较广，可以兼容许多其它官能团的存在，例如：

羟基、羧基、酯基、醛酮羰基、碳-碳双键、醚键、某些硅醚、环氧、缩酮、卤素、甚至是伯氨基等。但是，林德拉催化氢化一般对非端炔氢化的选择性较好，而对端炔则相对较差。因此，近年来人们也在努力寻找能够对端炔氢化选择性较好的方法。例如：Sajiki 等人[34]发展了一种负载在聚亚乙基亚胺 (PEI, polyethyleneimine) 上的零价钯催化剂。如式 11 和式 12 所示：该催化剂的选择性明显优于林德拉催化剂，可同时实现对端炔和非端炔的选择性催化氢化。

Lindlar catalyst (10%), H_2
cyclohexane, quinoline (1 eq.), rt, 24 h
100%
OH
Ph
OH
Ph
5% Pd^0-PEI (10%), H_2
1,4-dioxane, rt, 24 h
100%
OH
Ph
88%
+
OH
Ph
12%
(11)

5% Pd^0-PEI (10%), H_2 (1 atm)
MeOH/dioxane (1/4), rt, 24 h
100% selectivity
CO_2Bn $)_3$ → CO_2Bn $)_3$ (12)

林德拉催化氢化一般以分子氢作为氢源，即在反应中直接通入氢气，且氢气的压力常为一个大气压。但是，也有文献报道使用催化氢转移的方式实现炔烃的选择性还原。例如：Li 等人[35]使用 $Pd(OAc)_2$ 为催化剂和 DMF/KOH 为氢源，实现了 1,4-二(苯乙炔基)苯的高度选择性催化氢化。如式 13 所示：该反应的选择性和产率均近于定量。

Ph
Ph
$Pd(OAc)_2$ (2.0 mol%), KOH
(1.5 eq.), DMF, 145 °C, 6 h
99%, selectivity > 99:1
Ph
Ph
(13)

4.2 罗森蒙德选择性催化氢化反应的条件和适用范围

罗森蒙德催化氢化可以将酰氯选择性地还原成为相应的醛。与林德拉催化氢化相比较，该方法的影响因素较复杂，有时所得到的结果的重复性并不好。例如：在该反应被发现的早期，Rosenmund 和 Zetzsche 第一次完成的苯甲酰氯的催化氢化反应几乎以定量的产率得到苯甲醛，但后面再重复该结果时却遇到了困难[4]。罗森蒙德催化氢化的主要副反应是产物醛的进一步还原，得到醇甚至是烃类产物并进一步引起其它副反应，例如：生成酯、羧酸或酸酐等。因此，近年来罗森蒙德还原的应用有所减少，大有被其它还原方法所代替的趋势[36]。例如：Four 等报道了三丁基氢化锡和钯类催化剂的组合体系，使用该催化体系可以将芳香酰氯和脂肪族酰氯还原成为相应的醛（式 14 和式 15）[37,38]。

COCl, NO_2 → CHO, NO_2
$Pd(PPh_3)_4$ (1 mol%), Bu_3SnH, PhH
analytical yield: 81%
isolated yield: 75%
(14)

$Pd(PPh_3)_4$ (1 mol%)
Bu_3SnH, PhH
analytical yield: 92%
(15)

罗森蒙德还原通常在干燥的二甲苯或甲苯溶剂中进行，且反应条件较剧烈(一般为回流温度)。但是，也有文献报道在四氢呋喃 (THF) 或苯溶剂中进行，且使用 2,6-二甲基吡啶为毒化剂。如式 16 和式 17 所示[39]：脂肪族和芳香族酰氯可以在较为温和的条件下被选择性地还原成为相应的醛。

5% Pd-$BaSO_4$, H_2 (1 atm)
2,6-dimethylpyridine (1 eq.), THF
96%
(16)

10% Pd-C, 2,6-dimethylpyridine (1 eq.)
quinoline-S, PhH, 40~50 °C
93%
(17)

罗森蒙德还原的底物范围相对较宽，可将一般的脂肪族酰氯和芳香族酰氯选择性地氢化成为相应的醛。但是，有些特殊的芳香族和杂环酰氯在罗森蒙德还原条件下会发生直接脱掉酰氯基团 (-COCl) 的反应，得到少一个碳原子的烃（式 18）。如式 19 所示[40]：在 4-甲氧基苯甲酰氯、3,4,5-三甲氧基苯甲酰氯和 2-萘甲酰氯的氢化反应中都有该副反应的发生。二苯基乙酰氯在还原反应中则得到较为复杂的产物，而三苯基乙酰氯则完全得到脱掉酰氯基团的三苯甲烷产物[8]。当使用罗森蒙德催化氢化还原二元酰氯时，一般很难得到高产率的二醛。例如：从丁二酰氯可以得到较多的丁内酯产物、从邻苯二甲酰氯则得到苯酞、而从 1,8-萘二酰氯则完全得不到 1,8-萘二甲醛产物[8]。

$$\text{RCOCl} \xrightarrow{\text{Rosenmund reduction}} \text{RH} + \text{CO} + \text{HCl} \quad (18)$$

$$Ph_2CHCOCl \xrightarrow[\text{quinoline-S, reflux}]{\text{Pd-BaSO}_4\text{, H}_2\text{, PhMe}} \underset{47\%}{Ph_2CHCHPh_2} + \underset{13.5\%}{Ph_2CH_2} + \underset{13.5\%}{Ph_2CHCO_2H} + \underset{75\%}{HCl} \quad (19)$$

罗森蒙德还原具有很好的兼容性，可以允许某些可还原官能团的存在，例如：碳-碳双键、吡啶环、硝基或卤素等 (这些将在后面的类型综述中进一步说明)。例如：在罗森蒙德催化氢化条件下，10-十一烯酰氯中的酰氯基团可以选择性地被还原而碳-碳双键不受到影响。如式 20 所示[41]：通过该反应得到的 10-十一烯醛可用于香料的合成。在毒化剂的存在下，对硝基苯甲酰氯和邻氯苯甲酰氯可分别被氢化成为相应的醛，而芳环上的硝基和氯不受到影响[8]。

$$CH_2{=}CH(CH_2)_8COCl \xrightarrow[\text{52\% conv., 93\% selectivity}]{\text{5\% Pd-C, H}_2\text{ (1 atm), acetone, 27 }^\circ\text{C, 2 h}} CH_2{=}CH(CH_2)_8CHO \quad (20)$$

5 林德拉和罗森蒙德选择性催化氢化的类型综述

5.1 林德拉选择性催化氢化反应的类型综述

林德拉催化氢化反应可以根据不同的标准来分类。根据使用的金属催化剂可以分为钯催化剂和金、镍、铜及其合金催化剂。根据所用载体可分为 $CaCO_3$、$BaSO_4$、Al_2O_3、SiO_2、活性炭、聚合物等。根据毒化剂可分为重金属试剂 (例如：铅、铋、锰等)、吡啶及其衍生物、喹啉、脂肪胺类等。从有机合成的角度来说，根据底物和产物进行分类则更有意义，因此下面根据这一标准进行分类说明。

5.1.1 林德拉催化氢化简单的炔烃或烯炔

简单炔烃的选择性催化氢化不仅具有理论研究的意义，而且具有重要的工业应用背景。例如：乙烯作为工业三烯之一，是重要的单体和基础化工原料。但是，乙烯中常含有少量的乙炔，而这些少量的乙炔会严重影响乙烯的聚合反应。在除去这些乙炔的方法中，最理想的方式就是将乙炔全部选择性地催化氢化成为乙烯。如前所述：工业上的乙炔选择性催化氢化一般不使用传统的 Lindlar 催化剂，而是使用改性的钯及其合金，例如：$Pd\text{-}Al_2O_3$[25]和 Pd-Ag[26]等。除了简单的乙炔、丙炔或己炔等可以被选择性还原以外，其它稍微复杂的单炔、二炔和烯炔也可以被选择性地还原成为相应的烯烃。例如：苯乙炔可以在林德拉催化氢化条件下被还原成为苯乙烯。如果在林德拉催化剂中添加 $MnCl_2$，则可以进一步提高反应的选择性 (式 21)[42]。如式 22 所示[42]：脱氢橙花醇 (dehydronerolidol) 在该条件下可以实现高度选择性还原，在碳-碳三键被还原成为双键的同时保持原来的两个碳-碳双键不受到影响。

$Pd\text{-}CaCO_3/Pb(OAc)_2$, quinoline, H_2 (1 atm), rt, heptane; without $MnCl_2$: 89% selectivity; with $MnCl_2$: 98.2% selectivity (21)

$Pd\text{-}CaCO_3/Pb(OAc)_2$, quinoline, $MnCl_2$, H_2 (1 atm), rt, heptane; 98.5% selectivity; OH (22)

5.1.2 林德拉催化氢化炔基醇及其酯和醚类化合物

在林德拉催化氢化条件下，炔基醇及其所生成的酯和醚可以被选择性地还原其中的碳-碳三键，而醇羟基及其酯和醚官能团一般不受到影响 (式 23)。

Lindlar hydrogenation; x = 0, 1, 2, … (23)

R^1 = alkyl, aryl; R^2 = H, alkyl; R^3 = H, alkyl, acyl

有关炔醇的林德拉催化氢化反应的文献报道比较多。例如：Fukuda 等人在早期的工作中利用 1,4-丁炔二醇的选择性催化氢化为例，详细地研究了不同毒化剂 (例如：喹啉、吡啶、哌啶等) 对催化剂 $Pd\text{-}CaCO_3$ 的影响以及催化剂中载体 $CaCO_3$ 的作用。他们的研究结果表明：使用喹啉可以选择性地将 1,4-丁炔二醇还原成为 1,4-丁烯二醇，而使用吡啶或哌啶则不能完全阻止 1,4-丁烯二醇进一步还原成为 1,4-丁二醇的副反应[5,43]。除了常见的单炔醇外，二炔基醇甚至是三炔基醇类化合物也可以被选择性地还原，以中等至高收率得到相应的二烯或三烯的醇类化合物。如果分子中还含有其它碳-碳双键的话，经还原后可以得到多烯的醇类化合物。例如：Corey 等人在合成前列腺素类化合物时，将含二炔的醇以较高的产率选择性地氢化成为相应的二烯类化合物 (式 24)[44]。Tai 等人在合成一种跟踪信息素的异构体时，首先利用端炔的格氏试剂与溴化物进行偶联反应得到二炔醇中间体。然后，再利用林德拉催化氢化合成了相应的二烯醇中间体 (式 25)[45]。如式 26 所示[46]：白三烯是人呼吸道炎症反应的一类重要介质。Cohen 等人在白三烯类化合物的合成中，利用林德拉催化氢化将炔基醇中间体选择性还原成为相应的含烯键的醇。有趣的是，Vasiljeva 等人在合成另一种与炎症反应有关的物质 Hepoxilin 时，利用林德拉催化氢化以 90% 以上的收率将三炔醇中间体选择性地还原成为相应的三烯醇中间体。如式 27 所示[47]：在该条件下，3 个碳-碳三键可以同时被还原成为 3 个双键，而且分子中的环氧基团在反应中不受到影响。如式 28 所示[48]：使用 Pd-BaSO$_4$ 催化剂也可以实现炔基醇的选择性还原。Zhou 等人在合成芸苔素内酯 (Brassinolide) 及其相关化合物时，使用 Pd-BaSO$_4$ 催化体系可以将炔丙醇氢化成为相应的烯丙醇结构。

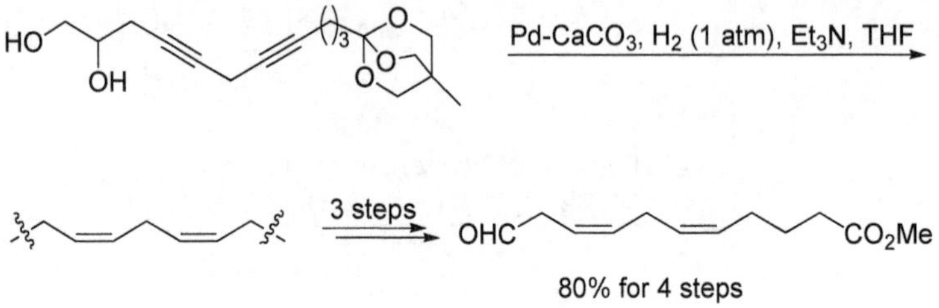

Pd-CaCO3, H2 (1 atm), Et3N, THF
3 steps
OHC
CO2Me
80% for 4 steps

(24)

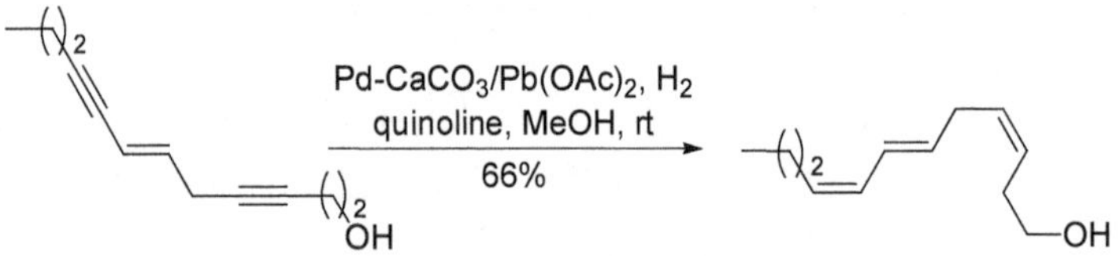

Pd-CaCO3/Pb(OAc)2, H2
quinoline, MeOH, rt
66%
OH

(25)

n-C5H11
HO
Pd-CaCO3/Pb(OAc)2, H2 (1 atm.)
quinoline, hexane, 75 min
96.4%
n-C5H11
OH

(26)

OH
Lindlar catalyst, H2 (1 atm)
PhH, 15 °C, 110 min
93%
CO2Me
OH
MeO2C

(27)

OH
HO
H
OH
Pd-BaSO4, H2
EtOH, 6 h
95%
OH

(28)

除了炔基醇外，含有炔键的醚、酯和内酯类化合物在林德拉催化氢化条件下一般也可以实现选择性还原碳-碳三键而醚和酯基团不受到影响。如式 29 所示[49]：Fürstner 等人在合成埃坡霉素 (Epothilone) 类化合物时，利用林德拉催

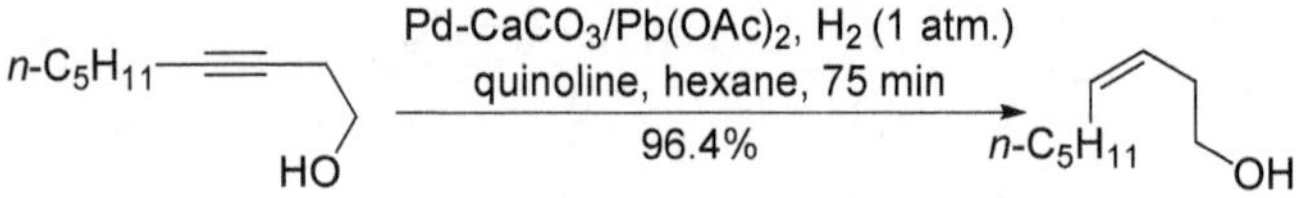

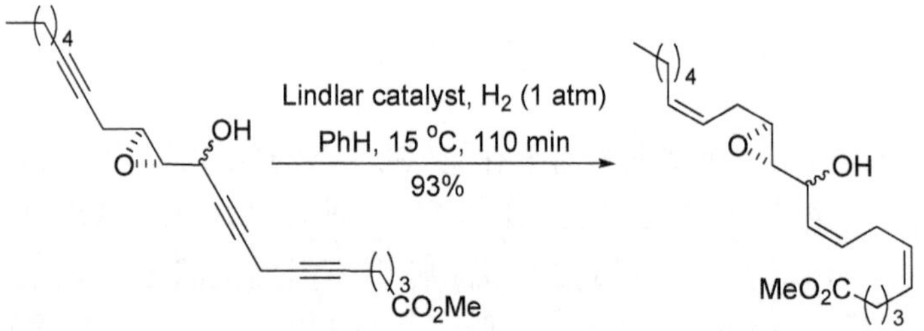

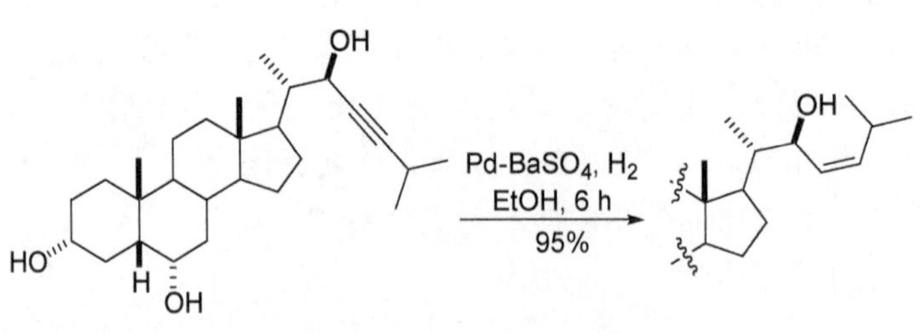

化氢化反应选择性和定量地将含有碳-碳三键的大环内酯还原成为相应的含顺式烯烃的内酯。如式 30 所示[50]：Taylor 等人在合成抗肿瘤药物洛美曲索 (Lometrexol) 类似物时，利用 Pd-$BaSO_4$-喹啉催化体系选择性地将炔丙基醚还原成为相应的烯丙醚产物，而其中的 THP 保护基不受到影响。Evans 等人为了构建海洋天然产物 Phorboxazole B 中的顺式碳-碳双键，也利用了林德拉选择性催化氢化反应。如式 31 所示[51]：该大环中间体底物除了含有碳-碳三键外，还含有两个反式碳-碳双键、一个环外碳-碳双键、两个三乙基硅醚基团 (TESO)、一个三异丙基硅醚基团 (TIPSO)、两个噁唑环，但这些官能团在林德拉催化氢化中均不受到影响。

Pd-$CaCO_3$/$Pb(OAc)_2$, quinoline, H_2 (1 atm), CH_2Cl_2, rt, 8 h, 100% (29)

5% Pd-$BaSO_4$, quinoline, H_2 (1 atm), MeOH/$CHCl_3$, 40 min, 87% (30)

Lindlar cat., quinoline, H_2 (1 atm), 1-hexene, acetone, 97% (31)

在一般的催化氢化条件下，一些活泼的醚键和酯键 (例如：苄醚、苄酯和烯丙醚等)[52~54]可以发生氢解断裂。因此，在有机合成中，那些同时含有碳-碳三键和活泼的醚或酯键的底物，若能够选择性地被还原其中的某一种官能团 (即化学选择性还原) 则具有非常重要的意义。事实上，在林德拉催化氢化条件下就能实现这种选择性还原。如式 32 所示[55]：Qin 等人在合成缩醛磷酯 (Plasmalogen) 类化合物时，使用林德拉催化氢化反应以 100% 的收率和选择性将含有对甲氧基苄基醚的碳-碳三键的中间体还原成为烯烃产物，而其中的对甲氧基苄基 (PMB) 醚并未发生氢解。在该反应中，溶剂对产物的立体选择性具有显著的影响。若使用甲醇作为溶剂，生成的产物中 $Z:E = 9:1$。若使用正己烷-乙酸乙酯 (1:1) 混合溶剂，则产物的 $Z:E = 20:1$。若在体系中加入喹啉且使用正己烷-乙酸乙酯 (1:1) 作为溶剂，则产物的 $Z:E = 60:1$。类似地，Leeuwenburgh 等人曾利用林德拉催化氢化还原带有苄醚和碳-碳三键的糖衍生物，选择性地得到双键产物而苄醚不发生氢解 (式 33)[56]。Nicolaou 等人在合成具有生物活性的天然产物 Sarcodictyin A 时，曾利用林德拉催化氢化还原一个具有多官能团存在的大环中间体。如式 34 所示[57]：该底物中同时含有醇羟基、酮羰基、碳-碳双键、对甲氧基苄醚 (PMB-OR) 和三异丙基硅醚 (TIPS-OR) 基团，但反应选择性地将碳-碳三键转变成为顺式碳-碳双键而其它官能团均未受到影响。

Lindlar cat., quinoline, H_2 (1 atm), hexane-EtOAc (1:1), 2 h; 100% (32)

1. Lindlar cat., quinoline, H_2, EtOAc; 2. allyl bromide, NaH, DMF; 92% (33)

Lindlar cat. (0.3 eq.), H_2, PhMe, rt, 20 min; 75% (34)

5.1.3 林德拉催化氢化炔基胺和炔基酰胺类化合物

生物碱以及许多药物都是胺或酰胺类化合物，而一些含有碳-碳双键的胺类化合物往往需要从相应的含有三键的胺底物经选择性还原来制备。在很多有机反应中，胺 (特别是伯胺) 的反应活性往往要高于醇 (例如：烷基化和酰化反应等)。由于伯胺或仲胺的反应活性较高，因此在林德拉催化氢化中经常要把它们作为酰化或烷基化产物保护起来[58~60]。叔胺的反应性较弱，因此含有叔胺的底物一般可以直接用于林德拉催化氢化反应中。如式 35 所示[61]：Chapuis 在立体选择性合成 (3*E*,5*Z*)-1,3,5-十一碳三烯 (galbanolene) 时，曾将含有叔胺的二炔通过林德拉催化氢化得到相应的二烯类产物。类似地，Koskinen 等人在合成氢化中氮茚类化合物时，曾利用林德拉催化氢化以定量收率将含有羟基、硅醚、Boc-保护基的炔类化合物选择性地还原成为相应的烯类产物 (式 36)[62]。从相关文献来看，含有伯胺或仲胺的炔类化合物在进行林德拉催化氢化时，一般都用 Boc-保护基进行保护[63~66]。其它保护基也可以用于该目的，例如：Yokokawa 等人在合成吲哚类衍生物时，将同时含有叔胺和伯胺 (该伯胺用 Cbz-保护基保护) 的端炔选择性氢化成为相应的端烯。如式 37 所示[67]：该反应的收率高达 96%，而且 Cbz-保护基不受到影响 (在一般的钯催化剂参与的催化氢化中，Cbz 往往会发生氢解)。

Lindlar cat. (2.5%), H_2 (1 atm), 95% (35)

$Pd-BaSO_4$, H_2, quinoline, rt, 15 min, 100% (36)

Lindlar cat., H_2 (1 atm), EtOAc, rt, 2 h, 96% (37)

2001 年，Campos 等人研究发现：利用乙二胺作为林德拉催化剂的毒化剂，可以实现含有游离伯胺或仲胺的炔类化合物的选择性还原。若在类似的条件下不使用乙二胺，则难以得到选择性还原产物 (式 38)[68]。

Lindlar cat. (10%)
H_2 (1 atm), DMF, rt, 18 h
100% conv.

Ph (3) (3) H_2N → Ph (3) (3) NH_2 + Ph (3) (3) NH_2 + Ph (3) (3) NH_2 (38)

0 : 0 : 100

Lindlar cat. (4%), H_2 (1 atm)
$H_2NCH_2CH_2NH_2$, DMF, rt, 18 h
100% conv.

97.6 : 2.0 : 0.4

5.1.4 改进的催化氢化方法选择性还原炔类化合物

如前所述：林德拉催化氢化需要使用毒性较大的铅试剂，且反应体系为浆状物而带来操作上的不方便。因此，除了采用经典的林德拉催化剂来选择性还原碳-碳三键外，近年来也发展了一些新型的催化体系。例如：Pd-Ag/Al_2O_3[69,70]、Pd-TiO_2[71]、Au-Al_2O_3[72]、Ni-SiO_2[73]、Ni-Zn/$MgAl_2O_4$[74]均可以被用作乙炔的气相选择性催化氢化反应的催化体系。Kang 等曾报道：使用 Pd-SiO_2 选择性催化氢化乙炔时，若在催化剂中加入过渡金属氧化物 (例如：Ti、Nb、Ce 的氧化物)，可以大大提高催化剂的反应活性和选择性，其原因可能是这些氧化物与钯催化剂表面发生了作用[75]。Praserthdam 等人研究了 N_2O 对 Pd-Ag 催化剂氢化乙炔的影响，结果表明：Pd-Ag 在使用前经 N_2O 处理可以提高反应的选择性[76]。在 Pd-Ti/SiO_2 催化剂中，加入钾可以提高对乙炔的氢化反应选择性[77]。

也有一些新的催化体系被用于其它炔的选择性还原。例如：Sulman 等利用聚苯乙烯和聚乙烯基吡啶共聚物 (PS-co-PVP) 稳定的胶体钯催化剂，可以近于 100% 的选择性氢化端炔底物，分别生成相应的端烯化合物芳樟醇 (linalool) 和异植醇 (isophytol) (式 39 和式 40)[78,79]。Lee 等人将钯的纳米粒子分散在离子液体丁基甲基咪唑六氟磷酸盐 ([BMim]PF_6) 中，实现了 2-己炔的选择性氢化。该催化剂体系的优点是可以在反应中阻止钯纳米粒子的聚集或沉淀，有利于催化剂的重复使用[80]。Venkatesan 等报道：将钯纳米粒子分散在离子液体 1-丁腈-3-甲基咪唑-*N*-双(三氟甲磺酰)亚胺盐 [(BCN)MI·NTf_2, 1-Butyronitrile-3-methylimidazolium-*N*-bis(trifluoromethane sulfonyl)imide] 中使用，可以选择性地氢化端炔和非端炔而不会引起苄胺基团的氢解 (式 41)[81]。Takahashi 等人研究了二甲亚砜 (DMSO) 对 Pd-SiO_2 催化氢化炔类化合物的影响，结果表明：DMSO 的加入可以有效地抑制过度还原和产物的异构化。同时，该体系还可以选择性地氢化非端炔和端炔，而底物中芳环上的氨基、卤素和硝基均不受到影响 (表 3)[27]。

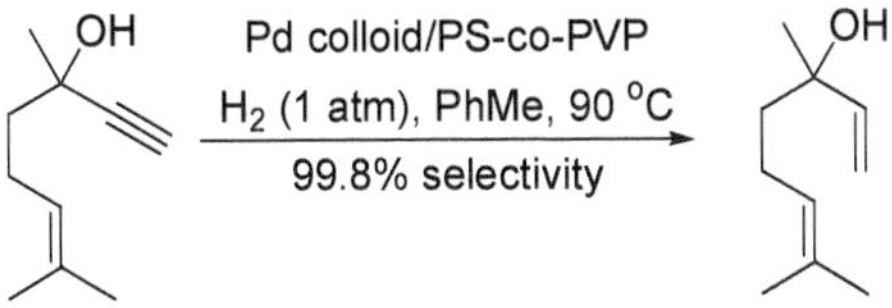

OH Pd colloid/PS-co-PVP H_2 (1 atm), PhMe, 90 °C 99.8% selectivity OH (39)

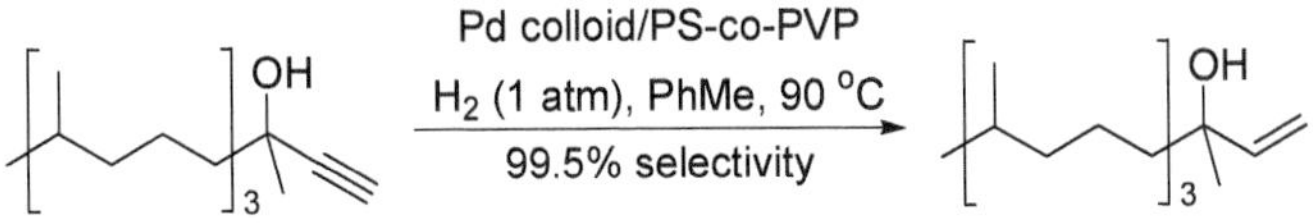

OH Pd colloid/PS-co-PVP H_2 (1 atm), PhMe, 90 °C 99.5% selectivity OH (40)

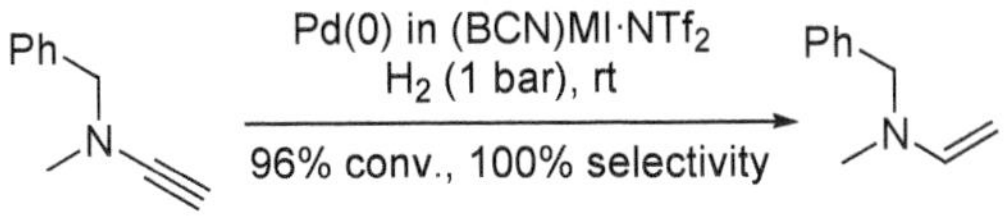

Ph N Pd(0) in (BCN)MI·NTf_2 H_2 (1 bar), rt 96% conv., 100% selectivity Ph N (41)

表 3 Pd-SiO_2/DMSO 体系选择性氢化炔类化合物

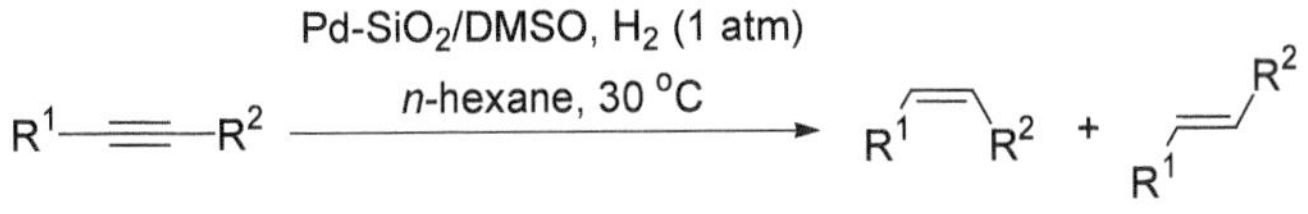

R^1—≡—R^2 Pd-SiO_2/DMSO, H_2 (1 atm), *n*-hexane, 30 °C → R^1 R^2 + R^1 R^2

R^1 = alky, aryl; R^2 = H, alkyl, aryl

序号	底物	产物	时间/min	产率/%	Z:E
1	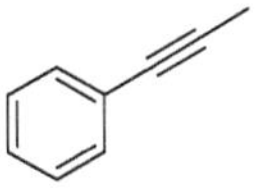	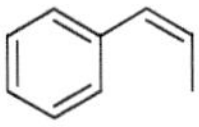	90	98	98:2
2①	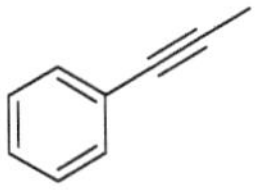	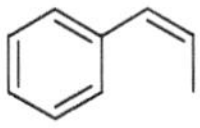	90	98	98:2
3	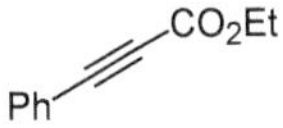 Ph, CO_2Et	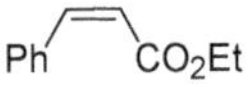 Ph, CO_2Et	180	98	92:8
4	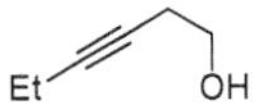 Et, OH	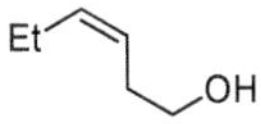 Et, OH	150	97	99:1
5	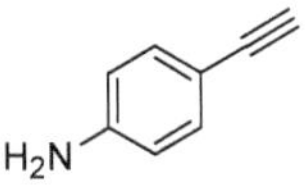 H_2N	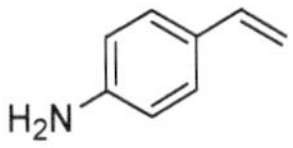 H_2N	120	98	—
6	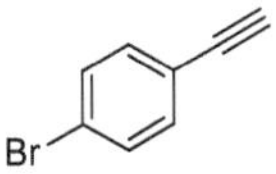 Br	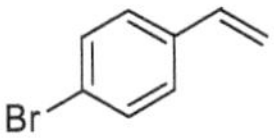 Br	180	98	—
7	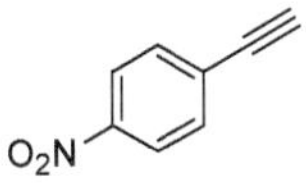 O_2N	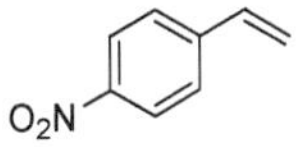 O_2N	180	98	—
8	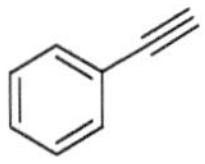	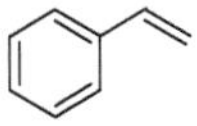	120	98	—

① 催化剂重复使用。

由于钯等贵金属催化剂的成本较高，近年来人们也努力发展一些非贵金属催化剂并用于炔的选择性催化氢化。例如：Alonso 等人报道了一种通过 $NiCl_2$-Li-DTBB(cat.)-ROH 体系 (DTBB = 4,4′-二叔丁基联苯) 原位产生的纳米镍和分子氢的催化体系，可以将端炔和非端炔选择性地氢化成为烯以及将二烯烃氢化成为单烯烃 (表 4)[82,83]。在该体系中，金属锂一方面可使 $NiCl_2$ 还原成为零价的纳米镍，另一方面可与醇 (ROH) 反应生成分子氢，而催化量的 DTBB 起到电子转移载体的作用。该体系不仅可以选择性地还原炔基醇和炔基胺 (仲胺和叔胺)，而且还可以选择性地还原含有苄醚的炔类底物。

表 4 $NiCl_2$-Li-DTBB(cat.)-ROH 体系选择性氢化非端炔、端炔、二烯烃

$$R^1-C\equiv C-R^2 \xrightarrow[\text{THF, rt}]{NiCl_2\text{-Li-DTBB(cat.)-ROH}} R^1CH=CHR^2$$

R^1 = alkyl; R^2 = H, alkyl; R = Et, *i*-Pr

序号	反应物	时间/h	产物	转化率/%	产率/%
1	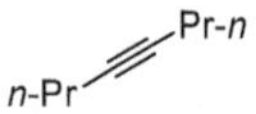 *n*-Pr, Pr-*n*	2	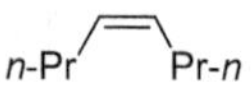 *n*-Pr, Pr-*n*	100	99
2		3	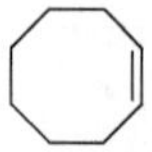	100	95
3	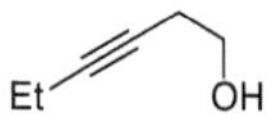 Et, OH	8	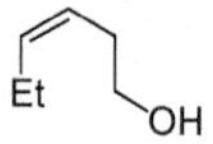 Et, OH	100	83
4	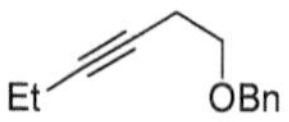 Et, OBn	2	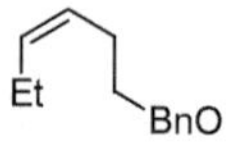 Et, BnO	100	79
5	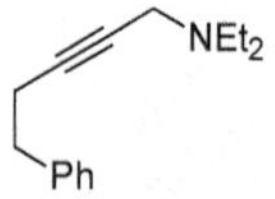 NEt_2, Ph	7	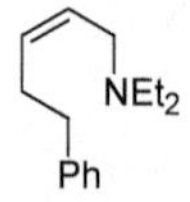 NEt_2, Ph	100	94
6	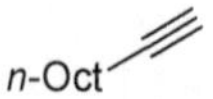 *n*-Oct	24	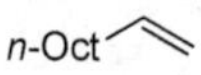 *n*-Oct	100	85
7	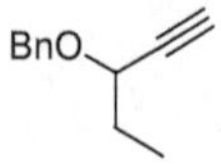 BnO	7	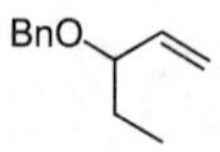 BnO	79	74
8	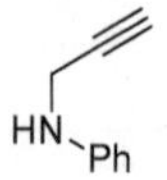 HN, Ph	24	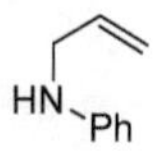 HN, Ph	100	79
9	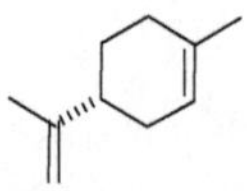	22	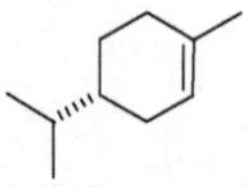	—	99

在前面所述的炔的选择性催化氢化中，主要是直接使用氢气进行反应。这种方式的优点是成本低、副产物少和后处理简便等。除了直接使用工业氢气之外，还可以利用催化氢转移反应实现炔的选择性还原[35]。催化氢转移反应的优点是氢转移试剂的选择余地较大，且往往可获得更好的选择性。例如：Belger 等人采用一种对空气和湿气都稳定的钌催化剂，以甲酸为氢转移试剂实现了对多种炔类化合物的选择性催化氢化[84]。另外，也有采用其它均相催化氢化、非催化氢化方式实现炔的选择性还原的报道[85~88]。

5.1.5 林德拉催化氢化在其它方面的应用

林德拉催化氢化最重要的应用是将碳-碳三键选择性还原成为碳-碳双键。除此之外，该催化剂也可用于碳-碳双键的还原和氮-氧键的氢解断裂等。例如：Ghosh 和 Krishnan 利用经典的林德拉催化剂，将不同的烯烃还原成为相应的烷烃，而底物中的苄醚、苄胺和苄醇不发生氢解，但 Cbz 保护基发生了氢解 (表 5)[89]。

表 5 林德拉催化氢化选择性还原烯烃类化合物

序号	底物	时间 (方法①)	产物	产率/%
1		2 h (A)		98
2		50 min (B)		97
3		45 min (B)		95
4		2.5 h (A)		96

① 方法 A：使用 Parr 加氢仪；方法 B：使用氢气球。

Lepore 等人在合成羟基苯脒类化合物时，曾研究了苯并异噁唑中 N-O 键的断裂方法，其中使用林德拉催化氢化有时可获得比 Zn-HOAc、$NaBH_4$-$NiCl_2$ 还原体系更好的结果，而且底物中碳-碳双键和伯胺的 Cbz 保护基不受到影响 (式 42 和式 43)[90]。类似地，Moormann 等人报道了以噁二唑-5-酮为原料，通过林德拉催化剂 (未使用氢气) 或活泼金属-酸体系还原得到相应的脒类产物。但是，使用林德拉催化方法可以得到 100% 的收率，明显高于活泼金属-酸方法 (收率 72%) (式 44)[91]。

CbzHN–(3-amino-1,2-benzisoxazol-6-yl)methyl $\xrightarrow[\text{96\%}]{\text{Lindlar cat., }H_2\text{, MeOH, rt, 1 h}}$ CbzHN–CH$_2$–C$_6$H$_3$(OH)–C(=NH)NH$_2$·HCl (42)

HO$_2$C–CH=CH–(3-amino-1,2-benzisoxazol-6-yl) → HO$_2$C–CH=CH–C$_6$H$_3$(OH)–C(=NH)NH$_2$·HCl (43)

Lindlar cat., H_2, MeOH, rt, 1 h, 96%

Zn-HOAc, 70 °C, 12 h, 85%

$NaBH_4$-$NiCl_2$, MeOH, 0 °C, 15 min, 30%

4-Bn-3-methyl-1,2,4-oxadiazol-5(4H)-one $\xrightarrow[\text{100\%}]{\text{Pd-CaCO}_3\text{, MeOH, 60 °C, 2 h}}$ CH$_3$C(=NH)NH–Bn (44)

5.2 罗森蒙德选择性催化氢化反应的类型综述

与林德拉催化氢化相比较，罗森蒙德还原的应用范围没有那么广泛。而且，由于罗森蒙德还原反应有时可靠性不好，因此近年来发展了一些改进的罗森蒙德还原方法或者是其它方法。因此，下面将从三个方面来讨论由酰氯 (或羧酸) 合成醛的方法：经典的罗森蒙德催化氢化反应、改进的罗森蒙德催化氢化反应和其它还原方法。

5.2.1 使用经典的罗森蒙德催化氢化反应将酰氯还原成为醛类化合物

经典的罗森蒙德催化氢化可以选择性地还原多种芳香族和脂肪族酰氯，得到相应的芳香醛和脂肪醛。而且，该反应可以与较多官能团相兼容，例如：醛酮羰基、三氟甲基、芳杂环、芳基卤、碳-碳双键和 Cbz-保护基等。另外，该反应也可以在催化氢转移条件下进行。

芳香醛中最常见且重要的化合物是苯甲醛及其衍生物，它们可以由苯甲酰氯选择性还原得到。在早期报道的工作中，从对乙酰基苯甲酰氯的还原可以得到 43% 的对乙酰基苯甲醛，从对三氟甲基苯甲酰氯的还原可以得到 72% 的对三氟甲基苯甲醛 (式 45 和式 46)[92,93]。

如式 47 所示[94]：间苯氧基苯甲醛是拟除虫菊酯类化合物的重要中间体。为了以较经济的方式得到间苯氧基苯甲醛，Chandnani 等人研究了利用罗森蒙德方法还原间苯氧基苯甲酰氯。在优化条件下，该反应不仅可以得到 80% 的产率，而且催化剂可以连续使用 4 次后转化率仅稍有下降。另外，萘甲酰氯也可在罗森蒙德还原条件下转化成为萘甲醛[95]。

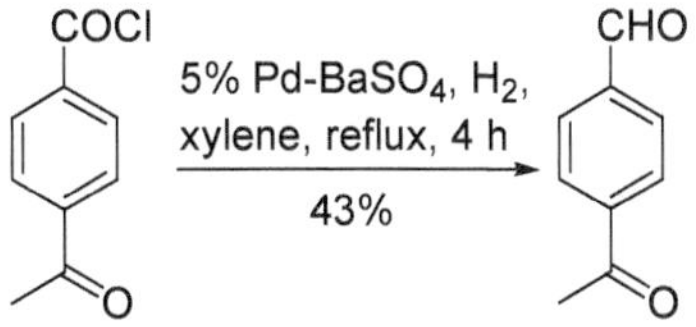

COCl → CHO

5% Pd-$BaSO_4$, H_2, xylene, reflux, 4 h, 43% (45)

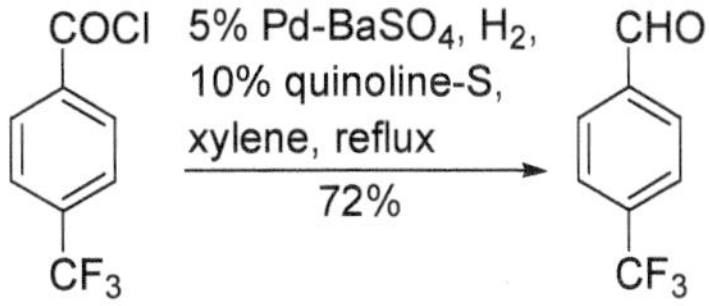

COCl → CHO

5% Pd-$BaSO_4$, H_2, 10% quinoline-S, xylene, reflux, 72% (46)

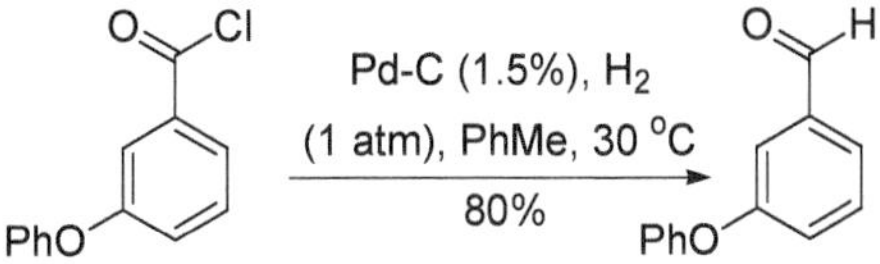

CF_3 CF_3

O Cl → O H

Pd-C (1.5%), H_2 (1 atm), PhMe, 30 °C, 80% (47)

PhO PhO

除了常见的苯甲酰氯外，芳杂环的酰氯也可进行罗森蒙德还原。例如：Wenkert 等人在研究吲哚类生物碱的合成时，曾利用罗森蒙德催化氢化将吡啶甲酰氯选择性还原成为吡啶甲醛类化合物 (式 48)[96]。

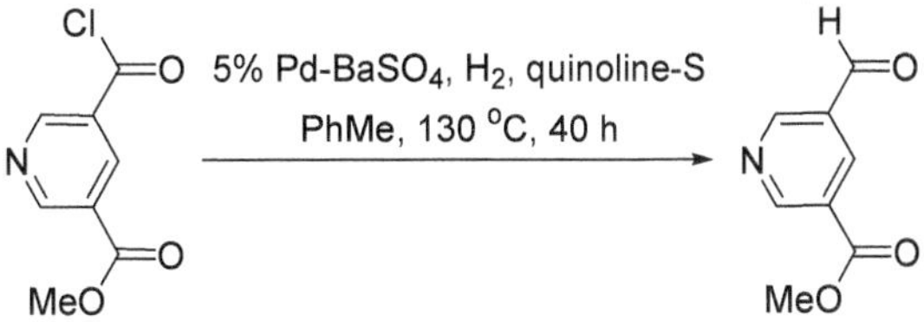

Cl, O, N, MeO, O → H, O, N, MeO, O

5% Pd-$BaSO_4$, H_2, quinoline-S, PhMe, 130 °C, 40 h (48)

罗森蒙德催化氢化可以将许多脂肪酸酰氯还原生成多种脂肪醛。在较早期报道的工作中：Cook 等人利用罗森蒙德还原将葡萄糖酰氯五乙酸酯以几乎定量的收率还原成为相应的醛 (式 49)[97]。Newman 等利用罗森蒙德还原将 3,3-二甲基-4-苯基丁酰氯还原得到 77% 的 3,3-二甲基-4-苯基丁醛 (式 50)[98]。

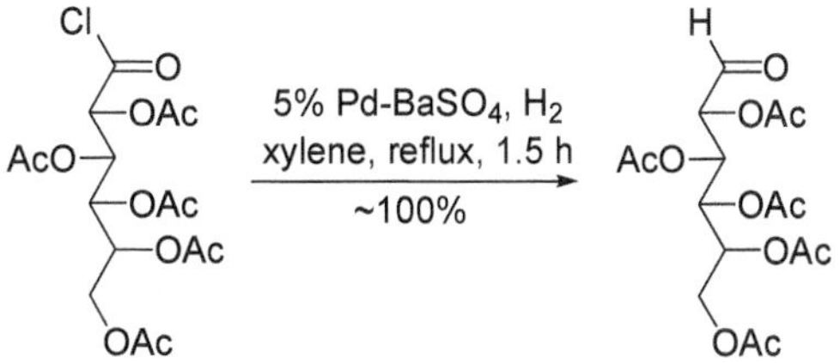

Cl, O, OAc, AcO, OAc, OAc, OAc → H, O, OAc, AcO, OAc, OAc, OAc

5% Pd-$BaSO_4$, H_2, xylene, reflux, 1.5 h, ~100% (49)

$$\text{(50)}$$

氨基醛及其衍生物是合成肽及一些天然产物的重要中间体[99,100]，合成这类化合物的途径之一是从相应的氨基酰氯 (氨基需要保护) 经罗森蒙德选择性还原得到[101]。例如：Balenović 等人曾利用该方法制备了几种氨基醛的衍生物，得到中等至定量收率。而且，在合成含有苄硫醚的半胱氨基醛衍生物时，苄基不会受到影响 (式 51)[102]。

含有碳-碳双键的酰氯，也可以通过罗森蒙德还原选择性得到不饱和醛类化合物。除前面已提及的 10-十一烯醛可由 10-十一烯酰氯制备外[41]，Maurer 等人在研究鸢尾花 (*Iris*) 精油中鸢尾酮 (Irone) 相关成分时，利用罗森蒙德还原制备了 10-去甲基-顺式-α-鸢尾酮 (10-nor-*cis*-α-irone)。如式 52 所示[103]：该反应的收率在 90% 以上，其中的普通双键和 α,β-不饱和双键均没有受到影响。

苄氧碳酰基 (Cbz) 是氨基和羟基的常用保护基，它可在一般的催化氢化条件下除去。但是，Bold 等人在罗森蒙德催化氢化条件下，以较高的产率得到了天冬氨酸和谷氨酸的醛类衍生物，而其中的 Cbz-保护基并没有发生氢解 (式 53)[104]。

在罗森蒙德还原条件下，氯代酰氯也可以发生类似的反应生成醛。例如：Sellers 曾试图在罗森蒙德还原条件下，由三氯乙酰氯合成三氯乙醛并进一步得到水合氯醛 (chloral hydrate，一种镇静、催眠和抗惊厥药物)。但是，反应结果并未得到三氯乙醛而是得到了二氯乙醛。如式 54 所示[105]：在反应中不仅酰氯发生了氢解反应，而且一个 α-Cl 也发生了氢解反应。

2% Pd-$BaSO_4$, H_2
Insectisol, 140 °C, 5 h
50%
(54)

香豆素的醛衍生物是合成具有抗肿瘤活性化合物 Geiparvarin 的重要中间体[106]。Chimichi 等人在合成香豆素醛衍生物时，利用罗森蒙德方法还原相应的酰氯定量地得到相应的产物醛 (式 55)[107,108]。

1. $SOCl_2$, $CHCl_3$, reflux, 2 h
2. 5% Pd-$BaSO_4$, H_2
PhMe, reflux, 4 h
100%
(55)

5.2.2 使用改进的罗森蒙德催化氢化反应将酰氯还原成为醛类化合物

经典的罗森蒙德催化氢化方法虽然可以制备多种醛类化合物，但反应仍然存在有一些缺点，例如：结果不可靠、重复性不好、需要使用钯等贵金属催化剂和对水敏感等。因此，多年来人们一直探索其它由羧酸及其衍生物合成相应醛的方法。

Pd-C 是一种广泛使用的钯类非均相催化剂。但是，在一般的催化氢化条件下，直接使用该催化剂进行反应往往选择性较差。但是，在某些特殊的条件下，Pd-C 催化氢化可以实现从羧酸及其衍生物制备相应醛的目的。例如：在 2,6-二甲基吡啶存在下，Pd-C 催化剂可以将多种酰氯还原成为相应的醛[39]。Chen 等曾利用 Pd-C/2,6-二甲基吡啶体系，将 4-氯丁酰氯首先氢化成为醛，然后再进一步转化成为相应的缩醛 (式 56)[109]。Ancliff 等人采用氢气氛下的高温 (140 °C) 条件，首先使 Pd-C 催化剂活性降低。然后，利用该催化剂实现了酰氯的选择性催化氢化制备相应的醛，收率高达 89% (式 57)[110]。

1. 10% Pd-C, H_2 (40 psi)
2,6-lutidine, 23 °C, 3.5 h
2. MeOH, H_2SO_4
76%
(56)

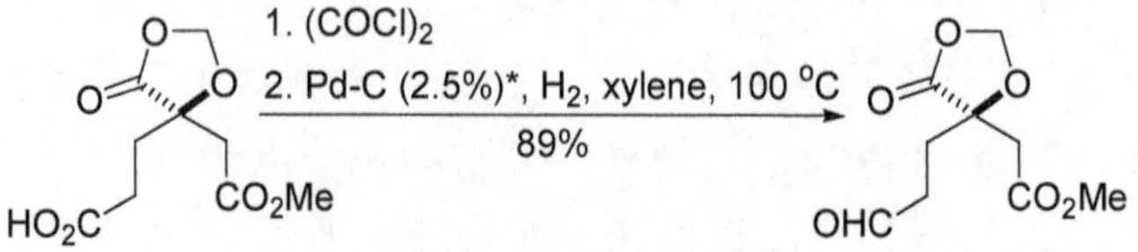

1. $(COCl)_2$
2. Pd-C (2.5%)*, H_2, xylene, 100 °C
89%

HO_2C … CO_2Me → OHC … CO_2Me (57)

* 10% Pd-C was deactivated at 140 °C for 1 h under an atmosphere of H_2

Falorni 等人报道：在 Pd-C 催化氢化条件下，可以将羧酸的三嗪酯还原成为相应的醛。如表 6 所示[111]：底物中的苄基酯基本不受反应的影响。

表 6 Pd-C 催化氢化条件下直接将羧酸的衍生物还原成为醛

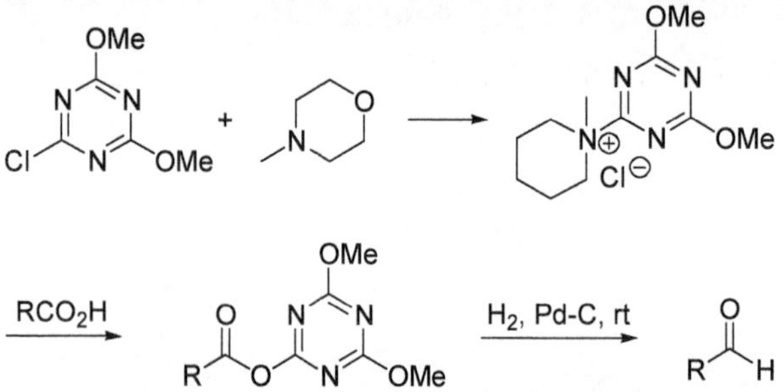

OMe, Cl, OMe + N-甲基吗啉 → $Cl^{\ominus}$, OMe, OMe

RCO_2H → OMe, R, O, OMe → H_2, Pd-C, rt → R, H, O

底物	产物	产率/%	底物	产物	产率/%
 $Ph(CH_2)_2CO_2H$	 $Ph(CH_2)_2CHO$	79	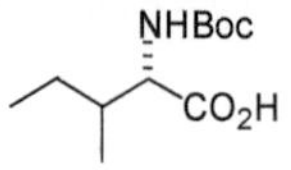 NHBoc, CO_2H	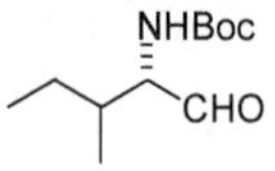 NHBoc, CHO	77
 $Ph(CH_2)_6CO_2H$	 $Ph(CH_2)_6CHO$	84	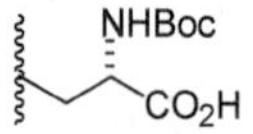 NHBoc, CO_2H	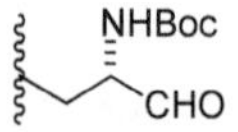 NHBoc, CHO	76
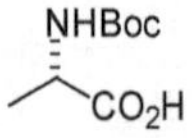 NHBoc, CO_2H	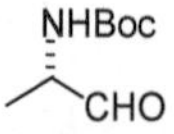 NHBoc, CHO	79	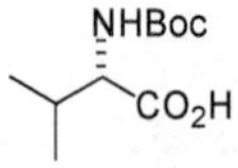 NHBoc, CO_2H	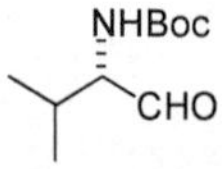 NHBoc, CHO	84
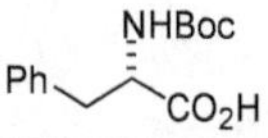 Ph, NHBoc, CO_2H	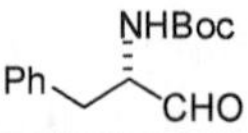 Ph, NHBoc, CHO	81	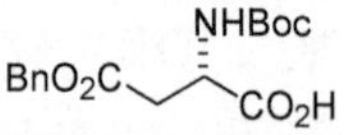 BnO_2C, NHBoc, CO_2H	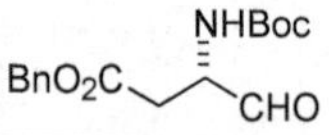 BnO_2C, NHBoc, CHO	72

除了常见的 Pd-C 催化剂外，也可以使用其它载体负载的钯催化剂实现酰氯的选择性氢化反应。例如：Tanaka 等人利用溶胶和凝胶法制备的 Pd-SiO_2 催化剂，实现了不同酰氯的高度选择性还原。其中，3-甲氧基苯甲酰氯的还原收率高达 99% (式 58)[112]。也可以利用聚合物负载的钯催化剂进行酰氯的选择性还原，例如：Cum 等人采用芳香族聚酰胺负载的钯催化剂，可以选择性氢化芳香族和脂肪族酰氯成为相应的醛，收率约为 53%~99%。如式 59 和式 60 所示[113]：在该还原体系中可以允许芳基氯和碳-碳双键的存在。

3% Pd-SiO$_2$, H$_2$, PhMe, 80 °C, 62 h
99%
(58)

1.0% Pd-PPTA, H$_2$, xylene, 120 °C, 2 h
82%
PPTA = poly-*p*-phenyleneterephthalamide
(59)

1.0% Pd-PPTA, H$_2$, xylene, 80 °C, 2 h
75%
(60)

金属钌催化剂也可用于罗森蒙德催化氢化反应。例如：在合适的碱存在下，Grushin 等利用钌类均相催化剂 $(Ph_3P)_3Ru(H)Cl$ 和 $(Ph_3P)_3RuCl_2$，实现了 Rosenmund 还原和 Tishchenko 序列反应，以中等至较高的收率由酰氯直接得到相应的酯。如式 61 和式 62 所示[114,115]：在该反应过程中，酰氯首先被还原成为醛，然后两分子醛继续反应生成一分子酯。在该反应体系中，可以允许底物中有芳基氯和芳香硝基的存在。

$(PPh_3)_3RuCl_2$ (5 mol%), H$_2$ (1 atm)
collidine, PhMe, 55 °C, 20 h
52%
(61)

$(PPh_3)_3RuCl_2$ (5 mol%), H$_2$ (1 atm)
collidine, PhMe, 55 °C, 20 h
67%
(62)

在罗森蒙德催化氢化中，除了使用工业上的氢气之外也可通过催化氢转移方法进行。例如：Shamsuddin 等以甲酸为氢供体，在温和的条件下（室温）将多种酰氯转化成为相应的醛。如表 7 所示[116]：该反应时间一般小于 1 h，收率约为 79%~96%。该方法可以将 α-三氯乙酰氯选择性地还原成为相应的 α-三氯乙醛，而使用一般的罗森蒙德还原无法实现这种转化[105]。在该还原体系中，底物中的碳-碳三键和碳-碳双键均不受到影响。

表 7 利用氢转移反应将酰氯还原成为醛

$$RCOCl \xrightarrow[79\%\sim96\%]{HCO_2H,\ NH_4OH,\ N_2,\ rt,\ <1\ h} RCHO$$

R	时间/min	产率/%	R	时间/min	产率/%
Et	35~40	79	$PhCH_2$	45~50	80
n-Pr	25~30	90	Cl_3C	40~45	76
$C_{11}H_{23}$	20~25	96	Δ^9-$C_{17}H_{33}$	25~30	91
$C_{15}H_{31}$	15~20	95	Me_2C=CH	40~45	86
$C_{17}H_{35}$	15~20	94	PhCH=CH	40~45	90
Ph	30~35	79	PhC≡C	35~40	79

5.2.3 非催化氢化方法将羧酸及其衍生物转化成为醛类化合物

为了提高反应的选择性或为了发展新的方法，近年来也有不少使用非催化氢化手段将羧酸及其衍生物转化成为醛类化合物的报道，例如：使用有机锡、硅烷、铝试剂、硼试剂、磷试剂等作为还原剂[117,118]。

三丁基氢化锡 (Bu_3SnH) 是常用的锡类还原剂，被誉为医药中间体合成的万能还原剂，它同样可以用于酰氯的选择性还原[119]。Lusztyk 等人详细研究了三丁基氢化锡对酰氯的还原反应机理，他们认为：该反应过程不是自由基链式反应，也没有自由基中间体产生。该反应首先生成醛，然后醛可进一步反应形成酯和其它产物[120]。Inoue 等人利用三丁基氢化锡为还原剂，在催化量的三氯化铟和三苯基膦的存在下，可以将多种酰氯选择性还原成为相应的醛，大部分产物都得到较高的收率。如表 8 所示[121]：该反应可以允许芳香硝基、芳香氰基、芳基氯和

表 8 利用 $Bu_3SnH/InCl_3/PPh_3$ 体系选择性还原酰氯成为醛①

$$RCOCl \xrightarrow{Bu_3SnH,\ cat.\ InCl_3,\ cat.\ PPh_3,\ toluene} RCHO$$

序号	R	反应条件	收率/%	序号	R	反应条件	收率/%
1	Ph	−30 °C, 2h	97	5②,③	*p*-$NO_2C_6H_4$	−78 °C, 2 h	85
2②,③	*p*-$MeOC_6H_4$	0 °C, 2 h	99	6	*n*-C_6H_{13}	−30 °C, 2 h	93
3	*p*-ClC_6H_4	−30 °C, 2 h	80	7③	$Cl(CH_2)_5$	−30 °C, 2 h	83
4③	*p*-CNC_6H_4	−78 °C, 4 h	91	8③	CH_2=$CH(CH_2)_8$	−30 °C, 2 h	92

① $[InCl_3]:[PPh_3]:[Bu_3SnH]:[RCOCl]$ = 0.1:0.2:1:1 (in mmol);

② $[InCl_3]:[PPh_3]:[Bu_3SnH]:[RCOCl]$ = 0.1:0.2:1:1 (in mmol);

③ 以 THF 代替甲苯作为溶剂。

碳-碳双键的存在。为了避免使用较贵的过渡金属催化剂，Ménez 等以 *N*-甲基-2-吡咯烷酮 (NMP) 为溶剂和三丁基氢化锡为还原剂，在室温和无过渡金属催化剂存在下实现了多种酰氯的选择性还原。

如式 63 和式 64[122]所示：该反应体系允许底物中有苄醚、烯丙醚、芳基溴、芳香硝基和碳-碳双键的存在。Garg 等人在合成具有生物活性的海洋天然产物 Dragmacidin D 时，也曾利用三丁基氢化锡将酰氯还原成为醛的产物[123]。

Bu_3SnH (1.05 eq.), NMP, rt, 70% (63)

Bu_3SnH (1.05 eq.), NMP, rt, 74% (64)

虽然烷基氢化锡是常用的还原剂，但由于锡类试剂毒性较大而在一定程度上限制了它的应用。事实上，硅烷也是一种用于羧酸及其衍生物的选择性还原试剂。如式 65 所示[124]：Corriu 等人利用一种高价硅烷试剂 (hypervalent silicon hydride)，可以较高的分离产率 (80%~91%) 将多种芳香族和脂肪族酰氯还原成为相应的醛，而且反应中允许碳-碳双键、芳香硝基、芳杂环 (吡啶、呋喃、噻吩) 等的存在。Nakanishi 等人使用三乙基硅烷为还原剂和醋酸钯为催化剂，可将芳香族和脂肪族羧酸-2-吡啶酯还原成为相应的醛。如式 66 和式 67 所示[125]：底物中的醛基、缩醛和碳-碳双键等均不受到影响。在该反应体系中，最好的溶剂为 DMF 而最好的硅烷为三乙基硅烷。如果采用其它的硅烷则会降低反

silicon hydride, 86% (65)

Et_3SiH (2 eq.), $Pd(OAc)_2$ (3 mol%), PPh_3 (9 mol%), DMF, 60 °C, 12 h, 76% (66)

$$\text{(67)}$$
Et$_3$SiH (2 eq.), Pd(OAc)$_2$ (3 mol%)
PPh$_3$ (9 mol%), DMF, 60 °C, 12 h
74%

应的产率，例如：聚甲基氢硅氧烷、三苯基硅烷或三乙氧基硅烷。该反应中必须有三苯基膦的存在，否则只能得到痕量的醛类产物。

也可以使用合适的磷试剂首先将羧酸及其衍生物转化成为酰基鏻盐中间体，然后再进一步还原成为醛类产物。例如：Maeda 等人利用酰氯和三丁基膦反应原位生成酰基鏻盐中间体，然后用锌-铜偶或锌还原得到相应的醛。在多数情况下，该反应可以给出定量的产率。如式 68 所示[126]：该反应体系适合于芳香族和脂肪族酰氯，且底物中的芳基氯不会受到影响。在此基础上，Jia 等人利用零价钐为还原剂，同样可以高度选择性地将酰氯还原成为相应的醛。如式 69 所示[127]：底物可以是芳香族酰氯或脂肪族酰氯，且底物中的芳基氯、芳香硝基、碳-碳双键在反应中不会受到影响。

PBu$_3$ (1.2 eq.), Zn-Cu (2 eq.)
MsOH (2 eq.), N$_2$, rt, 1 h
100%
(68)

PBu$_3$ (1.2 eq.), Sm (0.67 eq.)
aq. HCl, –20 °C, 1 h
95%
(69)

氢化铝类试剂也常常用于该目的。Brown 等人利用三叔丁氧基氢化锂铝 [LiAl(O^{t}Bu)$_3$H] 作为还原剂将酰氯还原成为醛，对硝基苯甲酰氯被还原成为对硝基苯甲醛的产率高达 80%[128]。Heras 等人报道：首先将酰氯和氨基咪唑盐反应生成酰胺中间体，然后在二异丁基氢化铝 (DIBAL) 作用下被还原成为相应的醛。底物中允许有碳-碳双键、芳香硝基和芳基氯的存在，且可以由二酰氯制备二醛类产物[129]。

6 林德拉和罗森蒙德催化氢化在天然产物合成中的应用

许多天然产物都含有碳-碳双键，有些还含有两个或多个双键。在现代有机合成中，构筑碳-碳双键的方法有很多，例如：通过醇、卤代烃和酯等的消除反应、Wittig 反应、偶联反应、关环复分解反应 (ring closing metathesis reactions) 等。但是，若在分子中立体选择性地生成顺式碳-碳双键，通过碳-碳三键的林德拉选择性催化氢化仍然是一种强有力的手段。由于炔的偶联反应较易实现 (例如：Sonogashira 偶联反应等)，使得林德拉催化氢化在天然产物合成中具有广泛的应用。罗林蒙德催化氢化虽然不如林德拉催化氢化应用广泛，但作为一种合成复杂醛类化合物的手段，在天然产物合成中也有一些报道。

前列腺素 (Prostaglandins, **简称** PG) 是一类不饱和脂肪酸组成的具有多种生理活性的物质，主要存在于动物和人体中[130]。1936 年，Goldblatt 和 von Euler 分别发现人的精液中含有一种可以引起平滑肌和血管收缩的液体成分，当时以为这一物质是由前列腺释放的，因而定名为前列腺素，现已证明人体全身许多组织细胞都能产生该类物质。前列腺素 (PG) 在体内由花生四烯酸合成，结构为一个五元脂肪环和两条侧链构成的 20-碳不饱和脂肪酸。按照化学结构上的差异，前列腺素可以分为 A、B、C、D、E、F、G、H 和 I 等类型。前列腺素对内分泌、生殖、消化、血液呼吸、心血管、泌尿和神经系统均显示出重要的生物学活性。例如：前列腺素 E 和 F 类衍生物可使妇女子宫强烈收缩，可用于终止妊娠和催产。前列腺素的两个脂肪碳链中共有两个碳-碳双键，其中一个是顺式结构，因此可通过林德拉催化氢化碳-碳三键来制备。

如式 70 所示[131]: Fürstner 等人在合成前列腺素 E_2 及其内酯时，首先利用炔丙醇类原料 **1** 与 2-环戊烯酮衍生物 **2** 反应得到环外含有一个不饱和双键碳链的中间体。然后，再与炔丙基碘化物反应引入另一个碳链，同时引入碳-碳三键得到中间体 **3**。化合物 **3** 与另一炔类化合物 **4** 进行关环复分解反应，得到关键中间体 **5**。中间体 **5** 再进行林德拉催化氢化即得到中间体 **6** (收率 87%)。中间体 **6** 已经具备了前列腺素的骨架结构，依次通过脱保护基和水解即可得到前列腺素 E_2 (PGE_2)。

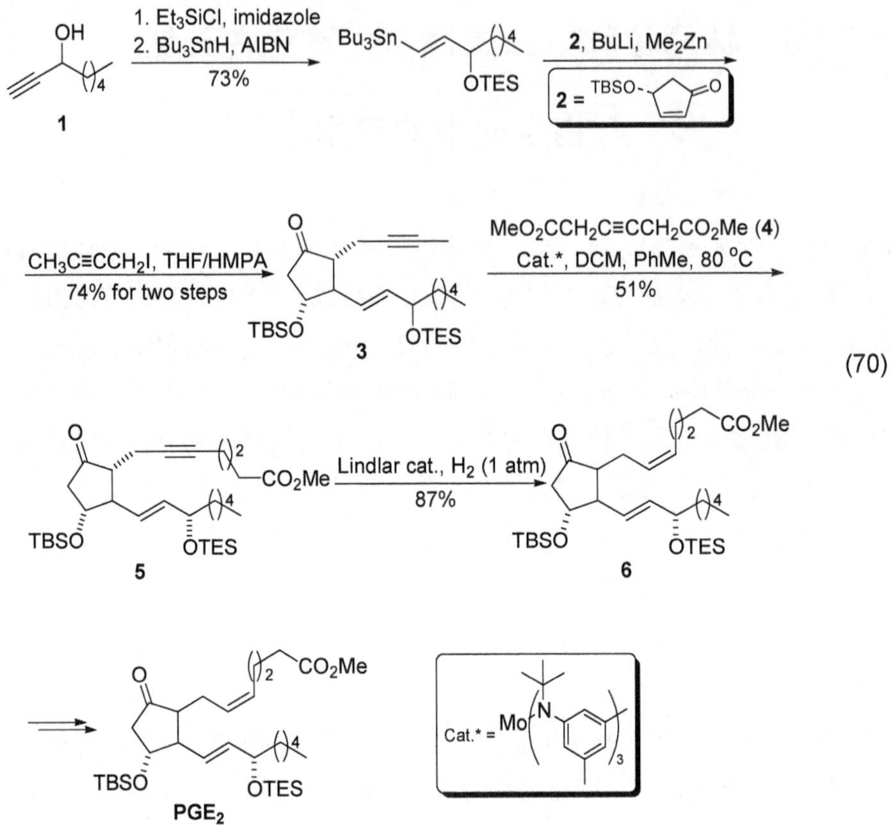

(70)

Dictyostatin 是一种具有抗肿瘤活性的天然产物，1994 年由 Pettit 等人首次从海绵 *Spongia* sp. 中提取得到[132]。Dictyostatin 作用于微管蛋白，能够抑制小鼠 P388 淋巴性白细胞的生长 (ED_{50} = *ca*. 0.7 nmol/L)，同时能够强烈抑制人癌细胞的生长 (GI_{50} = 50 pmol/L~1 nmol/L)。更重要的是它比紫杉醇类化合物更能有效抑制药物敏感性人癌细胞的生长 (例如：Dictyostatin 抑制 MCF-7 细胞系的 IC_{50} 是 1.5 nmol/L，而紫杉醇是 2.5 nmol/L)。从结构上来看，Dictyostatin 属于大环内酯类化合物，在其环上有两个顺式的碳-碳双键，可考虑利用林德拉催化氢化反应来制备。

如式 71 所示[133]：Shin 等人首先分别合成了 Weinreb 酰胺中间体 **7**、带有端炔的中间体 **8** 和 Wittig-Horner 试剂中间体 **9**。然后，将中间体 **8** 在丁基锂的作用下转化成为炔基锂，并与 Weinreb 酰胺 **7** 反应生成炔基酮类化合物 **10**。接着，再用 (*S,S*)-Noyori 催化剂进行手性还原得到炔基醇中间体 **11**。将中间体 **11** 在林德拉催化氢化条件下还原即可得到烯丙醇中间体 **12**，从而完成一个顺式碳-碳双键的构建。最后，化合物 **12** 再经硅醚保护、Wittig-Horner 反应、氧化、还原、脱保护和酯化等步骤生成目标产物 (−)-Dictyostatin。

(71)

Dictyostatin
total yield 3.28% from **7** and **8**

Disorazoles C_1 为黏细菌的次级代谢产物，是 1994 年由 Jansen 及其合作者从 *Sorangium cellulosum* 的发酵液中提取的 29 种成分之一[134]。在 Disorazoles 家族中，Disorazole A_1、Disorazole E 和 Disorazole C_1 在 pmol/L 和 nmol/L 浓度对人类癌细胞具有良好的抑制活性，其抗癌机理是抑制微管蛋白的聚合。Disorazole C_1 对人类多种癌细胞，例如：肺癌 A549、前列腺癌 PC-3、结肠癌 HCT-116 WT 以及卵巢癌细胞等抑制活性较强，IC_{50} 值在 116~619 nmol/L 之间。从结构上来看，Disorazole C_1 是含有多烯 (8 个碳-碳双键，其中 4 个顺式结构) 的大环内酯类化合物，且有一定的对称性。

Wipf 和 Graham 在合成 Disorazole C_1 时，首先巧妙地构筑了两个碳-碳三键。然后，再利用一步林德拉催化氢化得到两个顺式碳-碳双键。如式 72 所示[135]：他们首先从已知的原料分别通过多步反应得到三个关键中间体：端炔化合物 **13**、乙烯基碘化物 **14** 和 **15**，然后 **13** 和 **14** 在 Sonogashira 反应条件下进行偶联得到烯炔中间体 **16**。**16** 和 **15** 经酯化反应后，接着再与 **13** 发生 Sonogashira 偶联得到含有两个碳-碳三键的中间体 **17**。**17** 依次经水解和分子内酯化得到大环内酯中间体 **18**，最后经脱保护和林德拉催化氢化完成产物 Disorazole C_1 的全合成。

HO

O

O

PMBO

HO

13

$PdCl_2(PPh_3)_2$, CuI, Et_3N

CH_3CN, –20~25 °C, 75 min

94%

HO CN

RO_2C N MeO O I

14: R = Me; **15**: R = H

BMPO OH

MeO

N O

16 MeO_2C

15, DCC, DMAP

DCM, 0~25 °C, 14 h

80%

MeO

O N O

BMPO O

MeO

N O

MeO_2C

13, $PdCl_2(PPh_3)_2$, CuI, Et_3N

CH_3CN, 75 min, –20~25 °C

94%

(72)

MeO

HO

O N

BMPO O O OBMP

O CO_2Me

17 MeO N

LiOH, aq. THF

rt, 13.5 h

98%

esterification[a]

79%

OMe

O N

BMPO O O

OBMP

O O

N

18 MeO O

deprotection[b]

61%

H_2, Lindlar cat., quinoline

EtOAc, rt, 1 h

57%

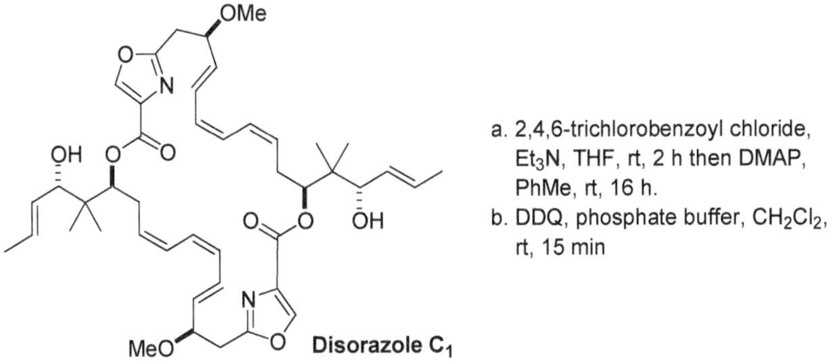

a. 2,4,6-trichlorobenzoyl chloride, Et_3N, THF, rt, 2 h then DMAP, PhMe, rt, 16 h.
b. DDQ, phosphate buffer, CH_2Cl_2, rt, 15 min

Disorazole C_1

灵猫酮 (Civetone) 又叫香猫酮，化学名称为环十七-9-烯-1-酮，是灵猫香中的主要香气成分。该化合物在浓度高时具有令人厌恶的臭气，但经高度稀释后能释放出令人愉快的香气。该化合物属于高档香精，在香料工业中被用作定香剂和调合剂，与花香、醛香、素心兰和东方型等香料有很好的协调作用。从结构上来看，灵猫酮属于大环酮类化合物，分子中有一个顺式碳-碳双键。

Fürstner 和 Seidel 在研究灵猫酮合成时，分别利用炔烃的关环复分解 (RCM) 反应和林德拉催化氢化等关键反应，得到了具有顺式碳-碳双键的大环结构。如式 73 所示[136]：他们首先将易得的 9-十一炔-1-醇用 PDC 氧化成为相应的醛中间体 **19**。然后，化合物 **19** 与一个含有炔键的格氏试剂 **20** 反应得到仲醇中间体 **21**。中间体 **21** 经 PDC 氧化成为酮 **22** 后，在 Schrock 烃基炔复合物 $(t\text{-BuO})_3W{\equiv}CCMe_3$ 的作用下发生 RCM 反应得到关环的炔酮中间体 **23**。最后，中间体 **23** 经林德拉催化氢化得到目标产物灵猫酮，总收率 32%。

(*R*)-(–)-Japonilure 是日本金龟子 *Popillia japonica* 的性信息素，其对映体 (*S*)-(–)-Japonilure 是日本大阪金龟子 *Anomala osakana* 的信息素。但是，外消旋体 (±)-Japonilure 没有生物活性。研究发现：该化合物的 (*S*)-对映体对 (*R*)-对映体有很强的抑制作用，99% ee 值的 Japonilure 的生物活性仅相当于对映体纯的 (*R*)-Japonilure 的三分之二。从结构上来看，Japonilure 是由一个不饱和侧链取代的 γ-丁内酯，其中的侧链含一个顺式的碳-碳双键。Dos Santos 等曾报道 Japonilure 两种异构体的合成，并同时利用了改进的罗林蒙德还原和经典的林德拉催化氢化两种方法。

如式 74 所示[137]：他们首先利用简单的丁二酸酐为原料，在异丙醇作用下生成丁二酸单异丙酯。然后，将另一个羧基用草酰氯转化成酰氯，再在罗森蒙德催化条件下将酰氯转化成为关键中间体醛 **24**。接着，用二乙基锌处理 1-癸炔生成炔基锌试剂，并在 (*R*)-(+)- 或 (*S*)-(–)-BINOL、$Ti(O\text{-}^iPr)_4$ 的存在下与醛 **24** 发

生加成直接生成 γ-丁内酯中间体 **25**。最后，**25** 再进行林德拉催化氢化即可得到目标产物 (*R*)-Japonilure 和 (*S*)-Japonilure。

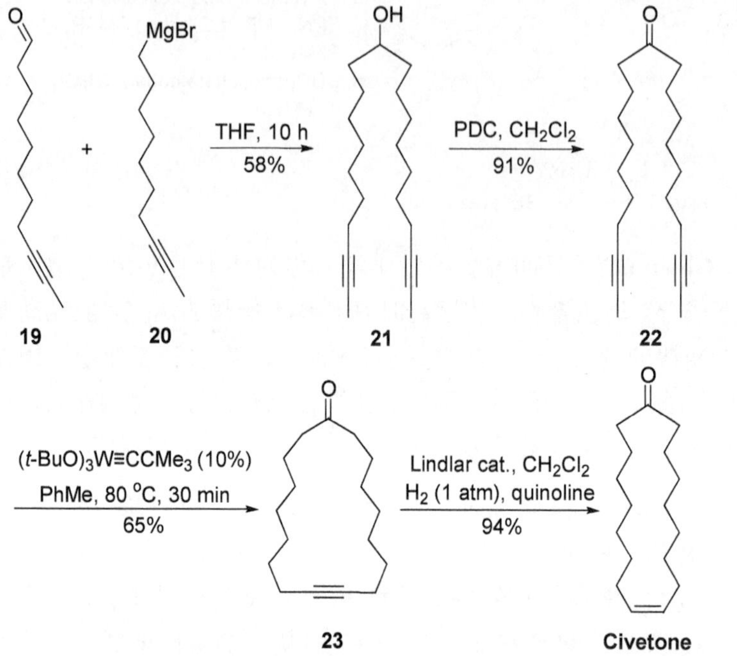

THF, 10 h
58%

PDC, CH_2Cl_2
91%

19 **20** **21** **22** (73)

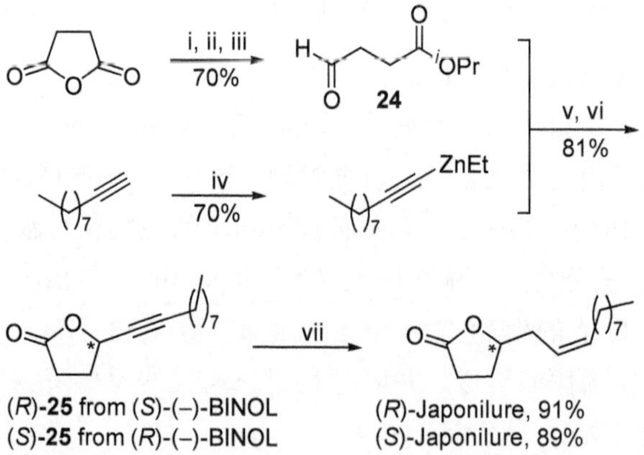

$(t\text{-BuO})_3W{\equiv}CCMe_3$ (10%)
PhMe, 80 °C, 30 min
65%

Lindlar cat., CH_2Cl_2
H_2 (1 atm), quinoline
94%

23 **Civetone**

i, ii, iii
70%

24

iv
70%

v, vi
81%

(74)

vii

(*R*)-**25** from (*S*)-(−)-BINOL
(*S*)-**25** from (*R*)-(−)-BINOL

(*R*)-Japonilure, 91%
(*S*)-Japonilure, 89%

反应条件: i. ^{i}PrOH, reflux, 10 h; ii. $(COCl)_2$, PhH; iii. H_2, Pd/C, THF, 2,6-lutidine; iv. Et_2Zn (1 eq.), PhMe, 100 °C, 12 h; v. (*R*)-(+)- or (*S*)-(−)-BINOL; vi. $Ti(O\text{-}Pr^i)_4$; vii. 5% $Pd\text{-}CaCO_3/Pb(OAc)_2$, H_2 (1 atm), pentane, 0 °C, 5 h.

7 林德拉和罗森蒙德催化氢化反应实例

例 一

(2*R*,*Z*)-1-苯基戊-3-烯-2-胺的合成[138]
(合成顺式烯丙胺化合物)

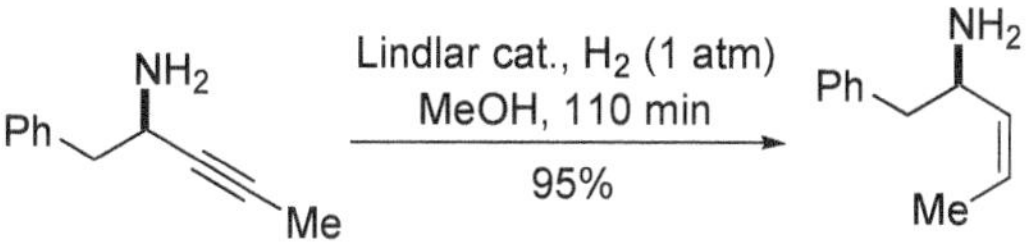

NH2
Ph
Me
Lindlar cat., H2 (1 atm)
MeOH, 110 min
95%
NH2
Ph
Me

(75)

在常温和常压下，将 (*R*)-1-苯基戊-3-炔-2-胺 (481 mg) 和林德拉催化剂 (26 mg) 的绝对甲醇悬浮液在氢气氛下剧烈搅拌 110 min 后，经 GC 检测原料已完全消失。将反应液通过 Celite 过滤除去催化剂，减压蒸去滤液中的溶剂后所得残余物即为产物 (487 mg, 95%)。

例 二

4-乙酰氧基-5-乙酰氧甲基-2-[2,4-二氧代-5-(2-三甲基硅基乙烯基)-3,4-二氢-2*H*-1-嘧啶基]-3-四氢呋喃基乙酸酯的合成[139]
(合成乙烯基嘧啶酮化合物)

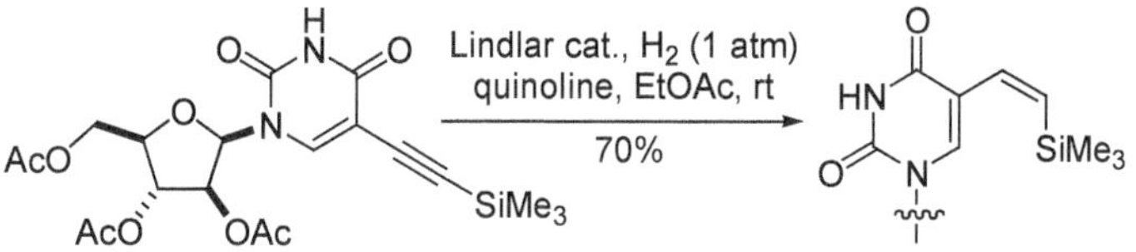

H
O
N
O
N
O
AcO
AcO
OAc
SiMe3
Lindlar cat., H2 (1 atm)
quinoline, EtOAc, rt
70%
O
HN
O
N
SiMe3

(76)

将 4-乙酰氧基-5-乙酰氧甲基-2-[2,4-二氧代-5-(2-三甲基硅基乙炔基)-3,4-二氢-2*H*-1-嘧啶基]-3-四氢呋喃基乙酸酯 (150 mg, 0.32 mmol) 溶于新蒸的乙酸乙酯 (20 mL) 中，然后加入新蒸的喹啉 (0.8 mL) 和林德拉催化剂 (110 mg)。反应混合物在常温和常压下加氢反应，直到原料消耗完全。反应液用 Celite 过滤，滤饼用乙酸乙酯洗涤。合并的滤液分别用盐酸 (1 mol/L , 3 × 30 mL) 和水 (2 × 30 mL) 洗涤。有机相蒸去溶剂后得到白色固体，该固体用半制备 HPLC (MeOH-H_2O, 3:2, 9.9 mL/min) 纯化得到非晶态的固体 (106 mg, 70%)，熔点 129~130 °C (EtOH-H_2O)。

例 三

(2*E*,4*E*,6*E*,8*E*)-3,7-二甲基-9-(3-香豆素基)-2,4,6,8-壬四烯醛的合成[140]
(合成多烯醛类化合物)

1. Lindlar cat. (12.5%), H_2, quinoline
2. I_2 (trace), reflux

(77)

将 (2*Z*,6*E*,8*E*)-3,7-二甲基-9-(3-香豆素基)-2,6,8-三烯-4-炔壬醛 (80 mg, 0.26 mmol) 溶于正己烷-乙酸乙酯 (1:1) 中，然后加入林德拉催化剂 (10 mg) 和喹啉 (3 μL)。反应混合物在氢气氛下进行反应，当有 6 mL 氢被吸收后停止反应。过滤除去催化剂，减压蒸去滤液中的溶剂，残余物经柱色谱 (用含乙醚 0~60% 的正己烷-乙醚进行梯度洗脱) 纯化得含顺反异构体的产物 (70 mg, 86%)。将该产物溶于正己烷-乙酸乙酯 (1:1) 中，在微量碘存在下回流 4 h 进行异构化。反应液冷却后减压除去溶剂，残余物立即经柱色谱纯化。收集 R_f = 0.35~0.37 的组分，并用高压液相色谱 (HPLC) 分离出全反式的异构体 (洗脱液：含乙醚 20% 的苯，流速 5 mL/min)。

例 四

(2*R*,3*Z*,6*E*)-5-叔丁基-6-甲基-3,6-二烯-2,5-辛二醇的合成[141]
(合成烯丙醇类化合物)

10% Pd-$BaSO_4$, H_2 (1 atm)
quinoline, EtOH, 5~10 °C, 4 h
88%

(78)

在 (2*R*,6*E*)-5-叔丁基-6-甲基-6-烯-3-炔-2,5-辛二醇 (34.7 g, 165 mmol) 的乙醇 (400 mL) 分散液中，加入 10% Pd-$BaSO_4$ (2.10 g, 1.97 mmol) 和喹啉 (210 mg, 1.62 mmol)。反应混合物在 5~10 °C 和常压下加氢 4 h 后，经 GC 检测原料已完全转化。反应液用 Celite 过滤，减压蒸去滤液中的溶剂，残余物用硅胶柱纯化 (洗脱剂：正戊烷-乙醚, 6:4, R_f = 0.20) 后得产物 (30.8 g, 88%)。

例 五

7-(甲酰基甲氧基)香豆素的合成[107]
(合成香豆素醛化合物)

$$\text{7-(HO}_2\text{CCH}_2\text{O)-香豆素} \xrightarrow[\text{98\%}]{\text{1. SOCl}_2\text{, CHCl}_3\text{, reflux, 2 h; 2. 5\% Pd-BaSO}_4\text{, H}_2\text{, PhMe, reflux, 4 h}} \text{7-(OHCCH}_2\text{O)-香豆素} \quad (79)$$

将 7-(羧乙氧基)香豆素 (220 mg, 1 mmol) 和氯化亚砜 (0.5 mL, 7 mmol) 的干燥氯仿溶液回流 2 h 后，减压除去过量的氯化亚砜和氯仿，残余物为酰氯中间体 (收率 100%)。

将无水甲苯 (6 mL) 和 5% 的 Pd-$BaSO_4$ (32 mg) 加入到一圆底烧瓶中，通入氢气回流 30 min 后冷至室温。加入前面制备的酰氯中间体，反应混合物在氢气氛中回流 4 h 后冷却冷至室温。用乙酸乙酯稀释后，再用 Celite 过滤除去催化剂。蒸去滤液中的溶剂即可得到纯的产物醛 (200 mg, 98%)。

8 参考文献

[1] Isler, O.; Huber, W.; Roneo, A.; Kofler, M. *Helv. Chim. Acta* **1947**, *30*, 1911.

[2] Lindlar, H. *Helv. Chim. Acta* **1952**, *35*, 446.

[3] Rosenmund, K. W. *Chem. Ber.* **1918**, *51*, 585.

[4] Rosenmund, K. W.; Zetzsche, F. *Chem. Ber.* **1921**, *54*, 425.

[5] Fukuda, T. *Bull. Chem. Soc. Jpn.* **1958**, *31*, 343.

[6] Molnár, Á.; Sárkány, A.; Varga, M. *J. Mol. Catal. A: Chem.* **2001**, *173*, 185.

[7] Mozinco, R.; Harris, S. A.; Wolf, D. E.; Hoffhine, C. E.; Easton, N. R.; Folkers, K. *J. Am. Chem. Soc.* **1945**, *67*, 2092.

[8] Mosettig, E.; Mozingo, R. *Org. React.* **1948**, *4*, 362.

[9] Poltarzewsky, Z.; Galvagno, S.; Stalti, P.; Antonucci, P.; Rositani, A.; Giordano, N. *React. Kinet. Catal. Lett.* **1983**, *22*, 383.

[10] Maier, W. F.; Chettle, S. J.; Rai, R. S.; Thomast, G. *J. Am. Chem. Soc.* **1986**, *108*, 2608.

[11] Grushin, V. V.; Alper, H. *J. Org. Chem.* **1991**, *56*, 5159.

[12] Hughes, R. Deactivation of catalysts. Academic Press, London, **1984**, 7.

[13] López, N.; Bridier, B.; Pérez-Ramírez, J. *J. Phys. Chem. C* **2008,** *112*, 9346.

[14] García-Mota, M.; Bridier, B.; Pérez-Ramírez, J.; López, N. *J. Catal.* **2010**, *273*, 92.

[15] Palczewska, W.; Jablonski, A.; Kaszkur, Z.; Zuba, G.; Werrtisch, J. *J. Mol. Catal.* **1984**, *25*, 307.

[16] Jenkins, J. W. *Plat. Met. Rev.* **1984**, *28*, 98.

[17] Ulan, J. G.; Kuo, E.; Maier, W. F. *J. Org. Chem.* **1987,** *52***,** 3126.

[18] Studt, F.; Abild-Pedersen, F.; Bligaard, T.; Sørensen, R. Z.; Christensen, C. H.; Nørskov, J. K. *Angew. Chem., Int. Ed.* **2008**, *47*, 9299.
[19] Teschner, D; Borsodi, J; Wootsch, A; Révay, Z.; Hävecker, M.; Knop-Gericke, A.; Jackson, S. D.; Schlögl, R. *Science* **2008**, *320*, 86.
[20] Anderson, J. A.; Mellor, J.; Wells, R. P. K. *J. Catal.* **2009**, 261, 208.
[21] Yu, J. Q.; Spencer, J. B. *Chem. Commun.* **1998**, 1103.
[22] Strozier, R. W.; Caramella, P.; Houk, K. N. *J. Am. Chem. Soc.* **1979**, *101*, 1340.
[23] Wang, Z. R. Lindlar Hydrogenation. *Comprehensive Organic Name Reactions and Reagents.* John Wiley & Sons, Inc. **2010**, 1758.
[24] Borodziński, A.; Bond, G. C. *Catal. Rev.* **2008**, *50*, 379.
[25] Bos, A. N. R.; Westerterp, K. R. *Chemical Engineering and Processing* **1993**, *32*, l.
[26] Khan, N. A.; Shaikhutdinov, S.; Freund, H. J. *Catal. Lett.* **2006**, *108*, 159.
[27] Takahashi,Y.; Hashimoto, N.; Hara, T.; Shimazu, S.; Mitsudome, T.; Mizugaki, T.; Jitsukawa, K.; Kaneda, K. *Chem. Lett.* **2011**, *40*, 405.
[28] Mei, D. H.; Sheth, P. A.; Neurock, M.; Smith, C. M. *J. Catal.* **2006**, *242*, 1.
[29] Margitfalvi, J.; Guczi, L.; Weiss, A. H. *J. Catal.* **1981**, *72*, 185.
[30] Molero, H.; Bartlett, B. F.; Tysoe, W. T. *J. Catal.* **1999**, *181*, 49.
[31] McEwen, A. B.; Guttieri, M. J.; Maier, W. F.; Laine, R. M.; Shvo Y. *J. Org. Chem.* **1983,** *48,* 4436.
[32] Affrossman, S.; Thomson, S. J. *J. Chem. Soc.* **1962**, 2024.
[33] Wang, Z. R. Rosenmund Reduction. *Comprehensive Organic Name Reactions and Reagents.* John Wiley & Sons, Inc. **2010**, 2421.
[34] Sajiki, H.; Mori, S.; Ohkubo, T.; Ikawa, T.; Kume, A.; Maegawa, T.; Monguchi Y. *Chem. Eur. J.* **2008**, *14*, 5109.
[35] Li, J.; Hua, R. M.; Liu, T. *J. Org. Chem.* **2010**, *75*, 2966.
[36] Fujisawa, T.; Mori, T.; Tsuge, S.; Sato, T. *Tetrahedron Lett.* **1983**, *24*, 1543.
[37] Four, P.; Guibe, F. *J.* Org. *Chem.* **1981**, *46*, 4439.
[38] Lusztyk, J.; Lusztyk, E.; Maillard, B.; Ingold, K. U. *J. Am. Chem. Soc.* **1984,** *106,* 2923.
[39] Burgstahler, A. W.; Weigel, L. O.; Shaefer, C. G. *Synthesis* **1976**, 767.
[40] Burr Jr, J. G. *J. Am. Chem. Soc.* **1951**, *73*, 3502.
[41] Yadav, V. G.; Chandalia, S. B. *Org. Proc. Res. Dev.* **1997**, *1*, 226.
[42] Narula, J. R. A. P. S.; Chawla, H. P. S.; Dev, S. *Tetrahedron* **1983**, *39*, 2315.
[43] Fukuda, T.; Kusama, T. *Bull. Chem. Soc. Jpn.* **1958**, *31*, 339.
[44] Corey, E. J.; Shih, C.; Shih, N. Y.; Shimoji, K. *Tetrahedron Lett.* **1984**, *25*, 5013.
[45] Tai, A.; Matsumura, F.; Coppel, H. C. *J. Org. Chem.* **1969**, *34*, 2180.
[46] Coben, N.; Banner, B. L.; Lopresti, R. J.; Wong, F.; Rosenberger, M.; Liu, Y. Y.; Thom, E.; Liebman A. A. *J. Am. Chem. Soc.* **1983**, *105*, 3661.
[47] Vasiljeva, L. L.; Manukina, T. A.; Demin, P. M.; ALapitskaja, M.; Pivnitsky, K. K. *Tetrahedron* **1993**, *49*, 4099.
[48] Zhou, W. S.; Shen, Z. W. *J. Chem. Soc., Perkin Trans. 1* **1991**, 2827.
[49] Fürstner, A.; Mathes, C.; Lehmann, C. W. *Chem. Eur. J.* **2001**, *7*, 5299.
[50] Taylor, E. C.; Yoon, C. M. *J. Org. Chem.* **1994**, *59*, 7096.
[51] Evans, D. A.; Fitch, D. M. *Angew. Chem., Int. Ed.* **2000**, *39*, 2536.
[52] Zhou, W. J.; Wang, K. H.; Wang, J. X. *J. Org. Chem.* **2009,** *74*, 5599.

[53] Kieboom, A. P. G.; Rantwijk, F. Hydrogenation and hydrogenolysis in synthetic organic chemistry. Delft, the Netherlands: Delft University Press, **1977**, 3.

[54] Papageorgiou, E. A.; Gaunt, M. J.; Yu, J. Q.; Spencer, J. B. *Org. Lett.* **2000**, *2*, 1049.

[55] Qin, D. H.; Byun, H. S.; Bittman, R. *J. Am. Chem. Soc.* **1999,** *121,* 662.

[56] Leeuwenburgh, M. A.; Kulker, C.; Duynstee, H. I.; Overldeeft, H. S.; van der Marel, G. A.; van Boom, J. H. *Tetrahedron* **1999**, *55*, 8253.

[57] Nicolaou, K. C.; Xu, J. Y.; Kim, S.; Ohshima, T.; Hosokawa, S.; Pfefferkorn J. *J. Am. Chem. Soc.* **1997,** *119,* 11353.

[58] Fujita, M.; Chiba, K.; Nakano, J.; Tominaga, Y.; Matsumoto, J. *Chem. Pharm. Bull.* **1998**, *46*, 631.

[59] Walters, M. A.; Hoem, A. B. *J. Org. Chem.* **1994**, *59*, 2645.

[60] Campos, K. R.; Cai, D. W.; Journet, M.; Kowal, J. J.; Larsen, R. D.; Reider P. J. *J. Org. Chem.* **2001,** *66,* 3634.

[61] Chapuis, C. *Tetrahedron Lett.* **1992**, *33*, 2461.

[62] Koskinen A. M. P.; Paul, J. M. *Tetrahedron Lett.* **1992**, *33*, 6853.

[63] Li, S. M.; Kasemura, S.; Yamamura, S. *Tetrahedron Lett.* **1994**, *35*, 8217.

[64] Altenbach, I. J.; Eiimmeldirk, K. *Tetrahedron: Asymmetry* **1995**, *6*, 1077.

[65] Hamprecht, D.; Josten, J.; Steglich, W. *Tetrahedron* **1996**, *52*, 10883.

[66] Rzasa, R. M.; Shea, H. A.; Romo, D. *J. Am. Chem. Soc.* **1998,** *120,* 591.

[67] Yokokawa, F.; Sugiyama, H.; Aoyama, T.; Shioiri, T. *Synthesis* **2004**, 1476.

[68] Campos, K. R.; Cai, D. W.; Journet, M.; Kowal, J. J.; Larsen, R. D.; Reider P. J. *J. Org. Chem.* **2001**, *66,* 3634.

[69] Zhang, Q. W.; Li, J.; Liu, X. X.; Zhu, Q. M. *Appl. Catal. A: General* **2000**, *197*, 221.

[70] Pachulski, A.; Schodel, R.; Claus, P. *Appl. Catal. A: General* **2011**, *400*, 14.

[71] Hong, J. P.; Chu, W.; Chen, M. H.; Wang, X. D.; Zhang, T. *Catal. Commun.* **2007**, *8*, 593.

[72] Gluhoia, A. C.; Bakkerb, J. W.; Nieuwenhuys B. E. *Catal. Today* **2010**, *154*, 13.

[73] Trimm D. L.; Liu, I. O.Y.; Cant, N. W. *Appl. Catal. A: General* **2010**, *374*, 58.

[74] Trimm D. L.; Cant, N. W.; Liu, I. O.Y. *Catal. Today* **2011**, *178*, 181.

[75] Kang, J. H.; Shin, E. W.; Kim, W. J.; Park, J. D.; Moon, S. H. *Catal. Today* **2000**, *63*, 183.

[76] Praserthdam, P.; Phatanasri, S.; Meksikarin, J. *Catal. Today* **2000**, *63*, 209.

[77] Kim, W. J.; Kang, J. H.; Ahn, I. Y.; Moon, S. H. *Appl. Catal. A: General* **2004**, *268*, 77.

[78] Sulman, E.; Matveeva, V.; Usanov, A.; Kosivtsov, Y.; Demidenko, G.; Bronstein, L.; Chernysov, D.; Valetsky, P. *J. Mol. Catal. A* **1999**, *146*, 265.

[79] Mallat, T.; Baiker, A. *Appl. Catal. A: General* **2000**, *200*, 3.

[80] Lee, J. K.; Kim, D. W.; Cheong, M.; Lee, H.; Cho, B. W.; Kim, H. S.; Mukherjee, D. *Bull. Korean Chem. Soc.* **2010**, *31*, 2195.

[81] Venkatesan, R.; Prechtl, M. H. G.; Scholten, J. D.; Pezzi, R. P.; Machadoc, G.; Dupont, J. *J. Mater. Chem.* **2011**, *21*, 3030.

[82] Alonso, F.; Osante, I.; Yus M. *Adv. Synth. Catal.* **2006**, *348*, 305.

[83] Alonso, F.; Osante, I.; Yus M. *Tetrahedron* **2007**, *63*, 93.

[84] Belger, C.; Neisius, N. M.; Plietker, B. *Chem. Eur. J.* **2010**, *16*, 12214.

[85] Gianetti, T. L.; Tomson, N. C.; Arnold, J.; Bergman, R. G. *J. Am. Chem. Soc.* **2011**, *133*, 14904.

[86] La Pierre, H. S.; Arnold, J.; Toste, F. D. *Angew. Chem., Int. Ed.* **2011**, *50*, 3900.

[87] Giraud, A.; Provot, O.; Hamzé, A.; Brion, J. D.; Alami, M. *Tetrahedron Lett.* **2008**, *49*, 1107.

[88] Coleman, R. S.; Garg, R. *Org. Lett.* **2001**, *3*, 3487.
[89] Ghosh, A. K.; Krishnan, K. *Tetrahedron Lett.* **1998**, *39*, 947.
[90] Lepore, S. D.; Schacht, A. L.; Wiley, M. R. *Tetrahedron Lett.* **2002**, *43*, 8777.
[91] Moormann, A. E.; Wang, J. L.; Palmquist, K. E.; Promo, M. A.; Snyder, J. S.; Scholten, J. A.; Massa, M. A.; Sikorski, J. A.; Webber, R. K. *Tetrahedron* **2004**, *60*, 10907.
[92] Detweiler, W. K.; Amstutz, E. D. *J. Am. Chem. Soc.* **1950**, *72*, 2882.
[93] Burger, A.; Hornbaker, E. D. *J. Org. Chem.* **1953**, *18*, 192.
[94] Chandnani, K. H.; Chandalia, S. B. *Org. Process Res. Dev.* **1999**, *3*, 416.
[95] Hershberg, E. B.; Cason, J. *Org. Synth., Coll. Vol. III,* **1955**, *3*, 627.
[96] Wenkert, E.; Dave, K. G.; Dainis, I.; Reynolds, G. D. *Aust. J. Chem.* **1970**, *23*, 73.
[97] Cook, E. W.; Major, R. T. *J. Am. Chem. Soc.* **1936**, *58*, 2410.
[98] Newman, M. S.; Gill, N. *J. Org. Chem.* **1966**, *31*, 3860.
[99] Rotstein, B. H.; Rai, V.; Hili, R.; Yudin, A. K. *Nature Protocols* **2010**, *5*, 1813.
[100] Liu, B.; Su, D. Y.; Cheng, G. L.; Liu, H.; Wang, X. Y.; Hu,Y. F. *Synthesis* **2009**, 3227.
[101] Meffre, P. *Amino Acids* **1999**, *16*, 251.
[102] Balenović, K.; Bregant, N.; Cerar, D.; Fleš, D.; Jambrešić, I. *J. Org. Chem.* **1953**, *18*, 297.
[103] Maurer, B.; Hauser, A.; Froidevaux, J. C. *Helv. Chim. Acta* **1989**, *72*, 1400.
[104] Bold, G.; Steiner, H.; Moesch, L.; Walliser, B. *Helv. Chim. Acta* **1990**, *73*, 405.
[105] Sellers, J. W.; Bissinger, W. E. *J. Am. Chem. Soc.* **1954**, *76*, 4486.
[106] Chimichi, S.; Boccalini, M.; Salvador, A.; Dall'Acqua, F.; Basso, G.; Viola, G. *ChemMedChem*. **2009**, *4*, 769.
[107] Chimichi, S.; Boccalini, M.; Cosimelli, B. *Tetrahedron* **2002**, *58*, 4851.
[108] Chimichi, S.; Boccalini, M.; Cravotto, G.; Rosati, O. *Tetrahedron Lett.* **2006**, *47*, 2405.
[109] Chen, C. Y.; Senanayake, C. H.; Bill, T. J.; Larsen, R. D.; Verhoeven, T. R.; Reider, P. J. *J. Org. Chem.* **1994**, *59*, 3738.
[110] Ancliff, R. A.; Russell, A. T.; Sanderson, A. J. *Chem. Commun.* **2006**, 3243.
[111] Falorni, M.; Giacomelli, G.; Porcheddu, A.; Taddei, M. *J. Org. Chem.* **1999,** *64*, 8962.
[112] Tanaka, S.; Mizukamia, F.; Niwa, S.; Tobaa, M.; Tasi, G.; Kunimori, K. *Appl. Catal. A* **2002**, *229*, 175.
[113] Cum, G.; Gallo, R.; Galvagno, S.; Spadaro, A.; Vitarelli, P. *J. Chem. Tech. Biotechnol.* **1984,** *34A*, 416.
[114] Grushin, V. V.; Alper, H. *J. Org. Chem.* **1991**, *56*, 5159.
[115] 关于 Tishchenko 反应的综述文献：Seki, T.; Nakajo, T.; Onaka, M. *Chem. Lett.* **2006**, *35*, 824.
[116] Shamsuddin, K. M.; Zobairi, M. O.; Musharraf, M. A. *Tetrahedron Lett.* **1998**, *39*, 8153.
[117] 综述文献：Johnstone, R. A.W. *Comprehensive Organic Synthesis* **1991**, *1*, 259.
[118] 综述文献：Davis, A. P. *Comprehensive Organic Synthesis* **1991**, *1*, 283.
[119] Guibe, F.; Four, P.; Riviere, H. *J. Chem. Soc., Chem. Commun.* **1980**, 432.
[120] Lusztyk, J.; Lusztyk, E.; Maillard, B.; Ingold, K. U. *J. Am. Chem.* Soc. **1984**, *106*, 2923.
[121] Inoue, K.; Yasuda, M.; Shibata, I.; Baba, A. *Tetrahedron Lett.* **2000**, *41*, 113.
[122] Ménez, P. L.; Hamze, A.; Provot, O.; Brion, J. D.; Alami, M. *Synlett* **2010**, 1101.
[123] Garg, N. K.; Sarpong, R.; Stoltz, B. M. *J. Am. Chem. Soc.* **2002**, *124*, 13179.
[124] Corriu, R. J. P.; Lanneau, G. F.; Perrot, M. *Tetrahedron Lett.* **1988**, *29*, 1271.
[125] Nakanishi, J.; Tatamidani, H.; Fukumoto, Y.; Chatani, N. *Synlett* **2006**, 869.
[126] Maeda, H.; Maki, T.; Ohmori, H. *Tetrahedron Lett.* **1995**, *36*, 2247.
[127] Jia, X. S.; Liu, X. T.; Li, J.; Zhao, P. C.; Zhang, Y. M. *Tetrahedron Lett.* **2007**, *48*, 971.

[128] Brown, H.; Mcfarlin, R. *J. Am. Chem. Soc.* **1956**, 78, 252.
[129] Heras, M. A.; Vaquero, J. J.; Garcia-Navio, J. L.; Alvarez-Builla, J. *Tetrahedron Lett.* **1995**, *36*, 455.
[130] Nomura, D. K.; Morrison, B. E.; Blankman, J. L.; Long, J. Z.; Kinsey, S. G.; Marcondes, M. C. G.; Ward, A. M.; Lichtman, A. H.; Conti, B.; Cravatt, B. F. *Science* **2011**, DOI: 10.1126/science.1209200.
[131] Fürstner, A.; Grela, K.; Mathes, C.; Lehmann, C. W. *J. Am. Chem. Soc.* **2000,** *122,* 11799.
[132] Pettit, G. R.; Cichacz, Z. A.; Gao, F.; Boyd, M. R.; Schmidt, J. M. *J. Chem. Soc., Chem. Commun.* **1994**, 1111.
[133] Shin,Y.; Fournier, J. H.; Fukui, Y.; Brückner, A. M.; Curran, D. P. *Angew. Chem., Int. Ed.* **2004**, *43*, 4634.
[134] Jansen, R.; Irschik, H.; Reichenbach, H.; Wray, V.; Höfle. G. *Liebigs Ann. Chem.* **1994**, 759.
[135] Wipf, P.; Graham, T. H. *J. Am. Chem. Soc.* **2004**, *126*, 15346.
[136] Fürstner, A.; Seidel G. *J. Organomet. Chem.* **2000**, *606*, 75.
[137] Dos Santos, A. A.; Francke, W. *Tetrahedron: Asymmetry* **2006**, *17*, 2487.
[138] Roush, W. R.; Straub, J. A.; Brown, R. J. *J. Org. Chem.* **1987**, *52*, 5127.
[139] Robins, M. J.; Manfredini, S.; Wood, S. G.; Wanklin, R. J.; Rennie, B. A.; Sacks, S. L. *J. Med. Chem.* **1991**, *34*, 2275.
[140] Ivanova, D. I.; Ereminb, S. V.; Shvets, V. I. *Tetrahedron* **1996**, *52*, 9581.
[141] Kraft, P.; Popaj, K.; Abate, A. *Synthesis* **2005**, 2798.

钯催化的氢解反应

(Palladium Catalyzed Hydrogenolysis)

程传杰

1 历史背景简述

催化氢解是在催化氢化基础上发展起来的重要有机反应之一。1897 年，法国化学家 Paul Sabatier (1854-1941) 在 Moissan 工作的基础上发现：在 200 °C 和催化量的镍存在下，氢气能与乙烯反应生成乙烷 (式 1)。他在后续的工作中进一步发现：在合适的反应温度下，氢气能够将乙炔、苯、甲苯和苯酚等氢化成为相应的饱和化合物乙烷、环己烷、甲基环己烷和环己醇等。Paul Sabatier 因在氢化方面开创性的工作而被世人尊称为“氢化反应之父”，并与 Victor Grignard 分享了 1912 年诺贝尔化学奖。

催化氢解的发展稍晚于催化氢化。早在 1906 年，Padoa 和 Ponti 就观察到：在 190 °C 和镍催化下，糠醛在氢化反应中除得到主要产物糠醇外，产物中还含有 2-甲基呋喃和 2-戊醇等 (式 2)[1]。1915 年，Sabatier 也发现苄醇在镍催化下进行加氢时会生成甲苯[2]。不过，“氢解”一词最早是由 Carleton Ellis 在 1930 年提出来的，此处氢解是指在氢的作用下 C-C 键发生断裂而生成其它产物。1932 年，Adkins 和 Connors 首次将氢化作用下 C-O 键的断裂也称为氢解[2]。Ellis (1876-1941) 是美国有机化学的主要先驱者之一，早年毕业于麻省理工学院，后来建立了以自己名字命名的实验室。除了在催化加氢方面的突出贡献外，他还堪称为聚酯和抗爆汽油之父，曾在不饱和聚酯方面获得了第一项美国专利 (US Pat., 1933, 1897977)。

$$H_2C{=}CH_2 + H_2 \xrightarrow{\text{Catalyst Ni}} H_3C{-}CH_3 \quad (1)$$

(2) 糠醛 (CHO) —Ni, H_2→ 糠醇 (CH_2OH)；以及 2-甲基呋喃 (CH_3) + 2-甲基四氢呋喃 (CH_3) + 2-戊醇 (OH)

2 催化氢解反应的基本概念

2.1 催化氢解反应的定义

在有机化学反应中，氢气一般是作为还原剂参与反应。因此，这类反应广义上来讲属于氧化-还原反应。当有催化剂参与时，这类反应通常被称为催化氢化反应，所用催化剂常为金属或者它们的配合物。不饱和键 (包括双键与三键) 在进行催化氢化时，氢分子会对不饱和键进行加成生成新的单键或双键。这类反应被称作催化加氢反应 (catalytic hydrogenation)，其实质是通过加成反应使相应的π-键发生断裂 (式 3a)。

另一类反应是氢分子与单键发生反应，导致原来的单键断裂，并使底物上的一个原子或基团被氢原子所取代。这类反应被称作催化氢解反应 (catalytic hydrogenolysis)，其实质是反应使 σ-键发生断裂 (式 3b)。

$$\mathrm{A{=}B} + \underset{*\ \ *}{\mathrm{H{-}H}} \xrightarrow{\text{Cat.}} \mathrm{\overset{H}{A}{-}\overset{H}{B}} \quad \text{catalytic hydrogenation} \qquad (3a)$$

$$\mathrm{A{-}B} + \underset{*\ \ *}{\mathrm{H{-}H}} \xrightarrow{\text{Cat.}} \mathrm{A{-}H} + \mathrm{B{-}H} \quad \text{catalytic hydrogenolysis} \qquad (3b)$$

2.2 催化氢解反应中氢的来源

氢气是催化氢解反应中最早使用和最常见的氢源。商品化的氢气通常是装在绿色的氢气钢瓶中，使用时可通过钢瓶上的减压阀来粗调氢气的压力，更精确的调节需要特殊的加氢设备。常压加氢可通过相应的加氢装置来实现，更简易的也可用气袋装上氢气或用氢气球进行反应。低压加氢可通过 Parr 加氢仪来实现，而高压加氢通常在高压釜中进行。

近年来也发展了许多氢转移反应 (hydrogen transfer reaction)，即在反应中利用一些化学试剂作为氢供体 (hydrogen donor) 代替氢气进行氢解反应。虽然这类反应比直接使用氢气的成本有所提高，但反应较安全、产物的选择性高、氢供体可有多种选择。几乎所有的有机化合物在高温条件下都能作为氢供体，但大多数因反应选择性差而不具有应用价值。通常所说的氢供体是指那些氧化电位足够低的化合物，它们在较温和的反应条件下 (特别是有催化剂存在时) 即可释放出氢气。这类化合物主要包括氢化的芳香化合物 (例如：环己烯、1,4-环己二烯、二氢化吡啶、氢化萘)、不饱和萜烯、醇类 (例如：异丙醇)、甲酸及其盐、肼、环状醚、次磷酸及其盐、三乙基硅烷等[3~6]。醇类氢供体中应用较多的是异丙醇，它具有价廉和反应后处理方便的优点。醇类氢供体一般不能用作酸类物质的氢转移还原，因为醇在酸的催化下易发生脱水，不利于氢转移的进行。甲酸及其盐是另一类应用较广泛的氢供体，其突出的优点是选择性好和反应条件温和。这类氢供体主要用于还原硝基和羰基化合物等。甲酸类氢供体的供氢能力与相应的阳离子有密切的关系[7]，不同的甲酸盐在 10% Pd/C 催化下氢解乙酸苄酯的能力为：

$K^+ > NH_4^+ > Na^+ > NHEt_3^+ > Li^+ > H^+$。

2.3 催化氢解反应中的催化剂

催化氢解反应的催化剂与催化氢化类似，按其在反应中是否溶解可分为均相催化剂和非均相催化剂。均相催化剂主要是一些金属与配体形成的配合物，例如：$(Ph_3P)_2PdCl_2$、$HPtCN(PPh_3)_2$、$Ir(H_2)(ClO_4)(CO)(PPh_3)_2$ 等。非均相催化剂主要是金属或其氧化物、氢氧化物，例如：Pt、PtO_2、Pd、Ru、Rh、Ir 等贵金属催化剂和 Ni、Fe、Co、Cu 等一般金属催化剂。为了增加催化剂的表面积，这类催化剂常常被分散在载体中使用，例如：活性炭、氧化铝、硅藻土和高分子载体等。一般而言，贵金属催化剂参与的催化氢解反应可在相对温和的条件下进行，而廉价金属催化剂的反应常常需要在高温和高压条件下进行。

在各类金属催化剂中，钯类催化剂在液相反应中具有较强的催化氢解能力[8]。钯在催化氢解方面的高活性可能是它对 H-H 键的断裂具有均裂和异裂的双重特性，能够生成既有氢负离子特性又有氢原子特性的还原剂。常用的钯催化剂包括：Pd/C、$Pd(OH)_2/C$、Pd (钯黑)、$Pd/BaSO_4$、Pd/硅藻土、PdO_2、Ru-Pd/C 等。钯催化剂的制备方法主要有浸渍法、金属蒸汽沉淀法、溶剂化金属原子浸渍法、离子交换法、溶胶-凝胶法等。

Pd/C 催化剂是催化氢化和催化氢解最常用的催化剂之一。活性炭具有大的表面积、良好的微孔结构和丰富的表面基团，同时还具有良好的负载性能和还原性。将 Pd 负载在活性炭上，一方面可制得高分散的 Pd 催化剂；另一方面炭可以作为还原剂参与反应，通过提供一个还原环境来降低反应温度和压力，并提高催化剂的活性。Pd/C 具有较强的催化氢解能力，可氢解苄醚、苄胺、苄氧羰基、苄酯以及脱硫和脱卤等，特别是在脱掉苄基保护基方面被广泛应用。$Pd/\gamma\text{-}Al_2O_3$ 是另一种常用的负载的钯类非均相催化剂，它同样具有良好的催化活性。氢氧化钯 $[Pd(OH)_2]$ 是另一种催化氢解常用的催化剂，其中 $Pd(OH)_2/C$ 常被称为 Pearlman 催化剂 (Pearlman's catalyst)[9]。Pearlman 催化剂常常有比 Pd/C 更高的催化氢解能力。例如：当催化氢解被苄醚保护的尿核苷时，采用 Pd/C 催化剂根本无法反应，而用 $Pd(OH)_2$ 则可以高产率地得到相应的苄醚被氢解的产物 (式 4)[10]。

$Pd(OH)_2$, H_2, EtOAc/EtOH, 92%

10% Pd/C, H_2, HOAc, heating, 48 h — No reaction

(4)

近年来，高分子负载催化剂得到了越来越多的重视[11~13]。高分子载体作为一个复杂的配体，它对负载型催化剂的活性及选择性具有很大的影响。特别是有机高分子载体，由于其链结构交联度的不同，常常会引起催化剂活性中心的结构和配体环境的变化，从而影响到催化剂的活性和选择性。不同主链的高分子载体对催化剂的活性及选择性也有较大的影响。

3 催化氢解反应的机理

到目前为止，催化氢化和催化氢解的机理还未完全研究清楚。一般认为金属催化的氢化反应按以下模式进行：首先，反应物分子和氢气分子分别被吸附到催化剂上。然后，参与反应的官能团与催化剂的活性位形成配位键。最后完成氢的转移，氢与反应物形成 σ-键。并不是在催化剂表面上的全部原子或位置都能够起到催化作用，而只是其中一部分具有特殊物理结构的位置才具有催化作用，这种特殊的位置叫做催化剂的活性位 (active site)[14]。金属催化剂的活性位往往在晶体结构的缺陷处，例如：在台阶和扭结处 (steps and kinks)、粗糙的晶面处 (open “rough” crystal faces) 等[15]。

通过研究催化氢解的机理，可以揭示和预测反应底物、催化剂和氢 (包括氢气和原位产生的氢) 之间的反应途径、反应中间体和最终氢解产物。人们研究较早的催化氢解反应是乙烷在镍[16~18]和其它贵金属催化剂[18~22]作用下氢解为甲烷的反应。Taylor 和 Synfelt 的研究认为：乙烷氢解成为甲烷可分四步进行 (式 5)。其中 (ads) 表示吸附，k_1, k_1', k_3 为每一步反应的速率常数，K_2 为平衡常数。首先，乙烷脱去一个氢生成乙基和氢原子，且新生成的乙基与氢原子都被吸附在催化剂表面。然后，被吸附的乙基继续脱氢得到 C_2H_x (x = 0~5) 中间体。若 C_2H_x 发生碳-碳键断裂，便得到碳一中间体 CH_y (y = 0~3)，该碳一中间体接受体系中的氢最终生成甲烷。研究表明：发生碳-碳键断裂的第三步反应是速度决定步骤。这意味着前面两步反应都处于平衡状态，且乙烷发生氘代反应比断裂碳-碳键更容易。在文献中，已经报道的其它实验结果也与这一结论相符合[23]。虽然 C-H 键能 (415.3 kJ/mol) 大于 C-C 键能 (345.6 kJ/mol)，但此处 C-H 键比 C-C 键更容易发生断裂，这是因为反应的难易不仅与反应的热焓有关，还与中间体在催化剂表面的吸附热有关。

$$C_2H_6 \underset{k_1'}{\overset{k_1}{\rightleftharpoons}} C_2H_5\,(ads) + H\,(ads) \qquad (5a)$$

$$C_2H_5\,(ads) + H\,(ads) \overset{k_2}{\rightleftharpoons} C_2H_x\,(ads) + aH_2\,(ads) \tag{5b}$$

$$C_2H_x\,(ads) + H_2 \xrightarrow{k_3} CH_y\,(ads) + CH_z\,(ads) \xrightarrow{H_2} CH_4 \tag{5c}$$

对于乙烷的氢解反应来说，其速率方程可以用式 6 来表示，而温度对反应速率的影响可用式 7 来表示。其中 r 为反应速率，k 为速率常数，p_H 为氢的压力，p_E 为乙烷的压力，n 和 m 分别为氢和乙烷的反应级数，r_0' 为指前因子，E 为反应表观活化能，T 为反应温度。

$$r = k\,p_H^m\,p_E^n \tag{6}$$

$$r = r_0' \cdot exp(-E/RT) \tag{7}$$

有人详细地研究了乙烷在二氧化硅负载的金属催化剂作用下氢解反应的动力学过程[24]。如表 1 所示：在高温气相条件下，乙烷的催化氢解与氢气分压力是呈负相关的。压力越大，其反应速率越慢 (Fe 和 Re 催化剂除外)。通过进一步处理，反应的速率方程被修正为如式 8 所示的表达方式：其中 a 为补偿系数 ($a = 1, 2, 3$)，其它符号意义同前一样。在 Pd 催化的乙烷氢解反应中，$a = 3, n = 0.9, 1 - an = -1.7$。

$$r = k\,p_H^{1-an}\,p_E^n \tag{8}$$

表 1　乙烷在二氧化硅负载的金属催化剂作用下的氢解动力学数据[24]

金属	温度/°C	n	m	温度/°C	E	r_0'
Fe	239~376	0.6	+0.5	270	—	—
Co	219~259	1.0	−0.8	219	30	3.0×10^{25}
Ni	177~219	1.0	−2.4	177	40.6	4.9×10^{31}
Cu	288~330	1.0	−0.4	330	21.4	4.5×10^{20}
Ru	177~210	0.8	−1.3	188	32	1.3×10^{28}
Rh	190~224	0.8	−2.2	214	42	5.8×10^{31}
Pd	343~377	0.9	−2.5	354	58	3.7×10^{33}
Re	229~265	0.5	+0.3	250	31	1.8×10^{26}
Os	125~161	0.6	−1.2	152	35	7.0×10^{30}
Ir	177~210	0.7	−1.6	210	36	5.2×10^{28}
Pt	344~385	0.9	−2.5	357	54	5.9×10^{31}

Zeigarnik 等人[25]利用键指数归一/二次指数势 (Unity Bond Index/Quadratic Exponential Potential, UBI-QEP) 方法，从能量的角度研究了乙烷催化氢解中

C-C 键的断裂情况。他们分别通过实验与理论计算得到碳原子在 VIII 和 IB 族金属元素 Ni(111)、Pd(111)、Pt(111)、Rh(111)、Ru(001)、Ir(111)、Fe(110)、Cu(111) 和 Au(111) 表面上的吸附热。为了使理论计算的数据更为可靠，Zeigarnik 等人将 UBI-QEP 方法计算的数据与文献中用密度泛函理论 (density functional theory, DFT) 得到的数据[26,27]进行校正，得到一组校正的理论计算数据。表 2 分别列出了相应的实验与理论吸附热数据。根据碳原子在金属表面的吸附热数据，他们计算出了不同的碳一和碳二中间体在金属表面的吸附热，最后进一步计算得到碳-碳键断裂的活化能。根据以上计算数据，Zeigarnik 得出了碳原子在不同金属表面的吸附热从小到大排序为：Cu(111) < Au(111) < Pd(111) < Ru(001) ≈ Pt(111) < Ni(111) ≈ Rh(111) < Ir(111) < Fe(110)，这也是不同金属催化剂对碳碳键断裂的活性顺序。最有可能发生碳碳键断裂的中间体 (C_2H_x) 有 CH_3CH_2、CH_3C、CHCH、CH_2CH、CH_2C 和 CHC。

表 2 碳原子在不同金属表面的化学吸附热[25]

吸附热 /kJ·mol^{-1}	Cu (111)	Ni (111)	Pd (111)	Pt (111)	Rh (111)	Ru (001)	Ir (111)	Fe (110)	Au (111)
实验	107	170	188	177	174	168	183	193	131
理论	122	179	168	176	180	174	187	—	127

上述数据都是在气相条件下对 C-C 键进行氢解获得的结果。而在液相和常压条件下，Pd-C 的催化氢解活性要高于相应的 Pt、Ni、Rh 等催化剂。因此，Geneste 等人以 10% 的 Pd-C 作为催化剂，详细研究了 (*trans*)-4-叔丁基环己烷环氧化物 (**1**) 和 (*cis*)-4-叔丁基环己烷环氧化物 (**2**) 的氢解产物。如式 9 所示[8]：在不同溶剂条件下，化合物 **1** 和 **2** 可分别得到不同比例的氢解产物。但是，无论哪种溶剂都得到 70% 以上的直立式取代环已醇 **1c** (ax) 和 **2c** (ax)。这说明在氢解过程中，催化剂表面首先从环己烷环氧化物位阻最小的一面吸附氧原子，并导致其中一个 C-O 键发生氢解断裂。从氘代结果来看，氢主要是通过反式加成的方式进行的。

^{t}Bu ... O **1** $\xrightarrow{H_2,\ Pd\text{-}C}$ **1a** + **1b** + **1c** (eq) + **1c** (ax) (9a)

^{t}Bu 2 $\xrightarrow{H_2, Pd\text{-}C}$ ^{t}Bu 1a + ^{t}Bu 2b (O) + ^{t}Bu 2c (eq) (OH) + ^{t}Bu 2c (ax) (OH) (9b)

4 催化氢解反应的类型综述

可以根据不同的方式对催化氢解反应进行分类：根据催化剂的存在形式，可以分为均相催化氢解 (homogenous catalytic hydrogenolysis) 和非均相 (异相) 催化氢解 (heterogenous catalytic hydrogenolysis)；根据反应条件又可分为高压催化氢解和常压催化氢解；根据反应底物的不同又可分为碳-碳 (C-C) 键催化氢解、碳-氧 (C-O) 键催化氢解、碳-氮 (C-N) 键催化氢解等，最常用和最有用的是碳-氧键和碳-氮键的催化氢解。为了便于综述，该章将按照反应底物进行分类。

4.1 碳-碳键的催化氢解

虽然人们对碳-碳键的催化氢解研究较早，但主要限于理论研究。这主要是因为大多数的碳-碳键比较稳定，氢解需要在高温和/或高压等较剧烈的条件下进行。而且，它们的反应选择性差，因此在有机合成上的意义不大。但是，有一些特殊的碳-碳键可在较温和的条件下发生断裂，例如：具有环张力的环丙烷、环丁烷类化合物的开环，烯丙基或苄基取代的环己二烯酮的氢解[28,29]。如式 10 所示[30]：在 Pd/C 催化氢解条件下，含有环丙烷结构的中间体 **3** 可以选择性和定量地断裂位于羰基 *α*-位的碳碳键。一般的 *β*-内酰胺类化合物是不发生氢解的，但 Konosu 等人的研究发现[31]：在钯黑催化下，稠合的 *β*-内酰胺羰基碳与 *α*-碳之间的 σ-键可发生氢解。如式 11 所示：他们以中等的产率得到了相应的四元环开环产物，而且反应物上的苄氧键并未发生断裂。

3 $\xrightarrow[100\%]{i}$ $\xrightarrow[60\%]{ii,iii}$ Albene (10)

反应条件: i. 10% Pd/C, H_2, 40 psi, EtOH, 6 h; ii. $TsNHNH_2$, EtOH, 80 °C, 4 h; iii. *n*-BuLi, Et_2O-TMEDA, 0~25 °C, 6 h.

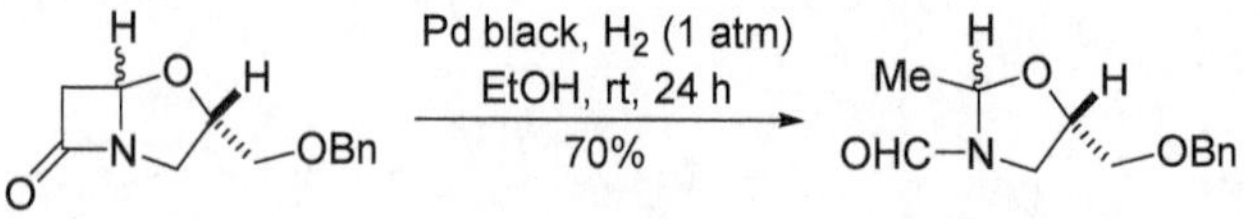

(11)

烯丙基或苄基取代的环己二烯酮容易氢解的原因可从两方面解释：(1) 烯丙基和苄基本身就比较活泼；(2) 氢解后能够形成更为稳定的芳环结构。如式 12 和式 13 所示[32]：Miller 利用 Pd/C 催化氢解烯丙基和苄基取代的环己二烯酮，分别以 85% 和 100% 的产率得到了相应的氢解产物。

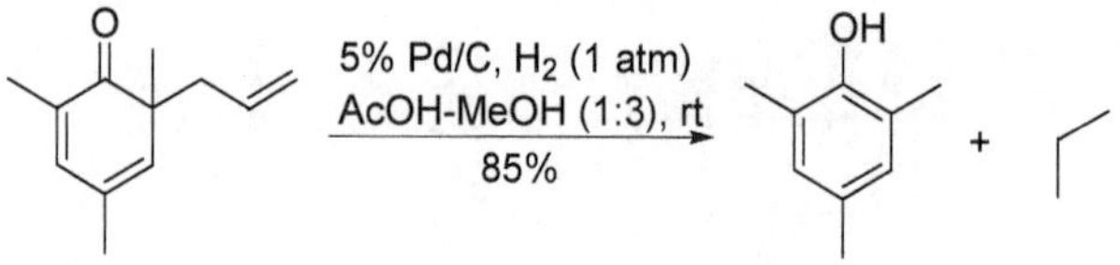

(12)

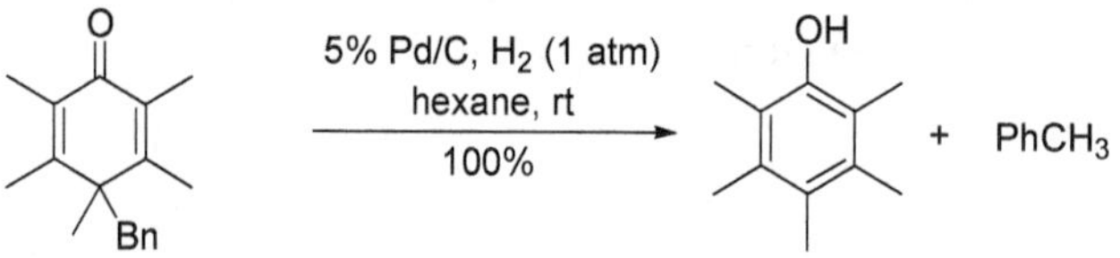

(13)

4.2 碳-氧键的催化氢解

碳-氧键的催化氢解是最为常见和应用较多的氢解反应之一。一般来说，当碳-氧键中的碳原子直接与芳环相连时 (例如：苄基醚和苄基酯) 较易发生催化氢解反应，特别是使用钯催化剂时更是如此。与环丙烷类似，环氧乙烷类 (oxiranes) 化合物同样容易发生氢解反应，而一些缩醛(酮)和某些活化的酯也可进行该反应。

4.2.1 醇和醛酮的催化氢解

在温和条件下，脂肪醇的催化氢解一般比较困难 (低级醇是催化氢解反应中常用的溶剂之一)，相对容易且研究较多的是苄醇的催化氢解[33]。苄醇化合物比一般醇容易氢解的原因是在反应过程中苄基中间体较稳定 (无论是苄基自由基还是苄基正离子)，而普通的烷基自由基或正离子的生成相对比较困难。Kieboom 等人[34]研究了不同取代的苄醇化合物在 Pd/C 催化剂存在下的氢解反应，他们发现：苄醇的氢解历程可将伯醇、仲醇和叔醇分为两种情况来考虑。伯醇和仲醇的氢解类似于一种氢从催化剂表面向苄基碳原子亲核进攻的取代反应，首先经过位阻较大的过渡态，然后羟基以质子化的形式 (即形成一分子水) 离去。产物的构型在反应中发生了翻转，符合 S_N2 反应机理 (式 14)。叔醇的催化氢解可按照 S_N1 机理进行解释：首先叔醇的羟基以氢氧根负离子的形式离去，生成较稳定的苄基正离子（同时也是叔碳正离子）中间体；然后碳正离子与催化剂表面的氢反应生成氢解产物，而离去的氢氧根负离子与一个质子结合后生成水（式15)。S_N1 类型的反应具有很强的立体选择性，这可从两方面解释：(a) R^1 和 R^2 基团与催化剂表面的立体相互作用，使得围绕 C_{aryl}-C 单键的旋转比较困难；(b) 催化剂表面氢的进攻方式具有唯一性，只能从羟基的背面进攻得到构型翻转的产物。

S_N2: OH, R^2, R^1 → OH, R^2, R^1, H → R^2, R^1, H (14)

S_N1: OH, R^2, R^1 → $\ominus$O–H, R^2, $\oplus$, R^1, H—H → $\ominus$O–H, R^2, R^1, H, $H^{\oplus}$ (15)

4-苄基哌啶及其衍生物在药物学和生理学上具有重要的活性和广泛的用途，而这类化合物的合成途径之一是通过催化氢解相应的苄醇类化合物得到。如式16所示[35]：通过在 Pd/C 催化氢化条件下还原 α-(2-甲氧基苯基)-4-吡啶甲醇，可将苄醇氢解为苯甲基的同时，使吡啶环被氢化为哌啶环，得到 4-(2-甲氧基苄基)哌啶。

OH, N —— Pd/C, H_2 (1 bar), AcOH, 75 °C; 91% → NH (16)

甘油作为一种天然的产物，可以经过催化氢解制备具有重要应用价值的丙二醇类化合物。但是，甘油的催化氢解反应一般需要使用铜或镍类催化剂，钯催化剂的效果并不理想[36,37]。

醛和酮属于含有羰基的不饱和化合物。在催化氢化条件下，它们一般只发生羰基的加成反应生成相应的醇，而醇不再发生氢解反应。芳醛和芳酮则比较特殊，它们在催化氢化条件下，首先被还原成为相应的苄基型的伯醇和仲醇。然后，苄醇中间体可继续发生催化氢解反应，生成相应的芳(亚)甲基类化合物（式 17)。α,β-不饱和醛酮在氢解反应中首先生成烯丙醇，然后烯丙醇再发生氢解反应。由于反应的复杂性，有可能直接断裂羰基一步生成氢解产物，也有可能经过烯醇(烯醇与醛酮为互变异构体）或烯丙醇中间体或者是醇脱水经过烯烃中间体生成氢解产物。醛酮的催化氢解反应受到多种因素的影响，例如：金属催化剂的种类、负载试剂的类型和溶剂等都会影响反应的产率及产物的分布。在环己二酮、羟基环己酮和其它环酮类化合物的催化氢解反应中，Pd 和 Pt 催化剂具有很高的催化活性，而 Ir、Rh、Ru、Os 催化剂则几乎无催化活性。

$$\mathrm{ArC(O)R} \xrightarrow[\text{hydrogenation}]{\text{catalytic}} \mathrm{ArCH(OH)R} \xrightarrow[\text{hydrogenolysis}]{\text{catalytic}} \mathrm{ArCH_2R} \quad (17)$$

R = H, alkyl, aryl

在常压、30 °C 和钯黑催化剂的存在下，1,4-环己二酮在氢气氛下可以发生羰基的加成反应，也可以直接发生碳-氧键的氢解反应，分别生成 4-羟基环己酮和环己酮两种中间体。4-羟基环己酮和环己酮可以继续发生类似的反应，分别生成 1,4-环己二醇 (78%) 和环己醇 (22%)。由于 1,4-环己二醇和环己醇属于普通的脂肪醇，在该反应条件下不再发生进一步的氢解反应。但是，羰基可以发生氢解反应分别生成环己醇和环己烷 (式 18)[38]。

Pd black, H_2 (1 atm), 30 °C; 85%; 78%; 7%; 15%; 22% (18)

→ hydrogenation

⇢ hydrogenolysis

催化剂负载的类型对催化氢解反应也有重要的影响，这是因为有些载体不仅可增加催化剂的比表面积，而且载体本身就具有一定的催化作用。有些载体还具有一定的酸性或碱性，这些性质也会影响催化反应的效果[39]。例如：使用不同的负载型钯催化剂对苯乙酮进行催化氢解时，产物类型及分布都具有非常大的差异[40,41]。当使用 Pd/C 和 Pd/ZSM-5 分子筛 (ZSM-5 分子筛是由美孚石油公司于 1972 年成功开发，呈三维直通孔道结构，具有典型的固体酸催化和择形催化性能的催化剂，是石油化工行业中最常用的催化剂之一) 两种催化剂时，苯乙酮可以被氢解成为乙基苯，且 Pd/ZSM-5 分子筛显示更强的催化氢解活性 (式 19)。这可能是因为 ZSM-5 分子筛具有一定的酸性，能够促进 1-苯基乙醇中间体脱水成苯乙烯。当使用 Pd/Al_2O_3 作为催化剂时，反应则停留在生成 1-苯基乙醇产物阶段。

Pd/C, H_2 → HO (1-苯基乙醇) → Pd/C, H_2 → (苯乙烯) → Pd/C, H_2 → (乙基苯) (3 h, 95%)

Pd/zeolite, H_2 → HO → Pd/zeolite, H_2 → Pd/zeolite, H_2 → (40 min, 100%)　(19)

Pd/Al_2O_3, H_2, 6 h, 75% → HO

反应条件: MeOH; H_2 (6 MPa), 130 °C.

反应溶剂也会显著地影响催化氢解的产率和产物的分布。使用极性或非极性溶剂、质子溶剂或非质子溶剂均会影响反应物以及中间体在催化剂表面的吸附，从而影响反应过程与结果。例如：在 Pd/Al_2O_3 的存在下，苯乙酮在极性质子溶剂 (例如：甲醇) 中催化氢化的主要产物为 1-苯基乙醇。但是，在非质子和非极性溶剂正己烷中反应时，生成的主要产物则是乙基苯。在 Pd/C 催化氢解苯甲醛类化合物的反应中，溶剂对反应历程会产生重要的影响[42]。当使用 Pd/C 催化氢解 3,4,5-三甲氧基苯甲醛制备 1,2,3-三甲氧基-5-甲基苯 (一种制备辅酶 Q_0 和辅酶 Q_{10} 的重要原料) 时，不同的反应溶剂可以得到不同的产物分布 (表 3)。在甲醇或乙醇溶剂中，几乎以定量的产率得到氢解产物 **6a**；当以低级的仲醇或叔醇作为溶剂时，则得到一定量的加成产物 **5a**；当使用非质子溶剂 EtOAc 和 THF 时，也得到一定量的加成产物 **5a**。小心处理在异丙醇中反应的产物，可以分离出少量溶剂参与的产物 3,4,5-三甲氧基苄基异丙基醚 **7**。

表 3　溶剂对 Pd/C 催化氢解 3,4,5-三甲氧基苯甲醛的影响①

4a (CHO, MeO, OMe, OMe) → 10% Pd/C (5%), H_2 (1 atm), 37% aq. HCl (3%), Solvent, rt → **5a** (CH_2OH) + **6a** (Me) + **7** (CH_2OR)

编号	溶剂	时间/h	5a /%②	6a /%②	7 /%②
1	MeOH	1.5	0	98	0 (**7a**, R = Me)
2	EtOH	2	0	98	0 (**7b**, R = Et)
3	*i*-PrOH	7③	16	75	6 (**7c**, R = *i*-Pr)
4	*t*-BuOH	5③	26	70	0 (**7d**, R = *t*-Bu)
5	EtOAc	5.5③	30	66	0
6	THF	3.5③	34	63	0

① Pd/C 催化剂：Aldrich 520888, Pd/C 催化剂中钯的重量占 10%，为干催化剂。

② **4a** 的转化率为 100%，产率为分离产率。

③ 此时因催化剂完全失去活性，吸氢自动停止。

在上述催化氢解反应中，当以位阻很大的叔丁醇或以非质子溶剂作溶剂时，反应的中间体为苄醇类化合物 **5a**。但是，当以甲醇或乙醇作溶剂时，反应并不生成中间体 **5a**。而是醇类溶剂首先与醛在酸性条件下生成缩醛，然后经氢解反应生成苄醚 **7a**，最后苄醚经进一步氢解生成苯甲基类化合物 **6a** (式 20)。

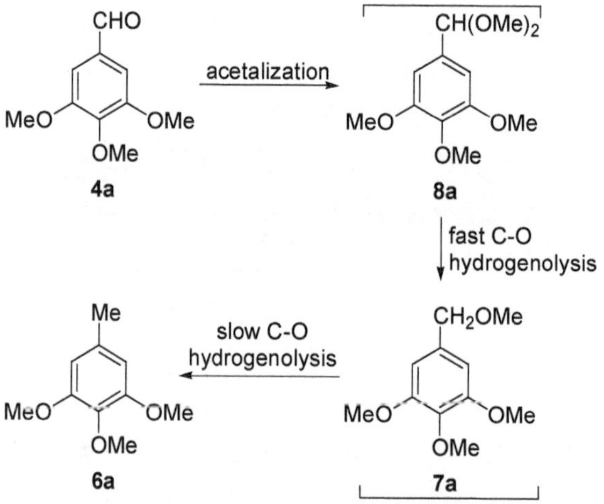

(20)

由于醛酮在催化氢化反应中既有可能生成加成产物醇，也有可能生成氢解产物芳甲基类化合物。因此，选择合适的条件就有可能高度选择性地获得其中的一种产物，这在合成上具有非常重要的意义。如式 21 所示：苯乙酮在不同钯催化剂的催化下发生氢化，可以选择性得到不同的产物 1-苯基乙醇[43]、乙基苯[41]或者乙基环己烷[44]。

4.2.2 醚的催化氢解

醚的催化氢解是 C-O 键催化氢解最常见的反应之一，钯类催化剂最常用于该反应。普通醚的催化氢解相对比较困难，往往需要在高温和/或高压等较剧烈的条件下进行。如式 22 所示[45]：在 Pd/SiO_2 催化剂的存在下，含有环醚结构

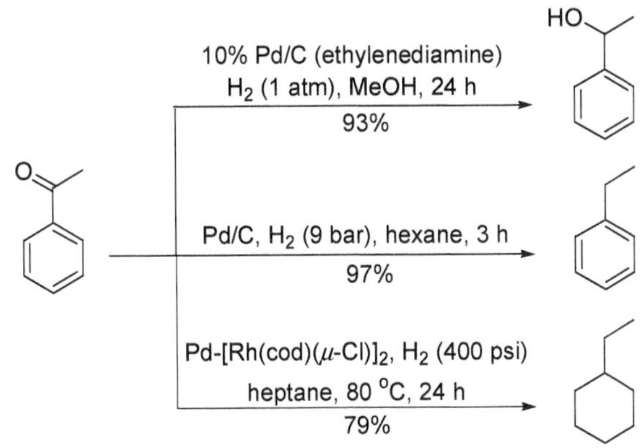

(21)

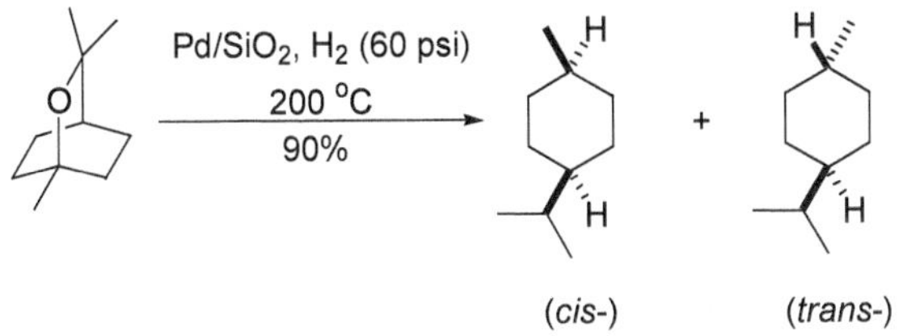

(22)

的香料化合物桉叶素 (1,8-cineole) 经催化氢解生成对薄荷烷 (*p*-menthane)。虽然该反应的产率高达 90%，但反应需要在 200 °C 的高温下进行。

对某些较难氢解的苄醚还可以选择使用混合催化剂。Li 等人[46]报道：使用 Pd/C 和 $Pd(OH)_2$ 混合催化剂可以使手性苄基醚 **9** 和 **10** 发生有效的氢解反应，而单独使用 Pd/C 或 $Pd(OH)_2$ 都无法进行氢解反应 (表 4)。

表 4 用 Pd/C 和 $Pd(OH)_2$ 两种混合催化剂催化氢解手性苄醚

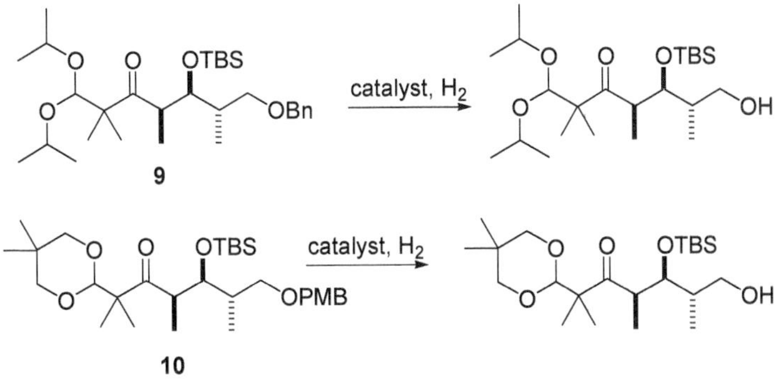

底物	Pd/C (15%) 和 $Pd(OH)_2$/C (15%)		Pd/C (30%)		$Pd(OH)_2$/C (30%)	
	反应时间 /h	分离产率 /%	反应时间 /h	分离产率 /%	反应时间 /h	分离产率 /%
9	8	85	48	0	48	0
10	48	85	48	0	48	0

比较容易发生氢解的醚类化合物主要包括：苄基醚、环氧化物、烯丙基醚、乙烯基醚和芳基醚等。苄基醚的催化氢解在有机合成中被广泛应用于脱苄基保护基，其通式如式 23 所示。底物分子中的 R^1、R^2、和 R^3 基团都会影响脱苄基的难易程度，影响的方式包括电子效应、空间位阻效应、R^3 基团的离去能力。若 R^1 和/或 R^2 为芳基时，氢解反应会变得更容易。若只考虑 R^3 基团的离去能力，则氢解由难到易的大概排序为：OH (最难) < O-alkyl < O-aryl < OH^+-alkyl < OH_2^+ < OAc < $OCOCF_3$ (最易)。该顺序同时表明：苄醚类的氢解比苄酯稍稍困难一些。芳环本身也会对反应产生影响，例如：萘环化合物比苯环化合物容易发生氢解反应，有供电子取代基的芳环化合物比不取代的芳环化合物易反应等。如式 24 所示[47]：在 Pd/C 催化氢解条件下，含有苄基醚 (BnO) 和 2-萘甲基醚 (NAP) 的 α-甲基-(D)-甘露糖苷可以选择性地优先氢解 2-萘甲基醚。

$$Ar-C(OR^3)(R^1)-R^2 \xrightarrow[\text{debenzylation}]{\text{Pd or other catalyst; } H_2 \text{ or a hydrogen donor}} Ar-CH(R^1)-R^2 + HOR^3 \quad (23)$$

R^1, R^2 = H, alkyl, aryl; R^3 = alkyl, aryl

PANO–(2,3,4-三-OBn-α-甲基甘露糖苷, OMe) —Pd/C, H_2, EtOH, 8 h; 90%→ HO–(2,3,4-三-OBn-α-甲基甘露糖苷, OMe) (24)

如表 5 所示：苯环上不同取代基对反应速率的影响非常显著。具有吸电子作用的三氟甲基会降低速率，而给电子基团则会加快反应的进行[47]。

表 5　芳环上不同取代基对氢解反应速率的影响

R–C_6H_4–CH_2OCH_2CH_2OTHP —Pd/C, H_2, EtOH→ R–C_6H_4–Me + HOCH_2CH_2OTHP

编号	1	2	3	4	5
R 基团	4-CF_3	H	4-Me	3,5-Me_2	4-*t*-Bu
相对速率	0.205	1.00	7.94	11.01	24.78

除了底物和催化剂对氢解反应的影响外，溶剂对氢解反应也有重要的影响。一般来说：极性溶剂 (例如：乙酸、甲醇、乙醇) 有利于氢解反应的进行，这可能是因为极性溶剂能够更好地将带正电荷的过渡态溶剂化。在钯催化的苄醚的氢解反应中，无论是使用酸性催化剂还是在反应中加入催化量的酸 (例如：盐酸、硫酸、高氯酸) 都可以加快反应的速度。这可能是因为醚的氧原子被质子化后可

以增加离去基团的离去能力。相反，如果反应底物本身呈碱性或者在反应中加入碱性试剂，则会抑制氢解反应的进行。利用这一规律，人们发展了很多选择性催化氢解的方法。

采用绿色溶剂进行有机反应，是近年来研究的热点课题之一。聚乙二醇 400 (PEG-400) 具有在常温下为液体、安全、稳定和生物相容性好等优点，在有机合成、高分子合成和药物制剂领域被广泛用作溶剂或介质[48]。Chandrasekhar 等人发现[49]：在 PEG-400 中进行的 Pd/C 催化的苄醚氢解反应不仅具有反应产率高 (90%~97%) 的优点，而且催化剂和溶剂都可循环四次而不影响其反应活性 (式 25)。

BnO ... → HO ...
10% Pd/C, H_2 (1 atm), PEG-400, ambient temperature, 10 h; 90% (25)

当一个分子中同时含有苄醚和其它易还原的官能团时，可以通过控制反应条件达到选择性氢解苄醚或还原其它官能团的目的。如表 6 所示[50,51]：在 Pd/C 催化氢解肉桂基苄基醚反应中，通过加入胺类碱性物质降低催化剂的活性，可以实现选择性还原双键而苄醚不发生氢解。若不加胺类物质或加入氯化铵，则双键与苄醚均被还原。

表 6 通过加入胺类碱性物质选择性抑制苄醚氢解

$$PhCH{=}CHCH_2OBn \xrightarrow[97\%\sim100\%]{5\%\ Pd/C,\ H_2\ (1\ atm),\ additive\ (0.5\ eq.),\ MeOH,\ rt} PhCH_2CH_2CH_2OR$$

编号	添加物	R 基	产率/%
1	无	H	100
2	NH_3	Bn	98
3	吡啶	Bn	98
4	醋酸铵	Bn	97
5	氯化铵	H	98

在氢氧化钾存在下，用 Pd/C 催化氢解含有苄醚结构的黄酮类化合物时可以选择性氢解苄醚而不影响芳基酮 (式 26)[52]。如果利用催化氢转移反应，往往可获得更好的选择性。

$$\text{HO-flavanone(5-OH, 3'-OH, 4'-OMe)} \xrightarrow{Br(CH_2)_3CO_2Et,\ K_2CO_3,\ DMF,\ rt,\ 24\ h} \tag{26}$$

$$\xrightarrow[R\ =\ (CH_2)_3CO_2H,\ 69\%\ yield\ for\ two\ steps]{5\%\ Pd/C,\ H_2\ (33\ psi),\ aq.\ KOH}$$

当芳基卤与苄醚共同存在时，采用三乙基硅烷作为氢供体和醋酸钯作催化剂，可以实现氢解苄醚而芳基卤不被催化氢解的选择性 (式 27)[53]。

$$\xrightarrow[CH_2Cl_2,\ N_2,\ 23\ ^{\circ}C,\ 12\ h;\ 66\%]{Pd(OAc)_2,\ Et_3SiH,\ Et_3N\ (cat.)} \tag{27}$$

肟类化合物中含有与氮原子相连的羟基，因此也可以生成相应的苄醚类化合物。若肟的苄醚与羟肟酸苄酯共同存在于一个分子中时，可以利用 Pd/C 催化氢解的方法选择性脱去羟肟酸苄酯。如式 28 所示[54]：在该反应中肟的苄醚不发生氢解。

$$\xrightarrow[MeOH,\ 0\ ^{\circ}C,\ 2\ h;\ 98\%]{10\%\ Pd/C,\ H_2} \tag{28}$$

与苄醚的作用类似，三苯甲基 (Trityl, 简写为 Tr) 醚也经常被用作羟基的保护基，它们经 Pd/C 或 $Pd(OH)_2/C$ 催化氢解反应脱保护[55]。如式 29 所示[56]：在 Pd/C 催化氢化条件下，含有苄醚和三苯甲基醚的化合物可以同时发生氢解或者发生选择性氢解。

$$\xrightarrow[MeOH,\ 30\ ^{\circ}C,\ 1\ h;\ 100\%]{10\%\ Pd/C,\ H_2\ (1\ bar)} \qquad \xrightarrow[DCM,\ TsOH,\ 30\ ^{\circ}C,\ 4\ h;\ 80\%]{10\%\ Pd/C,\ H_2\ (10\ bar)} \tag{29}$$

环醚化合物的催化氢解产物一般是醇。环氧乙烷衍生物非常容易发生催化氢解，这主要是由于三元环张力较大的缘故。非对称结构的环氧化物在催化氢解反应中存在有区域选择性的问题，主要受到底物的空间结构和反应溶剂的影响。当使用中性或碱性溶剂时，反应易生成取代基较多的醇，而在酸性体系中则易生成取代基较少的醇[57]。在酸性条件下进行催化氢解反应的过程中，氧原子首先被质子化。因此，开环的位置以生成稳定的碳正离子为主。因为取代基较多的碳正离子比取代基少的碳正离子稳定，所以生成取代基较多的碳正离子而得到取代基较少的醇 (式 30)。

H^+
R, R^1, R^2 = alkyl
more stable carbocation → main product
less stable carbocation → minor product
(30)

1999 年，Sajiki 等人报道了利用碱性催化剂 Pd/C-乙二胺复合物 [Pd/C(en)] 催化氢解末端环氧化物的方法。如式 31 所示[58]：该方法可以高度区域选择性地得到取代基较多的仲醇。但是，芳基取代的环氧乙烷化合物因受到芳基的影响，主要生成 2-芳基-1-乙醇类衍生物。这可能是芳基的电子效应在起主导作用，因为生成的苄基类中间体或过渡态比较稳定。如式 32 所示[59]：在 Ley 等人使用聚脲包裹的零价纳米钯为催化剂和 HCO_2H/Et_3N 为氢供体进行的苯基取代环氧化物的氢解反应中，不论环氧化物的碳原子上取代基有多少均生成 2-苯基-1-乙醇作为主要产物。该体系所采用的是纳米钯催化剂，经过十次循环使用仍能够保持原来的活性。Thiery 等人利用另外一种纳米钯类催化剂 $Pd_{OAc,N}$ 在水相中催化氢解 2-苯基环氧乙烷，几乎以定量产率得到 2-苯基-1-乙醇产物[60,61]。

Pd/C(en), H_2 (1 atm), MeOH, rt, 24 h, 99% (31)

$[Pd(0)]$, HCO_2H (4 eq.), Et_3N (4 eq.), EtOAc, 23 °C, 24 h, 94% (32)

与普通的醚相比较，烯丙基醚和乙烯基醚更容易发生催化氢解。钯催化剂最常被用于烯丙基醚的氢解反应，而铂催化在乙烯基醚的氢解反应中显示出较强的催化能力[62,63]。与相应的酯类保护基相比较，烯丙基醚在酸和碱条件下都比较稳定，因此可以作为酸碱反应条件下醇的保护基。但是，由于底物分子中含有易被氢化的碳-碳双键，因此一般不能直接采用催化氢化的方法，而是采用催化氢转移反应。如式 33 所示[64]：Hutchins 等人使用位阻较大的 $LiBHEt_3$ 为氢供体和 $Pd(PPh_3)_4$ 为催化剂，可以高度化学选择性和立体选择性地使烯丙醚发生氢解，得到相应结构的烯烃产物。而使用 $NaBH_4$ 或者 $NaBH_3CN$ 作为氢转移试剂时，则难以达到较高的选择性。除硼氢化物外，氢化锂铝、硅烷类、锡烷类、巴比妥酸和氢氧化钾等也可被用作氢转移试剂[65]。

Me(CH₂)₆CH=CHCH₂OPh → ($LiBHEt_3$, 100%) Me(CH₂)₆CH=CHMe, E/Z = 97/3
→ ($NaBH_4$, 55%) Me(CH₂)₆CH=CHMe + Me(CH₂)₆CH₂CH=CH₂, $E/Z/T$ = 40/5/55 (T = terminal alkene) (33)

其它反应条件: $Pd(PPh_3)_4$, THF, reflux, 6 h.

4.2.3 酯的催化氢解

酯的催化氢解反应相对比较复杂一些，因为酯官能团中的酰氧键和烷氧键都有可能发生断裂 (式 34)。酰氧键断裂生成醇[66]，而若烷氧键断裂则生成羧酸和相应的烃类化合物[34,67]。有时，氢解产物中还会产生醚[68]。酯的催化氢解产物的分布与酯的结构、反应条件和催化体系都有关系[69]。酯的催化氢解是由脂肪酸酯制备脂肪醇的一种重要途径，其工业化生产已经有近 70 年的历史。在从普通酯的催化氢解制备醇的反应中，铜类催化剂最为有效和常用。

R^1COOR^2 → (acyl oxygen cleavage) R^1CH_2OH + R^2OH
→ (alkyl oxygen cleavage) R^1CO_2H + R^2H (34)

Rylander 等人的研究表明：当式 34 中的 R^2 基团是苄基、烯丙基或乙烯基时，氢解反应主要引起烷-氧键断裂生成羧酸和相应的烃[70]。这些反应可以在贵金属催化剂特别是钯的催化下进行，以温和的条件得到相应的羧酸和烃类化合物。因此，羧酸苄酯常常被用作有机合成中羧酸的保护基。当一个分子中同时含有苄酯和其它可还原基团时，也存在有选择性反应的问题。若分子中同时含有苯甲基酯和萘甲基酯时，一般来说萘甲基酯 (NAP) 更易被氢解。如式 35 所示[71]：二环化合物 **11** 分子中同时含有苯甲基酯、萘甲基酯和碳-碳双键。在 Pd/C 催化氢解条件下，其中的碳-碳双键与萘甲基酯分别发生了加成反应和氢解反应，选择性地生成苄酯保护的产物 **12**。

Pd/C, H_2 (1 atm)
EtOH, EtOAc, 4 h
93%

11 CO_2NAP, CO_2Bn → **12** CO_2H, CO_2Bn (35)

但是，当苄酯的 α-位含有杂原子 (例如：氧原子) 时，苄酯变得更容易氢解而降低选择性 (式 36)。在苄基的苯环上引入吸电子取代基可以增加选择性，这主要是有吸电子取代基的苄基不容易被氢解的缘故 (式 37)。

OAc, $NAPO_2C$, O, O → Pd/C, H_2 (1 atm), EtOH, EtOAc, 80 min, 70% → OAc, HO_2C, O, O (36)

OAc, $NAPO_2C$, O, O, CF_3 → Pd/C, H_2 (1 atm), EtOH, EtOAc, 80 min, 91% → OAc, HO_2C, O, O, CF_3 (37)

Papageorgiou 等人发展了一种氨基甲酸-4-三氟甲基苄基酯类保护基 (4-trifluoromethylbenzyl carbamate group, CTFB)。如式 38 所示[72]：在同一底物分子中使用不同的保护基可以方便地实现选择性去保护的目的。

CO_2Bn, N–CTFB → 10% Pd/C, H_2, EtOH, EtOAc, 1.3 h, 95% → CO_2H, N–CTFB (38)

苄酯的催化氢解也可以在氢转移反应条件下完成。由于氢供体的多样性，氢转移反应的条件可以有更多的选择余地。因此，在有多种可还原官能团时，有可能获得更高的化学选择性。在乙酸苄酯的催化氢解中，甲酸及其不同的甲酸盐类氢供体的供氢能力次序大致如下[7]：$K^+ > NH_4^+ > Na^+ > NHEt_3^+ > Li^+ > H^+$。如表 7 所示[53]：以三乙基硅烷为氢供体和醋酸钯作为催化剂，可以实现在碳-碳双键、环丙烷、羧酸苄酯、苄氧碳酰基 (carboxybenzyl, 简称 Cbz 或 Z) 的存在下选择性地氢解羧酸苄酯或氨基甲酸苄酯的目的。这种高度的化学选择性是难以用直接催化氢解方法得到的。

表 7 苄酯的选择性催化氢解

编号	底物	产物	产率/%
1	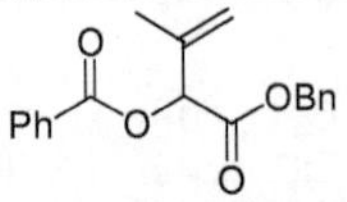	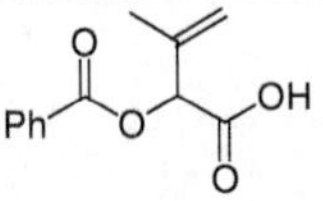	71
2	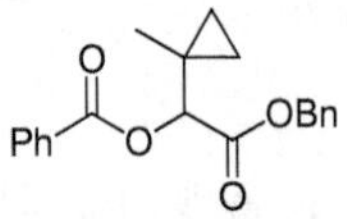	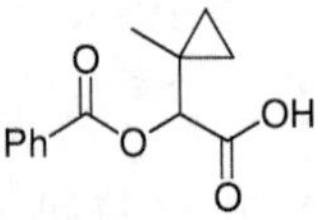	70
3①	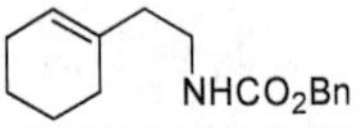 NHCO$_2$Bn	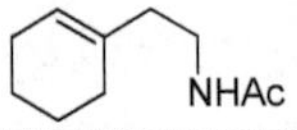 NHAc	68

① 氢解反应后，产物用 AcCl 和 Et_3N 进行处理，得到相应的乙酰胺类产物以便于分离纯化。

如式 39 所示[10]：使用环己二烯氢供体和 Pd/C 催化剂，Cbz 保护的尿核苷类化合物可以高度化学选择性地生成脱去 Cbz 保护基的产物，而碳-碳双键不被还原。但是，同样的底物在 Pd/C 催化氢解条件下方法只能生成混合物。

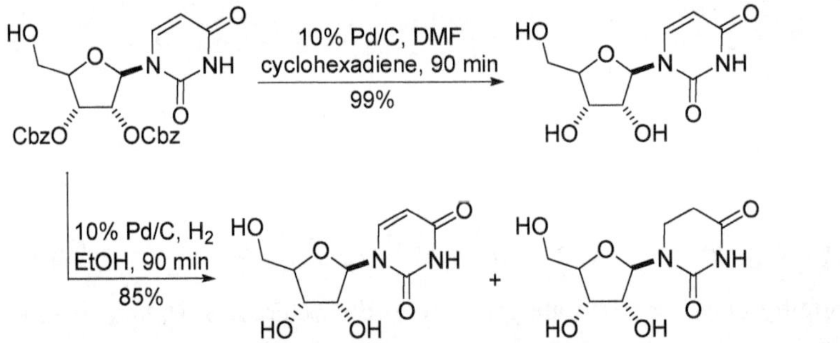

10% Pd/C, DMF cyclohexadiene, 90 min 99%

10% Pd/C, H_2 EtOH, 90 min 85%

(39)

除了常见的苄酯外，烯丙基酯也可进行催化氢解。烯丙酯进行催化氢解的意义有两个方面：一方面可以合成复杂的烯类化合物 (如萜烯)，另一方面是脱去烯丙酯保护基。钯催化剂最常用于烯丙基酯的催化氢解反应，因为钯可以与烯丙基形成烯丙基钯中间体。烯丙基酯的氢解与烯丙基醚类似，也必须在催化氢转移反应条件下进行。常见的氢转移试剂包括：甲酸及其盐、硅烷类和锡烷类等。如式 40 所示[73]：Mandai 等人发展了一种将羰基转化成为异丙烯基的方法。首先，异丙烯基锂与环己酮的羰基反应生成相应的烯丙醇中间体。然后，将生成的烯丙基醇进行酯化。最后，对生成的烯丙酯进行催化氢解即可得含有异丙烯基的产物。利用这种方法，可以高产率得到含有异丙烯基的甾体类化合物，而其中的硅醚键不受影响 (式 41)。

O Li OH *n*-BuLi $ClCO_2Me$ OCO_2Me $Pd(acac)_2$, PBu_3 HCO_2H, Et_3N (40)

OCO_2Me $Pd(acac)_2$, PBu_3, Et_3N HCO_2H, PhH, rt, 3 h 83% R = $^tBuMe_2Si$ RO RO H (41)

4.3 碳-氮键的催化氢解

碳-氮键的催化氢解与碳-氧键类似，但一般比碳-氧键氢解较困难。能够在温和条件下发生氢解的碳-氮键化合物包括：苄胺类化合物、苄氧碳酰基 (Cbz) 保护的胺、9-芴甲氧碳酰基 (Fmoc) 保护的胺以及环丙胺类化合物 (aziridines)。钯催化剂最常用于碳-氮键的催化氢解反应，铂类催化剂和 Raney 镍也常用于该目的。研究碳-氮键的催化氢解对于合成氨基酸、多肽和生物碱等含氮化合物具有重要的意义。

4.3.1 苄基保护的胺的催化氢解

苄胺类化合物可以用苄氯或苄溴与游离胺方便地合成，反应后又可通过催化氢解很容易地去除苄基保护基。因此，通过生成苄胺是保护氨基的最常用方法之一。一般来说，苄胺类化合物在温和条件下氢解的难易程度主要与结构有关。叔胺和季铵盐容易氢解，而伯胺最困难：伯胺 < 仲胺 < 叔胺 < 季铵盐[74]。二苄胺类化合物的氢解通常是分步进行的，第一个苄基容易氢解，而第二个则相对较困难。

除了底物结构对催化氢解的影响外，催化剂的种类、反应溶剂和添加剂 (additives) 等都会影响反应的速率和选择性。Studer 等人[75]在研究不同因素对钯催化氢解 *N,N*-二苄基-4-氯苯胺的影响时发现：在催化氢解条件下，该底物既可发生脱苄基反应，又可能发生氢化去氯反应。在经过不同的途径生成最后产物苯胺期间，共有 4 种中间体生成 (式 42)。不同的钯催化剂 [例如：Pd/C 或者 $Pd(OH)_2$] 对反应结果的影响不明显。在中性非极性溶剂中，总的反应速率比较慢。当吸收 1.9 倍量的氢后，反应中间体主要为 4-氯苯胺。这说明在该溶剂体系中，主要发生了脱苄基反应而不易发生氢化去氯反应。但是，在极性溶剂体系中，脱苄基与氢化去氯反应速率都比较快。当吸收 1.9 倍量的氢后，产物中也包含有一定量的苯胺。在反应体系中加入碱性试剂后，脱去第一个苄基和第二个苄基的速度都很慢。而在体系中加入少量酸性试剂，两个苄基的氢解速度都被加快，这可能是在酸性条件下胺被质子化的缘故。

N(Bn)2 → H2 → NHBn → H2 → NH2 (Cl) ; H2 | –HCl ; (42)

在非均相催化剂 Pd/C 催化的苄胺的催化氢解反应中，一般都能达到 90% 以上的产率，有时可以得到定量的产率。如式 43 所示[76]：Hirokawa 等人在研究合成多巴胺 D_2 (dopamine D_2) 和血清素 5-HT_3 (serotonin 5-HT_3) 双重激动剂 (dual antagonist) 时，运用 Pd/C 催化氢解苄胺得到定量的游离胺化合物。

Pd/C, H_2 (1 atm), EtOH, 50 °C, 3 h, 100% (43)

另外，还可以将苄胺的催化氢解反应应用于手性胺类化合物的合成。如式 44 所示[77]：Torok 等人报道：首先，用手性的 α-苯基乙胺与苯基三氟甲基甲酮反应生成亚胺中间体。然后，用 Pd/$BaCO_3$ 还原亚胺得到非对映异构体。最后，利用 Pd/$BaCO_3$ 催化氢解除去辅助基团得到手性的苄胺类化合物。

(44)

反应条件：i. 5% Pd/$BaCO_3$, H_2 (15 bar), THF, rt, 18 h, 85% conv., 73% de; ii. 5% Pd/$BaCO_3$, H_2 (15 bar), THF, reflux, 100% conv., 73% ee or 50% conv., 90% ee.

当苄胺与其它可还原的基团共同存在时，氢解的选择性是一个很重要的问题。单独的苄胺与苄醚相比，一般来说苄醚更容易发生氢解。但是，当它们同在一个分子中时，反应的选择性却发生了翻转。有时，可以高度选择性地实现在苄醚的存在下使苄胺发生氢解。发生这种改变的原因可能是因为酸能促进苄醚的氢解，而碱则能够抑制甚至完全阻滞其氢解。胺可以被认为是一个碱性试剂，因此使苄醚的氢解受到了抑制。如式 45 所示[78]：Czech 等人在氢解同时含有苄醚和苄胺的底物时，能够以 100% 的选择性和 100% 的收率得到苄胺氢解的产物。类似地，Bernotas 等人利用 Pearlman 催化剂实现了苄胺与苄醚的选择性催化氢解，产物的产率高达 96% (式 46)[79]。

Pd/C, H_2 (45 psi)
95% EtOH, rt
100%

(45)

20% $Pd(OH)_2/C$, H_2
(50 psi), EtOH, 3.5 h
96%

(46)

苄胺类化合物的氢解反应中，苄基的苯环上的取代基 (例如：烷氧基、三氟甲基、氟等) 的性质对反应的难易程度会产生严重的影响。如式 47 所示[80,81]：含有不同苄基的二苄胺类化合物在催化氢解中可以实现高度的化学选择性。这种选择性并非是由电子效应引起的，而是由于空间效应造成的。因为无论苄基的苯环上的取代基具有吸电子或给电子性质，都表现为被取代的苄基不容易被氢解的现象。Kanai 等人根据这一规律，高度选择性地制备了三氟甲基取代的苄胺类化合物 (式 48)[82]。

10% Pd/C, H_2 (180 bar)
MeOH, HOAc
94%, 97% ee

(47)

Pd/C, H_2 (0.5 MPa)
MeOH, 60 °C, 12 h
> 99% conv.
> 99/1 regioselectiv.

(48)

为了提高反应的选择性，苄胺的催化氢解也常常在催化氢转移反应条件下进行，甲酸铵是最常用的氢转移试剂。如式 49 所示[83]：使用甲酸铵为氢供体和 Pd/C 为催化剂，苄基保护的亮氨酸 (leucine) 可以 96% 的收率得到脱苄基产物。用催化氢转移反应氢解苄胺时，底物的手性中心一般不会受到影响。因此，这种方法也被广泛用于手性化合物的合成。如式 50 所示[84]：在 Pd/C 催化氢解脱除手性 1,2-环己二胺衍生物苄基保护基的反应中，产物中的两个手性碳原子仍然保持原来的构型。

$$\text{(CH}_3)_2\text{CHCH}_2\text{CH(NHBn)CO}_2\text{H} \xrightarrow[\text{96\%}]{\text{10\% Pd/C, HCO}_2\text{NH}_4\text{, MeOH, reflux, 6 min}} \text{Leucine} \tag{49}$$

$$\xrightarrow[\text{91\%}]{\text{10\% Pd/C, HCO}_2\text{NH}_4\text{, MeOH, reflux, 8 h}} \tag{50}$$

4.3.2 *N*-苄氧碳酰基的催化氢解

苄氧碳酰基 (Carboxybenzyl, Cbz) 是有机合成中最早使用的保护基之一，被广泛用作氨基的保护基、特别是用于溶液中多肽的合成[85]。*N*-Cbz 保护基在碱性、中性和弱酸性条件下比较稳定，但可以在催化氢解或强酸条件下发生脱保护。钯催化剂最常用于 *N*-Cbz 的催化氢解反应，而且一般在酸性条件下进行。例如：Savrda 等人在合成八肽和十六肽 [一种结核菌素 (tuberculin) 蛋白的部分链段] 化合物时，曾连续使用了 *N*-Cbz 保护/氢解脱保护进行逐步合成[86]。

N-Cbz 保护基与 *N*-Boc 都是常用的氨基保护基，通过催化氢解可以实现它们之间的选择性脱除，因为 *N*-Boc 基团对氢解反应比较稳定。在 Cbz 的芳环上引入不同的取代基团时，还可衍生出一些其它的类似保护基，例如：氯取代的 Cbz (Cl-Z)、溴取代的 Cbz (Br-Z)、对硝基取代的 Cbz (*p*-nitrobenzyloxycarbonyl, *p*NZ)、邻硝基取代的 Cbz (*o*-nitrobenzyloxycarbonyl, *o*NZ) 等。这些保护基团与胺生成的化合物在特定的反应条件下会有更好的选择性。例如：若底物分子中同时含有 *N*-CTFB [4-trifluoromethylbenzyl carbamate group (CTFB)] 和 *N*-CNAP [2-naphthylmethyl carbamate group (CNAP)] 时，可在 Pd/C 催化氢解条件下选择性去除 CNAP (式 51)[72]。即使当硝基、CTFB 和 CNAP 同时存在于同一个底物时，仍然可以实现选择性催化氢解。但是，*N*-Cbz 和硝基官能团之间难以实现选择性氢解 (式 52)。

$$\xrightarrow[\text{94\%}]{\text{10\% Pd/C, H}_2\text{ (1 atm), EtOH, EtOAc, 12 h}} \tag{51}$$

PANCHN, BOCHN, CO_2Me, NHCTFB → H_2N, BOCHN, CO_2Me, NHCTFB

CNAP = ; CTFB = (F_3C)

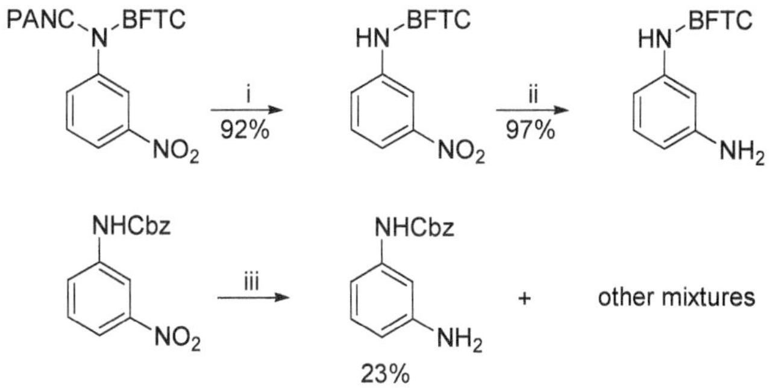

PANC-N-BFTC (NO2) —i, 92%→ HN-BFTC (NO2) —ii, 97%→ HN-BFTC (NH2)

NHCbz (NO2) —iii→ NHCbz (NH2) 23% + other mixtures

(52)

反应条件: i. 10% Pd/C, H_2 (1 atm), EtOAc, 3 h; ii. 10% Pd/C, H_2 (1 atm), EtOAc, EtOH, 2.2 h; iii. 10% Pd/C, H_2.

当氨基多元醇类化合物的醇羟基被苄基保护后，这类化合物对 Pd/C 催化剂具有一定的毒化作用。利用这一特性，可实现 *O*-苄基与 *N*-Cbz 之间的选择性脱保护，只使 Cbz 发生氢解而苄基保持不变 (式 53)。但是，当把氨基多元醇中的氮原子换成氧原子后，则完全失去选择性。如式 54 所示[87]：在 Pd/C 催化氢解条件下，*O*-苄基与 *O*-Cbz 保护基同时被除去。该结果说明：氨基对于该类化合物的选择性反应具有非常重要的作用。而且，这种选择性也可通过催化氢转移的方式实现 (式 55)。

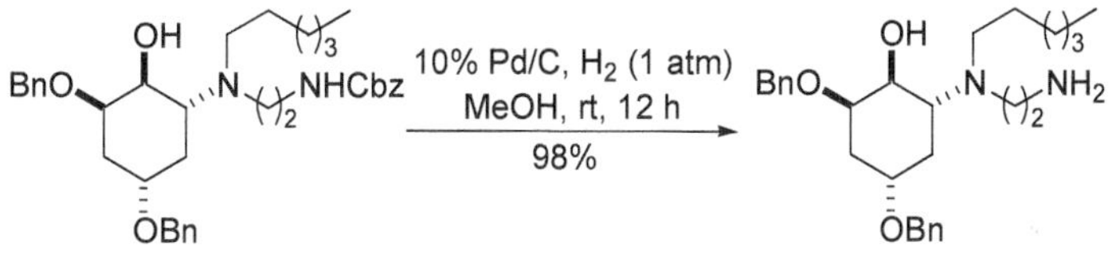

OH, BnO, N, ( )3, ( )2, NHCbz, OBn —10% Pd/C, H_2 (1 atm), MeOH, rt, 12 h, 98%→ OH, BnO, N, ( )3, ( )2, NH_2, OBn (53)

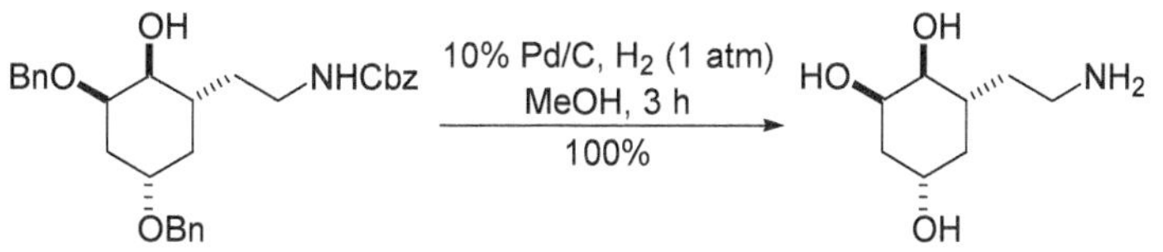

OH, BnO, NHCbz, OBn —10% Pd/C, H_2 (1 atm), MeOH, 3 h, 100%→ OH, HO, NH_2, OH (54)

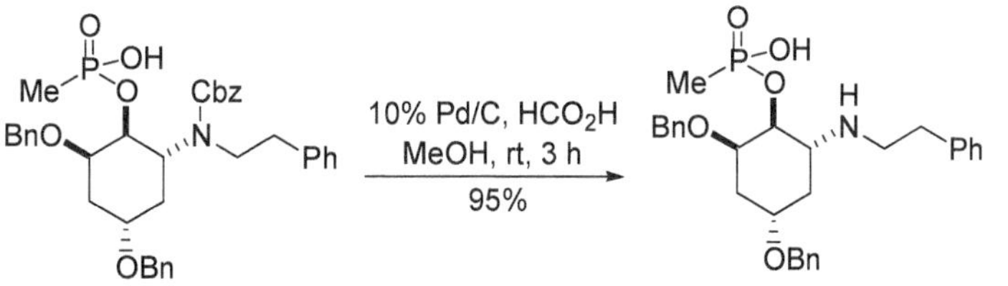

O, Me, P, OH, O, Cbz, BnO, N, Ph, OBn —10% Pd/C, HCO_2H, MeOH, rt, 3 h, 95%→ O, Me, P, OH, O, H, BnO, N, Ph, OBn (55)

4.3.3 *N*-9-芴甲氧碳酰基 (*N*-Fmoc) 的催化氢解

9-芴甲氧碳酰基 (9-fluorenylmethoxycarbonyl, Fmoc) 被广泛用于氨基的保护，特别是用于肽的合成中。*N*-Fmoc 的主要优点是对酸性条件稳定，因此可在酸性条件下选择性脱除 *N*-Cbz 和 *N*-Boc 保护基。但是，在弱碱性且非水解条

件下 (例如：氨、乙醇胺、哌啶、吗啡啉等)，*N*-Fmoc 保护基则很容易被脱去[88,89]。一般情况下，*N*-Fmoc 保护基对于催化氢解比较稳定。但近年来的研究表明：在适当的条件下也可以使用催化氢解的方法脱去该保护基。例如：在一定量的乙腈的存在下，氨基酸中的 *N*-Fmoc 保护基可在室温常压条件下用 Pd/C 催化氢解除去。提高反应的氢压，不加入乙腈也可以高产率地脱去 *N*-Fmoc 保护基 (式 56 和式 57)[90]。

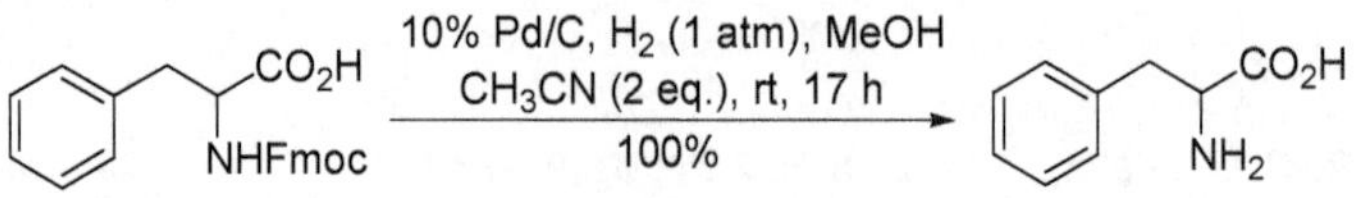
CO2H
NHFmoc
10% Pd/C, H2 (1 atm), MeOH
CH3CN (2 eq.), rt, 17 h
100%
CO2H
NH2

(56)

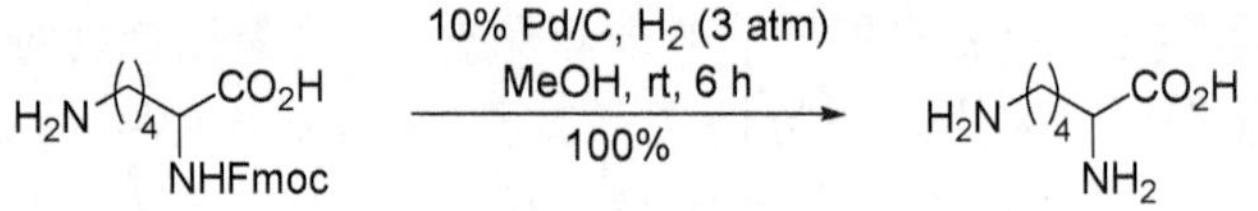
H2N
4
CO2H
NHFmoc
10% Pd/C, H2 (3 atm)
MeOH, rt, 6 h
100%
H2N
4
CO2H
NH2

(57)

4.3.4 环丙胺类化合物的催化氢解

环丙胺 (aziridine) 类化合物与环丙烷和环氧乙烷类化合物一样，由于三元环张力较大而易于发生开环反应。在钯催化的氢解反应条件下，环丙胺可以开环生成氨基醇、氨基酸和其它含氮杂环化合物。环丙胺类化合物的催化氢解同样存在选择性问题。例如：*N*-α-甲基苄基取代的环丙胺-2-羧酸酯与环丙胺-2-甲醇类化合物，在 Pearlman 催化剂作用下，非对称的环丙胺类化合物在催化氢解反应中实现区域选择性的开环。如式 58 所示[91~93]：该反应的选择性主要取决于底物分子中 C-2 上取代基的影响。

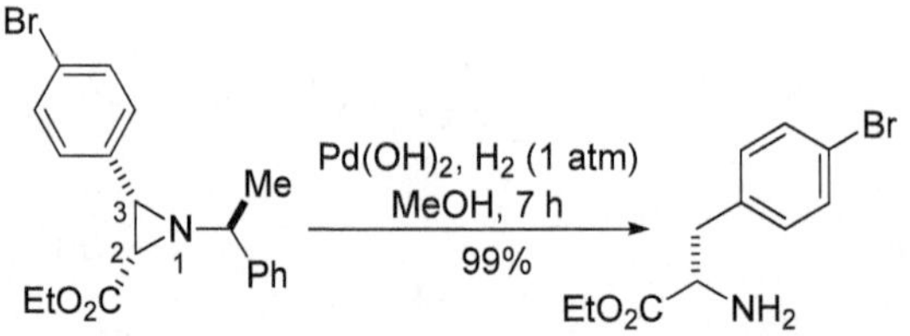
Br
3
2
N
1
Me
Ph
EtO2C
Pd(OH)2, H2 (1 atm)
MeOH, 7 h
99%
Br
EtO2C
NH2

(58)

环丙胺的催化氢解也可以在氢转移反应条件下进行，甲酸及其盐是最常用的氢转移试剂。当 *N*-Cbz 保护的环丙胺衍生物分别进行催化氢转移开环与酸催化开环时，可以得到不同的产物。如式 59 所示[94]：在氢解反应中，*N*-Cbz 保护基未受影响而得到相应的氨基酸。但是，使用 50% 的三氟乙酸开环则得到 α-氨基-β-羟基酸产物。

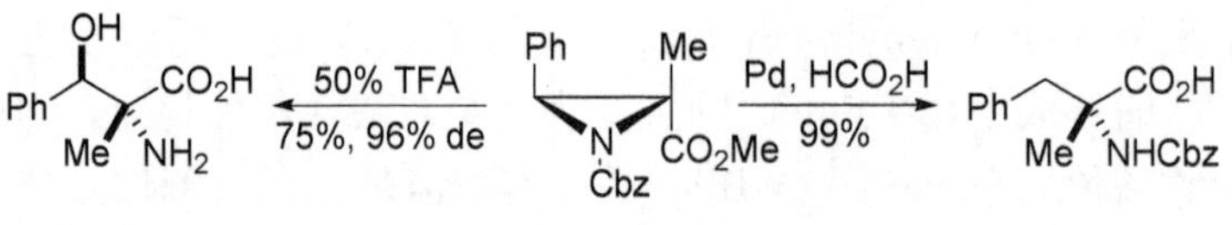
OH
Ph
CO2H
Me
NH2
50% TFA
75%, 96% de
Ph
Me
N
Cbz
CO2Me
Pd, HCO2H
99%
Ph
CO2H
Me
NHCbz

(59)

4.4 碳-硫键与碳-卤键的催化氢解

由于硫原子具有较强的供电子能力，而过渡金属具有空的 d-轨道，因此硫原子与过渡金属具有较强的成键趋向。由此，硫化物很容易导致金属催化剂严重中毒。事实上，碳-硫键的催化氢解一般不使用钯等贵金属催化剂，而是使用 Raney 镍催化剂。碳-卤键的催化氢解在有机合成与环境化学方面都具有重要的意义，并在本书其它章节中进行专题综述。

4.5 其它非碳 σ-键的催化氢解

除了碳-碳键与碳-杂原子键可在适当的条件下发生催化氢解外，一些杂原子之间形成的化学键也可氢解断裂。这类化学键主要有氮-氧 (N-O)、氮-氮 (N-N)、氧-氧 (O-O)、硅-氧 (Si-O) 键等。

4.5.1 氮-氧键的催化氢解

含有氮-氧键的化合物主要有硝基、亚硝基、肟、羟胺和胺的氧化物等，其中利用硝基催化氢解制备相应的胺类化合物是研究和应用较多的一类。硝基催化氢解可在 Pd、Raney Ni、Pt、Rh 等金属催化剂存在下进行，但以钯类催化剂应用最广泛。硝基化合物在催化氢解反应中的最终产物是胺类化合物，但该反应是分步进行的，反应过程可生成亚硝基、肟和羟胺类中间体 (式 60)[95]。

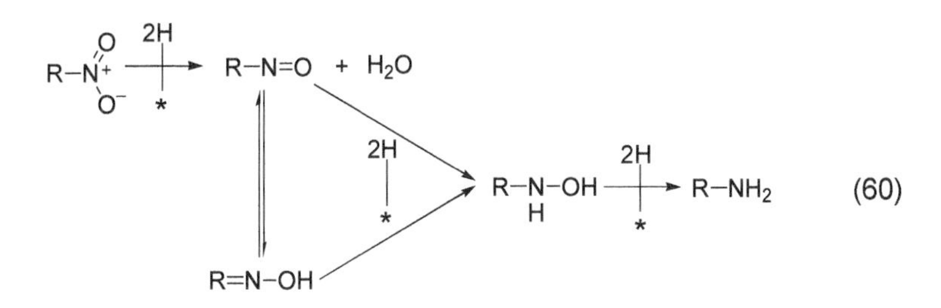

在某些反应条件下，可以从硝基化合物的催化氢解反应中分离出一种或几种中间体，特别是那些脂肪族硝基或亚硝基化合物的反应。如式 61 所示[96]：化合物 **13** 在吡啶存在下，用 Pd/C 催化氢解可以较高的产率生成相应的产物肟 **14**。这种选择性是因为原料 **13** 是一个共轭体系，它在催化剂上具有较强的吸附能力。而产物 **14** 中肟的双键与苯环不再共轭，因此在催化剂上的吸附能力大大降低，所以其反应能力远低于硝基化合物 **13**。

如果硝基化合物的催化氢解条件控制的不合适，则易发生一些副反应生成缩合产物。如式 62 所示[14]：中间体亚硝基化合物可以与肟发生失水缩合反应，然后继续加氢生成联胺类化合物，最后经氮-氮键的氢解生成胺类产物。中间体

OMe MeO NO2 → Pd/C, H_2 (1 atm), pyridine, 50 °C, 89% → OMe MeO NOH

13 14

(61)

OMe MeO O^- N O * * *　　OMe MeO NOH * *

$R-N=O$ + $R-NHOH$ $\xrightarrow{-H_2O}$ $R-\overset{O^-}{\overset{|}{N^+}}=N-R$

(62)

$\xrightarrow{Cat., H_2}$ R−N−N−R (H H) $\xrightarrow[slow]{Cat., H_2}$ $2\ R-NH_2$

肟也可以与胺类产物发生加成反应，然后再发生氢解得到胺类副产物（式63）[14]。特别在肟的催化氢解反应中，更易发生式 63 所示的副反应。因为该反应进行到一定程度时，体系中积累了较高浓度的肟和胺化合物。为了避免这类副反应的发生，该反应常常在酸性体系中进行。因为在酸性条件下可以将胺转变成为亲核性较小的盐，从而阻止它与肟的进一步反应。

$R^1R^2CH-N=O$ ⇌ (tautomerization) $R^1R^2C=N-OH$ → ($R^1R^2CH-NH_2$)

(63)

$R^1R^2C(NHOH)(NH-CHR^1R^2)$ $\xrightarrow{Cat., H_2}$ $R^1R^2CH-NH-CHR^1R^2$

在这些含氮-氧键的化合物中，硝基和亚硝基类化合物有比较高的反应活性，而肟和羟胺的反应性比较低。一般而言，芳香族硝基化合物比脂肪族硝基化合物的活性高。但总体来说，氮-氧键的催化氢解比其它一些官能团更容易些。利用这些差异，可以在合成中实现不同基团的选择性还原。例如：邻硝基氯苯在催化氢解反应中最终的还原产物是苯胺。但是，通过控制反应条件，可以使氯原子不被氢解且产物停留在肼的阶段，选择性地得到 1,2-二(2-氯苯基)肼（式 64）[97]。在该反应中，Pd/C 催化剂的用量、碱的浓度和助催化剂 1,4-二氢萘醌都会影响反应的选择性。

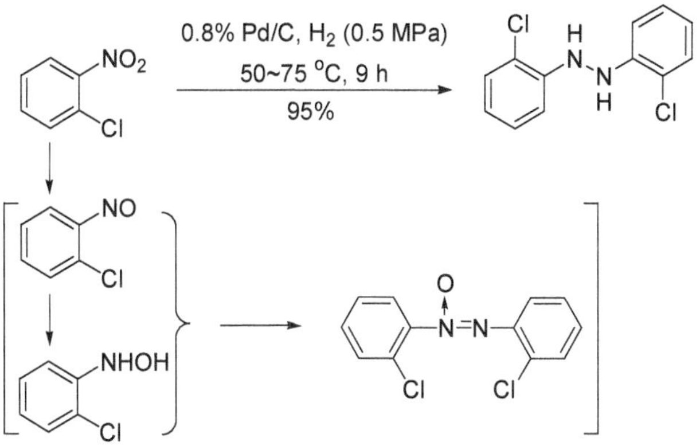

(64)

Yoon 等人发现了一种硼氢化物交换树脂 (borohydride exchange resin) 负载的钯催化剂 (BER-Pd)，在室温和常压下就可以选择性地将硝基还原成为氨基，而芳香酮、苄醚、苄胺、酯、氰基和芳基氯等基团则不受到影响 (式 65)[98]。

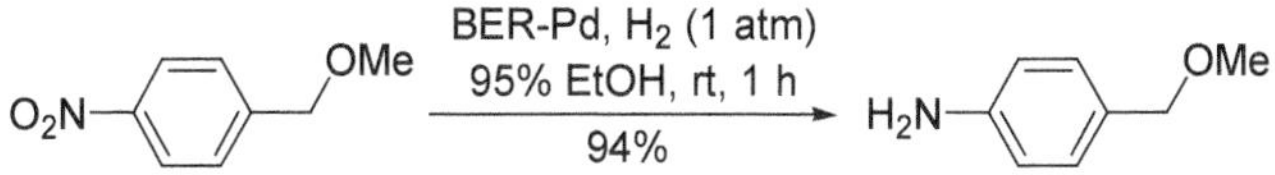

(65a)

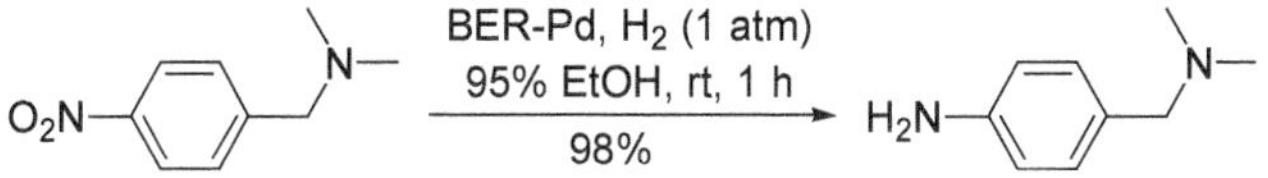

(65b)

采用催化氢转移反应还原硝基等化合物，往往可以获得更好的选择性。氨基醇是重要的有机合成中间体，而氨基醇可由相应的硝基醇还原得到。虽然这类还原反应可用 Raney 镍或铂催化氢化得到，但需要较高的温度和压力。若以 Pd/C 为催化剂和甲酸铵为氢供体，可以在温和条件下得到氨基醇类产物[99]。利用这种反应，还可以实现硝基与苄醇、四氢吡喃 (THP) 保护基之间的选择性还原。如式 66 所示[100]：底物中的硝基被氢解生成氨基，而苄醇羟基和 THP 保护基均未受到影响。

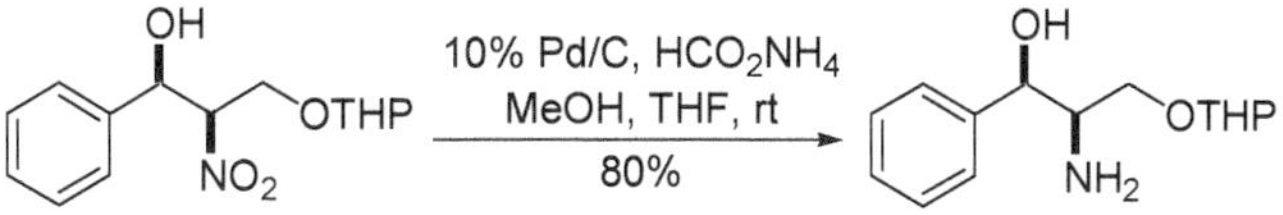

(66)

采用合适的反应条件，可使硝基的氢解产物停留在肟的阶段。Lee 等人以 Pd/C 作为催化剂和癸硼烷作为氢供体，可以将 α,β-不饱和硝基化合物选择性地还原成为相应的肟，而芳基氯和芳香硝基均未受到影响 (式 67)[101]。在该反应体系中加入二甲亚砜 (DMSO) 是成功的关键，否则反应的主要产物就不再是肟。

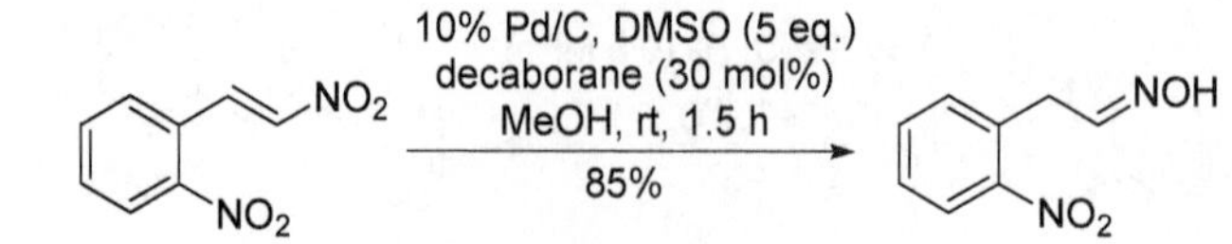

10% Pd/C, DMSO (5 eq.), decaborane (30 mol%), MeOH, rt, 1.5 h, 85% (67a)

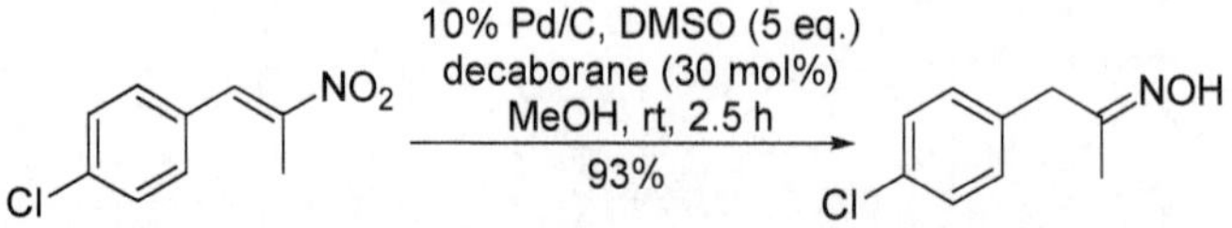

10% Pd/C, DMSO (5 eq.), decaborane (30 mol%), MeOH, rt, 2.5 h, 93% (67b)

串联反应 (tandem reaction, cascade reaction 或 domino reaction) 只需一次加料即可连续发生多步反应并生成需要的产物，具有简便、高效和经济等优点。以甲酸铵为氢供体，在 Pd/C 催化下可将芳香硝基化合物直接转化成为甲酰胺类化合物，而芳香酮、芳基氯和肟等官能团均不会受到影响 (式 68)[102]。

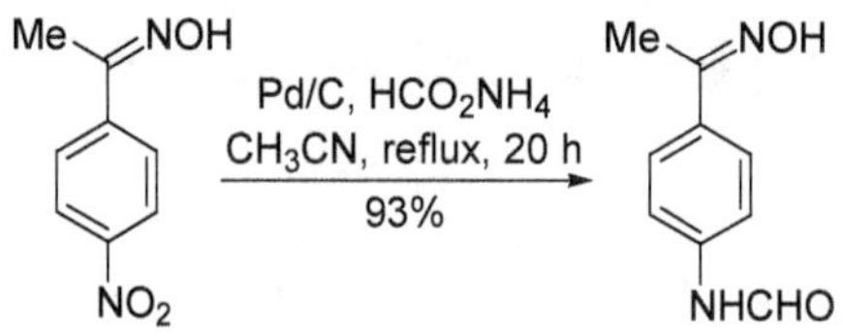

Pd/C, HCO_2NH_4, CH_3CN, reflux, 20 h, 93% (68)

4.5.2 氮-氮键的催化氢解

含有氮-氮 (N-N) 键的化合物包括叠氮、偶氮、肼、酰肼、腙类等，它们经过催化加氢和氢解反应生成相应的胺类化合物。由于氮-氮双键和碳-氮双键的加氢速度比氢解速度快，因此在偶氮或腙的催化氢解中往往可以分离得到肼类中间产物。

叠氮化合物的催化氢解是合成胺类化合物的重要方法，特别是伯胺类化合物。它可以有效地在复杂化合物中引入氨基基团，在核苷和氨基糖类化合物的合成中应用较多[103,104]。叠氮化合物可以由叠氮化钠和卤代烃或醇的磺酸酯通过亲核取代反应方便地制备，在取代反应中底物的构型发生了翻转。但是，与叠氮基相连的手性碳在催化氢解过程完全保留了原来的构型[105]。该反应一般在非常温和的条件下进行，Pd、Pt 和 Raney Ni 等催化剂均可用于该目的。如式 69 所示[106]：在 Pd/C 催化氢解条件下，1,2-二叠氮基吡咯烷衍生物被方便地转化成为相应的 1,2-二氨基取代的产物。

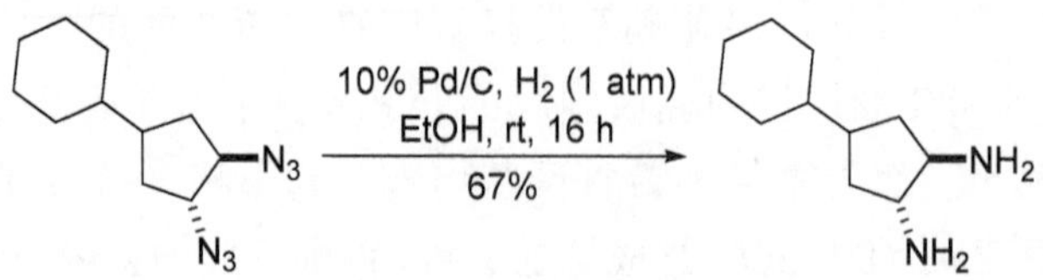

10% Pd/C, H_2 (1 atm), EtOH, rt, 16 h, 67% (69)

当叠氮基与其它可还原基团位于同一个化合物时，在适当的条件可以实现化学选择性反应。如式 70 所示[107,108]：在 Pd/C 催化剂存在下进行氢解反应时，底物中的叠氮基被还原成为伯氨基，而叔丁基二甲基硅醚 (TBDMS) 保护基不受到影响，其化学选择性可以达到 100%。当芳基碘化物与叠氮基同在一个分子时，使用 Pd/C 催化的氢解反应可以选择性地除去碘原子，而叠氮基和硝基均不受到影响 (式 71a 和 式 71b)[109]。

Pd/C, H_2 (1 atm), EtOAc, MeOH, rt, 48 h (70)

Pd/C, H_2 (1 atm), Et_3N (10 eq.), MeOH, 20 °C, 75 min, 90% (71a)

Pd/C, H_2 (1 atm), Et_3N (10 eq.), MeOH, 20 °C, 30 min, 60% (71b)

有时，叠氮基团被催化氢解成氨基后可直接发生分子内反应，生成含氮杂环化合物[110]。如式 72 所示[111]：利用这种手段可以高产率地合成非常重要的生物碱中间体——氢化中氮茚 (8-hydroxyindolizidine) 类化合物。

$Pd(OH)_2/C$, H_2 (100 psi), dry EtOH, rt, 3 d, 68% (72)

8-hydroxyindolizidine

除了常见的叠氮类化合物外，腙、酰肼和肼也可进行催化氢解反应。在氢解条件下，腙类化合物中的碳-氮双键首先被还原得到相应的肼中间体。若继续反应，才会得到氢解产物。因此，通过控制反应条件，可以通过腙的催化氢化得到取代肼或胺类产物。若对手性腙进行催化氢化，则可获得相应的手性胺类产物。利用钯类催化剂进行氢解时，由芳香醛酮生成的腙分子中苄基上的碳-氮键容易发生断裂。利用这种反应，可以将醛酮转化成为相应的胺类化合物。如式 73 所示[112]：邻甲氧基苯甲醛与苯肼形成的腙可在酸性体系中发生 Pd/C 催化的氢解反应，得到邻甲氧基苄胺产物。酸的存在可以使生成的胺类产物生成相应的盐，并进入水相避免发生偶联副反应。如果反应不在酸性体系中进行，则主要产物为

取代肼 (式 74)[112]。在 Pd/C 催化氢解条件下，酰基苯肼也可以高产率地生成相应的酰胺类产物 (式 75)[113]。

$$\text{4-MeOC}_6\text{H}_4\text{CH=N-NHPh} \xrightarrow[\text{88.7\%}]{\text{5\% Pd/C, H}_2\text{ (54 psi), PhH, aq. HCl, 10 h}} \text{4-MeOC}_6\text{H}_4\text{CH}_2\text{NH}_2\cdot\text{HCl} \quad (73)$$

$$\text{3,4-(HO)}_2\text{C}_6\text{H}_3\text{CH=N-NHPh} \xrightarrow[\text{82\%}]{\text{5\% Pd/C, H}_2\text{ (50 psi), PhH, 6 h}} \text{3,4-(HO)}_2\text{C}_6\text{H}_3\text{CH}_2\text{NH-NHPh} \quad (74)$$

$$\text{(CH}_3)_2\text{CHC(O)NH-NHPh} \xrightarrow[\text{100\%}]{\text{5\% Pd/C, H}_2\text{ (50 psi), EtOH, HOAc, 12 h}} \text{(CH}_3)_2\text{CHC(O)NH}_2 \quad (75)$$

利用催化氢转移反应，也可以对偶氮类化合物进行氢解。例如：在 Pd/C 催化剂和甲酸铵存在下，偶氮苯类化合物 (azobenzenes) 以中等收率被氢解成为苯胺及其衍生物[114]。Abiraj 等人利用 Pd/C 为催化剂和聚合物负载的甲酸铵为氢供体，高产率地将偶氮苯类化合物转化成为苯胺及其衍生物。如式 76 所示[115]：反应中的氢供体可以多次循环使用而不影响反应的产率。

$$\text{4-CH}_2\text{=CHC}_6\text{H}_4\text{N=NC}_6\text{H}_4\text{CH=CH}_2\text{-4} \xrightarrow[\text{94\%}]{\text{(P)-CH}_2\text{N}^+\text{H}_3\ \text{HCO}_2^-\text{, 10\% Pd/C, MeOH, rt, 4 h}} \text{4-H}_2\text{NC}_6\text{H}_4\text{CH=CH}_2 \quad (76)$$

4.5.3 氧-氧键的催化氢解

含有氧-氧 (O-O) 键的化合物一般是指过氧化(氢)物、过氧酸和臭氧化物等。在催化氢解条件下，这些化合物可以快速地断裂氧-氧键生成醇和水等。催化氢解常用钯或铂为催化剂，有时为了抑制碳-碳双键的还原还可使用 Lindlar 催化剂[116]。臭氧化物的催化氢解反应一般会得到较为复杂的混合物。但是，使用碱性条件可以提高反应的选择性，主要得到醛酮类产物。如式 77 所示[117]：Pryde 等人以 Pd/C 为催化剂，在吡啶-甲醇溶剂中经催化氢解反应将油酸甲酯的过氧化物转变成为相应的醛类产物。该反应的官能团兼容性非常好，分子中其它可还原的官能团一般不受到影响。Chowdhury 等人报道：在 Pd/C 催化氢解条件下，可以高产率地将氮杂二环过氧化物转变成为相应的氧-氧键氢解产物，而底物分子中的芳基氯、芳基氟和苄胺均不受到影响 (式 78)[118]。

10% Pd/C, H_2 (1 atm), MeOH, Py, rt, 1.5 h, 62% (77)

10% Pd/C, H_2 (50 atm), MeOH, CH_2Cl_2, 40 °C, 1.3 h, 98%; $R^1 = R^2$ = 4-FC_6H_4; $R^3 = CO_2Et$; R^4 = Bn (78)

4.5.4 硅-氧键的催化氢解

在有机合成中，形成硅醚 (silyl ether) 是保护羟基和羰基的一种重要方法。无论是伯醇、仲醇、叔醇都可生成相应的硅醚保护基，而羰基可生成烯醇硅醚[119]。常见的硅醚保护基有三甲基硅醚 (TMS)、三乙基硅醚 (TES)、三异丙基硅醚 (TIPS)、叔丁基二甲基硅醚 (TBDMS 或 TBS) 和叔丁基二苯基硅醚 (TBDPS) 等。硅醚保护基的脱除可用氟化物、酸或者亲核/碱性条件下进行[120]。

硅醚还可以在催化氢解条件下进行脱保护，Pd/C 或 $Pd(OH)_2$ 等是最常用的催化剂。对不同的硅醚保护基而言，脱除的难易程度也不相同。一般位阻大的硅醚较难去除 (例如：TBDMS 和 TBDPS)，而位阻小的硅醚则容易去除 (例如：TMS 和 TES)。硅醚保护基脱除的难易程度也受到反应溶剂的影响，使用适当的溶剂可以达到选择性的目的。如式 79~式 81 所示[121]：在不同的溶剂体系中，利用 $Pd(OH)_2$ 催化氢解可以选择性地去除苄基醚 (Bn)、二乙基异丙基硅醚 (DEIPS) 或者叔丁基二苯基硅醚 (TBDPS)。

$Pd(OH)_2$, H_2, dioxane, 26 °C, 4.5 h, 98% (79)

$Pd(OH)_2$, H_2, MeOH, 26 °C, 1 h, 99% (80)

$Pd(OH)_2$, H_2, MeOH, 26 °C, 6 h, 93% (81)

当底物分子中含有多个相同硅醚保护基团时，选择适当的条件可实现区域选择性去保护。如式 82 所示[118]：在 Pd/C 催化剂的存在下，脂肪醇的三乙基硅醚优先酚的三乙基硅醚被选择性地除去。利用这种方法，还可以实现硅醚与碳-碳双键之间的选择性还原，即只发生硅醚的氢解而碳-碳双键不发生反应（式 83)[122]。这种方法无需使用氢气即可进行，但使用氢气可大大加快反应的速度[123]。

OTES, OTES —(10% Pd/C, MeOH, rt, 5 h; 85%)→ OTES, OH (82)

OTES, Ph —(10% Pd/C, 95% EtOH, rt, 6 h; 92%)→ OH, Ph (83)

溶剂对于硅醚的催化氢解具有非常重要的影响，不同的溶剂会改变反应的选择性。如表 8 所示：以 TBDMS 为例，用甲醇作溶剂时硅醚可以 100% 地发生氢解反应，而使用甲苯、乙酸乙酯或乙腈作溶剂时则完全不发生氢解反应[124,125]。

表 8 溶剂对硅醚催化氢解选择性的影响

Ph–CH=CH–CH₂OX (13) —(10% Pd/C, H_2; Solv., rt, 24 h)→ Ph(CH₂)₃OX (14) + Ph(CH₂)₃OH (15)

编号	底物	X	溶剂	产率/%	
				14a~14d	15a~15d
1	**13a**	TBDMS	MeOH	0	100
2	**13a**	TBDMS	THF	98	2
3	**13a**	TBDMS	甲苯	100	0
4	**13a**	TBDMS	EtOAc	100	0
5	**13a**	TBDMS	CH_3CN	100	0
6	**13b**	TBDPS	MeOH	100	0
7	**13c**	TIPS	MeOH	100	0
8	**13d**	TES	MeOH	0	100

硅醚的催化氢解也可以通过催化氢转移方式进行。利用这种催化氢解，也可以实现不同硅醚的选择性脱保护。如式 84 所示[126,127]：利用 Pd(II)O 为催化剂和环己烯为氢供体，1,4-苯二甲基醇二硅醚可以实现 TBDMS 与 TIPS 或 TBDPS 之间的选择性去保护。

OTBDMS / OTBDPS —Pd(II)O, cyclohexene, MeOH, reflux, 1 h, 94%→ OH / OTBDPS (84)

5 钯催化氢解反应在天然产物合成中的应用

大多数天然产物都含有氮或氧等杂原子，而碳-杂原子键或杂原子之间的化学键往往可通过催化氢解的方式高效地发生断裂。因此，催化氢解反应在天然产物合成中被广泛应用。根据反应用途可以分为两类：一是用于保护基的脱除，这方面的应用最为广泛，其中最典型的是氨基酸和多肽的逐步合成；二是通过催化氢解进行官能团的转化，将得到的中间体用于下一步的合成中。

结核菌素 (Tuberculin) 是结核杆菌的菌体成分，常用于检测人或动物的结核杆菌的感染。凡感染过结核杆菌的机体，进行测试时会出现局部红肿、硬节等阳性反应。结核菌素中最重要的是纯蛋白衍生物 [Purified Protein Derivative, PPD]。Savrda 等人利用苄氧碳酰基 (Cbz) 与苄基 (Bn) 两种保护基，经过逐步的“保护-扩链-脱保护”过程合成了结核菌素链段中的十六肽链 (第 61~76 个氨基酸)[86]。

如式 85 所示：首先，由 Cbz 保护的谷氨酸叔丁酯与甘氨酸的盐酸盐在弱碱 *N*-甲基吗啡啉和氯甲酸乙酯作用下反应生成 Cbz 保护的谷甘二肽 (**I**)。然后，化合物 **I** 在 Pd/C 催化氢解条件下脱去 Cbz 保护基，并与 Cbz 保护的丝氨酸反应生成谷氨酸-甘氨酸-丝氨酸构成的三肽 (**II**)。接着，再继续脱保护和与合适的氨基酸或肽链反应，最终得到目标产物十六肽，总收率为 6.5%。

Cbz-Glu(O^{t}Bu) + HCl-Gly-OMe —i, 92%→ Cbz-Glu(O^{t}Bu)-Gly-OMe (I)

—ii→ HCl-Glu(O^{t}Bu)-Gly-OMe —i, 78%, Cbz-Ser(O^{t}Bu)→ Cbz-Ser(O^{t}Bu)-Glu(O^{t}Bu)-Gly-OMe (II) (85)

—ii, i, peptide→ H-Asp-Gly-Gly-Ser-Glu-Ser-Glu-Gly-Lys-Asn-Gly-Ser-Gln-Met-Arg-Leu-OH

反应条件：i. *N*-Me-Morpholine, EtOCOCl, THF, –15~25 °C; ii. 10% Pd/C, H_2, aq. HCl.

萝芙木吲哚类生物碱在民间主要用于治疗头痛、疥癣及蛇咬伤等，(–)-Raumacline 是从萝芙木 (*Rauvolfia*) 中提取的一种吲哚类生物碱[128,129]。它是一个含有五元环结构的化合物，其中的吲哚环可直接利用色氨酸 (Tryptophan) 获得。如式 86 所示：首先，使用色氨酸经过 6 步反应得到一个含有哌啶环结构的中间体。然后，依次将哌啶环上的游离氨基用苄基保护和将吲哚环上的氨基进行甲基化。在此基础上继续构筑其它杂环，最后在 Pd/C 催化氢解条件下脱除苄基保护基，完成 (–)-Raumacline 的全合成[130]。进一步的研究发现：在 Pd/C 催化氢解脱苄基的步骤中，使用一般的甲醇或乙醇作为溶剂时会发生 *N*-甲基化或者 *N*-乙基化副反应。但是，使用三氟乙醇作溶剂时则可有效地避免 *N*-烷基化副反应的发生，以定量的产率生成脱苄基产物[131]。

tryptophan; BnBr, 70 °C, 75%; Pd/C, H_2, CF_3CH_2OH, 100%; (–)-Raumacline

(86)

苦马豆素 (Swainsonine) 主要存在于豆科黄芪属和棘豆属 (统称为疯草) 中，其次是在苦马豆属中。1979 年，Colegate 等人首先从灰苦马豆中分离得到该化合物并将其命名[132]。苦马豆素的主体结构是含有 4 个手性碳的氢化中氮茚 (Indolizidine)，环上的 1,2,8-位三个位置上有 3 个羟基。Guo 等人以呋喃与非手性的 γ-丁内酯为原料，完成了苦马豆素的全合成。如式 87 所示[111]：首先，他们以呋喃基锂与 γ-丁内酯为原料，主要经过 Noyori 还原和 Achmatowicz 条件下的氧化重排得到中间体吡喃酮衍生物。然后，经过苄醚保护基、还原吡喃酮羰基成为醇羟基和磺酰化反应得到三氟甲磺酸酯。接着，使用磺酸酯与叠氮化钠反应得到含有叠氮结构的五取代吡喃衍生物中间体。在 Pearlman 催化剂的存在下，该中间体经由催化氢解将叠氮还原成为伯胺并脱除苄基保护基。所形成的伯胺再与甲磺酸酯发生分子内环化反应，得到具有缩酮保护的氢化中氮茚结构。最后，经酸分解缩酮得到苦马豆素产物，总收率为 25%。

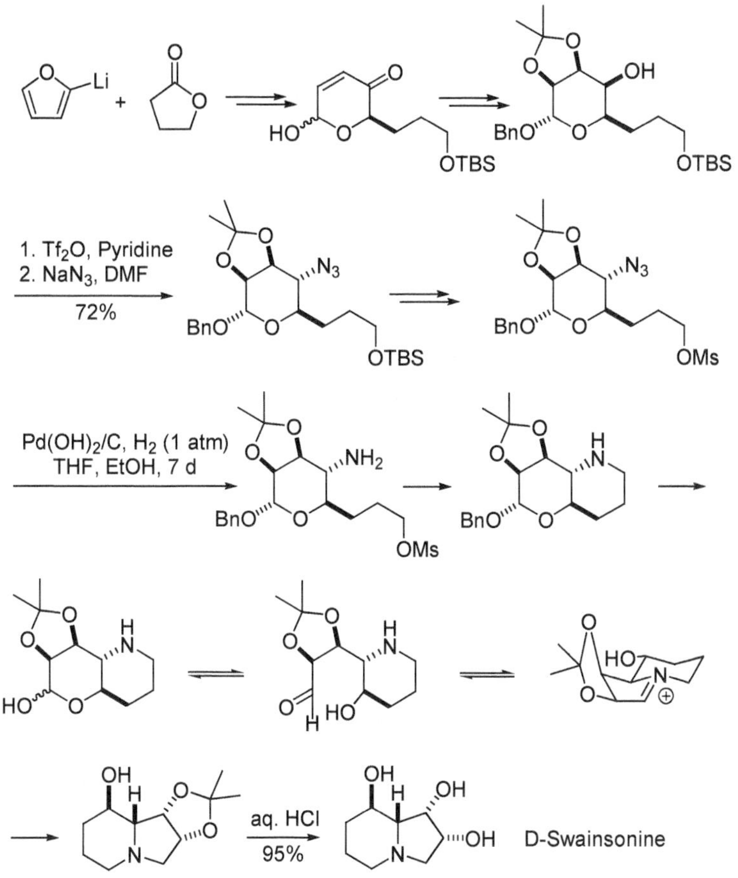

1. Tf_2O, Pyridine
2. NaN_3, DMF
72%

$Pd(OH)_2/C$, H_2 (1 atm)
THF, EtOH, 7 d

(87)

aq. HCl
95%

D-Swainsonine

6 钯催化氢解反应实例

例 一

N-甲基-*N*-(四氢-2*H*-吡喃-4-基)-4-氨基苄胺二盐酸盐的合成[133]
(在苄胺的存在下选择性催化氢解硝基)

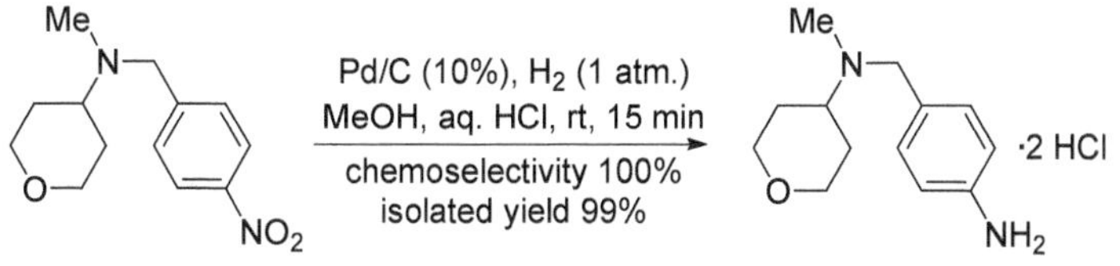

Pd/C (10%), H_2 (1 atm.)
MeOH, aq. HCl, rt, 15 min
chemoselectivity 100%
isolated yield 99%

·2 HCl (88)

在室温和一个大气压的氢气压力下，将 *N*-甲基-*N*-(四氢-2*H*-吡喃-4-基)-4-硝基苄胺 (626 mg, 2.5 mmol)、10% Pd/C (31.3 mg) 和浓盐酸 (37%, 800 mg, *ca*. 8 mmol) 的无水甲醇 (30 mL) 混合物进行催化氢解。15 min 后，吸氢自动停止表示反应结束。过滤除去 Pd/C 催化剂，滤液经浓缩除去甲醇。残余物用无水乙醚 (20 mL) 稀释和充分搅拌后，过滤得到黄色晶体产物 (726 mg, 99%)，熔点 177~179 °C (MeOH-Et_2O)。

例 二

(2*S*,6*R*)-2-甲基-6-丙基哌啶盐酸盐[134]
(苄胺的催化氢解)

10% Pd/C, H_2 (1 atm)
MeOH-CH_2Cl_2, 48 h
97%
H·HCl
(89)

在室温和一个大气压的氢气压力下，将 1-[(*S*)-[(2*S*,6*R*)-2-甲基-6-丙基哌啶基]苯甲基]-2-萘酚 (560 mg, 1.5 mmol) 和 10% Pd/C (160 mg, 0.15 mmol) 的甲醇 (20 mL) 和二氯甲烷 (10 mL) 的混合物进行催化氢解。反应 48 h 后停止吸氢，过滤除去催化剂，滤液在减压下蒸去溶剂。向残余物中加入无水乙醚 (20 mL)，经充分搅拌后过滤生成的白色晶体产物 (259 mg, 97%)，熔点 240~242 °C (MeOH)，$[\alpha]_D^{20}$ = –13.2 (*c* 0.2, EtOH)。

例 三

2,2-二甲氧基-1-对甲基苯基乙胺盐酸盐[135]
(催化氢解碳氮键和碳氯键)

10% Pd/C, H_2 (1 atm)
$CH_2ClCHCl_2$, MeOH, rt
99%
(90)

在室温和常压下，将 1-[(2,2-二甲氧基-1-对甲基苯乙氨基)(苯基)甲基-2-萘酚 (855 mg, 2 mmol)、10% Pd/C (85.5 mg, 质量浓度 10%) 和 1,1,2-三氯乙烷 (320 mg, 2.4 mmol) 在甲醇 (30 mL) 中的混合物进行催化氢解。反应结束后，过滤除去催化剂，滤液在减压下蒸去溶剂。向残余物中加入无水乙醚，经充分搅拌后过滤生成的白色晶体产物 (459 mg, 99%)，熔点 156~158 °C (MeOH-Et_2O)。

例 四

4-*O*-*β*-D-吡喃葡萄糖基-(1-4)-*α*-D-吡喃葡萄糖甲基苷[136]
(催化氢解糖的多个苄醚保护基)

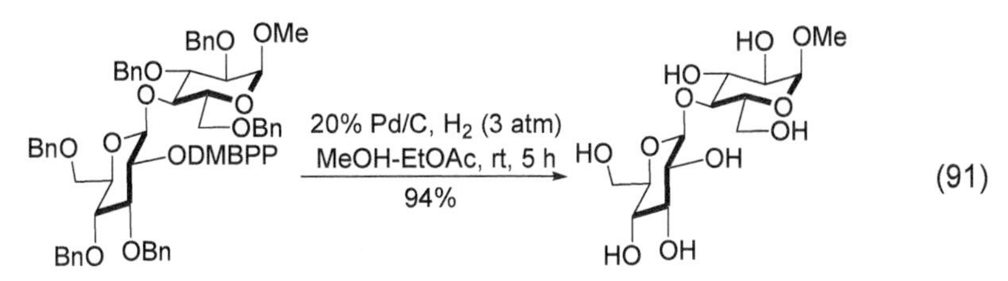

在 Parr 加氢仪中，将 2,3,6-三-*O*-苄基-4-*O*-{3,4,6-三-*O*-苄基-2-*O*-[3′-(2″-苄氧苯基)-3′,3′-二甲基丙酰基]-*β*-D-吡喃葡萄糖基}-(1-4)-*α*-D-吡喃葡萄糖甲基苷 (1.74 g, 1.5 mmol) 与 Pd/C (20 mol%) 的甲醇-乙酸乙酯 (5:1, 体积比) 混合物在室温和 3 atm 的氢压下进行催化氢解。5 h 后停止吸氢，过滤除去催化剂，滤液在减压下除去溶剂。将残余物溶于水并用乙酸乙酯洗涤，所得水相在减压下蒸去水后得到氢解产物 (502 mg, 94%)，熔点 143~145 °C，$[\alpha]_D^{20}$ = +96.5 (*c* 0.4, H_2O)。

例 五

(−)-(2*S*,3*R*)-3-苯甲酰氧基-2-苄基-4-三苯甲氧基丁醇的合成[137]
(选择性催化氢解环氧丁烷)

Ph_3CO … OBz … O … Ph —— 10% Pd/C, H_2 (1 atm); MeOH, 30 °C, 1 h; 100% ——→ Ph_3CO … OH … BzO … Ph   (92)

在 30 °C 和常压下，将 (+)-(2*R*,3*R*,1′*R*)-3-[1′-苯甲酰氧基-2′-(三苯甲氧基)乙基]-2-苯基氧杂环丁烷 (300 mg, 0.55 mmol)、10% Pd/C (60 mg) 在甲醇 (30 mL) 中的混合物进行催化氢解。反应 1 h 后过滤除去催化剂，滤液在减压下除去溶剂。得到的残留物用硅胶柱 (正己烷-乙酸乙酯，2:1) 纯化后得纯的产物 (300 mg, 100%)，熔点 59~60 °C，$[\alpha]_D^{20}$ = −19.5 (*c* 2.4, MeOH)，92% ee。

7 参考文献

[1] Kaufmann, W. E.; Adams, R. *J. Am. Chem. Soc.* **1923**, *45*, 3029.
[2] Connor, R.; Adkins, H. *J. Am. Chem. Soc.* **1932**, *54*, 4678.
[3] Braude, E. A.; Linstead, R. P.; Jackman, L. M.; Mitchell, P. W. D.; Wooldridge, K. R. H. *Nature* **1952**, *169*, 100.
[4] Brieger, G.; Nestrick, T. J. *Chem. Rev.* **1974**, *74*, 567.
[5] Johnstone, R. A. W.; Wilby, A. H. *Chem. Rev.* **1985**, *85*, 129.
[6] Ouellet, S. G.; Walji, A. M.; Macmilian, D. W. C. *Acc. Chem. Res.* **2007,** *40,* 1327.
[7] Rajagopal, S.; Spatola, A. R. *Appl. Catal. A: General* **1997**, *152*, 69.
[8] Accrombessi, G. C.; Geneste, P.; Olive, J. L. *J. Org. Chem.* **1980**, *45*, 4139.
[9] Pearlman, W. M. *Tetrahedron Lett.* **1967**, *8*, 1663.
[10] Johnson II, D. C.; Widlanski, T. S. *Org. Lett.* **2004**, *6*, 4643.
[11] Madhavan, N.; Jones, C. W.; Weck, M. *Acc. Chem. Res.* **2008**, *41*, 1153.
[12] Miyazaki, Y.; Kobayashi, S. *J. Comb. Chem.* **2008**, *10*, 355.
[13] Madhavan, N.; Weck, M. *Adv. Synth. Catal.* **2008**, *350*, 419.
[14] Kieboom, A. P. G.; Rantwijk, F. Hydrogenation and hydrogenolysis in synthetic organic chemistry. Delft, the Netherlands: Delft University Press, **1977**; 3-11.
[15] Somorjai, G. A.; Mccrea, K. R.; Zhu, J. *Top. Catal.* **2002**, *18*, 157.
[16] Morikawa, K.; Benedict, W. S.; Taylor, H. S. *J. Am. Chem. Soc.* **1936**, *58*, 1795.
[17] Yates, D. J. C.; Taylor, W. F.; Sinfelt, J. H. *J. Am. Chem. Soc.* **1964**, *86*, 2996.
[18] Sinfelt, J. H.; Taylor, W. F.; Yates, D. J. C. *J. Phys. Chem.* **1965**, *69*, 95.
[19] Sinfelt, J. H.; Yates, D. J. C. *J. Catal.* **1967**, *8*, 82.
[20] Sinfelt, J. H.; Yates, D. J. C. *J. Catal.* **1968**, *10*, 362.
[21] Sinfelt, J. H. *J. Phys. Chem.* **1964**, *68*, 344.
[22] Sinfelt, J. H. *Catal. Lett.* **1991**, *9*, 159.
[23] Anderson, J. R.; Kemball, C. *Proc. Roy. Soc. (London),* **1954**, *A223*, 361.
[24] Sinfelt, J. H. *Catal. Rev.* **1970**, *3*, 175.
[25] Zeigarnik, A. V.; Myatkovskaya, O. N. *Kinet. Catal.* **2001**, *42*, 418.
[26] Au, C. T.; Ng, C. F.; Liao, M. S. *J. Catal.* **1999**, *185*, 12.
[27] Liao, M. S.; Zhang, Q. E. *J. Mol. Catal., A: Chem.* **1998**, *136*, 185.
[28] Newham, J. *Chem. Rev.* **1963**, *63*, 123.
[29] Dalla Betta, R. A.; Cusumano, J. A.; Sinfelt, J. H. *J. Catal.* **1970**, *19*, 343.
[30] Srikrishna, A.; Nagaraju, S. *J. Chem. Soc., Perkin Trans. 1* **1991**, 657.
[31] Konosu, T.; Oida, S. *Chem. Pharm. Bull.* **1992**, *40*, 609.
[32] Miller, B.; Lewis, L. *J. Org. Chem.* **1974**, *39*, 2605.
[33] Potekhin, V. V.; Matsura, V. A.; Ukraintsev, V. B. *Russ. J. Gen Chem.* **2000**, *70*, 828.
[34] Kieboom, A. P. G.; De Kreuk, J. F.; Van Bekkum, H. *J. Catal.* **1971**, *20*, 58.
[35] Ágai, B.; Proszenyák, Á.; Tárkányi, G.; Vida, L.; Faigl, F. *Eur. J. Org. Chem.* **2004**, 3623.
[36] Marinoiu, A.; Ionita, G.; Ga′spa′r, C. L.; Cobzaru, C.; Marinescu, D.; Teodorescu, C.; Oprea, S. *Reac. Kinet. Mech. Cat.* **2010**, *99*, 111.
[37] Dasaria, M. A.; Kiatsimkula, P. P.; Sutterlinb, W. R.; Suppes, G. J. *Appl. Catal. A: General* **2005**, *281*, 225.
[38] Chihara, T.; Teratani, S; Hasegawa-Ohotomo, M.; Amemiya, T.; Taya, K. *J. Catal.* **1984**, *90*, 221.
[39] Bejblová, M.; Zámostný, P.; Červený, L.; Cejka, J. *Appl. Catal. A: General* **2005**, *296*, 169.

[40] Bejblová, M.; Zámostny, P.; Červeny, L.; Čejka, J. *Collect. Czech. Chem. Commun.* **2003**, *68*, 1969.
[41] Lenarda, M.; Casagrande, M.; Moretti, E.; Storaro, L.; Frattini, R.; Polizzi, S. *Catal. Lett.* **2007**, *114*, 79.
[42] Xing, L. X.; Wang, X. Y.; Cheng, C. J.; Zhu, R.; Liu, B.; Hu, Y. F. *Tetrahedron* **2007**, *63*, 9382.
[43] Sajiki, H.; Hattori, K.; Hirota, K. *J. Chem. Soc., Perkin Trans. 1* **1998**, 4043.
[44] Abu-Reziq, R.; Avnir, D.; Blum, J. *J. Mol. Catal. A: Chem.* **2002**, *187*, 277.
[45] Hiigel, H. M.; Jackson, W. R.; Kachel, C. D.; Rae, I. D. *Aust. J. Chem.* **1977**, *30*, 1287.
[46] Li, Y.; Manickam, G.; Ghoshal, A.; Subramaniam, P. *Synth. Commun.* **2006**, *36*, 925.
[47] Gaunt, M. J.; Yu, J. Q.; Spencer, J. B. *J. Org. Chem.* **1998**, *63*, 4172.
[48] Zhou, W. J.; Wang, K. H.; Wang, J. X. *J. Org. Chem.* **2009**, *74*, 5599.
[49] Chandrasekhar, S.; Shyamsunder, T.; Chandrashekar, G.; Narsihmulu C. *Synlett* **2004**, 522.
[50] Sajiki, H. *Tetrahedron Lett.* **1995**, *36*, 3465.
[51] Dias, L. C.; Campano, P. L. *J. Braz. Chem. Soc.* **1998**, *9*, 97.
[52] Dubois, G. E.; Crosby, G. A.; Saffron, P. *Synth. Commun.* **1977**, *7*, 49.
[53] Coleman, R. S.; Shah, J. A. *Synthesis* **1999**, 1399.
[54] Katkevichs, M.; Korchagova, E.; Ivanova, T.; Slavinska, V.; Lukevics, E. *Chem. Heterocycl. Comp.* **2006**, *42*, 872.
[55] Lincoln, C. M.; White, J. D.; Yokochi, A. F. T. *Chem. Commun.* **2004**, 2846.
[56] Farkas, F.; Thurner, A.; Kovács, E.; Faigl, F.; Hegedus, L. *Catal. Commun.* **2009**, *10*, 635.
[57] McQuillin, F. J.; Ord, W. O. *J. Chem. Soc.* **1959**, 3169.
[58] Sajiki, H.; Hattori, K.; Hirota, K. *Chem. Commun.* **1999**, 1041.
[59] Ley, S. V.; Mitchell, C.; Pears, D.; Ramarao, C.; Yu, J. Q.; Zhou, W. Z. *Org. Lett.* **2003**, *5*, 4665.
[60] Thiery, E.; Le Bras, J.; Muzart, J. *Green Chem.* **2007**, *9*, 326.
[61] Le Bras, J.; Mukherjee, D. K.; González, S.; Tristany, M.; Ganchegui, B.; Moreno-Manas, M.; Pleixats, R.; Hénin, F.; Muzart, J. *New J. Chem.* **2004**, *28*, 1550.
[62] Tweedie, V. L.; Barron, B. G. *J. Org. Chem.* **1960**, *25*, 2023.
[63] Nishimura, S.; Katagiri, M.; Watanabe, T.; Uramoto, M. *Bull. Chem. Soc. Jpn.* **1971**, *44*, 166.
[64] Hutchins, R.; Learn, K. *J. Org. Chem.* **1982**, *47*, 4382.
[65] Tsukamoto, H.; Suzuki, T.; Kondo, Y. *Synlett* **2007**, 3131.
[66] Adkins, H. *Org. React.* **1954**, *8*, 1.
[67] Peterson, P. E.; Casey, C. *J. Org. Chem.* **1964**, *29*, 2325.
[68] Chanley, J. D.; Mezzetti, T. *J. Org. Chem.* **1964**, *29*, 228.
[69] Turek, T.; Trimm, D. L. *Catal. Rev.* **1994**, *36*, 645.
[70] Rylander, P. N. *Hydrogenation methods*, London: Academic Press, 1985, 80.
[71] Gaunt, M. J.; Boschetti, C. E.; Yu, J. Q.; Spencer, J. B. *Tetrahedron Lett.* **1999**, *40*, 1803.
[72] Papageorgiou, E. A.; Gaunt, M. J.; Yu, J. Q.; Spencer, J. B. *Org. Lett.* **2000**, *2*, 1049.
[73] Mandai, T.; Suzuki, S.; Murakami, T.; Fujita, M.; Kawada, M.; Tsuji, J. *Tetrahedron Lett.* **1992**, *33*, 2987.
[74] Dahn, H.; Zoller, P.; Solms, U. *Helv. Chim. Acta.* **1954**, *37*, 565.
[75] Studer, M.; Blaser, H. U. *J. Mol. Catal. A Chem.* **1996**, *112*, 437.
[76] Hirokawa Y.; Harada, H.; Yoshikawa, T.; Yoshida, N.; Kato, S. *Chem. Pharm. Bull.* **2002**, *50*, 941.
[77] Torok, B.; Surya Prakasha, G. K. *Adv. Synth. Catal.* **2003**, *345*, 165.
[78] Czech, B. P.; Bartach, R. A. *J. Org. Chem.* **1984**, *49*, 4076.
[79] Bernotas, R. C.; Cube, R. V. *Synth. Commun.* **1990**, *20*, 1209.
[80] Bringmann, G.; Geisler, J. P. *Tetrahedron Lett.* **1989**, *30*, 317.
[81] Bringmann, G.; Geisler, J. P. *J. Fluorine Chem.* **1990**, *49*, 67.
[82] Kanai, M.; Yasumoto, M.; Kuriyama, Y.; Inomiya, K.; Katsuharo Y.; Higashiyama, K.; Ishii, A. *Org. Lett.* **2003**, *5*, 1007.

[83] Ram, S.; Spicer L. D. *Tetrahedron Lett.* **1987**, *28*, 515.
[84] Bisai, A.; Bhanu Prasad, B. A.; Singh, V. K. *ARKIVOC* **2007**, 20.
[85] Isidro-Llobet, A.; Alvarez, M.; Albericio, F. *Chem. Rev.* **2009**, *109*, 2455.
[86] Savrda, J. *Infect. Immun.* **1983**, *40*, 1163.
[87] Surfraz, M. B. U.; Akhtar, M.; Allemann, R. K. *Tetrahedron Lett.* **2004**, *45*, 1223.
[88] Carpino, L. A.; Han, G. Y. *J. Am. Chem. Soc.* **1970**, *92*, 5748.
[89] Carpino, L. A.; Han, G. Y. *J. Org. Chem.* **1972**, *37*, 3404.
[90] Maegawa, T.; Fujiwara, Y.; Ikawa, T.; Hisashi, H.; Monguchi, Y.; Sajiki, H. *Amino Acids* **2009**, *36*, 493.
[91] Lee, S. H.; Song, I. W. *Bull. Korean Chem. Soc.* **2005**, *26*, 223.
[92] Chang, J. W.; Bae, J. H.; Shin, S. H.; Park, C. S.; Choi, D.; Lee, W. K. *Tetrahedron Lett.* **1998**, *39*, 9193.
[93] Hwang, G. I.; Chung, J. H.; Lee, W. K. *J. Org. Chem.* **1996,** *61,* 6183.
[94] Davis, F. A.; Zhang Y. L.; Rao, A.; Zhang, Z. J. *Tetrahedron* **2001**, *57*, 6345.
[95] Figueras, F.; Coq, B. *J. Mol. Catal. A: Chem.* **2001**, *173*, 223.
[96] Lindenmann, A. *Helv. Chim. Acta* **1949**, *32*, 69.
[97] Shen, K. H.; Li, S. D.; Choi, D. H. *Bull. Korean Chem. Soc.* **2002**, *23*, 1785.
[98] Yoon, N. M.; Lee, H. W.; Chol, J.; Lee, H. Y. *Bull. Korean Chem. Soc.* **1993**, *14*, 281.
[99] Ram, S.; Ehrenkaufer, R. E. *Tetrahedron Lett.* **1984**, 25, 3415.
[100] Barrett, A. G. M.; Spilling, C. D. *Tetrahedron Lett.* **1988**, *29*, 5733.
[101] Lee, S. H.; Park, Y. J.; Yoon, C. M. *Org. Biomol. Chem.* **2003**, 1099.
[102] Pratap, T. V.; Baskaran, S. *Tetrahedron Lett.* **2001**, *42*, 1983.
[103] Holmes, R. E.; Robins, R. K. *J. Am. Chem. Soc.* **1965**, *87*, 1772.
[104] Ivanovics, G. A.; Rousseau, R. J.; Kawana, M.; Srivastava, P. C.; Robins, R. K. *J. Org. Chem.* **1974**, *39*, 3651.
[105] Schönecker, B.; Ponsold, K. *Tetrahedron* **1975**, *31*, 1113.
[106] Marson, C. M.; Melling, R. C. *Synthesis* **2006**, 247.
[107] Thiering, S.; Sowa, C. E.; Thiem, J. *J. Chem. Soc., Perkin Trans. 1* **2001**, 801.
[108] Berkowitz, D. B.; Shen, Q. R.; Maeng, J. H. *Tetrahedron Lett.* **1994**, *35*, 6445.
[109] Faucher, N.; Ambroise, Y.; Cintrat, J. C.; Doris, E.; Pillon, F.; Rousseau, B. *J. Org. Chem.* **2002,** *67,* 932.
[110] Bogliotti, N.; Dalko, P. I.; Cossy, J. *Synlett* **2006**, 2664.
[111] Guo, H. B.; O'Doherty, G. A. *Tetrahedron* **2008**, *64*, 304.
[112] Siddiqui, A. A.; Khan, N. H.; Ali, M.; Kidwai, A. R. *Synth. Commun.* **1977**, *7*, 71.
[113] Hearn, H. J.; Chung, E. S. *Synth. Commun.* **1980**, *10*, 253.
[114] Jnaneshwara, G. K.; Sudalai, A.; Deshpande, V. H. *J. Chem. Res.* **1998**, 160.
[115] Abiraj, K.; Srinivasa, G. R.; Gowda, D. C. *Can. J. Chem.* **2005**, *83*, 517.
[116] Agnello, E. J.; Jr, R. P.; Laubach, G. D. *J. Am. Chem. Soc.* **1956**, *78*, 4756.
[117] Pryde, E. H.; Anders, D. E.; Teeter, H. M.; Cowan, J. C. *J. Org. Chem.* **1962**, *27*, 3055.
[118] Chowdhury, F. A.; Kajikawa, S.; Nishino, H.; Kurosawa, K. *Tetrahedron Lett.* **1999**, *40*, 3765.
[119] Corey, E. J.; Venkateswarlu, A. *J. Am. Chem. Soc.* **1972**, *94*, 6190.
[120] 综述文献：Nelson, T. D.; Crouch, R. D. *Synthesis* **1996**, 1031.
[121] Toshima, K.; Yanagawa, K.; Mukaiyama, S.; Tatsuta, K. *Tetrahedron Lett.* **1990**, *31*, 6697.
[122] Rotulo-Sims, D.; Prunet, J. *Org. Lett.* **2002**, *4*, 4701.
[123] Kim, S.; Jacobo, S. M.; Chang, C. T.; Bellone, S.; Powellb, W. S.; Rokach, J. *Tetrahedron Lett.* **2004**, *45*, 1973.
[124] Sajiki, H.; Ikawa, T.; Hattori, K.; Hirota, K. *Chem. Commun.* **2003**, 654.
[125] Ikawa, T.; Hattori, K.; Sajiki, H.; Hattori, K. *Tetrahedron* **2004**, 60, 6901.
[126] Cormier, J. F.; Isaac, M. B.; Chen, L. F. *Tetrahedron Lett.* **1993**, *34*, 243.

[127] Cormier, J. F. *Tetrahedron Lett.* **1991**, *32*, 187.

[128] Polz, L.; Stbckigt, J.; Takayama, H.; Uchida, N.; Aimi, N.; Sakai, S. *Tetrahedron Lett.* **1990**, *31*, 6693.

[129] Fu, X. Y.; Cook, J. M. *J. Am. Chem. Soc.* **1992**, *114*, 6910.

[130] Bailey, P. D.; Clingan, P. D.; Mills, T. J.; Price, R. A.; Pritchard, R. G. *Chem. Commun.* **2003**, 2800.

[131] Bailey, P. D.; Beard, M. A.; Dang, H. P. T.; Phillips, T. R.; Price, R. A.; Whittaker, J. H. *Tetrahedron Lett.* **2008**, *49*, 2150.

[132] Colegate, S. M.; Dorling, P. R.; Huxtable, C. R. *Aust. J. Chem.* **1979**, *32*, 2257.

[133] Cheng, C. J.; Wang, X. Y.; Xing, L. X.; Liu, B.; Zhu, R.; Hu, Y. F. *Adv. Synth. Catal.* **2007**, *349*, 1775.

[134] Wang, X. Y.; Dong, Y. M.; Sun, J. W.; Xu, X. N.; Li, R.; Hu, Y. F. *J. Org. Chem.* **2005**, *70*, 1897.

[135] Liu, B.; Su, D. Y.; Cheng, G. L.; Liu, H.; Wang, X. Y.; Hu, Y. F. *Synthesis* **2009**, 3227.

[136] Crich, D.; Cai, F. *Org. Lett.* **2007**, 9, 1613.

[137] Farkas, F.; Thurner, A.; Kovács, E.; Faigl, F.; Hegedus, L. *Catal. Commun.* **2009**, *10*, 635.

铝氢化试剂的还原反应

(Reduction by Aluminohydrides)

胡跃飞

1 历史背景简述

金属氢化试剂的还原反应一般是指使用含有一个或多个金属-氢 (M-H) 键的试剂对有机化合物的还原反应，例如：在有机合成中最常使用的 Al-H、B-H、Si-H 和 Sn-H 等试剂进行的还原反应[1]。Al-H 试剂因为发现的比较早、研究的比较详细、试剂选择的余地较大、底物的应用范围广泛等优点，它们在有机合成中具有特殊的地位。Al-H 试剂参与的还原反应主要应用于有机官能团的转化，使用氢同位素生成的试剂通过还原反应对底物分子进行同位素标记也是该试剂的特征应用之一。

$LiAlH_4$ (LAH, 图 1) 是 Al-H 试剂中最早被发现的一种试剂，1947 年 Schlesinger 等人[2]第一次报道了 $LiAlH_4$ 的制备及其部分物化性质。有趣的是，Brown 等人[3]在同一期相同的杂志上就报道了 $LiAlH_4$ 在有机化合物还原中的应用。Brown 等人[4]在后来的详细研究中还发现：使用低级醇中的烷氧基可以取代 $LiAlH_4$ 中的氢原子生成烷氧基取代的试剂 $LiAlH_n(OR)_{4-n}$ (R = Me, Et, *t*-Bu 等)。根据分子中取代基的多少和位阻的大小，它们一般具有比 $LiAlH_4$ 较低的反应活性和较高的选择性。其中，LiAlH(O-*t*-Bu)$_3$ (LTBA) 因为具有确定的结构和热稳定性而成为简单烷氧基铝氢试剂中最常用的试剂，并基本上可以取代由其它低级醇生成的烷氧基铝氢试剂的功能。后来，Vit 等人[5]使用较为复杂的 2-甲氧基乙醇制备了二(甲氧基乙氧基)氢化铝钠，也就是著名的 Red-Al 试剂。使用 $LiAlH_4$ 与 $AlCl_3$ 反应可以制得 AlH_3[6]，但因为制备体系中总是含有 $AlCl_2H$ 和 $AlClH_2$ 杂质而导致其反应的选择性降低。而且，后来发展起来的另外一个著名的 DIBAL-H 试剂[7]几乎完全可以取代 AlH_3 的功能。从分子结构上看，DIBAL-H 就是将 AlH_3 分子中的两个氢原子用两个异丁基取代生成的二烷基铝氢试剂，它具有确定的结构和高度的热稳定性。

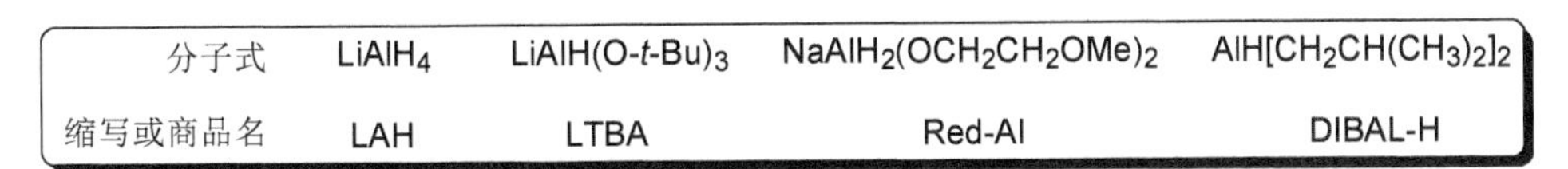

分子式	$LiAlH_4$	LiAlH(O-*t*-Bu)$_3$	$NaAlH_2(OCH_2CH_2OMe)_2$	$AlH[CH_2CH(CH_3)_2]_2$
缩写或商品名	LAH	LTBA	Red-Al	DIBAL-H

图 1 Al-H 试剂中最具代表性的四种试剂

在过去的 60 多年中，Al-H 试剂作为有机反应中的还原试剂在有机合成的官能团转变中发挥了重要作用。虽然现在还有可供我们选择使用的其它 B-H、Si-H 和 Sn-H 等试剂，但 Al-H 试剂在有机合成中具有许多不可替代的优点和特点。60 多年的研究和实践显示：图 1 所示的四种试剂是众多 Al-H 试剂中最优秀和最具代表性的试剂。在通常的有机还原反应中，通过适当选择和使用这些试剂就基本上反映出整个 Al-H 试剂的还原能力和优点。许多综述文献[1,8,9]已经对 Al-H 试剂在有机还原反应中的应用从不同的视角进行了归纳和总结。

2 铝氢化试剂的反应机理

2.1 反应的定义和机理

在 Al-H 试剂中，氢原子是以氢负离子 (H^-) 的形式存在的，因此具有强碱性和强还原性。Al-H 试剂的还原反应就是 Al-H 试剂通过不同的反应历程将试剂中的一个或者多个氢负离子转移到反应底物分子中引起的化学转变，它们的反应机理相对比较简单和清晰。例如：$LiAlH_4$ 是 Al-H 试剂的典型代表，它对卤代烃的还原可以根据实验条件或卤素的不同而部分或完全经过 S_N2 或自由基途径进行[10]。如式 1 所示：$LiAlH_4$ 对酮羰基的还原被研究的比较详细，它通常是通过亲核加成反应进行的。

$$RC(=O)R^1 + H-AlH_3Li \longrightarrow R-CH(OAlH_3Li)-R^1 \xrightarrow{H^+} R-CH(OH)-R^1 \quad (1)$$

反应机理研究指出：即使 $LiAlH_4$ 对酮羰基的还原是通过简单的亲核加成反应进行的，但反应的具体途径是一个多步反应过程。如式 2 所示[11]：$LiAlH_4$ 对酮羰基的还原可能是首先锂离子与羰基氧原子配位，使得羰基上的碳原子更具亲电性并引起氢负离子的进攻。$LiAlH_4$ 中的四个氢负离子对羰基的亲核加成是分步进行的，最后经水解得到还原产物。

$$H_3Al\text{-}H\cdots Li\cdots O{=}CMe_2 \longrightarrow H_3Al\ \ O^-Li^+\text{-}CHMe_2 \longrightarrow H_3Al^-\text{-}O\text{-}CHMe_2\ Li^+ \xrightarrow{MeCOMe} H_2Al[O\text{-}CHMe_2]_2$$

$$\xrightarrow{MeCOMe} HAl[O\text{-}CHMe_2]_3 \xrightarrow{MeCOMe} Al[O\text{-}CHMe_2]_4 \xrightarrow{H_3O^+} 4\ HO\text{-}CHMe_2 \quad (2)$$

2.2 反应的选择性

通过选择不同的试剂和反应条件，Al-H 试剂在有机还原反应中的化学选择性和区域选择性一般比较容易实现 (见第 3 节和第 4 节中的反应举例)。但是，由于 Al-H 试剂通常具有高度的反应活性，它们在有机还原反应中的立体选择性随着底物结构的不同而发生很大范围的变化。在通常的实验条件下，人们可以通过下列几种方法来尝试调控 Al-H 试剂参与的还原反应的立体化学。

2.2.1 位阻效应影响的立体选择性

位阻效应对还原反应的立体选择性的影响既来自于底物也来自于试剂。但更重要的是底物，简单的链状羰基化合物无论使用哪种试剂均无法获得可以接受的立体选择性。如式 3 所示[12]：位阻差别很大的 Al-H 试剂在 2-甲基环戊酮的还原反应中给出差别不大的顺反选择性。但是，在 $LiAlH_4$ 的还原反应中，2-位取代基立体位阻的变化却对顺反选择性产生有规律的影响 (式 4)[13]。

(3)

$LiAlH_4$	33%	76%
$LiAlH(OMe)_3$	44%	56%
$LiAlH(OEt)_3$	32%	77%
$LiAlH(O\text{-}t\text{-}Bu)_3$	38%	72%

(4) $LiAlH_4$

R		
Me	24%	76%
Et	27%	73%
i-Pr	47%	53%
t-Bu	54%	46%

在环己酮底物中，取代基通常占据平伏键的位置，因此对立体选择性的影响更加明显。如式 5 所示[12,14,15]：试剂的位阻和底物的位阻对反应立体选择性的影响有明显的差异。

(5)

	Me	^{t}Bu	Me, Me, Me
$LiAlH_4$	76%	42%	48%
$LiAlH(OMe)_3$	31%	36%	25%
$LiAlH(O\text{-}t\text{-}Bu)_3$	70%	46%	27%

2.2.2 螯合效应影响的立体选择性

当羰基的 2-位或者 3-位有配位原子 (*N*-, *O*- 或 *S*-) 取代时，羰基的氧原子可以和这些邻位配位原子与铝离子形成 5-元环或者 6-元环的螯合物。如图 2 所示：形成的螯合物将分子的构象固定后，氢负离子会选择从位阻较小的方向进攻，因此产生较高的立体选择性。

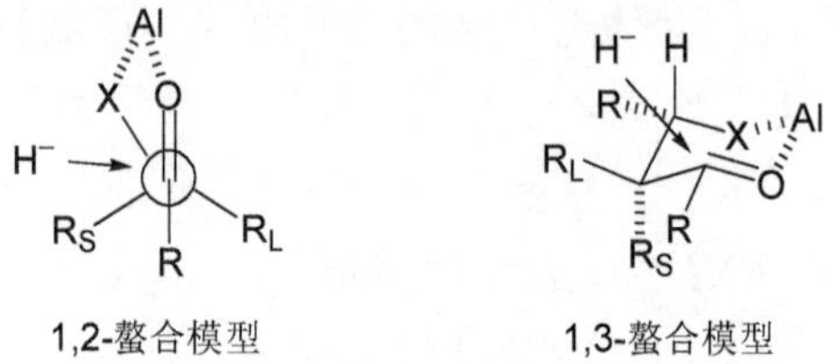

1,2-螯合模型　　1,3-螯合模型

图 2　两种不同的螯合模型

如式 6 和式 7 所示[16]：使用没有螯合作用的酮在 $LiAlH_4$ 的还原反应中几乎得到 1:1 的非对映异构体的混合物。但是，使用邻位羟基酮生成顺/反二醇异构体的选择性高达 5.5:1。

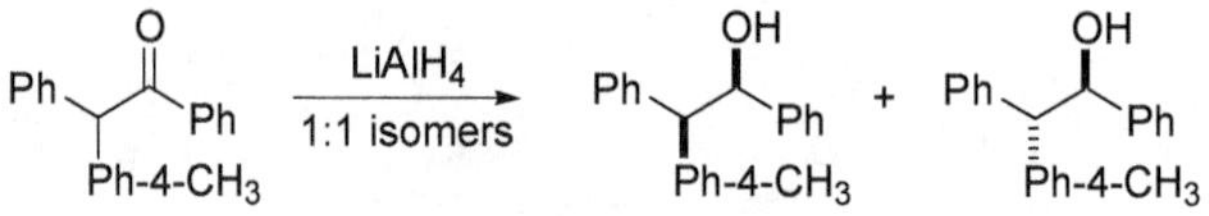

(6)

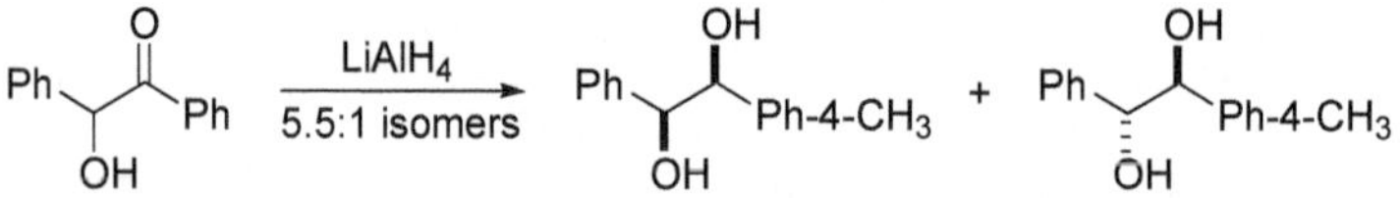

(7)

如式 8 所示[17]：在被还原的羰基的 2-位和 3-位均有配位的氧原子存在。通过最后生成产物的结果可以看到，1,3-螯合效应起到了主导作用而主要生成 1,3-顺式羟基产物，这可能与形成的 6-元环中间体的稳定性有关。

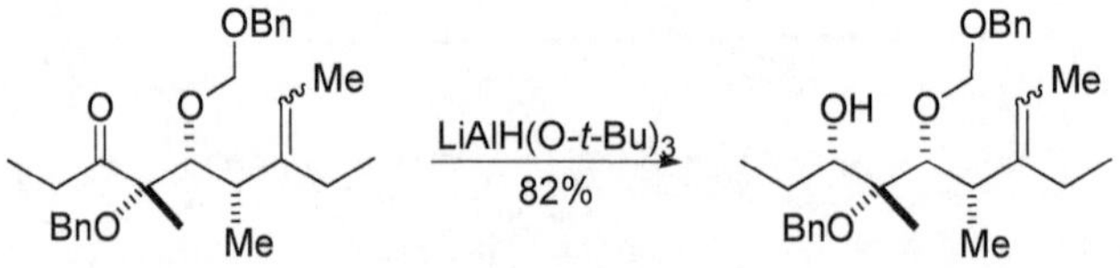

(8)

2.2.3 手性辅助基团参与影响的立体选择性

尝试使用 $LiAlH_4$ 在手性辅助基团存在下将酮还原产生手性醇产物的研究早在 20 世纪 50 年代就已经开始了。Bothner-By[18]报道：使用等量的 $LiAlH_4$ 将 D-樟脑还原后可以生成相应的部分手性烷氧基取代的铝氢中间体。然后，再加入前手性酮化合物并被还原成为手性醇。后来，Portoghese[19]证明这种方式几乎不能诱导出手性产物，因为部分手性烷氧基取代的铝氢中间体可能通过平衡过程再次生成 $LiAlH_4$，而反应中真正的还原试剂就是没有手性的 $LiAlH_4$。但是，后来的许多工作证明，使用具有螯合作用的手性二羟基化合物作为配体与 $LiAlH_4$ 一起使用确实可以诱导手性还原过程。图 3 列举了文献中已经报道的部分手性二羟基化合物的结构。

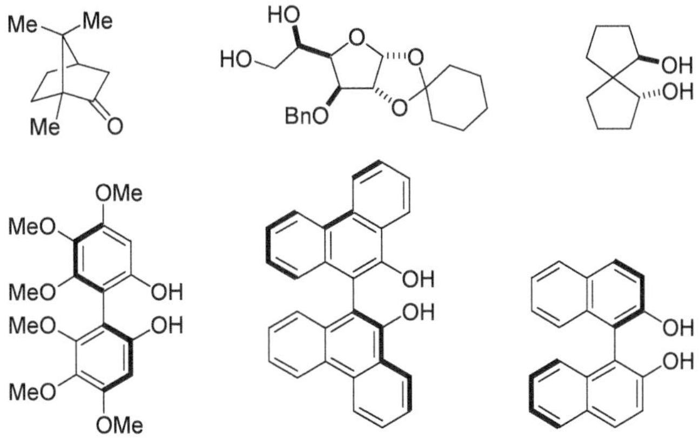

图 3 樟脑和部分手性二羟基化合物的结构

在使用手性二羟基化合物添加剂诱导的手性还原过程中，手性二羟基化合物与 $LiAlH_4$ 首先反应生成相对稳定的手性环状二烷氧基铝氢试剂。但是，这种简单的诱导方式只能给出较低到一般程度的对映选择性。如式 9 所示：Noyori 在 1984 年报道[20,21]，将等量的手性 BINOL 与 $LiAlH_4$ 反应生成的 BINOL-AlH_2 在苯乙酮的还原中仅给出 2% ee 的对映选择性。但是，将其中一个氢原子用甲氧基或者乙氧基置换后便可以诱导产生高度的对映选择性。

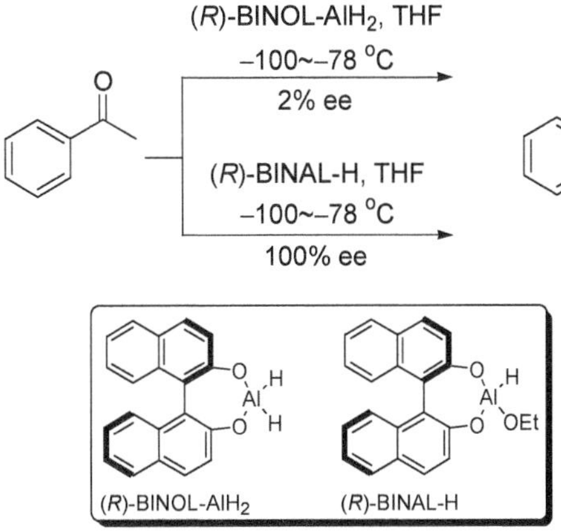

(R)-BINOL-AlH2, THF
–100~–78 °C
2% ee
(R)-BINAL-H, THF
–100~–78 °C
100% ee
(9)
(R)-BINOL-AlH2
(R)-BINAL-H

手性氨基醇配体也曾尝试用于该目的，图 4 列举了文献中已经报道的部分手性氨基醇配体的结构。

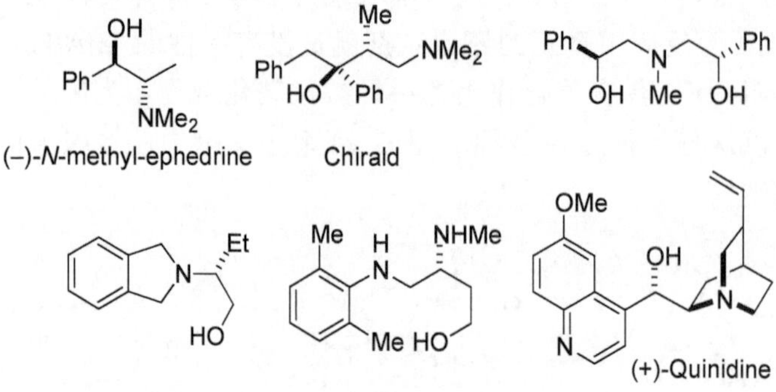

图 4 部分手性氨基醇化合物的结构

其中，化合物 (–)-*N*-methyl-ephedrine 自身就具有较高的手性诱导效应。如果在它的反应中再加入一些非手性添加剂效果更好，因此在有机合成中有较多的应用[22~24]。如式 10 所示[23]：在维生素 D_3 合成中需要对支链进行修饰，使用该配体就可以得到比较满意的立体选择性。

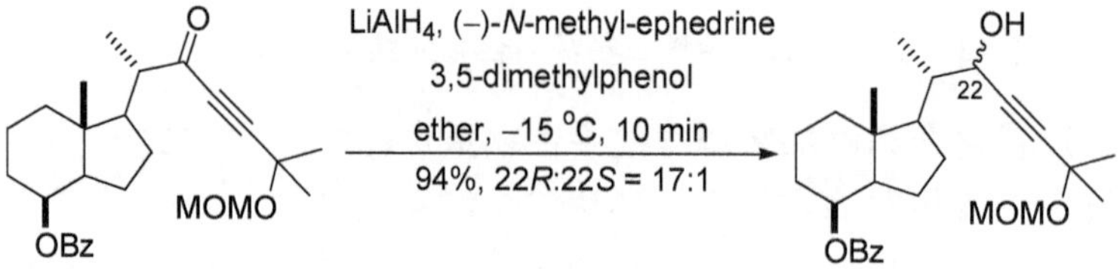

LiAlH4, (–)-*N*-methyl-ephedrine, 3,5-dimethylphenol, ether, –15 °C, 10 min; 94%, 22*R*:22*S* = 17:1 (10)

事实上，还有更多的手性配体曾经尝试用于该目的。但是，这类手性还原反应在有机合成中一直没有得到广泛的认同和应用。这可能有诸多因素所致：(1) 在大多数情况下，它们的手性诱导能力只能给出较低至一般程度的立体选择性。虽然有几个选择性很高的组合试剂，但底物的适用范围也非常有限。(2) 手性 Al-H 试剂通常需要使用定量的昂贵配体而导致成本很高。虽然反应后的配体可以回收，但给后处理带来许多额外的工作。(3) 有许多其它类型的试剂具有同样的功能，它们具有比手性 Al-H 试剂更多的优点。

3 铝氢化试剂的还原反应综述

3.1 四氢铝锂 (LHA) 的还原反应

纯净的 $LiAlH_4$ 是白色晶状粉末，但通常见到的商品 $LiAlH_4$ 均为深浅不等的灰白色固体粉末。这主要是在制备中残留的微量无机杂质所致，对有机反应几乎没有任何影响。$LiAlH_4$ 在醚类溶剂中有较好的溶解度，经常在乙醚、THF 或乙二醇二甲醚中使用，但几乎不溶于烃类溶剂。由于 $LiAlH_4$ 在 120 °C 以下稳定，因此一般不会使用较高沸点的溶剂。根据其英文名称 (Lithium Aluminum Hydride)，该试剂在文献中可以被缩写成为 LAH。

$LiAlH_4$ 有很强的吸湿性，遇到具有活性氢的物质，例如：醇或水会激烈放出氢气。因此，粉末 $LiAlH_4$ 的称量和转移需要小心进行，$LiAlH_4$ 参与的反应需要在无水条件下进行。为了增加操作的方便性，商品试剂也有 $LiAlH_4$ 的乙醚溶液或者 $LiAlH_4$-THF 配合物的甲苯溶液。现在，商品试剂中又增加了片状 $LiAlH_4$。由于这些片状 $LiAlH_4$ 具有确定的重量，不仅有利于操作且能够使反应在表面进行而降低反应激烈的程度。

$LiAlH_4$ 是 Al-H 试剂中还原能力最强的试剂，一般情况下它不具有选择性，许多时候可以将底物中所有能够被还原的官能团还原至最低氧化态。这主要是因为 $LiAlH_4$ 中的四个氢负离子的反应性是不一致的，一般 $LiAlH_4$ 与底物的用量之摩尔比为 1:1，无法通过控制用量来实现选择性。虽然通过降低反应温度可以实现个别官能团之间的化学选择性，但反应的效率会受到严重的影响。因此，建议不要在多种还原官能团的化学选择性还原中使用 $LiAlH_4$。

但是，$LiAlH_4$ 在单官能团或者同时还原多个官能团的反应中表现出非常高的反应性和效率。在 $LiAlH_4$ 众多的还原底物中，表 1 列举了一些重要官能团的转化结果。例如：$LiAlH_4$ 可以将卤代烃和磺酸酯还原成为相应的烷烃；将醛、酮、羧酸酯、羧酸、羧酸酰卤和环氧乙烷还原成为相应的醇；将酰胺、腈、肟、硝基和叠氮化合物还原成为相应的胺；将炔丙醇和苯乙炔中的炔键还原成为烯键，等等。

表 1　经 $LiAlH_4$ 还原实现的部分重要的官能团转化

序号	底物	产物
1	RX (X = Cl, Br, I)	RH
2	$ROSO_2R^1$ (R^1 = Me, Tol)	RH
3	RCOCl	RCH_2OH
4	RCHO	RCH_2OH
5	$RCOR^1$	RCHOH R^1
6	RCO_2R^1	RCH_2OH, R^1OH; RCHO
7	RCO_2^-	RCH_2OH
8	R–(环氧乙烷)–R^1	$RCH_2OHCH_2R^1$

续表

序号	底物	产物
9	$RCONR^1R^2$	$RCH_2NR^1R^2$
10	RCN	RCH_2NH_2; RCHO
11	RC=NOH	RCH_2NH_2
12	RNO_2	RNH_2
13	RN_3	RNH_2
14	$RCHOHC{\equiv}CR^1$	$RCHOHCH{=}CHR^1$
15	ArC≡C-R	ArCH=CHR

3.1.1 卤代烃和磺酸酯的还原反应

在温和的条件下，烷基卤代烃和磺酸酯均可以被 $LiAlH_4$ 还原成为相应的烷烃产物。烷基卤代烃的反应活性次序大概为：I > Br > Cl 和伯卤代烃 > 仲卤代烃。氯化物似乎严格地遵循 S_N2 机理，但碘化物和叔卤代烃可能部分或大部分还同时会发生自由基反应。如式 11[25]和式 12[26]所示：通常情况下，烷基碘和溴的还原反应具有很高的效率。但是，在温和的条件下，烷基氯甚至能够在羧酸酯的还原反应中保留下来 (式 13)[27]。芳基磺酸酯和烷基磺酸酯都是很好的离去基团 (式 14)[28]。

$LiAlH_4$ (2 eq.), Et_2O, 0~25 °C, 3 h, 74% (11)

$LiAlH_4$, THF, 50 °C, 5.5 h, 91% (12)

$LiAlH_4$ (2.05 eq.), THF, 0 °C, 2.5 h, 87% (13)

$LiAlH_4$, Et_2O, –78~0 °C, 40 min, 72% (14)

在温和的条件下，芳基卤代烃和烯基卤代烃对 $LiAlH_4$ 保持较高的稳定性。如式 15 所示[29]：它们在 $LiAlH_4$ 的还原反应中不仅可以实现与烷基卤代烃的选择性还原，还可以实现与大多数可还原官能团之间的化学选择性反应。

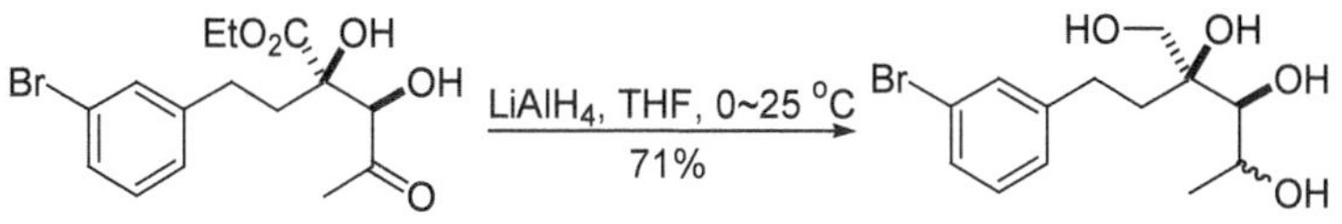

$LiAlH_4$, THF, 0~25 °C, 71% (15)

3.1.2 羰基化合物和环氧乙烷的还原反应

3.1.2.1 醛和酮的还原反应

在使用 $LiAlH_4$ 还原羰基化合物的反应中，醛和酮是最容易进行的一类底物。许多情况下，甚至没有必要使用 $LiAlH_4$ 来还原这些化合物，而是使用比较温和的硼氢化试剂。但是，当底物的结构比较复杂或者具有螯合结构生成时，使用 $LiAlH_4$ 具有反应效率高和后处理方便的优点。

如式 16 所示[30]：醛的还原条件是如此之温和，以至于其还原反应能够在硝基官能团的存在下进行。芳香醛的还原和脂肪醛一样容易，它们最好是与其它被还原官能团一起被 $LiAlH_4$ 还原 (式 17)[31]。

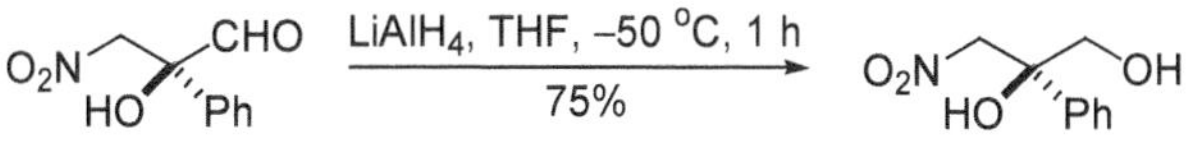

$LiAlH_4$, THF, –50 °C, 1 h, 75% (16)

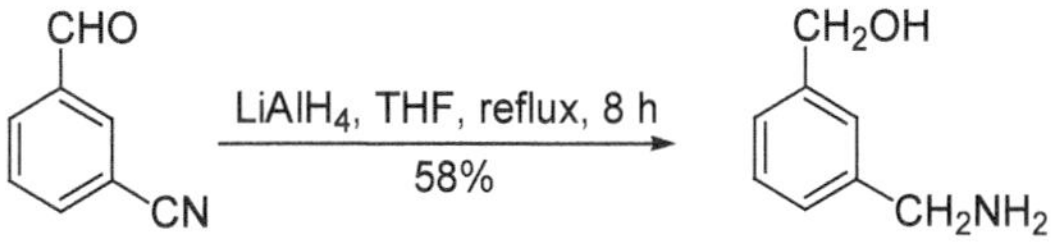

$LiAlH_4$, THF, reflux, 8 h, 58% (17)

缩醛对 $LiAlH_4$ 试剂几乎完全是惰性的。但是，半缩醛却非常容易被 $LiAlH_4$ 还原生成相应的二醇产物 (式 18)[32]。这可能是半缩醛与醛之间存在一个异构平衡的原因。

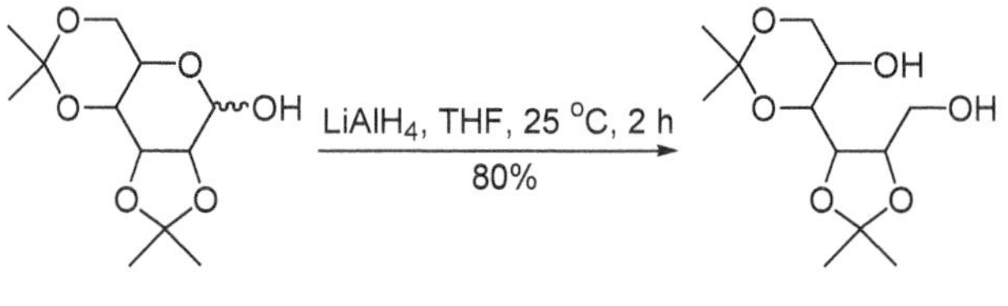

$LiAlH_4$, THF, 25 °C, 2 h, 80% (18)

在使用 $LiAlH_4$ 还原醛生成醇的反应中，α,β-不饱和醛被还原成为烯丙基醇的反应具有较高的合成价值。如式 19[33]和式 20[34]所示：这种 1,2-选择性还原不需要任何其它添加剂即可高度选择性地完成，这是许多其它类型还原剂难以实现的结果。

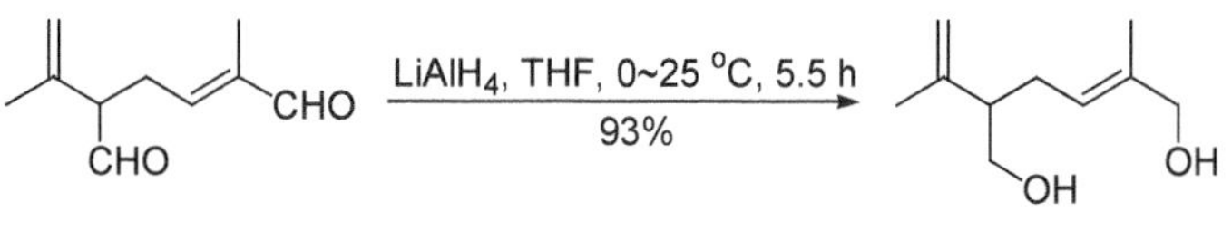

$LiAlH_4$, THF, 0~25 °C, 5.5 h, 93% (19)

CHO　$LiAlH_4$, Et_2O, 0 °C, 40 min　87%　OH　(20)

$LiAlH_4$ 对酮的还原几乎与醛的情况完全一样。通常，酮的还原无须使用像 $LiAlH_4$ 这样具有高度还原能力的试剂。但是，当底物分子中含有多个酮羰基或者大位阻的酮羰基时，使用 $LiAlH_4$ 就比较得心应手 (式 21[35]和式 22[36])。如式 23 所示[37]：在 $LiAlH_4$ 作用下，手性 α,β-不饱和酮的还原反应不仅具有 1,2-化学选择性，而且还具有高度的立体选择性。

O Ph O O Ph　$LiAlH_4$, THF, reflux, 15 h　87%　OH Ph OH OH Ph　(21)

OMe PhOC COPh MeO OMe COPh　$LiAlH_4$, THF, rt, 3 h　87%　OMe Ph(HO)HC CH(OH)Ph MeO OMe CH(OH)Ph　(22)

O Ph SEt Ph　$LiAlH_4$, THF, −78~−20 °C, 2 h　75%　OH Ph SEt Ph　(23)

3.1.2.2 羧酸酯的还原反应

将羧酸酯还原成为醇是 $LiAlH_4$ 试剂最常应用的反应。许多还原试剂对羧酸酯的还原反应表现出无能为力或者低效率的缺点，许多时候还需要剧烈的反应条件。但是，$LiAlH_4$ 在该反应中却表现出极其方便的过程，通常得到非常满意的结果。在大多数情况下，该转化反应可以在室温或者低于室温下进行。反应通常在数小时内完成，得到很高甚至几乎定量的产率 (式 24[38]和式 25[39])。如式 26 所示[40]：在碳-碳双键和三键的存在下，二酯被迅速地还原得到高产率的二羟基产物。

H Ph CO_2Me H　$LiAlH_4$, THF, 0 °C, 2 h　93%　H Ph OH H　(24)

Bn N O CO_2Me　$LiAlH_4$, THF, reflux, 3 h　~100%　Bn N OH　(25)

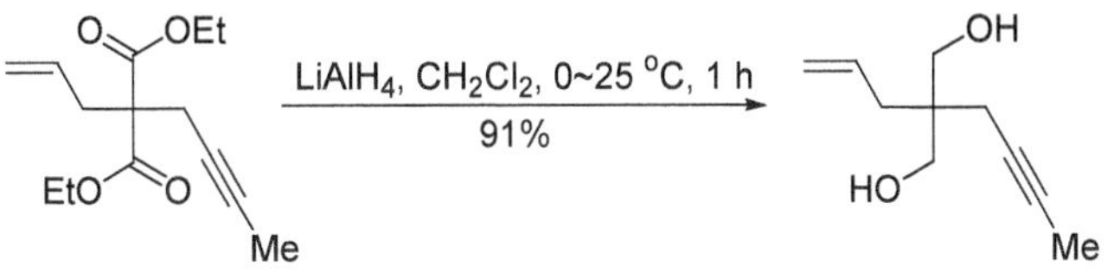

$LiAlH_4$, CH_2Cl_2, 0~25 °C, 1 h 91% (26)

3.1.2.3 羧酸的还原反应

通常，很少有人使用 $LiAlH_4$ 直接将羧酸还原成为醇。这主要是因为生成羧酸的大多数前体化合物也能够被 $LiAlH_4$ 还原成为醇，而且比使用羧酸的效率较高。其次，羧酸分子中有活性氢的存在，它们与 $LiAlH_4$ 接触后会剧烈地释放出氢气而带来一定的危险性。

但是，在有些情况下使用该转变还是有益的，例如：有时使用的起始原料就是羧酸、腈水解生成羧酸或者在手性酰胺辅助试剂完成手性诱导后被水解成为羧酸等。如果在这些情况下将羧酸转化成为相应的酯后再还原就增加了一步反应，因此直接还原具有较高的合成价值 (式 27~式 29)[41~43]。但是，这类反应操作最好是将试剂慢慢地滴加到含有底物的溶液中，以防止反应过程中产生过量的氢气。

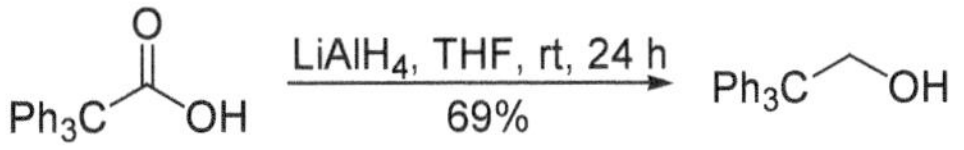

Ph_3CCO_2H → ($LiAlH_4$, THF, rt, 24 h, 69%) → Ph_3CCH_2OH (27)

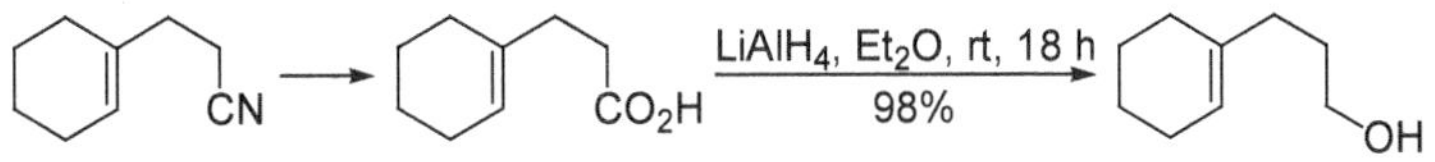

$LiAlH_4$, Et_2O, rt, 18 h 98% (28)

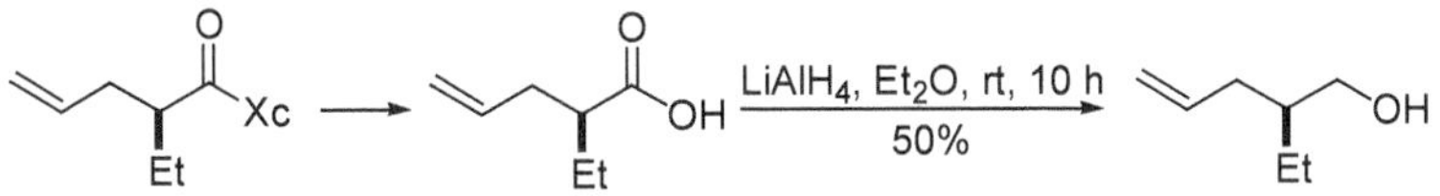

$LiAlH_4$, Et_2O, rt, 10 h 50% (29)

3.1.2.4 环氧乙烷的还原反应

在 $LiAlH_4$ 的存在下，环氧乙烷官能团发生开环反应生成产物醇。$LiAlH_4$ 是该反应最理想的试剂之一，具有效率高和条件温和的优点。反应的动力来自于三元环的张力和氧原子的拉电子能力，所以较大的环氧化合物不能发生该反应，THF 甚至被用作 $LiAlH_4$ 还原反应中最稳定和常用的溶剂。

如式 30 所示[44]：该反应是一个典型的 S_N2 反应，$LiAlH_4$ 中的氢负离子通常选择性地从环氧乙烷两端位阻较小的一端进攻。因此，该反应生成具有一定比例的两个异构体的混合物是属于正常的结果。

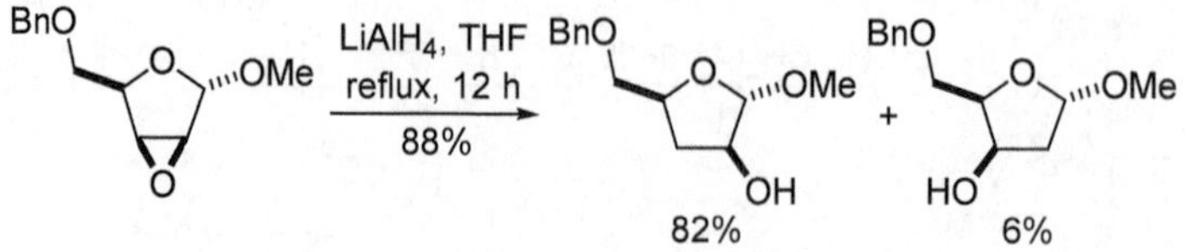

(30)

在环氧乙烷两端位阻差别较大的底物的反应中，使用 $LiAlH_4$ 还原甚至可以得到单一的产物 (式 31)[45]。含有大位阻的手性环氧乙烷与 $LiAlH_4$ 发生该反应时，可以得到高度区域选择性和立体选择性的单一产物 (式 32)[46]。

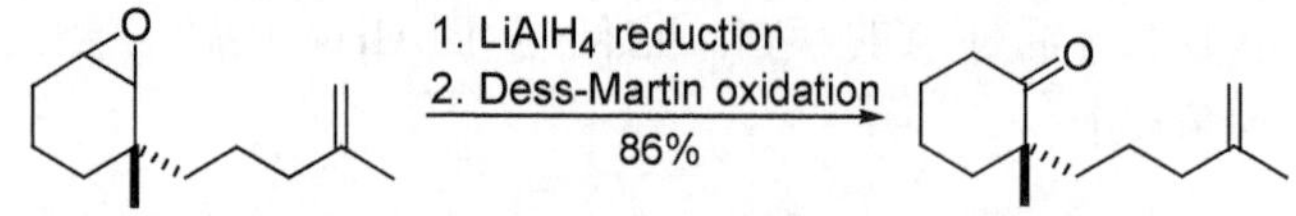

(31)

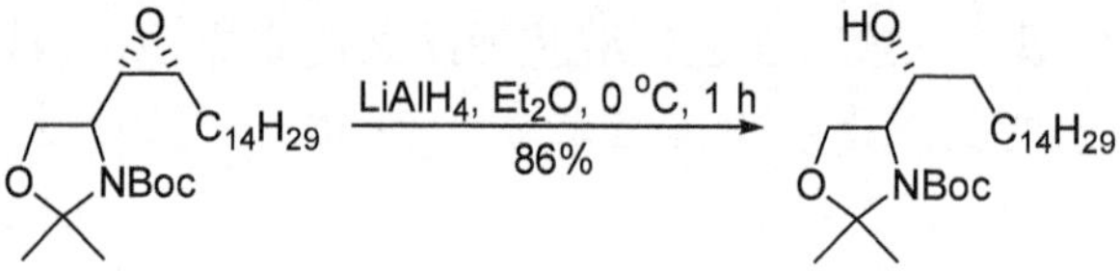

(32)

3.1.3 含氮底物的还原反应

3.1.3.1 酰胺的还原反应

与还原酯基的反应相比较，使用 $LiAlH_4$ 还原酰胺的反应需要较强烈的条件，有些情况下需要长时间回流才能够完成。使用正常的酰胺作为底物时，伯、仲、叔酰胺分别生成相应的伯、仲、叔胺产物 (式 33~式 35)[47~49]。

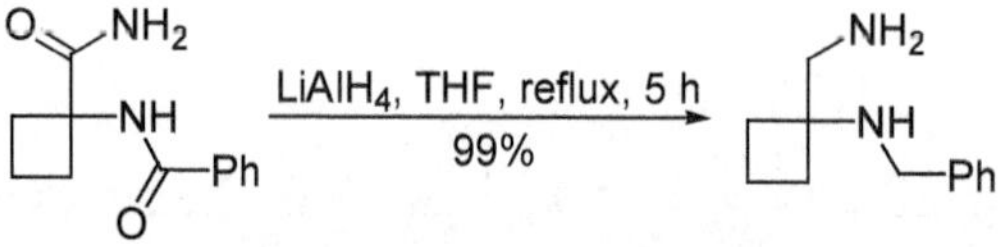

(33)

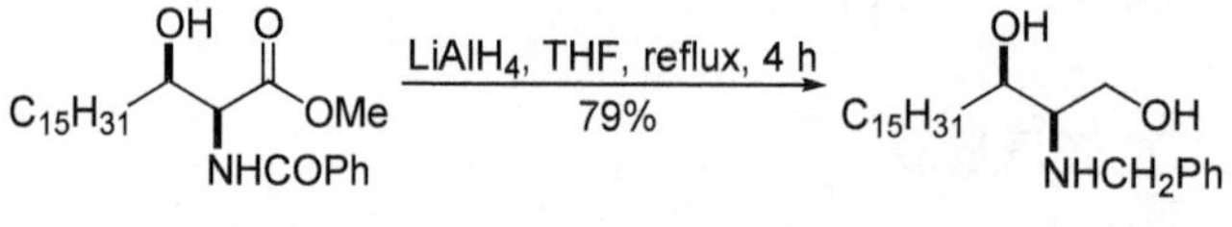

(34)

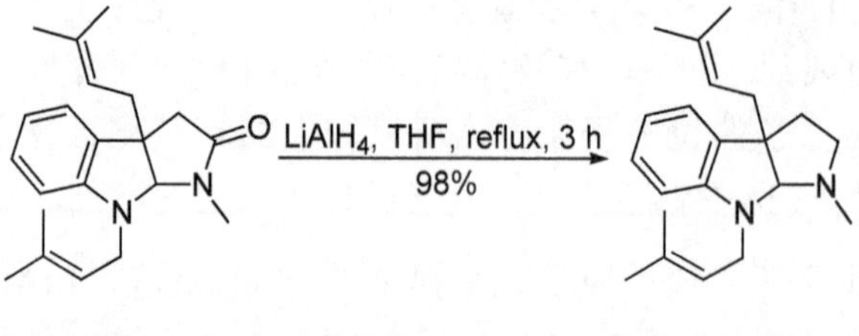

(35)

选择合适的反应条件，还可以实现利用不同酰胺之间的选择性反应 (式 36)[50]。

$LiAlH_4$, PhMe, –20 °C, 1 h, 86% (36)

使用 Weinreb 酰胺生成醛的转变是该反应的一个特色。如式 37 所示：当 $LiAlH_4$ 与 Weinreb 酰胺的羰基发生亲核加成后，生成的稳定五元环状配合物阻止了进一步的还原反应。然后，在酸性条件下使 *N,O*-缩醛结构水解得到醛。这是一个具有普遍性的反应，一般给出较好的收率 (式 38)[51]。

$LiAlH_4$; H_3O^+ (37)

$LiAlH_4$, THF, 0 °C, 1 h, 71% (38)

使用 $LiAlH_4$ 还原酰亚胺成为仲胺的反应一般需要在加热的条件下完成。如式 39 所示[52]：环己酰亚胺与 $LiAlH_4$ 在 THF 中回流 6 h 生成 69% 的哌啶衍生物。

$LiAlH_4$, THF, reflux, 6 h, 69% (39)

在 $LiAlH_4$ 的还原条件下，硫代酰胺与正常酰胺的还原结果完全一致，生成相应的胺类产物 (式 40)[53]。

$LiAlH_4$, THF, 25 °C, 6 h, 90% (40)

3.1.3.2 腈的还原反应

脂肪族腈化合物经 $LiAlH_4$ 还原生成伯胺产物，该转化可以在相对温和的条

件下进行 (式 41)[54]。

$$\text{LiAlH}_4,\ \text{Et}_2\text{O},\ 0\sim25\ ^\circ\text{C},\ 11\ \text{h};\ 70\% \tag{41}$$

但是，芳香族腈化合物的还原反应许多时候需要长时间加热回流才能完成，这可能是因为芳香腈的还原中间体亚胺比较稳定。如式 42 所示[55]：苯甲腈的还原反应需要在乙醚中回流 16 h，该反应也显示芳香卤化物甚至比芳香族腈更稳定。

$$\text{1. LiAlH}_4,\ \text{AlCl}_3,\ \text{Et}_2\text{O, reflux, 16 h};\ \text{2. HCl in Et}_2\text{O};\ 70\% \tag{42}$$

虽然芳香腈的还原中间体亚胺比较稳定，但是不足以可以选择性地停留在亚胺阶段。因此，使用腈化合物经 $LiAlH_4$ 还原来制备醛的尝试是不明智的 (式 43)[56]。

$$\text{LiAlH}_4,\ \text{THF, rt, 2 h};\ \text{R = 4-OMe, 35\%};\ \text{R = 3,4-methylenedioxy, 30\%} \tag{43}$$

3.1.3.3 肟的还原反应

在将肟还原生成伯胺产物的转化中，$LiAlH_4$ 是一个非常合适的还原剂。因为肟的还原相对比较困难而且与金属离子具有较好的配位能力，而 $LiAlH_4$ 的还原能力很强且非常廉价，只要加入足够的 $LiAlH_4$ 在适当的温度下反应即可实现。如式 44 所示[57]：脂肪族醛肟与 $LiAlH_4$ 在 THF 溶液中室温搅拌过夜即可得到定量产率的伯胺产物。

$$\text{LiAlH}_4,\ \text{THF, rt, 12 h};\ \sim100\% \tag{44}$$

如式 45 和式 46 所示[58,59]：脂肪族酮肟和芳香族醛肟与 $LiAlH_4$ 的反应一般需要较剧烈的条件，甚至需要在甲苯中回流 24 h。

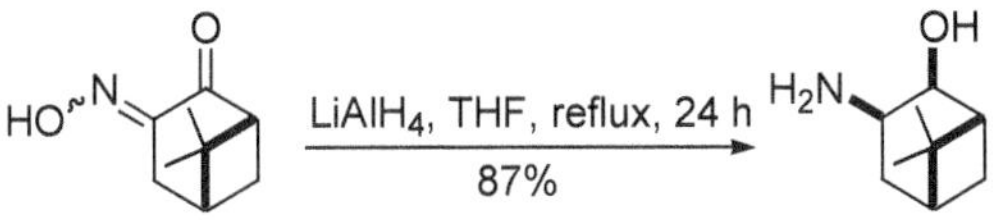

$$\xrightarrow[\text{87\%}]{\text{LiAlH}_4\text{, THF, reflux, 24 h}} \tag{45}$$

$$\xrightarrow[\text{\textasciitilde 86\%}]{\text{LiAlH}_4\text{, PhMe, reflux, 24 h}} \tag{46}$$

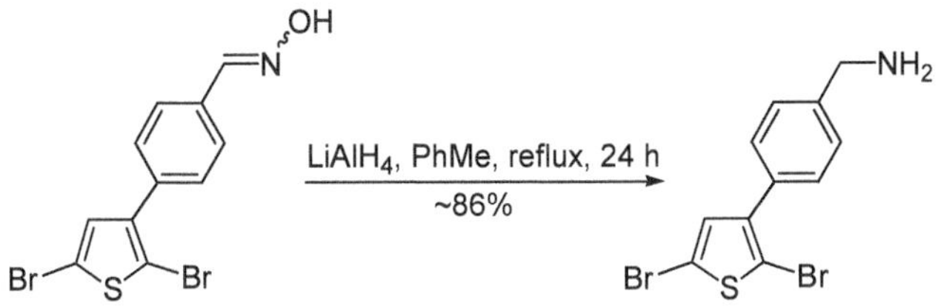

3.1.3.4 硝基的还原反应

利用 $LiAlH_4$ 还原硝基生成伯胺产物的反应非常有意义，因为许多官能团化的硝基化合物可以非常方便地通过 α,β-不饱和羰基化合物与硝基甲烷等之间的 Michael 加成反应来制备。如果使用硝基甲烷与醛酮羰基化合物发生 Henry 反应，还可以方便地得到 α,β-不饱和硝基化合物。

如式 47 所示[60]：首先，使用硝基甲烷与 α,β-不饱和酮的 Michael 加成反应在底物分子中引入硝基官能团。然后，再经 $LiAlH_4$ 还原生成伯胺产物。这类反应最需要注意的是安全，适当的反应温度是关键因素。

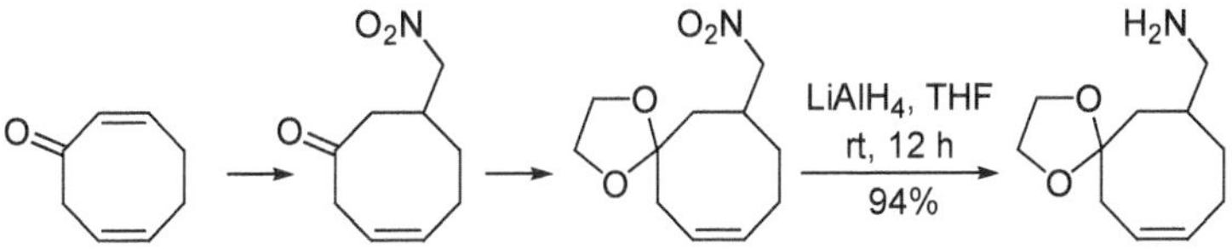

$$\longrightarrow \longrightarrow \xrightarrow[\text{94\%}]{\text{LiAlH}_4\text{, THF, rt, 12 h}} \tag{47}$$

如式 48 所示[61]：α,β-不饱和硝基化合物与 $LiAlH_4$ 经足够时间的加热回流，可以直接转化生成高产率的饱和烷基伯胺产物。与 α,β-不饱和羰基化合物不同，α,β-不饱和硝基化合物与 $LiAlH_4$ 的反应几乎没有选择性，但彻底还原可以得到非常优秀的结果。

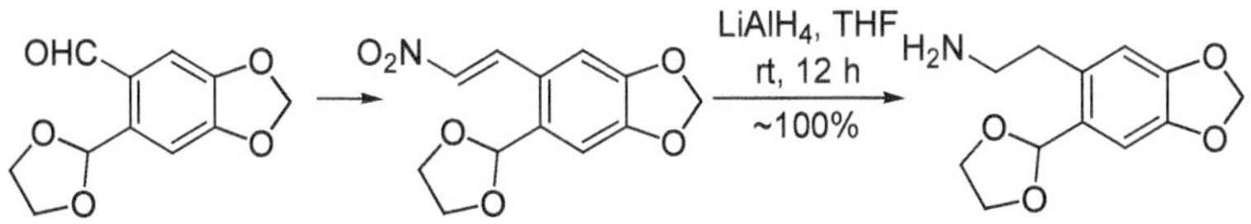

$$\longrightarrow \xrightarrow[\text{\textasciitilde 100\%}]{\text{LiAlH}_4\text{, THF, rt, 12 h}} \tag{48}$$

芳香族硝基化合物的还原是一类非常重要的官能团转化反应。但是，有关使用 $LiAlH_4$ 还原芳香族硝基化合物的报道比较少。这可能是因为芳香族硝基化合物在还原中会生成稳定的偶氮产物，或者会导致芳环被还原。但是，也有个别非常成功的范例。如式 49 所示[62]：在 $LiAlH_4$ 的作用下，含有 α,β-不饱和硝基和芳香硝基官能团的底物被还原生成相应的饱和的烷基伯胺和苯胺。

LiAlH$_4$, THF/dioxane, reflux, 12 h; 5-NH$_2$, 63%; 6-NH$_2$, 60%; 7-NH$_2$, 69% (49)

3.1.3.5 叠氮的还原反应

将叠氮官能团还原成为伯氨基是一个比较容易的化学转变，许多温和的还原剂均可用于该目的。专门使用 LiAlH$_4$ 来实现该转变通常是没有必要的，该反应在室温或者室温以下的温度进行时数分钟内即可完成。如式 50[63]和式 51[64]所示：烷基和芳基叠氮均可被还原成为伯胺，烷基叠氮通常能够得到很高的产率。芳基叠氮有时会出现与芳基硝基底物类似的问题，因为芳胺产物生成的同时芳环也被活化而带来许多副产物。

LiAlH$_4$, THF, 0 °C, 2 h; 82% (50)

LiAlH$_4$, THF, 0 °C, 2 h, 73% or PMe$_3$, THF, 0 °C, 2 h, 90% (51)

如果分子中还含有其它需要 LiAlH$_4$ 来还原的官能团时，顺便将叠氮官能团一起还原成为伯氨基则是一个比较方便的方法 (如式 52[65]和式 53[66])。

LiAlH$_4$, THF, 25 °C, 15 min; 87% (52)

LiAlH$_4$, THF, reflux; 93% (53)

3.1.4 烯键和炔键的还原反应

3.1.4.1 烯键的还原反应

在温和的反应条件下，正常的末端烯烃和中间烯烃对 $LiAlH_4$ 试剂是稳定的。如式 54[67]和式 55[68]所示：烯烃在其它官能团的还原反应中完全不受影响。

$LiAlH_4$, THF, 25 °C, 5.5 h; 93% (54)

$LiAlH_4$, Et_2O, 0~25 °C, 50 min; 84% (55)

但是，在合适的基团存在下，环丙烯中的烯键可以被还原。如式 56 所示[69]：该环丙烯能够被还原可能有两方面原因：一是因为三元环中烯键的张力，二是因为酯基被还原成为羟基后的配位作用。Hashimoto 等人确认底物中的酯基首先被还原成为羟基，然后参与了双键 Al-H 化反应的配位而使其具有稳定性和立体选择性。因此，该反应能够生成单一的立体选择性产物。

$LiAlH_4$, Et_2O, 25 °C, 4 h; 79% (56)

3.1.4.2 炔键的还原反应

在温和的反应条件下，正常的末端炔烃和中间炔烃对 $LiAlH_4$ 试剂也是稳定的。如式 57[70]和式 58[71]所示：炔烃在其它官能团的还原反应中完全不受影响。

$LiAlH_4$, THF, 0~25 °C, 5 h; 70% (57)

$LiAlH_4$, THF, rt, 105 min; 91% (58)

在高温条件下，许多炔烃能够被 $LiAlH_4$ 试剂还原成为烯烃却不具有较高的反应效率和选择性。但是，具有炔丙醇结构的炔烃可以在温和的反应条件下立体选择性地生成反式烯烃产物 (式 59)[72]。该反应的选择性之高，甚至可以在两种不同炔烃的存在下选择性地将炔丙醇还原成为反式烯丙醇产物 (式 60)[73]。

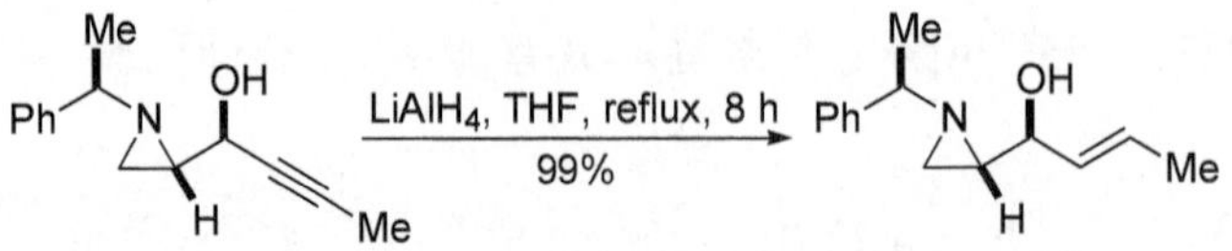

LiAlH4, THF, reflux, 8 h
99%
(59)

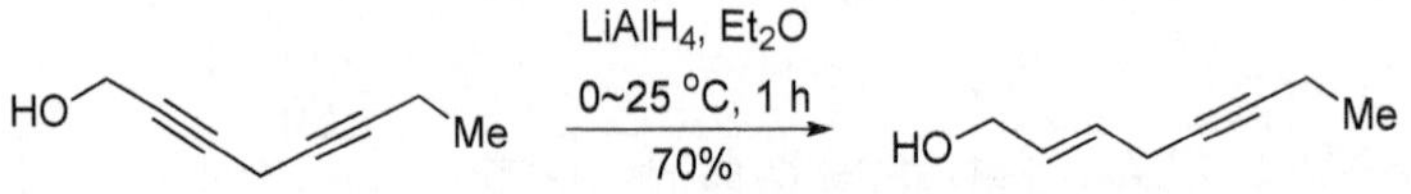

LiAlH4, Et2O
0~25 °C, 1 h
70%
(60)

早在 1974 年，Djerassi 就对炔丙醇的还原机理给出了合理的解释。如式 61 所示[74]：炔丙醇中的氧原子与 $LiAlH_4$ 试剂中的 Al^{3+} 首先发生配位，通过一个不稳定的五元环中间体将第一个氢原子转移到炔键上。然后，生成的烯烃负离子与 Al^{3+} 成键形成一个稳定的五元环中间体。最后，经过水解生成反式加成产物。整个过程实际上可以看作是一个由羟基控制的炔键的 Al-H 化反应，因此具有很高的反应效率和高度的立体选择性。按照该反应假设的中间体，Djerassi 合理地解释了这类反应在路易斯碱性较高的溶剂中可以得到更好的选择性。因此，1,4-二氧六环或 THF 是该反应最常用的溶剂。

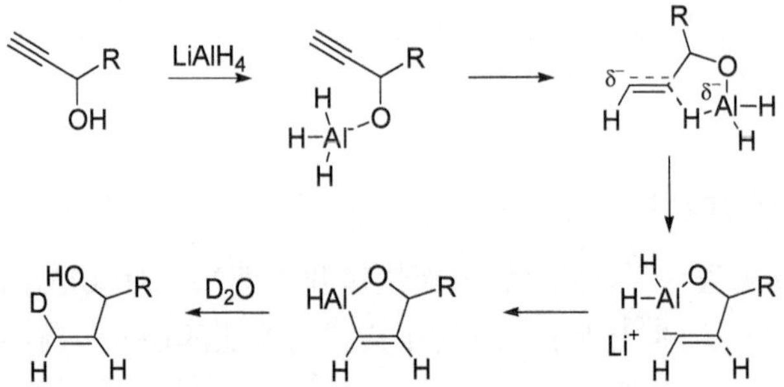

LiAlH4
D2O
(61)

炔丙醇的还原具有很好的官能团兼容性，如式 62 所示[75]：在与丙二烯共轭的炔丙醇的立体选择性还原中，丙二烯结构仍然可以保留下来。

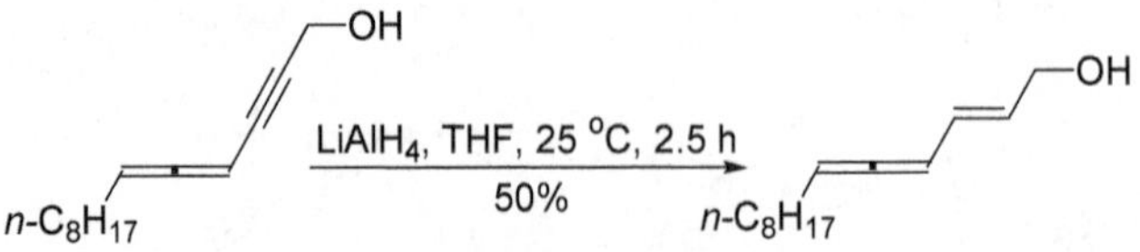

LiAlH4, THF, 25 °C, 2.5 h
50%
(62)

如式 63 所示[76]：在同时含有烯烃和炔丙醇的底物的还原中，炔丙醇被还原成为反式烯丙醇结构而烯烃不受到影响。

$LiAlH_4$, THF, 0~45 °C, 4 h
80%
(63)

最近有人报道了一个非常有趣的炔烃选择性还原。如式 64 所示[77]：三氟甲基取代的炔烃在 $LiAlH_4$ 的作用下被还原成为反式烯烃，而在 Lindlar 还原条件下生成顺式烯烃。

MeO MeO CF_3 CF_3
$LiAlH_4$, CH_2Cl_2, 25 °C, 1 h
46%
H CF_3 MeO MeO H CF_3
Pd/$BaSO_4$, H_2 (1 atm)
MeOH, 25 °C, 1 h
93%
F_3C H MeO MeO F_3C H
(64)

3.2 三(叔丁氧基)氢化铝锂 (LTBA) 的还原反应

三(叔丁氧基)氢化铝锂 [LiAlH(O-*t*-Bu)$_3$] 根据其英文名称 (Lithium tri-*t*-butoxyaluminum hydride) 在文献中被缩写成 LTBA。LTBA 通常是一种白色固体粉末，熔点 300~319 °C，升华点为 280 °C/2 mmHg。它能够溶于四氢呋喃 (36 g/100 mL)、二甲醚 (4 g/100 mL)、二乙二醇二甲醚 (41 g/100 mL) 和乙醚 (2 g/100 mL) 等溶剂。LTBA 是一种商品试剂，通常是以不同溶剂和不同浓度的标准溶液形式销售，例如：0.5 mol/L 或者 1.0 mol/L 的二乙二醇二甲醚溶液或四氢呋喃溶液等。该试剂的固体形式和溶液形式都具有腐蚀性，并且都是易燃物，必须隔离空气和湿气进行储存和使用。LTBA 可以方便地在实验室经 3.0 mol/L 的叔丁醇与 1.0 mol/L 的 $LiAlH_4$ 反应来制备，但现在一般不自行制备。

LTBA 是实验室常用的还原剂之一。该试剂在反应中可以准确地提供一个当量的氢负离子，因此可以按照底物被还原所需氢原子的理论量等量加入。这主要归功于该试剂具有确定的化学结构和高度的热稳定性，在 165 °C 加热 5 h 仍可保留 92% 的活性氢[78]。这是其它小分子三烷氧基铝氢试剂无法相比的，因为它们多少都会在反应溶剂中通过平衡而改变结构 (式 65)。因此，小分子三烷氧基铝氢试剂的反应性和选择性受到不能预期的影响。

$$LiAlH(OMe)_3 \rightleftharpoons LiAl(OMe)_4 + LiAlH_3(OMe) + LiAlH_2(OMe)_2 + LiAlH_4 \quad (65)$$

LTBA 的还原能力弱于 $AlLiH_4$，但强于 $NaBH_4$。与 $AlLiH_4$ 相比较，LTBA 还原反应的主要特点是具有比 $AlLiH_4$ 更高的化学选择性和立体选择性。许多可以被 $AlLiH_4$ 还原的官能团 (例如：硝基、氰基、叔酰胺、亚胺、醚、羧酸、羧酸酯等) 不能被 LTBA 还原，使用 LTBA 还原环氧化合物的反应也进行得很慢。对于卤代烷烃底物来说，无论是使用 $AlLiH_4$ 还是 LTBA，碘代烷烃均能很快地被还原。但是，LTBA 还原溴代烷烃的速度非常慢，而且完全不能还原氯代烷 (式 66)[79]。羧酸酯一般不能被 LTBA 还原，但是丙二酸二酯却能被还原成丙二酸单酯醇 (式 67)[80]。

LTBA, EtOH, –78 °C; 87% (>10:1) (66)

LTBA, THF, rt, 20 h, 74% or reflux, 2 h, 40% (67)

路易斯酸或金属催化剂可以增强 LTBA 的还原能力，一些不能被 LTBA 还原的官能团在该条件下能够顺利发生还原反应。例如：在体系中添加乙硼烷或碘化亚铜，LTBA 可以高产率地还原醚和环氧化合物 (式 68[81]和式 69[82])。在相同的催化体系中，溴代烷烃的还原速度得到大幅度的提高。延长反应时间，即使是氯代烷烃也能被还原 (式 70)[83]。

LTBA, BEt_3, rt, 24 h; 98% (68)

LTBA, rt; BEt_3, < 1 min, 100% or CuI, 1.5 h, 100% (69)

LTBA, CuI, rt; R = Br, 1 h, 98%; R = Cl, 15 h, 96%; R = OMs, 1.5 h, 95% (70)

由于 LTBA 具有适中的还原能力，因此可以用于那些比较容易还原的官能团的转化反应。例如：LTBA 可以方便地将醛和酮等化合物还原成为相应的醇 (式 71[84]和式 72[85])。当体系中同时存在醛和酮时，醛优先被还原 (式 73)[86]。

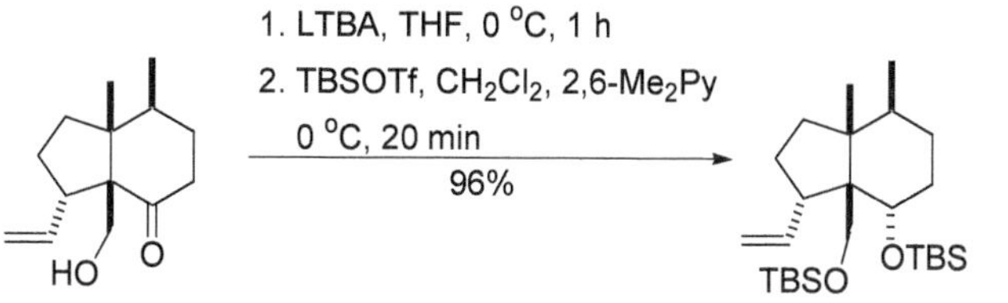

1. LTBA, THF, 0 °C, 1 h
2. TBSOTf, CH_2Cl_2, 2,6-Me_2Py
0 °C, 20 min
96% (71)

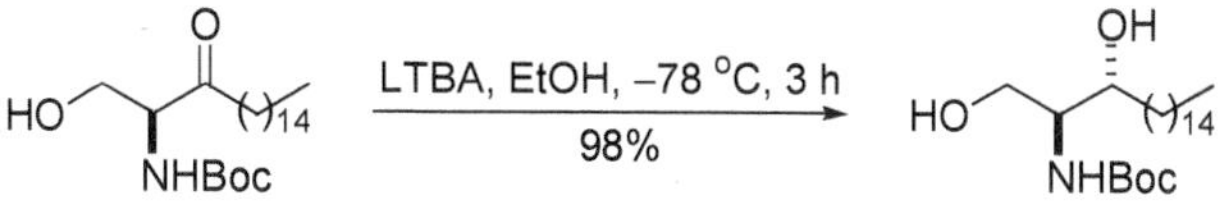

LTBA, EtOH, –78 °C, 3 h
98% (72)

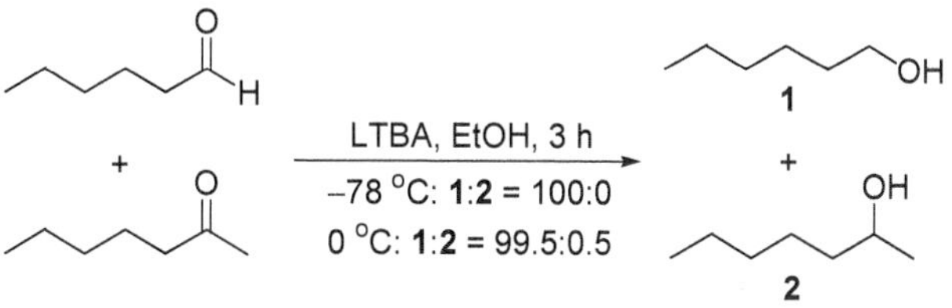

LTBA, EtOH, 3 h
–78 °C: **1**:**2** = 100:0
0 °C: **1**:**2** = 99.5:0.5 (73)

不饱和酰氯在 –78 °C 可以被 LTBA 还原成为不饱和醛 (式 74)[87]。以芳基二硫醚为底物时，所得产物为硫酚 (式 75)[88]。以异氰酸酯为底物时，所得产物为甲酰胺 (式 76)[89]。

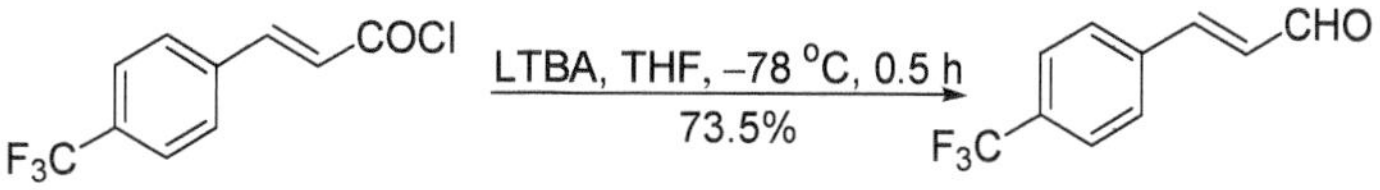

LTBA, THF, –78 °C, 0.5 h
73.5% (74)

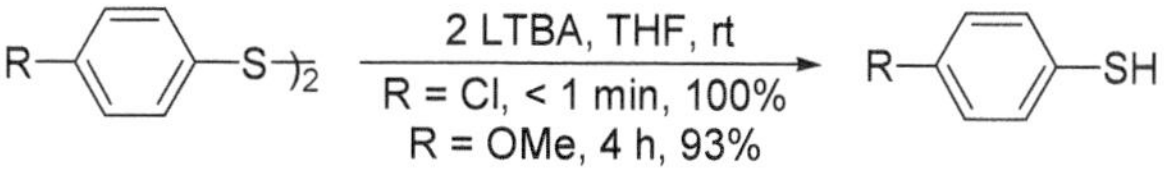

2 LTBA, THF, rt
R = Cl, < 1 min, 100%
R = OMe, 4 h, 93% (75)

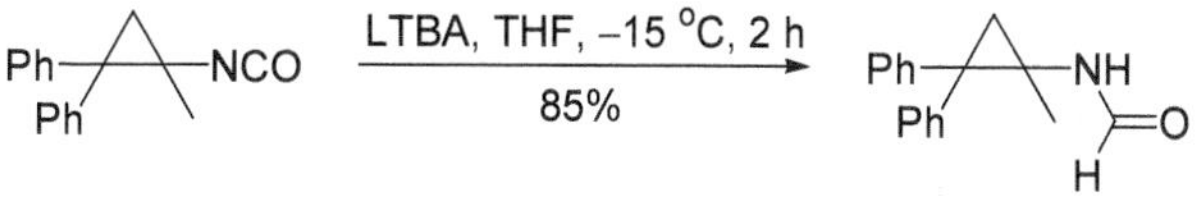

LTBA, THF, –15 °C, 2 h
85% (76)

LTBA 最重要的用途是被用来进行一些比较复杂的选择性还原反应。例如：在内酯官能团的存在下，它可以选择性地还原醛或酮官能团 (式 77)[90]。如式 78 所示[91]：利用这种选择性可以将 δ-羰基酯一步转变成为环内酯产物。

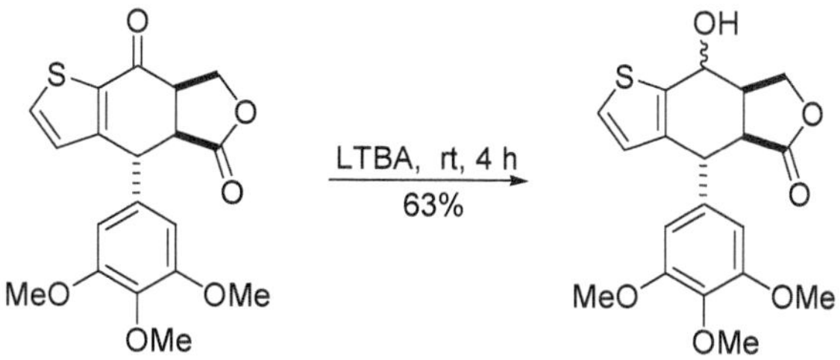

LTBA, rt, 4 h
63% (77)

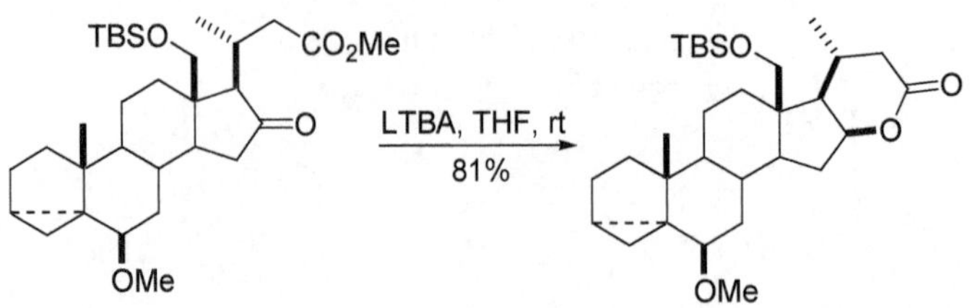

(78)

LTBA 通常可以将 α,β-不饱和酮还原成为相应的 α,β-不饱和醇，并且反应的立体选择性很高[92](式 79[92a])。当在体系中加入亚铜催化剂后，则双键优先被还原 (式 80)[93]。

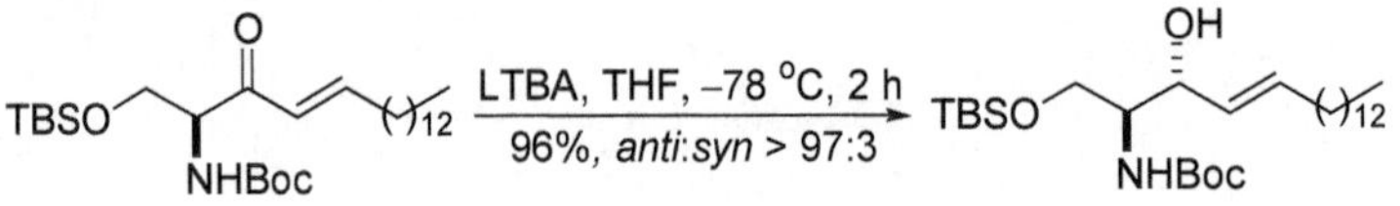

(79)

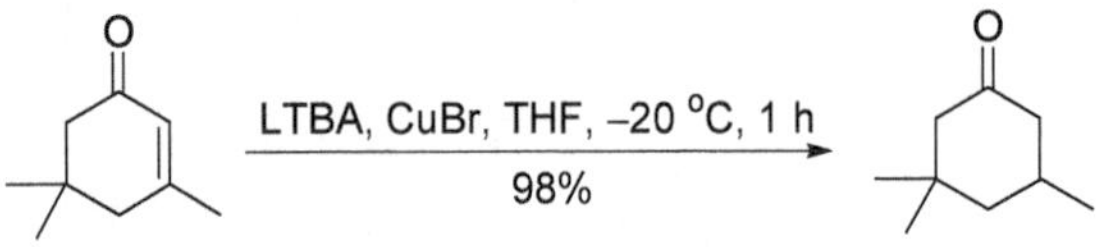

(80)

3.3 二(甲氧基乙氧基)氢化铝钠 (Red-Al) 的还原反应

二(甲氧基乙氧基)氢化铝钠 [$NaAlH_2(OCH_2CH_2OMe)_2$] 根据其英文名称 [Sodium bis(2-methoxyethoxy)aluminum hydride] 很自然地被缩写成为 SMEAH。但是，现在人们更愿意使用它的商品名称 Red-Al，这可能是因为该商品名称更容易记忆和顺口的原因。Red-Al 的意思是"*Red*ucing *al*uminium"，虽然其名称中的"Red"也是英文单词"红"字，但却与其没有任何关系。

纯净的 Red-Al 是浅黄色的玻璃状固体，在温度高于 205 °C 会发生激烈分解，但通常在制备中得到的是高黏度的黏稠物。它能够溶解于 Et_2O、THF、DME 和多种芳香烃，但在烷烃中的溶解度很小。该试剂通常不在实验室制备，商品试剂主要以甲苯溶液的形式销售。

与 $LiAlH_4$ 相比较，Red-Al 有四大优点：(1) Red-Al 对潮气和空气并不太敏感，很多时候甚至不需要在惰性气体的保护下使用；(2) 在有机溶剂特别是非极性溶剂中具有非常好的溶解性；(3) 它的还原能力对温度的影响比较敏感，非常容易通过控制温度实现还原反应的化学选择性和区域选择性；(4) 它可以在甲苯回流的温度下长时间使用，能够发生所有其它 Al-H 试剂不能发生的一些氢解反应。在室温附近，Red-Al 的还原能力大概在 $NaBH_4$ 和 $LiAlH_4$ 之间，是有机化学实验室常备的一种多功能还原剂。

可以认为：在适当的温度下，Red-Al 几乎可以发生 $LiAlH_4$ 能够发生的所有反应。例如：在室温下，它能够高产率地将醛、酮、酰氯、羧酸酯和羧酸还原成为相应的醇，可以将亚胺、腈、酰胺、叠氮、硝基和肟等还原成为相应的胺，还可以将磺酸酯、磷酸酯和环氧乙烷还原成为相应的醇等。但是，更重要的是要巧妙地应用 Red-Al 的选择性还原和高温氢解反应。

3.3.1 Red-Al 的选择性还原反应

Red-Al 还原反应中比较有价值的选择性反应之一是在低温下对羧酸酯表现出相当的惰性，这是大多数其它 Al-H 试剂不易做到的。如式 81[94]和式 82[95]所示：在 –78 °C，简单羧酸酯均可以在 Red-Al 还原反应中保留下来。通常，苯甲酸酯甚至可以在较高温度下保持稳定。如式 83[96]所示：在 –40 °C，内酯可以在苯甲酸酯的存在下被选择性还原。

Red-Al, CH_2Cl_2, –78 °C, 93% (81)

Red-Al, PhMe, THF, –78 °C, 33% (82)

Red-Al, THF, –40 °C, 92% (83)

环氧乙烷的还原开环在有机合成中是一个重要的化学转变。如式 84[97]和式 85[98]所示：在 Red-Al 还原反应中，含有 *α,β*-环氧丙醇结构的底物总是选择性地生成 1,3-二醇产物。

Red-Al, THF, 22 °C, 3 h, 82% (84)

C_5H_{11} (epoxy alcohol) OH —Red-Al, THF, 0~25 °C, 10 h; 88%→ C_5H_{11} (OH) OH (85)

3.3.2 Red-Al 的高温氢解反应

几乎没有其它 Al-H 试剂能够像 Red-Al 一样在回流的二甲苯中仍然可以保持稳定。因此，Red-Al 在高温条件下进行的氢解反应是一类特色反应。如式 86 所示[99]：将苄醚或者烯丙基醚与过量的 Red-Al 在二甲苯中回流即可除去苄基或者烯丙基保护基。

Red-Al, xylene, reflux
R = $Me_2C=CCH_2$-, 40 h, 50%
R = Bn, 60 h, 40% (86)

磺酰胺中 N-S 键的断裂不是一件容易的化学转变，其它 Al-H 试剂基本上不涉及该转变。但是，将对甲苯磺酰胺与过量的 Red-Al 在甲苯中回流即可除去磺酰基得到相应的胺 (式 87)[100]。

Red-Al, PhMe, reflux, 22 h; 56% (87)

Red-Al 在高温条件下进行的氢解反应也涉及到个别 C-O 键的断裂。但是，这类氢解反应可以被很多其它温和而高效的反应所替代，因此在合成中的实际应用并不广泛。

3.4 二异丁基氢化铝 (DIBAL-H) 的还原反应

二异丁基氢化铝 [$(Me_2CHCH_2)_2AlH$] 根据其英文名字 (Diisobutylalumium hydride) 可以被缩写成为 DIBAL-H 或者 DIBALH。该试剂是一个商业产品，沸点 116~118 °C/1.0 mmHg，一般不在实验室制备。它溶于大多数有机溶剂，通常在己烷、庚烷、环己烷、甲苯、乙醚、CH_2Cl_2 和 THF 中使用。商品试剂为不同溶剂和不同浓度的标准溶液，例如：1.0 mol/L 或者 1.5 mol/L 的己烷溶液或甲苯溶液等。该试剂具有强烈的吸湿性，对空气和湿气敏感，遇水会发生激烈反应放出氢气。一般在干燥的无水体系中使用，在通风橱中进行操作和在冰箱中储存。

与 $LiAlH_4$ 相比较，DIBAL-H 有三大优点：(1) 在有机溶剂特别是非极性溶剂中具有非常好的溶解性；(2) 它的分子中仅含有一个氢负离子，非常容易通过控制用量实现还原反应的化学选择性和区域选择性；(3) 它是一个典型的温控试剂，还原能力主要受到反应温度的影响。因此，通过对反应体系温度的控制可以实现还原反应的化学选择性和区域选择性。通常它可以在 –78~70 °C 之间使用，还原能力基本上覆盖了常用还原剂 $NaBH_4$、BH_3 和 $LiAlH_4$ 的功能范围。现在，DIBAL-H 已经成为有机化学实验室常备的一种多功能还原剂[9]。

在室温条件下，DIBAL-H 可以高产率地将醛、酮、酰氯、羧酸酯和羧酸还原成相应的醇。可以将亚胺、腈和酰胺还原成相应的胺。虽然烷基卤对 DIBAL-H 是惰性的，但是 DIBAL-H 可以将磺酸酯定量地还原生成相应的烷烃。

3.4.1 DIBAL-H 的选择性还原

DIBAL-H 的独特反应之一是在低温条件下 (–78 °C) 选择性地将羧酸酯还原成为相应的醛，该转变具有非常重要的合成价值。由于该反应的羧酸酯底物容易得到且效率非常高，完全可以替代从 *N*-甲氧基酰胺经 $LiAlH_4$ 还原生成醛的方法。如式 88 所示[101]：在 –78 °C，羧酸酯还原成为醛的反应可以在 2 h 内完成。若底物为内酯时，则可以被稳定地还原成为相应的环状半缩醛 (式 89)[102]。虽然该反应不可避免地会生成少量相应的醇，但产物和副产物之间很容易实现分离。该反应也许是将羧酸酯直接转变成醛的最方便和最有效的方法。

DIBAL-H, CH_2Cl_2, –78 °C, 2 h; 96% (88)

DIBAL-H, CH_2Cl_2, –78 °C, 2 h; 92% (89)

DIBAL-H 的另一个独特反应是在低温条件下 (–42 °C) 选择性地将腈稳定地还原成相应的醛 (式 90)[103]。该反应实际上是首先将腈还原成为亚胺，然后经水解生成醛。该方法可能是将腈转变成醛的最佳方法。

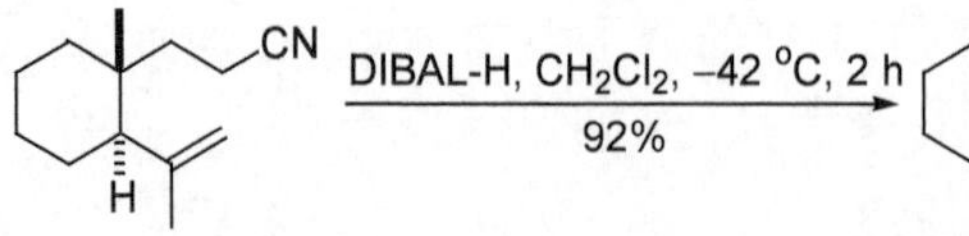

CN
H
DIBAL-H, CH_2Cl_2, −42 °C, 2 h
92%
CHO
H
(90)

DIBAL-H 对 α,β-不饱和羰基化合物的还原中表现出高度的 1,2-选择性，其中的羰基被还原生成相应的烯丙基醇产物 (式 91)[104]。

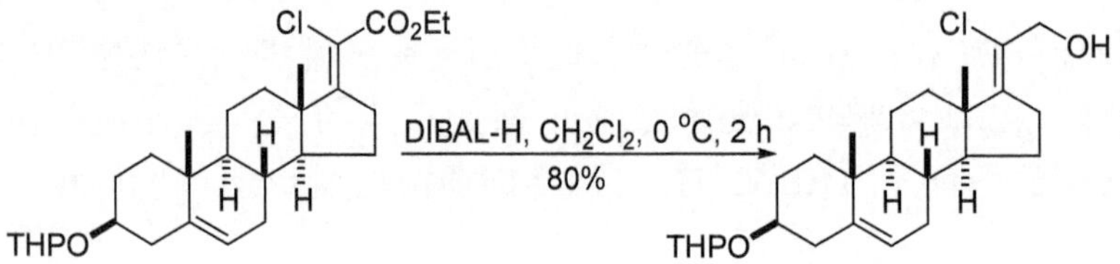

Cl CO_2Et
H
H H
THPO
DIBAL-H, CH_2Cl_2, 0 °C, 2 h
80%
Cl OH
H
H H
THPO
(91)

可能是由于 DIBAL-H 分子中有较大烷基存在的，其参与的还原反应一般具有较好的立体选择性 (式 92 和式 93)[105,106]。

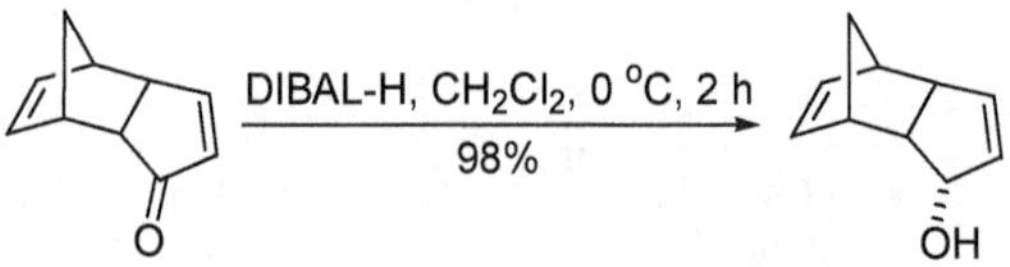

O
DIBAL-H, CH_2Cl_2, 0 °C, 2 h
98%
OH
(92)

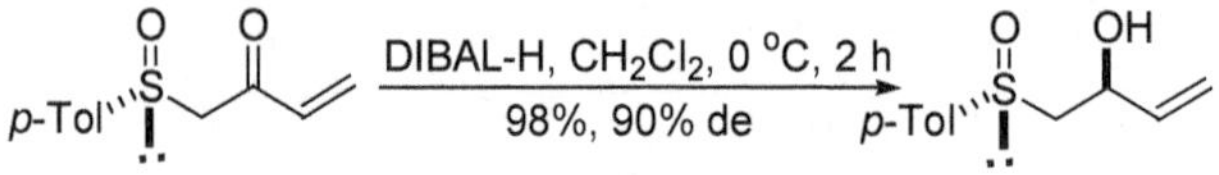

O O
p-Tol S
DIBAL-H, CH_2Cl_2, 0 °C, 2 h
98%, 90% de
O OH
p-Tol S
(93)

3.4.2 DIBAL-H 的 Lewis 酸性质的应用

DIBAL-H 还显现出一定的 Lewis 酸性质，在与酮肟反应时可以直接得到扩环的环胺。这是由于酮肟在 DIBAL-H 的 Lewis 酸性质催化下发生 Beckmann 重排生成内酰胺后，又进一步被还原的产物 (式 94 和式 95)[107,108]。

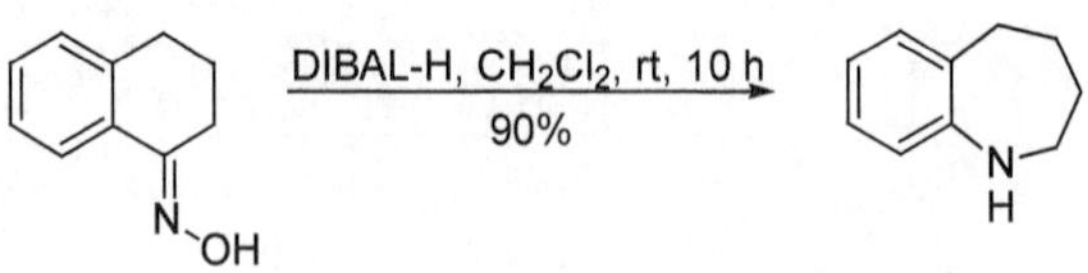

N OH
DIBAL-H, CH_2Cl_2, rt, 10 h
90%
N H
(94)

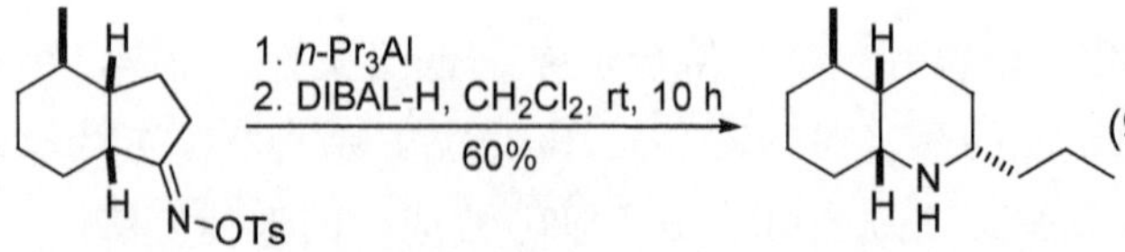

H
H N-OTs
1. n-Pr_3Al
2. DIBAL-H, CH_2Cl_2, rt, 10 h
60%
H
H N H
(95)

4 铝氢化试剂的还原反应在天然产物合成中的应用

由于 Al-H 试剂的诸多优点和特点，从它们被发现的初期就显示出在有机合成中的重要价值。现在，本文中主要讨论的四种试剂已经成为有机合成实验室的常用试剂，它们之间的使用方便程度的差异、反应活性的差异、化学选择性和立体选择性的差异为有机合成提供了广泛的选择余地。由于全合成中的目标分子结构比较复杂，因此更能够体现出 Al-H 试剂的合成价值和应用技巧。

4.1 天然产物 (+)-Pinnatoxin A 的全合成

1995 年，Uemura 等人[109]报道从日本冲绳岛的礁石上分离得到一种海洋天然产物。他们鉴定了该化合物的结构，并将其命名为 Pinnatoxin A。该化合物在化学结构上非常有特色，自身属于大环多醚化合物，其中还含有 7 个小环。如图 5 所示：其中 A 环和 G 环以螺环的方式相连接，B 环、C 环和 D 环也以螺环的方式相连接。

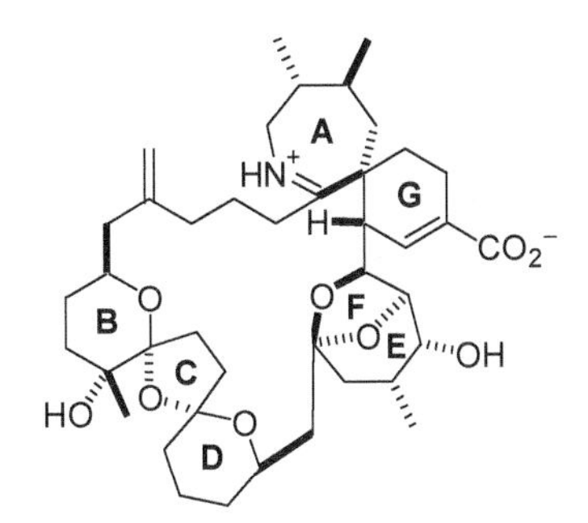

图 5 天然产物 (+)-Pinnatoxin A 的化学结构

2011 年，Zakarian 等人[110]报道了一条可以较大量获得 (+)-Pinnatoxin A 的全合成路线，并通过这些合成的产物证明该天然产物具有尼古丁乙酰胆碱受体 (nAChRs) 抑制剂的生物学性质。如式 96 所示：他们从化合物 **1** 开始，经过多步合成首先得到了化合物 **2**。然后，化合物 **2** 经 $LiAlH_4$ 还原得到化合物 **3** 并接着被氧化生成重要中间体 **4**。最后，中间体 **4** 再经过多步反应得到目标产物。

在该反应中，$LiAlH_4$ 还原展现出高效率和高度的化学选择性。除了苯甲酸酯被定量地还原成为醇羟基之外，其中的苄醚、缩醛、MOMO 醚、SEM 硅醚以及其中的末端烯烃和中间烯烃均未受到任何影响。

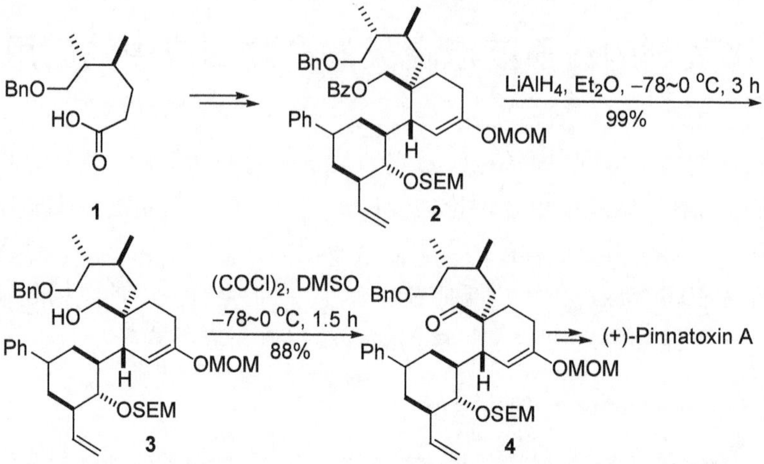

(96)

4.2 天然产物 (–)-Homogynolide A 的全合成

(–)-Homogynolide A 是 Bakkane 类倍半萜家族的一员，含有标志性的六氢茚满骨架结构 (图 6)。它最早是从野生的菊科蜂斗菜属植物 *Petasites japonicus* 的花茎中分离得到的[111]，可能具有细胞毒性、拒食影响和抑制血小板聚集等生物学活性。

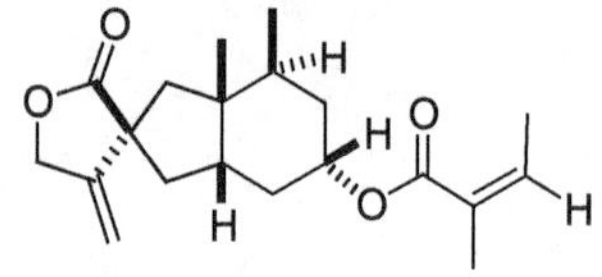

图 6 天然产物 (–)-Homogynolide A 的化学结构

2002 年，Depres 和 Greene 等人[112]首次报道了该天然产物的全合成。如式 97 所示：他们在全合成设计中使用了高效的二甲基环己烯 (**5**) 与二氯烯酮之间的环加成反应策略，快速和立体选择性地构造了具有双环结构的化合物 **6**。然后，化合物 **6** 经多步反应得到重要的环己酮中间体 **7**。使用 $LiAlH(O\text{-}t\text{-}Bu)_3$ 在 0 °C 与 **7** 反应 2 h 后，他们以 $\alpha{:}\beta = 95{:}5$ 的选择性将环己酮还原成为环

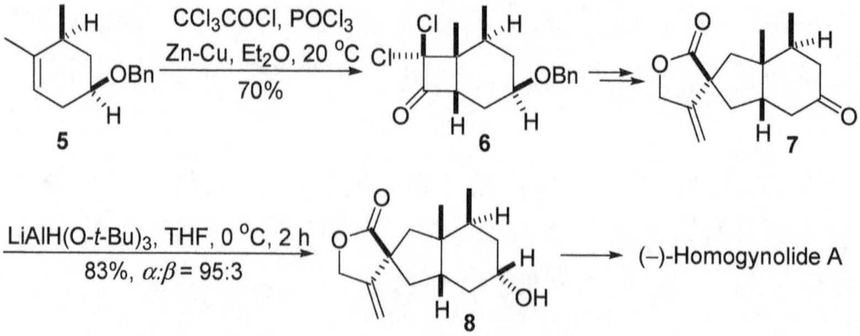

(97)

己醇 **8**。但是，该转化使用 $NaBH_4$ 或者 $NaBH_4/CeCl_3$ 时均得到 $\alpha:\beta = 1:1$ 的混合物。除此之外，中间体 **7** 分子中的内酯和环外双键在还原反应中也没有受到影响。最后，环己醇 **8** 经过简单的酯化反应引入支链后便得到目标产物。

4.3 天然产物 Bafilomycin A$_1$ 的全合成

1984 年，Werner 等人[113]从发酵的 *Streptomyces griseus* 溶液中分离到了天然产物 Bafilomycin A$_1$。随后它被确认为具有聚酮大环结构[114]，而且生物学测试显示具有 V 型 APT 酶抑制活性。2000 年，Marshall 等人[115]报道了一条新型的有关该化合物的全合成路线。如式 98 所示：在该逆向合成分析中，化合物 **9** 被选作最初的重要中间体。

Bafilomycin A$_1$ (98)

在制备 **9** 的路线中，Marshall 等人设计使用 α,β-环氧丙醇经 Red-Al 选择性开环得到相应的 1,3-二羟基化合物作为关键步骤。如式 99 所示：首先，烯丙基化合物 **10** 经手性环氧化反应得到预期的环氧化合物 **11**。然后，在 Red-Al 的作用下使环氧发生高产率和高度立体选择性开环得到 1,3-二羟基化合物 **12**。接着，化合物 **12** 经选择性保护将两个仲醇转化成为硅醚 **13**。最后，**13** 再经简单的 Swern 氧化得到目标产物 **9**。

L-(+)-DIPT, TBHP, TIP, CH_2Cl_2, $-40\ ^\circ C$, 86%; Red-Al, THF, rt, 93% (99)

5 铝氢化试剂还原反应实例

例 一[110]

将苯甲酸酯还原成为伯醇的反应
(使用 $LiAlH_4$ 进行的还原反应)

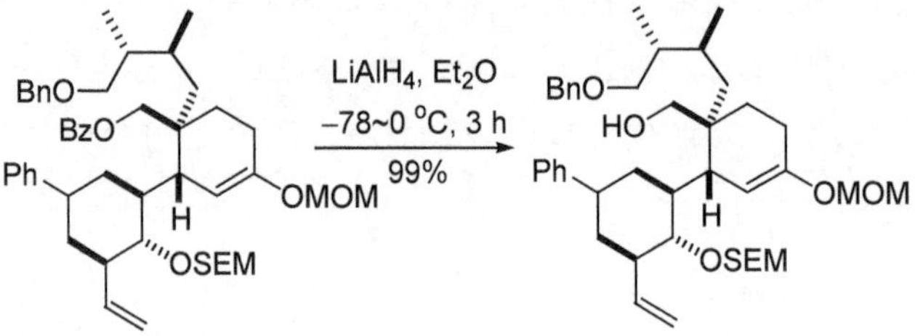

$$\xrightarrow[99\%]{LiAlH_4,\ Et_2O,\ -78\sim0\ ^\circ C,\ 3\ h} \tag{100}$$

在 −78 °C 和搅拌下，将 $LiAlH_4$ (925 mg, 24.4 mmol) 小心地加入到含有苯甲酸酯底物 (3.25 g, 3.99 mmol) 的乙醚 (91 mL) 溶液中。生成的混合物搅拌 1 h 后，再加入另一份 $LiAlH_4$ (460 mg, 12.12 mmol)。将反应体系升温至 0 °C 反应 2 h 后，加入乙醚 (50 mL) 终止反应。以 5 min 的间隔，依次加入 H_2O (1.4 mL)、3 mol/L 的 NaOH 水溶液 (1.4 mL) 和 H_2O (4.15 mL)。继续搅拌 2 h 后，滤除白色沉淀。滤液浓缩后生成的粗产物经柱色谱分离得到纯净的还原产物 (2.80 g, 99%)。

例 二[116]

C-Cl 键的氢解反应
(使用 Red-Al 进行的还原反应)

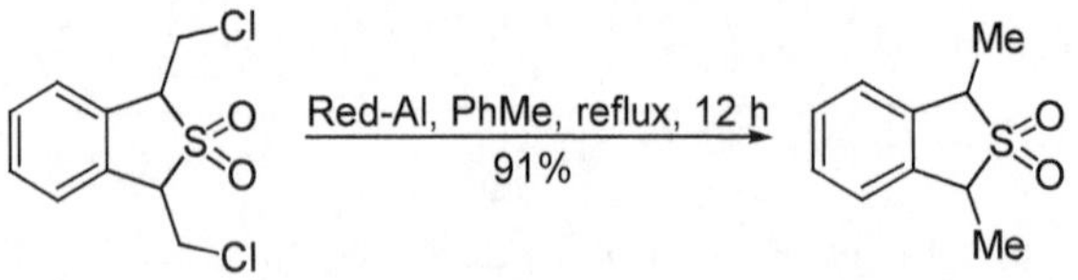

$$\xrightarrow[91\%]{Red\text{-}Al,\ PhMe,\ reflux,\ 12\ h} \tag{101}$$

使用注射器将 Red-Al (0.8 mL, 2.8 mmol, 70% 苯溶液) 加入到含有二氯化合物 (584 mg, 2.2 mmol) 的苯 (50 mL) 溶液中。生成的混合物在回流条件下反应 12 h 后，冷至室温并加入 20% 的稀硫酸。分离的有机层用水洗和 K_2CO_3 干燥后，蒸去溶剂得到 480 mg (91%) 黄色油状产物。

例 三[117]

腈经选择还原生成醛的反应
(使用 DIBAl-H 进行的还原反应)

DIBAL-H, PhMe, –78~25 °C, 1 h; 92% (102)

在 –78 °C 和氮气保护下，将 DIBAL-H 溶液 (0.68 mL, 1.5 mol/L) 慢慢地加到原料腈化合物 (150 mg, 0.51 mmol) 的甲苯 (6.5 mL) 溶液中。然后，将形成的混合物自然升温至室温反应 1 h。接着，依次加入丙酮 (0.2 mL)、乙酸乙酯 (0.2 mL)、丙酮 (0.2 mL) 和缓冲溶液 (0.2 mL)。在室温搅拌 20 min 后，生成的黄色溶液经过滤和硫酸钠干燥。浓缩溶液后得到的粗产物经柱色谱分离得到 140 mg (92%) 的产物醛。

例 四[80]

丙二酸酯的选择还原反应
[使用 LiAlH(O-*t*-Bu)$_3$ 进行的还原反应]

LiAlH(O-*t*-Bu)$_3$, THF, reflux, 2 h; 85% (103)

在室温和搅拌下，将 LiAlH(O-*t*-Bu)$_3$ 的 THF 溶液 (5 mmol, 5 mL, 1.0 mol/L) 加入到丙二酸二乙酯 (250 mg, 1.0 mmol) 的 THF (3 mL) 溶液中。生成的混合物加热回流 2 h 后，依次加入 $KHCO_3$ (10%) 的水溶液和乙酸乙酯。分出的有机层用 $MgSO_4$ 干燥后蒸去溶剂，残留物经柱色谱分离得到 176 mg (85%) 的羟基酯产物。

例 五[118]

酯经选择还原生成醛的反应
(使用 DIBAl-H 进行的还原反应)

DIBAL-H, CH_2Cl_2, –78 °C, 1.5 h; 89% (104)

在 −78 °C 和搅拌下，将 DIBAL-H 的甲苯溶液 (0.27 mmol, 0.27 mL, 1.0 mol/L) 在 5 min 内加入到内酯化合物 (100 mg, 0.27 mmol) 的 CH_2Cl_2 (2 mL) 溶液中。生成的混合物继续搅拌反应 1.5 h 后，加入 CH_2Cl_2 (5 mL) 将反应体系稀释。再加入酒石酸钠钾水溶液，并将温度自然升至室温继续搅拌 1 h。然后，分出有机层，水层用 CH_2Cl_2 提取。合并的提取液经干燥后浓缩，残留物经柱色谱分离得到 89 mg (89%) 无色油状产物醛。

6 参考文献

[1] (a) Abdel-Magid, A. F. *Reductions in Organic Synthesis. Recent Advances and Practical Applications*, ACS Symposium, American Chemical Society, Washington, DC, **1996**. (b) Hudlicky, M. *Reductions in Organic Chemistry*, Ellis Horwood Ltd., Chichester **1984**. p 1-30. (c) Gaylord, N. G. *J. Chem. Edu.* **1957**, *34*, 367. (d) Gaylord, N. G. *Reduction with Complex Metal Hydrides*, Wiley-Interscience, New York **1956**.

[2] Nystrom, R. F.; Brown, W. G. *J. Am. Chem. Soc.* **1947**, *69*, 1197.

[3] Finholt, A. E.; Bond, A. C.; Schlesinger, H. I. *J. Am. Chem. Soc.* **1947**, *69*, 1197.

[4] (a) Brown, H. C.; Yoon, N. M. *J. Am. Chem. Soc.* **1966**, *88*, 1464. (b) Brown, H. C.; Shoaf, C. J. *J. Am. Chem. Soc.* **1964**, *86*, 1079. (c) Brown, H. C.; McFarlin, R. F. *J. Am. Chem. Soc.* **1958**, *80*, 5372.

[5] (a) Fieser, L. F.; Fieser, M. *Reagents for Organic Synthesis* Vol. 3, p260, Wiley, New York, **1972**. (b) Fieser, L. F.; Fieser, M. *Reagents for Organic Synthesis* Vol. 2, p382, Wiley, New York, **1969**. (c) Vit, J.; Casensky, B.; Machacek, J. *French Patent*, 1,515,582, **1968** [*Chem. Abstr.* **1969**, *70*, 115009x].

[6] (a) Doukas, H. M.; Fontaine, T. D. *J. Am. Chem. Soc.* **1951**, *73*, 5917. (b) Doukas, H. M.; Fontaine, T. D. *J. Am. Chem. Soc.* **1953**, *75*, 5355. (c) Wiberg, E.; Schmidt, M. Z. *Naturforsch* **1951**, *6B*, 333. (d) Wiberg, E.; Schmidt, M. Z. *Naturforsch* **1951**, *6B*, 460.

[7] (a) Eisch, J. J.; Kaska, W. C. *J. Am. Chem. Soc.* **1966**, *88*, 2213. (b) Gensler, W. J.; Bruno, J. J. *J. Org. Chem.* **1963**, *28*, 1254. (c) Ziegler, K.; Geller, H. G.; Lehmkuhl, H.; Pfohl, W.; Zosel, K. *Ann.* **1960**, *629*, 1.

[8] 部分综述文献见：(a) Smith, M. B. *Oganic Synthesis*, 3rd Edition, Academic Press, **2011**. (b) Itsuno, S. *Org. React.* **1998**, *52*, 395. (c) Malek, J. *Org. React.* **1988**, *36*, 249. (d) Malek, J. *Org. React.* **1985**, *34*, 1.

[9] 部分综述文献见：(a) Maruoka, K.; Yamamoto, H. *Tetrahedron* **1988**, *44*, 5001. (b) Maruoka, K.; Yamamoto, H. *Angew. Chem. Int. Ed. Engl.* **1985**, *24*, 668. (c) Zweifel, G.; Miller, J. A. *Org. React.* **1984**, *32*, 375.

[10] Ashby, E. C.; DePriest, R. N.; Goel, A. B.; Wenderoth, B.; Pham, T. N. *J. Org. Chem.* **1984**, *49*, 3545.

[11] House, H. O. *Modern Synthetic Reactions*, 2nd ed, Benjamin, **1972**, p 49.

[12] Brown, H. C.; Deck, H. R. *J. Am. Chem. Soc.* **1965**, *87*, 5620.

[13] Caro, B.; Boyer, B.; Lamaty, G.; Jaouen, G. *Bull. Soc. Chim. Fr.* **1983**, Pt. 2, 281.

[14] Haubenstock, H.; Eliel, E. L. *J. Am. Chem. Soc.* **1962**, *84*, 2363.

[15] Ashby, E. C.; Sevenair, J. P.; Dobbs, F. R. *J. Org. Chem.* **1971**, *36*, 197.

[16] Stocker, J. H.; Sidisunthorn, P.; Benjamin, B. M.; Collins, C. J. *J. Am. Chem. Soc.* **1960**, *82*, 3913.

[17] Hoagland, S.; Morita, Y.; Bai, D. L.; Marki, H.-P.; Kees, K.; Brown, L.; Heathcock, C. H. *J. Org. Chem.* **1988**, *53*, 4730.

[18] Bothner-By, A. A. *J. Am. Chem. Soc.* **1951**, *73*, 846.
[19] Portoghese, P. S. *J. Org. Chem.* **1962**, *27*, 3359.
[20] Noyori, R.; Tomino, I.; Tanimoto, Y.; Nishizawa, M. *J. Am. Chem. Soc.* **1984**, *106*, 6709.
[21] Noyori, R.; Tomino, I.; Yamada, M.; Nishizawa, M. *J. Am. Chem. Soc.* **1984**, *106*, 6717.
[22] Vigneron, J. P.; Jacquet, I. *Tetrahedron* **1976**, *32*, 939.
[23] Sardina, F. J.; Mourino, A.; Castedo, L. *J. Org. Chem.* **1986**, *51*, 1264.
[24] Iwasaki, G.; Sano, M.; Sodeoka, M.; Yoshida, K.; Shibasaki, M. *J. Org. Chem.* **1988**, *53*, 4864.
[25] Bonafoux, D.; Hua, Z.; Wang, B.; Ojima, I. *J. Fluor. Chem.* **2001**, *112*, 101.
[26] Ma, Y.; Li, Z.; Shi, H.; Zhang, Jian; Yu, B. *J. Org. Chem.* **2011**, *76*, 9748.
[27] Colpaert, F.; Mangelinckx, S.; De Brabandere, S.; De Kimpe, Nt. *J. Org. Chem.* **2011**, *76*, 2204.
[28] Calter, M. A.; Liao, W.; Struss, J. A. *J. Org. Chem.* **2001**, *66*, 7500.
[29] Liu, C.; Dou, X.; Lu, Y. *Org. Lett.* **2011**, *13*, 5248.
[30] Blay, G.; Hernandez-Olmos, V.; Pedro, J. R. *Chem. Eur. J.* **2011**, *17*, 3768.
[31] Salvio, R.; Cacciapaglia, R.; Mandolini, L. *J. Org. Chem.* **2011**, *76*, 5438.
[32] Gomez, A. M.; Uriel, C.; Company, M. D.; Lopez, J. C. *Eur. J. Org. Chem.* **2011**, 7116.
[33] Kim, H. J.; Su, L.; Jung, H.; Koo, S. *Org. Lett.* **2011**, *13*, 2682.
[34] Sunderkoetter, A.; Lorenzen, S.; Tacke, R.; Kraft, P. *Chem. Eur. J.* **2010**, *16*, 7404.
[35] Bredenkotter, B.; Flörke, U.; Kuck, D. *Chem. Eur. J.* **2001**, *7*, 3387.
[36] Simaan, S.; Siegel, J. S.; Biali, S. E. *J. Org. Chem.* **2003**, *68*, 3699.
[37] Gonzalez-Rodriguez, C.; Parsons, S. R.; Thompson, A. L.; Willis, M. C. *Chem. Eur. J.* **2010**, *16*, 10950.
[38] Ganesh, V.; Sureshkumar, D.; Chandrasekaran, S. *Angew. Chem., Int. Ed.* **2011**, *50*, 5878.
[39] Nocquet, P.-A.; Hazelard, D.; Compain, P. *Eur. J. Org. Chem.* **2011**, 6619.
[40] Benedetti, E.; Simonneau, A.; Hours, A.; Amouri, H.; Penoni, A.; Palmisano, G.; Malacria, M.; Goddard, J.-P.; Fensterbank, L. *Adv. Synth. Catal.* **2011**, *353*, 1908.
[41] Dias, L. C.; de Lucca, E. C., Jr.; Ferreira, M. A. B.; Garcia, D. C.; Tormena, C. F. *J. Org. Chem.* **2012**, *77*, 1765.
[42] Crotti, P.; bdalassi, F.; Bussolo, V. D.; Favero, L.; Pineschi, M. *Tetrahedron* **2001**, *57*, 8559.
[43] Wee, A. G. H.; Yu, Q. *J. Org. Chem.* **2001**, *66*, 8935.
[44] Gadikota, R, R.; Callam, C. S.; Lowary, T. L. *J. Org. Chem.* **2001**, *66*, 9046.
[45] Das, P. P.; Lysenko, I. L.; Cha, J. K. *Angew. Chem., Int. Ed.* **2011**, *50*, 9459.
[46] Azuma, H.; Tamagaki, S.; Ogino, K. *J. Org. Chem.* **2000**, *65*, 3538.
[47] Seto, S.; Yumoto, K.; Okada, K.; Asahina, Y.; Iwane, A.; Iwago, M.; Terasawa, R.; Shreder, K. R.; Murakami, K.; Kohno, Y. *Bioorg. Med. Chem.* **2012**, *20*, 1188.
[48] Prevost, S.; Ayad, T.; Phansavath, P.; Ratovelomanana-Vidal, V. *Adv. Synth. Catal.* **2011**, *353*, 3213.
[49] Morales-Rios, M. S.; Suarez-Castillo, O. R.; Joseph-Nathan, P. *J. Org. Chem.* **1999**, *64*, 1086.
[50] Jakubec, P.; Kyle, A. F.; Calleja, J.; Dixon, D. J. *Tetrahedron Lett.* **2011**, *52*, 6094.
[51] Greger, J. G.; Yoon-Miller, S. J. P.; Bechtold, N. R.; Flewelling, S. A.; MacDonald, J. P.; Downey, C. R.; Cohen, E. A.; Pelkey, E. T. *J. Org. Chem.* **2011**, *76*, 8203.
[52] de Gonzalo, G.; Brieva, R.; Sanchez, V. M.; Bayod, M.; Gotor, V. *J. Org. Chem.* **2001**, *66*, 8947.
[53] Suzuki, Y.; Yazaki, R.; Kumagai, N.; Shibasaki, M. *Chem. Eur. J.* **2011**, *17*, 11998.
[54] Pal, A. P. J.; Gupta, P.; Suman R., Y.; Vankar, Y. D. *Eur. J. Org. Chem.* **2010**, 6957.
[55] Donaldson, L. R.; Wallace, S.; Haigh, D.; Patton, E. E.; Hulme, A. N. *Org. Biomol. Chem.* **2011**, *9*, 2233.
[56] Semeraro, T.; Mugnaini, C.; Corelli, F. *Tetrahedron Lett.* **2008**, *49*, 5965.
[57] Araujo, A. C.; Nicotra, F.; Costa, B.; Giagnoni, G.; Cipolla, L. *Carbohydra. Res.* **2008**, *343*, 1840.
[58] Binder, C. M.; Bautista, A.; Zaidlewicz, M.; Krzeminski, M. P.; Oliver, A.; Singaram, B. *J. Org. Chem.*

2009, *74*, 2337.
[59] Gomez, R.; Seoane, C.; Segura, J. L. *J. Org. Chem.* **2010**, *75*, 5099.
[60] Olson, G. L.; Voss, M. E.; Hill, D. E.; Kahn, M.; Madison, V. S.; Cook, C. M. *J. Am. Chem. Soc.* **1990**, *112*, 323.
[61] Kise, N.; Isemoto, S.; Sakurai, T. *J. Org. Chem.* **2011**, *76*, 9856.
[62] Friedrich, A.; Braese, S.; O'Connor, S. E. *Tetrahedron Lett.* **2009**, *50*, 75.
[63] Maslak, V.; Yan, Z.; Xia, S.; Gallucci, J.; Hadad, C. M.; Badjic, J. D. *J. Am. Chem. Soc.* **2006**, *128*, 5887.
[64] Alajarin, M.; Pastor, A.; Orenes, R.-A.; Steed, J. W.; Arakawa, R. *Chem. Eur. J.* **2004**, *10*, 1383.
[65] Moreno-Vargas, A. J.; Jimenez-Barbero, J.; Robina, I. *J. Org. Chem.* **2003**, *68*, 4138.
[66] Paczal, A.; Benyei, A. C.; Kotschy, A. *J. Org. Chem.* **2006**, *71*, 5969.
[67] Kim, H. J.; Su, L.; Jung, H.; Koo, S. *Org. Lett.* **2011**, *13*, 2682.
[68] Crepin, D.; Tugny, C.; Murray, J. H.; Aissa, C. *Chem. Commun.* **2011**, *47*, 10957.
[69] Goto, T.; Takeda, K.; Shimada, N.; Nambu, H.; Anada, M.; Shiro, M.; Ando, K.; Hashimoto, S. *Angew. Chem., Int. Ed.* **2011**, *50*, 6803.
[70] Camponovo, J.; Ruiz, J.; Cloutet, E.; Astruc, D. *Chem. Eur. J.* **2009**, *15*, 2990.
[71] Morin, E.; Nothisen, M.; Wagner, A.; Remy, J. S. *Bioconjugate Chem.* **2011**, *22*, 1916.
[72] Singh, A.; Kim, B.; Lee, W. K.; Ha, H.-J. *Org. Biomol. Chem.* **2011**, *9*, 1372.
[73] Rodriguez, A. R.; Spur, B. W. *Tetrahedron Lett.* **2012**, *53*, 86.
[74] Grant, B.; Djerassi, C. *J. Org. Chem.* **1974**, *39*, 968.
[75] Mori, K. *Tetrahedron* **2012**, *68*, 1936.
[76] Alegret, C.; Santacana, F.; Riera, A. *J. Org. Chem.* **2007**, *72*, 7688.
[77] Shimizu, M.; Takeda, Y.; Higashi, M.; Hiyama, T. *Chem. Asian J.* **2011**, *6*, 2536.
[78] Brown, H. C.; McFarlin, R. F. *J. Am. Chem. Soc.* **1958**, *80*, 5372.
[79] Joo, J.-E.; Pham, V.-T.; Tian, Y.-S.; Chung, Y.-S.; Oh, C.-Y.; lee, K.-Y.; Ham, W.-H. *Org. Biomol. Chem.* **2008**, *6*, 1498.
[80] Ayers, T. A. *Tetrahedron Lett.* **1999**, *40*, 5467.
[81] Brown, H. C.; Krishnamurthy, S.; Coleman, R. A. *J. Am. Chem. Soc.* **1972**, *94*, 1750.
[82] Masamune, S.; Rossy, P. A.; Bates, G. S. *J. Am. Chem. Soc.* **1973**, *95*, 6452.
[83] Krishnamurthy, S.; Brown, H. C. *J. Org. Chem.* **1980**, *45*, 849.
[84] Shiina, J.; Oikawa, M.; Nakamura, K.; Obata, R.; Nishiyama, S. *Eur. J. Org. Chem.* **2007**, 5170.
[85] Ndakala, A. J.; Hashemzadeh, M.; So, R. C.; Howell, A. R. *Org. Lett.* **2002**, *4*, 1719
[86] Krishnamurthy, S. *J. Org. Chem.* **1981**, *46*, 4628.
[87] Wu, Z.; Minhas, S.; Wen, D.; Jiang, H.; Chen, K.; Zimniak, P.; Zheng, J. *J. Med. Chem.* **2004**, *47*, 3282.
[88] Krishnamurthy, S.; Aimino, D. *J. Org. Chem.* **1989**, *54*, 4458.
[89] Walborsky, H. M.; Niznik, G. E. *J. Org. Chem.* **1972**, *37*, 187.
[90] Ramos, A. C.; Peláez, R.; López, J. L.; Caballero, E.; Medarde, M.; Feliciano, A. S. *Tetrahedron* **2001**, *57*, 3963.
[91] Tang, P.; Yu, B. *Eur. J. Org. Chem.* **2009**, 259.
[92] (a) Yang, H.; Liebeskind, L. S. *Org. Lett.* **2007**, *9*, 2993. (b) Yamamoto, T.; Hasegawa, H.; Hakogi, T.; Katsumura, S. *Org. Lett.* **2006**, *8*, 5569.
[93] Semmelhack, M. F.; Stauffer, R. D. *J. Org. Chem.* **1975**, *40*, 3619.
[94] Arcangeli, A.; Toma, L.; Contiero, L.; Crociani, O.; Legnani, L.; Lunghi, C.; Nesti, E.; Moneti, G.; Richichi, B.; Nativi, C. *Bioconjugate Chem.* **2010**, *21*, 1432.
[95] Lampkins, A. J.; Li, Y.; Abbas, A. A.; Abboud, K. A.; Ghiviriga, I.; Castellano, R. K. *Chem. Eur. J.* **2008**, *14*, 1452.

[96] Yu, L.-F.; Hu, H.-N.; Nan, F.-J. *J. Org. Chem.* **2011**, *76*, 1448.

[97] Ma, P.; Martin, V. S.; Masamune, S.; Sharpless, K. E.; Viti, S. M. *J. Org. Chem.* **1982**, *47*, 1378.

[98] Acharya, H. P.; Kobayashi, Y. *Tetrahedron* **2006**, *62*, 3329.

[99] Kametani, T.; Huang, S.-P.; Ihara, M.; Fukumoto, K. *J. Org. Chem.* **1976**, *41*, 2545.

[100] Gold, E. H.; Babad, E. *J. Org. Chem.* **1972**, *37*, 2208.

[101] Hu, Y.; Covey, D. F. *J. Chem. Soc., Perkin Trans. 1* **1993**, 417.

[102] Vidari, G.; Ferrino, S.; Grieco, P. A. *J. Am. Chem. Soc.* **1984**, *106*, 3539.

[103] Marshall, J. A.; Andersen, N. H.; Schlicher, J. W. *J. Org. Chem.* **1970**, *35*, 858.

[104] Daniewski, A. R.; Wojceichowska, W. *J. Org. Chem.* **1982**, *47*, 2993.

[105] Wilson, K. E.; Seidner, R. T.; Masamune, S. *Chem. Commun.* **1970**, 213.

[106] Solladie, G.; Frechou, G.; Demailly, G. *Tetrahedron Lett.* **1986**, *27*, 2867.

[107] Sasatani, S.; Miyazaki, T.; Maruoka, K.; Yamamoto, H. *Tetrahedron Lett.* **1983**, *24*, 4711.

[108] Hattori, K.; Matsumura, Y.; Miyazaki, T.; Maruoka, K.; Yamamoto, H. *Tetrahedron Lett.* **1983**, *24*, 4711.

[109] Uemura, D.; Chou, T.; Haino, T.; Nagatsu, A.; Fukuzawa, S.; Zheng, S.; Chens, H. *J. Am. Chem. Soc.* **1995**, *117*, 1155.

[110] Araoz, R.; Servent, D.; Molgo, J.; Iorga, B. I.; Fruchart-Gaillard, C.; Benoit, E.; Gu, Z.; Stivala, C.; Zakarian, A. *J. Am. Chem. Soc.* **2011**, *133*, 10499.

[111] (a)Harmatha, J.; Samek, Z.; Synackova, M.; Novotny, L.; Herout V.; Sorm, F. *Collect. Czechoslov. Chem. Commun.* **1976**, *41*, 2047. (b) Jakupovic, J.; Grenz, M.; Bohlmann, F. *Planta Med.* **1989**, *55*, 571.

[112] Brocksom, T. J.; Coelho, F.; Depres, J.-P.; Greene, A. E.; Freire de Lima, M. E.; Hamelin, O.; Hartmann, B.; Kanazawa, A. M.; Wang, Y. *J. Am. Chem. Soc.* **2002**, *124*, 15313.

[113] Werner, G.; Hagenmaier, H.; Draut0z, H.; Baumgartner, A.; Zahner, H. *J. Antibiot.* **1984**, *37*, 110.

[114] (a) Baker, G. H.; Brown, P. J.; Dorgan, R. J. J.; Everett, J. R.; Ley, S. V.; Slawin, A. M. Z.; Williams, D. J. *Tetrahedron Lett.* **1987**, *28*, 5565. (b) Corey, E. J.; Ponder, J. W. *Tetrahedron Lett.* **1984**, *25*, 4325.

[115] Marshall, J. A.; Adama, N. D. *Org. Lett.* **2000**, *2*, 2897.

[116] Barton, T. J.; Kippenhan, Jr., R. C. *J. Org. Chem.* **1972**, *37*, 4194.

[117] Andrus, M.B.; Meredith, E.L.; Hicken, E.J.; Simmons, B.L.; Glancey, R.R.; Ma, W. *J. Org. Chem.* **2003**, *68*, 8162.

[118] Davies, S. G.; Fletcher, A. M.; Lee, J. A.; Roberts, P. M.; Russell, A. J.; Taylor, R. J.; Thomson, A. D.; Thomson, J. E. *Org. Lett.* **2012**, *14*, 1672.

硼氢化试剂的还原反应

(Reduction by Borohydrides)

席婵娟[*] 周逸清

1 历史背景简述

在有机化学中，使一个有机分子中碳原子总氧化数降低的反应被称为还原反应。例如：羰基上加一个氢分子生成醇时，碳原子的氧化数由 +2 降低到 0，因此发生的是还原反应。表观上，有机化合物的还原反应大都表现为氢的增加或氧的减少。有机化合物的还原可分为直接还原 (或称之为化学还原)、间接还原 (主要是指催化氢化)、电解还原和光化还原。其中，在实验室较常使用的是化学还原反应。能直接还原有机化合物的化学试剂包括：碱金属、镁、锌、铝、铁或锡等活泼金属；氢化铝锂、硼氢化钠或硼化氢等无机氢化物；一些具有还原作用的无机酸、碱或盐以及甲酸、甲醛、苯甲醛或醇铝等有机还原试剂。这些化学试剂多数用于还原羰基、羟基、硝基、卤素、羧酸、酸酐、酰胺、酯等极性基团。只有少数化学试剂 (例如：NH=NH 和 BH_3 等) 才能还原烯烃等非极性基团。化学还原是有机合成的重要手段，在有机合成中具有广泛的应用。硼氢化试剂是中等性能的还原试剂，有利于选择性地还原有机物中的官能团，对于提高反应的选择性有很好的作用。

硼烷 (B_2H_6) 作为还原剂被发现是基于它的缺电子性。最初，H. I. Shlesinger 和 A. B. Burg 希望硼烷与羰基化合物反应得到硼烷-羰基配合物，结果观察到醇化合物的生成。然而，这一发现由于发生在二战期间而被搁浅[1,2]。二战时期，硼烷主要用于制备性质类似于 UF_6 的低沸点化合物 [例如：$U(BH_4)_4$ 等]，限制了硼烷用于其它反应的研究。另一方面，战争对 $U(BH_4)_4$ 的需要，H. I. Shlesinger 和 H. C. Brown 等人使用各种方法探索其制备前体硼烷和硼氢化钠 ($NaBH_4$) 的合成。在研究中他们发现：氢化钠与三甲氧基硼在 250 °C 反应，可以得到 $NaBH_4$ 和另一产物甲醇钠 (式 1)。该反应虽然很成功，但两种产物很难分离。在纯化分离过程中，他们发现丙酮可以溶解两种产物。然而，当除去溶剂后 $NaBH_4$ 也消失了。但正是该实验发现了 $NaBH_4$ 作为氢化试剂[3]。

$$4\,NaH + B(OCH_3)_3 \xrightarrow{250\ ^{\circ}C} NaBH_4 + 3\,NaOCH_3 \qquad (1)$$

$NaBH_4$ 的氢化能力比氢化铝锂弱，仅能还原醛、酮和酰氯化合物。为了进一步扩展 $NaBH_4$ 对其它化合物的还原，Brown 等人在以后的研究中发现了各种硼氢化合物及其衍生物作为氢化试剂进行的有机合成反应。因此，硼氢化试剂得到迅猛地发展，Brown 也因此在 1974 年获得了诺贝尔化学奖。

2 硼氢化试剂的种类及其还原反应

2.1 硼氢化钾和硼氢化钠的还原反应

硼氢化钾 (KBH_4) 和硼氢化钠 ($NaBH_4$) 都是白色结晶粉末，具有很强的吸湿性。它们都是商品化试剂，溶于水、乙醇、二甘醇二甲醚和 DMF[4~6]。但是，在乙醚和冷的 THF 中的溶解性较差。它们的水溶液相对来说较稳定，但是在甲醇或者乙醇溶液中很容易分解为硼酸盐，使其还原性能降低。早期，它们经常在稳定性更好的异丙醇和二甘醇二甲醚溶液中使用。它们在醇溶剂中使用时会产生相应的醇钾或醇钠，因此体系的碱性不断升高。如果反应底物或者产物在碱性条件下不稳定，经常用 H_3BO_3 来缓冲[7]。在热的 THF 溶液中加入甲醇回流后，KBH_4 和 $NaBH_4$ 的还原性能得到显著的提高。

KBH_4 和 $NaBH_4$ 最主要应用于醛和酮的还原。在醇或 THF 溶液中，它们可以还原碳卤键、酸酐、吡啶季铵盐、带有两个吸电子基的双键及 C-Pd 键和 C-Hg 键。但是，它们不能还原环氧化合物、酯、内酯、酸、胺和大部分的硝基化合物。在热的甲醇/THF 溶液中，KBH_4 和 $NaBH_4$ 都能将羧酸酯还原成为醇[8]。在回流的吡啶溶液中，它们可以将酰胺和某些季铵盐还原成为胺或腈[9]。

在有机酸的存在下，$NaBH_4$ 和 KBH_4 会形成酰氧基硼氢化物而显示出某些特殊的性质[10]。它们的反应机理取决于分子中有机酸的含量，可能会生成单酰氧基硼氢化物 ($NaRCO_2BH_3$) 或三酰氧基硼氢化物 [$Na(RCOO)_3BH$]。酰氧基硼氢化物很容易被水分解，它的反应可以在助溶剂 (1,4-二氧六环、THF 或乙醇等) 存在的条件下反应，也可以在纯的有机酸 (乙酸或者三氟乙酸) 中反应。在酸性条件下，这些物质能够将二芳基酮或者三芳基醇还原为相应的烷烃、将缩醛还原为醚、将腈还原成胺。它们也被用于将 C=N 双键还原为胺，例如：将亚胺、肟、烯胺、亚胺盐还原为胺。

在质子溶液中，叔卤代烃首先离解成为相应的碳正离子，然后被 $NaBH_4$ 还原 (式 2)。如果碳正离子的重排反应速率大于还原反应速率，将得到相应的重排烷烃产物[11]。

$$R_3C-X \xrightarrow{MeOH} R_3C^+ \xrightarrow{NaBH_4} R_3C-H \qquad (2)$$

烯丙醇或者苄醇也能够生成稳定的碳正离子，进一步被含有 CF_3CO_2H[10]的

$NaBH_4$ 或者 $(CF_3CO_2)_2BH$ 的 THF 溶液还原[12] (式 3)。

Ph OH Ph; $(CF_3CO_2)_2BH$, THF; CH_3CO_2H, 0 °C, 1 h; 66%; Ph Ph (3)

在回流的条件下，$NaBH_4$ 的异丙醇溶液能够把季铵盐还原为相应的烷烃[13] (式 4)。

Ph; $N^+Me_3Br^-$; $NaBH_4$, *i*-PrOH; reflux, 12 h; 95%; Ph; Me (4)

在有机酸存在的条件下，回流的 $NaBH_4$ 甲苯溶液能够把酰胺还原成为氨基化合物[10,14]，且能保持二芳基酮和卤素不被还原 (式 5)。

$NHCOCF_3$; Cl; COPh; $NaBH_4$, CF_3CO_2H; PhH, 40 °C, 4 h; 76%; $NHCH_2CF_3$; Cl; COPh (5)

$NaBH_4$ 与路易斯酸联合使用具有强的还原能力。如式 6 和式 7 所示：酯或者烯丙基、苄基酯都会被 $NaBH_4$-$NiCl_2$ 还原为相应的烷烃，甚至双键也会被还原。

CH_2OAc; MeO; $NaBH_4$, $NiCl_2$, MeOH; 89%; CH_3; MeO (6)

Me; Ph; OCOMe; $NaBH_4$, $NiCl_2$, MeOH; 87%; $PhCH_2CH_2CH_2Me$ (7)

在 $NaBH_4$-$NiBr_2$ 的甲醇溶液中，三甲基硅基烯丙基醚被还原成为相应的烷烃。在此条件下，双键和内酯均不会受到影响 (式 8)[15]。

TMSO; OTMS; O; O; $NaBH_4$, $NiBr_2$; EtOH, rt, 3 h; 60%; OTMS; O; O (8)

$NaBH_4$ 能够把大部分的醛和酮还原成为相应的伯醇或仲醇。在有机酸存在的条件下，$NaBH_4$ 能把二芳基酮或者烷基芳基酮还原成相应的烷烃 (式 9)、把亚胺或者亚胺盐还原成为胺、把酰胺被还原成为 α-羟基胺[16~18]。在四氢呋喃溶液中，$NaBH_4$-$ZrCl_4$ 可以将苯甲醛和苯乙酮还原成相应的醇。

$$\text{1-(phenylsulfonyl)-3-acetylindole} \xrightarrow[\text{98\%}]{\text{NaBH}_4,\ \text{CF}_3\text{CO}_2\text{H},\ \text{CH}_2\text{Cl}_2,\ 20\ ^\circ\text{C}} \text{1-(phenylsulfonyl)-3-(CH}_2\text{Me)indole} \quad (9)$$

$NaBH_4$ 的醇溶液或者负载在 Al_2O_3 上的 $NaBH_4$ 与羧酸酯的反应较为缓慢。在 MeOH 的存在下，$NaBH_4$ 可以在 THF 溶液或者回流的 *t*-BuOH 溶液[8]、回流的乙醇溶液[19]甚至水溶液[20]中也能够将羧酸酯还原成为相应的醇，且伯胺、酸、NO_2 基团不会受到影响。如式 10 所示：使用 β-酮酯作为底物可以得到丙二醇衍生物。

$$4\text{-ClC}_6\text{H}_4\text{COCH}_2\text{CO}_2\text{Me} \xrightarrow[\text{100\%}]{\text{NaBH}_4,\ \text{THF, MeOH, reflux, 2 h}} 4\text{-ClC}_6\text{H}_4\text{CH(OH)CH}_2\text{CH}_2\text{OH} \quad (10)$$

在含有吡啶的 DMF/THF 的溶液中，$NaBH_4$ 首先生成硼烷吡啶配位合物。如式 11 所示：该还原体系能够还原酰氯且保持卤素不被还原[21]。

$$2\text{-ClC}_6\text{H}_4\text{COCl} \xrightarrow[\text{77\%}]{\text{NaBH}_4,\ \text{Py, DMF, THF, }0\ ^\circ\text{C, 1 min}} 2\text{-ClC}_6\text{H}_4\text{CHO}\ (90\%) + 2\text{-ClC}_6\text{H}_4\text{CH}_2\text{OH}\ (10\%) \quad (11)$$

在质子反应溶剂中，$NaBH_4$ 可以将 α,β-不饱和酮还原生成烯丙基醇的衍生物[22~24](式 12)。

$$\text{PhCH=CHCOPh} \xrightarrow[\text{91\%}]{\text{NaBH}_4,\ \text{MeOH, THF, }0\ ^\circ\text{C, 20 min}} \text{PhCH=CHCH(OH)Ph} \quad (12)$$

在 MeOH 或 EtOH 溶液中，$NaBH_4$ 可以把亚胺或者亚胺盐还原成相应的胺。如式 13 所示：α,β-不饱和亚胺被还原成为相应的不饱和仲胺[25]。

$$\text{HCH=C(Me)CH=N}^t\text{Bu} \xrightarrow[\text{60\%}]{\text{NaBH}_4,\ \text{MeOH, rt, 4 h}} \text{HCH=C(Me)CH}_2\text{NH}^t\text{Bu} \quad (13)$$

当吡啶的 3-位或者 5-位上带有吸电子基团时，$NaBH_4$ 也可将吡啶还原得到含有一个烯键的哌啶混合物[10](式 14)。喹啉和异喹啉比较容易被还原，$NaBH_4$ 的乙酸溶液能够将它们还原成为四氢喹啉或者四氢异喹啉。在 5 °C 的 $NaBH_4$

乙酸溶液中进行反应时，硝基喹啉中的硝基会保持不变；但在加热条件下可以将硝基喹啉转变成为相应的 *N*-乙基硝基喹啉化合物[10](式 15)。

$$\text{3-Br-1-Me-pyridinium } I^- \xrightarrow[69\%]{NaBH_4,\ MeOH,\ 25\ ^\circ C,\ 6\ h} \text{1,3-dimethyl-1,2,5,6-tetrahydropyridine (95\%)} + \text{1,3-dimethyl-1,2,3,6-tetrahydropyridine (5\%)} \quad (14)$$

$$\text{7-}O_2N\text{-quinoline} \xrightarrow[65\%]{NaBH_4,\ AcOH,\ 5\ ^\circ C,\ 3\ h} \text{7-}O_2N\text{-1,2-dihydroquinoline (N-H)}; \quad \xrightarrow[44\%]{NaBH_4,\ AcOH,\ 70\ ^\circ C,\ 3\ h} \text{7-}O_2N\text{-1-Et-1,2-dihydroquinoline} \quad (15)$$

在室温下，$NaBH_4$ 的醇溶液不能还原氰基。但是，加入 $CoCl_2$、$ZrCl_4$、I_2、有机酸或者加热回流均能够提高 $NaBH_4$ 的还原能力。如式 16 所示：从 4-氰基苯甲酸酯可以较高的收率得到 4-氨甲基苯甲酸酯[4]。

$$\text{4-NC-}C_6H_4\text{-}CO_2Me \xrightarrow[80\%]{NaBH_4,\ CF_3CO_2H,\ THF,\ 20\ ^\circ C,\ 1\ h} \text{4-}H_2NH_2C\text{-}C_6H_4\text{-}CO_2Me \quad (16)$$

硝基和亚硝基是比较难被还原的官能团。但是，4-硝基咪唑、硝基吡唑、硝基吡啶中的硝基均能被 $NaBH_4$-NaOMe 的甲醇溶液还原[26]。$NaBH_4$-$CuSO_4$ 体系能够很好地还原硝基化合物，但也会还原羰基、酯基、烯烃和氰基等。一种新颖的 $NaBH_4$/Pd-C 体系能够以较高的产率还原硝基芳环化合物得到相应的胺，而芳环上的 Me、OH、NH_2 或 Cl 等取代基不会受到影响[27](式 17)。

$$\text{4-Cl-}C_6H_4\text{-}NO_2 \xrightarrow[86\%]{NaBH_4/Pd\text{-}C,\ THF,\ 0\ ^\circ C,\ 1\ h} \text{4-Cl-}C_6H_4\text{-}NH_2 \quad (17)$$

2.2 硼氢化锂的还原反应

硼氢化锂 ($LiBH_4$) 又称锂硼氢，是一种有吸湿性的白色或者灰色结晶粉末。它是一种商品化试剂，能溶于水而易溶于醇和醚。它在干燥空气中稳定，在潮湿空气中易分解，在碱性水溶液中慢慢分解。它在高于 453 °C 时发生热解生成氢化锂和硼，同时释放出一定量的氢气[4,5]。在乙醚或者 THF 溶液中，锂离子的路易斯酸性要强于钠离子。因此，$LiBH_4$ 的还原能力比 $NaBH_4$ 强。它能够还原环氧化合物、酯和内酯，但不能够还原季铵盐和氰基化合物。但是，一旦加入热的 DMF 或者甲醇，季铵盐会被还原成为醇而氰基被还原成为胺。加入 $(MeO)_3B$ 或者 Et_3B，$LiBH_4$ 的乙醚溶液能迅速地还原羧酸酯、季铵盐和氰基，但不能够还原砜、亚砜和硝基。$LiBH_4$ 可以由 $NaBH_4$ 和 LiBr 在氮气的保护下在乙醚中反应制得[28](式 18)。

$$NaBH_4 + LiBr \xrightarrow[100\%]{Et_2O,\ 20\ ^{\circ}C,\ 48\ h} LiBH_4 + NaBr \qquad (18)$$

在加热的溶剂 (例如：DME、乙醚或 THF 等) 中，$LiBH_4$ 可以快速地将羧酸酯类化合物还原为相应的醇。该反应的产物受到温度的显著影响。在 –78 °C 的 THF 溶液中，$LiBH_4$ 能够选择性地将酮酯还原为羟基酯 (式 19)。但是，在室温下的反应生成相应的二羟基产物[29](式 20)。

(19) LiBH4, THF, –78 °C, 1 h, 78%; 产物 95% ee

(20) LiBH4, THF, –20 °C, 1 h, 78%

在不同的反应条件下，$LiBH_4$ 可以将环氧化合物还原成为二醇产物。如式 21 所示[30]：羟甲基环氧丙烷在 THF 溶液中被还原成为 1,3-二醇产物，而在含有 $(i\text{-PrO})_4Ti$ 的甲苯溶液则生成 1,2-二醇产物。

(21) R–环氧–CH_2OH → ($LiBH_4$, THF) $RCHOHCH_2CH_2OH$；→ ($LiBH_4$, Ti(O*i*-Pr)$_4$, PhH) $RCH_2CHOHCH_2OH$

$LiBH_4$ 在不对称酸酐的还原中表现出较好的区域选择性，它趋向于还原邻位取代基较多的羰基[31](式 22)。

(22) $LiBH_4$, THF, 0 °C, 3 h, 72%

在甲醇和乙二醇溶液中，$LiBH_4$ 可以将叔酰胺还原成为相应的醇 (式 23)。当没有甲醇或者反应温度较低时，$LiBH_4$ 既不能还原叔酰胺也不能还原仲酰胺[32]。

$$PhCONMe_2 \xrightarrow[90\%]{LiBH_4,\ diglyme,\ MeOH,\ reflux,\ 2\ h} PhCH_2OH \quad (23)$$

在回流的甲醇和乙二醇溶液中，$LiBH_4$ 能够将脂肪族或者芳香族硝基还原成为相应的伯胺[32](式 24)。

$$PhNO_2 \xrightarrow[50\%]{LiBH_4,\ diglyme,\ MeOH,\ reflux,\ 2\ h} PhNH_2 \quad (24)$$

碳-氮键的形成在天然产物或者具有生物活性的化合物的合成中至关重要。醛酮的还原氨化反应是形成碳-氮键的重要反应之一。在还原胺化反应中，$NaBH_4$ 或者 $LiAlH_4$ 等传统型还原剂都只能将取代型的环己基酮还原为顺式产物或者选择性很低。如式 25 所示[33]：使用 $LiBH_4$ 可以高度选择性地得到反式产物。

$$\text{4-}t\text{-Bu-cyclohexanone} \xrightarrow[76\%]{MeNH_2,\ LiBH_4,\ -78\ ^{\circ}C,\ MeOH,\ 3\ h} \text{NHMe (trans)} + \text{NHMe (cis)} \quad (25)$$

92 : 8

2.3 四丁基硼氢化铵的还原反应

四丁基硼氢化铵易溶于乙醇、乙醚和甲苯[4,34]。它在加热的二氯甲烷中会逐渐分解成为硼烷，因此常在负载后使用。四丁基硼氢化铵是一种比较温和的还原剂。在二氯甲烷中的还原顺序如下：ROCl > RCHO > RCOR' >> RCOOR'，羧酸酯类只在回流状态下才能被还原。在有机酸中，四丁基硼氢化铵会转化成为四丁基酰氧基硼氢化铵。将该试剂负载到交换树脂上后，其还原性能会进一步降低。在回流的甲苯中，该试剂可以选择性地还原醛基而不影响酮基[10]。如式 26 所示[34~36]：将四丁基硼氢化铵和 4-乙酰基苯甲醛在甲苯中加热回流，可以选择性地得到 4-乙酰基苯甲醇。

$$\text{4-MeOC-C}_6\text{H}_4\text{-CHO} \xrightarrow[72\%]{n\text{-}Bu_4N(OAc)_3BH,\ PhH,\ reflux,\ 1\ h} \text{4-MeOC-C}_6\text{H}_4\text{-CH}_2\text{OH} \quad (26)$$

2.4 硼氢化钙的还原反应

硼氢化钙可以通过 $CaCl_2$ 和 $NaBH_4$ 在甲醇或者乙醇中反应来制备。它不仅可以作为还原剂，也是最有前景的储氢物质之一。它能够将羧酸酯还原成为醇、将半酯还原成为内酯[37]，但不能还原羧酸盐。如式 27 所示：在 $NaBH_4/CaCl_2$ 的作用下，1,4-丁二酸酯单钾盐可以直接被还原生成环内酯产物。

Ph, CO_2Me, CO_2K —— $NaBH_4$, $CaCl_2$ / EtOH, 0 °C, 2 h / 90% ——→ Ph, O, O (27)

有时候，它还应用于选择性地还原环氧基酮[38]。环氧基醇是合成具有多个手性中心的多羟基化合物的重要中间体，它们的立体选择性合成是一个非常有挑战性的难题。获得环氧基醇的一种途径是立体选择性氧化烯丙基醇，另一种途径是立体选择性还原环氧基酮。如式 28 所示[38]：硼氢化钙能够对环氧基酮进行高效的立体选择性还原得到环氧基醇。

O, O —— $Ca(BH_4)_2$, MeOH / 0 °C, 10 s / 90% ——→ O, OH + O, OH (28)

92 : 8

2.5 硼氢化锌的还原反应

相对于 $NaBH_4$ 和硼氢化钙等硼氢化试剂，硼氢化锌 $[Zn(BH_4)_2]$ 的特殊性在于其 Zn^{2+} 离子具有软路易斯酸性质。由于 Zn^{2+} 离子具有更好的配位能力，$Zn(BH_4)_2$ 具有更好的还原选择性。如式 29 所示：$Zn(BH_4)_2$ 是以二聚体的形式存在。

H H H H / B Zn B / H H H H (29)

$Zn(BH_4)_2$ 可以通过在氯化锌的乙醚溶液中滴加硼氢化锂来制备，也可以通过在 THF 或者 DME 溶液中由 $NaBH_4$ 和氯化锌来制备。但是，尽管避免在空气中操作，这种制取方法通常还是会得到好几种产物的混合物。

早期的报道表明：$Zn(BH_4)_2$ 在 DME 溶液中对于脂肪族羧酸酯的还原非常缓慢，有时在剧烈的反应条件下才能够被还原。在 THF 中，硼氢化锌对于各种羧酸酯的还原顺序如下：不饱和酯 >> 烷烃酯 >> 芳烃酯[39]。但是，在芳基酸酯的存在下，脂肪族羧酸酯在温和的反应条件下也能够被还原[40]。

烯基酯能够快速地被还原表明：烯烃可能能够催化羧酸酯的还原。当这个想法被应用于苯甲酸甲酯的还原时，反应速率得到了显著地提高。通过混合物的 ^{11}B 核磁共振分析发现：$Zn(BH_4)_2$ 还原烯烃的速率远大于羧酸酯的还原速率。例如：环己烯能够催化各种取代的芳烃酯被硼氢化锌的还原反应。

羧酸不能够直接被 $NaBH_4$ 还原，使用氢化铝锂和硼烷不仅成本较高，而且有一定的危险性。如式 30 所示[41]：只需化学计量的 $Zn(BH_4)_2$ 就能够将羧酸还原成为相应的醇，而且具有后处理简单和反应条件比较温和的优点。$Zn(BH_4)_2$ 与羧酸反应的机理如式 31 所示。

$$PhCO_2H \xrightarrow[90\%]{Zn(BH_4)_2,\ THF,\ reflux,\ 6\ h} PhCH_2OH \quad (30)$$

$$\mathbf{1} \longrightarrow RCO_2BH_2 + HZnBH_2;\quad RCO_2BH_2 \longrightarrow RCH_2OB{=}O \xrightarrow{H_2O} RCH_2OH \quad (31)$$

金属硼氢化物不能直接还原酰胺，但是金属硼氢化物和亲电试剂的结合能够实现这种过程。因此，在羧酸、硫酸或者路易斯酸存在的条件下[35]，$NaBH_4$ 能够还原酰胺。但是，$Zn(BH_4)_2$ 无需多余的试剂辅助就能实现对酰胺的还原[42]。如式 32 所示[43]：在乙醚溶液中，$Zn(BH_4)_2$ 可以将缩酮或者缩醛还原为醚二羧酸酯不受到影响。

$$MeC(OMe)_2CH_2CH_2CO_2Me \xrightarrow[90\%]{Zn(BH_4)_2,\ Me_3SiCl,\ Et_2O,\ rt,\ 2\ h} MeCH(OMe)CH_2CH_2CO_2Me \quad (32)$$

由于锌离子具有较强的路易斯酸性质，$Zn(BH_4)_2$ 的乙醚溶液能够立体选择性地还原 α-羟基酮[44] (式 33)。

$$MeCOCH(OH)C_5H_{11} \xrightarrow[78\%]{Zn(BH_4)_2,\ Et_2O,\ 0\ ^{\circ}C,\ 3\ h} MeCH(OH)CH(OH)C_5H_{11}\ (anti\text{-}85\%) + MeCH(OH)CH(OH)C_5H_{11}\ (syn\text{-}15\%) \quad (33)$$

这可能是因为 Zn^{2+} 离子与羰基上的氧原子以及羟基上的氧原子发生了配位，形成如式 34 所示的过渡态。因此，硼氢化物的氢负离子只能从位阻最小处进攻生成反式产物。

$Zn(BH_4)_2$ 对于 β-氨基酮或者 β-酮酯的还原具有非常好的选择性，它趋向于还原得到顺式 β-羟基化合物 (式 35)[45]。该反应已经被用于合成某些天然产物，例如：前列腺素。

在室温下，$Zn(BH_4)_2$ 即可在 DME 溶液中将芳酰基、酰基、磺酰叠氮化合物还原成为相应的酰胺和磺酰胺。如果在芳酰基叠氮化合物的芳环上有强吸电子基团，就会被还原为苄胺。在某些特定的条件下，$Zn(BH_4)_2$ 可以将烷基或芳基叠氮化合物高效地还原成为相应的胺[46](式 36)。

胺类化合物是在药物化学或农业化学中非常重要的中间体，因此将亚胺还原成为胺的反应非常重要。$NaBH_4$ 或者 $NaBH_3CN$ 能够立体选择性地还原亚胺为相应的仲胺，但经常得到混合物。研究表明：负载在硅胶上的 $Zn(BH_4)_2$ 能够将环己亚胺还原，且氨基处于平伏键的位置[47](式 37)。

从羧酸衍生物还原制取伯醇是有机化学中非常普遍的方法。在 *N,N,N',N'*-四甲基乙二胺 (TMEDA) 存在下，$Zn(BH_4)_2$ 的 THF 溶液能将酰氯还原为相应的醇 (式 38)。在该反应过程中，卤代基、甲氧基和碳-碳不饱和键都不会受到影响[48]。

在 $Zn(BH_4)_2$ 和格氏试剂的共同作用下，腈类化合物的烷基化反应和还原胺化反应可以在“一锅煮”条件下完成[49] (式 39)。

$$PrCN \xrightarrow[59\%]{\text{1. EtMgBr/Et}_2\text{O, reflux; 2. Zn(BH}_4)_2\text{, Et}_2\text{O, 0 °C; 3. HCl}} \text{Pr-CH(NH)-Et} \quad (39)$$

使用硅胶负载的 $Zn(BH_4)_2$ 可以将 α,β-不饱和酮还原成为相应的烷基醇或将环氧化合物还原成为醇。该试剂也能立体选择性地还原在 α-位或 β-位有杂原子的酮，尤其是 α-酮酯、β-酮酯、酮胺，甚至是烷氧基酮。虽然酯基、氨基、硝基或者卤原子一般都不会受到影响，但是叔卤原子常会被还原[50]。Ranu[51]报道：该试剂是一个温和的还原剂，能够在酮的存在下选择性地还原醛基[52]，或者在 α,β-不饱和酮存在下选择性地还原酮基[53]。在多个羰基存在的条件下，可以选择性还原位阻较小的羰基，甚至在芳香酮存在下选择性地还原烷基酮。

2.6 氨基硼氢化物的还原反应

自从 1947 年发现 $LiAlH_4$ 以来，许多化学家致力于发现新型安全的还原剂来替代高活泼性的 $LiAlH_4$。1961 年，人们就已经合成了氨基硼氢化钠并对其还原性进行了研究。许多能被 $LiAlH_4$ 还原的官能团也能被氨基硼氢化钠还原，例如：它能够高效地将醛和酮还原成为醇、将羧酸酯还原成为醇、将酰胺还原成为胺。直到 1990 年，人们才开始对氨基硼氢化锂进行相关报道。氨基硼氢化锂 (LABs) 是一类新型的高效、选择性、在空气中稳定的还原剂。在 0 °C THF 溶液中，伯胺硼烷或者仲胺硼烷和化学计量的丁基锂反应可以生成相应的氨基硼氢化锂。通过使用不同的氨基部分，可以控制氨基硼氢化锂的立体和电子效应环境。在氮气的保护下，固体状的氨基硼氢化锂可以室温保存至少六个月仍能保持其化学活性。在氮气的保护下，氨基硼氢化锂的 THF 溶液可以在室温保存至少九个月仍有化学活性。当反应体系的 $pH < 4$ 时，氨基硼氢化锂会缓慢地放出氢气，但没有爆炸的危险。氨基硼氢化锂在室温下能够还原氯代烃和环氧化合物，在摄氏零度能够还原芳烃或者烷烃酯。由于氨基硼氢化锂的立体环境不同，叔胺可以选择性地被还原为相应的胺或者醇，α,β-不饱和醛或酮选择性地还原为相应的烯醇。使用 1.5 倍的氨基硼氢化锂能将芳烃叠氮化合物还原为相应的伯胺，但不能和羧酸发生反应。如式 40 所示[54]：氨基硼氢化锂能够高效地还原卤代烷或者卤代芳烃，将 1-碘癸烷还原成为癸烷。

LiPyBH$_3$, THF, 25 °C, 1h, 92% (40)

氨基硼氢化锂也能将环氧化合物还原为相对应的醇。使用不对称的环氧丙烷为底物时，还原主要得到位阻较小一侧开环的产物[54] (式 41)。

LiPyBH$_3$, THF, 25 °C, 1 h, 98%; OH, OH, 12 : 1 (41)

醛和酮很容易被等当量的氨基硼氢化锂还原为相应的醇。如式 42 所示[55]：对位取代的环己酮经还原主要得到反式产物。

O; LiH$_3$BN(i-Pr)$_2$, THF, 0 °C, 0.5 h, 95%; OH (42)

Kagan 等人曾报道[54]：使用手性的氨基硼氢化锂试剂，可以将苯甲酮还原成为手性的 1-苯基乙醇，但对映选择性只有 5%~9% ee (式 43)。

O; LAB, THF, 25 °C, 3 h; OH, H, Me (43)

LAB = [Me, O, N–B, O, R]$^-$ Li$^+$; R = Me; R = Ph

R = Me, 93%, 9% ee (R)
R = Ph, 90%, 5% ee (S)

α,β-不饱和醛或者酮能够被氨基硼氢化锂高选择性地还原成为相应的烯丙基醇。尽管其它还原剂也可用于该目的[56]，但氨基硼氢化锂是唯一能够完全得到烯醇产物的试剂，并且酯基存在时反应也不会受影响 (式 44)[52]。虽然 NaBH$_4$/CeCl$_3$ 能够将α,β-不饱和酮全还原得到烯丙基醇，但它不能还原α,β-不饱和醛[55]。

O; CO$_2$Et + LiH$_3$BN(pyrrolidine); THF, 0 °C, 3 h, 94%; OH; CO$_2$Et (44)

虽然有很多还原剂能够将羧酸酯还原成为相应的醇，但还原过程中需要严格地隔绝空气。然而，氨基硼氢化锂能够在空气中快速地使烷基或者芳基羧酸酯还原。在肉桂酸乙酯的还原中，能够得到相应的烯丙基醇。如式 45 所示[57]：该反应具有反应条件温和、反应时间短和区域选择性高的优点。

$$\text{PhCH=CHCO}_2\text{Et} + \text{LiH}_3\text{BN}(i\text{-Pr})_2 \xrightarrow[95\%]{\text{THF, 0 °C, 0.5 h}} \text{PhCH=CHCH}_2\text{OH} \quad (45)$$

即使在回流的 THF 溶液中，氨基硼氢化锂也不能还原伯酰胺和仲酰胺。但是，很多芳基或者烷基叔酰胺能够被氨基硼氢化锂在干燥的空气中还原。使用 *N,N*-二甲基苯甲酰胺为底物，因为位阻比较小而直接被还原成为苄基醇。通过使用不同的氨基硼氢化锂试剂，也可以实现位阻较大的酰胺的 C-O 键或者 C-N 键的断裂。如式 46 所示[55]：在 *N,N*-二乙基苯甲酰胺的还原反应中，使用位阻较大的 $LiH_3BN(i\text{-}Pr)_2$ 可以得到相应的胺，而当使用位阻较小的 $LiPyBH_3$ 时则得到苄醇产物。

$$\text{3-MeC}_6\text{H}_4\text{CONEt}_2 \begin{cases} + \text{LiH}_3\text{BN}(i\text{-Pr})_2 \xrightarrow[95\%]{\text{THF, 25 °C, 3 h}} \text{3-MeC}_6\text{H}_4\text{CH}_2\text{NEt}_2 \\ \text{or} \\ + \text{LiH}_3\text{B(pyrrolidinyl)} \xrightarrow[95\%]{\text{THF, 25 °C, 3 h}} \text{3-MeC}_6\text{H}_4\text{CH}_2\text{OH} \end{cases} \quad (46)$$

在氨基硼氢化锂作用下，各种五元或者六元 *N*-烷基内酰胺能够被还原成为相应的吡咯或哌啶衍生物（式 47）[58]。

$$\text{N-dodecyl-2-pyrrolidinone} + \text{LiH}_3\text{BNMe}_2 \xrightarrow[96\%]{\text{THF, 65 °C, 2 h}} \text{N-dodecylpyrrolidine} \quad (47)$$

当底物中同时含有羧酸酯和酰胺时，在不同的条件下可以得到选择性还原产物（式 48）[58]。

$$\text{1-Bn-5-oxopyrrolidine-3-CO}_2\text{Me} \begin{cases} \xrightarrow[88\%]{\text{LiBH}_3\text{NMe}_2\text{ (2.5 eq.), THF, 65 °C, 2 h}} \text{1-Bn-pyrrolidin-3-yl-CH}_2\text{OH} \\ \xrightarrow[96\%]{\text{LiBH}_3\text{NMe}_2\text{ (1.1 eq.), THF, −10 °C, 2 h}} \text{1-Bn-4-(hydroxymethyl)pyrrolidin-2-one} \end{cases} \quad (48)$$

在有机合成中，将叠氮化合物还原成为伯胺是一个重要的化学转变。使用过量的 $LiAlH_4$ 或者催化还原氢化均可实现叠氮化合物的还原，但人们仍在寻求使用操作简单和条件温和的方法。在温和的条件下，烷烃或者芳烃叠氮化合物均可被氨基硼氢化锂还原生成相应的伯胺。如式 49 所示[55]：在 25 °C 的 THF 溶液中，使用 1.5 倍的氨基硼氢化锂即可将苄基叠氮还原生成 85% 的苄胺。

$$PhCH_2N_3 + LiH_3BNMe_2 \xrightarrow[85\%]{THF,\ 25\ ^{\circ}C,\ 2\ h} PhCH_2NH_2 \quad (49)$$

在室温下，氨基硼氢化锂既不能还原脂肪族腈也不能还原芳香族腈。但是，它能够在 65 °C 将苯甲腈还原生成 75% 的苄基胺 (式 50)[55]。

$$PhCN \xrightarrow{LiH_3BNMe_2} \begin{cases} \xrightarrow{THF,\ 25\ ^{\circ}C,\ 2\ h} \not\rightarrow \\ \xrightarrow[75\%]{THF,\ 65\ ^{\circ}C,\ 6\ h} PhCH_2NH_2 \end{cases} \quad (50)$$

2.7 氰基硼氢化钠的还原反应

1951 年，Wittig 最早报道：将硼氢化锂和过量的氢氰酸在一定压强下反应可以得到氰基硼氢化物[59]。后来人们发现：将氰化钠和硼烷直接反应就能得到氰基硼氢化钠 ($NaBH_3CN$)。如式 51 所示[60]：这种合成方法更便捷和安全。

$$NaCN + B_2H_6 \xrightarrow[80\%]{Et_2O,\ rt,\ 3\ h} NaBH_3CNBH_3 \cdot 2OEt_2 \quad (51)$$

$NaBH_3CN$ 可溶于水、醇、有机酸、THF 和极性质子溶剂，不溶于乙醚和烷烃中[61]。$NaBH_3CN$ 的一个显著特点就是在 pH = 3 的酸性条件下仍然很稳定，这样就可以向反应混合物中加入强酸来分解反应过程中形成的中间体。选择不同的反应条件，$NaBH_3CN$ 可以实现选择性还原。例如：在酸性条件下，$NaBH_3CN$ 仅会对醛酮有影响。利用该条件可以选择性地还原碳-卤键，而不会影响含羧基、氰基、硝基衍生物等。在有机酸中，$NaBH_3CN$ 会转化为酰氧基氰基硼氢化物。这时它的还原能力就和三氟乙酸中的 $NaBH_4$ 类似，能将亚胺还原为胺、将甲苯磺酰腙还原为饱和的碳氢化合物、或将肟还原为羟胺[10]。如式 52 所示[62]：$NaBH_3CN/SnCl_2$ 能够在室温下还原叔卤代烃、烯丙基卤化物或者苄卤。

$$Ph_3CBr \xrightarrow[96\%]{NaBH_3CN,\ SnCl_2,\ ether,\ rt,\ 10\ min} Ph_3CH \quad (52)$$

在中性的水中或者甲醇中，醛和酮基本上不会被 $NaBH_3CN$ 还原。但是，当 pH = 3~4 之间时，还原反应的速率才会足够快。该反应过程中需要消耗酸，需要不断地加入酸来保持整个反应体系处于较低的 pH 值，反应才能继续进行。如式 53 所示[63]：在较低的 pH 值条件下，$NaBH_3CN$ 可以将 α,β-不饱和酮或者醛直接还原成为烷醇产物。

$NaBH_3CN$, CH_3OH, pH 4, rt, 1 h; 96% (53)

在酸性条件下，$NaBH_3CN$ 能够缓慢地将酮肟还原成为相应的羟胺，而不会过度还原成为相应的胺 (式 54)[64]。

$NaBH_3CN$, CH_3OH-HCl, 25 °C, 3 h; 85% (54)

$NaBH_3CN$ 对于醛肟的还原与反应体系的 pH 值高低相关。当还原反应在 pH = 4 的条件下进行时，得到的还原产物主要是二苄基羟胺。当在 pH = 3 的条件下进行时，主要产物是单苄基羟胺 (式 55)[65]。

$NaBH_3CN$, HCl-CH_3OH, pH 4, 3 h; 60%
$NaBH_3CN$, HCl-CH_3OH, pH 3, 2 h; 79% (55)

$NaBH_3CN$ 能够将烷氧基苯甲醛肟还原生成相应的 *N,O*-二烷基羟胺衍生物 (式 56)[66]。

$NaBH_3CN$, HCl-CH_3OH, pH 3, 3 h; 56% (56)

$NaBH_3CN$ 不能够直接还原烯胺官能团。但是，β-C 在酸性条件下被质子化后生成的亚胺盐能够被 $NaBH_3CN$ 还原 (式 57)[62]。如式 58 所示[11]：在 15:1 的 THF 和甲醇混合溶剂中，简单的烯胺在 pH = 5 时能够快速地被还原为相应的胺。

H^+; $NaBH_3CN$ (57)

$NaBH_3CN$, THF, CH_3OH
pH 5, 25 °C, 4 h
86%
(58)

2.8 氰基硼氢化锌的还原反应

氰基硼氢化锌可以通过氯化锌和 $NaBH_3CN$ 在乙醚溶液中反应制备[62]，或者通过碘化锌和 $NaBH_3CN$ 在二氯甲烷中反应制备[67]。氰基硼氢化锌是一种原位生成的混合溶液，其还原性质与反应使用的溶剂有很大的关系。在醚类 (例如：乙醚或四氢呋喃等) 溶液中，它可以还原醛、酮和酰氯，但不与羧酸酯、酸酐和酰胺反应。在甲醇溶液中，它可以将烯胺或者亚胺还原为胺，并能把甲苯磺酰腙还原为烷烃。在二氯甲烷中，由碘化锌和 $NaBH_3CN$ 反应生成的试剂能够将芳基醛、酮、苄基醇、烯丙基醇、叔丁基醇通过自由基历程还原成为烃。在乙醚溶液中，它能通过类似的过程将苄基、叔丁基或烯丙基卤素还原成为相应的烃。

在室温下，氰基硼氢化锌的乙醚溶液能够将醛和酮完全还原得到相应的醇。当用它来还原 4-叔丁基环己酮时，主要得到热力学稳定的产物。氰基硼氢化锌能够将酰氯缓慢地还原，高产率地得到相应的醇。事实上，该反应首先将酰氯还原成为醛，然后再进一步将醛还原成为醇。氰基硼氢化锌不能够还原酸酐，它与苯甲酸酐或辛酸酐反应 24 h 仍然检测不到任何还原产物[62]。

氰基硼氢化锌可以在温和的条件下将烯胺还原。该类反应通常在室温下进行，一般在 1 h 内就能够得到高产率的还原产物。在该反应条件下不会发生烯胺的氢解反应，而且不受体系 pH 值的影响[67]。

将芳香醛和酮还原成为亚甲基在有机合成中非常重要，有许多方法能够直接实现这种还原反应。例如：Wolff-Kishner 反应和 Clemmensen 反应的条件都比较苛刻，无法实现多官能团化合物的选择性还原。又例如：使用 $LiAlH_4$ 或 $NaBH_4$ 和强路易斯酸的混合物进行的还原反应选择性都比较差。虽然催化氢解、二硼烷、氨/锂试剂或者有机硅氢化物都是比较温和的还原剂，但都仍会还原双键或者三键。另外，诸如碘化氢和红磷的混合物之类比较特殊的试剂也可以进行还原反应，但应用范围很窄。在二氯甲烷中，由 $NaBH_3CN$ 和碘化锌生成的氰基硼氢化锌能够将芳香醛和酮还原成为相应的芳烃，并且很多官能团都不受影响 (式 59)[62]。

$NaBH_3CN$, ZnI_2, Et_2O
83 °C, 22 h
70%
(59)

芳基醇、烯丙基醇和叔醇的脱氧还原在有机合成中经常被使用到。到目前为止，已经有相当多的直接或者间接的方法能够实现这种反应。在二氯甲烷中，碘化锌和 $NaBH_3CN$ 作用生成的氰基硼氢化锌能够实现这种过程，并且具有反应条件温和、试剂制备容易和操作简单的优点 (式 60)[62]。

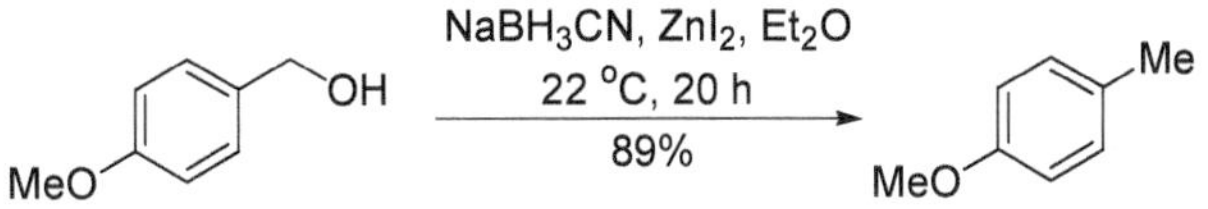

$NaBH_3CN$, ZnI_2, Et_2O; 22 °C, 20 h; 89% (60)

氰基硼氢化锌的还原能力主要受到溶剂的影响。如式 61 所示[68]：在乙醚溶液中，氰基硼氢化锌能够将叔丁基、烯丙基和苄基卤素高度选择性地还原为相应的烃基，而其它基团不受到影响。

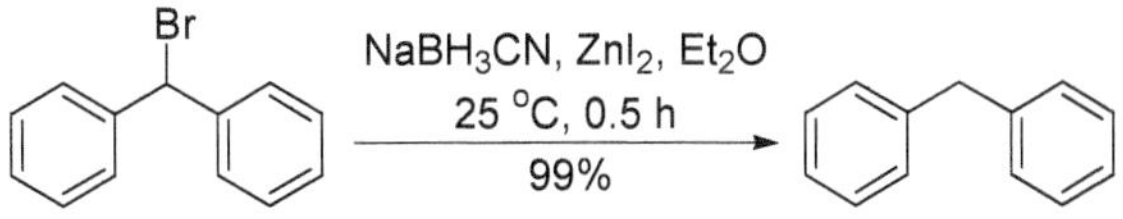

$NaBH_3CN$, ZnI_2, Et_2O; 25 °C, 0.5 h; 99% (61)

2.9 双(三苯基膦)硼氢化亚铜、双(三苯基膦)氰基硼氢亚铜的还原反应

如式 62 所示：硼氢化铜被证实是以配合物 **A** 或者 **B** 的结构形式存在的。因此，它只能传递一个氢负离子，常常被负载在离子交换树脂上使用。在回流的三氯甲烷溶液中，它能够将苯甲磺腙还原成为相应的烃基化合物，但却不能还原醛、酮和酰胺等。在丙酮中，这些试剂能够将酰氯还原成为醛[69]。在路易斯酸存在或者含有氯化氢气体的二氯甲烷溶液中，它们才能还原醛和酮，并且能够实现在酮的存在下选择性地还原醛基。硼氢化铜配合物也能将芳香叠氮化合物还原成为相应的伯胺。

(62)

A **B**

在回流的三氯甲烷中，$(Ph_3P)_2CuBH_4$ 能够将醛或者烷基酮形成的苯甲磺腙还原为相应的烃基化合物，却不能还原由芳基酮、α,β-不饱酮、α,β-不饱醛形成的苯甲磺腙。如式 63 所示[70]：在环氧键、内酯和酰胺等官能团的存在下，$(Ph_3P)_2CuBH_4$ 能够高度选择性地将乙醛基还原成为乙基。

TsNHNH$_2$
$(Ph_3P)_2CuBH_4$
EtOH, rt, 24 h
56%

(63)

在室温下的丙酮溶液中，醛不能被 $(Ph_3P)_2CuBH_4$ 还原。但是，在二氯甲烷中，在邻位或者对位有吸电子基团的芳香醛能够被 $(Ph_3P)_2CuBH_4$ 还原为相应的醇。在酸或路易斯酸的催化下，$(Ph_3P)_2CuBH_4$ 能够将醛或者酮还原为相应的醇，并且具有较好的立体选择性。当 α,β-不饱醛被用作底物时，几乎定量地得到单一的烯丙醇产物 (式 64)。但是，使用 α,β-不饱酮为底物时却得到复杂的混合物。当体系中同时存在有醛和酮时，$(Ph_3P)_2CuBH_4$ 趋向于优先还原醛基。例如：在 HCl 气体催化下，使用一当量的 $(Ph_3P)_2CuBH_4$ 对正壬醛和 5-壬酮的混合物 (1:1) 进行还原可以得到 90% 的正壬醇，而 5-壬酮完全被回收[69]。

$(Ph_3P)_2CuBH_4$
HCl-EtOH, rt, 1 h
99%

(64)

在室温下的丙酮溶液中，$(Ph_3P)_2CuBH_4$ 和 $(Ph_3P)_2CuBH_3CN$ 都能在 0.5 h 内将酰氯还原成为醛，且酯、酮、腈、环氧化合物、亚胺、烯烃、炔烃都不会被还原。如式 65 所示[71]：使用 α,β-不饱和酰氯作为底物可用得到 α,β-不饱和醛产物。

$(Ph_3P)_2CuBH_4$
MeOH, rt, 0.5 h
69%

(65)

2.10 三异丙氧基硼氢化钾的还原反应

三异丙氧基硼氢化钾 [K(*i*-PrO)$_3$BH] 又被简写为 KIPBH。它易溶于四氢呋喃、乙醚和乙二醇单甲醚[72]，其 1.0 mol/L THF 溶液的密度是 0.912 g/cm^3。K(*i*-PrO)$_3$BH 可以通过在 KH 的四氢呋喃溶液中滴加三异丙基硼烷制备或者通过异丙醇和 KBH_4 反应制备，三异丙氧基硼氢化钾的溶液必须在干燥的氮气环境下保存。相对于其它三烷氧基硼氢化物，该试剂不容易发生自身歧化。它和 $NaBH_4$ 有些类似，都是比较温和的还原剂[73]。一般情况下，它只与醛和酮反应而不会影响其它的官能团[74]。它能够将醛和酮还原为相应的醇、将二硫化合物还原为相应的硫醇，但与酸酐、酰氯、酯、内酯、环氧化合物、酰胺、腈、硝基化合物、肟、醌等都不发生反应。它最主要的用途是将卤代硼烷 RR′BCl 或者 RR′BBr 还原成为相应的硼烷。该试剂分子中只有一个氢负离子且能够溶于非质子溶剂。因此，它具有比较好的化学和区域选择性，特别适合进行动力学研究。

KIPBH 可以快速地将α,β-不饱和烯醛或者酮会还原成为相应的烯丙基醇。在环酮的还原中具有很好的非对映异构选择性，从直立键方向进攻主要得到顺式产物[75,76]。

芳基和烷基二硫化合物能够被 KIPBH 的 THF 溶液还原成为硫醇。当芳基和烷基二硫化合物同时存在时，它会优先还原芳基二硫化合物 (式 66)[77]。

KIPBH, THF, 0 °C, 0.25 h; 92% (66)

虽然 KIPHB 是一种比较温和的还原剂，但是对于卤代硼烷的还原却非常有效。使用 KH 等还原卤代硼烷时，在 KH 的表面会形成一层卤化钾层而导致还原剂的还原性能下降。但是，KIPBH 可以和三烷基取代的硼烷快速定量地发生反应。因此，该试剂是合成位阻较大的 $KHBR_3$ 的有效方法之一。如式 67 所示[78,79]：该反应可以用于合成不对称的三取代硼烷，然后三取代硼烷经羰基化反应生成不对称酮。

alkene 1; KIPBH; alkene 2; 1. CO 2. [O] (67)

如式 68 所示：在室温下的乙醚溶液中，KIPBH 与 (*Z*)-(1-溴-1-烯烃)硼酸酯反应能够得到 (*Z*)-1-烯烃硼酸酯。这些中间体在芳基烯烃、共轭二烯、α,β-不饱和酮等的合成中有着广泛的应用[80]。

KIPBH, THF, rt, 2 h; 80% (68)

2.11 三乙基硼氢化锂的还原反应

三乙基硼氢化锂 ($LiBHEt_3$) 的熔点是 66~67 °C，1.0 mol/L THF 溶液的密度

是 0.920 g/cm^3。它易溶于 THF、乙醚和苯等溶剂，与水或者醇反应非常剧烈放出氢气。因此，$LiBHEt_3$ 的操作必须在无水条件下进行，它的 THF 溶液保存在干燥的氮气中非常稳定。$LiBHEt_3$ 可以看做是 $LiBH_4$ 的衍生物，在有机还原反应中占有重要的地位。另外，$LiBHEt_3$ 具有很强的亲核性，如它的亲核性能是硫酚钠的 20 倍[81]。

$LiBHEt_3$ 可以还原卤代烷烃、磺酸酯、环氧化合物、铵盐、环酮、亚胺、叔酰胺、腈和羧酸酯还原，但它不与羧酸、伯酰胺、脂肪族硝基化合物、硫酸化、磺酸、卤代芳烃等反应。该试剂进行的反应一般具有较高的化学选择性、区域选择性和立体选择性，因此被人们称为"超级氢化合物[82]。

$LiBHEt_3$ 可以通过三乙基硼烷和氢化锂或者叔丁基锂在 THF 溶液中反应制备 (式 69)。也可以通过三甲氧基氢化铝锂或者氢化铝锂与三乙基硼烷反应来制备[83]。

$$LiH + Et_3B \xrightarrow[100\%]{THF,\ 24\ h,\ 25\ ^{\circ}C} LiBHEt_3 \qquad (69)$$

$LiBHEt_3$ 能够还原伯卤代物和仲卤代物，但不能还原芳基或者叔卤代烷。由于在还原仲卤代物时经历的是 S_N2 反应机理，因此该类反应不会发生重排，底物的骨架在还原中不会发生改变 (式 70)。当还原给定的卤代烃时，使用两倍量的 $LiBHEt_3$ 效果更好。这主要是因为还原反应的副产物是 BEt_3，它能够与 $LiBHEt_3$ 形成配合物 $[Et_3BHBEt_3]Li^+$。在卤代芳烃和卤代烷烃同时存在时，使用该试剂能够实现高度的化学选择性还原[84]。

$$Me_3CCH_2Br \xrightarrow[96\%]{LiBHEt_3,\ THF,\ reflux,\ 24\ h} Me_3CCH_3 \qquad (70)$$

环氧化合物的 C-O 键的断裂需要路易斯酸 (例如：Li^+) 的帮助，不对称环氧化合物的区域选择性开环取决于底物和还原剂的路易斯酸碱作用的强弱。因此 $LiBHEt_3$ 非常适合还原环氧化合物，它具有较弱的路易斯酸性，可以选择性地得到马氏规则的产物。如式 71 所示[85]：与 $LiAlH_4$ 等相比较，$LiBHEt_3$ 能够以较高的立体和区域选择性实现环氧化合物的还原。

(71)

i or ii

OH

OH

i. $LiAlH_4$,Et_2O, reflux, 24 h　　15%　　85%

ii. $LiBHEt_3$,THF, reflux, 24 h　　93%　　< 0.1%

即使在 –78 °C 的低温下，$LiBHEt_3$ 也能够定量地将醛和酮还原成为相应的醇。值得关注的是：该试剂可以在醛基的存在下选择性地还原酮基。即使位阻较大的酮也能够非常容易地被还原成为醇[86]。α,β-不饱和酮可被 $LiBHEt_3$ 还原成为 1,4-加成产物[87]。

$LiBHEt_3$ 能把酸酐还原为相应的醇和酸，环状酸酐经过中间体羟基酸可以进一步反应生成内酯。$LiBHEt_3$ 对于酯的还原能力非常高，甚至于在有其它官能团存在时也能选择性地将芳基酯还原成为相应的醇 (式 72)[88]。在使用硼氢化锂还原酯时，加入 $LiBHEt_3$ 作为催化剂可以提高反应的效率[57]。

$$PhCO_2Me \xrightarrow[82\%]{LiBHEt_3,\ THF,\ 0\ ^{\circ}C,\ 1\ h} PhCH_2OH \quad (72)$$

如式 73 所示[89]：$LiBHEt_3$ 能够将对甲苯磺酸酯还原成为相应的烃。

$$\text{(HO, TsO, OH; Adenine)} \xrightarrow[92\%]{LiBHEt_3,\ THF,\ 21\ ^{\circ}C,\ 14\ h} \text{(HO, OH; Adenine)} \quad (73)$$

与 $LiAH_4$ 和 $NaBH_4$ 等试剂不一样，$LiBHEt_3$ 能够使叔酰胺的 C-N 键发生断裂生成相应的醇。如式 74 所示，影响这一还原反应的主要因素是胺上取代基位阻的大小。由于 $LiBHEt_3$ 与伯酰胺和仲酰胺不发生反应，因此可以实现叔酰胺的选择性还原[82]。

$$PhC(O)NEt_2 \xrightarrow[99\%]{LiBHEt_3,\ PhMe,\ 96\ ^{\circ}C,\ 3\ h} PhCH_2OH \quad (74)$$

在回流的 THF 溶液中，$LiBHEt_3$ 能够将对甲基二苯基砜还原生成对甲基乙苯。如式 75 所示：该反应为合成各种烷基苯提供了一种重要的方法[90]。

$$(4\text{-}MeC_6H_4)_2SO_2 \xrightarrow[62\%]{LiBHEt_3,\ THF,\ reflux,\ 6\ h} 4\text{-}MeC_6H_4Et \quad (75)$$

将异喹啉还原成为 1,2,3,4-四氢异喹啉的反应可用通过催化加氢或者在 $LiAlH_4$ 和 $NaBH_3CN$ 作用下完成。但是，在异喹啉上的烯丙基取代基也会被还原成为丙基。如式 76 所示：$LiBHEt_3$ 可以把异喹啉、喹啉或吡啶还原为相应的

1,2,3,4-四氢异喹啉、1,2,3,4-四氢喹啉和哌啶，而杂环上的烯丙基不会被还原[91]。

$$\text{4-allylisoquinoline} \xrightarrow[93\%]{LiBHEt_3,\ THF,\ rt,\ 6\ h} \text{4-allyl-1,2,3,4-tetrahydroisoquinoline (NH)} \quad (76)$$

由于 $LiBHEt_3$ 的强亲核性，H^- 离子能够与季铵盐发生 S_N2 反应将季铵盐还原为叔胺，如式 77 所示：$LiBHEt_3$ 优先进攻季铵盐中的甲基，它能把芳香族的三甲基碘化铵快速地还原为胺。但是，脂肪族季铵盐的还原需要更高的温度和更长的反应时间才能完成 (式 78)[92]。

$$C_6H_5N(CH_3)_3I \xrightarrow[100\%]{LiBHEt_3,\ 25\ ^{\circ}C,\ 0.75\ h} C_6H_5N(CH_3)_2 \quad (77)$$

$$CH_3(CH_2)_5N(CH_3)_3I \xrightarrow[100\%]{LiBHEt_3,\ 65\ ^{\circ}C,\ 2\ h} CH_3(CH_2)_5N(CH_3)_2 \quad (78)$$

很多金属氢化物都能对共轭芳香族烯烃进行加成。$LiAlH_4$ 可以和 1,1-二苯基乙烯反应，但是却不能和苯乙烯反应。肉桂醛或者肉桂醇能被 $LiAlH_4$ 还原为二氢肉桂醇。在回流的 THF 溶液中，$LiBHEt_3$ 能够与苯乙烯发生马氏加成反应。式 79 所示[93,94]：生成的硼烷中间产物经过氧化试剂处理转化成为醇或者水解为烷烃。

$$PhCH{=}CH_2 \xrightarrow{LiBHEt_3,\ THF,\ relux,\ 1\ h} PhCH(BEt_2)CH_3 \begin{cases} \xrightarrow{D_2O} PhCH(D)CH_3 \\ \xrightarrow{1.\ MeSO_3H;\ 2.\ H_2O_2,\ NaOH} PhCH(OH)CH_3 \end{cases} \quad (79)$$

2.12 三仲丁基硼氢化锂和三仲丁基硼氢化钾的还原反应

三仲丁基硼氢化锂 [(Li(*s*-Bu)$_3$BH] 的商品名称为 “L-Selectride”。直接将三仲丁基硼烷和氢化锂在 THF 中回流 24 h，只能得到 10% 的 L-Selectride[83]。在三亚乙基二胺 (1,4-diazabicyclo[2.2.2]octane, DABCO) 的存在下，通过三仲丁基硼烷与 $LiAlH_4$ 反应是一种比较好的制备方法。通过叔丁基锂和三乙氧基氢化铝锂反应也能制备该试剂，但反应过程中的副产物不容易分离。该试剂易溶于大部分有机溶剂，通常被配制成 1.0 mol/L 的 THF 或者乙醚溶液使用。该试剂对水和空气都比较敏感，因此需要在干燥的氮气保护下储存和使用。

有机卤代物的还原脱卤是有机化学中最基础的反应，通过多种氢化试剂可以实现这样一个过程。L-Selectride 可以快速地将卤代物还原，并且由于它的大位阻作用在一定程度上实现多种卤代物的选择性还原。例如：当等量的 1-溴十二烷和 2-溴辛烷同时被 L-Selectride 还原时，可以得到 96% 的十二烷和 4% 的辛烷[95]。如式 80 所示[96,97]：在 L-Selectride 锂还原 α,β-不饱和硝基化合物时，根据后处理方法的不同可以生成硝基烷烃或者酮。

(80)

L-Selectride 可以在其它官能团 (例如：双键、羧酸、酯、内酯、酰胺、环氧化合物) 的存在下，选择性地将酮还原为醇。正是由于 L-Selectride 的大位阻，它能够立体选择性地还原烷基取代的环己酮 (式 81)。一般而言，该试剂的氢负离子会从位阻较小的一侧去进攻羰基。但是，杂原子或穴状配体等存在时可能会导致进攻方向的改变，溶剂也可能影响生成异构体的比例[98]。

(81)

使用α,β-不饱和酮底物时，L-Selectride 会选择性地发生 1,2-还原反应 (式 82)[99]。如果底物中的羰基与大位阻的路易斯酸 [例如：双-2,6-四丁基-4-甲基酚铝，methylaluminum bis(2,6-di-*tert*-butyl-4-methylphenoxide), MADS] 发生配位，则会发生 1,4-还原反应[100](式 83)。

(82)

(83)

在同时含有酯基和酰胺的底物中，酰胺先在二氯甲烷中与三氟甲磺酸乙酯或者甲酯先反应得到季铵盐。然后，在 THF 中经 L-Selectride 还原就可以选择性地生成醛酸酯产物 (式 84)[101]。

$$\text{MeO}_2\text{CCH}_2\text{C(O)NMe}_2 \xrightarrow{\text{EtOTf, CH}_2\text{Cl}_2} \text{MeO}_2\text{CCH}_2\text{C(OEt)=}\overset{+}{\text{N}}\text{Me}_2\ \text{OTf}^- \xrightarrow[68\%]{\text{Li}(s\text{-Bu})_3\text{BH, THF},\ -78\ ^\circ\text{C, 1.5 h}} \text{MeO}_2\text{CCH}_2\text{CHO} \quad (84)$$

对于大部分亚胺而言，L-Selectride 都可以立体选择性地将其还原为胺 (式 85)[102]。有些二取代的烯胺不能够被 L-Selectride 还原，需要使用三乙基硼氢化之类更强还原剂。

$$\text{BnN=C}_6\text{H}_9\text{-4-}^t\text{Bu} \xrightarrow[95\%]{\text{Li}(s\text{-Bu})_3\text{BH, THF},\ 25\ ^\circ\text{C, 52 h}} \text{BnHN-C}_6\text{H}_{10}\text{-4-}^t\text{Bu}\ (98\%) + \text{BnHN-C}_6\text{H}_{10}\text{-4-}^t\text{Bu}\ (2\%) \quad (85)$$

L-Selectride 能够把酸酐还原成为相应的醇。如式 86 所示[103]：环二甲酸酐在 L-Selectride 作用下首先生成醇，然后发生内酯化反应生成环内酯产物。

$$\text{3-methoxyphthalic anhydride} \xrightarrow[50\%]{\text{Li}(s\text{-Bu})_3\text{BH, THF},\ -70\sim0\ ^\circ\text{C, 1.5 h}} \text{7-methoxyphthalide} \quad (86)$$

三仲丁基硼氢化钾 [K(s-Bu)$_3$BH] 的商品名称是 “K-Selectride”，它的纯品并没有分离到。它溶于大部分有机溶剂，都是以溶液的形式使用。经常使用的是 K-Selectride 的 1.0 mol/L 的 THF 溶液或者乙醚溶液。该试剂可以通过三仲丁基硼烷和氢化钾尤其是活化的氢化钾在适当的溶剂中反应制备，也可以通过三仲丁基硼烷和三异丙氧基硼氢化钾反应制备。由于 K-Selectride 对于空气和水都非常敏感，通常需要在干燥的氮气中保存和使用。K-Selectride 的化学性质和 L-Selectride 非常类似[4]。

2.13 烷基硼氢化锂和 9-硼双环[3.3.1]壬烷氢化锂的还原反应

正丁基硼氢化锂 [Li(n-Bu)BH$_3$] 可以由正丁基锂和 BH$_3$-Me$_2$S 在甲苯和正己烷的混合溶剂中反应制备。在 0 °C 的干燥氮气环境下，Li(n-Bu)BH$_3$ 可以稳定保存不会发生自身分解[104]。Li(n-Bu)BH$_3$ 能够快速且定量地将醛和酮还原成为醇，将酰氯、酯和内酯还原成为相应的醇。

Li(n-Bu)BH$_3$ 能够使 α,β-不饱和酮或者 α,β-不饱和环己酮发生 1,2-还原。但是，α,β-不饱和环戊酮主要生成 1,4-还原产物。当使用位阻比较小的取代环己

酮 (例如：3-甲基环己酮、4-甲基环己酮或 4-叔丁基环己酮等) 作为底物时，主要得到热力学稳定的还原产物 (即羟基位于平伏键位置)。如式 87 所示[105]：$Li(n\text{-}Bu)BH_3$ 的立体选择性比 $LiBH_4$ 和 $NaBH_4$ 高很多。

t-Bu, O → $Li(n\text{-}Bu)BH_3$, THF, –78 °C, 2 h, 98% → t-Bu, OH (98%) + t-Bu, OH (2%) (87)

在 0 °C 的甲苯和正己烷的混合溶剂中，$Li(n\text{-}Bu)BH_3$ 能够快速且定量地将酯和内酯还原为醇 (式 88)。但是，在 THF 和正己烷的混合溶剂中，还原反应的速度就要慢很多。在 –78 °C 的甲苯和正己烷溶液中，羧酸酯基本上不会被还原。这样，就有可能实现羧酸酯和酮的选择性还原。例如：在 –78 °C 的甲苯和正己烷中，用 $Li(n\text{-}Bu)BH_3$ 处理等量的 4-叔丁基环己酮和苯甲酸乙酯 4 h 得到定量的 4-叔丁基环己醇和 2% 的苄醇[105]。

O, OMe → Li-n-$BuBH_3$, PhMe, n-hexane, 0 °C 1 h, 98% → OH (88)

$Li(n\text{-}Bu)BH_3$ 能够快速地将酰氯还原为醇，但不能还原伯、仲和叔酰胺。这样，就能实现对其它官能团的选择性还原[105]。

9-硼双环[3.3.1]壬烷氢化锂 (Boratabicyclononane Li) 又被简写为 “Li 9-BBNH”，它可以通过 9-硼双环[3.3.1]壬烷 (9-BBN) 与过量的氢化锂在 THF 中反应制备。Li 9-BBNH 的 THF 溶液在干燥的氮气环境下比较稳定，能够还原醛、酮、酸酐、酰氯、酯、内酯、环氧化合物和芳基腈等。但是，需要使用碱性的双氧水对 Li 9-BBNH 参与的反应进行后处理，将中间体硼烷转化成为水溶性的或者易挥发的化合物[106]。

Li 9-BBNH 能够把醛和酮快速地还原为相应的醇，即使具有较大位阻的 2,2,4,4-四甲基-3-戊酮也能顺利地被还原。Li 9-BBNH 能够选择性地还原 *α,β*-不饱和酮或醛的羰基，单双键不会受到影响 (式 89)。使用 Li 9-BBNH 还原取代环己酮时，它倾向于从位阻较小一侧进攻羰基。

CHO → Li 9-BBNH, THF, 15 °C, 1 h, 97% → OH (89)

Li 9-BBNH 能将环氧化合物还原为相应的醇，优先进攻位阻较小一侧 (式

90)。但是，Li 9-BBNH 不能还原缩醛和缩酮，因此可以将酮和醛转化为缩醛和缩酮后进行选择性还原。

$$\text{Ph-epoxide} \xrightarrow[93\%]{\text{Li 9-BBNH, THF, rt, 2 h}} \text{PhCH(OH)CH}_3 \quad (90)$$

Li 9-BBNH 对脂肪族腈的还原非常缓慢，与已腈反应 24 h 后的转化率只有 10%。芳香族腈的还原速度比较快，苯甲腈可以在 12 h 内被完全还原生成苯甲胺[106]。如式 91 所示[107]：Li 9-BBNH 能够快速地将酰氯和酯还原成为醇，将酸酐还原成为羧酸或醇。

$$\text{PhCO}_2\text{Et} \xrightarrow[100\%]{\text{Li 9-BBNH, THF, 25 }^\circ\text{C, 0.5 h}} \text{PhCH}_2\text{OH} \quad (91)$$

2.14 硼烷的还原反应

硼烷是以二聚体的形式存在，因此也称之为二硼烷。它是一种有毒的易燃气体，沸点是 –92.5 °C，熔点是 –165.5 °C。它在液态时的密度为 0.437 g/cm^3，微溶于正己烷。遇水和质子性溶剂都会发生反应放出氢气，可与 Me_2S 和 THF 以及其它的醚形成配合物。因此，需要在氮气保护下储存和使用。实验室很少直接使用气态的硼烷，而是使用硼烷的 THF 或者 Me_2S 配合物溶液。

将硼烷通入到 THF 中即可得到 $BH_3 \cdot THF$ 配合物的 THF 溶液。该溶液中可能会存有少量三氟化硼，但很少会对使用造成影响。由于它是一种对空气和水敏感且易燃的液体，因此需要保存在低温和干燥的氮气环境下。使用过量的 $BH_3 \cdot THF$ 能够将羧酸还原为相应的醇 (式 92)[4]，且脂肪族羧酸的还原比芳香族羧酸的还原快。在反应过程中，羧酸先和硼烷生成三酰氧基硼烷，然后被过量的 $BH_3 \cdot THF$ 还原为环硼烷，最后经水解得到相应的醇[2,107]。$BH_3 \cdot THF$ 能把手性的氨基酸还原为氨基醇，且产物中没有差向异构体。但是，$BH_3 \cdot THF$ 试剂不能够还原酯、卤素、氰基、酰胺和硝基等官能团[2]。因此，使用 $BH_3 \cdot THF$ 试剂可以实现多种官能团的选择性还原，这样就能实现多官能团的选择性还原。

$$\text{Br(CH}_2)_{10}\text{CO}_2\text{H} \xrightarrow[91\%]{\text{BH}_3\text{, THF, reflux, 4 h}} \text{Br(CH}_2)_{10}\text{CH}_2\text{OH} \quad (92)$$

许多潜在血管扩张药、抗昏厥药和抗艾滋病药等都含有有四氢喹喔啉结构。$BH_3 \cdot THF$ 能够直接将喹喔啉高效地还原为四氢喹喔啉，2,3 二取代的喹喔啉可以立体选择性地得到顺式产物 (式 93)[108]。尽管 $NaBH_4$ 也能够用于该目的，但反应速度很慢，而且不能还原 2,3-二烷基喹喔啉和 2-芳基喹喔啉。

$BH_3 \cdot THF, CH_3OH$, rt, 30 min; 99% (93)

$BH_3 \cdot SMe_2$ 也被简写为“BMS”，它是一种无色液体，密度为 0.801 g/cm^3。$BH_3 \cdot SMe_2$ 易溶于二氯甲烷、甲苯、正己烷、乙醚、DME 和乙酸乙酯等，不溶于水但能够缓慢地和水发生反应。$BH_3 \cdot SMe_2$ 易燃并且有恶臭味，它能和空气中的湿气反应。所以，该试剂一般是在氮气保护下的通风橱中使用。将硼烷通入到二甲硫醚中，然后把多余的二甲硫醚抽掉后即可得到 $BH_3 \cdot SMe_2$。

$BH_3 \cdot SMe_2$ 和 $BH_3 \cdot THF$ 的化学性质类似，但 $BH_3 \cdot SMe_2$ 具有更高的稳定性。它易溶于各种有机溶剂，并且可以配制成更高浓度的溶液。

$BH_3 \cdot SMe_2$ 在室温的 THF 中与酯的反应非常缓慢，但在回流时能够把酯还原成为醇[109]。当有少量的 $NaBH_4$ 存在时，它可以选择性地将酯还原成为醇 (式 94)。

$BH_3 \cdot Me_2S$, THF; 5% $NaBH_4$, rt, 3 h; 87%; 200 : 1 (94)

中间炔烃可以和 $BH_3 \cdot SMe_2$ 反应生成相应的烯烃硼烷，在光照下可以异构为反式烯烃，然后经酸性水解后得到相应的反式烯烃。如式 95 所示[110]：这是合成反式烯烃的一个重要新方法。

BMS; 229 nm; AcOH (95)

如式 96 所示[111]：$BH_3 \cdot SMe_2$ 可以把酰胺或者内酰胺还原为胺。但是，需要加入像 BF_3 一样的解离剂或者加入盐酸把胺转化为盐分离出来。如果在回流的甲苯中使用计量的 $BH_3 \cdot SMe_2$ 进行反应，就不需要将二甲硫醚蒸出或者加入解离剂。

BMS, reflux, 3 h; 75% (96)

2.15 硼烷-胺配合物的还原反应

与 $BH_3 \cdot THF$ 和 $BH_3 \cdot Me_2S$ 配合物相比较，$R_3N \cdot BH_3$ 配合物具有更好的稳定性。它们能够溶解于水或者醇的溶液中，即使在酸的存在下也比较稳定。但是，强酸或者氨基醇仍然能够使它们分解。$R_3N \cdot BH_3$ 的还原性能介于 $BH_3 \cdot THF$ 和 $NaBH_4$ 之间，能够还原醛基和酮基但不影响酯、醚、硫醚和硝基等。加入路易斯酸或者在酸性条件下，可以加快 $R_3N \cdot BH_3$ 还原酮的速度[4]。当它们被负载在氧化铝或者硅胶上时，能够选择性地还原醛基而不影响酮羰基[112]。手性的氨基酸能够被还原为手性氨基醇，且不会产生异构[4]。某些手性氨基醇能够和硼烷生成手性噁唑硼烷配合物，它们主要被用于酮和亚胺的不对称还原[116]。此外，它们还能被用于实现某些选择性还原[117]。

芳基烷基酮不与 $Me_3N \cdot BH_3$ 反应。但是，在 Br_2 的存在下会发生反应生成 $ArCHBrCH_3$。在二氯甲烷溶液中，t-$BuNH_2 \cdot BH_3 \cdot AlCl_3$ 能够把 ArCOR 直接还原成为烷烃。当使用 $R_3N \cdot BH_3$ 还原醛和酮时，酯基、卤代、硝基、硫醚等都不会受到影响 (式 97)[118,119]。

$$\text{2-(CO}_2\text{Et)cyclohexanone} \xrightarrow[65\%]{t\text{-BuNH}_2\cdot\text{BH}_3,\ \text{Et}_2\text{O, rt, 3 h}} \text{2-(CO}_2\text{Et)cyclohexanol} \quad (97)$$

在 0 °C 的四氢呋喃中，$NaBH_4$、三氟化硼乙醚配合物和二苯胺反应可以得到 $Ph_2NH \cdot BH_3$ 的白色晶体。$Ph_2NH \cdot BH_3$ 可以在空气稳定存在，并且能在 0 °C 保持很长一段时间不会分解。与其它硼烷-胺配合物相比较，$Ph_2NH \cdot BH_3$ 具有更好的稳定性和反应活性[113]。其还原性能和 $BH_3 \cdot THF$ 类似，可以在 THF、二氯甲烷、甲苯等溶剂中使用。在无溶剂条件下，$Ph_2NH \cdot BH_3$ 和酮快速反应并放出大量的热。在盐酸水溶液中，$Ph_2NH \cdot BH_3$ 能迅速将醛或者酮还原为醇[119](式 98)。

$$\text{Ph}_2\text{C=O} \xrightarrow[86\%]{\text{Ph}_2\text{N}\cdot\text{BH}_3,\ \text{aq. HCl}} \text{Ph}_2\text{CHOH} \quad (98)$$

$Ph_2NH \cdot BH_3$ 也能把羧酸还原成为醇 (式 99)，但是不能还原酸酐和酯等羧酸衍生物。

$$\text{CH}_3\text{CH}_2\text{CH}_2\text{CO}_2\text{H} \xrightarrow[85\%]{\text{Ph}_2\text{NH}\cdot\text{BH}_3,\ \text{THF, reflux, 1 h}} \text{CH}_3\text{CH}_2\text{CH}_2\text{CH}_2\text{OH} \quad (99)$$

吡啶-硼烷配合物是一个低熔点的固体 (mp. 10～11 °C)，也是一种温和的还原剂。它易溶于甲醇、THF、甲苯和二氯甲烷，溶于水和乙醚但不溶于正己烷。该试剂在中性的水溶液中不容易水解，遇强酸容易分解。在弱的有机酸或者路易斯酸存在时，吡啶-硼烷配合物能够与羰基缓慢地反应，并且能够实现还原氨基化反应[114]。在乙酸存在时，它能还原醛基而酮不会受到影响[115]。在强酸存在时，它也能把醛转化为对称的醚。相对于 $NaBH_3CN$ 对于醛和酮的还原氨基化，吡啶-硼烷配合物具有价格便宜和毒性较小的优点 (可以避免在使用 $NaBH_3CN$ 还原氨基化过程中出现的氰化物副产物)[120]。由于它的水溶性，吡啶-硼烷配合物还可以用于蛋白质的还原氨基化反应。在质子型溶剂中，吡啶-硼烷配合物比伯胺或者仲胺生成的硼烷配合物的反应活性和立体选择性要稍微差一点。但在弱有机酸的催化下，该试剂对烷基酮、芳基酮、α,β-不饱和醛和酮的还原速率会显著加快[118,119]。

在乙酸存在下，吡啶-硼烷配合物能够将喹啉和吲哚还原生成 71% 的四氢喹啉和 86% 的二氢吲哚。在乙醇和 10% 的 HCl 混合溶液中，它能把芳基和烷基肟还原为氨基醇且不会影响酯、腈、硝基、酰胺和卤素[121]。吡啶-硼烷配合物在 TFA 中能够还原醛基，以 55%~87% 的产率得到对称的醚 (式 100)[122]。该试剂也能够把芳基酮还原成为芳烃和把二烷基酮还原成为醇。

$$2\ C_6H_5CH_2CH_2CHO \xrightarrow[72\%]{Py\cdot BH_3,\ TFA,\ 5\ min} (C_6H_5CH_2CH_2CH_2)_2O \qquad (100)$$

2.16 取代硼烷的还原反应

通过位阻比较大的烯烃与 BH_3 发生硼氢化反应可以得到取代硼烷。如式 101 所示：三甲基乙烯、四甲基乙烯、1,5-环戊二烯等与 BH_3 发生硼氢化反应可以分别生成二异戊基硼烷、Sia_2BH、$ThexBH_2$ 和 9-BBN 等。通常，这些试剂都是在 THF 中使用。氯代 1,1-二甲基丁硼烷 (Thexylchloroborane) 二甲基硫醚配合物 ($ThexBHCl\cdot SMe_2$) 是通过 $Cl_2BH\cdot SMe_2$ 和四甲基乙烯反应制备得到的。$ThexBHCl\cdot SMe_2$ 可溶于 THF 和二氯甲烷但不稳定[123]，它参与的还原反应的初产物需要在热的酸性条件下水解。

(101)

这些试剂的反应体现了它们的大位阻和路易斯酸的特征。使用 Sia_2BH 还原有位阻的环己酮底物时，得到的产物和其它硼氢化试剂的立体选择性截然不同[124]。$ThexBHCl \cdot SMe_2$ 或 9-BBN 可以将 α,β-不饱和醛或酮还原成为相应的烯丙基醇，但具有比 $BH_3 \cdot SMe_2$ 和 $ThexBH_2$ 更好的选择性。$ThexBHCl \cdot SMe_2$ 能选择性地把羧酸还原为醛[125]。叔酰胺可以被 9-BBN 还原为醇，但是被 Sia_2BH 和 $ThexBH_2$ 还原为醛。Sia_2BH 可以将叔酰胺还原为胺，而 ThexBHC 和酰胺的反应速率非常缓慢。$Cl_2BH \cdot SMe_2$ 能够选择性地还原叠氮化合物[123]。

$ThexBHCl \cdot SMe_2$ 可以除通过 2,3-二甲基-2-丁烯和 $BH_2Cl \cdot SMe_2$ 在二氯甲烷中反应制备，也可以通过 2,3-二甲基-2-丁硼烷和盐酸在 THF 中反应制备 (式 102)。$ThexBHCl \cdot SMe_2$ 在二氯甲烷中非常稳定，在 0 °C 保存两个月时仍未观察到沉淀或者放出氢气[124]。

$$\text{ThexBH}_2\cdot\text{SMe}_2 + \text{HCl} \xrightarrow{\text{THF}} \text{ThexBHCl}\cdot\text{SMe}_2 \quad (102)$$

$ThexBHCl \cdot SMe_2$ 能把醛和酮还原为相应的醇，高度选择性地将 α,β-不饱和醛酮还原成为烯丙基醇。该试剂在取代环己酮的还原中表现出比硼烷更好的立体选择性。如式 103 所示：在 –78 °C 时，2-甲基环己酮被还原为顺式 2-甲基环己醇的产率高达 99.9%。

$$\text{2-methylcyclohexanone} \xrightarrow[> 99\%]{\text{ThexBHCl}\cdot\text{SMe}_2,\ -78\ ^\circ\text{C},\ 1\ \text{h}} \textit{cis}\text{-2-methylcyclohexanol} \quad (103)$$

很少有还原剂能够把羧酸还原成为醛，而 $ThexBHCl \cdot SMe_2$ 就是少数的几种还原剂中的一种。例如：它能够将己酸在 0.5 h 内快速地转化成为己醛[125]。

酰氨基本上不与 $ThexBHCl_2 \cdot SMe_2$ 发生反应。烷腈能够快速地与 $ThexBHCl \cdot SMe_2$ 反应生成相应的胺，但芳腈却只能非常缓慢地反应。

$ThexBHCl \cdot SMe_2$ 参与的还原反应具有很高的化学选择性和立体选择性。它能和腈、羧酸、酸酐和桠枫快速地反应生成相应的胺、醛、醇和硫醚，但与环氧化合物、酯、内酯、酰氯、硝基、亚硝基和硫醚等不发生反应或者反应的速率很慢。

文献中有许多方法能够高度区域性的和立体选择性的引入叠氮官能团，将叠氮官能团还原即可得到相应的氨基。该转变常常是使用 $LiAlH_4$ 还原或者在催化加氢条件下进行，但是它们的选择性都很不好。$NaBH_4$ 在常温下不能还原叠氮官能团，需要相转移催化剂和离子交换树脂作为辅助试剂。$Zn(BH_4)_2$ 能够还原叠氮化合物，但与烷基或苄基叠氮的反应通常需要 6~8 h 才能完成。如式 104 所示[123]：$Cl_2BH \cdot SMe_2$ 能够高效率地还原各种形式的叠氮官能团，且对卤素、酯、氰基和硝基都不会有任何影响。

$$\text{C}_6\text{H}_{13}\text{N}=\overset{+}{\text{N}}=\text{N}^- \xrightarrow[95\%]{\text{BHCl}_2\cdot\text{SMe}_2,\ \text{THF, rt, 3 h}} \text{C}_6\text{H}_{13}\text{NH}_2 \qquad (104)$$

邻苯二氧硼烷 (catechloborane) 是一种温和的还原剂，且对水不敏感[126]。在无溶剂或者 $CHCl_3$ 溶液中，它能够顺利地完成对醛、酮、腙或者缩醛的还原。在室温下，使用过量的邻苯二氧硼烷能够直接还原羧酸。在回流的 THF 中，羧酸酯基也能够被还原。在类似的条件下，它也能够与烯烃发生硼氢化反应。

邻苯二氧硼烷 (又称儿茶酚硼烷) 的熔点是 12 °C，沸点 50 °C/50 mmHg，密度 1.125 g/cm^3。它易溶于乙醚、THF、二氯甲烷、三氯甲烷、四氯化碳、甲苯和苯，在水或其它质子型溶剂中会发生反应。在 0 °C 温度下，邻苯二氧硼烷固体或溶液均可长期储存。邻苯二氧硼烷属于取代硼烷衍生物，具有很高的热稳定性和溶解性[127]。邻苯二氧硼烷参与的还原反应可在无溶剂条件下进行，也可以在四氯化碳、甲苯或乙醚等多种溶剂中进行。

邻苯二氧硼烷不能与卤素、硝基、砜、二硫化合物、硫醇、伯酰胺、醚和醇等反应，在室温下可与腈、酰氯和酯等缓慢地反应。但是，它可以在室温下快速地与醛、酮、亚胺和亚砜等反应[127]。如式 105 所示[4]：该试剂可以在温和的条件下将对甲苯磺腙还原成为相应的烃化合物。

$$\text{C}_6\text{H}_{10}{=}\text{NNHTs} \xrightarrow[92\%]{\text{1. catecholborane; 2. NaOAc, H}_2\text{O, heat}} \text{C}_6\text{H}_{12} \qquad (105)$$

3 硼氢化试剂的还原反应在天然产物合成中的应用

3.1 Oasomycin A 的全合成

Oasomycin A 是大环内酯天然产物中沙漠霉素家族的一个成员。1993 年，Thierick 等人分离得到了 Oasomycin A 的纯品[128]，并通过核磁数据与其它沙漠霉素化合物进行对比确认其结构[128]。2001 年，Kishi 等人通过长期研究确立了该化合物的绝对构型 (式 106)[129]。

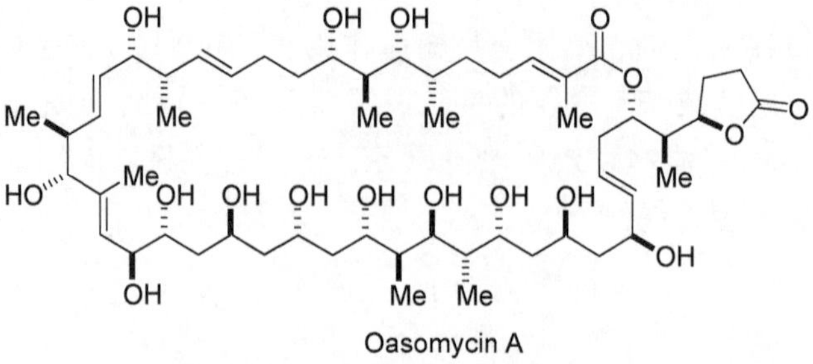

Oasomycin A

(106)

Evans 等人为了验证该化合物立体结构的准确性，对 Oasomycin A 进行了全合成[130]。如式 107 所示[131]：他们采用了汇聚式合成策略，其中在片段 A 的合成中分别使用了 $Me_4NBH(OAc)_3$、B_2H_6 和 $LiBH_4$ 作为氢化还原试剂。

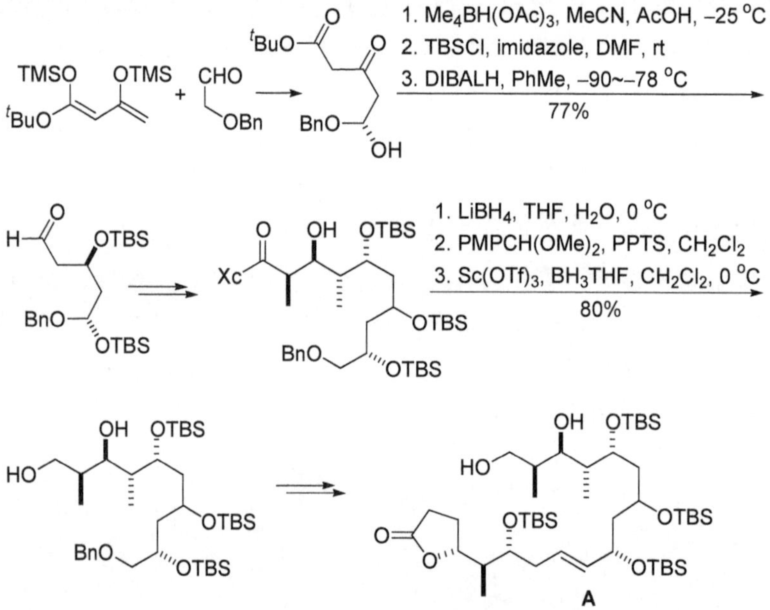

1. $Me_4BH(OAc)_3$, MeCN, AcOH, –25 °C
2. TBSCl, imidazole, DMF, rt
3. DIBALH, PhMe, –90~–78 °C
77%

1. $LiBH_4$, THF, H_2O, 0 °C
2. $PMPCH(OMe)_2$, PPTS, CH_2Cl_2
3. $Sc(OTf)_3$, BH_3THF, CH_2Cl_2, 0 °C
80%

(107)

A

在片段 B 的合成中，硼氢化锌被用作还原剂 (式 108)[132]。然后，将片段 A 和片段 B 进行对接，实现了 Oasomycin A 的全合成。

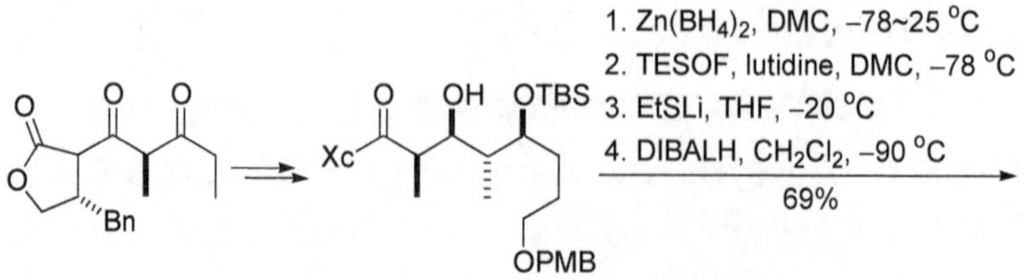

1. $Zn(BH_4)_2$, DMC, –78~25 °C
2. TESOF, lutidine, DMC, –78 °C
3. EtSLi, THF, –20 °C
4. DIBALH, CH_2Cl_2, –90 °C
69%

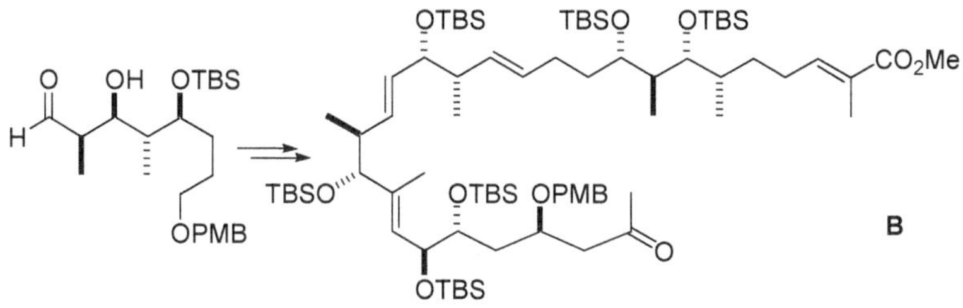
O
OH
OTBS
H
OPMB
OTBS
TBSO
OTBS
CO2Me
TBSO
OTBS
OPMB
O
OTBS

(108)

B

3.2 (–)-Codonopsinine 的全合成

手性多羟基生物碱具有显著的生物活性，因此在有机合成中颇受重视[133]。但是，带有芳环取代基的吡咯生物碱结构比较少见。如式 109 所示：(–)-Codonopsinine 和 (–)-Codonopsine 就属于这种结构的生物碱。1969 年，它们第一次从 *Codonopsis clematidea* 中分离得到[134]。结构研究证明：它们是一种具有 1,2,3,4,5-五取代的新型吡咯烷生物碱，具有四个手性中心[135]。其中，在吡咯的 2-位上带有芳环取代基[136,137]。

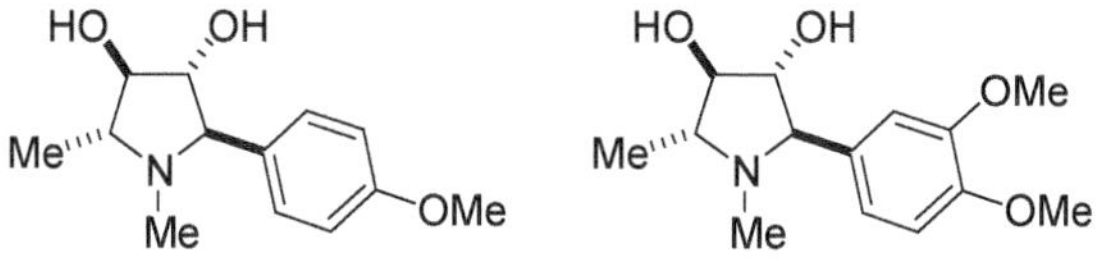
HO
OH
Me
N
Me
OMe
HO
OH
OMe
Me
N
Me
OMe

(109)

(–)-Codonopsinine (–)-Codonopsine

Batch 等人设计了一条简单的全合成路线，该路线使用简单的手性丙氨酸为起始原料[138]。如式 110 所示：他们在合成反应中使用 $NaBH_4$ 作为氢化试剂，将羰基高效地转化为相应的醇。最后经过一系列转化，得到了目标产物 (–)-Codonopsinine。

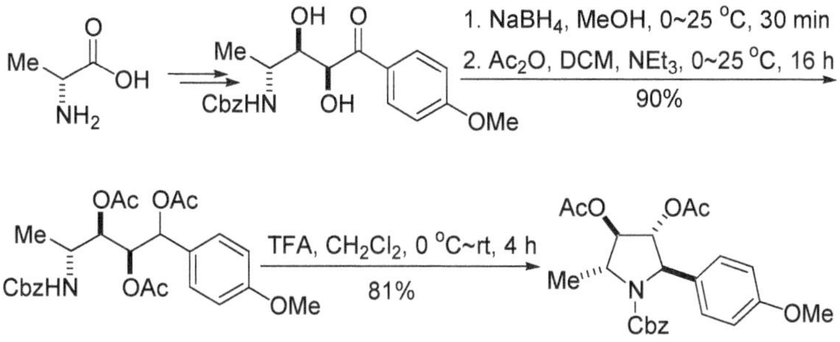
Me
O
OH
NH2
OH
O
Me
CbzHN
OH
OMe
1. NaBH4, MeOH, 0~25 °C, 30 min
2. Ac2O, DCM, NEt3, 0~25 °C, 16 h
90%
OAc
OAc
Me
CbzHN
OAc
OMe
TFA, CH2Cl2, 0 °C~rt, 4 h
81%
AcO
OAc
Me
N
Cbz
OMe

(110)

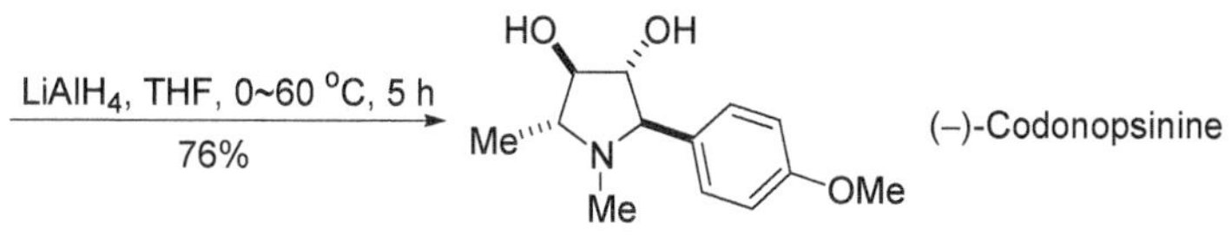
LiAlH4, THF, 0~60 °C, 5 h
76%
HO
OH
Me
N
Me
OMe
(–)-Codonopsinine

3.3 (–)-Himgaline 的全合成

在澳大利亚南部和巴布亚新几内亚，有人从一种罕见的热带雨林树 *Galbulimima belgraveana* 中分离得到了一些具有复杂结构的生物碱化合物 Himgaline、GB 13 和 Himbacine[139](式 111)。其中，Himbacine 由于其潜在的药学性质引起人们的关注[140]。(–)-Himigaline 的立体化学结构已经得到 X 射线衍射分析结果的确认[141]。

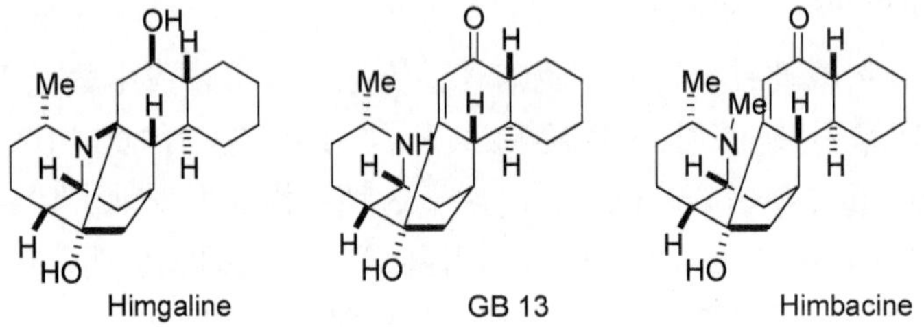

Himgaline　GB 13　Himbacine　(111)

如式 112 所示：Chackalamannil 等人报道了一条关于 (–)-Himgaline 和 GB 13 的全合成路线[142]。其中，他们利用 $NaBH_3CN$ 作为氢化试剂，高效地将酮羰基还原为醇。

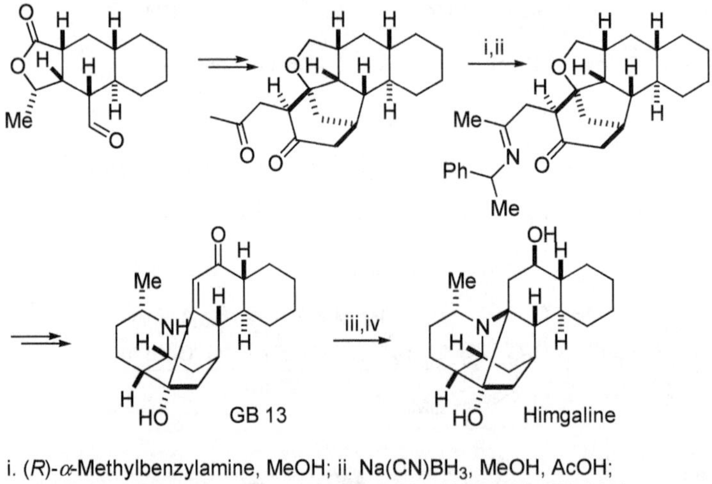

(112)

i. (*R*)-α-Methylbenzylamine, MeOH; ii. $Na(CN)BH_3$, MeOH, AcOH; iii. $Sc(OTf)_3$, $CHCl_3$, cat. HCl; iv. $Na(OAc)_3BH$, CH_3CN, AcOH, 60%

3.4 (±)-Citreoviridin 的全合成

在对“黄变米”毒性的研究过程中，有人分离得到了一种由多种青霉真菌分泌的黄色物质[143]。如式 113 所示[144]：1964 年，Hirata 等人确认该物质具有 Citreoviridin 所表示的分子结构。后来人们发现：与 Citreoviridin 类似的青霉菌神经毒素还包括 Asteltoxin[145]和 Citreovira[146]。

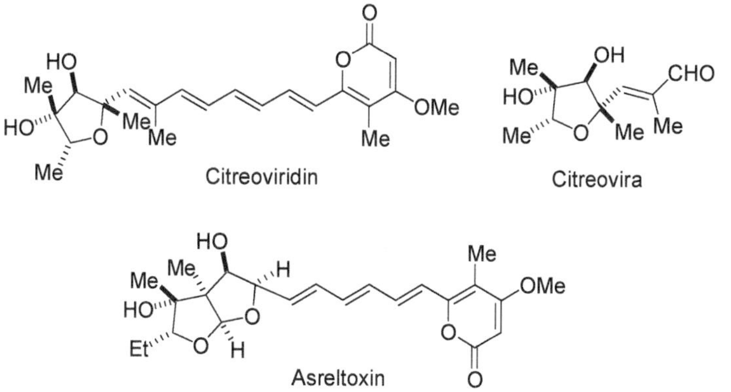

Citreoviridin　　Citreovira

Asreltoxin

(113)

1984 年，Schreiber 等人报道了有关 Asteltoxin 的全合成[147]。1987 年，Williams 等人又报道了有关 Citreoviridin 的全合成[148]。如式 114 所示：在含有多种官能团的呋喃酮的还原反应中，使用硼氢化锂可以高度化学、区域和立体选择性地将酮羰基还原成为相应的羟基而不影响其它官能团。

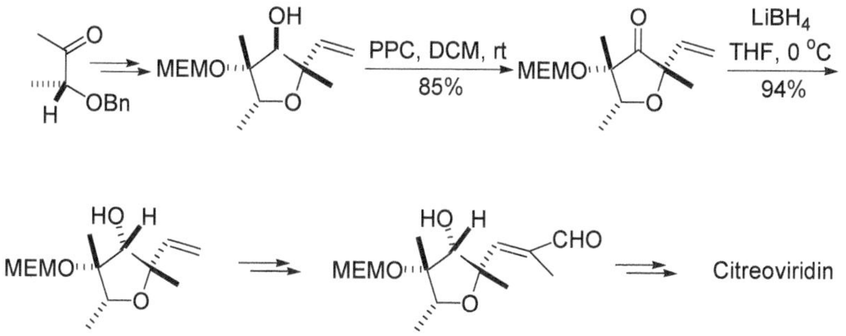

PPC, DCM, rt 85%　　$LiBH_4$, THF, 0 °C 94%

(114)

Citreoviridin

3.5 Mueggelone 的全合成

1995 年，有人从丝囊藻花中分离得到的一种天然产物 Mueggelone (式 115)[149]，该化合物在食草鱼的生长过程中发挥着巨大的作用。当 Mueggelone 浓度在 10 μg/mL 时，即可使 45% 的斑马鱼幼鱼致死，而活下来的幼鱼心脏部分仍然有水肿，并且伴有血栓症。由于其独特的结构和生物学活性，Mueggelone 成为一个很好的全合成目标化合物。

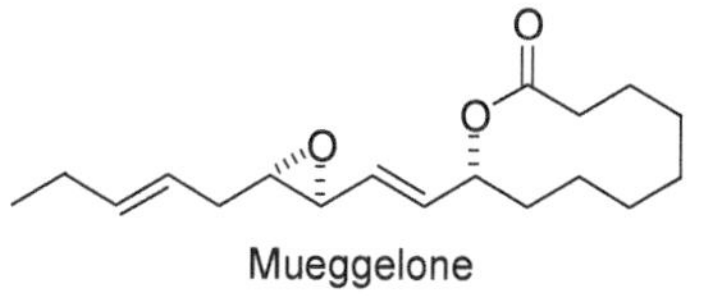

(115)

Mueggelone

如式 116 所示[150]：Kitahara 首先报道了 Mueggelone 的全合成，并最终确定了它的绝对立体构型。在合成过程中，Kitahara 尝试了几种硼氢化试剂对关键中间体 α,β-不饱和酮进行选择性还原研究。他们发现：在四氢呋喃溶液中，使用手性 (*S*)-CBS 配体和硼烷可以高度区域和立体选择性地得到 1,4-还原产物。然后，再经多步转化完成了 Mueggelone 的全合成。

OBMP; Et; OTBS; + $(MeO)_2P(O)CH_2C(O)(CH_2)_7CO_2Me$; DBU, LiCl, CH_3CN, 93%

MeO_2C; OBMP; Et; OTBS; (*S*)-CBS, BH_3, THF, 66%; MeO_2C; OBMP; OH; Et; OTBS (116)

OSPDBT; Et; OH; 1. TsCl, NEt_3, DMAP, DCM, 0 °C; 2. TBAF, THF; 90%; Mueggelone

4 硼氢化试剂还原反应实例

例 一

N-苄基吡咯烷的合成[58]

(氨基硼氢化锂对酰胺的还原反应)

$$\text{1-Bn-pyrrolidin-2-one} \xrightarrow[86\%]{BH_3NMe_2\text{-}^nBuLi,\ THF,\ reflux,\ 2\ h} \text{N-Bn-pyrrolidine} \quad (117)$$

在 0 °C 和氮气保护下，用注射器慢慢地将正丁基锂 (2.5 mol/L, 6 mL, 15 mmol) 加入到二甲基硼烷 (0.882 g, 15 mmol) 的无水 THF (15 mmol) 溶液中。搅拌 1 h 后，再用注射器加入 1-苄基-2 吡咯烷酮 (1.75 g, 10 mmol)。将生成的混合物回流 2 h 后，冷却至 0 °C。然后，加入盐酸溶液 (3 mol/L, 25 mL) 淬灭，用乙醚萃取。合并的萃取液经无水硫酸镁干燥后蒸去溶剂，残留物经减压蒸馏 (25 °C, 1 Torr) 得到淡黄色油状产物 (1.39 g, 86%)。

例 二

2-噻吩-四氢喹喔啉的合成[151]

(硼烷对喹喔啉的还原反应)

1. $BH_3 \cdot THF \cdot THF$, 25 °C, 15 min
2. MeOH, 30 min
97%

(118)

在氮气保护和搅拌下，将 $BH_3 \cdot THF$ 溶液 (2.5 mL, 1.0 mol/L) 加入到溶解有 2-噻吩喹喔啉 (0.212 g, 1 mmol) 的 THF 溶液 (5 mL) 中。反应 15 min 后，加入甲醇 (5 mL) 继续搅拌 30 min。蒸去溶剂后，粗产品依次加入二氯甲烷 (15 mL) 和氢氧化钠溶液 (3 mol/L, 30 mL)。萃取后，合并的有机相用无水碳酸钾干燥。蒸去溶剂得到的残留物经重结晶得到白色晶体产品 (0.209 g, 97%)。

例 三

烯丙基苯胺的合成[152]

(三乙基硼氢化锂对酰胺的还原反应)

COPh

$LiBHEt_3$, THF, 0~25 °C, 1 h
99%

(119)

在 0 °C 和搅拌下，将三乙基硼氢化锂 (1 mol/L THF 溶液, 5 mL, 5 mmol) 溶液加入到 *N*-烯丙基-*N*-苯基苯酰胺 (393 mg, 1.66 mmol) 的 THF (8.3 mL) 溶液中。室温搅拌 1 h 后，加入 NH_4Cl 淬灭反应，然后再加入 1 mol/L 的 NaOH 溶液。生成的混合物用乙醚萃取，合并的有机相用饱和食盐水洗涤和 K_2CO_3 干燥。蒸去溶剂后得到的残留物用硅胶柱纯化 (正己烷-乙酸乙酯，体积比 10:1)，得到油状液体产品 (218 mg, 99%)。

例 四

二苯甲醇的制备

($NaBH_4$ 对酮的还原反应)

$$\mathrm{PhC(O)Ph} \xrightarrow[93\%]{\mathrm{NaBH_4,\ EtOH,\ 50\ ^\circ C,\ 20\ min}} \mathrm{PhCH(OH)Ph} \quad (120)$$

在搅拌下，将 $NaBH_4$ (0.40 g, 10.5 mmol) 缓慢倒入到二苯甲酮 (1.5 g, 8.24 mmol) 的乙醇 (95%, 20 mL) 溶液中。然后升温至 50 °C，使其充分反应或直到有沉淀物出现为止 (大约 20 min)。将反应混合物倒入冷水 (40 mL) 中，并滴加几滴浓盐酸搅拌混合。抽滤分离的粗产品用石油醚重结晶 (10 mL)，得到二苯甲醇结晶固体 (1.41 g, 93%)。

例 五

β-羟基亚砜基苄胺的选择性合成[153]

(三乙基硼氢化锂对亚胺的还原反应)

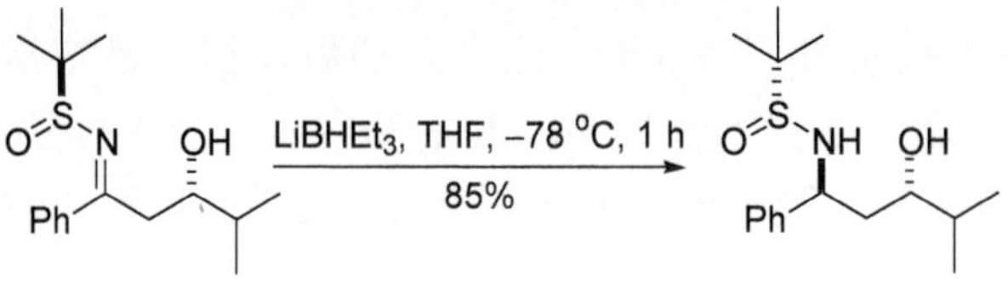

$$\xrightarrow[85\%]{LiBHEt_3,\ THF,\ -78\ ^\circ C,\ 1\ h} \qquad (121)$$

在 –78 °C 和搅拌下，将三乙基硼氢化锂 (1 mol/L THF 溶液, 4 mL, 4 mmol) 溶液加入到 β-羟基亚砜基苄亚胺 (296 mg, 1 mmol) 的 THF (4.0 mL) 中。反应 3 h 后，向反应体系中加入 NH_4Cl。将生成的反应混合物升至室温，继续搅拌 1 h 后加入 1 mol/L 的 NaOH 溶液。然后，用乙醚萃取。合并的有机相用饱和食盐水洗涤和 K_2CO_3 干燥。蒸去溶剂生成的粗产物用硅胶柱纯化 (正己烷-乙酸乙酯，体积比 7:3)，得到油状液体产品 (252 mg, 85%)。

5 参考文献

[1] Burg, A. B.; Schlesinger, H. I. *J. Am. Chem. Soc.* **1937**, *59*, 780.
[2] Brown H. C.; Schlesinger, H. I.; Burg. A. B. *J. Am. Chem. Soc.* **1939**, *61*, 673.
[3] Schlesinger, H. I.; Brown H. C.; Finholt, A. E. *J. Am. Chem. Soc.* **1953**, *75*, 205.
[4] Brown, H. C.; Krishnamurthy S. *Tetrahedron* **1979**, *35*, 567.
[5] Walker, E. R. H. *Chem. Soc. Rev.* **1976**, *5*, 23.
[6] Wade, R. C. *J. Mol. Catal.* **1983**, *18*, 273.
[7] Cho, B. K.; Kang, S. K. *Synlett* **2004**, 1484.
[8] Soai, K.; Oyamada, H.; Takase M.; Ookawa, A. *Bull. Chem. Soc. Jpn.* **1984**, *57*, 1948.
[9] Kirugauwa, Y.; Ikegami, S.; Yamada, S. *J. Chem. Pharm. Bull.* **1969**, *17*, 98.
[10] Gibble, G. W.; Nutaitis, C. F. *Org. Prep. Proc. Int.* **1985**, *17*, 317.
[11] Borch, R. F.; Bernstein, M. D.; Durst, M. D. *J. Am. Chem. Soc.* **1971**, *93*, 2897.
[12] Maryanoff, B. E.; Mccomsey, D. F.; Nortey, S. O. *J. Org. Chem.* **1981**, *46*, 355.
[13] Gupton, J. T.; Layman, W. J. *J. Org. Chem.* **1987**, *52*, 3683.
[14] Umino, N.; Iwakuma, T.; Itoh, N. *Tetrahedron Lett.* **1976**, *33*, 2875.

[15] Sarmar, D. N.; Sharma, R. P. *Tetrahedron Lett.* **1985**, *25*, 371.
[16] Dehmlow, E. V.; Niemann, T.; Kraft, A. *Synth. Commun.* **1996**, *26*, 1467.
[17] Gribble, G. W.; Kelley, W. T. Emerey, S. E. *Synthesis* **1978**, 763.
[18] Ono, A.; Suzuki, N.; Kamimura J. *Synthesis* **1987**, 736.
[19] Olsson, T.; Stern, K. *J. Org. Chem.* **1988**, 53, 2468.
[20] Bianco, A.; Passacantilli, P.; Righi. G. *Synth. Commun.* **1988**, *18*, 1765.
[21] Babler, J. H. *Synth. Commun.* **1982**, *12*, 839.
[22] Elliott, J.; Hall, D.; Warren. S. *Tetrahedron Lett.* **1989,** *30*, 601.
[23] Ranu, B. C.; Sarkar, A.; Chakraborty, R. *J. Org. Chem.* **1990**, 55, 410.
[24] Varma, R. S.; Kabalka G. W. *Synth. Commun.* **1985**, 15, 985.
[25] Kimpe, N.; Stanoeva, G.; Verhe, R.; Schamp. N. *Synthesis* **1988**, 587.
[26] Suwinski, J.; Wagner. P. *Tetrahedron* **1996**, *52*, 9541.
[27] Petrini, M.; Ballini, R.; Rosini, G. *Synthesis* **1987**, 713.
[28] Baran, E. J. *Inorg. Chem.* **1981**, *20*, 4454.
[29] Paterson, I.; Wallace, D. J. *Tetrahedron Lett.* **1994**, *35*, 9087.
[30] Dai, L.; Lou, B.; Zhang, Y.; Guo, G. *Tetrahedron Lett.* **1986**, *27*, 4343.
[31] Mcalees, A. J.; Mccrindle, R.; Sneddon, D. W. *J. Chem. Soc., Perkin Trans. 1* **1977**, 2023.
[32] Soai, K.; Oyamada, A. *J. Org. Chem.* **1986**, *51*, 4000.
[33] Cabral, S.; Hulin, B.; Kawai, M. *Tetrahedron Lett.* **2007**, *48*, 7134.
[34] Raber, D. J.; Guida, W. *J. Org. Chem.* **1976**, *41*, 690.
[35] Rober, D. J.; Guida, W. C.; Shoenberger, D. C. *Tetrahedron Lett.* **1981**, *22*, 5107.
[36] Yoon, N. M.; Park, K. B.; Gyoung, Y. S. *Tetrahedron Lett.* **1983**, *24*, 5367.
[37] Landais, Y.; Robin, J. P.; Lebrum, A. T. *Tetrahedron* **1991**, *47*, 3787.
[38] Taniguchi, M.; Fujii, H.; Oshima, K.; Utimoto, K. *Tetrahedron* **1995**, *51*, 679.
[39] Narasimhan, S.; Madhavan, S.; Ganeshwar Prasad, K. *Synth. Commun.* **1997**, *27*, 385.
[40] Narasimhan. S.; Palmer, P. *Ind. J. Chem.* **1992**, *31*, 701.
[41] Narasimhan, S.; Madhavan, S.; Ganeshwar Prasad, K. *J. Org. Chem.* **1995**, *60*, 5314.
[42] Narasimhan, S.; Madhavan, S.; Ganeshwar Prasad, K. *Synth. Commun.* **1996**, *26*, 703.
[43] Kotsuki, H.; Ushio, Y.; Kadota, I.; Ochi, M. *J. Org. Chem.* **1989**, *54*, 5153.
[44] Oishi, T.; Nakata, T. *Acc. Chem. Res.* **1984**, *17*, 338.
[45] Ito, Y.; Katsuki, T.; Yamaguchi, M. *Tetrahedron Lett.* **1985**, *26*, 4643.
[46] Ranu, B. C.; Sarkar. A.; Chakraborty, R. *J. Org. Chem.* **1994**, *59*, 4114.
[47] Ranu, B. C.; Sarkar. A.; Majee. A. *J. Org. Chem.* **1997**, *62*, 1841.
[48] Kotsuki, H.; Ushio, Y.; Yoshimura, N.; Ochi, M. *Bull. Chem. Soc. Jpn.* **1988**, *61*, 2684.
[49] Kotsuki, H.; Yoshimura, N.; Kadota, I.; Ushio, Y.; Ochi, M. *Synthesis* **1990**, 401.
[50] Kim, S.; Hong, C. Y.; Yang, S. B. *Angew. Chem., Int. Ed.* **1983**, *22*, 562.
[51] Ranu, B. C. *Synlett* **1993**, 885.
[52] Ranu, B. C.; Chakraborty, R. *Tetrahedron Lett.* **1990**, *31*, 7663.
[53] Sarkar, D. C.; Das, A. R.; Ranu, B. C. *J. Org. Chem.* **1990**, *31*, 7663.
[54] Fisher, G. B.; Fuller, J. C.; Harrison, J.; Alvarez, S. Z.; Burkhardt, E. R.; Goralski, C. T.; Singaram, B. *J. Org. Chem.* **1994**, *59*, 6378.
[55] Pasumansky, L.; Goralski, C. T.; Singaram, B. *Org. Pro. Res. Devel.* **2006**, *10*, 959.
[56] Wheeler, J. W.; Chung, R. H. *J. Org. Chem.* **1969**, *34*, 1149.
[57] Piers, Edward.; Chong, J. M. *J. Org. Chem.* **1982**, *47*, 1604.
[58] Flaniken, J. M.; Collins, C. J.; Lanz, M.; Singaram, B. *Org. Lett.* **1999**, *1*, 799.

[59] Lane, C.F. *Synthesis* **1975**, 135.
[60] Aftandilian, V. D.; Miller, H. C.; Muetterties, E. L. *J. Am. Chem. Soc.* **1961**, *83*, 2471.
[61] Hutchins, R. O.; Natale, N. R. *Org. Prep. Proc. Int.* **1979**, *11*, 201.
[62] Kim, S.; Ko, J. S. *Synth. Commun.* **1985**, *15*, 603.
[63] Kim, S.; Oh, C. H.; Ko, J. S.; Ahn, K. H.; Kim, Y. J. *J. Org. Chem.* **1985**, *50*, 1927.
[64] Sternbach D. D.; Jamison, W. C. L. *Tetrahedron Lett.* **1981**, *22*, 3331.
[65] Gassman. P. G.; Armour. E. A. *J. Am. Chem. Soc.* **1973**, *95*, 6131
[66] Bernhart, P. C.; Wermuth, C. G. *Tetrahedron Lett.* **1974**, *7*, 2493.
[67] Lau, C. K.; Dufresne, C.; Belanger, P. C.; Pietre, S.; Scheigetz, J. *J. Org. Chem.* **1986**, *51*, 3038.
[68] Kim, S.; Kim, Y. J.; Ahn, K. H. *Tetrahedron Lett.* **1983**, *24*, 3369.
[69] Fleet, G. W. J.; Harding, P. J. C. *Tetrahedron Lett.* **1981**, *22*, 675.
[70] Ganguly, A. K.; Liu, Y. T.; Sarre, O. *J. Chem. Soc., Chem. Commun.* **1983**, 1166.
[71] Thomas, N. S.; Paul, S. P. *J. Org. Chem.* **1980**, *45*, 3449.
[72] Brown, H. C.; Nazer, B.; Sikorski, J. A. *Organometallics* **1983**, *2*, 634.
[73] Brown, H. C.; Krishnamurty, S. *Aldrichim. Acta* **1979**, *12*, 3.
[74] Brown, H. C.; Cha, J. S.; Nazer, B. *J. Org. Chem.* **1984**, *49*, 885.
[75] Brown, H. C.; Krishnamurty, S. *J. Chem. Soc., Chem. Commun.* **1973**, 391.
[76] Yoon, N. M.; Kim, K. E.; Kang, J. *J. Org. Chem.* **1996**, *51*, 226.
[77] Brown, H. C.; Nazer, B.; Cha, J. S. *Synthesis* **1984**, 498.
[78] Brown, H. C.; Sikorski, J. A.; Kulkarni, S. U.; Lee, H. D. *J. Org. Chem.* **1980**, *45*, 4542.
[79] Welch, M. C.; Bryson, T. A. *Tetrahedron Lett.* **1989**, *30*, 523.
[80] Brown, H. C.; Richard, V. S. B. *Synthesis* **1984**, 919.
[81] Krishnamurty, S.; Brown, H. C. *J. Org. Chem.* **1983**, *48*, 3085.
[82] Brown, H. C.; Kim, S. C.; Krishnamurty, S. *J. Org. Chem.* **1980**, *45*, 1.
[83] Brown, H. C.; Krishnamurty, S.; Hubbard, J. L. *J. Am. Chem. Soc.* **1978**, *100*, 3343.
[84] Brown, H. C.; Krishnamurty, S. *J. Am. Chem. Soc.* **1973**, *95*, 1669.
[85] Smith. J. G. *Synthesis* **1984**, 629.
[86] Midland, M. M.; Kwon, Y. C. *J. Am. Chem. Soc.* **1983**, *105*, 3725.
[87] Fortunato, J. M.; Ganem, B. *J. Org. Chem.* **1976**, *41*, 2194.
[88] Look, M. *Aldrichim. Acta* **1974**, *7*, 32.
[89] Hansske, F.; Robins, M. J. *J. Am. Chem. Soc.* **1983**, *105*, 6736.
[90] Brown, H. C.; Kim, S. C.; Krishnamurty, S. *Organometallics* **1983**, *2*, 779.
[91] Blough, B. E.; Carroll, F. V. *Tetrahedron Lett.* **1993**, *34*, 7239.
[92] Cooke, M. P.; Parlman, R. M. *J. Org. Chem.* **1975**, *40*, 531.
[93] Brown, H. C.; Kim, S. C. *J. Org. Chem.* **1984**, *49*, 1064.
[94] Arase, A.; Nunokawa, Y.; Hoshi, M. *Chem. Commun.* **1992**, 51.
[95] Kim, S.; Yi, K. Y. *Bull. Chem. Soc. Jpn.* **1985**, *58*, 789.
[96] Kabalka, G. W.; Guindi, H. M. *Tetrahedron* **1990**, *46*, 7443.
[97] Mourad, M. S.; Varma, R. S.; Kabalka, G. W. *Synthesis* **1985**, 655.
[98] Brown, H. C. *J. Am. Chem. Soc.* **1972**, *94*, 7159.
[99] Keller,T. H.; Weiler, L. *Tetrahedron Lett.* **1990**, *31*, 6307.
[100] Comins, D. L.; Lamunyon, D. H. *Tetrahedron Lett.* **1989**, *30*, 5053.
[101] Tsay, S. C.; Robel, J. A.; Hwu, J. R. *J. Chem. Soc., Perkin Trans. I* **1990**, 759.
[102] Hutchins, R.; Su, W. Y.; Sivakumar, R.; Cistone, F.; Stercho, Y. P. *J. Org. Chem.* **1983**, *48*, 3412.
[103] Makhlouf, M. A.; Rickborn, B. *J. Org. Chem.* **1981**, *46*, 4810.

[104] Ryun, C.; Son, J. C.; Yoon, N. M. *Bull. Korean Chem. Soc.* **1983**, *4*, 3.
[105] Kim, S.; Moon, Y. C.; Ahn, K. H. *J. Org. Chem.* **1982**, *47*, 3311.
[106] Brown, H. C.; Mathew, C. P. *J. Org. Chem.* **1984**, *49*, 3091.
[107] Yoon, N. M.; Pak, C. S. *J. Org. Chem.* **1973**, *38*, 2786.
[108] Atsuko, N.; Tadahiro, K. *Yakugaku Zasshi.* **1979**, *99*, 1204.
[109] Brown, H. C.; Choi, Y. M.; Narasimhan, S. *J. Org. Chem.* **1982**, *47*, 3153.
[110] Gano, J. E.; Srebnik, M. *Tetrahedron Lett.* **1993**, *34*, 4889.
[111] Hendry, D.; Hough, L.; Richardson, A. C. *Tetrahedron Lett.* **1987**, *28*, 4601.
[112] Babler, J. H.; Sarussi, S. J. *J. Org. Chem.* **1983**, *48*, 4416.
[113] Camacho, C.; Uribe, G.; Contrera, R. *Synthesis* **1982**, 1027.
[114] Pelter, A.; Rosser,R.M.; Mills, S. *J. Chem. Soc., Perkin Trans. 1* **1984**, 717.
[115] Chen, J.; Waiman, K. A.; Belshe, M. A.; Mare, M. D. *J. Org. Chem.* **1994**, *59*, 523.
[116] Newkome, G. R.; Majetic, V. K.; Sauer, J. D. *Tetrahedron Lett.* **1981**, *22*, 3039.
[117] Itsuno, S.; Wakasugi, T.; Ito, K.; Hirao, A.; Nakahama, S. *Bull. Chem. Soc. Jpn.* **1985**, *58*, 1669.
[118] Andrews, G. C. *Tetrahedron Lett.* **1980**, *21*, 697.
[119] Andrews, G. C.; Crawford, T. C. *Tetrahedron Lett.* **1980**, *21*, 693.
[120] Moorman, A. E. *Synth. Commun.* **1993**, *23*, 789.
[121] Kikugawa, Y.; Kawase. M. *Synth. Commun.* **1979**, *9*, 49.
[122] Kikugawa, Y. *Chem. Lett.* **1979**, 415.
[123] Salunkhe, A. M.; Brown, H. C. *Tetrahedron Lett.* **1995**, *36*, 7987.
[124] Brown, H. C.; Nazer, B.; Cha, J. S.; Sikorski, J. A. *J. Org. Chem.* **1986**, *51*, 5264.
[125] Brown, H. C.; Cha, J. S.; Yoon, N. M.; Nazer, B. *J. Org. Chem.* **1987**, *52*, 5400.
[126] Kabalka, G. W.; Baker, J. D.; Nwal, G. W. *J. Org. Chem.* **1977**, *42*, 512.
[127] Lame, C. F.; Kabalka, G. W. *Tetrahedron* **1976**, *32*, 981.
[128] Mayer, M.; Thiericke, R. *J. Chem. Soc. Perkin Trans. 1* **1993**, *21*, 2525.
[129] Kobayashi, Y.; Tan. S. H.; Kishi, Y. *J. Am. Chem. Soc.* **2001**, *123*, 2076
[130] Evans, D. A.; Narorny, P.; McRae, K. J.; Reynolds. D. *J. Angew. Chem., Int. Ed.* **2007**, *46*, 545
[131] Evans, D. A.; Nagorny, P.; Reynolds, D. J.; McRae，K. *J. Angew. Chem., Int. Ed.* **2007**, *46*, 541
[132] Evans, D. A.; Nagorny, P.; McRae，K. J.; Reynolds, D. J.; Sonntag, L-S.; Vounatsos, F.; Xu, R. *Angew. Chem., Int. Ed.* **2007**, *46*, 537.
[133] Asano, N.; Nash, R. J.; Molyneux, R. J.; Fleet, G. W. J. *Tetrahedron: Asymmetry* **2000**, *11*, 1645.
[134] Matkhalikova, S. F.; Malikov, V. M.; Yunusov, S. Y. *Khim. Prir. Soedin.* **1969**, *5*, 30.
[135] Matkhalikova, S. F.; Malikov, V. M.; Yunusov, S. Y. *Khim. Prir. Soedin.* **1969**, *5*, 606.
[136] Iida, H.; Yamazaki, N.; Kibayashi, C. *Tetrahedron Lett.* **1986**, *27*, 5393.
[137] Wang, C. L.; Calabrese, J. C. *J. Org. Chem.* **1991**, *56*, 4341.
[138] Reddy J. S.; Rao. B. V. *J. Org. Chem.* **2007**, *72*, 2224.
[139] Thomas, B.; *J. Psychoact. Plants Compd.* **1999**, *3*, 82.
[140] Hart, D. J.; Wu, W. L.; Kozikowski. A. P. *J. Am. Chem. Soc.* **1995**, *117*, 9369.
[141] Willis, A. C.; O'Conner, P. D.; Taylor, W. C.; Mander, L. N. *Aust. J. Chem.* **2006**, *59*, 629.
[142] Shsh, U.; Chackalamannil, S.; Ganguly, A. K.; Chelliah, M.; Kolotuchin, S.; Buevich, A.; McPhail, A. *J. Am. Chem. Soc.* **2006**, *128*, 12654.
[143] Hirata, Y. *J. Chem. Soc. Jpn.* **1947**, *65*, 63.
[144] Hirata, Y.; Goto, T.; Sakabe, N. *Tetrahedron Lett.* **1964**, 1825.
[145] Kruger, G. J.; Steyn, P. S.; Vleggaar, R.; Rabie, C. J. *J. Chem. Soc., Chem. Commun.* **1979**, 441.
[146] Shizuri, Y.; Nishiyama, S.; Imai, D.; Yamamura, S. *Tetrahedron Lett.* **1984**, *25*, 4771.

[147] Schreiber, S. L.; Satake, K. *J. Am. Chem. Soc.* **1983**, *105*, 6273.
[148] Williams, D. R.; White, F. H. *J. Org. Chem.* **1987**, *52*, 5067.
[149] Papendorf, O.; Konig, G. M.; Wright, A. D.; Chorus, I.; Oberemm, A. *J. Nat. Prod.* **1997**, *60*, 1298.
[150] Motoyoshi, H.; Ishigami, K.; Kitahara, T. *Tetrahedron* **2001**, *57*, 3899.
[151] McKinney, A. M.; Jackson, K. R.; Salvatore, R. N.; Savrides, E.-M.; Edateel, M. J.; Gavin, R. N. *J. Heterocycl. Chem.* **2005**, *42*, 1031.
[152] Tanaka, H.; Ogasawara, K. *Tetrahedron Lett.* **2002**, *43*, 4417.
[153] Kochi, T.; Tang, T. P.; Ellman, *J. A. J. Am. Chem. Soc.* **2002**, *124*, 6518.

还原性金属及其盐的还原反应

(Reduction by Reductive Metals and Their Salts)

胡跃飞

1 还原性金属及其盐的还原反应简述

许多金属或者它们的低价盐被用作有机官能团转化中的还原试剂[1]。事实上，这些试剂在有机化学的发展早期起到了至关重要的作用。例如：Li(0)、Na(0)、K(0)、Mg(0)、Al(0)、Zn(0)、Fe(0)、Sn(0)、Sn(II) 和 Sm(II) 等都是我们熟知的还原性金属及其盐试剂。这主要是因为这些试剂非常容易获得，而且它们的使用也非常简单和有效。

还原性金属及其它们低价盐的还原特性来自于它们较低的氧化还原电位，也就是说它们具有释放出电子的趋向。事实上，使用还原性金属及其低价盐对有机官能团的还原反应就是它们释放出电子并将其转移到有机分子上的过程。影响还原性金属及其低价盐的还原能力的因素有很多，但主要决定于它们自身的氧化还原电位。因此，可以方便地通过它们的标准电极电位数据来判断它们的还原能力。如表 1 所示：选用标准氢电极作为基准 (E^0 H^+/H_2 = 0.0 V, 298 K) 时，许多还原性金属及其低价离子的标准电极电位 (E^0) 都是负值[2]。其中电对 Li^+/Li 的 E^0 = –3.042 V，因此金属锂具有很强烈的失去电子的趋势或者具有很强的还原能力。

表 1 几种常用的还原性金属和低价离子的标准电极电位 E^0

氧化还原电对	E^0/V	氧化还原电对	E^0/V
Li^+/Li	–3.042	K^+/K	–2.925
Na^+/Na	–2.710	Sm^{2+}/Sm	–2.68
Mg^{2+}/Mg	–2.37	Al^{3+}/Al	–1.66
Zn^{2+}/Zn	–0.763	Fe^{2+}/Fe	–0.440
Sn^{2+}/Sn	–0.136	Sn^{4+}/Sn^{2+}	0.154

碱金属 Li(0)、Na(0) 和 K(0) 可以溶解在液氨中，而且在溶解后可以释放出一个电子形成含有“自由流动”电子的液态氨溶液。这种“自由流动”的电子甚至可以“看”到，例如：将金属锂溶解到液氨中生成的一种深蓝色的溶液就是由于溶剂化的自由电子所产生的特征颜色。使用这种溶液进行的有机官能团的还原反应也被称为溶解金属还原反应 (dissolving metal reductions)。其它金属 (例如：Zn、Sn 或 Fe 等) 在还原反应中也被溶解和释放出电子，但在严格意义上讲它们不属于溶解金属还原反应。大多数使用还原性金属及其低价盐进行的还原反应除了还原试剂本身之外，还原体系中还需要有一个质子给体。在溶解金属还原反应中，通常需要向反应体系中额外加入一个质子给

体。而 Zn、Sn 或 Fe 等参与的反应是在强酸存在下进行的，因此通常使用过量的酸即可。

随着有机合成中的催化氢化还原技术的发展和金属氢化试剂 (例如：硼氢化试剂、铝氢化试剂和硅氢化试剂) 的广泛应用，还原性金属及其低价盐在早期发展起来的许多还原功能已经部分被替代。但是，到目前为止，还有许多金属及其低价盐的还原反应仍然具有独特的和不可替代的功能。在本章中，将重点和选择性地综述溶解金属还原反应以及使用 Zn、Sn 和 $SnCl_2$ 进行的还原反应。

2 溶解金属还原反应

2.1 反应机理

溶解金属还原反应在有机合成中的应用已经有超过一百年的历史。在该反应机理中，首先是经过一个单电子转移过程 (SET)，即金属中的一个电子转移到有机物上形成自由基负离子中间体。如式 1 所示：首先，酮化合物 **1** 通过单电子转移过程接受一个电子形成自由基负离子 **2**。接着，自由基负离子 **2** 被质子化形成新的自由基中间体 **3**。然后再经过第二次单电子转移过程，接受另一个电子形成负离子中间体 **4**。最后，经过质子化过程转化成为还原产物 **5**。在整个反应过程中，需要利用酸性溶剂作为质子源为中间体提供质子。当反应体系中缺少质子源时，两分子的自由基负离子 **2** 会发生二聚生成双负离子化合物 **6**。最后，再经过水解形成化合物 **7**。

R[1] R 1 —e⁻→ 2 —H⁺→ 3 —e⁻→ 4 —H⁺→ 5

2 → 6 —2H⁺→ 7 (1)

在该类反应中，金属的还原能力主要受到金属释放电子能力的影响，也就是说主要取决于金属的氧化还原电位。碱金属中的 Li、Na 和 K 具有较高的电正性，它们与液氨形成的溶液是这类反应中常用的还原试剂。如表 2 所示[3]：在液氨中，Li 具有比 Na 和 K 更高的还原电位和溶解度，因此在有机合成中得到更广泛的应用。

表 2 碱金属的液氨溶液比较

金属	在液氨中的溶解度/(g/mol) (−33 °C)	在低温下的还原电位/V (−50 °C, in NH_3)
Li	0.26	−2.99
Na	0.18	−2.59
K	0.21	−2.73

乙醇和叔丁醇是该类反应中最常用的质子源。伯醇可以使中间体负离子更快地质子化，而叔醇则明显较慢。其它常用的质子源还有 MeOH、NH_4Cl、H_2O 以及某些胺类化合物等。

2.2 羰基的还原

在羰基化合物的还原反应中，溶解金属还原体系的应用在很大范围内已经被金属氢化还原试剂所替代。但是，溶解金属还原在立体选择性的控制方面具有很大的优势。特别是在大位阻环酮的还原中，可以高度选择性地得到羟基位于平伏键上的醇，这是使用其它方法难以替代的。

在 α-位带有一个取代基或没有 α-取代基的环己酮的还原反应中，使用溶解金属还原的方法可以得到羟基位于平伏键上的仲醇为主要或单一产物。如式 2 所示[4]：在 (−)-Menthone 的羰基还原反应中，使用 Li-NH_3 还原所得仲醇 **8** 的羟基位于平伏键的比例高达 98.6%。若使用 Na-NH_3 还原环己酮 **10** 中的羰基时，在 0.5 h 内即可得到 92% 的仲醇 **11** (式 3)[5]。值得一提的是，官能团肟在该还原过程中完全没有受到明显的影响。

1. Li-NH_3 (l), −78 °C
2. H_2O, HCl

HO OH

8 (98.6%) **9** (1.4%) (2)

^{n}Bu O Na-NH_3 (l), *i*-PrOH, −78 °C, 0.5 h 92% ^{n}Bu OH

HO−N HO−N

10 **11** (3)

在大位阻环酮的还原过程中，溶解金属还原体系的立体选择性表现得最为充分。如式 4 所示[6]：在 Li-NH_3 还原体系作用下，化合物 **12** 几乎全部被转化成为羟基位于平伏键上的仲醇 **13**。

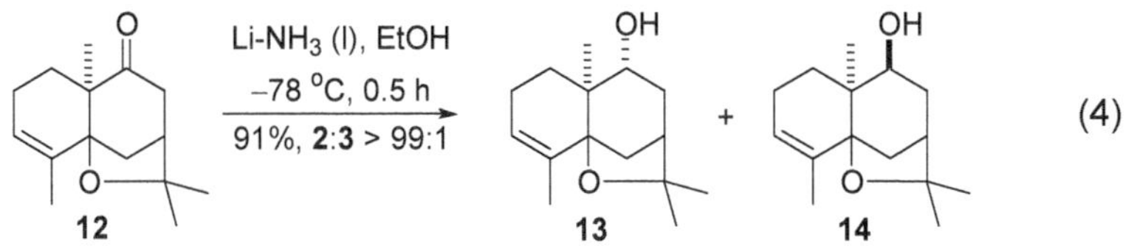

Li-NH_3 (l), EtOH
–78 °C, 0.5 h
91%, **2:3** > 99:1

12 → **13** + **14** (4)

有趣的是：无论双环[2.2.1]-2-庚酮类化合物的 *endo*-型和 *exo*-型仲醇产物的相对稳定性如何，使用溶解金属还原体系总是得到 *endo*-型还原产物。如式 5 所示[7]：在 Li-NH_3 还原体系作用下，化合物 **15** 以定量的产率得到仲醇 **16**。

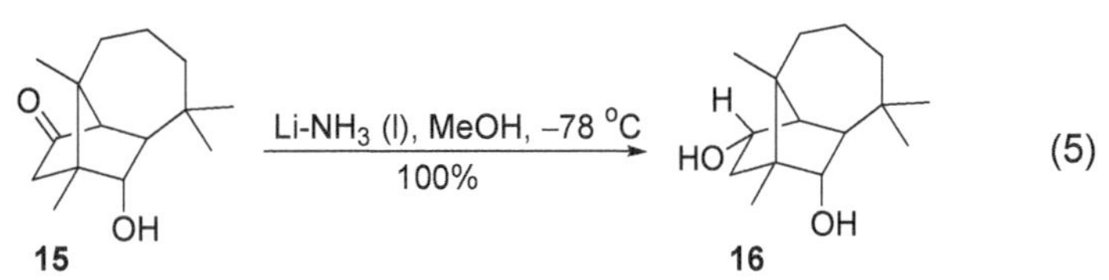

Li-NH_3 (l), MeOH, –78 °C
100%

15 → **16** (5)

2.3 α,β-不饱和羰基化合物的还原

在溶解金属还原体系中，普通烯烃化合物不能被还原。但是 α,β-不饱和羰基化合物可以通过 1,4-还原途径生成相应的饱和酮产物。如式 6 所示[8]：首先，化合物 **17** 通过单电子转移过程形成具有共振结构的自由基负离子 **18**。接着，自由基负离子 **18** 被质子化形成烯醇自由基中间体 **19**。然后，再经过第二次单电子转移过程形成具有共振结构的烯醇负离子中间体 **20**。最后，经质子化过程生成的烯醇化合物 **21**，并通过互变异构转化成为饱和酮产物 **22**。如式 7 所示：使用 Na-NH_3 体系将化合物 **23** 还原后，接着在碱性条件下将酯基水解即可得到羧酸化合物 **24**。

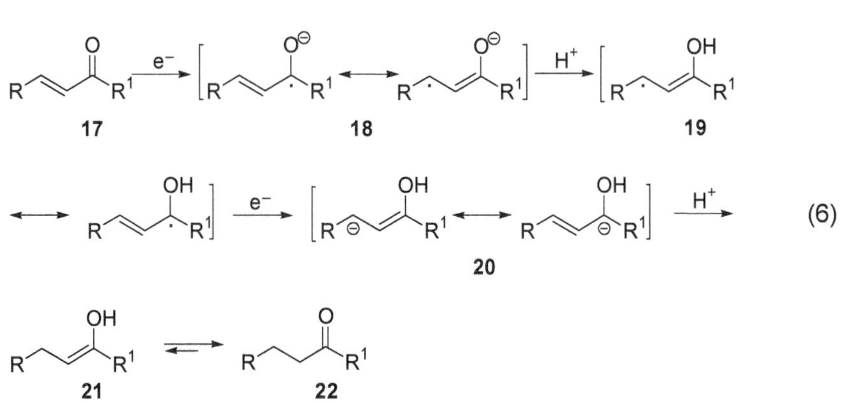

17 →(e^-) [**18**] →(H^+) [**19**] →(e^-) [**20**] →(H^+) **21** ⇌ **22** (6)

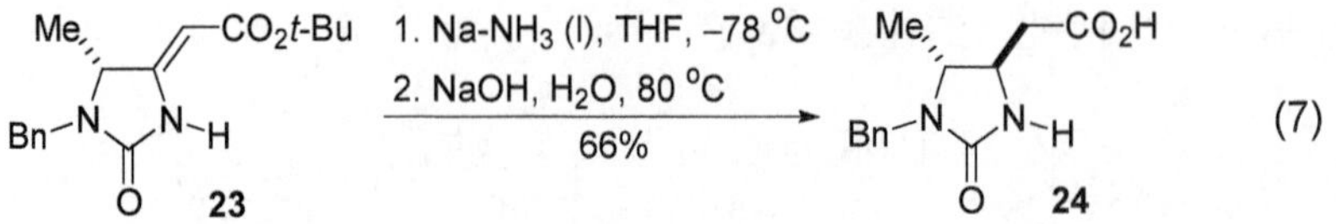

(7)

在含有稠环结构的 α,β-不饱和羰基化合物的还原反应中，一般情况下得到的是两种立体异构体的混合物。大多数情况下，构型相对更稳定的一种异构体为主要产物。这类底物的反应有一个经验规则：对负离子中间体进行质子化的氢离子总是占据与烯醇双键正交的位置。对六元稠环而言就是占据直立键的位置，形成反式稠环的产物 (式 8)[9]。如式 9 所示[10]：在 Li-NH_3 还原体系作用下，α,β-不饱和羰基化合物 **25** 以 95% 的产率被还原成为酮化合物 **26**。

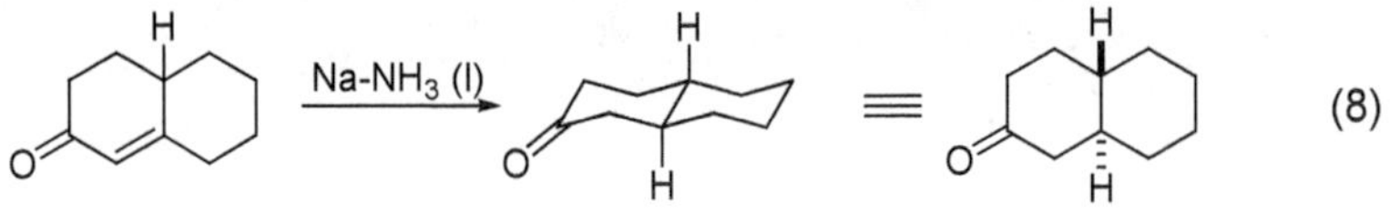

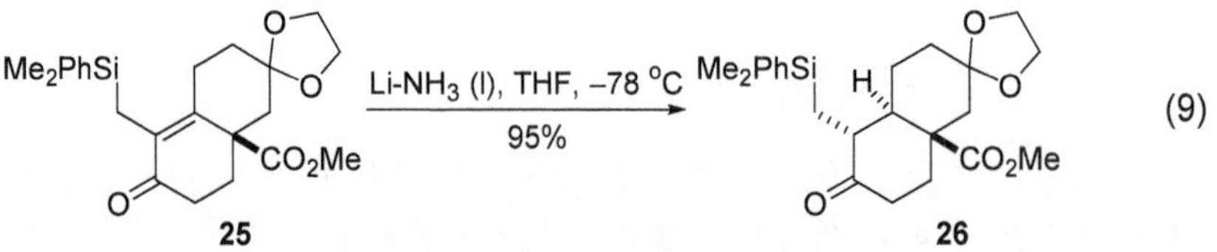

(8)

(9)

2.4 炔烃的还原

在溶解金属还原体系中，中间炔烃可以方便地被还原成为反式烯烃。该反应的化学选择性很高，在反应体系中基本上检测不到过度还原的烷烃产物。如式 10 所示：首先，中间炔烃化合物 **27** 通过单电子转移过程形成自由基负离子 **28**。在自由基负离子 **28** 的结构中，自由基轨道上的电子与碳负离子轨道的电子存在排斥作用而导致形成反式构型。接着，自由基负离子 **28** 被质子化形成乙烯基自由基中间体 **29**。然后，再经过第二次单电子转移过程，形成乙烯基碳负离子中间体 **30**。最后，经质子化过程生成反式烯烃化合物 **31**。如式 11 所示[11]：在 Na-NH_3 还原体系作用下，可以选择性地将炔烃化合物 **32** 还原成为反式烯烃化合物 **33** (天然产物 Squamocin A 全合成的中间体)。

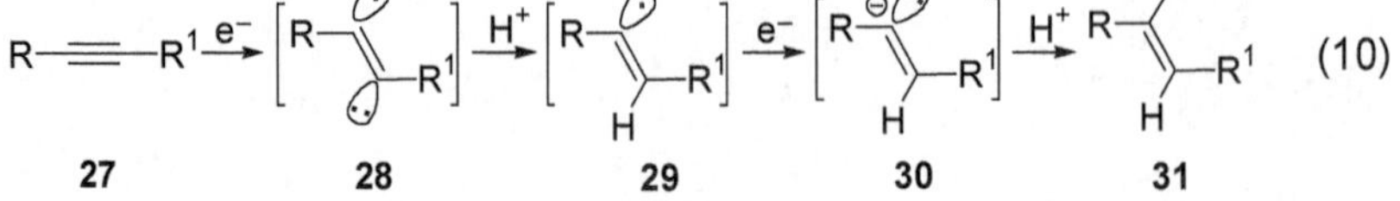

(10)

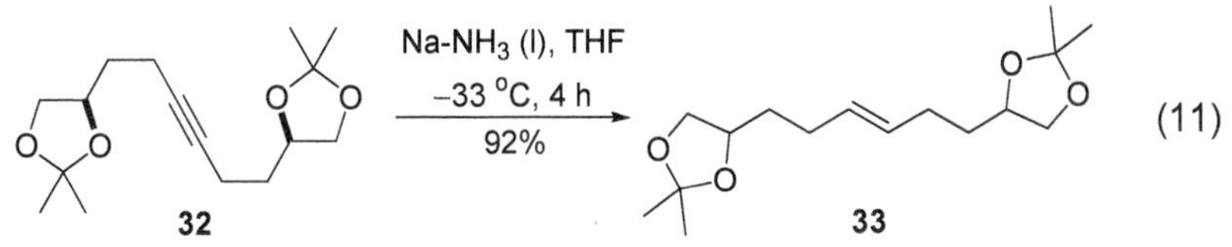

(11)

由于末端炔烃受到炔键末端氢酸性的影响，它们的还原反应比较复杂。如果能够有效地控制反应物的化学计量比例，还是有可能使反应停留在生成烯烃的阶段。如式 12 所示[12]：在 $Li-NH_3$ 还原体系作用下，丙炔的还原反应首先形成炔负离子中间体 **34**。

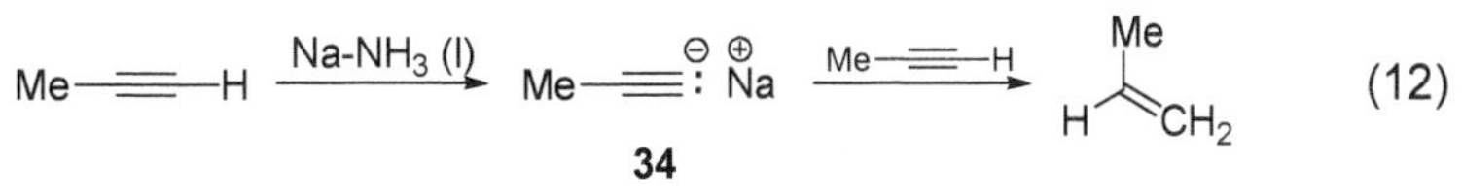

(12)

2.5 Birch 还原

2.5.1 Birch 还原反应的定义和机理

在碱金属和液氨的还原体系中，芳环化合物经过 1,4-还原生成相应的非共轭环己二烯化合物的方法被称为 Birch 还原反应 (式 13)[13]。

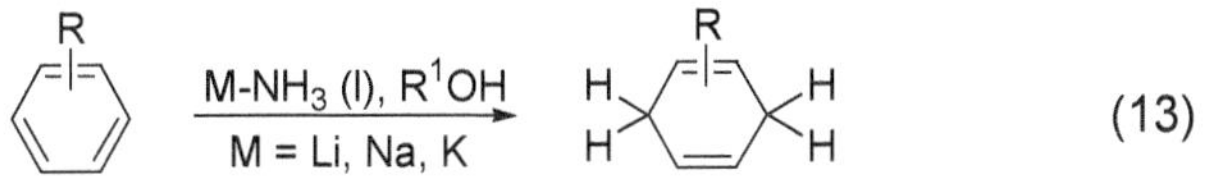

(13)

Birch 还原反应最早是由 Wooster 和 Godfrey 在 1937 年首次报道的[14]。但是，Birch[15]对该反应的发展做出了主要的贡献，因此被命名为 Birch 还原反应。随后，Hückel 等人[16]将这一方法应用于多环芳香体系的还原。Harvey 等人[17]在 1970 年报道：Birch 还原过程中产生的负离子中间体还可以进行直接烷基化反应。因此，Birch 还原反应后就直接进行烷基化反应的过程被称之为 Birch 还原烷基化反应。这些扩展使 Birch 还原反应成为有机合成中一类重要的反应，并在天然产物的全合成中发挥着重要的作用。

Birch 还原反应的机理如式 14 所示：首先，芳环化合物 **35** 通过单电子转移过程形成具有共振结构的自由基负离子 **36**。接着，自由基负离子 **36** 被质子化形成具有非共轭双键结构的自由基中间体 **37**。然后，再经过第二次单电子转移过程形成具有共振结构的负离子中间体 **38**。最后，经质子化过程生成具有非共轭双键结构的还原产物 **39**。

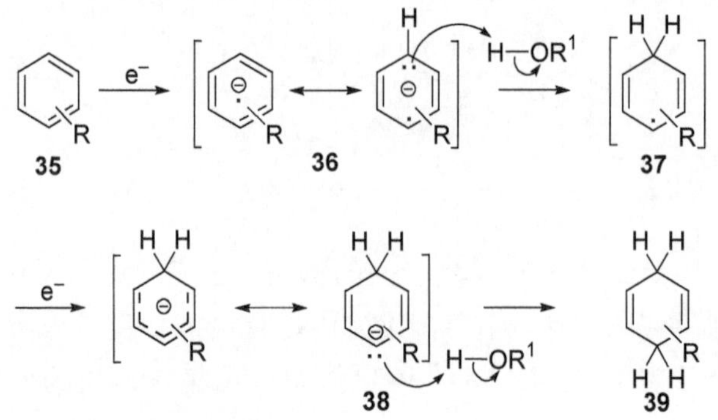

(14)

2.5.2 Birch 还原反应的区域选择性

当芳环化合物带有给电子取代基时，发生 Birch 还原反应的难度相对较大，所得产物环己二烯中的取代基位于乙烯基的 $C_{(sp^2)}$-原子上[18]。如式 15 所示：首先，苯甲醚通过单电子转移过程形成具有共振结构的自由基负离子 **40** 和 **41**。由于结构式 **40** 中带有负电荷的碳原子与富电子的氧原子相邻而导致稳定性降低，因此共振结构式 **41** 占优势。随后，经过质子化和第二次单电子转移等步骤形成产物 **42**。如式 16 所示[19]：在 Na-NH_3 还原体系作用下，芳基甲醚化合物 **43** 以 90% 的产率得到甲氧基位于乙烯基碳原子上的产物 **44**。

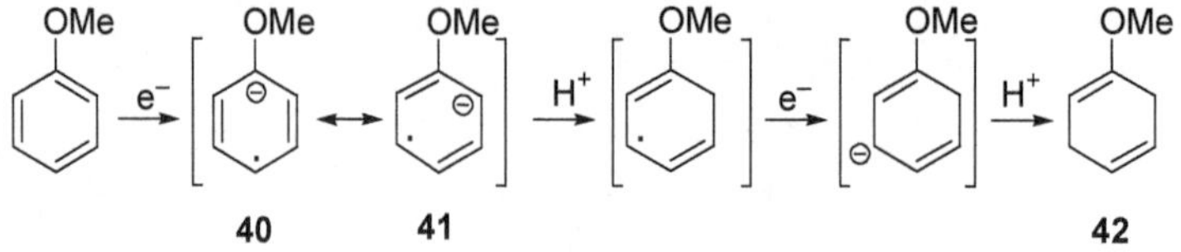

(15)

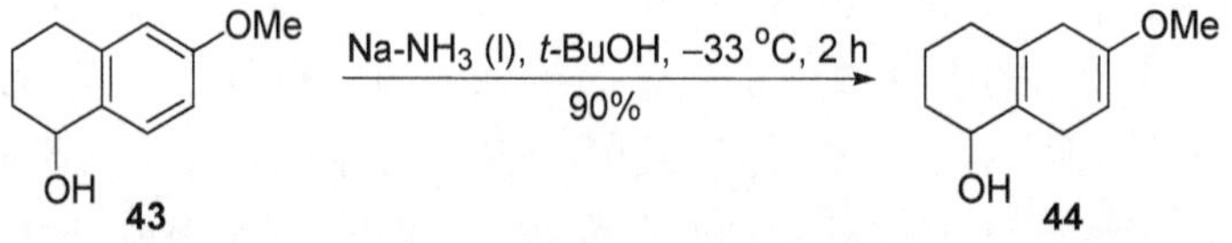

Na-NH_3 (l), *t*-BuOH, –33 °C, 2 h; 90% (16)

在 Birch 还原反应中最初形成的烯醇醚 **42** 可以转化成为多种其它产物，最简单的是将其转变成为稳定的酮式结构。如式 17 所示：烯醇醚 **42** 经草酸稍加处理即可生成酮化合物 **45**，其中的另一个双键保持在原来的位置。若使用盐酸来处理烯醇醚 **42** 则得到 α,β-不饱和酮 **46**，该转化是有机合成中生成 α,β-不饱和酮的一种重要方法。

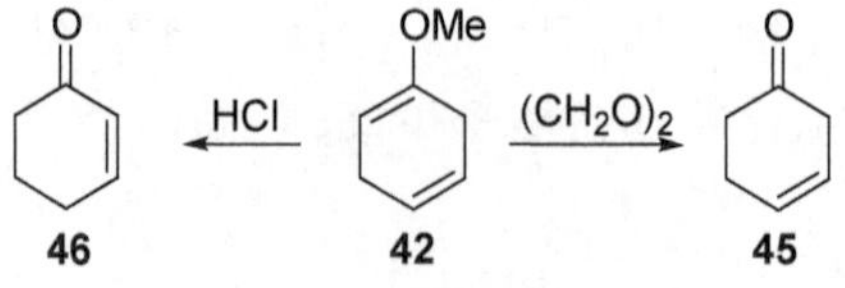

(17)

芳环上带有拉电子取代基的化合物容易发生 Birch 还原反应，有时甚至不需要在反应体系中额外加入质子给体。在这类底物的反应中，产物环己二烯中的取代基位于中间的 $C_{(sp^3)}$-原子上。如式 18 所示：首先，苯甲酸通过单电子转移过程形成具有共振结构的自由基负离子 **47** 和 **48**。由于拉电子的羧基可以稳定相邻碳原子上的负电荷，因此共振结构式 **47** 占优势。随后，经过质子化和二次单电子转移等步骤形成产物 **49**。

CO_2H e^- $CO_2^{\ominus}$ $CO_2^{\ominus}$ H^+ $CO_2^{\ominus}$ e^- $CO_2^{\ominus}$ H^+ CO_2H

47 **48** **49** (18)

如式 19 所示[20]：在使用 Li-NH_3 体系还原化合物 **50** 的反应中，使用水作为质子源可以得到定量的产率。如式 20 所示[21]：在酰胺化合物 **51** 的还原反应中，使用不同的试剂得到完全不同的化学选择性。使用 K-NH_3 体系可以得到苯环被还原的产物 **52**；而使用 Li-NH_3 体系，在没有质子源的条件下则得到酰胺被还原成为醛和醇的混合物。

CO_2H Li-NH_3 (l), H_2O, –33 °C, 10 min; 100%; CO_2H

CO_2H **50** CO_2H (19)

1. K-NH_3 (l), *t*-BuOH, THF, –78 °C
2. NH_4Cl
92%

O, NMe_2 **52**

O, NMe_2 **51**

1. Li-NH_3 (l), THF, –33 °C
2. NH_4Cl

CHO + CH_2OH (20)

10% 62%

Birch 还原反应的一种重要应用是通过还原烷基化反应对将还原过程中生成的碳负离子中间体直接进行烷基化。如式 21 所示[22]：在化合物 **53** 的还原过程中加入溴乙酸乙酯，可以在还原芳环的同时引入烷基取代基。在苯甲酸叔丁酯的还原过程中加入二溴丙烷，可以在还原芳环的同时可以引入溴丙基（式 22）[23]。

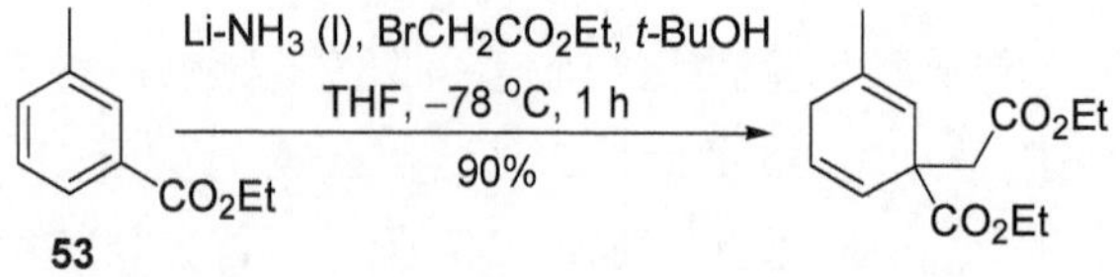

(21)

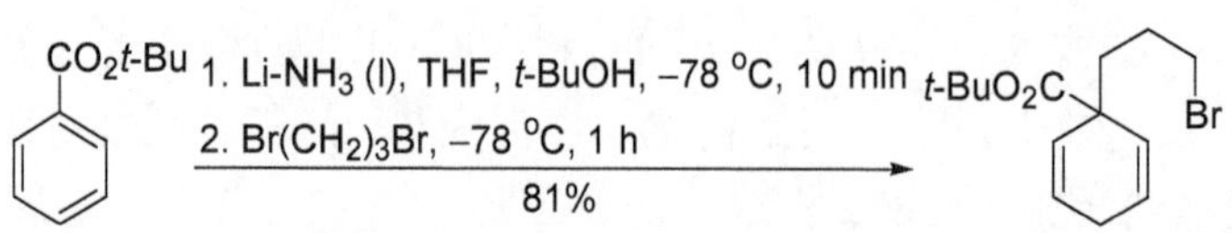

(22)

2.5.3 杂环化合物的 Birch 还原反应

与苯环的 Birch 还原反应类似，缺电子的杂环化合物比较容易被还原。早在 20 世纪 20 年代，就出现了使用金属和液氨体系对吡啶进行部分还原的例子。但是由于二氢吡啶化合物不稳定且容易水解，因此得到的是 α,β-不饱和环己酮产物 (式 23)[24]。如式 24 所示[25]：Danishefsky 等人在 1968 年也报道了类似的结果。

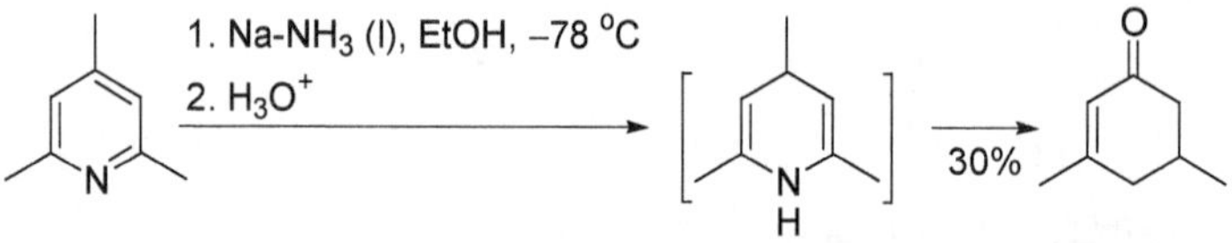

(23)

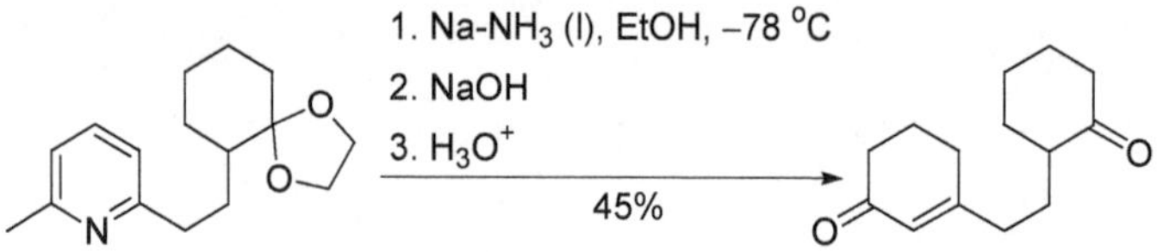

(24)

直到 1975 年，Birch 等人在还原 4-甲基吡啶的过程中通过加入 MeI 才首次分离得到了二氢吡啶的衍生物 (式 25)[26]。2001 年，Donohoe 等人将该方法应用于吡啶二酸酯的还原反应中。如式 26 所示[27]：在反应体系中加入 MeI，以几乎定量的产率得到 *N*-甲基-二氢吡啶化合物 **54**。

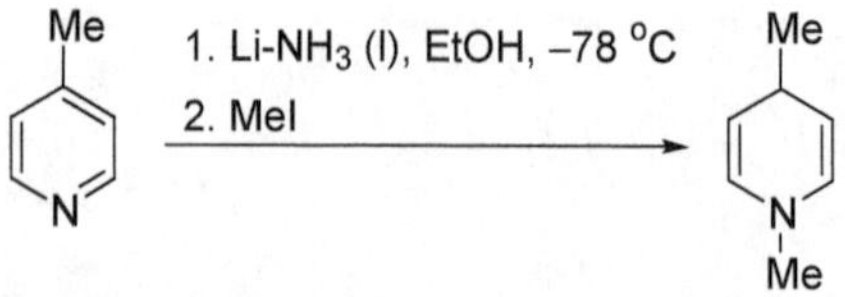

(25)

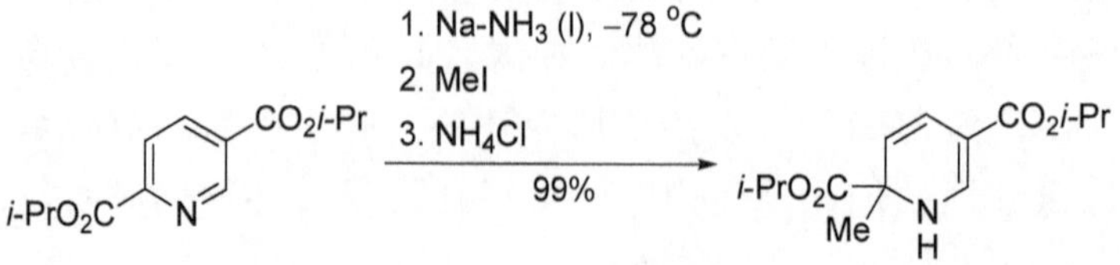

(26)

吡咯、呋喃和噻吩等五元杂环化合物属于富电子杂环，它们的 Birch 还原反应要求在杂环上至少带有一个拉电子取代基时才能顺利进行。1996 年，Donohoe 等人首次报道了吡咯化合物的 Birch 还原反应。如式 27 所示[28]：吡咯化合物 **55** 在 Na-NH_3 体系中经过还原烷基化反应一步生成吡咯啉化合物 **56**。该反应的效率很高，反应中也不需要额外加入质子源。如式 28 所示[29]：使用类似的方法，手性呋喃化合物 **57** 可以高产率地转化成为产物 **58** [(+)-Nemorensic acid 全合成的中间体]。如式 29 所示[30]：使用 Li-NH_3 还原体系和叔丁醇作为质子源，酰基噻吩化合物 **59** 可以在 10 min 内被还原成为二氢噻吩衍生物。

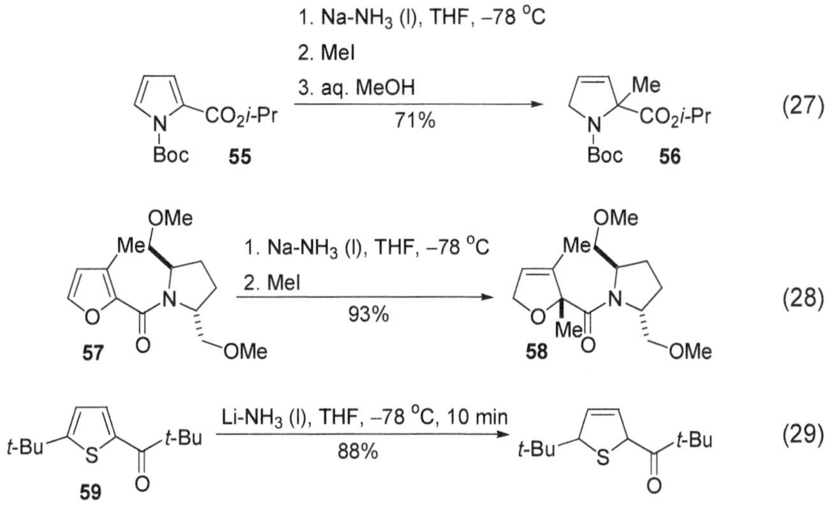

(27)

(28)

(29)

3　金属锌的还原反应

3.1　醛酮的还原反应

3.1.1　Clemmensen 还原反应

Clemmensen 还原反应是 Zn 试剂在有机合成中最重要的反应之一。经典的 Clemmensen 还原反应是指在浓盐酸的存在下，使用锌汞齐 (Zn-Hg) 还原醛或者酮羰基化合物使其发生去氧反应生成相应的烷烃化合物的过程 (式 30)。由于该反应是由美国化学家 Erik Christian Clemmensen (1876—1941) 在 1913 年首次报道[31]，因此被称为 Clemmensen 还原反应。

O
R　R^1
Zn-Hg, aq. HCl
R = alkyl, Ar
R^1 = alkyl, Ar, H
H H
R　R^1
(30)

Clemmensen 还原反应中所使用的底物具有很大的局限性，经常得到含有醇或者频哪醇的混合物。虽然 Clemmensen 还原反应机理有多种描述形式，但醇和频哪醇肯定不是 Clemmensen 还原反应的中间体。如式 31 所示[32]：反应的最初可能是羰基氧原子的质子化，然后从金属 Zn(0) 上获得电子生成自由基中间体 **60**。如果中间体发生自由基偶联则得到频哪醇产物，如果再从金属 Zn(0) 上获得电子则生成自由基中间体 **61**。中间体 **61** 有两条进一步转化的途径：一是发生 C-Zn 键的质子化得到醇产物；二是发生氧原子的质子化后再发生脱水反应。脱水反应是 Clemmensen 还原反应的关键步骤，并由此生成最后的烷烃产物。

O　H^+　$\overset{+}{O}H$　Zn　OH　Zn　OH OH
R　R^1　R　R^1　R　R^1　R　R
R^1 R^1
60　频哪醇
Zn
Zn·　H^+　Zn·　H^+　H
R　R^1　$-H_2O$　R　R^1　R　R^1
OH　OH
61　醇
(31)
Zn
Zn^+　H^+　Zn^+　H^+　H
R　R^1　R　R^1　R　R^1
H　H
烷烃

该反应机理显示：当羰基经过 Clemmensen 还原反应成为烷烃时，需要从多个 Zn 原子上获得电子和需要从盐酸中获得多个质子。因此，Clemmensen 还原反应一般需要使用过量的锌汞齐 (Zn-Hg) 和盐酸。通常，该反应只需将底物与锌汞齐 (Zn-Hg) 在浓盐酸中回流 4~10 h 即可完成。但是，对酸敏底物也可以尝试使用稀盐酸在室温下进行反应，有时也可以使用醋酸来降低反应体系的酸性。底物在水溶液中溶解度太低时会降低反应的效率，因此在反应中加入有机溶剂进行均相反应或者在二相体系中反应均是有益的。

Clemmensen 还原反应一般不用于脂肪醛的还原，很少用于脂肪酮和芳香酮的还原 (式 32)[33]。这主要是因为这些底物的反应效率不高且副产物多，而且有很多其它更方便的试剂来完成这些转化过程。

$$\text{6-methoxy-2-acetyl-tetralin} \xrightarrow[77\%]{\text{Zn-Hg, con. HCl, PhMe, reflux, 12 h}} \text{6-methoxy-2-ethyl-tetralin} \quad (32)$$

芳香醛和烷基/芳基混合酮被证明是 Clemmensen 还原反应中最合适的底物，这可能是这些底物的反应中间体可以通过与芳香环共轭而得到稳定的原因(式 33[34]和式 34[35])。

$$\text{HO, OMe-benzaldehyde (CHO)} \xrightarrow[65\%]{\text{Zn-Hg, con. HCl, EtOH, reflux, 2 h}} \text{HO, OMe-toluene (Me)} \quad (33)$$

$$\text{7-OMe-4-Br-2,2-dimethyl-1-indanone} \xrightarrow[65\%]{\text{Zn-Hg, con. HCl, EtOH, reflux, 12 h}} \text{7-OMe-4-Br-2,2-dimethylindane} \quad (34)$$

许多试验结果显示：芳环上带有甲氧基和羟基或者在分子中带有极性基团可以提高反应的效率 (式 35[36])。这些官能团的存在增加了底物的溶解度是其中的一个原因，它们的推电子效应也是一个重要的原因。如式 36[37]所示：该反应无需加入任何有机溶剂即可顺利地进行。

$$\text{3,4,5-(MeO)}_3\text{-benzaldehyde (CHO)} \xrightarrow[65\%]{\text{Zn-Hg, HOAc, PhMe, reflux, 45 min}} \text{3,4,5-(MeO)}_3\text{-toluene (Me)} \quad (35)$$

$$\text{MeOC, COMe, OH, HO, OH-benzene} \xrightarrow[80\%]{\text{Zn-Hg, con. HCl, reflux, 3 h}} \text{Et, Et, OH, HO, OH-benzene} \quad (36)$$

最有价值的 Clemmensen 还原反应可能是用于合成四个碳原子以上的直链烷基芳烃产物。Friedel-Crafts 烷基化反应因为烷基化试剂在反应中容易异构化而不能够用于四个碳原子以上取代的直链烷基芳烃的合成，但是 Friedel-Crafts 酰基化反应却非常容易得到长链的烷基/芳基酮。因此，将 Friedel-Crafts 酰基化反应与 Clemmensen 还原反应联合使用就可以解决该问题。如式 37[38]所示：4-烯戊酰氯与 1,2-二甲氧基苯首先发生 Friedel-Crafts 酰基化反应，然后再经 Clemmensen 还原即可得到 (4-烯戊基)-1,2-二甲氧基苯产物。如式 38[39]所示：

丁二酸酐与芳烃之间的 Friedel-Crafts 酰基化反应可以方便地在芳环上引入四节碳原子。接着，经 Clemmensen 还原反应和再次 Friedel-Crafts 酰基化反应便可得到双环产物。

$H_2C=CHCH_2CH_2COCl$, $AlCl_3$, CH_2Cl_2, 0 °C, 2 h, 74%; Zn-Hg, con. HCl, EtOH, rt, 16 h, 85% (37)

Succinic anhydride, $AlCl_3$, CH_2Cl_2, 80%; 1. Zn-Hg, con. HCl 2. TFAA, TFA, 81% (38)

Clemmensen 还原反应还可以还原其它类型的酮化合物，但因为可以被其它更有效的试剂所取代而缺乏重要性。事实上，即使现在使用的那些颇具特色的 Clemmensen 还原反应仍有三个明显的缺点：(1) 反应需要使用大量的重金属汞试剂；(2) 反应在强酸条件下进行，底物范围受到严重的限制；(3) 反应条件苛刻。

3.1.2 醌的还原反应

在金属 Zn 的存在下，苯醌分子中的羰基也可以发生还原去氧反应生成相应的芳烃。该反应虽然不需要使用锌汞齐作为试剂，但必须使用比较强烈的反应条件。如式 39[40]和式 40[41]所示：将底物和金属 Zn 在酸性或者碱性介质下长时间回流均可得到满意的结果。

Zn, HOAc, reflux, 91% (39)

Zn, aq. NaOH (10%), 100 °C, 20 h, 96% (40)

在温和的条件下，金属 Zn 可以将苯醌还原成为相应的酚产物[42]。事实上，醌和酚之间存在有一个互变平衡，但醌在平衡中的比例一般呈绝对优势。因此，使用金属 Zn 将苯醌还原成为相应酚的过程也可以认为是一个还原异构化的

过程 (式 41)[42a]。

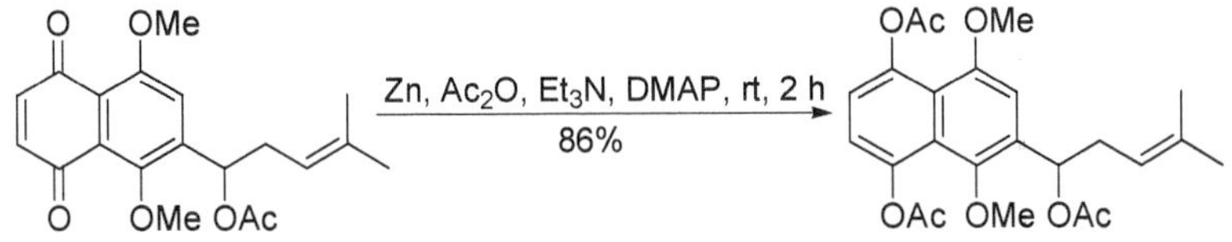

(41)

3.2 卤化物的还原去卤反应

3.2.1 烷基和芳基卤化物的还原去卤反应

几乎所有类型的卤化物均可在金属 Zn 的作用下发生还原去卤反应，但它们的反应活性差异很大。与烷基卤相比较，苄基卤、烯丙基卤和 α-卤代羰基化合物的反应活性很高而芳基卤和烯基卤的反应性很低。但是，通过调节反应温度和反应介质 (包括碱性、中性和酸性介质，例如：中性有机溶剂、含有 NaOH 或 NH_4Cl 的有机溶液、或者直接使用 HOAc 和 aq. HCl 作为反应溶剂等) 可以使大多数反应得到满意的结果。

如式 42 所示[43]：伯溴底物与过量的 Zn 在冰醋酸中加热回流 16 h 可以使其发生还原去卤反应生成相应的烷烃产物。但是，α-卤代酰胺的反应非常容易进行，既不需要较强的酸性介质，也不需要较高的反应温度[44]。如式 43 所示[44b]：α-氯代酰胺的还原去卤反应在含有 NH_4Cl 的 MeOH 溶液中室温搅拌 6 h 即可完成。该底物同时含有 α-氯代酰胺和烯基溴两种官能团，但反应高度化学选择性地发生在前一种官能团上。

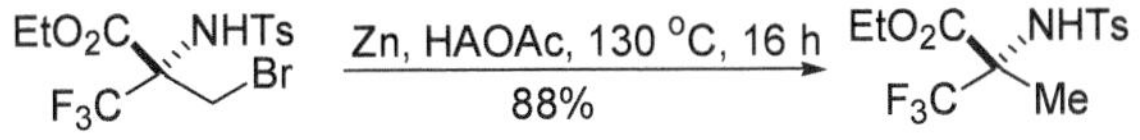

(42)

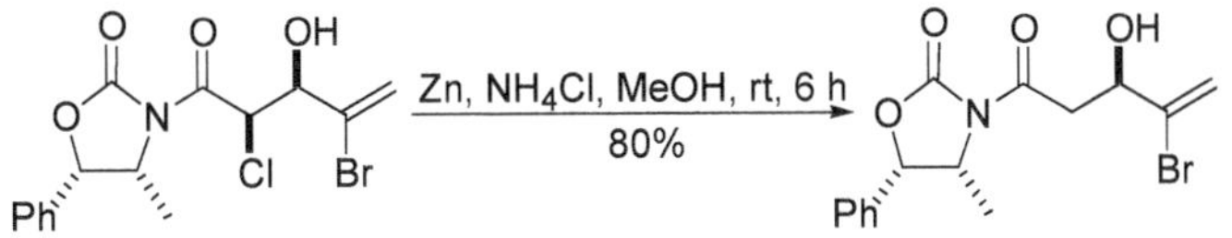

(43)

由于烷基卤具有相对较低的反应性，因此可以选择性地使偕二卤代烷烃化合物的还原产物停留在一卤代产物阶段。如式 44 所示[45]：该反应甚至需要同时使用 NaOH 来增加反应的强度。但是，α-二卤羰基化合物的还原去卤反应不具有选择性，这主要是受到羰基致活的原因[46]。如式 45 所示[46b]：该底物分子中含有三个溴原子，金属 Zn 可以化学选择性地将羰基 α-位上的两个溴原子完全去除而保持烷基伯溴不受到影响。

Zn, KOH, EtOH, 80 °C, 20 h; *exo*-51%, *endo*-26% (44)

Zn, HOAc, rt, 30 min; ~100% (45)

多卤噻吩的区域选择性还原去卤反应具有较高的合成价值。通常，噻吩的卤化反应具有很低的选择性，非常容易生成多卤或者全卤噻吩产物。但是，在金属 Zn 的作用下[47]，多卤噻吩的还原去卤反应可以区域选择性发生在 2-位和 5-位上 (式 46)[47b]。

Zn, HOAc, EtOH, reflux, 5 h; 90% (46)

3.2.2 含有 1,2-O-X (X = Br, I) 结构单元底物的还原去卤反应

在使用金属 Zn 进行的还原去卤反应中，含有 1,2-O-X 结构单元底物的反应在有机合成中特别有意义。因为这类底物的反应不仅同时涉及到一个 C-X 键的断裂和一个 C-O 键的断裂，而且还新生成一个烯烃官能团和一个含氧官能团。如式 47 所示[48]：将 α-碘代环氧乙烷与 Zn 粉一起共热可以得到烯丙基醇的产物。当 1,2-O-X 结构单元中的氧原子是缩醛的组成部分时，也可以发生类似的反应并生成类似的产物 (式 48)[49]。

Zn, NaI, EtOH, reflux, 4 h; 85% (47)

Zn, EtOH, reflux, 2 h; 86% (48)

当 1,2-O-X 结构单元是环状底物的一部分时，使用金属 Zn 进行的还原去卤反应可以将环打开生成链状产物 (式 49)[50]。如式 50 所示[51]：该反应底物的双环结构是通过缩醛中的氧原子连接在一起的，通过还原去卤反应可以使其中的

一个环断裂生成多官能团取代的吡喃产物。

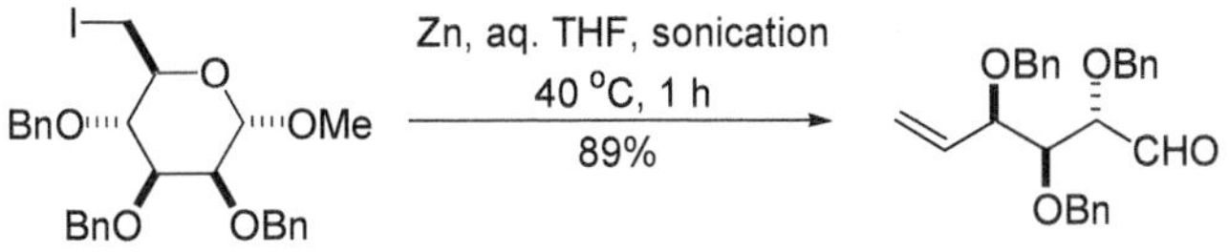

Zn, aq. THF, sonication, 40 °C, 1 h, 89% (49)

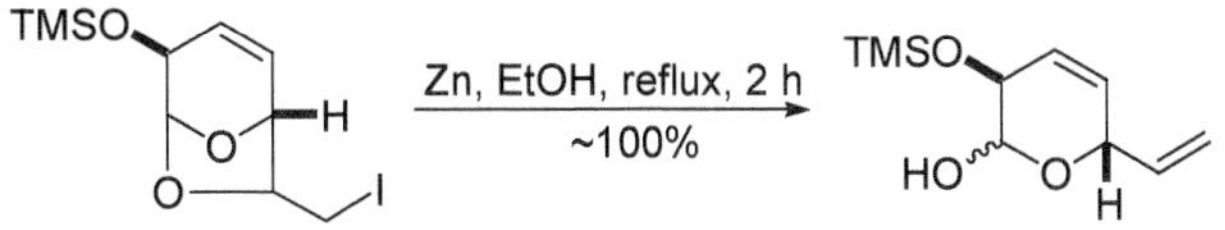

Zn, EtOH, reflux, 2 h, ~100% (50)

在 1,2-O-X 结构单元进行的还原去卤反应中，其中的氧原子也可以是羧酸酯的组成部分。在该情况下羧酸酯中的 C-O 键会发生断裂，因此环状底物可以发生开环反应。如式 51[52]和式 52[53]所示：碘代羧酸酯的反应一般更容易进行，甚至在室温下即可得到很高的产率。

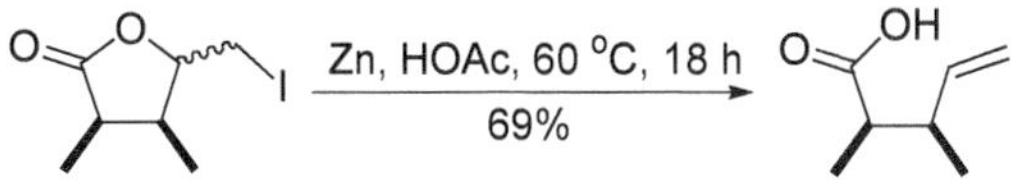

Zn, HOAc, 60 °C, 18 h, 69% (51)

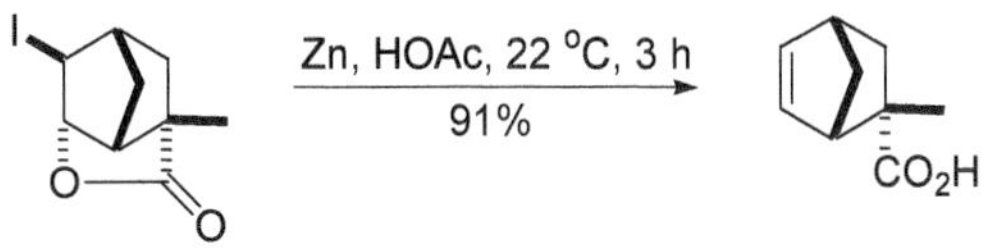

Zn, HOAc, 22 °C, 3 h, 91% (52)

3.3 含氮官能团的还原反应

3.3.1 硝基化合物的还原反应

在利用金属 Zn 还原的含氮官能团中，将硝基转变成为胺的反应特别重要。虽然有诸多的还原性金属可以完成该转变，但使用金属 Zn 还原有其优越之处。例如：金属 Fe 的反应通常因为有高价离子的生成而给体系带来很深的颜色，金属 Sn 在还原反应中产生的副产物具有较高的毒性和污染。利用金属 Zn 还原硝基的反应有两个主要特点：(1) 反应条件比较温和且速度快，一般在室温或者低于室温下简单搅拌数分钟至几小时即可完成；(2) 化学选择性高，在温和条件下对许多官能团具有兼容性，例如：双键、酯基或环氧等。相反，金属氢化试剂和催化氢化反应在这些官能团的存在下明显缺乏化学选择性。

如式 53[54]和式 54[55]所示：烷基硝基的还原需要相对较长的反应时间，一般在室温下反应 2~4 h 可以得到中等以上的收率。

$$\xrightarrow[\text{76\%, er = 99:1}]{\text{Zn, aq. HCl, } i\text{-PrOH, rt, 2 h}} \quad (53)$$

$$\xrightarrow[\text{78\%}]{\text{Zn, aq. HCl, EtOH, rt, 4 h}} \quad (54)$$

芳香硝基化合物的还原非常容易进行，在室温下几分钟即可得到几乎定量产率的还原产物。如式 55[56]和式 56[57]所示：这些底物分子中带有吡啶基和不饱和酮羰基，使用金属氢化试剂和催化氢化反应均无法达到选择性还原硝基的目的。但是，在该温和还原条件下，这些官能团一点也不会受到影响。

$$\xrightarrow[\text{95\%}]{\text{Zn, NH}_4\text{CO}_3\text{, EtOH, rt, 10 min}} \quad (55)$$

$$\xrightarrow[\text{97\%}]{\text{Zn, CH}_2\text{Cl}_2\text{, EtOH, rt, 10 min}} \quad (56)$$

许多时候可以将这种选择性在有机合成中巧妙地利用起来。如式 57[58]所示：利用该试剂能够还原硝基而不影响酯基的选择性，使用具有适当间距的硝基和酯基双官能团化合物可以一步生成环状产物。

$$\xleftarrow[\text{71\%}]{\text{DIBAL-H, DCM, } -78\,^{\circ}\text{C, 1.5 h}} \quad \xrightarrow[\text{52\%}]{\text{Zn, HOAc, } 25\,^{\circ}\text{C, 23 h}} \quad (57)$$

使用金属 Zn 对 α,β-不饱和硝基化合物的还原难以得到选择性的结果，但是可以方便地得到饱和脂肪胺。这个反应的重要性还在于 α,β-不饱和硝基化合物可以方便地通过醛与硝基甲烷之间的缩合反应来制备。因此，与还原反应在一起使用相当于将底物醛分子转变成为多一节碳原子的伯胺分子。如式 58[59]和式 59[60]所示：α,β-不饱和硝基化合物的还原必须使用 Zn-Hg 试剂，并且需要在稍高的反应温度下进行。

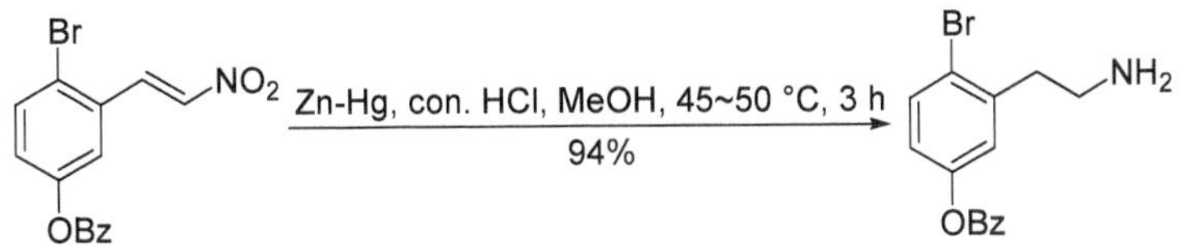

Zn-Hg, con. HCl, MeOH, 45~50 °C, 3 h
94%
(58)

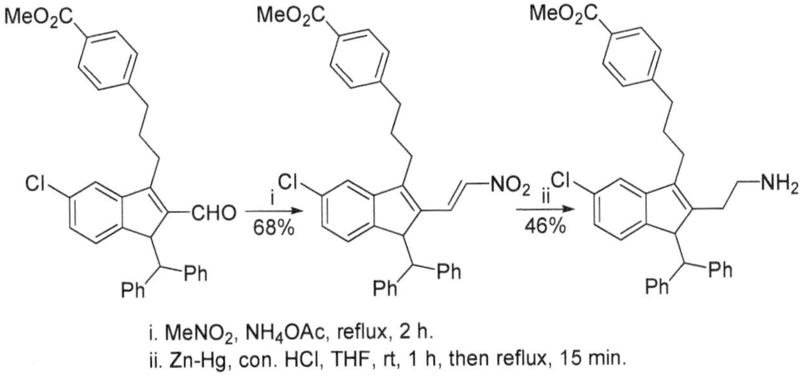

i
68%
ii
46%
(59)

i. $MeNO_2$, NH_4OAc, reflux, 2 h.
ii. Zn-Hg, con. HCl, THF, rt, 1 h, then reflux, 15 min.

3.3.2 肟和叠氮化合物的还原反应

虽然肟可以高效地被金属氢化试剂还原，但化学选择性受到一定的限制。因此，使用金属 Zn 将肟还原成为相应的胺也是一个可供选择的好方法。该类反应可以在多种介质中进行，使用甲酸水溶液是比较高效的一种方法。如式 60 所示[61]：该还原反应甚至可以在室温下完成。

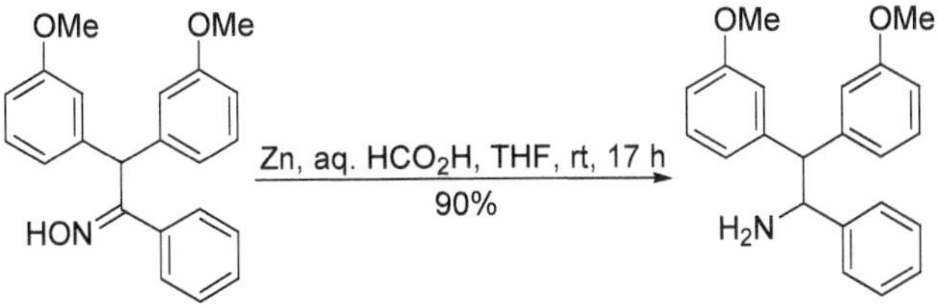

Zn, aq. HCO_2H, THF, rt, 17 h
90%
(60)

直接使用亚硝化反应在酰胺的 α-位上引入肟官能团是一种非常成熟的方法。然后，使用金属 Zn 将肟还原成为相应的胺就构建了一种可靠的制备 α-氨基酰胺的方法 (式 61)[62]。

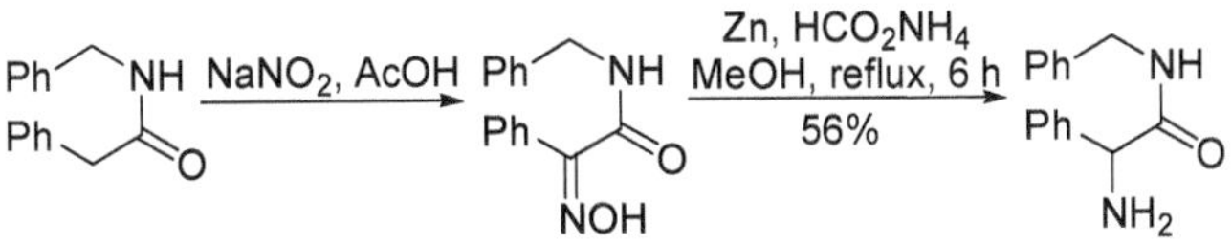

$NaNO_2$, AcOH
Zn, HCO_2NH_4
MeOH, reflux, 6 h
56%
(61)

如果想在反应中直接得到相应的乙酰胺的话，只需将反应的介质换作乙酸即可。如式 62 所示[63]：通过简单地将底物和金属 Zn 在乙酸中长时间回流便可得到目标产物，当游离胺不稳定时该方法特别有价值。

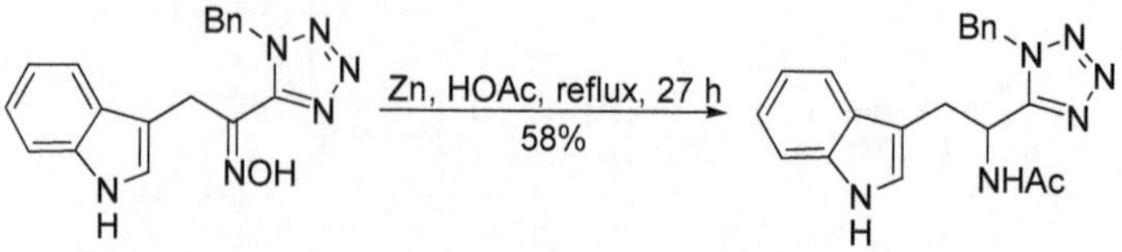

(62)

叠氮是最容易被还原的官能团之一，许多弱还原剂也可以有效地将其还原成为相应的胺。但是，具有方便和高效的使用金属 Zn 还原方法在 2002 年才被报道 (式 63)[64]。虽然大多数情况下没有必要使用金属 Zn 来还原叠氮化合物，但它的确提供了一种具有高度化学选择性的方法。如式 64[65]和式 65[66]所示：含有烯烃官能团的底物分子在该反应中也可以得到很高的产率。

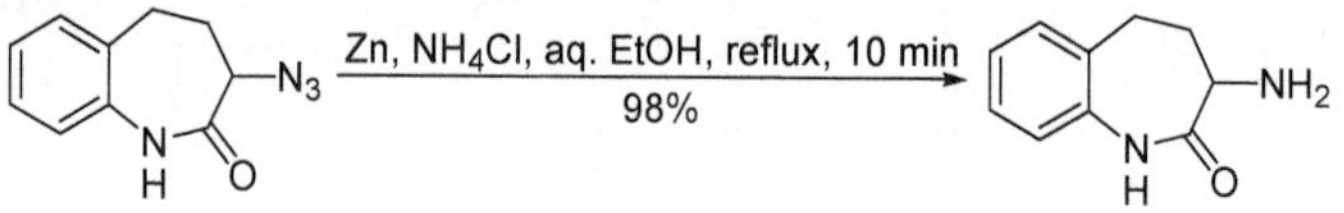

(63)

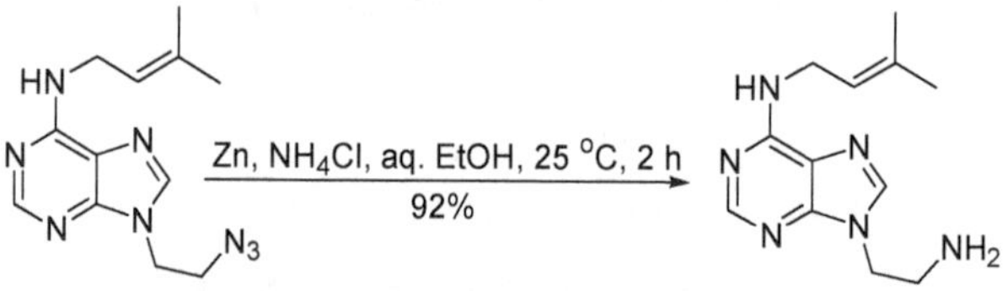

(64)

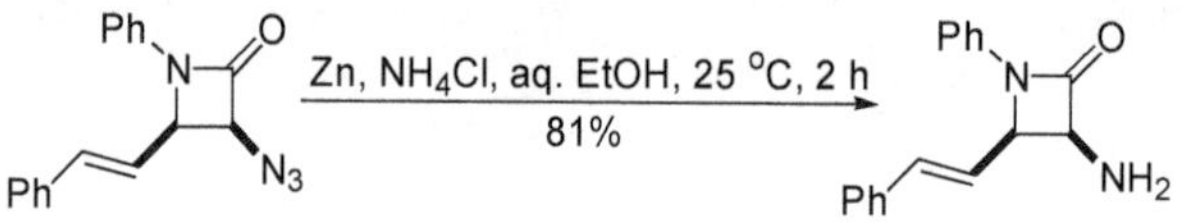

(65)

3.4 炔键的还原反应

没有被活化的金属 Zn 几乎不能用于任何炔键的还原反应。孤立的炔键即使用活化的金属 Zn 也很难得到高度立体选择性产物。但是，Fukuyama 等人最近报道：使用传统的 Zn/$BrCH_2CH_2Br$/CuBr/LiBr 体系得到的活化 Zn 可以将孤立炔键还原，得到几乎定量的单一顺式烯烃。如式 66[67]所示：他们认为反应中使用 CF_3CH_2OH 作为共溶剂起到了关键的作用。

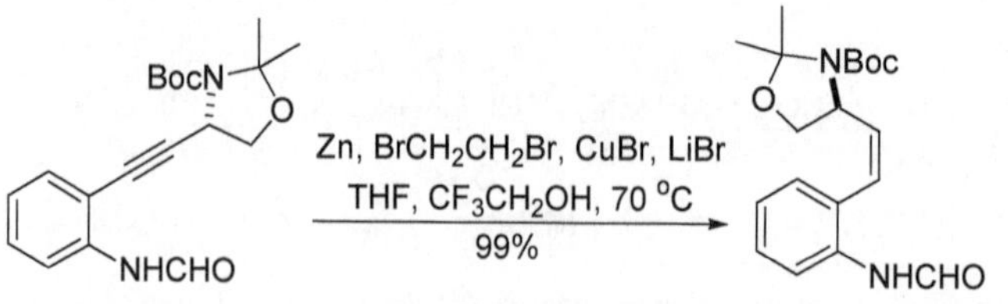

(66)

在金属 Zn 的还原反应中，炔丙醇结构单元和共轭烯炔结构单元中的炔键具有比较特殊的反应性。在活化的金属 Zn 的存在下，它们非常容易被立体选择性地还原成为顺式烯烃，分别生成相应的烯丙醇和共轭二烯烃。如式 67[68]和式 68[69]所示：使用 $Zn/BrCH_2CH_2Br/CuBr/LiBr$ 体系得到的活化 Zn 在两种类型炔烃的还原中均可以给出很好的结果。如式 69[70]所示：使用 $ZnBr_2$-K 体系经原位还原产生的活性 Zn 甚至可以得到更高的产率。

Zn, $BrCH_2CH_2Br$, CuBr, LiBr; THF, *i*-PrOH, 70 °C; 79% (67)

Zn, $BrCH_2CH_2Br$, CuBr; LiBr, THF, EtOH, 70 °C; 64% (68)

1. $ZnBr_2$, K, THF, reflux, 4 h; 2. MeOH, reflux, 15 min; 91% (69)

最值得推荐的一种还原体系是 Zn-$Cu(OAc)_2$-$AgNO_2$，该还原体系由 Boland 等人于 1987 年首次报道。使用这种活化 Zn 的方法不仅条件简单，而且反应的选择性也特别好。通常，使用这种方法产生的活性 Zn 试剂可以简写为 Zn-Cu-Ag。如式 70[71]和式 71[72]所示：该还原体系特别适合那些具有复杂结构或多官能团的底物分子。

Zn-Cu-Ag, MeOH, rt; 50.7% (70)

Zn-Cu-Ag, aq. MeOH; 43 °C, 8 h; 80% (71)

3.5 其它杂原子之间化学键的断裂反应

3.5.1 N-O 键的断裂反应

在金属 Zn 作用下的 N-O 键的断裂反应中，氢化噁唑分子中 N-O 键的断裂具有较高的合成价值。一方面是因为这类五元环中的 N-O 键容易断裂，另一方面是因为氢化噁唑分子比较容易获得。该类反应的条件非常简单，只需将底物和 Zn 粉在 aq. HCl 或 HOAc 溶液中搅拌即可得到满意的结果(式 72[73]和式 73[74])。

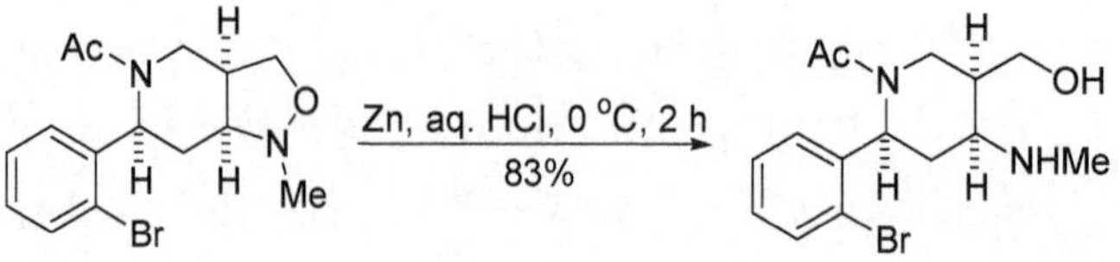

Ac, N, H, O, N, Me, Br —— Zn, aq. HCl, 0 °C, 2 h / 83% ——> Ac, N, H, OH, NHMe, Br (72)

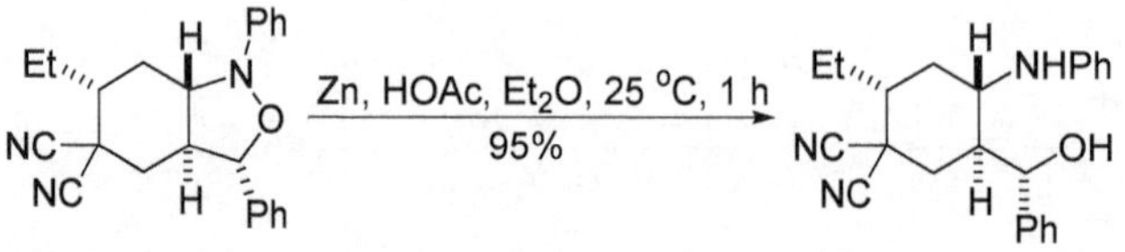

Et, H, Ph, N, O, NC, NC, H, Ph —— Zn, HOAc, Et_2O, 25 °C, 1 h / 95% ——> Et, H, NHPh, NC, NC, H, OH, Ph (73)

事实上，有许多还原剂可以有效地使氢化噁唑分子中的 N-O 键发生断裂。但是，Zn 作用下的 N-O 键的断裂反应具有较好的官能团的兼容性 (式 74)[75]。利用这种特点，选择那些带有酯基的底物分子直接合成环状产物 (式 75)[76]。

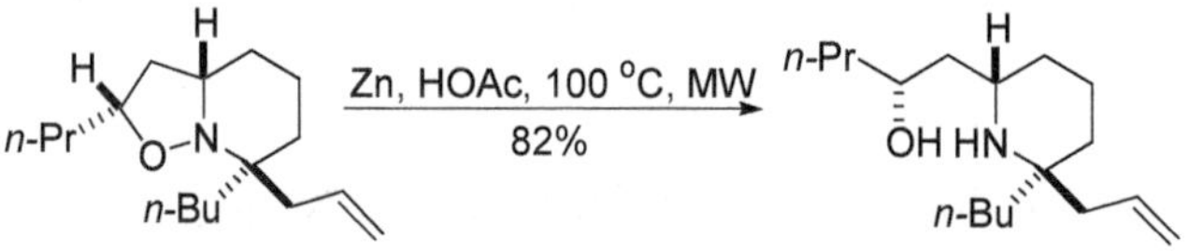

H, H, *n*-Pr, O-N, *n*-Bu —— Zn, HOAc, 100 °C, MW / 82% ——> *n*-Pr, H, OH HN, *n*-Bu (74)

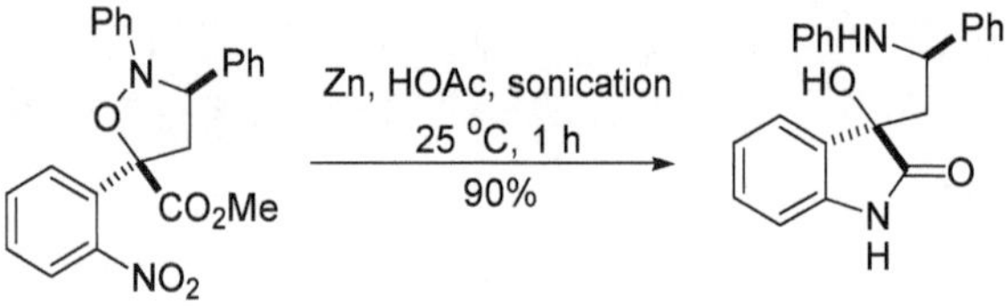

Ph, N, Ph, O, CO_2Me, NO_2 —— Zn, HOAc, sonication / 25 °C, 1 h / 90% ——> PhHN, Ph, HO, O, N, H (75)

Carreira 等人最近报道：使用 2,3-二氢噁唑分子作为底物时，N-O 键的断裂可以在室温下数分钟内完成。如式 76 所示[77]：利用该方法可用快速和高效地获得 1,3-氨基酮类化合物。

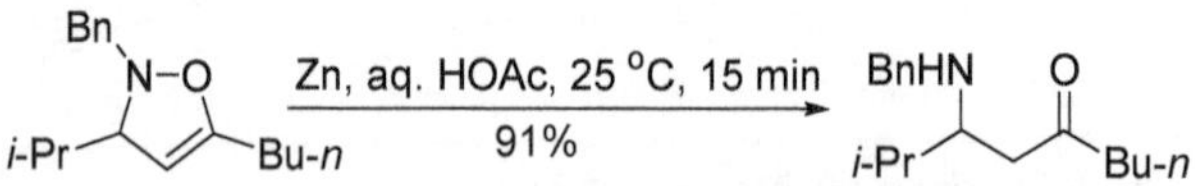

Bn, N-O, *i*-Pr, Bu-*n* —— Zn, aq. HOAc, 25 °C, 15 min / 91% ——> BnHN, O, *i*-Pr, Bu-*n* (76)

3.5.2 O-O 键的断裂反应

在烯烃的臭氧化反应中，金属 Zn 经常被用于 O-O 键的断裂反应。当烯烃经臭氧化反应生成过氧中间体后，经金属 Zn 还原即可得到相应的醛或者酮产物。虽然影响该过程的试剂还有 PPh_3 和 Me_2S，但 Zn/HOAc 还原体系提供了一个成熟和方便的选择方法 (式 77)[78]。Vatele 等人最近报道：使用 Zn/HOAc 还原体系可以顺利地将过氧化合物还原成为相应的二醇产物 (式 78)[79]。

CHO
OHC
O
O
1. O_3, CH_2Cl_2, –78 °C
2. Zn, HOAc, 0 °C, 5 h
68%
(77)

H
O–O
O
O
Ph
10
Zn, HOAc, rt, 20 h
91%
H
OH
OH
O
O
Ph
10
(78)

3.5.3 N-N 键的断裂反应

在使用金属 Zn 使 N-N 键发生断裂的反应中，将偶氮直接还原成为伯胺的反应具有一定的重要性，这主要是因为相应的偶氮底物比较容易获得。如式 79[80]和式 80[81]所示：只需简单地将底物与 Zn 粉在盐酸中加热回流直到反应完成为止。

Cl
Cl
N=N
Cl
Cl
OAc
Zn, aq. HCl, MeOH
reflux, 19 h
78%
Cl
Cl
NH_2
OAc
(79)

Cl
N
N
Cl
N=N
Cl
HO
Zn, aq. HCl, MeOH, reflux, 6 h
78%
Cl
NH_2
N
N
Cl
HO
(80)

3.5.4 S-S 键和 N-S 键的断裂反应

无论是硫醇还是硫酚化合物，在有机官能团的转变反应中均会因为化学不稳定性或较高的反应性带来许多不便。但是，使用相应的二硫醚就可以避免这些问题。所以，许多时候使用二硫醚完成所需的官能团转化之后，再使用金属 Zn 还原再生出相应的硫醇或硫酚（式 81[82]和式 82[83]）。

$$\text{PhCOCl} + \text{PhS-SPh} \xrightarrow[99\%]{\text{Zn, BMIM-PF}_6\text{, rt, 3 min}} \text{PhCOSPh} \quad (81)$$

$C_{17}H_{35}$ N $C_{17}H_{35}$
S
S
O
O
$C_{17}H_{35}$ N $C_{17}H_{35}$
Zn, HOAc, reflux, 40 min
100%
$C_{17}H_{35}$ N $C_{17}H_{35}$
HS
O
(82)

如式 83 所示[84]：将苯并-1,2,5-噻二唑和 Zn 粉在乙酸中回流 15 min 即可使其中的两个 N-S 键发生断裂，生成相应的二胺产物。

$$\xrightarrow[>25\%]{\text{Zn, HOAc, reflux, 15 min}} \quad (83)$$

4 金属锡和氯化亚锡的还原反应

4.1 金属锡的还原反应

金属 Sn 是有机官能团还原反应中应用最早的还原剂之一，许多高效和高选择性的应用范例早在 20 世纪 20 年代就已经被 “*Organic Synthesis*” 收录为经典之作。但是，随着催化氢化反应和金属氢化还原试剂的发展，利用金属 Sn 进行的许多还原反应逐渐被替代。这主要是因为金属 Sn 的还原反应通常需要在浓盐酸的存在下进行，因此条件剧烈且污染严重。但是，有个别金属 Sn 的还原反应颇具特色，它们的功能仍然是不可替代的。

可以认为：使用金属 Zn 进行的许多还原反应均可以使用金属 Sn 来完成。如式 84[85]和式 85[86]所示：脂肪和芳香硝基官能团均可被金属 Sn 还原生成相应的胺化合物。

$$\xrightarrow[64\%]{\text{Sn, con. HCl, reflux, 2 h}} \quad (84)$$

$$\xrightarrow[85.2\%]{\text{Sn, con. HCl, EtOH, 50 °C, 6 h}} \quad (85)$$

在芳香硝基还原反应中，芳环上带有推电子取代基的底物在其它还原剂的作用下经常得到混合产物。这主要是因为还原后的苯胺使芳环具有更高的活性而被进一步还原或者发生偶联等反应。在这种情形下，使用金属 Sn 还原剂就特别合适。如式 86~式 88 所示[87~89]：带有易还原官能团的硝基苯、多烷氧基硝基苯或多氨基硝基苯均可顺利地得到相应的苯胺产物。

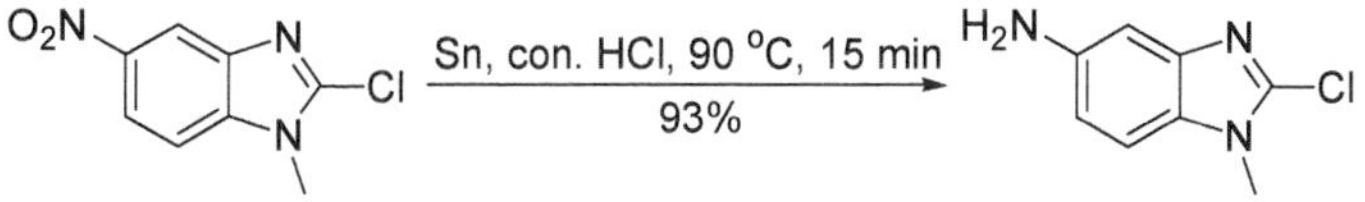

Sn, con. HCl, 90 °C, 15 min, 93% (86)

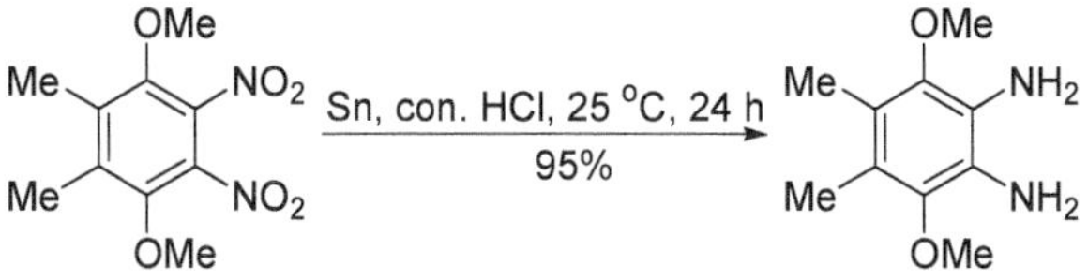

Sn, con. HCl, 25 °C, 24 h, 95% (87)

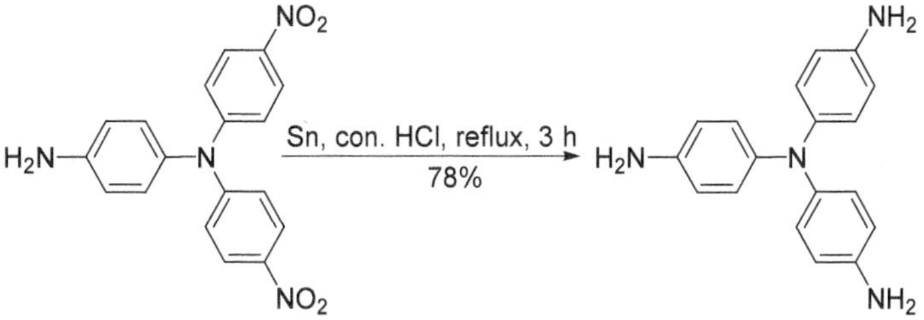

Sn, con. HCl, reflux, 3 h, 78% (88)

在通常条件下，芳基卤在金属 Sn 的还原反应中不受到影响。但是，噻唑的 2-位和 5-位上的卤原子很容易被还原 (式 89)[90]。有时，邻位配位基团的存在也有助于卤原子的还原去卤过程 (式 90)[91]。

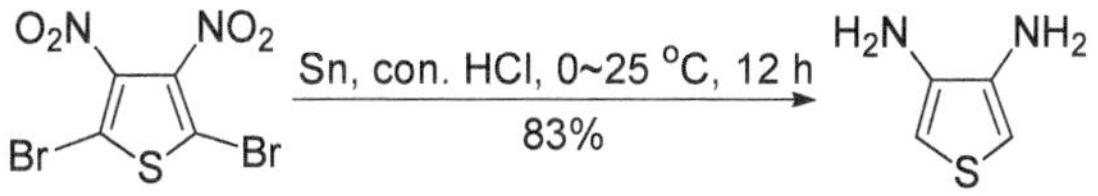

Sn, con. HCl, 0~25 °C, 12 h, 83% (89)

Sn, con. HCl, reflux, 12 h, 89% 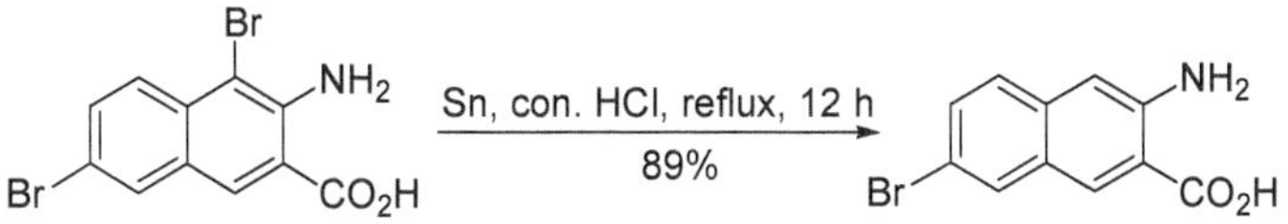 (90)

使用金属 Zn 对醌的还原特别有特色。如式 91 所示[92]：蒽醌中的一个羰基可以被选择性地还原成为亚甲基而另一个羰基保持不变。如式 92 所示[93]：2,5-二羟基-1,4-苯醌被还原成为非常难得的 1,2,4,5-四羟基苯产物。

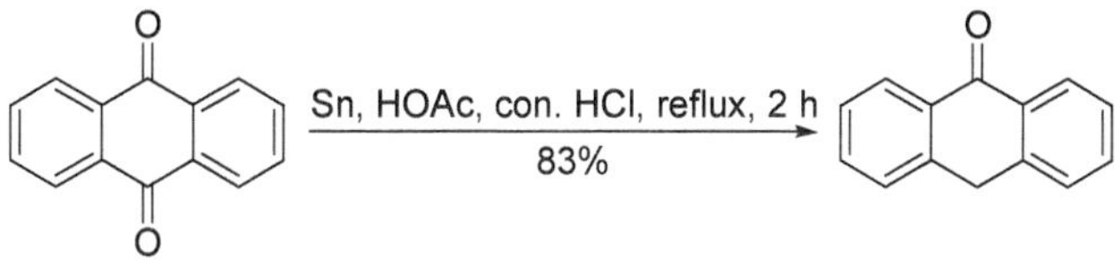

Sn, HOAc, con. HCl, reflux, 2 h, 83% (91)

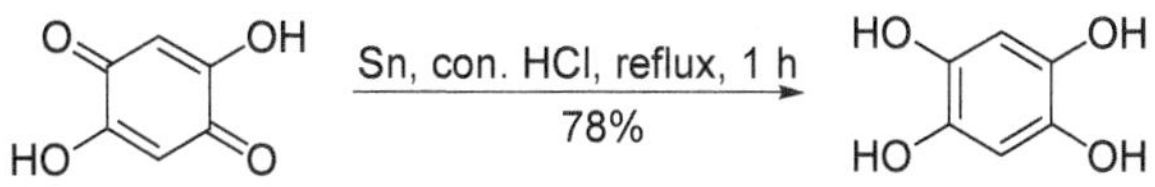

Sn, con. HCl, reflux, 1 h, 78% (92)

4.2 氯化亚锡的还原反应

通常用作还原剂的氯化亚锡是它的二水合物 $SnCl_2 \cdot 2H_2O$，许多时候无水氯化亚锡的还原效果不如二水合物好。与金属锡相比较，氯化亚锡的主要特点是具有较低的还原性和在有机溶剂中具有较高的溶解性。因此，使用氯化亚锡进行的还原反应大多数情况下是在有机溶剂中进行的，例如：EtOH 或者 EtOAc。事实上，金属锡在盐酸中进行的还原反应经历了氯化亚锡阶段，可以认为氯化亚锡实际参与了反应。金属锡的还原反应必须在强酸性条件下进行，而氯化亚锡则可以在完全中性条件下进行。所以，氯化亚锡的还原反应具有更高的化学选择性。

氯化亚锡早期开发的许多还原功能已经被其它更优秀的试剂所取代，例如：氯化亚锡可以经二步反应将腈转化成为相应的醛。但是，使用 DIBAL-H 试剂可以直接将腈转化成为相应的醛。所以，目前氯化亚锡最主要的反应之一是高度化学选择性地将芳基硝基化合物还原成为芳胺。可以认为，该转化几乎对硝基之外的所有官能团均具有很高的兼容性。如式 93[94]和式 94[95]所示：在生成不稳定的氨基化合物的还原反应中，氯化亚锡显示出高度的化学选择性。

$SnCl \cdot 2H_2O$, con. HCl, rt, 24 h; 92% (93)

$SnCl \cdot 2H_2O$, con. HCl, rt, 60 min; 79% (94)

如式 95[96]和式 96[97]所示：氯化亚锡的还原反应甚至对苄醚和苄胺官能团具有高度的兼容性。这种在苄醚和苄胺存在下选择性地还原硝基的反应在药物化学中特别有价值。

$SnCl_2 \cdot 2H_2O$, CH_2Cl_2, MeOH, rt, 12 h; 98% (95)

$SnCl_2 \cdot 2H_2O$, Con. HCl, THF, 20~40 °C, 1 h; 96% (96)

由于氯化亚锡还原反应对其它官能团具有高度的兼容性。因此，使用带有其它合适官能团的硝基化合物可以直接发生还原环化反应 (式 97[98]和式 98[99])。

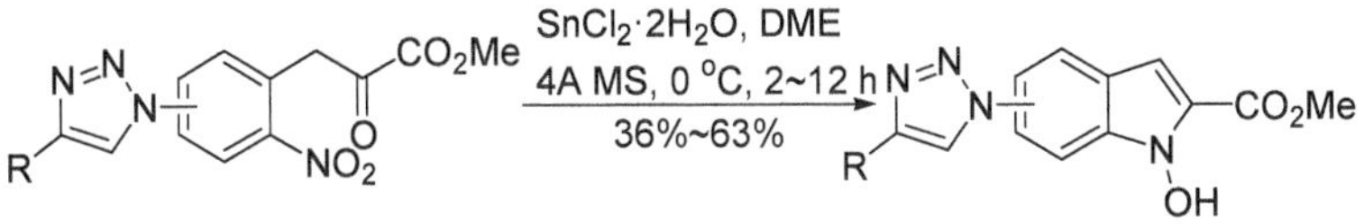

$$\xrightarrow[\text{36\%\sim63\%}]{\text{SnCl}_2\cdot 2\text{H}_2\text{O, DME; 4A MS, 0 °C, 2\sim12 h}} \quad (97)$$

$$\xrightarrow[\text{82\%}]{\text{Sn, EtOH, reflux, 3 h}} \quad (98)$$

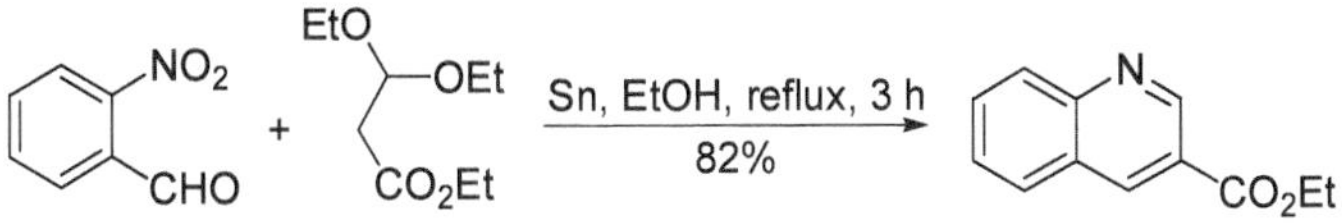

最近，使用氯化亚锡将 9,10-二氢蒽-9,10-二醇还原成为蒽的反应受到特别的重视。如式 99[100]和式 100[101]所示：由于具有 9,10-二氢蒽-9,10-二醇结构单元的化合物可以比较方便地被合成，因此使用氯化亚锡将它们转变成为具有光电性质的共轭多环产物是一件有意义的工作。

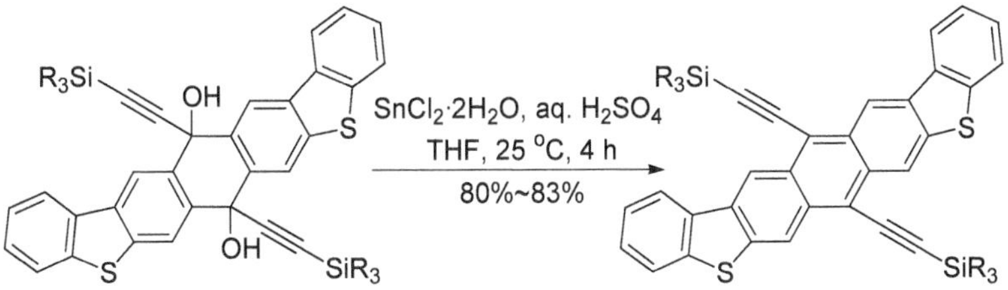

$$\xrightarrow[\text{80\%\sim83\%}]{\text{SnCl}_2\cdot 2\text{H}_2\text{O, aq. H}_2\text{SO}_4\text{; THF, 25 °C, 4 h}} \quad (99)$$

$$\xrightarrow[\text{88\%}]{\text{SnCl}_2\cdot 2\text{H}_2\text{O, H}_2\text{O; THF, 25 °C, 6 h}} \quad (100)$$

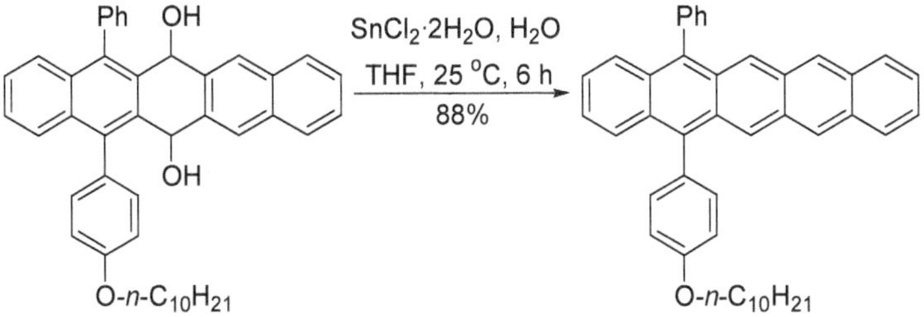

5 还原性金属及其盐的还原反应在天然产物合成中的应用

5.1 *ent*-去氧胆酸的全合成

去氧胆酸是一种疏水性的人体内源性次级胆酸，是由一级胆酸在肠道菌群的作用下在 7α-位脱去羟基而形成的代谢产物。该化合物对许多信号传导通路都具有调控作用，例如：ERK、AKT、COX-2、PKC 和 EGFR 等。

2007 年，Covey 等人为了进一步研究去氧胆酸的生理学性质需要合成天然去氧胆酸的对映异构体 *ent*-去氧胆酸[102]。如式 101 所示：他们报道了一条有关 *ent*-去氧胆酸的全合成路线。该路线使用 2-甲基-1,3-环戊二酮作为起始原料，首先经过多步反应得到具有甾体骨架结构的化合物 **62**。接着，将 A-环和 D-环上的羰基进行保护生成化合物 **63**。他们使用 Li-NH_3 还原体系对化合物 **63** 中的 α,β-不饱和羰基进行还原，并在反应被淬灭后迅速加入 Et_3N。这样就可以有效地避免 A-环和 D-环中缩酮的水解，以很高的立体选择性和定量的产率将化合物 **63** 转化成为化合物 **64**。最后，再经过数步转化完成了 *ent*-去氧胆酸的全合成。

62　63　(101)

1. Li-NH_3 (l), THF, –78 °C, 2 h
2. NH_4Cl
3. Et_3N
100%

64　*ent*-Deoxycholic acid

5.2 舌蕊花科生物碱 GB 13 的全合成

GB 13 是从北澳大利亚和巴布亚新几内亚热带雨林中唯一幸存的舌蕊花科树种 *Galbulimima belgraveana* 的树皮中分离得到的一种生物碱，这种植物的树皮长期以来被巴布亚新几内亚一些部落的人作为药物使用。研究证明：该化合物是一种潜在的毒蕈碱性拮抗剂，被用作治疗阿尔兹海默氏症药物研发中的先导化合物。

2003 年，Mander 等人报道了一条有关 GB 13 的全合成路线。在该路线中，Birch 还原反应在获得 α,β-不饱和酮中间体的过程中发挥了重要的作用[103]。如式 102 所示：该路线使用苯甲醚化合物 **65** 作为起始原料，经过数步反应得到中间体 **66**。接着，他们使用 Li-NH_3 体系对化合物 **66** 进行还原。在还原过程中，化合物 **66** 中的氰基首先以定量的产率被去除，同时带有甲氧基的芳环也发生了 Birch 还原。在盐酸的作用下，Birch 还原生成的环己二烯中间体进一步被转化成为 α,β-不饱和酮化合物 **67**。最后，中间体 **67** 再经过数步转化完成了 GB 13 的全合成。

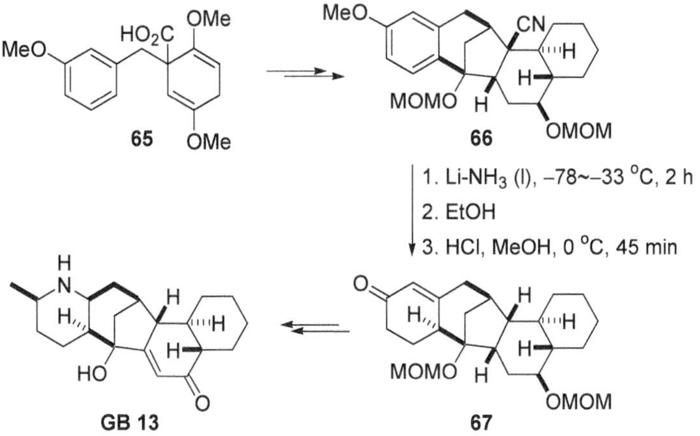

(102)

5.3 天然产物 (±)-Heptemerone G 的全合成

(±)-Heptemerone G 是从 *Coprinus heptmerus* 细菌培养液中分离得到的一种天然产物[104]。它属于二萜类化合物，在结构上具有特别的 5-7-6 稠环结构单元(图 1)。生物学测试显示，该化合物具有抑制引起稻谷枯萎的 *Magnaporthe grisea* 真菌的性质[105]，因此有可能发展成为一类新型的抗细菌和抗真菌的药物。

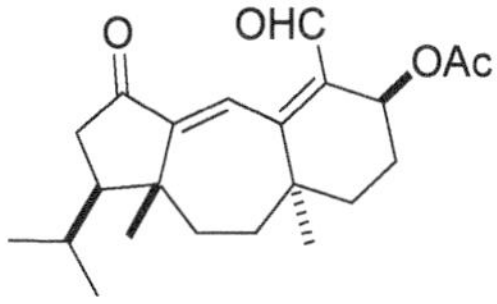

图 1 天然产物 Heptemerone G 的化学结构

2010 年，Wicha 等人报道一条关于 (±)-Heptemerone G 的全合成路线。如式 103 所示[106]：他们设计使用简单的商品试剂 2-甲基-2-烯环戊酮 (**68**) 为原料，快速地构筑出 5-7 双环中间体 **69**。为了构筑其中的六元环，化合物 **70** 被选作中间体。最后，化合物 **70** 再经过多步转化得到目标产物。

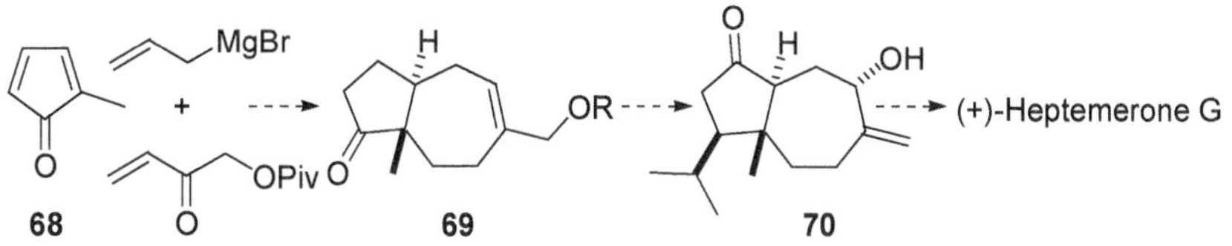

(103)

在他们的合成实施过程中，化合物 **70** 可以从化合物 **71** 通过两种途径来实现。如式 104 所示：一种途径是将化合物 **71** 转变成为硫代碳酸酯 **72**，然后经 Bu_3SnH 还原得到 32% 的产物 **70**。但是，如果将化合物 **71** 转变成为碘化物 **73**，然后在 Zn 作用下发生还原去卤反应则可以得到 97% 的产物 **70**。

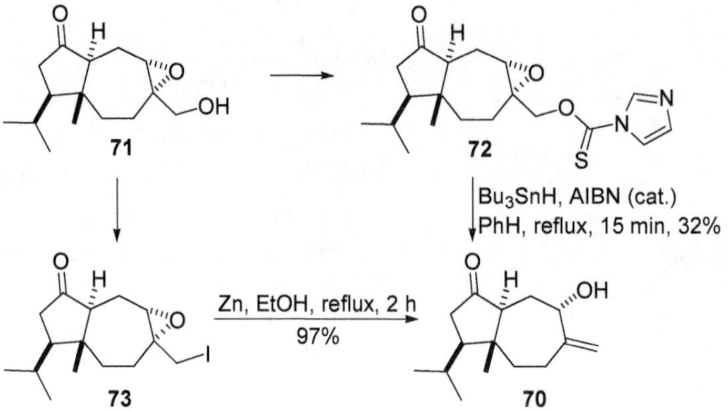

71 → 72; 71 → 73

72 → 70: Bu_3SnH, AIBN (cat.), PhH, reflux, 15 min, 32%

73 → 70: Zn, EtOH, reflux, 2 h, 97%

(104)

5.4 (+)-环戊烯酮化合物的合成

(+)-环戊烯酮化合物 **74** 是有机合成中重要的手性砌块，是合成碳环核苷、氮杂糖和前列腺素类化合物的重要中间体。

2005 年，Gallos 等人报道了一条有关光学醇 (+)-**74** 的合成路线[107]，其中两次使用锌粉作为还原试剂。如式 105 所示：该路线使用 D-核糖作为起始原料，经过多步反应得到碘代物 **75**。接着在锌粉的作用下发生还原脱卤反应，将四氢呋喃环开环得到化合物 **76**。化合物 **76** 不经分离再经过两步转化后，以 70% 的产率得到化合物 **77**。然后，再次使用锌粉为还原剂将化合物 **77** 中的 N-O 键断裂，以几乎定量的产率得到化合物 **78**。最后，再经过数步官能团转化完成了光学醇 (+)-**74** 的合成。

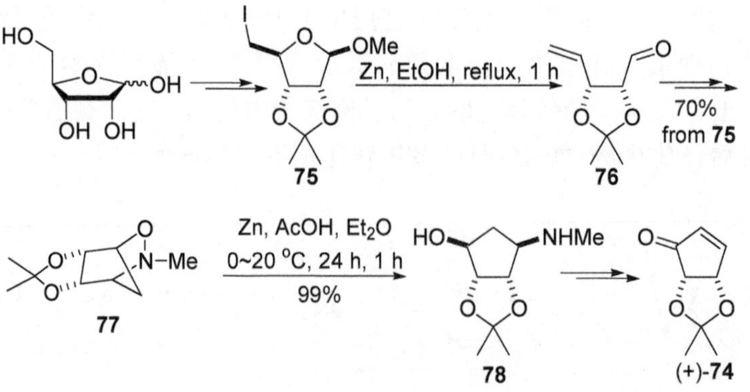

75 → 76: Zn, EtOH, reflux, 1 h; 76 → 77: 70% from **75**

77 → 78: Zn, AcOH, Et_2O, 0~20 °C, 24 h, 1 h, 99%; 78 → (+)-**74**

(105)

6 还原性金属及其盐试剂的还原反应实例

例 一

(5*S*,9*R*,*E*)-5-叔丁基二甲基硅氧基苄基-1,9-二醇-6-十二烯的合成[108]

(炔烃的立体选择性还原反应)

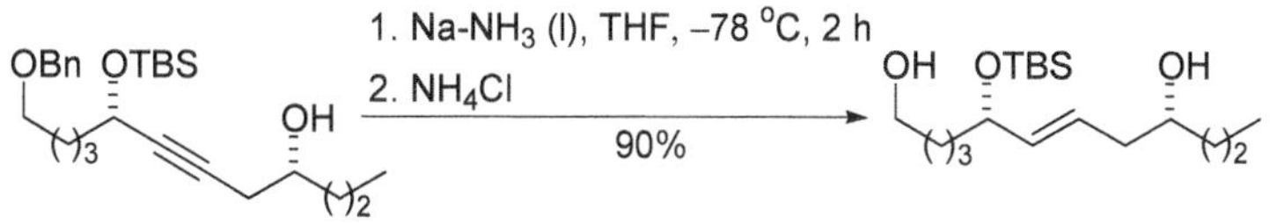
OBn OTBS
OH
1. Na-NH3 (l), THF, –78 °C, 2 h
2. NH4Cl
90%
OH OTBS OH

(106)

在 –78 °C 下，将金属钠丝 (230 mg, 10 mmol) 分批小心地加入到干燥的液氨 (25 mL) 中。生成的深蓝色悬浊液在 –78 °C 继续搅拌 0.5 h 后，滴加炔烃化合物 (400 mg, 1 mmol) 的无水 THF (10 mL) 溶液。生成的混合物继续在该温度搅拌 2 h 后，加入固体 NH_4Cl (10 g) 淬灭反应，并让剩余的液氨缓慢挥发。将残留物溶于乙醚中后用硅藻土过滤，滤液用无水 Na_2SO_4 干燥后经柱色谱分离得到无色油状液体烯烃产物 (284 mg, 90%)。

例 二

(2'*S*,1*S*)-2-甲基-1-(4''-氯丁基)-1-[[(2'-甲氧甲基)吡咯烷基]羰基]-2,5-环己二烯的合成[109]

(Birch 还原烷基化反应)

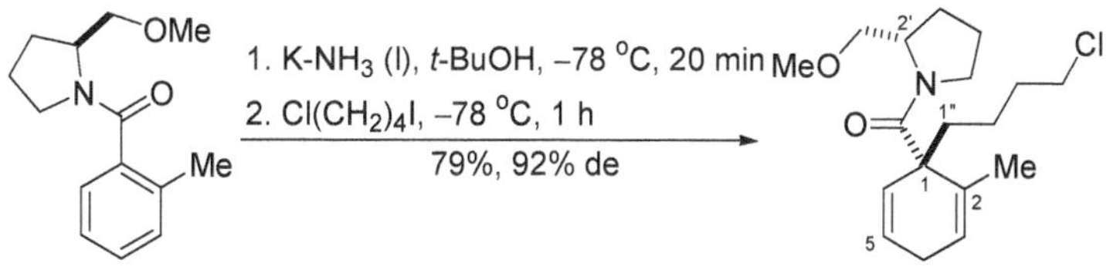
OMe
N
O
Me
1. K-NH3 (l), t-BuOH, –78 °C, 20 min
2. Cl(CH2)4I, –78 °C, 1 h
79%, 92% de
MeO
2'
N
Cl
1''
O
Me
1
2
5

(107)

在 –78 °C 和氮气保护下，将用 $FeCl_3$ (约 100 mg) 和 Na (约 1.2 g) 预先处理过的液氨 (360 mL) 加入到装有特氟隆瓶塞和干冰冷凝管的三口烧瓶中。接着，将含有甲苯结构的底物 (1.7 g, 7.3 mmol) 和 *t*-BuOH (0.7 mL, 7.3 mmol) 的无水 THF (25 mL) 溶液通过注射器加入到液氨溶液中。生成的混合物剧烈搅拌 10 min 后，小心加入小块的金属钾，直到溶液的深绿色保持 15~20 min。然后，将 4-氯-1-碘丁烷 (2.4 g, 11 mmol) 的无水 THF (15 mL) 溶液加入到上述反应体系中，并在该温度继续搅拌 1 h 后加入固体 NH_4Cl (4 g) 淬灭反应。将反应体系升至室温，用氮气流吹去剩余的液氨。在剩余的残留物中加入饱和 NH_4Cl 水溶液，再用 EtOAc (3 × 200 mL) 萃取。合并的有机相依次用饱和硫代硫酸钠水溶液、水、饱和 NaCl 水溶液洗涤后，再用无水 Na_2SO_4 干燥。过滤和蒸去溶剂，残留的粗产物经柱色谱分离得到环己二烯的橙色油状液体 (1.88 g, 79%, 92% de)。

例 三[110]

4-cymantrenylbutyric acid 的合成

(Clemmensen 还原反应)

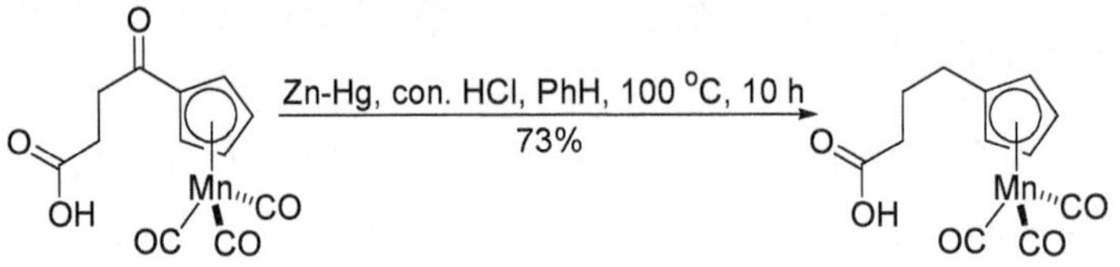

Zn-Hg, con. HCl, PhH, 100 °C, 10 h
73%
(108)

将 Zn 粒 (20 g, 0.316 mol) 和 $HgCl_2$ (3 g, 0.011 mol) 在水 (20 mL) 中搅拌 30 min 后，加入浓盐酸 (10 mL) 继续搅拌 10 min。生成的锌汞齐经倾滗后再用稀盐酸溶液 (1:1 的浓盐酸和水) 洗涤 (2 × 15 mL)。然后，依次加入酮羰基底物 (4 g, 0.013 mol)、苯 (20 mL)、H_2O (10 mL)、HOAc (5 mL) 和浓盐酸 (10 mL)。将生成的混合物加热至 100 °C，并每间隔 2 h 加入一份浓盐酸 (2 mL)。反应 10 h 后，将反应体系冷至室温，并用 Et_2O (250 mL) 稀释反应。生成的混合物用水洗涤 (3 × 50 mL) 后，再用 1 mol/L NaOH (50 mL) 溶液提取。用 Et_2O (2 × 50 mL) 对提取液洗涤后，加入 1 mol/L HCl (55 mL) 对提取液进行酸化。酸化后的混合物用 Et_2O (2 × 200 mL) 提取，合并的提取液用饱和食盐水洗涤和 Na_2SO_4 干燥。蒸去溶剂后得到亮黄色的固体产物 (2.8 g, 73%)，该产品无需进一步纯化即可用于下一步反应。

例 四[111]

2,3,4-三苄氧基-5-烯-己醛的合成

(1,2-O-I 结构单元的还原去卤反应)

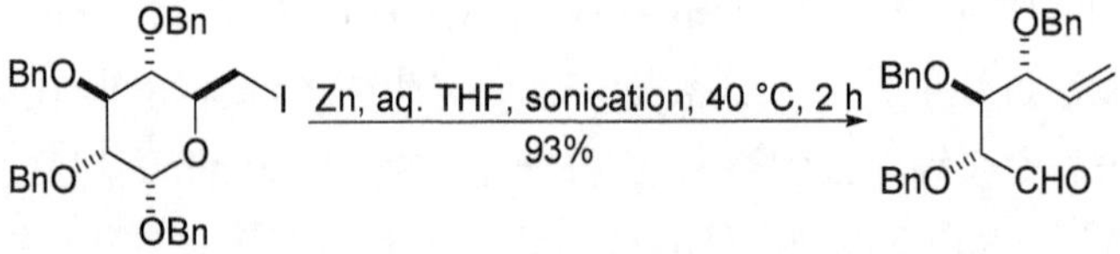

Zn, aq. THF, sonication, 40 °C, 2 h
93%
(109)

将预先活化过的 Zn 粉 (5.7 g, 87 mmol) 加入到含有碘化物 (5.0 g, 8.7 mmol) 的 THF-H_2O (200 mL + 22 mL) 溶液中。将生成的混合物在 40 °C 超声反应 2 h 后，冷至室温。接着，向反应体系中加入 Et_2O (340 mL) 和 H_2O (130 mL) 后滤出残渣。分出的有机相用 H_2O (150 mL) 和饱和食盐水 (150 mL) 洗涤。有机相用 K_2CO_3 干燥后蒸去溶剂，残留物用柱色谱分离，得到无色的油状醛产物 (3.4 g, 93%)。

例 五[112]

(1*R*,6*S*,7*S*,8*S*)-1-氨基-7,8-二苯基-3-氧双环[4.2.0]辛烷-4-酮的合成

(脂肪硝基的还原反应)

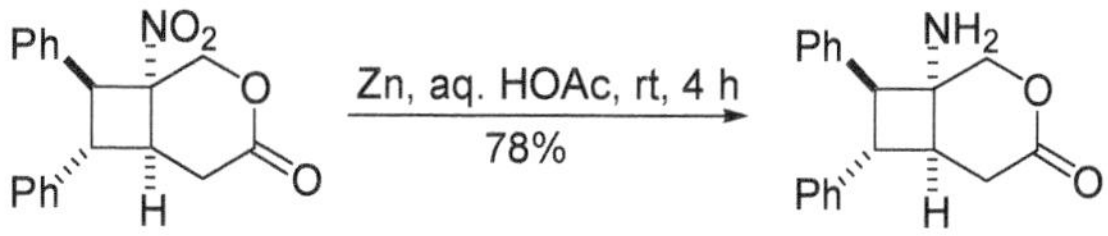

Zn, aq. HOAc, rt, 4 h; 78% (110)

在 0 °C，将 Zn 粉 (340 mg, 5.25 mmol) 少量分次加入到含有硝基底物 (67 mg, 0.21 mmol) 的乙酸水溶液 (1:1, 8 mL) 中。生成的混合物在室温下搅拌 4 h 后，滤出固体残渣。在滤液中加入 aq. NaOH (4.0 mol/L) 中和至 pH = 7 后，用 CH_2Cl_2 (3 × 10 mL) 提取。合并的有机相经 Na_2SO_4 干燥后蒸去溶剂，生成的残留物经柱色谱分离得到产物胺 (48 mg, 78%)。

例 六[113]

13(*S*)-羟基-9(*Z*),11(*E*)-二烯-十八酸的合成

(共轭烯-炔的还原反应)

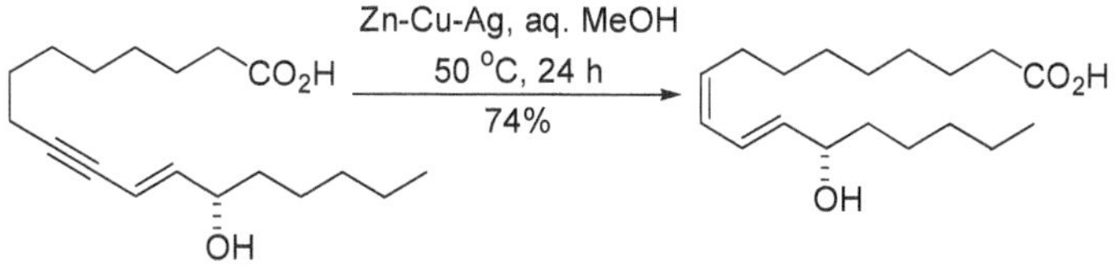

Zn-Cu-Ag, aq. MeOH; 50 °C, 24 h; 74% (111)

将氮气鼓入到含有 Zn 粉 (2 g, < 325 目) 的水 (12 mL) 的悬浮液中 15 min 后加入 $Cu(OAc)_2 \cdot H_2O$ (0.2 g)，再搅拌 15 min 后加入 $AgNO_3$ (0.2 g)。将生成的混合物继续搅拌 30 min 后，滤出 Zn-Cu-Ag 固体，并依次用 H_2O (15 mL)、MeOH (15 mL)、丙酮 (15 mL) 和 Et_2O (15 mL) 洗涤。然后，将其转移到 H_2O-MeOH (体积比 1:1, 8 mL) 溶液中备用。

将含有底物 (183 mg 0.62 mmol) 的 MeOH (4 mL) 溶液加入到上述制备的

Zn-Cu-Ag 悬浮液中，在 50 °C 搅拌 24 h 后依次加入 NH_4Cl (50 mL) 和 EtOAc (50 mL)。将体系过滤除去金属后，滤液用稀盐酸调至 pH = 2。分出有机相，水相用 EtOAc 提取。合并的有机相用水洗和 Na_2SO_4 干燥后蒸去溶剂，生成的残留物经柱色谱分离得到浅黄色共轭二烯醇产物 (136 mg, 74%)。

例 七

(1*R*,2*R*)-1-氨基-2-羟甲基-2,3-二氢-1*H*-苯并[*f*]色烯[114]

(N-O 键的断裂)

Zn, AcOH, THF-H_2O, 55 °C
92%
(112)

在 55 °C 下，将锌粉 (163 mg, 2.5 mmol) 加入到四氢噁唑底物 (114 mg, 0.5 mmol) 的冰醋酸 (3 mL)、THF (1.5 mL) 和水 (1.5 mL) 的混合体系中。生成的混合物在 55 °C 下继续搅拌，直到四氢噁唑底物消耗完全为止。将反应体系冷至室温后，加入饱和 Na_2CO_3 水溶液和乙醚。水相用乙醚萃取，合并的有机相用无水 Na_2SO_4 干燥。蒸去溶剂后的粗产物经柱色谱分离得到 1,3-氨基醇产物的无色油状液体 (105 mg, 92%)。

7 参考文献

[1] (a) Smith, M. B. *Oganic Synthesis*, 3rd Edition, Academic Press, **2011**. (b) Hudlicky, M. *Reductions in Organic Chemistry*, Ellis Horwood Ltd., Chichester **1984**.

[2] *CRC Handbook of Chemistry and Physics*, 87th Edition (**2006-2007**).

[3] Briner, K. In *Encyclopedia of Reagents for Organic Synthesis*, Paquette, L. A., Ed.; John Wiley and Sons: New York, **1995**, Vol. 5, pp. 3003-3007.

[4] Solodar, J. *J. Org. Chem.* **1976**, *41*, 3461.

[5] Corey, E. J.; Petrzilka, M.; Ueda, Y. *Tetrahedron Lett.* **1975**, 4343.

[6] Huffman, J. W.; Desai, R. C.; LaPrade, J. E. *J. Org. Chem.* **1983**, *48*, 1474.

[7] Takasu, K.; Mizutani, S.; Noguchi, M.; Makita, K.; Ihara, M. *J. Org. Chem.* **2000**, *65*, 9298.

[8] Hoang, C. T.; Nguyen, V. H.; Alezra, V.; Kouklovsky, C. *J. Org. Chem.* **2008**, *73*, 1162.

[9] Caine, D. *Org. React.* **1976**, *23*, 1.

[10] Kim, S.; Emeric, G.; Fuchs, P. L. *J. Org. Chem.* **1992**, *57*, 7362.

[11] Emde, U.; Koert, U. *Eur. J. Org. Chem.* **2000**, 1889.

[12] Henne, A. L.; Greenlee, K. W. *J. Am. Chem. Soc.* **1943**, *65*, 2020.

[13] Birch 还原反应的综述见：(a) Subba Rao, G. S. R. *Pure Appl. Chem.* **2003**, *75*, 1443. (b) Pellissier, H.; Santelli, M. *Org. Prep. Proced. Int.* **2002**, *34*, 611. (c) Birch, A. *Pure Appl. Chem.* **1996**, *68*, 553. (d)

Rabideau, P. W.; Marcinow, Z. *Org. React.* **1992**, *42*, 1. (e) Rabideau, P. W. *Tetrahedron* **1989**, *45*, 1579. (f) Hook, J. M.; Mander, L. N. *Nat. Prod. Rep.* **1986**, *3*, 35. (g) Dryden, H. L., Jr. *Org. React. Steroid Chem.* **1972**, *1*, 1.

[14] Wooster, C. B.; Godfrey, K. L. *J. Am. Chem. Soc.* **1937**, *59*, 596.

[15] Birch, A. J. *J. Chem. Soc.* **1944**, 430.

[16] Hückel, W.; Bretschneider, H. *Justus Liebigs Ann. Chem.* **1939**, *540*, 157.

[17] Harvey, R. G. *Synthesis* **1970**, 161.

[18] (a) Zimmerman, H. E. *Accounts Chem. Res.* **2012**, *45*, 164. (b) Zimmerman, H. E.; Wang, P. A. *J. Am. Chem. Soc.* **1993**, *115*, 2205.

[19] Bagal, S. K.; Adlington, R. M.; Baldwin, J. E.; Maquez, R.; Cowley, A. *Org. Lett.* **2003**, *5*, 3049.

[20] Caluwe, P.; Pepper, T. *J. Org. Chem.* **1988**, *53*, 1786.

[21] Schultz, A. G. *Chem. Commun.* **1999**, 1263.

[22] Bacqué, E.; Pautrat, F.; Zard, S. Z. *Org. Lett.* **2003**, *5*, 325.

[23] Clive, D. L. J.; Sunasee, R. *Org. Lett.* **2007**, *9*, 2677.

[24] Shaw, B. D. *J. Chem. Soc.* **1925**, 215.

[25] Danishefsky, S. J. Cavanaugh, R. *J. Am. Chem. Soc.* **1968**, *90*, 520.

[26] Birch, A. J.; Karakhamov, E. A. *J. Chem. Soc., Chem. Commun.* **1975**, 480.

[27] Donoboe, T. J.; McRiner, A. J.; Helliwell, M.; Sheldrake, P. *J. Chem. Soc., Perkin Trans. 1* **2001**, 1435.

[28] (a) Donohoe, T. J.; Guyo, P. M. *J. Org. Chem.* **1996**, *61*, 7664. (b) Donohoe, T. J.; Guyo, P. M.; Harji, R. R.; Helliwell, M. *Tetrahedron Lett.* **1998**, *39*, 3075.

[29] Donohoe, T. J.; Guillermin, J.-B.; Frampton, C.; Walter, D. S. *Chem. Commun.* **2000**, 465.

[30] Nishino, K.; Yano, S.; Kohashi, Y.; Yamamoto, K.; Murata, I. *J. Am. Chem. Soc.* **1979**, *101*, 5059.

[31] (a) Clemmensen, E. *Chem Ber.* **1914**, *47*, 681. (b) Clemmensen, E. *Chem. Ber.* **1914**, *47*, 51. (c) Clemmensen, E. *Chem. Ber.* **1913**, *46*, 1837.

[32] Yamamura, S.; Nishya, S. In *Comprehensive Organic Synthesis*, Trost, B. M.; Fleming, I., Eds.; Pergamon Press: Oxford, 1991; Vol. 8, Chapter 1.13, 309–313.

[33] Patil, M. L.; Borate, H. B.; Ponde, D. E.; Deshpande, V. H. *Tetrahedron* **2002**, *58*, 6615.

[34] Cruz, M. d. C., Salazar, M., Garciafigueroa, Y., Hernandez, D., Diaz, F., Chamorro, G. and Tamariz, J. *Drug Dev. Res.* **2003**, *60*, 186.

[35] Ling, Q.; Huang, Y.; Zhou, Y.; Cai, Z.; Xiong, B.; Zhang, Y.; Maa, L.; Wang, X.; Li, X.; Li, J.; Shen, J. *Bioorg. Med. Chem.* **2008**, *16*, 7399.

[36] Chida, A. S.; Vani, P. V. S. N.; Chandrasekharam, M.; Srinivasan, R. Singh, A. K. *Synth. Commun.* **2001**, *31*, 657.

[37] Pokhilo, N. D.; Shuvalova, M. I.; Lebedko, M. V.; Sopelnyak, G. I.; Yakubovskaya, A. Y.; Mischenko, N. P.; Fedoreyev, S. A.; Anufriev, V. P. *J. Nat. Prod.* **2006,** *69,* 1125.

[38] Valdivia, C.; Marquez, N.; Eriksson, J.; Vilaseca, A.; Munozc, E.; Sternera, O. *Bioorg. Med. Chem.* **2008**, *16*, 4120.

[39] Bianco, G. G.; Ferraz, H. M. C.; Costa, A. M.; Costa-Lotufo, L. V.; Pessoa, C.; de Moraes, M. O.; Schrems, M. G.; Pfaltz, A.; Silva, Jr., L. F. *J. Org. Chem.* **2009**, *74*, 2561.

[40] Yamamoto, K.; Katagiri, H.; Tairabune, H.; Yamaguchi, Y.; Pu, Y.-J.; Nakayama, K.-i.; Ohba, Y. *Tetrahedron Lett.* **2012**, *53*, 1786.

[41] Li, Y.; Cao, R.; Lippard, S. J. *Org. Lett.* **2011**, *13*, 5052.

[42] (a) Wang, R.; Zhou, S.; Jiang, H.; Zheng, X.; Zhou, W.; Li, S. *Eur. J. Org. Chem.* **2012**, 1373. (b) Benniston, A. C.; Winstanley, T. P. L.; Lemmetyinen, H.; Tkachenko, N. V.; Harrington, R. W.; Wills, C. *Org. Lett.* **2012**, *14*, 1374.

[43] Katagiri, T,; Katayama, Y.; Taeda, M.; Ohshima, T.; Iguchi, N.; Uneyama, K. *J. Org. Chem.* **2011**, *76*, 9305.

[44] (a) Peed, J.; Domınguez, I. P.; Davies, I. R.; Cheeseman, M.; Taylor, J. E.; Kociok-Kohn, G.; Bull, S. D. *Org. Lett.* **2011**, *13*, 3592. (b) Crich, D.; Jiao, X.-Y.; Bruncko, M. *Tetrahedron* **1997**, *53*, 7127.

[45] Boatman, P. D.; Lauring, B.; Schrader, T. O.; Kasem, M. *J. Med. Chem.* **2012**, *55*, 3644.

[46] (a) Lewis, F. W.; McCabe, T. C.; Grayson, D. H. *Tetrahedron* **2011**, *67*, 7517. (b) Cachia, P.; Darby, N.; Eck, C. R.; Money, T. *J. Chem. Soc., Perkin Trans. 1* **1976**, 359. (c) Eck, C. R.; Mills, R. W.; Money, T. *J. Chem. Soc., Chem. Commun.* **1973**, 911.

[47] (a) Arias-Pardilla, J.; Gimenez-Gomez, P. A.; de la Pena, A. D.; Segura, J. L.; Otero, T. F. *J. Mater. Chem.* **2012**, *22*, 4944. (b) El-Shehawy, A. A.; Abdo, N. I.; El-Barbary, A. A.; Lee, J.-S. *Eur. J. Org. Chem.* **2011**, 4841.

[48] Mohapatra, D. K.; Pattanayak, M. R.; Das, P. P.; Pradhan T. R.; Yadav, J. S. *Org. Biomol. Chem.* **2011**, *9*, 5630.

[49] Yadav, J. S.; Reddya, N. M.; Raoa, N. V.; Rahmana, M. A.; Prasada, A. R. *Helv. Chim. Acta* **2012**, *95*, 227.

[50] Skaanderup, P. R.; Hyldtoft, L.; Madsen, R. *Monatsh. Chem.* **2002**, *133*, 467.

[51] Kobayashi, H.; Kanematsu, M.; Yoshida, M.; Shishido, K. *Chem. Commun.* **2011**, *47*, 7440.

[52] Rye, C. E.; Barker, D. *J. Org. Chem.* **2011**, *76*, 6636.

[53] Hu, Y.; Yamada, K. A.; Chalmers, D. K.; Annavajjula, D. P.; Covey, D. F. *J. Am. Chem. Soc.* **1996**, *118,* 4550.

[54] Moreau, B.; Alberico, D.; Lindsay, V. N. G.; Charette, A. B. *Tetrahedron* **2012**, *68*, 3487.

[55] Banfi, L.; Basso, A.; Chiappe, C.; De Moliner, F.; Riva, R.; Sonaglia, L. *Org. Biomol. Chem.* **2012**, *10*, 3819.

[56] Barve, I. J.; Chen, C.-Y.; Salunke, D. B.; Chung, W.-S.; Sun, C.-M. *Chem. Asian J.* **2012**, *7*, 1684.

[57] Duce, S.; Jorge, M.; Alonso, I.; Ruano, J. L. G.; Cid, M. B. *Org. Biomol. Chem.* **2011**, **9**, 8253.

[58] McIntosh, M. L.; Johnston, R. C.; Pattawong, O.; Ashburn, B. O.; Naffziger, M. R.; Cheong, P. H. Y.; Carter, R. G. *J. Org. Chem.* **2012**, *77*, 1101..

[59] Claudi, F.; Di Stefano, A.; Napolitani, F.; Cingolani, G. M.; Giorgioni, G.; Fontenla, J. A.; Montenegro, G. Y.; Rivas, M. E.; Rosa, E.; Michelotto, B.; Orlando, G.; Brunetti, L. *J. Med. Chem.* **2000**, *43*, 599.

[60] McKew, J. C.; Lee, K. L.; Shen, M. W. H. et al. *J. Med. Chem.* **2008**, *51*, 3388.

[61] Churruca, F.; SanMartin, R.; Carril, M.; Urtiaga, M. K.; Solans, X.; Tellitu, I.; Dominguez, E. *J. Org. Chem.* **2005**, *70*, 3178.

[62] Baruah, P. K.; Dinsmore, J.; King, A. M.; Salome, C.; De Ryck, M.; Kaminski, R.; Provins, L.; Kohn, H. *Bioorg. Med. Chem.* **2012**, *20*, 3551.

[63] Lopes, S. M. M.; Palacios, F.; Lemos, A.; Pinho e Melo, T. M. V. D. *Tetrahedron* **2011**, *67*, 8902.

[64] Lin, W.; Zhang, X.; He, Z.; Jin, Y.; Gong, L.; Mi, A. *Synth. Commun.* **2002**, *32*, 3279.

[65] Mik, V.; Szucova, L.; Spichal, L.; Plihal, O.; Nisler, J.; Zahajska, L. Dolezal, K.; Strnad, M. *Bioorg. Med. Chem.* **2011**, *19*, 7244.

[66] Singh, P.; Sachdeva, S.; Raj, R.; Kumar, V.; Mahajan, M. P.; Nasser, S.; Vivas, L.; Gut, J.; Rosenthal, P. J.; Feng, T.-S.; Chibale, K. *Bioorg. Med. Chem. Lett.* **2011**, *21*, 4561.

[67] Yamakawa, T.; Ideue, E.; Shimokawa, Jun.; Fukuyama, T. *Angew. Chem., Int. Ed.* **2010**, *49*, 9262.

[68] Cossy, J.; Blanchard, N.; Meyer, C. *Tetrahedron Lett.* **2002**, *43*, 1801.

[69] Coleman, R. S.; Garg, R. *Org. Lett.* **2001**, *3*, 3487.

[70] Clark, D. L.; Chou, W.-N.; White, J. W. *J. Org. Chem.* **1990**, *55*, 3975.

[71] Boland, W.; Schroer, N.; Sieler, C.; Feigel, M. *Helv. Chim, Acta* **1987**, *70*, 1025.

[72] Khrimian, A. *Tetrahedron* **2005**, *61*, 3651.

[73] Hardy, S.; Martin, S. F. *Org. Lett.* **2011**, *13*, 3102.

[74] Worgull, D.; Dickmeiss, G.; Jensen, K. L.; Franke, P. T.; Holub, N.; Jogensen, K. A. *Chem. Eur. J.* **2011**, *17*, 4076.

[75] Vincent, G.; Guillot, R.; Kouklovsky, C. *Angew. Chem., Int. Ed.* **2011**, *50*, 1350.

[76] Yong, S. R.; Ung, A. T.; Pyne, S. G.; Skelton, B. W.; White, A. H. *Tetrahedron* **2007**, *63*, 5579.

[77] Aschwanden, P.; Kværno, L.; Geisser, R. W.; Kleinbeck, F.; Carreira, E. M. *Org. Lett.* **2005**, *7*, 5741.

[78] Iwata, C.; Takemoto, Y.; Doi, M.; Imanishi, T. *J. Org. Chem.* **1988**, *53*, 1623.

[79] Barnych, B.; Vatele, J. M. *Org. Lett.* **2012**, *14*, 564.

[80] Prechter, A.; Groger, H.; Heinrich, M. R. *Org. Biomol. Chem.* **2012**, *10*, 3384.

[81] Hinton, S.; Riddick, A.; Serbessa, T. *Tetrahedron Lett.* **2012**, *53*, 1753.

[82] Narayanaperumal, S.; Alberto, E. E.; Gul, K.; Kawasoko, C. Y.; Dornelles, L.; Rodrigues, O. E. D.; Braga, A. L. *Tetrahedron* **2011**, *67*, 4723.

[83] Dong, Y.; Zhu, Y.; Li, J.; Zhou, Q. H.; Wu, C.; Oupickyy, D. *Mol. Pharmaceutics* **2012**, *9*, 1654.

[84] Cheng, Y.-J.; Ho, Y.-J.; Chen, C.-H.; Kao, W.-S.; Wu, C.-E.; Hsu, S.-L.; Hsu, C.-S. *Macromolecules* **2012**, *45*, 2690.

[85] Hirel, C.; Pecaut, J.; Choua, S.; Turek, P.; Amabilino, D. B.; Veciana, J.; Rey, P. *Eur. J. Org. Chem.* **2005**, 348.

[86] Li, Q.; Li, J.; Yang, R.; Deng, L.; Gao, Z.; Liu, D. *Dyes Pigm.* **2011**, *92*, 674.

[87] Piersanti, G.; Giorgi, L.; Bartoccini, F.; Tarzia, G.; Minetti, P.; Gallo, G.; Giorgi, F.; Castorina, M.; Ghirardi, O.; Carminati, P. *Org. Biomol. Chem.* **2007**, *5*, 2567.

[88] Boufatah, N.; Gellis, A.; Maldonado, J.; Vanelle, P. *Tetrahedron* **2004**, *60*, 9131.

[89] Roalska, I.; Kuiyk, P.; Kulszewicz-Bajer, I. *New J. Chem.* **2004**, *28*, 1235.

[90] Cheng, H.; Djukic, B.; Jenkins, H. A.; Gorelsky, S. I.; Lemaire, M. T. *Can. J. Chem.* **2010**, *88*, 954.

[91] Lee, A. H. F. Kool, E. T. *J. Am. Chem. Soc.* **2006**, *128*, 9219.

[92] Meyer, K. H. *Org. Synth.* **1928**, *8*, 8.

[93] Wessig, P.; Mollnitz, K. *J. Org. Chem.* **2008**, *73*, 4452.

[94] Sanchez, J. D.; Egris, R.; Perumal, S.; Villacampa, M.; Menendez, J. C. *Eur. J. Org. Chem.* **2012**, 2375.

[95] Gaura, M.; Lohanib, J.; Ramanb, R.; Balakrishnanb, V. R.; Raghunathanc, P.; Eswarana, S. V. *Synth. Metals* **2010**, *160*, 2061.

[96] William, A. D.; Lee, A. C.-E.; Poulsen, A.; Goh, K. C.; Madan, B.; Hart, S.; Tan, E.; Wang, H.; Nagaraj, H.; Chen, D.; Lee, C. P.; Sun, E. T.; Jayaraman, R.; Pasha, M. K.; Ethirajulu, K.; Wood, J. M.; Dymock, B. W. *J. Med. Chem.* **2012**, *55*, 2623.

[97] Hashimoto, H.; Ikemoto, T.; Itoh, T.; Maruyama, H.; Hanaoka, T.; Wakimasu, M.; Mitsudera, H.; Tomimatsu, K. *Org. Proc. Res. Devel.* **2002**, *6*, 70.

[98] Granchi, C.; Roy, S.; Fiandra, C. D.; Tuccinardi, T.; Lanza, M.; Betti, L.; Giannaccini, G.; Lucacchini, A.; Martinelli, A.; Macchiaa, M.; Minutolo, F. *Med. Chem. Commun.* **2011**, *2*, 638.

[99] Venkatesan, H.; Hocutt, F. M.; Jones, T. K.; Rabinowitz, M. H. *J. Org. Chem.* **2010**, *75*, 3488.

[100] Lehnherr, D.; Hallani, R.; McDonald, R.; Anthony, J. E.; Tykwinski, R. R. *Org. Lett.* **2010**, *14*, 62.

[101] Kuninobu, Y.; Seiki, T.; Kanamaru, S.; Nishina, Y.; Takai, K. *Org. Lett.* **2010**, *12*, 5287.

[102] Katona, B. W.; Rath, N. P.; Anant, S.; Stenson, W. F.; Covey, D. F. *J. Org. Chem.* **2007**, *72*, 9298.

[103] Mander, L. N.; McLachlan, M. M. *J. Am. Chem. Soc.* **2003**, *125*, 2.

[104] Valdivia, C.; Kettering, M.; Anke, H.; Thines, E.; Sterner, O. *Tetrahedron* **2005**, *61*, 9527.

[105] Kettering, M.; Valdivia, C.; Sterner, O.; Anke, H.; Thines, E. *J. Antibiot* **2005**, *58*, 390.

[106] Michalak, K.; Michalak, M.; Wicha, J. *J. Org. Chem.* **2010**, *75*, 8337.

[107] Gallos, J. K.; Stathakis, C. I.; Kotoulas, S. S.; Koumbis, A. E. *J. Org. Chem.* **2005**, *70*, 6884.
[108] Yadav, J. S.; Raju, A.; Ravindar, K.; Reddy, B. V. S.; Ghamdib, A. A. K. A. *Synthesis* **2012**, 585.
[109] Gueret, S. M.; O'Connor, P. D.; Brimble, M. A. *Org. Lett.* **2009**, *11*, 963.
[110] Patra, M.; Gasser, G.; Wenzel, M.; Merz, K.; Bandow, J. E.; Metzler-Nolte, N. *Organometallics* **2012**, *31*, 5760.
[111] Lee, J. C.; Francis, S.; Dutta, D.; Gupta, V.; Yang, Y.; Zhu, J.-Y.; Tash, J. S.; Schonbrunn, E.; Georg, G. I. *J. Org. Chem.* **2012**, *77*, 3082.
[112] Talavera, G.; Reyes, E.; Vicario, J. L.; Carrillo, L. *Angew. Chem., Int. Ed.* **2012**, *51*, 4104.
[113] Babudri, F.; Fiandanese, V.; Marchese, G.; Punzi, A. *Tetrahedron* **2000**, *56*, 327.
[114] Zhao, Q.; Han, F.; Romero, D. L. *J. Org. Chem.* **2002**, *67*, 3317.

还原胺化反应

(Reductive Amination)

王歆燕

1 还原胺化反应的定义和机理

1.1 还原胺化反应的定义和历史背景

胺类化合物在有机化学中占有特殊地位，广泛存在于天然产物和合成药物结构中。它们在有机合成中常被用作碱和试剂，也常被广泛应用于纺织助剂、杀虫剂、橡胶防老剂、缓蚀剂和洗涤剂等精细化学品中。

合成胺类化合物的方法很多，常用的一类方法是含氮基团硝基、氰基、叠氮和酰胺等的还原。另一类常用的方法是氨、伯胺或仲胺的烷基化反应，其中常使用卤代烷烃或烷基磺酸酯作为烷基化试剂。但是，在该类反应中经常会出现氨或伯胺的过度烷基化的副反应。还有一种方便而实用的方法，那就是本章讨论的使用醛或酮进行的还原胺化反应。

还原胺化反应被定义为醛或酮化合物与氨、伯胺或仲胺在还原条件下分别生成伯胺、仲胺或叔胺的反应[1]，该反应也被称为胺的还原烷基化反应 (式 1)。

$$R^1R C{=}O + HNR^2R^3 \xrightarrow{[H]} H{-}CR^1R{-}NR^2R^3 \quad (1)$$

R, R^1, R^2, R^3 = H, alkyl, aryl

还原胺化反应可以分为间接还原胺化 (IRN) 和直接还原胺化 (DRN) 两种类型。间接还原胺化反应是首先让羰基化合物和胺反应生成亚胺、烯胺或亚胺鎓离子中间体，然后再进行下一步的还原步骤。在这类反应中，由于不存在竞争还原反应，对还原剂的选择相对比较简单，许多强还原剂或无选择性还原剂都可用于该反应。

而直接还原胺化反应则是指羰基化合物与胺在合适的还原剂存在下反应直接生成高一级胺的反应。该方法比间接还原胺化反应的难度更高，因为在该反应中对还原剂的选择非常重要。合适的还原剂必须在相同的反应条件下优先选择还原亚胺或亚胺鎓离子，而羰基化合物不受影响。由于直接还原胺化反应属于“一锅煮”反应，因此引起了人们更多的关注。

在直接还原胺化反应中常用的还原方法有两种类型：一种是催化氢化的方法，另一种是使用氢化试剂的方法。早在 1921 年，Mignonac 将羰基化合物和氨在镍催化下与氢气进行反应成功地合成出相应的伯胺，这是最早进行的催化氢化还原胺化反应[2]。

而使用氢化试剂进行的直接还原胺化反应研究则可以追溯到 19 世纪末期。1885 年，Leuckart 使用甲酸还原羰基化合物与胺的混合物得到高一级胺产物。1905 年，Wallach 使用金属氢化物成功地实现了相同的转变[4]。现在，该方法被称为 Leuckart-Wallach 反应[3]。在直接还原胺化反应中，使用得最多的氢化试剂是各种硼氢化试剂。从 20 世纪 50 年代开始，出现了使用氢化试剂还原 Schiff 碱的报道[5]。1963 年，Schellenberg 等人首次报道了使用 $NaBH_4$ 作为还原剂在 0 °C 下进行的直接还原胺化反应[6]。虽然 $NaBH_4$ 还原羰基的速度很快，但是在低温条件下还原胺化反应进行的速度却比羰基的还原反应更快。因此，通过选择合适的底物可以得到高达 91% 的产率。随着人们对还原胺化反应深入的研究，一些新的选择性还原试剂陆续被开发出来。1971 年，Borch 等人将选择性更高的还原剂 $NaBH_3CN$ 用于直接还原胺化反应[7]。1989 年，Abdel-Magid 等人将毒性更低的 $NaBH(OAc)_3$ 引入该反应，取得了很好的选择性还原效果[8]。虽然还原胺化是一个历史悠久的反应，但是由于它的高效性和操作简便等原因，迄今为止仍然是现代有机合成中重要而且常用的反应之一。

1.2 还原胺化反应的机理

以丙酮与伯胺的反应为例，还原胺化反应的机理主要包括亚胺中间体的生成和还原两个步骤。如式 2 所示：首先，胺中氮原子上的孤对电子对羰基碳原子进行亲核进攻，质子从氮原子转移到氧原子上生成电中性的醇胺中间体 **1**。**1** 随后脱水生成亚胺中间体 **2**，接着被还原得到相应的胺化物。

:O: + H–N(R)–H ⇌ :O:⁻ / NH₂R⁺ ⇌

:OH / NHR (**1**) ⇌ (– H_2O) NR (**2**) → ([H]) H–N–R

(2)

2 催化氢化还原胺化反应综述

催化氢化还原胺化反应通常是在催化剂和溶剂的存在下，在常压或者加压的氢气氛中进行。但是，该方法存在羰基化合物与亚胺中间体的竞争性还原反应及其副产物。如果使用醛作为反应底物，醛可能被还原生成醇,并进一步与醛发生醇醛缩合反应。此外，胺和醇还有可能被还原生成烷烃化合物。所以，有效控制反应的化学选择性是影响该反应成功的最重要因素。

2.1 底物结构的影响

2.1.1 位阻效应

当羰基或氨 (胺) 基的邻位官能团增大时，生成亚胺中间体和进一步氢化反应的速率都将降低。因此，反应的产率和选择性受底物中位阻影响很大。通常情况下，底物的位阻越大，生成伯胺产物的选择性越高。如式 3 所示[1c]：邻甲基环己酮与氨的反应主要生成伯胺，没有仲胺的产生。但是，位阻较小的对甲基环己酮与氨的反应则生成几乎等量的伯胺和仲胺的混合物。如式 4 所示[9]：将柠檬烯转化成醛后与丙胺反应，以 95% 的产率得到产物 **6**，而与异丙胺的反应产率则下降到 83%。

NH_3, H_2, Rh/C, 70 bar, 100 °C → **3** + **4** + **5** (3)

R = 2-Me, **3**:**4**:**5** = 80:0:20
R = 4-Me, **3**:**4**:**5** = 44:40:16

H_2 (40 bar), $HRhCO(PPh_3)_3$, RNH_2, THF, 100 °C, 5 h → **6** (4)

R = *n*-Pr, 95%
R = *i*-Pr, 83%

由于大位阻的底物会导致亚胺中间体的生成速率减慢，因此过于缓慢的亚胺生成速率会增加羰基化合物还原成为醇的机会。如式 5 所示[10]：苯甲醛与苄胺的反应只检测到 5% 的苯甲醇。将苄胺换成二苄胺后，则根本不能得到还原胺化的产物，而苯甲醛全部被还原成为苯甲醇。因此，最好在氢化还原前预先将这类底物混合后放置一段时间，使之完全生成亚胺后再进行还原胺化反应。此外，增加催化剂的用量也将有利于大位阻底物的反应。

$$\text{PhCHO} \xrightarrow[\substack{R = H,\ \mathbf{7}:\mathbf{8} = 95:5 \\ R = Bn,\ \mathbf{7}:\mathbf{8} = 0:100}]{\text{BnNHR, Pd(PhCN)}_2\text{Cl}_2\text{, H}_2\text{ (200 psi), BQC, H}_2\text{O, 100 }^\circ\text{C}} \mathbf{7} + \mathbf{8} \quad (5)$$

BQC

2.1.2 电子效应

除了位阻效应外，电子效应也会影响到还原胺化反应是否进行以及反应的选择性。如式 6 所示[1c]：在 Raney Ni 的催化下，萘甲醛与氨不能生成还原胺化产物，萘甲醛被还原生成相应的醇。但是，使用位阻更大的邻甲氧基萘甲醛却能够在同样的条件下得到伯胺产物。很显然，在该反应中芳环上取代基的电子效应是主要影响因素。

$$\xrightarrow[\substack{R = H,\ 3\ h,\ \mathbf{9}:\mathbf{10} = 0:67 \\ R = OMe,\ 3\ h,\ \mathbf{9}:\mathbf{10} = 61:8}]{\text{NH}_3\text{, Raney Ni, 60 }^\circ\text{C}} \mathbf{9} + \mathbf{10} \quad (6)$$

2.2 反应中常用的催化体系

2.2.1 非均相催化体系

在催化还原胺化反应中，金属非均相催化剂已经有较长的应用历史。在早期的文献中最常用的催化剂是 Raney Ni，由于其催化活性较好且价格相对便宜，至今仍常用于该反应。如式 7 所示[11]：在 Raney Ni 的催化下，邻甲氧基苯乙酮与 α-甲基苄胺的直接还原胺化反应可以得到高达 97% 的产率。

$$\xrightarrow[97\%,\ 98\%\ de]{\text{Raney Ni, Ti(O}i\text{-Pr)}_4\text{, H}_2\text{ (20 bar), rt, 24 h}} \quad (7)$$

使用负载的贵金属催化剂可以在更温和的条件下催化还原胺化反应，提高反应的产率和选择性。Pd/C 是其中最常用的一种催化剂。如式 8 所示[12]：在 Pd/C 催化下，化合物 **11** 通过分子内还原胺化反应得到喹诺里西啶 (Quinolizidine) 类产物 **12**。

N-Cbz CO$_2$Me O **11** —— 10% Pd/C, H_2, rt, 16 h / 90% ——→ H N CO$_2$Me **12** (8)

苯甲醛与胺的直接还原胺化反应一般不使用 Pd/C 催化氢化的条件，因为在该条件下苯甲醛很容易被还原成苯甲醇或者被氢解成为甲苯。Hu 等人在 Pd/C 催化氢化体系中加入少量的 $CHCl_3$，通过 $CHCl_3$ 的氢化去氯反应释放出来的 HCl 来调节 Pd/C 催化剂的催化活性。如式 9 所示[13]：取代苯甲醛与胺的直接还原胺化反应可以在常压下完成，以几乎定量的产率直接得到产物的盐酸盐。

CHO —— NH_2Bu, Pd/C, H_2 (1 atm), MeOH, $CHCl_3$, rt, 4 h / 98% ——→ NHBu·HCl (9)

除氢气外，Pd/C 催化的还原胺化反应还可以使用甲酸胺作为氢源进行转移氢化反应。如式 10 所示[14]：苯胺与脂肪醛可以在该条件下顺利反应，得到单烷基取代的胺化反应产物，即使是使用大位阻的新戊醛也可以得到很高的产率。

NH_2 + H(C=O)R —— NH_4CO_2H, Pd/C, aq. *i*-PrOH, rt, 0.5 h / R = Et, 94%; R = *t*-Bu, 97% ——→ PhNHCH$_2$R (10)

2.2.2 均相催化体系

虽然非均相催化剂具有价格便宜和操作简便等优点，但是它们难以通过结构修饰来控制催化剂的活性。为了克服上述缺点，一些金属配合物被作为均相催化剂用于还原胺化反应。其中，各种铱配合物是使用最多的均相催化剂。如式 11 所示[15]：在 $[Ir(cod)_2]BF_4$ 的催化下，苯甲醛或丙醛都可以与苄胺进行直接还原胺化反应。使用铱卡宾配合物作为催化剂，苯甲醛可以与胺进行直接还原胺化反应。其中，异丙醇既作为溶剂又作为反应的氢源 (式 12)[16]。Xiao 等人使用铱配合物 **13** 催化脂肪酮与胺的直接还原胺化反应，得到大于 90% 的产率 (式 13)[17]。

RCHO + $BnNH_2$ —— $[Ir(cod)_2]BF_4$, H_2 (50 atm), rt / R = Ph, 3 h, 94%; R = Et, 0.5 h, > 99% ——→ RCH$_2$NHBn (11)

$$\text{PhCHO} + \text{RNH}_2 \xrightarrow[\substack{\text{R = Ph, 0.5 h, 100\%} \\ \text{R = }i\text{-Pr, 24 h, 76\%}}]{\substack{\text{1. } K_2CO_3,\ i\text{-PrOH, 20 °C, 1 h} \\ \text{2. [(cod)Ir(PPh}_3\text{)NHC]BF}_4\text{, reflux}}} \text{PhCH}_2\text{NHR} \quad (12)$$

$$\xrightarrow[98\%]{\textbf{13}\text{, HCO}_2\text{H, Et}_3\text{N, MeOH, 80 °C, 1 h}} \quad (13)$$

Muller 等人报道，使用 $Pd_2(dba)_3$ 也可催化还原胺化反应的进行。如式 14 所示[18]：在 $Pd_2(dba)_3$ 的催化下，化合物 **14** 首先被转化成为醛化合物 **15**，然后在体系中再加入胺进行还原胺化反应。

$$\textbf{14} \xrightarrow{Pd_2(dba)_3\cdot CHCl_3,\ N\text{-Ac-Phe, DCE, rt, 15 min}} \textbf{15} \xrightarrow[\text{65\% for two steps}]{Et_2NH,\ H_2\text{ (1 atm), rt, 2 h}} \quad (14)$$

近年来，一些简单的铁化合物也被用作还原胺化反应的均相催化剂。如式 15 所示[19]：Bhanage 等人使用硫酸铁作为催化剂和 EDTA-Na_2 作为配体，可使苯胺和苯甲醛的直接还原胺化反应在水溶液中完成。在 $Fe_3(CO)_{12}$ 的催化下，苯甲醛与对甲氧基苯胺以 97% 的产率完成直接还原胺化反应(式 16)[20]。

$$\text{PhCHO} + \text{PhNH}_2 \xrightarrow[90\%]{\substack{FeSO_4\cdot 7H_2O,\ H_2O,\ \text{EDTA-}Na_2 \\ H_2\text{ (400 psi), 150 °C, 12 h}}} \text{PhCH}_2\text{NHPh} \quad (15)$$

$$\text{PhCHO} + p\text{-MeOC}_6\text{H}_4\text{NH}_2 \xrightarrow[97\%]{\substack{Fe_3(CO)_{12},\ \text{PhMe} \\ H_2\text{ (50 bar), 65 °C, 24 h}}} \text{PhCH}_2\text{NH-}p\text{-C}_6\text{H}_4\text{OMe} \quad (16)$$

3 使用还原试剂的还原胺化反应综述

催化氢化还原胺化反应具有简便、经济和高效等优点，特别适合于大量制备的合成反应。但是，如果底物分子中含有对催化氢化敏感的官能团 (例如：碳-碳双键、三键、硝基或氰基等)，则不能使用该方法。此外，如果底物分子中含有二价硫原子，则会使催化剂失活而不能使用催化的方法。此时，使用还原试剂进行的还原胺化反应则可以很好地解决上述问题。

3.1 羰基组分

3.1.1 醛

许多醛化合物都可以与胺顺利地发生还原胺化反应，其中以脂肪醛的反应活性更高。脂肪醛与伯胺反应时容易发生二烷基化反应生成叔胺产物，因为生成的仲胺比底物伯胺的活性更高。在这些情况下，需要使用间接还原胺化的方法来增加化学选择性。例如：使用过量的胺或者至少等物质的量的胺首先与脂肪醛反应得到亚胺中间体，然后再进行还原反应以保证得到单烷基化的产物[21]。如果使用多聚甲醛进行反应，也可以在多聚甲醛过量的情况下，加入醇钠生成亚胺中间体。然后，再经还原得到单甲基化产物 (式 17[22]和式 18[23])。

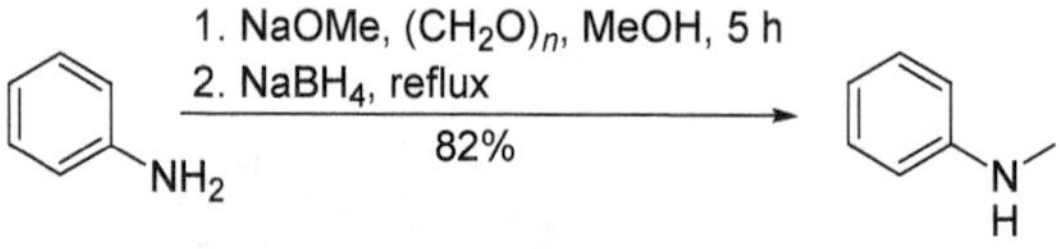

1. NaOMe, $(CH_2O)_n$, MeOH, 5 h
2. $NaBH_4$, reflux
82%

(17)

1. NaOMe, $(CH_2O)_n$, MeOH
50 °C, 20 h
2. $NaBH_4$, reflux, 1 h
63%

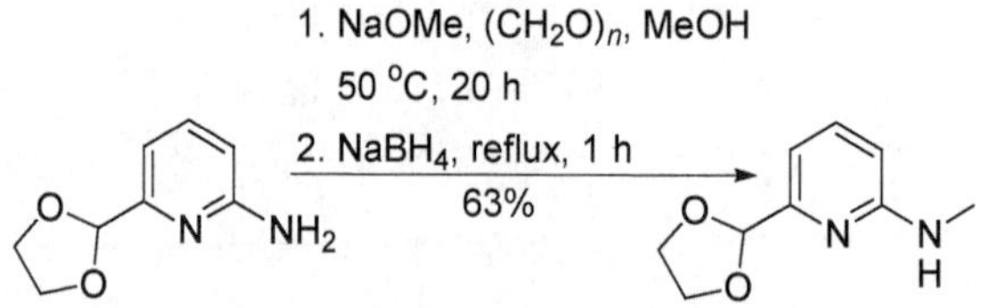

(18)

2010 年，Timmer 等人使用 $NaBH_3CN$ 作为还原剂，通过直接还原胺化反应实现了脂肪醛与氨的单烷基化反应。如式 19 所示[24]：该反应的产率很高，产物中二烷基化物所占的比例很小。

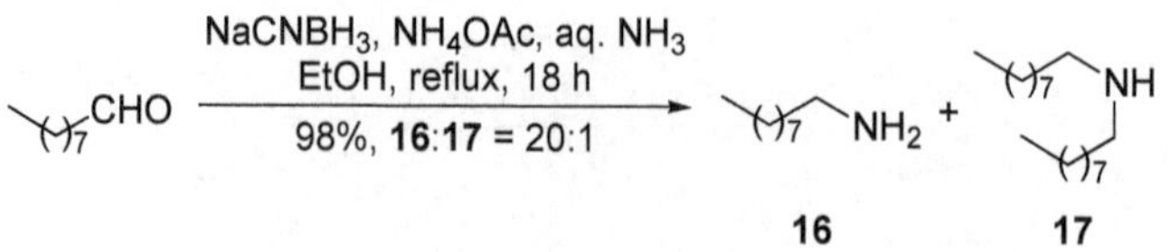

$NaCNBH_3$, NH_4OAc, aq. NH_3
EtOH, reflux, 18 h
98%, **16**:**17** = 20:1

(19)

16 **17**

芳香醛与胺生成亚胺的反应速度相对较慢。如果使用 $NaBH_4$ 作为还原剂，一般只适合使用间接还原胺化的方法 (式 20)[25]。选择合适的还原剂，也可对其进行直接还原胺化反应 (式 21)[21a]。

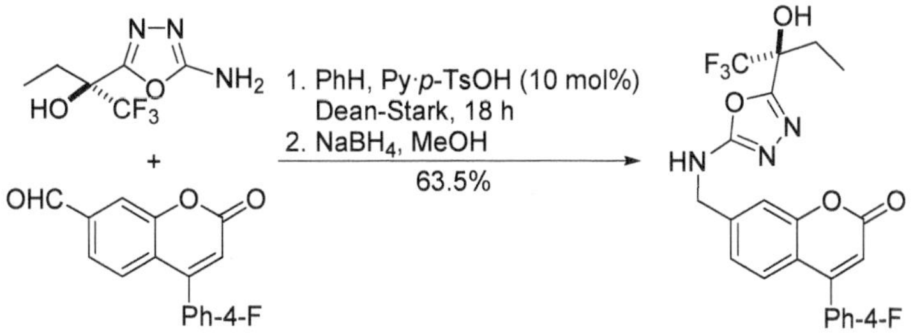

1. PhH, Py·*p*-TsOH (10 mol%), Dean-Stark, 18 h
2. $NaBH_4$, MeOH
63.5%

(20)

$NaBH(OAc)_3$, AcOH
CH_2Cl_2, 1.5 h
96%

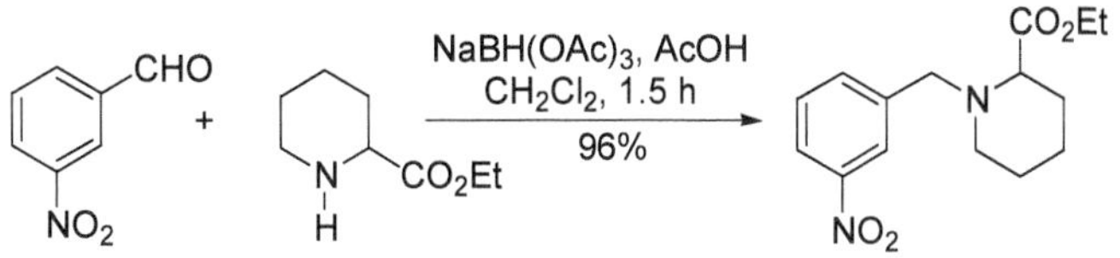

(21)

3.1.2 酮

脂肪酮和环酮是还原胺化反应中的活性底物，有些环酮的反应活性甚至比脂肪醛还要高。在一般情况下，酮与伯胺的反应不会得到二烷基化的产物 (式 22)[26]。烷基芳基酮较容易与伯胺或仲胺发生还原胺化反应 (式 23)[27]，但二芳基酮的反应活性则很低。如式 24 所示[27]：即使加入路易斯酸进行活化所得产率仍然不高。不饱和酮由于亲电性较弱，因此也不容易发生反应。

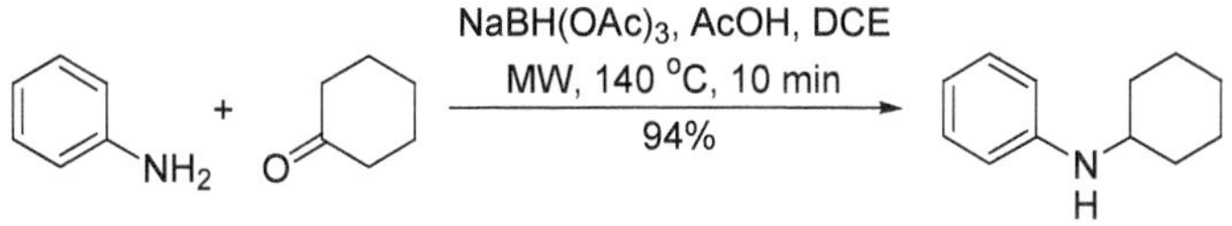

$NaBH(OAc)_3$, AcOH, DCE
MW, 140 °C, 10 min
94%

(22)

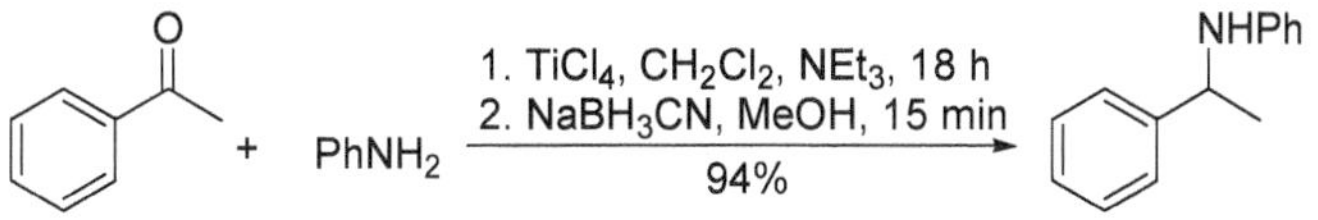

+ $PhNH_2$
1. $TiCl_4$, CH_2Cl_2, NEt_3, 18 h
2. $NaBH_3CN$, MeOH, 15 min
94%

(23)

+ *t*-$BuNH_2$
1. $TiCl_4$, CH_2Cl_2, NEt_3, 18 h
2. $NaBH_3CN$, MeOH, 15 min
52%

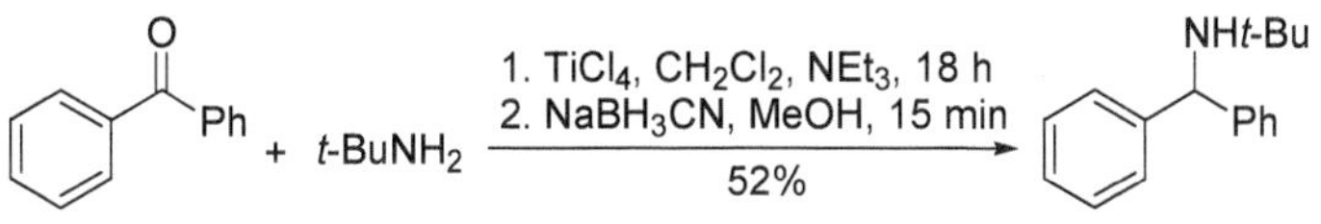

(24)

烯醇醚可以作为酮的等价物参与还原胺化反应 (式 25)[28]。一些活性不高的杂环胺化合物与烯醇醚的反应也能得到很高的产率 (式 26)[28]。

NaBH(OAc)$_3$, HOAc, DCE, rt, 2 h, 78% (25)

NaBH(OAc)$_3$, HOAc, DCE, rt, 2 h, 96% (26)

由于醛的反应活性高于酮，同时含有醛基和酮羰基的底物优先在醛基上发生还原胺化反应。如式 27 所示[29]：对乙酰基苯甲醛分子中的醛基与二乙胺发生还原胺化反应，而酮羰基保持不变。

NaBH$_4$, [B-N], amide, CH$_2$Cl$_2$, rt, 0.5 h, 88% (27)

3.1.3 多羰基化合物

分子中含有两个以上羰基的化合物 (例如：二醛、二酮、醛酮、醛酸、酮酸或酮酸酯等) 可以与伯胺发生两次还原胺化反应。若使用 1,4-、1,5- 或 1,6-二羰基化合物作为底物，则可以生成环胺化合物。如式 28[30]和式 29[31]所示：这种分子内还原胺化反应是制备含有环胺结构生物碱的一种有效方法。

BnNH$_2$, NaBH(OAc)$_3$, THF, rt, 12 h, 85% (28)

HCO$_2$NH$_4$, NaBH$_3$CN, MeOH, rt, 24 h, 53% (29)

Castanospermine

3.2 胺组分

在还原胺化反应中，最简单的胺组分是乙酸铵、三氟乙酸铵等铵盐。如式 30

所示[32]：在 $NaBH_3CN$ 的作用下，苯并环酮化合物与乙酸铵反应可以得到伯胺产物。

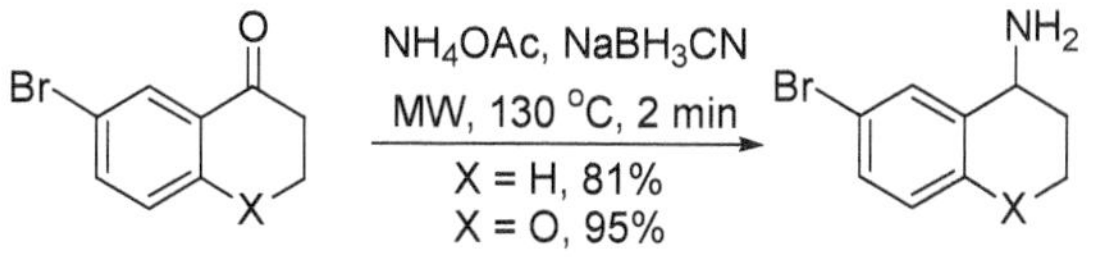

(30)

绝大多数脂肪伯胺和仲胺以及芳香胺均可用于还原胺化反应。使用伯胺进行的反应容易发生二烷基化的副反应，与醛进行反应时尤为明显。因此，需要控制羰基化合物的用量和选择合适的还原剂来降低该副反应。

位阻大的胺 (例如：叔丁胺、三苯基甲胺或二取代苄胺等) 都可以与醛容易地发生还原胺化反应 (式 31)[33]。叔丁胺甚至可以与二苯甲酮反应得到中等产率的仲胺 (式 24)。

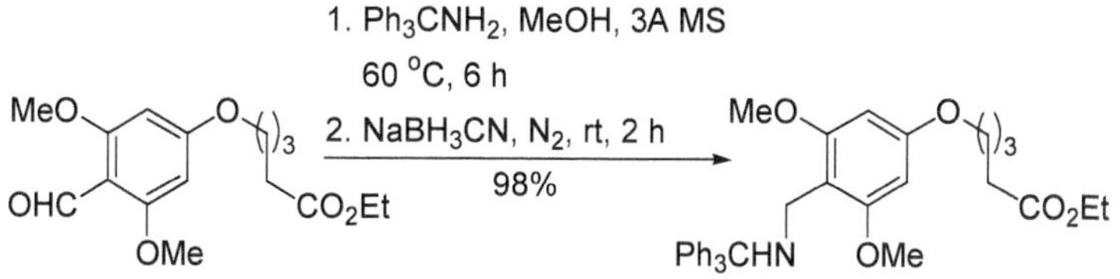

(31)

缺电子苯胺也是还原胺化反应中常用的底物，可以容易地与醛、脂肪酮和非环酮发生反应 (式 32)[34]。但是，仲芳胺与芳醛或芳酮的反应则较难进行。

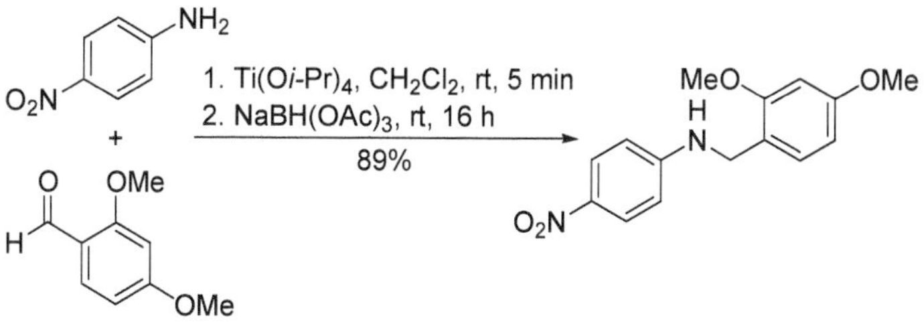

(32)

酰胺或脲等含有弱亲核性氮原子的化合物一般也不用于还原胺化反应，到目前为止只有少数例子被报道。如式 32 所示[35,36]：在 TMSCl 和 AcOH 的作用下，脲与苯甲醛首先反应生成亚胺，然后再使用 $NaBH_4$ 还原得到相应的产物。其中，TMSCl 同时起到脱水和还原的作用。

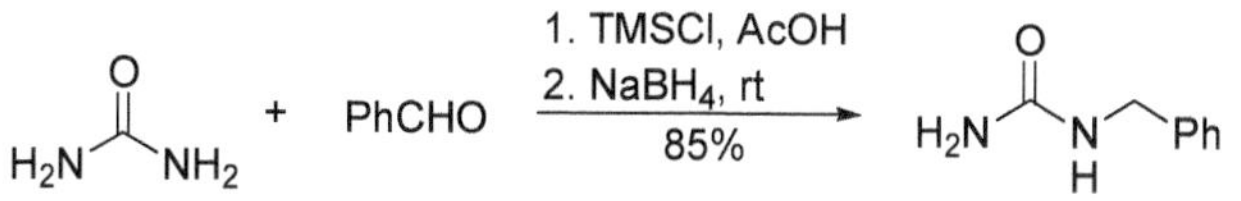

(33)

当分子中同时存在伯胺和仲胺时，伯胺优先发生反应。如式 34[37]和式 35[38]

所示：含有伯脂肪胺和仲芳胺的化合物 **18** 和 **19** 均表现出高度的化学选择性。

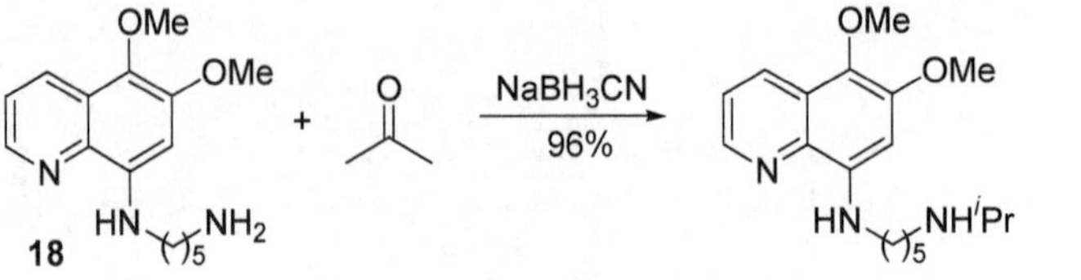

$$\text{18} + \text{acetone} \xrightarrow[96\%]{NaBH_3CN} \text{product} \quad (34)$$

$$\text{19} + \text{aldehyde} \xrightarrow[83\%]{NaBH(OAc)_3,\ AcOH,\ CH_2Cl_2} \text{product} \quad (35)$$

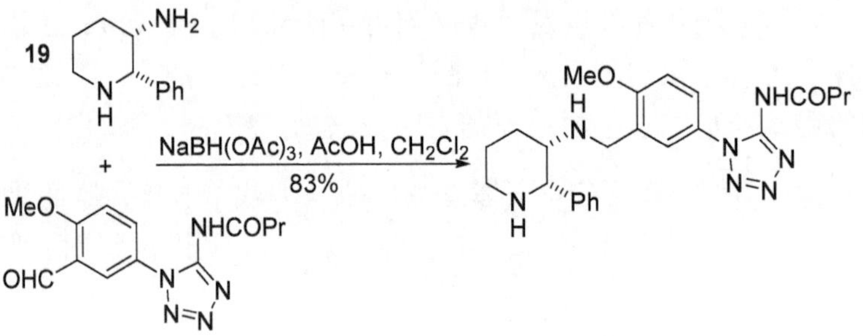

3.3 还原试剂

在还原胺化反应中，使用最多的氢化还原试剂是硼氢化试剂。近年来，硅氢化试剂、锡氢化试剂和 Hantzsch 酯等有机小分子氢化试剂也逐渐被用于该反应。

3.3.1 硼氢化试剂

3.3.1.1 硼氢化钠 ($NaBH_4$)

$NaBH_4$ 是硼氢化还原试剂中最简单和最早使用的一种试剂。与其它硼氢化还原试剂相比，该试剂的毒性较小。但是，由于 $NaBH_4$ 在还原亚胺的同时，也容易对醛酮进行还原，从而具有较低的选择性。因此，该试剂是间接还原胺化反应中常用的还原剂。或者可以先将胺组分和羰基组分混合搅拌至亚胺完全生成后，再加入 $NaBH_4$ (式 36)[39]。由于亚胺在醇溶剂中的生成速度更快，因此使用 $NaBH_4$ 作为还原试剂的反应通常在醇溶剂中进行。

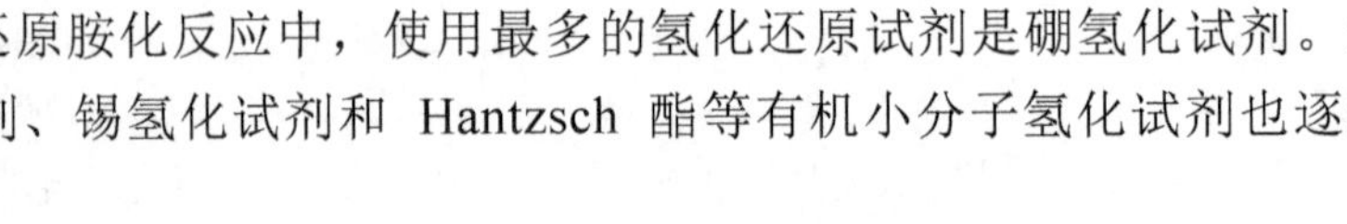

$$\xrightarrow[91\%]{1.\ BnNH_2,\ AcOH,\ rt,\ 0.5\ h;\ 2.\ NaBH_4,\ MeOH,\ 65\ ^{\circ}C,\ 12\ h} \quad (36)$$

在直接还原胺化反应中使用 $NaBH_4$ 作为还原试剂时，特别是对于含有弱亲电性的羰基官能团、弱亲核性的胺以及大位阻反应中心等不利于亚胺生成的底物，通常需要在体系中加入酸或其它助剂来促进亚胺的生成以及提高亚胺的反应活性，从而提高反应的选择性。

如式 37 所示[40]：在体系中加入胍盐酸盐，使用 $NaBH_4$ 可使呋喃甲醛与苯胺的直接还原胺化反应得到几乎定量的产率。即使使用弱亲核性的对甲氧基苯胺作为底物，也可以得到 91% 的产率。在该条件下，新戊醛等大位阻的醛与苯胺的反应也能快速地完成。如果在 $NaBH_4$ 体系中加入 $H_3PW_{12}O_{40}$ 作为催化剂，可以使新戊醛与苯胺的反应以定量的产率完成 (式 38)[41]。

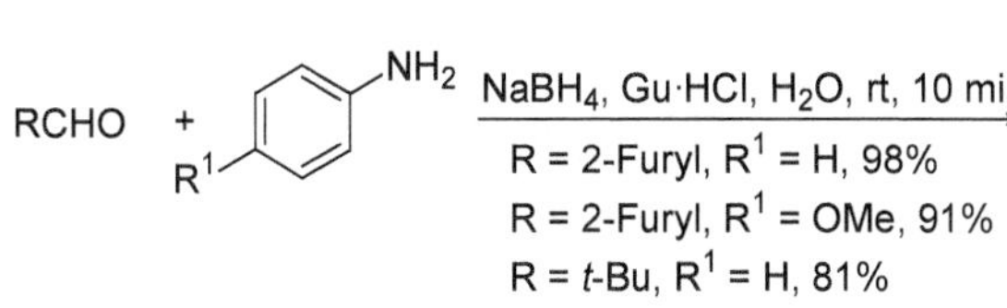

RCHO
NH2
R1
NaBH4, Gu·HCl, H2O, rt, 10 min
R = 2-Furyl, R1 = H, 98%
R = 2-Furyl, R1 = OMe, 91%
R = t-Bu, R1 = H, 81%
H
N
R

(37)

O
H
NH2
NaBH4, H3PW12O40
MeOH, rt, 0.5 h
100%
H
N

(38)

钛盐也是还原胺化反应中常用的助剂之一。如式 39 所示[42]：在反应中加入钛盐可以与羰基化合物和胺生成配合物，接着在 $NaBH_4$ 的作用下被还原。Brunel 将该方法用于孕酮与二胺的反应中，孕酮分子中的 α,β-不饱和羰基也能顺利地进行反应 (式 40)[43]。

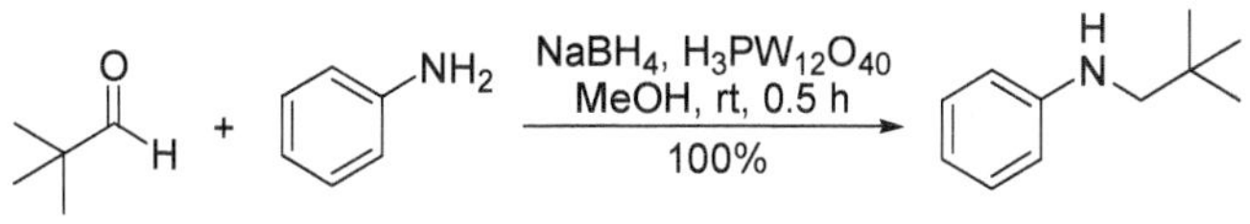

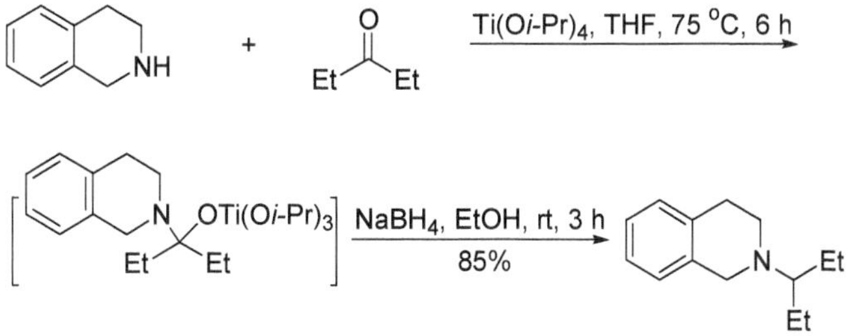

NH
O
Et
Et
Ti(Oi-Pr)4, THF, 75 °C, 6 h
N
OTi(Oi-Pr)3
Et
Et
NaBH4, EtOH, rt, 3 h
85%
N
Et
Et

(39)

O
O
H2N
NH2
1. Ti(Oi-Pr)4, MeOH, 20 °C, 12 h
2. NaBH4, –78 °C, 2 h
63%, > 95% de
H
N
NH2
H2N
NH

(40)

近年来，离子液体也被用于还原胺化反应。如式 41 所示[44]：苯胺与苯甲

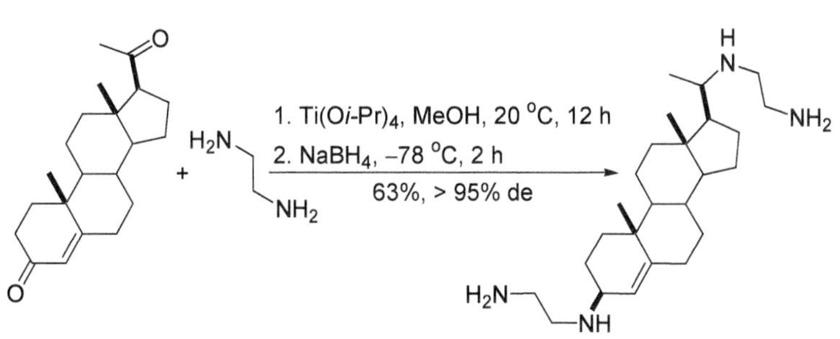

醛或苯甲酮均可在 Brønsted 酸离子液体 (HMIm)BF_4 中进行还原胺化反应。

$$\text{PhCOR} + \text{PhNH}_2 \xrightarrow[\substack{R = H,\ 4\ h,\ 94\% \\ R = Me,\ 6\ h,\ 82\%}]{NaBH_4,\ (HMIm)BF_4,\ rt} \text{PhNHCH(R)Ph} \quad (41)$$

3.3.1.2 氰基硼氢化钠 ($NaBH_3CN$)

1971 年，Borch 等人首次将选择性更高的还原剂 $NaBH_3CN$ 引入到还原胺化反应中[7]。与 $NaBH_4$ 相比较，$NaBH_3CN$ 中拉电子的氰基降低了氢负离子的活性。$NaBH_3CN$ 是一种商品化的试剂，固体试剂或在不同溶剂中形成的溶液均可用于该目的。

该试剂最大的特点是在不同 pH 值时具有不同的选择性。在 pH = 3~4 时可以有效地还原醛或酮，而在 pH = 6~8 时，亚胺优先于醛或酮被还原。因此，在中性或弱酸性条件下，使用 $NaBH_3CN$ 可以使胺与醛或酮选择性地生成亚胺并进一步完成还原胺化反应而不会生成醛或酮被还原的副产物 (式 42)[45]。这一特性使得该试剂迅速成为还原胺化反应中常用的氢负离子源，特别是在直接还原胺化反应中被广泛使用。

$$\xrightarrow[75\%]{EtCHO,\ NaBH_3CN,\ MeOH,\ 50\ ^{\circ}C,\ 12\ h} \quad (42)$$

对于大多数使用 $NaBH_3CN$ 进行的反应，醇是最常用的溶剂，MeCN 和 THF 也常被用于该反应的溶剂。为了获得更好的产率，有时可以先将胺组分和羰基组分混合搅拌至亚胺完全生成后再加入 $NaBH_3CN$ (式 43)[46]。在反应体系中加入分子筛除水也有利于反应的进行，Na_2SO_4 和 $MgSO_4$ 也被用于该目的。

$$\xrightarrow[70\%]{1.\ NH_2Bn,\ CH_2Cl_2,\ 20\sim40\ ^{\circ}C;\ 2.\ NaBH_3CN,\ rt,\ 20\ h} \quad (43)$$

使用 $NaBH_3CN$ 作为还原剂，脂肪醛与芳胺、芳酮与脂肪胺、脂肪酮与伯胺和仲胺或氨的还原胺化反应均可得到较好的产率。但是，当羰基化合物的位阻过大时产率会明显降低，甚至不能发生反应 (式 44)[7]。在芳胺与芳醛的还原胺化反应中，添加少量弱酸有助于反应产率的提高 (式 45)[47]。

$$\text{PhC(O)R} + \text{HN(Me)R}^1 \xrightarrow[\substack{R = Me,\ R^1 = Et,\ 90\% \\ R = i\text{-Pr},\ R^1 = Me,\ 5\% \\ R = t\text{-Bu},\ R^1 = Me,\ 0 \\ R = Ph,\ R^1 = Me,\ 0}]{\text{NaBH}_3\text{CN, HCl (5.0 mol/L) in MeOH, rt, 48 h}} \text{PhCH(R)NMe}_2 \quad (44)$$

$$\text{9-aminoacridine} + \text{3,4,5-(MeO)}_3\text{C}_6\text{H}_2\text{CHO} \xrightarrow[68\%]{\text{NaBH}_3\text{CN, 1\% AcOH in MeOH, rt, 3 h}} \text{9-[3,4,5-(MeO)}_3\text{C}_6\text{H}_2\text{CH}_2\text{NH]acridine} \quad (45)$$

在使用 $NaBH_3CN$ 的反应中，加入路易斯酸可以与羰基氧原子形成配合物。因此，可以增加羰基碳原子的亲电性而有利于亚胺的生成。此外，路易斯酸还可以与亚胺中间体配位，从而增加其亲电性。$TiCl_4$ 是常用的一种路易斯酸试剂 (式 46)[48]，$Ti(O\textit{i}\text{-}Pr)_4$ 也常用于使用 $NaBH_3CN$ 进行的反应中。$Ti(O\textit{i}\text{-}Pr)_4$ 比 $TiCl_4$ 的反应活性低，但可以更好地与酸敏性官能团兼容，例如：缩醛、缩酮、酯基、酰胺、脲或碳酰胺等 (式 47)[49]。

$$\text{Ph}_2\text{CO} + \text{CH}_2\text{=CHCH}_2\text{NH}_2 \xrightarrow[95\%]{\text{1. TiCl}_4\text{, CH}_2\text{Cl}_2\text{, 0~25 }^\circ\text{C, 3 h; 2. NaBH}_3\text{CN, rt, 1 h}} \text{Ph}_2\text{CHNHCH}_2\text{CH=CH}_2 \quad (46)$$

$$\text{N-Boc-4-piperidone} + \text{ethyl piperidine-4-carboxylate} \xrightarrow[82\%]{\text{1. Ti(O}i\text{-Pr)}_4\text{, 1 h; 2. NaBH}_3\text{CN, MeOH, 20 h}} \text{1-(1-Boc-piperidin-4-yl)piperidine-4-CO}_2\text{Et} \quad (47)$$

锌试剂是另一类常用的路易斯酸试剂。1985 年，Kim 等人首次在使用 $NaBH_3CN$ 进行的反应中加入 $ZnCl_2$ 试剂 (式 48)[50]。随后，$ZnBr_2$ 和 ZnI_2 也被用于该反应。

$$\text{CH}_3\text{COCH}_2\text{CO}_2\text{Et} + \text{morpholine} \xrightarrow[65\%]{\text{NaBH}_3\text{CN, ZnCl}_2\text{, MeOH, 48 h}} \text{CH}_3\text{CH(N-morpholino)CH}_2\text{CO}_2\text{Et} \quad (48)$$

3.3.1.3 三乙酰氧基硼氢化钠 $[NaBH(OAc)_3]$

虽然 $NaBH_3CN$ 在还原胺化反应中得到了广泛的使用，但该试剂不能很好地应用于弱碱性胺的反应中，并且容易在产物中造成氰化物污染。此外，$NaBH_3CN$ 的毒性很强，并且在后处理阶段还会产生 HCN 和 NaCN 等剧毒物。因此在 20 世纪 80 年代到 90 年代早期，人们陆续引入其它试剂进行还原胺化反应。其中，最成功的试剂就是 $NaBH(OAc)_3$。

1989 年，Abdel-Magid 等人在大量制备候选药物中间体 **22** 时发现，将酮化合物 **20** 和胺化合物 **21** 生成亚胺后再用 $NaBH_3CN$ 还原虽然可以得到较高的产率，但是产物中残余的氰化物含量却无法达标。在随后的工艺改进中，他们尝试将商品化试剂 $NaBH(OAc)_3$ 引入该反应，得到了几乎定量的产率。这是使用 $NaBH(OAc)_3$ 进行的第一例还原胺化反应 (式 49)[8]。

MeO Me O 20 + Ph H2N 21 OMe OMe → MeO Me N OMe OMe Ph

NaBH(OAc)3, DCE ↓ (49)

MeO Me N H OMe OMe 22 Ph ← NaBH3CN, MeOH 60%

使用 $NaBH(OAc)_3$ 进行的还原胺化反应通常在室温下进行，后处理简单且得到较高的产率。由于 $NaBH(OAc)_3$ 可以与甲醇和水反应，所以该试剂常在非质子溶剂中使用，例如：二氯甲烷、二氯乙烷、四氢呋喃和乙腈等。

在使用 $NaBH(OAc)_3$ 进行的还原胺化反应中，加入等物质的量的弱酸或使用胺的弱酸盐为底物可以增加反应的速率。乙酸是常用的一种弱酸，加入强酸或胺的强酸盐可能会使反应完全终止。对于使用酮为底物的反应，加入乙酸可以促进还原胺化反应的进行 (式 50)[51]。而对于醛的反应，一般不需要加入酸 (式 51)[52]，因为酸性条件有利于将醛还原成相应的醇。在一些情况下，使用乙酸可能会增加副反应的发生，此时换用三氟乙酸可以抑制或减少副反应。如式 52 所示[53]：当体系中没有酸的存在时，醛化合物 **23** 与苯胺化合物 **24** 的反应只有不到 5% 的转化率。加入乙酸后，在室温过夜反应可以达到 30% 的转化率。而换用三氟乙酸后，在 $-15\,^{\circ}C$ 下只需要 10 min 即可以 83% 的分离产率得到产物 **25**。

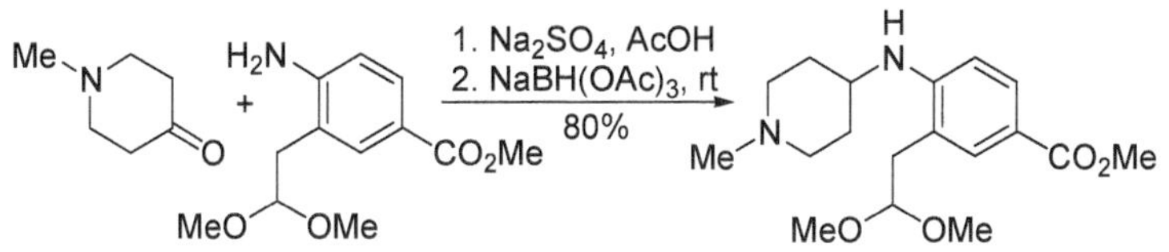

(50)

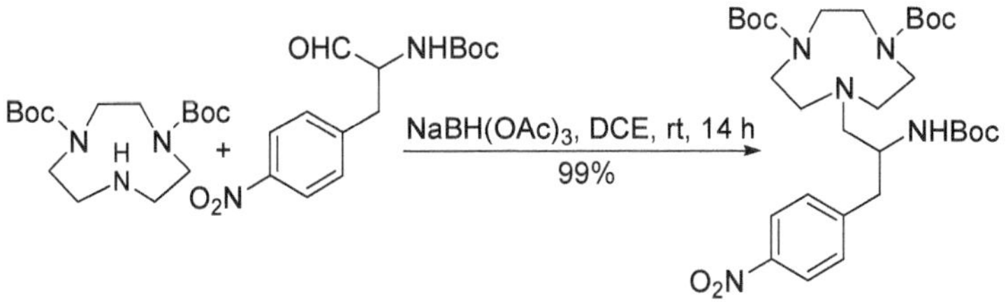

(51)

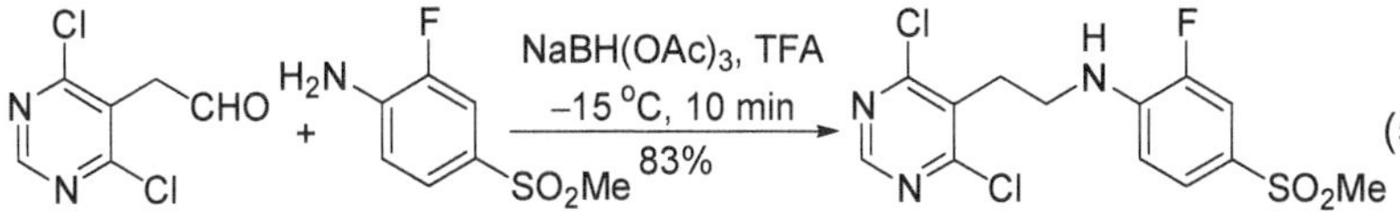

(52)

在使用 $NaBH(OAc)_3$ 的条件下，许多脂肪醛、芳香醛以及脂肪酮都能很好地发生还原胺化反应。但是，芳香酮、不饱和酮以及一些大位阻的酮与大位阻胺的反应则不能得到很好的结果。弱碱性的胺在该条件下也能进行反应（式 53）[21a]，甚至对甲苯磺酰胺与苯甲醛的反应也能够得到较高的产率（式 54）[21a]。但是，酮与对甲苯磺酰胺则不能发生反应。

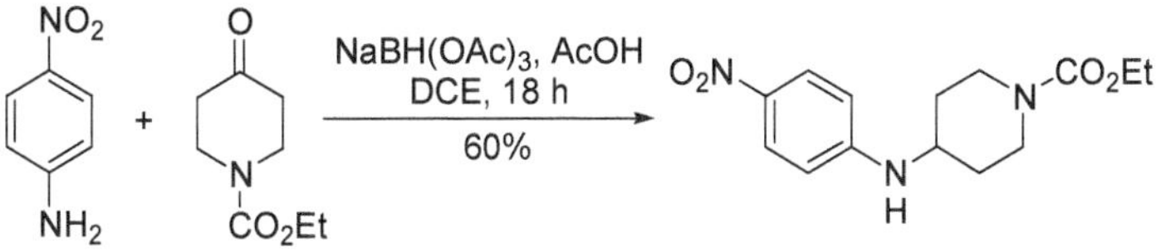

(53)

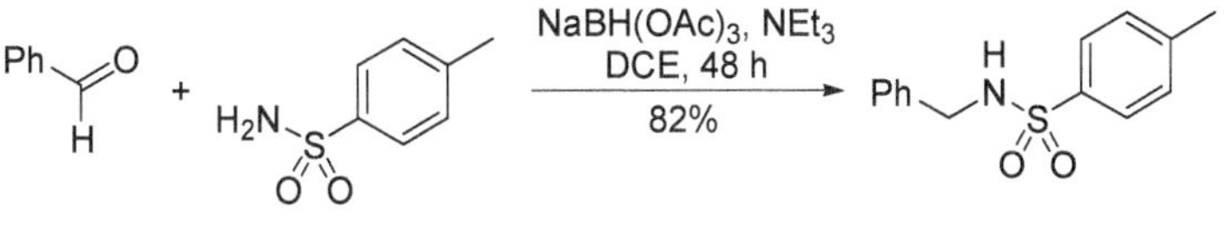

(54)

对于一些在使用 $NaBH_3CN$ 进行反应产率不高的底物，有时换用 $NaBH(OAc)_3$ 可以使反应产率得到大幅度的提高（式 55 和式 56）[21a]。

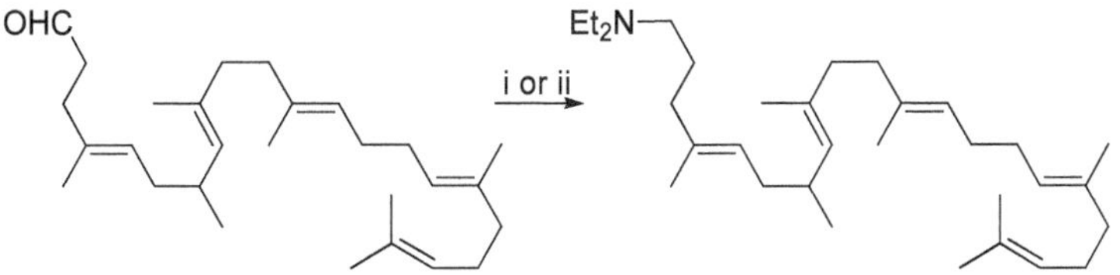

(55)

反应条件：i. $NaBH_3CN$, HCl, THF, 5%.
ii. $NaBH(OAc)_3$, AcOH, DCE, 98%.

(56)

反应条件：i. $NaBH_3CN$, MeOH, 23 h, 34%.
ii. $NaBH(OAc)_3$, AcOH, DCE, 86%.

3.3.1.4 硼烷-胺配合物

硼烷-胺配合物是另一类用于还原胺化反应的硼氢化试剂。最简单的硼烷-胺配合物是硼烷-氨配合物，用于还原羰基化合物已经有三十多年的历史。近年来，硼烷-氨配合物作为储氢材料，在新能源材料领域引起了很大的关注。Ramachandran 等人使用该配合物在路易斯酸的存在下，以较高的产率完成了醛或酮的间接还原胺化反应 (式 57 和式 58)[54]。

1. $Ti(O\textit{i}\text{-}Pr)_4$, $BnNH_2$, THF, rt, 1 h
2. $BH_3{\cdot}NH_3$, rt, 4 h
94% (57)

1. $Ti(O\textit{i}\text{-}Pr)_4$, Et_3N, NH_4Cl, rt, 8 h
2. $BH_3{\cdot}NH_3$, rt, 10 h
R = Me, 85%
R = Ph, 75% (58)

硼烷-烷基胺配合物也是还原胺化反应中有效的还原试剂。如式 59 所示[55]：羟胺化合物 **26** 与对羟基苯甲醛反应生成亚胺中间体 **27**。然后，使用硼烷-三甲胺配合物作为还原剂可以得到 93% 的产物 **28**。

$RONH_2{\cdot}HCl$; EtOH, NaOAc, rt, 12 h, 90%; **26**; **27**

$BH_3{\cdot}NMe_3$, PhMe, $HCl{\cdot}Et_2O$, rt, 12 h, 93%
$R = \text{-}(CH_2)_3(CF_2)_7CF_3$; **28** (59)

在硼烷-胺配合物中，另一种比较常见的试剂是硼烷-吡啶配合物。硼烷-吡啶配合物是一种商品化试剂，它可以在羰基存在下选择性还原亚胺和亚胺盐。因此，它可以被方便地用于直接还原胺化反应中。在加入乙酸的非质子性溶剂中，硼烷-吡啶配合物可以使还原胺化反应顺利进行。但是，该试剂不能够在中性条件下使用。此外，硼烷-吡啶配合物因受热不稳定而经常在室温下进行。

在硼烷-吡啶配合物的作用下，伯胺与醛或酮都能进行还原胺化反应 (式

60)[56]。如式 61 所示[57]：伯胺可与环酮进行反应，但是与樟脑的反应却不能进行。仲胺与芳香醛或杂环醛也可在硼烷-吡啶配合物的作用下进行反应，含有缺电子芳香环的化合物无需加入酸催化剂也能使反应顺利进行 (式 62)[57]。

1. CH_2Cl_2, HOAc, 2 h; 2. $BH_3 \cdot Py$, 10 min (60)

1. Petroleum ether, HOAc, 2 h; 2. $BH_3 \cdot Py$, 10 min; $PhNH_2$; NHPh (61)

$BH_3 \cdot Py$, EtOH, rt, 4 h, 88% (62)

3.3.2 硅氢化还原试剂

酸催化的硅氢试剂是常用的还原体系之一。在还原胺化反应中，使用最多的硅氢试剂是苯基氢硅烷 ($PhSiH_3$) 和聚甲基氢硅烷 (PMHS)。如式 63[58]和式 64[59]所示：在催化量 $BuSnCl_2$ 或 BuSnClH 的存在下，$PhSiH_3$ 可以对醛或酮进行直接还原胺化。$ReIO_2(PPh)_3$ 也可促进使用 $PhSiH_3$ 进行的还原胺化反应 (式 65)[60]。Korlipara[61]和 Enthaler[62]等人报道：在三氟乙酸或 $Zn(OTf)_2$ 的促进下，使用 PMHS 作为还原试剂进行还原胺化反应可以得到很高的产率 (式 66 和式 67)。Ramón 等人报道：使用 PdO-Fe_3O_4 作为催化剂和 PMHS 作为还原试剂，可以使苯胺和苯甲醛的反应在温和条件下进行 (式 68)[63]。

$PhSiH_3$, $BuSnCl_2$, THF, rt, 24 h; R = H, 80%; R = Me, 70% (63)

$PhSiH_3$, Pyridine *N*-oxide, BuSnClH, THF, rt, 15 min, 94% (64)

$PhSiH_3$, $ReIO_2(PPh)_3$, THF, reflux, 10 min, 90% (65)

CHO + H_2N–C_6H_4–NO_2 → 1. TFA, CH_2Cl_2, rt, 12 h; 2. PMHS, rt, 8 h; 87% → Ph–CH_2–NH–C_6H_4–NO_2 (66)

CHO + H_2N–Ph → PMHS, $Zn(OTf)_2$; THF, 60 °C, 4 h; 95% → $PhCH_2NHPh$ (67)

CHO + H_2N–Ph → $PdO\text{-}Fe_3O_4$, PMHS; PhMe, rt, 24 h; 97% → $PhCH_2NHPh$ (68)

近年来，三乙基氢硅烷也被用于还原胺化体系。如式 69[64]所示：在路易斯酸催化下，使用三乙基氢硅烷可以使醛与苯胺的还原胺化反应得到较高的产率。如式 70[65]所示：在铱催化剂 **29** 作用下，使用三乙基氢硅烷进行的苯甲醛和苯胺的还原胺化反应可以在较温和的条件下得到 92% 的产率。

MeO–C_6H_4–CHO + H_2N–C_6H_4–Cl → Et_3SiH, $Ga(OTf)_3$; CH_2Cl_2, 100 °C, 4.5 h; 98% → MeO–C_6H_4–CH_2–NH–C_6H_4–Cl (69)

CHO + H_2N–Ph → Et_3SiH, **29**, $NaBAr_4^F$; H_2O, 50 °C, 16 h; 92% → PhNH–CH_2Ph (70)

F_3C, CF_3, Na^+, B^-, $NaBAr_4^F$; Ph, Ph, P, Cl, CO, Ir, N, H, **29**

3.3.3 有机小分子氢化试剂

有机小分子 Hantzsch 酯是近年出现的一种有机氢化试剂。在磷酸或路易斯酸催化下，该试剂能使直接还原胺化反应顺利进行。如式 71 所示[66]：该试剂可以在酮的存在下高度选择性地还原醛。Arikan 等人报道：在体系中加入催化量的硫脲也能以较高的产率得到醛和苯胺的直接还原胺化反应的产物（式 72)[67]。在该条件下，酮与胺的反应也可以得到较高的产率（式 73)[68]。

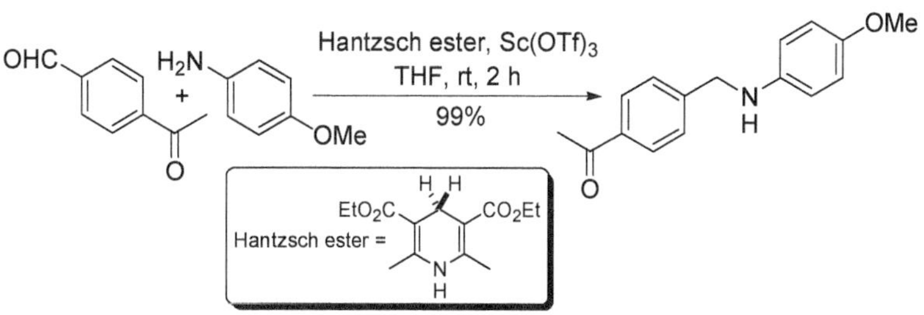

(71)

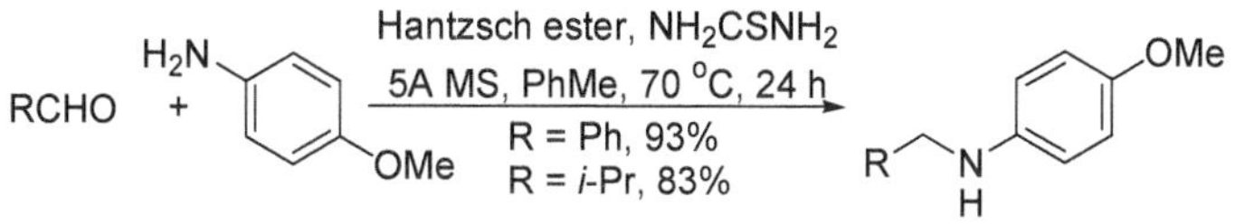

(72)

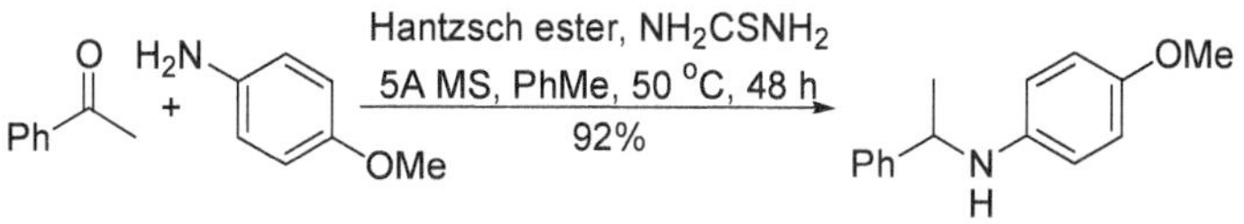

(73)

4 不对称还原胺化反应综述

手性胺类化合物是药物合成中的重要中间体，不对称还原胺化反应是制备手性胺类化合物的一种方便方法。在还原胺化反应中生成手性胺产物的方法主要有两种：一种是使用手性醛或酮化合物或手性胺化合物进行反应，由底物的手性诱导产物的手性；另一种是使用催化量的手性化合物作为催化剂或配体来实现非手性醛或酮化合物和胺之间的不对称反应。

4.1 使用手性醛或酮化合物进行的不对称还原胺化反应

Nugent 等人报道了第一例使用手性酮进行的立体选择性还原胺化反应。如式 74 所示[69]：该反应中使用温和的路易斯酸 Ti(O*i*-Pr)$_4$ 作为催化剂可以避免 α-手性酮容易消旋的问题，通过较短的步骤和较高的总产率合成出了奎宁环化合物 **30**。

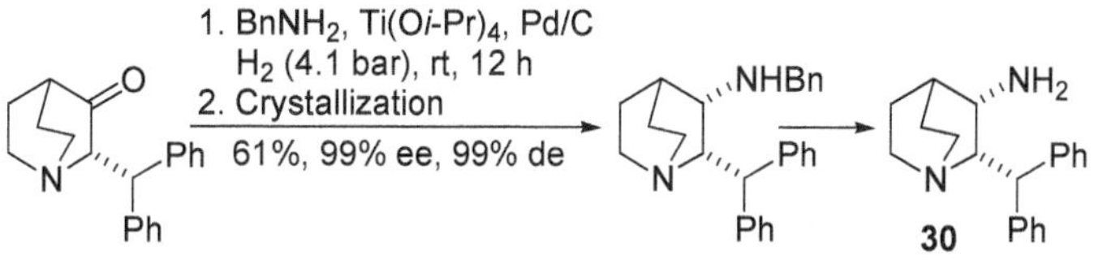

(74)

Menche 等人报道：在硅氢化试剂 PMHS 的作用下，使用 β-羟基酮作为手性底物可以合成出一系列手性顺式 1,3-胺基醇化合物 (式 75)[70]。如式 76 所示：他们将该方法进一步应用于合成 HIV 蛋白酶抑制剂 Lopinavir 的核心砌块 **31**。

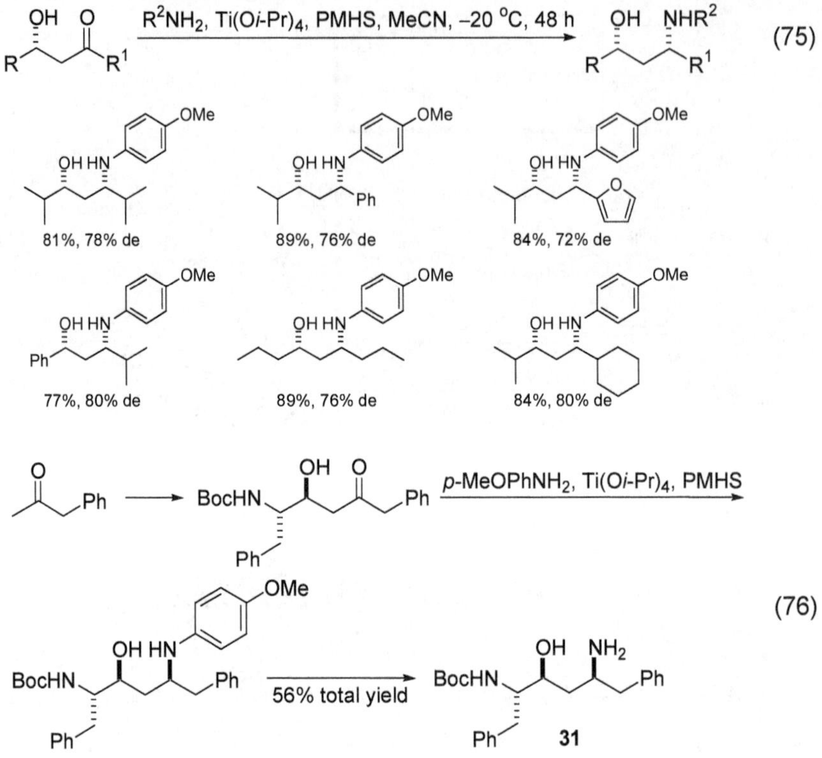

R^2NH_2, Ti(O*i*-Pr)$_4$, PMHS, MeCN, –20 °C, 48 h (75)

81%, 78% de　89%, 76% de　84%, 72% de

77%, 80% de　89%, 76% de　84%, 80% de

p-MeOPhNH$_2$, Ti(O*i*-Pr)$_4$, PMHS

56% total yield (76)

31

Haddad 等人使用环氧羰基化合物 **32** 与苄胺进行还原胺化反应，以 70% 的产率和中等的非对映选择性得到了相应的手性胺产物 (式 77)[71]。如式 78 所示[72]：首先，将脂肪醛化合物 **33** 通过对映选择性 α-氯代反应引入手性中心。然后，再与苄胺进行还原胺化反应。最后，在碱性条件下成环可生成末端氮丙啶化合物 **34**。

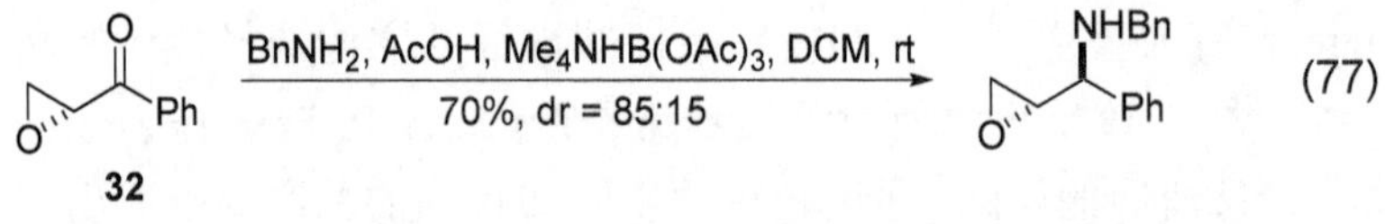

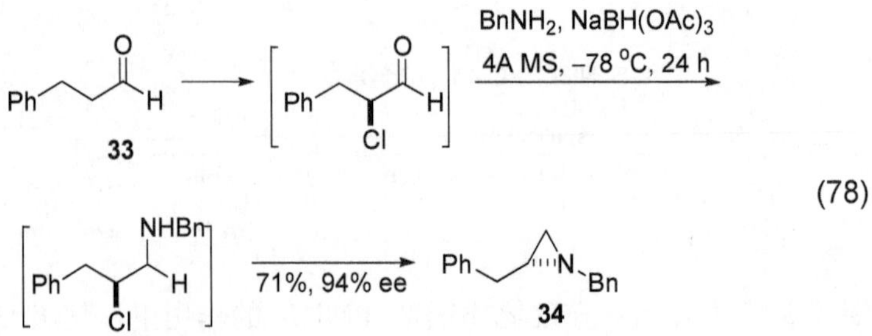

$BnNH_2$, AcOH, $Me_4NHB(OAc)_3$, DCM, rt

70%, dr = 85:15 (77)

32

$BnNH_2$, $NaBH(OAc)_3$

4A MS, –78 °C, 24 h

33

(78)

71%, 94% ee

34

4.2 使用手性胺化合物进行的不对称还原胺化反应

2004 年，Alexakis 等人使用非手性烷基芳基酮与手性胺反应，合成了多个 C_2-对称的仲胺化合物 (式 79)[73]。

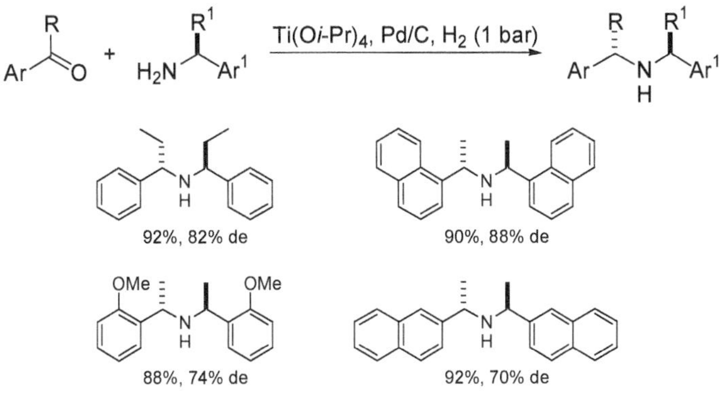

R
Ar
O
+
R1
H2N
Ar1
Ti(Oi-Pr)4, Pd/C, H2 (1 bar)
R
R1
Ar
N
H
Ar1
N
H
92%, 82% de
N
H
90%, 88% de
OMe
OMe
N
H
88%, 74% de
N
H
92%, 70% de

(79)

在大多数情况下，使用手性胺化合物为底物的方法实际上是使用胺的 α-位带有手性中心的化合物作为手性辅助试剂。在完成还原胺化反应后，再脱去辅助试剂的残基即可得到相应的手性胺产物。在手性胺基辅助试剂中，(*R*)- 和 (*S*)-苯乙胺以及 (*R*)- 和 (*S*)-叔丁基亚硫酰胺是广泛使用的手性胺等价物。

4.2.1 手性苯乙胺

2005 年，Nugent 等人首次报道了使用前手性酮化合物与 (*R*)- 和 (*S*)-苯乙胺进行的不对称还原胺化反应[74]。随后他们发现：在非环脂肪酮的反应中，使用 Raney Ni 即可得到高产率和高非对映选择性。但是，当羰基邻位连有季碳中心的烷基酮作为底物时，使用 Raney Ni 却不能得到相应的产物，此时换用 Pt/C 即可使反应顺利进行。当苯并环酮作为底物时，则需要使用 Pd/C 作为催化剂 (式 80)[75,76]。

除了使用催化氢化的方法外，手性苯乙胺与前手性羰基化合物在氢化还原试剂的作用下也能够进行不对称还原胺化反应。如式 81 所示[77]：将化合物 **35** 与手性苯乙胺反应首先生成手性亚胺中间体，然后再使用 $NaBH_4$ 还原得到手性胺产物 **36**。

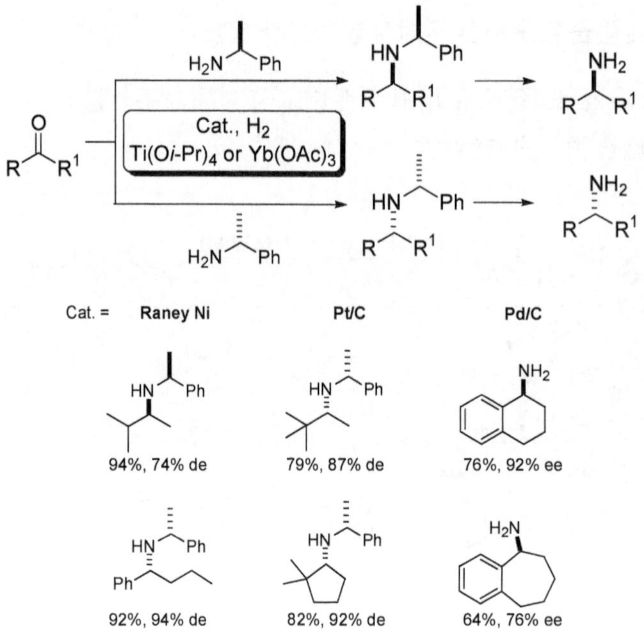

O
R R1
H_2N Ph
HN Ph
R R1
NH_2
R R1
Cat., H_2
$Ti(Oi\text{-}Pr)_4$ or $Yb(OAc)_3$
HN Ph
R R1
NH_2
R R1
H_2N Ph

(80)

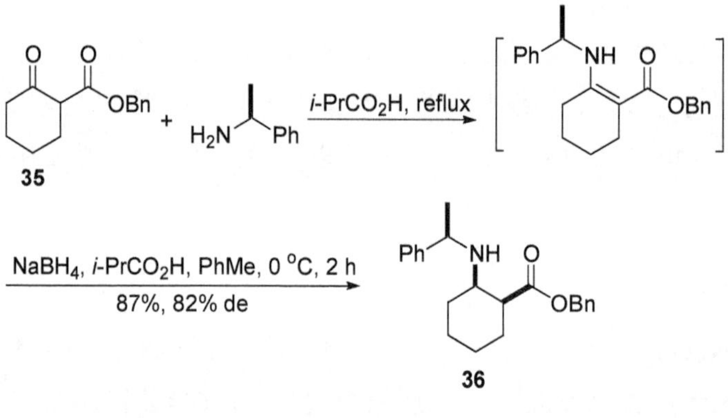

Cat. = Raney Ni Pt/C Pd/C

HN Ph HN Ph NH_2

94%, 74% de 79%, 87% de 76%, 92% ee

HN Ph HN Ph H_2N
Ph

92%, 94% de 82%, 92% de 64%, 76% ee

O O
OBn + H_2N Ph
35

i-$PrCO_2H$, reflux

[Ph NH O OBn]

(81)

$NaBH_4$, i-$PrCO_2H$, PhMe, 0 °C, 2 h
87%, 82% de

Ph NH O
OBn
36

4.2.2 手性叔丁基亚硫酰胺

1999 年，Ellman 等人报道了使用手性叔丁基亚硫酰胺与非手性酮的不对称还原胺化反应，得到中等产率和较高的非对映选择性 (式 82)[78]。随后他们发现：使用相同的叔丁基亚硫酰胺对映体和不同的氢化还原试剂，可以高度选择性地得

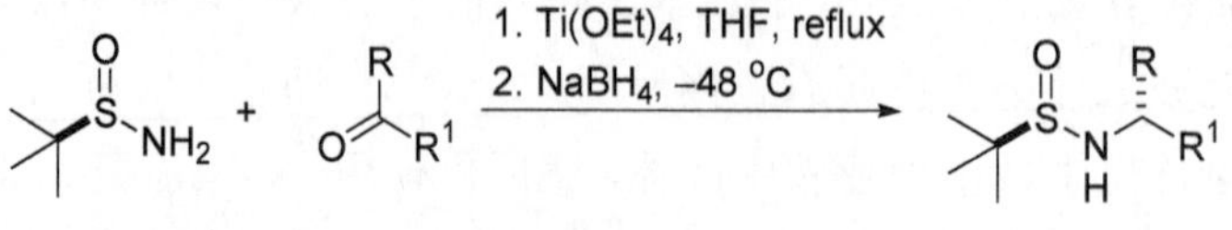

O
S NH_2 + R
O R1

1. $Ti(OEt)_4$, THF, reflux
2. $NaBH_4$, −48 °C

O R
S N R1
H

(82)

R = Me, R^1 = Ph, 10 h, 78%, dr = 96:4
R = Me, R^1 = i-Pr, 3 h, 67%, dr = 97:3
R = Me, R^1 = p-NCPh, 7 h, 82%, dr = 96:4

到两种不同的非对映异构体产物 (式 83)[79]。Pannecoucke 等人将上述方法用于含氟 α,β-不饱和酮的反应中，同样获得了很高的非对映选择性 (式 84)[80]。

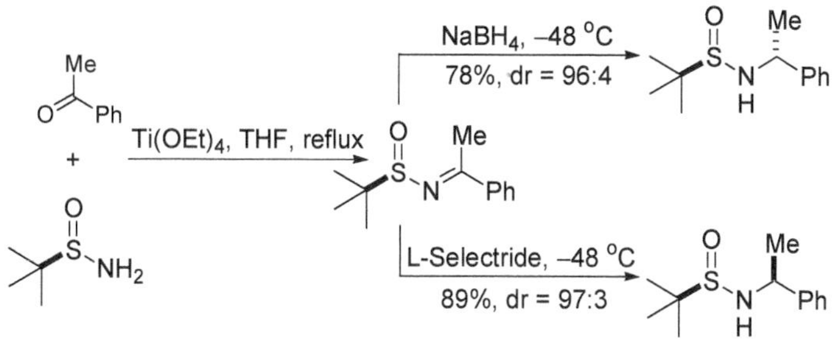

(83)

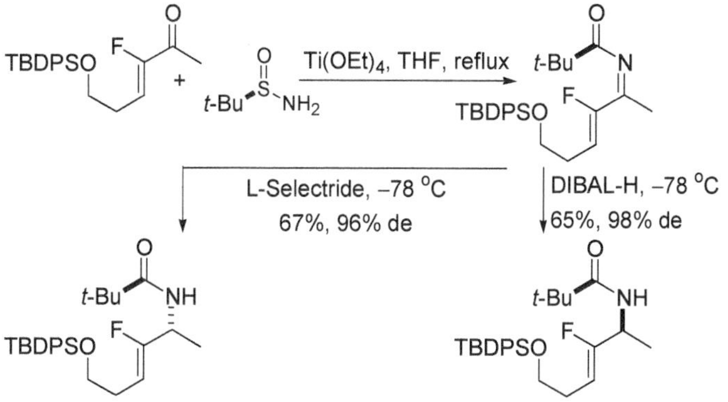

(84)

4.3 催化不对称还原胺化反应

4.3.1 过渡金属催化的不对称还原胺化反应

4.3.1.1 手性铱配合物催化剂

1999 年， Novartis 公司的 Blaser 等人报道了第一例使用过渡金属催化的不对称还原胺化反应。他们在合成除草剂 Dual® 的有效成分 Metolachlor 时，使用 Ir-Xyliphos 配合物催化甲氧基丙酮与 2-甲基-5-乙基苯胺的反应，以 99% 的转化率和 76% ee 得到了相应的手性胺产物 (式 85)[81]。2003 年，Zhang 等人将 Ir(f-Binaphane) 配合物用于芳基烷基酮与对甲氧基苯胺的还原胺化反应中。如式 86 所示[82]：在室温和 1000 psi 的氢气压力下，该反应可以得到 >99% 的产率，但对映选择性却随着底物的不同而变化。2009 年，Xiao 等人使用 Ir-手性膦酸配合物 **37** 催化芳基烷基酮与芳基苯胺所生成亚胺的还原反应，得到了令人满意的产率和对映选择性 (式 87)[83]。

MeO + Et, NH_2, Me — Ir-Xyliphos, H_2 (80 bar), 50 °C, 14 h; 99% conv., 76% ee → Me, HN, MeO, Et

→ Cl, O, Me, N, MeO, Et **metolachlor**

Xyliphos = Ph_2P, Fe, P, H

(85)

Ar, O, R + H_2N, OMe — $Ti(Oi\text{-}Pr)_4$, Ir(f-Binaphane); I_2, H_2 (1000 psi), rt, 10 h; > 99% → R, Ar, *, N, H, OMe

(86)

f-Binaphane (P, Fe, P)

Ar = Ph, R = Me, 94% ee
Ar = Ph, R = Et, 84% ee
Ar = Ph, R = *n*-Bu, 79% ee
Ar = 2-Me-C_6H_4, R = Me, 44% ee
Ar = 3-Me-C_6H_4, R = Me, 89% ee
Ar = 4-Me-C_6H_4, R = Me, 96% ee

N-Ar^1, Ar, R — **37** (1 mol%), H_2 (20 bar), PhMe, 20 °C, 15~20 h → HN-Ar^1, Ar, *, R

(87)

37: *i*-Pr, *i*-Pr, *i*-Pr, O=S=O, Ph, N, Ir, X, Ph, N

X = **TRIP**: *i*-Pr, *i*-Pr, *i*-Pr, O, P, O, OH, *i*-Pr, *i*-Pr, *i*-Pr

94%, 97% ee

93%, 97% ee

Br — 93%, 97% ee

92%, 97% ee

MeO — 94%, 97% ee

94%, 95% ee

4.3.1.2 手性钯配合物催化剂

Rubio-Pérez 等人报道了使用手性钯配合物 **38** 催化的酮与苯胺的还原胺化反应。该体系对于烷基酮的底物都能得到较高的产率和对映选择性，但芳基烷基酮底物的对映选择性普遍小于 40% ee。如式 88 所示[84]：2,3-丁二酮与邻三氟甲基苯胺的反应几乎没有对映选择性。

38 (2.5 mol%), $CHCl_3$, 5A MS; H_2 (800 psi), 70 °C, 24 h (88)

51%, 95% ee; 77%, 99% ee; 74%, 96% ee; 64%, 43% ee; 57%, 34% ee; 83%, 2% ee

4.3.1.3 手性钌配合物催化剂

Kadyrov 等人报道：使用手性钌配合物 (tol-BINAP)$RuCl_2$ 催化芳基烷基酮与苯胺在转移氢化条件下进行还原胺化反应，可以较高的产率得到一系列手性伯胺产物 (> 90% ee)。但是，该体系对于烷基酮底物不具有较好的对映选择性 (式 89)[85]。如式 90 所示[86]：在手性钌配合物 (*R*)-DM-Segphos-Ru(II) 的存在下，*β*-酮酸酯与乙酸铵的反应可以得到 86% 的产率和 95% ee。

[(tol-BINAP)$RuCl_2$] (1 mol%), NH_3, HCO_2NH_4; MeOH, 85 °C, 20 h (89)

93%, 93% ee; 83%, 95% ee; 56%, 91% ee; 92%, 95% ee; 89%, 95% ee; 69%,86% ee; 91%, 95% ee; 44%,24% ee

(*R*)-DM-Segphos-Ru(II), H_2 (3 MPa)
NH_4OAc, MeOH, 80 °C, 12 h
86%, 95% ee

$NH_2 \cdot AcOH$, CO_2Me (90)

Ar = ; (*R*)-DM-Segphos

4.3.1.4 手性铑配合物催化剂

Börner 等人报道：使用手性铑配合物 {Rh[(*R*,*R*)-Deguphos](COD)}BF_4 作为催化剂，α-酮酸与苄胺的还原胺化反应可以生成一系列手性氨基酸产物 (式 91)[87]。

{Rh[(*R*,*R*)-Deguphos](COD)}BF_4 (5 mol%), $BnNH_2$
H_2 (60 bar), MeOH-CH_2Cl_2, rt

R = $PhCH_2$, 99%, 98% ee
R = Me_2CHCH_2, 99%, 90% ee
R = Me_3CCH_2, 94%, 86% ee

(*R*,*R*)-Deguphos (91)

4.3.2 使用非金属氢化试剂的不对称还原胺化反应

Hantzsch 酯是还原胺化反应中常用的一种有机小分子氢化试剂。该化合物可以与催化量的手性配体联合使用，从而实现对非手性底物的不对称诱导。List 等人报道：使用 Hantzsch 酯和催化量手性膦酸配体 TRIP 可以使苯乙酮与对甲氧基苯胺的还原胺化反应顺利进行，得到 92% 的产率和 88% ee (式 92)[88]。他们也将该方法用于 α-支链醛为底物的直接还原胺化反应中，合成出一系列 β-支链手性胺产物 (式 93)[89]。2010 年，List 等人还使用该方法进行了血管收缩素转化酶抑制剂 Perindopril 的关键中间体的合成 (式 94)[90]。

1. 4A MS, PhMe, rt, 9 h
2. Hantzsch ester, TRIP (5 mol%), 35 °C, 45 h
92%, 88% ee

Hantzsch ester (92)

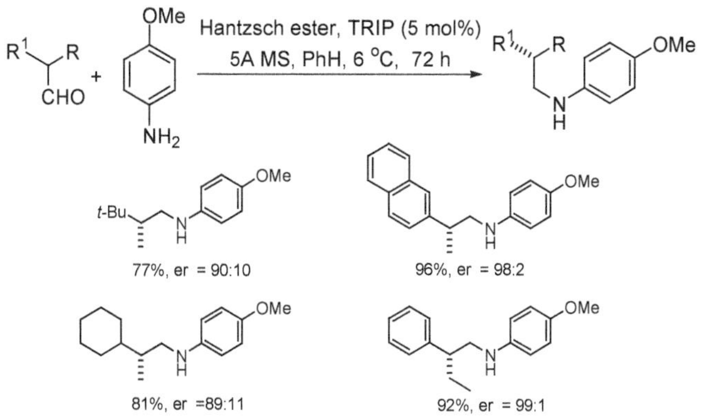

(93)

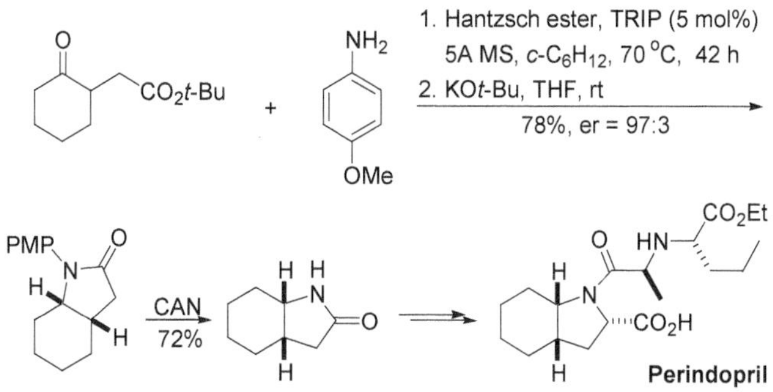

(94)

MacMillan 报道：使用邻三苯基硅基取代的手性膦酸作为配体和 Hantzsch 酯作为氢化试剂，可以经酮和芳胺的还原胺化反应得到一系列手性胺化合物。芳基烷基酮底物基本能够得到大于 90% ee 的对映选择性产物，即使羰基两侧位阻相差很小的 2-丁酮也可以得到 83% ee 的对映选择性产物 (式 95)[91]。Kumar 换用核苷酸 **39** 作为手性配体同样能够得到很高的产率，但对映选择性略有下降 (式 96)[92]。

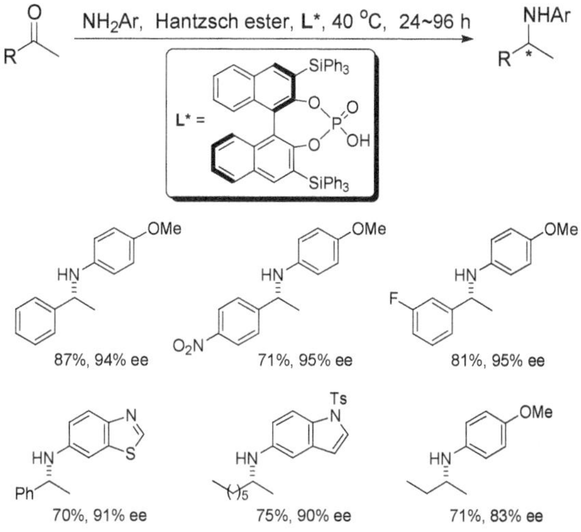

(95)

NH_2Ar^1, Hantzsch ester, **39**, PhMe, 0 °C

Ar(C=O)Me → NHAr, R*

(96)

NH_2, N, N, N, N, HO, O, O, OH, O, P, O, P, OH, O, HO, OH, **39**

HN, 96%, 82% ee

OMe, HN, 95%, 85% ee

OMe, HN, F, 95%, 84% ee

OMe, HN, O, 92%, 81% ee

OMe, HN, $()_3$, 94%,75% ee

OMe, HN, 92%, 80% ee

除 Hantzsch 酯外，其它氢化试剂也可与手性配体联合使用，例如：苯并噻唑衍生物和硅氢试剂等。如式 97 所示[93]：Enders 等人使用手性膦酸 TRIP 作为配体和苯并噻唑衍生物 **40** 作为氢化试剂，以 85% 的产率和 94% ee 完成了咔啉衍生物的合成。2007 年，Kocovsky 等人报道：使用硅氢试剂和 Sigamide 配体，对α-氯代酮与对甲氧基苯胺的还原胺化可以得到大于 80% ee (式 98)[94]。

H_2N, OMe, +, O, N, $CO_2{}^tBu$

1. **40**, TRIP (5 mol%), 5A MS, 45 °C
2. KO*t*-Bu, THF, rt
85%, 94% ee, dr > 95:5

S, N, H, **40**

N–PMP, N, $CO_2{}^tBu$

(97)

1. 5A MS, PhMe, 20 °C, 24 h
2. 0 °C, Sigamide L*, Cl_3SiH
then 20 °C, 24 h

O, R, Cl, +, NH_2, OMe

Cl, OMe, R, N, H

(98)

t-Bu, HN, Me, O, O, H, *t*-Bu, **Sigamide L***

R = Ph, 94%, 89% ee
R = *p*-Me-C_6H_4, 65%, 93% ee
R = *p*-F-C_6H_4, 71%, 82% ee
R = *p*-MeO-C_6H_4, 86%, 91% ee
R = *m*-MeO-C_6H_4, 84%, 92% ee
R = *o*-Cl-C_6H_4, 54%, 96% ee

5 还原胺化反应在天然产物和药物合成中的应用

5.1 Indolizidine 类生物碱的全合成

许多 Indolizidine 类生物碱是从蚂蚁或两栖动物体内提取出的生物碱，其分子结构中含有氮杂双环结构，例如：(–)-167B、(–)-195H、(–)-209D 和 (–) -223AB 等。由于该类化合物普遍具有重要的生物活性和新颖的化学结构，对它们进行全合成研究引起了有机化学家的广泛兴趣。

2010 年，Hu 等人使用手性 Betti 碱作为辅助试剂，成功地进行了上述生物碱的全合成[95]。如式 99 所示：Betti 碱酒石酸盐复合物 **41** 与戊二醛和苯并三氮唑反应生成化合物 **42**。接着，在 **42** 的 C11 位和 C7a 位分别引入两个手性取代基后脱去辅助试剂残基，以简洁的步骤得到带有手性不饱和取代基的哌啶衍生物 **43**。如式 100 所示：化合物 **43** 在 Hoveyda-Grubbs 催化剂的作用下与

OHC(CH$_2$)$_3$CHO, BtH, DCM
aq. Na$_2$CO$_3$, 0 °C, 20 min
91%
Bt =
41 **42**
(99)
43

HG2 (10 mol%), DCM, reflux, 18 h
81%~92%
43 **44a~d**
(100)
10% Pd-C (25%), H$_2$ (55 psi), rt, 12 h
n = 1, R = H, (–)-167B, 83%
n = 3, R = H, (–)-195H, 86%
n = 4, R = H, (–)-209D, 85%
n = 1, R = n-Bu, (–)-223AB, 91%
Hoveyda-Grubbs 2nd Catalyst (**HG2**)

醛或酮发生交叉复分解反应，生成 **44a~d**。最后在 Pd/C 催化下首次在一锅煮的条件下完成脱 Cbz 保护基、还原胺化以及双键还原反应，得到了 (–)-167B、(–)-195H、(–)-209D 及 (–)-223AB。

5.2 (±)-Cylindricine C 的全合成

(±)-Cylindricine C 是从海鞘类动物 *Clavelina cylindrica* 中分离得到的天然产物。其分子结构中含有复杂的吡咯并[1,2,*j*]喹啉环结构，其中氮杂螺环中心的引入是合成中的关键挑战步骤。

2011 年，Renaud 等人[96]报道了一条使用还原胺化反应作为关键步骤之一的全合成路线。如式 101 所示：该路线使用环己酮作为起始原料，经数步反应首先得到叠氮化合物 **45**。接着，在 Raney Ni 的作用下发生催化氢化反应，以 88% 的产率得到化合物 **46**。然后，使用 $NaBH(OAc)_3$ 作为氢化还原试剂，通过还原胺化反应构筑出含氮杂螺环母核结构的中间体 **47**。或者采用一锅煮的方法，使用 $SnCl_2$ 代替 Raney Ni 还原叠氮化合物 **45**，中间体不经分离直接进行还原胺化反应得到氮杂螺环中间体 **47**。中间体 **47** 再经过数步官能团转化，最终完成了 (±)-Cylindricine C 的全合成。

(101)

反应条件：i. Raney Ni, H_2 (40 bar), EtOAc, rt, 96 h; ii. $NaBH(OAc)_3$, AcOH, DCE, rt, 18 h; iii. $SnCl_2$, Et_3N, PhSH, rt, 3 h; iv. $NaBH(OAc)_3$, AcOH, rt, 24 h.

5.3 Isofagomine 的全合成

Isofagomine 是一种手性多羟基哌啶类化合物。其酒石酸盐是由美国 Amicus Therapeutics 公司和 Shire plc 公司联合开发的一种糖苷酶抑制剂 (药物名称为 Plicera)，用于治疗罕见疾病高雪氏症 (Gaucher's disease)，目前正处于临床试验阶段。

2012 年，Crich 等人[97]报道了一条使用还原胺化反应构筑手性哌啶环作为关键步骤之一的全合成路线。如式 102 所示：该路线使用环戊烯钠作为起始原料，经过多步官能团转化得到手性二缩醛化合物 **48**。接着，在 3A 分子筛的存在下，使用 $NaBH_3CN$ 作为氢化还原试剂使二缩醛化合物 **48** 与苄基羟胺盐酸盐发生还原胺化反应，构筑出手性多羟基哌啶衍生物 **49**。最后，脱去所有保护基完成了 Isofagomine 的全合成。

1. (–)-Ipc_2BH, THF, –78~–10 °C
2. NaOH, H_2O_2
60%, 99% ee

1. $BnONH_2$·HCl, 3A MS
MeOH-THF, rt, 2.5 h
2. $NaBH_3CN$, AcOH, rt

48 **49** **Isofagomine** (102)

5.4 RO5114436 的全合成

RO5114436 是美国 Roche 公司研发的一种有效的 CCR5 受体拮抗剂，其分子结构中含有 3,7-二氮杂双环[3.3.0]辛烷结构。临床前动物实验结果表明：该化合物的活性优于 FDA 批准的第一个阻断 CCR5 受体途径的抗艾滋病药物 Selzentry。2010 年，为满足毒性研究用量的需求，Roche 公司研究人员 Cooper 和 Huang 开发了一条公斤级的 RO5114436 全合成路线[98]。在该路线中两次使用了还原胺化反应。

如式 103 所示：将间氟苯甲酸乙酯转化成 *β*-酮酸酯化合物 **50** 后，在手性钌催化剂 Ru-MeOBIPHEP 的作用下进行催化氢化不对称还原胺化反应，单一对映选择性地得到化合物 **51**。接着，化合物 **51** 经过官能团转化得到醛中间体 **52**。然后， 在 $NaBH(OAc)_3$ 的作用下，化合物 **52** 与含有 3,7-二氮杂双环[3.3.0]辛烷结构的化合物 **53** 进行第二次还原胺化反应，以 89% 的产率得到化合物 **54**。最后，再经过数步官能团转化完成了 RO5114436 的全合成。

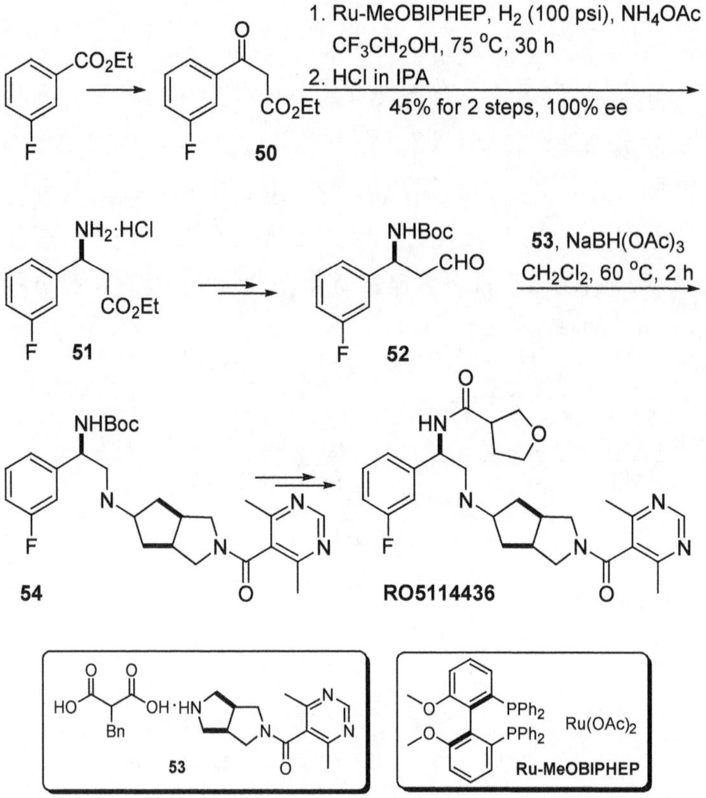

(103)

6 还原胺化反应实例

例 一

5-苄胺甲基呋喃-2-甲醇的合成[99]

(使用 $NaBH_4$ 作为还原试剂的还原胺化反应)

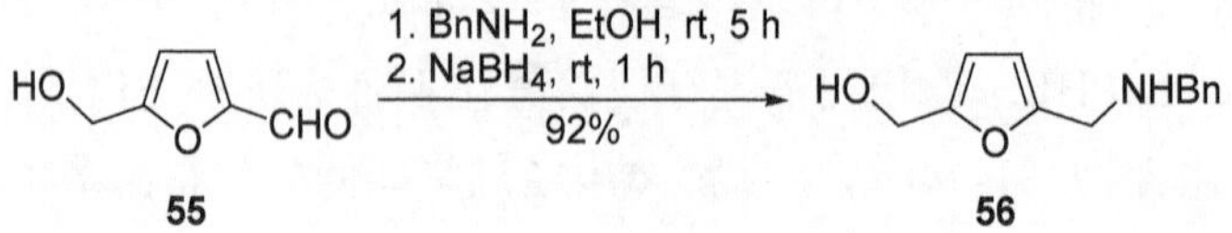

(104)

在室温和搅拌下，将苄胺 (118 mg, 1.1 mmol) 加入到化合物 **55** (126 mg, 1.0 mmol) 的乙醇 (5 mL) 溶液中。在氮气下搅拌 5 h 后，将 $NaBH_4$ (56.7 mg,

1.5 mmol) 加入到反应混合物中。混合体系继续搅拌 1 h 后，减压蒸去溶剂。将水 (1 mL) 加入到残留物中，接着用 CH_2Cl_2 (2 × 10 mL) 萃取。合并的有机相依次用水、饱和 NaCl 水溶液洗涤和无水 Na_2SO_4 干燥，蒸去溶剂后的粗产物经柱色谱分离和纯化 (MeOH-CH_2Cl_2, 1:9)，得到黄色黏稠液体 **56** (200 mg, 92%)。

例 二

4-[1-(3,4-二氢-1*H*-2-苯并吡喃)-2-丙基]吗啉的合成[100]

(使用 $NaBH_3CN$ 作为还原试剂的直接还原胺化反应)

57 + HN(morpholine) → 58

$NaBH_3CN$, EtOH, AcOH, rt, 2 h, 70%

(105)

在室温和搅拌下，将吗啉 (0.22 mL, 2.4 mmol) 和 $NaBH_3CN$ (30.2 mg, 0.48 mmol) 加入到化合物 **57** (64 mg, 0.24 mmol) 的乙醇 (2 mL) 溶液中。将混合物在室温搅拌，滴加乙酸并保持体系的 pH = 6。继续反应 2 h 后，将 NaOMe (1.3 mg, 0.024 mmol) 加入到反应混合物中。混合体系搅拌过夜后减压蒸去溶剂，将 NaOH 水溶液 (2 mol/L，10 mL) 加入到残留物中。接着用 CH_2Cl_2 (2 × 20 mL) 萃取，合并的有机相用无水 Na_2SO_4 干燥。蒸去溶剂后的粗产物经柱色谱分离和纯化 (戊烷-乙酸乙酯, 30:1)，得到无色油状液体 **58** (46 mg, 70%)。

例 三

(2*S*)-2-{[(4-甲氧基苯基)甲基]氨基}-4-甲硫基丁酸甲酯的合成[101]

[使用 $NaBH(OAc)_3$ 作为还原试剂的直接还原胺化反应]

59 + 4-MeOC$_6$H$_4$CHO → 60

$NaBH(OAc)_3$, Et_3N, DCE, rt, 19 h, 71%

(106)

在室温下，将 Et_3N (0.1 mL, 0.75 mmol)、对甲氧基苯甲醛 (0.09 mL, 0.75 mmol) 和 $NaBH(OAc)_3$ (22.3 mg, 1.05 mmol) 依次加入到化合物 **59** (150 mg, 0.75 mmol) 和 DCE (3 mL) 的混合体系中。然后，在室温和氩气下搅拌 19 h 后倾倒入饱和 $NaHCO_3$ 水溶液中，用 CH_2Cl_2 (2 × 10 mL) 萃取。合并的有机相用无水 Na_2SO_4 干燥，蒸去溶剂后的粗产物经柱色谱分离和纯化得到黄色油状液体 **60** (151 mg, 71%)。

例 四

N-肉桂基-*N*-甲基苯胺的合成[102]

(路易斯酸催化的使用硅氢化还原试剂的还原胺化反应)

Et_3SiH, $InCl_3$
MeOH, rt, 24 h
99%
61 + N-Ph H·HCl → 62 (107)

在搅拌下，将 *N*-甲基苯胺盐酸盐 (144 mg, 1 mmol) 加入到肉桂醛 **61** (132 mg, 1 mmol) 的甲醇溶液中 (2 mL)。将混合物在室温搅拌 1 h 后，用注射器加入 Et_3SiH (0.3 mL, 2 mmol)，接着加入 $InCl_3$ (66 mg, 0.3 mmol)。在室温继续搅拌 24 h 后，在混合体系中加入饱和 K_2CO_3 水溶液 (2 mL)，再用 EtOAc (3 × 10 mL) 萃取。合并的有机相用饱和 NaCl 水溶液洗涤和无水 Na_2SO_4 干燥，蒸去溶剂后的粗产物经柱色谱分离和纯化得油状液体 **62** (222 mg, 99%)。

例 五

N-苄基丁胺的合成[13]

(Pd/C 催化的直接还原胺化反应)

CHO
NH_2Bu, 10% Pd/C, H_2 (1 atm)
MeOH, HCl_3, rt, 5 h
98%
NHBu·HCl (108)

在室温和搅拌下，将苯甲醛 (637 mg, 6 mmol)、正丁胺 (366 mg, 5 mmol)、10% Pd/C (36 mg, 5wt%)、甲醇 (30 mL) 和氯仿 (2 mL) 的混合物在常压加氢仪上氢化 5 h (氢气吸收停止)。然后，用硅藻土过滤除去催化剂，滤液经减压蒸去溶剂。将 Et_2O (20 mL) 加入到残留物中，过滤收集析出的白色晶体产物 (979 mg, 98%)。

例 六

1-[3-(4-甲氧基苯胺)甲基]苯乙酮的合成[103]

(使用有机小分子氢化试剂的直接还原胺化反应)

S-苯基异硫脲氯化物
Hantzsch 酯, CH_2Cl_2, rt, 12 h
87%

(109)

Hantzsch 酯

S-苯基异硫脲氯化物

在室温下，将 Hantzsch 酯 (132 mg, 1 mmol) 和 *S*-苯基异硫脲氯化物 (15 mg, 0.074 mmol) 加入到 3-乙酰基苯甲醛 (110 mg, 0.74 mmol) 和对甲氧基苯胺 (220 mg, 0.88 mmol) 的 CH_2Cl_2 溶液中 (10 mL)。将生成的混合物在室温搅拌 12 h 后，过滤除去催化剂。蒸去溶剂后的粗产物经柱色谱分离和纯化得黄色油状液体产物 (164 mg, 87%)。

例 七

(*S*)-*N*-(1-苯乙基)-4-甲氧基苯胺的合成[104]

(手性有机小分子催化的不对称还原胺化反应)

63 (1 mol%), Cl_3SiH
0 °C, 24 h
71%, 84% ee

(110)

63

将苯乙酮 (120 mg, 1 mmol)、对甲氧基苯胺 (185 mg, 1.5 mmol)、**63** (3.6 mg, 0.01 mmol) 和干燥 CH_2Cl_2 (0.5 mL) 混合搅拌至完全溶解。将生成的混合物冷却到 0 °C 后，用注射器加入 Cl_3SiH (0.2 mL, 2 mmol)。在 0 °C 继续搅拌 24 h 后，依次加入 CH_2Cl_2 (20 mL)、水 (2 mL) 和 NaOH 水溶液 (1 mol/L，20 mL)。在室温搅拌至体系中沉淀完全溶解并且没有气体放出后，用 CH_2Cl_2 (2 × 20 mL) 萃取。合并的有机相用饱和 NaCl 水溶液洗涤和无水 Na_2SO_4 干燥，蒸去溶剂后的粗产物经柱色谱分离和纯化得到棕色油状液体产物 (161 mg, 71%)。

7 参考文献

[1] 还原胺化反应的综述见：(a) Tripathi, R. P.; Verma, S. S.; Pandey, J.; Tiwari, V. K. *Current Org. Chem.* **2008**, *12*, 1093. (b) Abdel-Magid, A. F.; Mehrman, S. J. *Org. Proc. Res. Dev.* **2006**, *10*, 971. (c) Gomez, S.; Peters, J. A.; Maschmeyer, T. *Adv. Synth. Catal.* **2002**, *344*, 1037. (d) Baxter, E. W.; Reitz, A. B. *Org. React.* **2002**, *59*, 1.

[2] Mignonac, G. *Compt. Rend.* **1921**, *172*, 223.

[3] Leuckart, R. *Ber. Dtsch. Chem. Ges.* **1885**, *18*, 2341.

[4] Wallach, O. *Ann.* **1905**, *343*, 54.

[5] Billman, J. H. *J. Org. Chem.* **1958**, *23*, 535.

[6] Schellenberg, K. A. *J. Org. Chem.* **1963**, *28*, 3259.

[7] Borch, R. F.; Bernstein, M .D.; Durst. H. D. *J. Am. Chem. Soc.* **1971**, *93*, 2897.

[8] Abdel-Magid, A. F.; Maryanoff, C. A.; Carson, K. G. Presented at the 198th ACS National Meeting, Miami Beach, FL, Sept. 1989; Abstract ORGN 154.

[9] Graebin, C. S.; Eifler-Lima, V. L.; da Rosa, R. G. *Catal. Commun.* **2008**, *9*, 1066.

[10] Robichaud, A.; Ajjou, A. N. *Tetrahedron Lett.* **2006**, *47*, 3633.

[11] Nugent, T. C.; Negru, D. E.; El-Shazly, M.; Hu, D.; Sadiq, A.; Bibi, A.; Umar, M. N. *Adv. Synth. Catal.* **2011**, *353*, 2085.

[12] Fellah, M.; Santarem, M.; Lhommet, G.; Mouriès-Mansuy, V. *J. Org. Chem.* **2010**, *75*, 7803.

[13] Xing, L.; Cheng, C.; Zhu, R.; Zhang, B.; Wang, X.; Hu, Y. *Tetrahedron* **2008**, *64*, 11783.

[14] Byun, E.; Hong, B.; De Castro, K. A.; Lim, M.; Rhee, H. *J. Org. Chem.* **2007**, *72*, 9815.

[15] Imao, D.; Fujiharam S.; Yamamoto, T.; Ohta, T.; Ito, Y. *Tetrahedron* **2005**, *61*, 6988.

[16] Gnanamgari, D.; Moores, A.; Rajaseelan, E.; Crabtree, R. H. *Organometallics* **2007**, *26*, 1226.

[17] Wang, C.; Pettman, A.; Basca, J.; Xiao, J. *Angew. Chem., Int. Ed.* **2010**, *49*, 7548.

[18] Kressierer, C. J.; Muller, T. J. J. *Org. Lett.* **2005**, *7*, 2237.

[19] Bhor, M. D.; Bhanushali, M. J.; Nandurkar, N. S.; Bhanage, B, M. *Tetrahedron Lett.* **2008**, *49*, 965.

[20] Fleischer, S.; Zhou, S.; Junge, K.; Beller, M. *Chem. Asian J.* **2011**, *6*, 2240.

[21] (a) Abdel-Magid, A. F.; Carson, K. G.; Harris, B. D.; Maryanoff, C. A. Shah, R. D. *J. Org. Chem.* **1996**, *61*, 3849. (b) Bomann, M. D.; Guch, I. C.; DiMare, M. *J. Org. Chem.* **1995**, *60*, 5995.

[22] Barluenga, J.; Bayón, A. M.; Asensio, G. *J. Chem. Soc., Chem. Commun.* **1984**, 1334.

[23] Liu, M.-C.; Lin, T.-S.; Cory, J. G.; Cory, A. H.; Sartorelli, A. C. *J. Med. Chem.* **1996**, *39*, 2586.

[24] Dangerfield, E. M.; Plunkett, C. H.; Win-Mason, A. L.; Stocker, B. L.; Timmer, M. S. M. *J. Org. Chem.* **2010**, *75*, 5470.

[25] Gosselin, F.; Britton, R. A.; Davies, I. W.; Dolman, S. J.; Gauvreau, D.; Hoerrner, R. S.; Hughes,G.; Janey, J.; Lau, S.; Molinaro, C.; Nadeau, C.; O'Shea, P. D.; Palucki, M.; Sidler, R. *J. Org. Chem.* **2010**, *75*, 4154.

[26] Bailey, H. V.; Heaton, W.; Vicker, N.; Potter, B. V. L. *Synlett* **2006**, 2444.

[27] Barney, C. L.; Huber, E. W.; McCarthy, J. R. *Tetrahedron Lett.* **1990**, *31*, 5547.

[28] Reddy, T. J.; Leclair, M.; Proulx, M. *Synlett* **2005**, 583.

[29] Suginome, M.; Tanaka, Y.; Tomoaki H. *Synlett* **2006**, 1047.

[30] Williams, I.; Reeves, K.; Kariuki, B. M.; Cox, L. R. *Org. Biomol. Chem.* **2007**, *5*, 3325.

[31] Zhao, H.; Mootoo, D. R. *J. Org. Chem.* **1996**, *61*, 6762.

[32] Dong, L.; Aleem, S.; Fink, C. A. *Tetrahedron Lett.* **2010**, *51*. 5210.

[33] Sharma, S. K.; Songster, M. F.; Colpitts, T. L.; Hegyes, P.; Barany, G.; Castellino, F. J. *J. Org. Chem.* **1993**, *58*, 4993.

[34] Gutierrez, C. D.; Bavetsias, V.; McDonald, E. *Tetrahedron Lett.* **2005**, *46*, 3595.

[35] Xu, D,; Ciszewski, L.; T.; Repic, O.; Blacklock, T. J. *Tetrahedron Lett.* **1998**, *39*, 1107.

[36] Borg, G.; Cogan, D. A.; Ellman, J. A. *Tetrahedron Lett.* **1999**, *40*, 6709.

[37] Armer, R. e.; Barlow, J. S.; Dutton, C. J.; Greenway, D. H. J.; Greenwood, S. D. W.; Lad, N.; Taommasini, I. *Bioorg. Med. Chem. Lett.* **1997**, *7*, 2585.

[38] Congreve, M. S. *Synlett* **1996**, 359.

[39] Reddy, A. G. K.; Krishna, J.; Satyanarayana, G. *Synlett* **2011**, 1756.

[40] Heydari, A.; Arefi, A.; Esfandyari, M. *J. Mol. Catal. A: Chem.* **2007**, *274*, 169.

[41] Heydari, A.; Khaksar, S.; Akbari, J.; Esfandyari, M.; Pourayoubi, M.; Tajbakhsh, M. *Tetrahedron Lett.* **2007**, *48*, 1135.

[42] Kumpaty, H. J.; Bhattacharyya, S. *Synthesis* **2005**, 2205.

[43] Djouhri-Bouktab, L.; Vial, N.; Rolain, J. M.; Brunel, J. M. *J. Med. Chem.* **2011**, *54*, 7417.

[44] Reddy, P. S.; Kanjilal, S.; Sunitha, S.; Prasad, R. B. N. *Tetrahedron Lett.* **2007**, *48*, 8807.

[45] Kannan, A.; Burrows, C. J. *J. Org. Chem.* **2010**, *76*, 720.

[46] Amarante, G. W.; Cavallaro, M.; Coelho, F. *Tetrahedron Lett.* **2010**, *51*, 2597.

[47] Gellerman, G.; Gaisin, V.; Brider, T. *Tetrahedron Lett.* **2010**, *51*, 836.

[48] Rahman, O.; Kihlberg, T.; Långström, B. *Org. Biomol. Chem.* **2004**, *2*, 1612.

[49] Mattson, R. J.; Pham, K. M.; Leuck, D. J.; Cowen, K. A. *J. Org. Chem.* **1990**, *55*, 2552.

[50] Kim, S.; Oh, C. H.; Ko, J, S.; Ahn, K. H.; Kim, Y. J. *J. Org. Chem.* **1985**, *50*, 1927.

[51] Bernotas, R. C.; Antane, S.; Shenoy, R.; Le, V.-D.; Chen, P.; Harrison, B. L.; Robichaud, A. J.; Zhang, G. M.; Smith, D.; Schechter, L. E. *Bioorg. Med. Chem. Lett.* **2010**, *20*, 1657.

[52] Chong, H.-S.; Sun, X.; Dong, P.; Kang, C. S. *Eur. J. Org. Chem.* **2011**, 6641.

[53] Boros, E. E.; Thompson, J. B.; Katamreddy, S. R.; Carpenter, A. J. *J. Org. Chem.* **2009**, *74*, 3587.

[54] Ramachandran, P. V.; Gagare, P. D.; Sakavuyi, K.; Clark, P. *Tetrahedron Lett.* **2010**, *51*, 3167.

[55] Nielsen, S. D.; Smith, G.; Begtrup, M.; Kristensen, J. L. *Chem. Eur. J.* **2010**, *16*, 4557.

[56] Pelter, A.; Rosser, R. M.; Mills, S. *J. Chem. Soc., Perkin Trans.* **1984**, *1*, 717.

[57] Moormann, A. E. *Synth. Commun.* **1993**, *23*, 789.

[58] Apodaca, R. Xiao, W. *Org. Lett.* **2001**, *3*, 1745.

[59] Kato, H.; Shibata, I.; Yasaka, Y.; Tsunoi, S.; Yasuda, M.; Baba, A. *Chem. Commun.* **2006**, 4189.

[60] Fernandes, A. C.; Sousa, S. C. A. *Adv. Synth. Catal.* **2010**, *352*, 2218.

[61] Patel, J. P.; Li, A.; Don, H.; Korlipara, V. L.; Mulvihill, M. J. *Tetrahedron Lett.* **2009**, *50*, 5975.

[62] Enthaler, S. *Catal. Lett.* **2011**, *141*, 55.

[63] Cano, R.; Yus, M.; Ramón, D. J. *Tetrahedron* **2011**, *67*, 8079.

[64] Surya Prakash, G. K.; Do, C.; Mathew, T.; Olah, G. A. *Catal. Lett.* **2010**, *137*, 111.

[65] Lai, R.-Y.; Lee, C.-I.; Liu, S. T. *Tetrahedron* **2008**, *64*, 1213.

[66] Itoh, T.; Nagata, K.; Miyazaki, M.; Ishikawa, H.; Kurihara, A.; Ohsawa, A. *Tetrahedron* **2004**, *60*, 6649.

[67] Menche, D.; Arikan, F. *Synlett* **2006**, 841.

[68] Menche, D.; Hassfeld, J.; Li, J.; Menche, G.; Ritter, A.; Rudolph, S. *Org. Lett.* **2006**, *8*, 741.

[69] Nugent, T. C.; Seemayer, R. *Org. Proc. Res. Dev.* **2006**, *10*, 142.

[70] Menche, D.; Arikan, F.; Li, J.; Rudolph, S. *Org. Lett.* **2007**, *9*, 267.

[71] Prévost, S.; Phansavath, P.; Haddad, M. *Tetrahedron: Asymmetry* **2010**, *21*, 16.

[72] Fadeyi, O. O.; Schulte, M. L. Lindsley, C. W. *Org. Lett.* **2010**, *12*, 3276.

[73] Alexakis, A.; Gille, S.; Prian, F.; Rosset, S.; Ditrich, K. *Tetrahedron Lett.* **2004**, *45*, 1449.

[74] Nugent, T. C.; Wakchaure, V. N.; Ghosh, A. K.; Mohanty, R. R. *Org. Lett.* **2005**, *7*, 4967.

[75] Nugent, T. C.; Ghosh, A. K.; Wakchaure, V. N.; Mohanty, R. R. *Adv. Synth. Catal.* **2006**, *348*, 1289.

[76] Nugent, T. C.; El-Shazly, M.; Wakchaure, V. N. *J. Org. Chem.* **2008**, *73*, 1297.

[77] Matsuo, J.-i.; Okano, M.; Takeuchi, K.; Tanaka, H.; Ishibashi, H. *Tetrahedron: Asymmetry* **2007**, *18*,

1906.
[78] Borg, G.; Cogan, D. A.; Ellman, J. A. *Tetrahedron Lett.* **1999**, *40*, 6709.
[79] Tanuwidjaja, J.; Peltier, H. M.; Ellman, J. A. *J. Org. Chem.* **2007**, *72*, 626.
[80] Dutheuil, G.; Couve-Bonnaire, S.; Pannecoucke, X. *Angew. Chem., Int. Ed.* **2007**, *46*, 1290.2754.
[81] Blaser, H.-U.; Buser, H.-P.; Jalett, H.-P.; Pugin, B.; Spindler, F. *Synlett* **1999**, 867.
[82] Chi, Y.; Zhou, Y.-G.; Zhang, X. *J. Org. Chem.* **2003**, *68*, 4120.
[83] Li, C.; Wang, C.; Villa-Marcos, B.; Xiao, J. *J. Am. Chem. Soc.* **2008**, *130*, 14450.
[84] Rubio-Pérez, L.; Pérez-Flores, F. J.; Sharma, P.; Velasco, L.; Cabrera, A. *Org. Lett.* **2009**, *11*, 265.
[85] Kadyrov, R.; Riermeier, T. H. *Angew. Chem., Int. Ed.* **2003**, *42*, 5472.
[86] Matsumura, K.; Zhang, X.; Hori, K.; Murayama, T.; Ohmiya, T.; Shimizu, H.; Saito, T.; Sayo, N. *Org. Proc. Res. Dev.* **2011**, *15*, 1130.
[87] Tararov, V. I.; Kadyrov, R.; Riermeier, T. H.; Dingerdissen, U.; Börner, A. *Org. Prep. Proced. Int.* **2004**, *36*, 99.
[88] Zhou, J.; List, B. *J. Am. Chem. Soc.* **2007**, *129*, 7498.
[89] Hoffmann, S.; Nicoletti, M.; List, B. *J. Am. Chem. Soc.* **2006**, *128*, 13074.
[90] Wakchaure, V. N.; Zhou, J.; Hoffmann, S.; List, B. *Angew. Chem., Int. Ed.* **2010**, *49*, 4612.
[91] Storer, R. I.; Carrera, D. E.; Ni, Y.; MacMillan, D. W. C. *J. Am. Chem. Soc.* **2006**, *128*, 84.
[92] Kumar, A.; Sharma, S.; Maurya, R. A. *Adv. Synth. Catal.* **2010** *352*, 2227.
[93] Enders, D.; Liebich, J. X.; Raabe, G. *Chem. Eur. J.* **2006**, *16*, 9763.
[94] Malkov, A. V.; Stoncius, S.; Kocovsky, P. *Angew. Chem., Int. Ed.* **2007**, *46*, 3722.
[95] Liu, H.; Su, D.; Cheng, G.; Xu, J.; Wang, X.; Hu, Y. *Org. Biomol. Chem.* **2010**, *8*, 1899.
[96] Lapointe, G.; Schenk, K.; Renaud, P. *Org. Lett.* **2011**, *13*, 4774.
[97] Malik, G.; Guinchard, X.; Crich, D. *Org. Lett.* **2012**, *14*, 596.
[98] Huang, X.; O'Brien, E.; Thai, F.; Cooper, G. *Org. Proc. Res. Dev.* **2010**, *14*, 592.
[99] Cukalovic, A.; Stevens, C. V. *Green Chem.* **2010**, *12*, 1201.
[100] Richter, H.; Rohlmann, R.; Mancheno, O. G. *Chem. Eur. J.* **2011**, *17*, 11622.
[101] Denmark, S. E.; Liu, J. H.-C.; Muhuhi, J. M. *J. Org. Chem.* **2011**, *76*, 201.
[102] Lee, O.-Y.; Law, K.-L.; Ho, C.-Y.; Yang, D. *J. Org. Chem.* **2008**, *73*, 8829.
[103] Nguyen, Q. P. B.; Kim, T. H. *Tetrahedron Lett.* **2011**, *52*, 5004.
[104] Gautier, F.-M.; Jones, S.; Li, X.; Martin, S. J. *Org. Biomol. Chem.* **2011**, *9*, 7860.

索　引

第一卷　氧化反应

第二卷　碳-氮键的生成反应

第三卷　碳-杂原子键参与的反应

第四卷　碳-碳键的生成反应

第五卷　金属催化反应

第六卷　金属催化反应 II

第七卷　碳-碳键的生成反应 II

第八卷　碳-杂原子键参与的反应 II

第九卷　碳-氮键的生成反应 II

第十卷　还原反应